LES

TABLES DE MARTIN.

IMPRIMERIE DE C.-F. PATRIS.

LES

TABLES DE MARTIN,

OU

LE RÉGULATEUR UNIVERSEL DES CALCULS EN PARTIES DOUBLES;

OUVRAGE PAR INVENTION,

Pour trouver, d'une manière certaine, tous les rapports réciproques du nouveau système et des poids et mesures de tous les pays, ainsi que des francs, livres tournois et monnaies étrangères.

PRÉCÉDÉ D'UNE INSTRUCTION GÉNÉRALE;

Suivi d'un tableau décimal complet en dix pages; de tables d'intérêt depuis un huitième jusqu'à 25 pour cent; des opérations des divers changes avec les principales villes de l'Europe; de la conversion des monnaies étrangères en monnaies de France, et *vice versâ;* du cubage des bois ronds, équarris et autres, etc.; divisé en 25 chapitres, précédé chacun d'une instruction particulière.

« C'est le livre le plus complet qui ait encore paru sur cette « matière, et par conséquent le seul qui puisse propager et « faciliter l'usage du précieux système décimal. »

Extrait du rapport fait à l'Institut de France par M. de Prony.

Par C.-F. MARTIN,

Membre de la Société royale académique des Sciences de Paris.

Prix : 20 fr. broché, et 22 fr. relié en veau, avec un Régulateur plaqué en argent.

PARIS,

CHEZ L'AUTEUR, RUE DES BOUCHERIES-SAINT-HONORÉ, N° 13.

1817.

EXTRAITS

Des diverses déclarations de MM. les préfets, et des délibérations des tribunaux et chambres de commerce des départements des Bouches-du-Rhône, de l'Hérault, de la Haute-Garonne, de l'Aude, de Lot-et-Garonne, de la Gironde, ainsi que du rapport fait à l'Institut de France par M. de Prony, *un de ses membres, et de la déclaration de l'Institut touchant le présent ouvrage.*

Bouches-du-Rhône. — *Préfecture.*

. . . . Considérant que la publication de cet ouvrage ne peut qu'être infiniment utile aux habitants de ce département pour leur faciliter la connaissance du nouveau système métrique, déclarons que l'ouvrage fait par le sieur Martin, pour la conversion des anciens poids et mesures du département en mesures et poids nouveaux, est exact et conforme aux bases données par la commission des poids et mesures le 24 ventôse an 10, les seules qui doivent être suivies.

Signé Thibeaudeau, préfet.

Hérault. — *Préfecture.*

. . . . C'est une espèce de barême plus ingénieux que le barême ordinaire, et qui, comme celui-ci, n'exige d'autre connaissance que l'addition. Les mathématiciens eux-mêmes pourraient recourir avec avantage au *Régulateur universel*, ne fût-ce que pour vérifier leurs calculs d'une manière beaucoup plus expéditive que par les procédés usités en arithmétique. En un mot l'ouvrage de M. Martin nous a paru devoir être d'une utilité générale.

Signé Nogaret, préfet.

Haute-Garonne. — *Préfecture.*

. . . . Considérant que le but de cet ouvrage est de trouver le rapport exact des anciens poids et mesures, même étrangers, avec ceux établis d'après le système décimal, et que ce but est atteint par un moyen aussi simple qu'ingénieux; que la publication de cet ouvrage ne peut être que très-utile....

A l'hôtel de la préfecture, à Toulouse, le 9 mai 1809.

Signé Desmousseaux, préfet.

Les membres composant la chambre de commerce de Toulouse, à M. Martin.

Monsieur, nous avons été extrêmement satisfaits de votre ouvrage intitulé *le Régulateur universel des poids et mesures*, et sommes très-reconnaissants de l'hommage que vous avez bien voulu en faire à la chambre. Nous vous remettons copie de la délibération que nous avons prise sur cette utile production que nous regardons comme un bienfait. Puissiez-vous en avoir un débit proportionné à son mérite! Nous avons l'honneur de vous saluer.

Signé Vignolles, président.

Lot-et-Garonne. — *Tribunal de commerce d'Agen.*

. . . . *Le Régulateur universel des poids et mesures*, par M. C. F. Martin, ancien commis de la marine de *Toulon*. Après avoir examiné avec la plus sévère attention, les différentes espèces de calculs et le rapport exact qu'offre cet ouvrage avec les anciens poids et mesures et ceux établis par le système décimal; après avoir fait l'application du procédé simple et ingénieux inventé par l'auteur pour faciliter l'intelligence et la promptitude des opérations; estimons que l'ouvrage de M. C.-F. Martin réunit le double avantage d'être essentiellement utile à toutes les classes de citoyens, et d'applanir les difficultés qui pourraient exister encore pour les esprits les moins exercés dans la science du nouveau calcul. *Agen, le* 26 *mai* 1809.

Signé Paulin Hébrard, président.

Gironde. — *Chambre de commerce de Bordeaux.*

. . . . L'invention est ingénieuse et procure des résultats multipliés et certains, d'une manière aussi aisée qu'expéditive. D'après cet exposé, vous serez sans doute d'avis que l'auteur, M. C.-F. Martin, mérite des encouragements; c'est aussi celui de votre commission, et elle vous propose, en conséquence, d'inviter chacun des membres de la chambre à souscrire pour un exemplaire. La chambre a délibéré qu'elle adopte le rapport de la commission en tout son contenu. *Bordeaux, le* 14 *septembre* 1809.

Pour extrait conforme au registre :

Signé Maigné, secrétaire.

Extrait du Moniteur (21 *juillet* 1809).

Cet ouvrage, recommandable par lui-même, déjà approuvé par la commission des poids et mesures de Montpellier, par la chambre de commerce de Toulouse qui l'a accueilli *comme un bienfait*, honoré du suffrage de MM. les préfets des départements des *Bouches-du-Rhône*, de *l'Hérault*, du *Rhône*, de *l'Aude* et de la *Haute-Garonne*, vient d'obtenir le succès flatteur d'être agréé par l'Institut de France.

M. de Prony, dont le suffrage est d'un si grand poids, après avoir fait, dans un rapport à l'Institut, l'analyse du Régulateur universel, a déclaré qu'indépendamment de la simplicité de sa méthode, c'était le livre le plus complet qui eût encore paru sur cette matière, et par conséquent le seul qui puisse propager et faciliter l'usage du précieux système décimal.

INTRODUCTION.

Depuis l'heureuse invention du calcul décimal, les livres élémentaires se sont multipliés à l'infini; chaque département a produit les siens et cependant le public n'en paraît pas mieux instruit, parce que les auteurs s'attachant à la partie scientifique ont oublié qu'ils écrivaient pour la multitude et que du moins ils devaient être intelligibles. Ils n'ont travaillé ni pour ceux qu'ils devaient instruire, ni pour ceux-là même qui étaient instruits. On voulait que les auteurs des livres élémentaires fussent clairs, exacts, précis dans leurs ouvrages, et ils se sont montrés avec les défauts contraires à ces qualités. Examinez leurs ouvrages et vous serez bientôt convaincus que le peu de précision, l'inexactitude et la difficulté les accompagnent partout (1).

---

(1) Je dis *défaut de précision;* en effet, si les auteurs de ces méthodes avaient embrassé dans leurs tables tous les objets que renferme la mienne, l'étendue d'un calepin n'aurait pas suffi à leur plan.

Défaut d'exactitude: il est palpable. Dans quelques méthodes particulières j'en ai vu de si fortes, que je crois inutile de les relever dans cet ouvrage universel, d'autant plus que le public pourra s'en convaincre aisément, et les comparer avec le produit de mon Régulateur. Quant aux autres, il serait

Les livres élémentaires doivent être les guides de ceux qui veulent avec facilité parcourir la carrière des sciences; il faut qu'ils conduisent leurs élèves par une route parsemée de fleurs et qu'ils ôtent les épines qui pourraient en défendre les approches. Auteur du *Régulateur universel*, je me suis fait une

---

encore trop long de citer ici tous les auteurs qui ont erré sur les vraies bases du système. Je me bornerai à donner en preuves les fausses évaluations qui se trouvent dans le dictionnaire de commerce et dans les tables de M. *Soulet-Duzerches*.

Suivant le dictionnaire de commerce, 1er vol., page 994, deuxième colonne, la livre de 16 onces, poids de marc, égale 489 grammes 146 milligrammes, sa véritable appréciation; et le gros 3 grammes 690 milligrammes, au lieu de 3 grammes 824 milligrammes.

Deuxième volume, page 104. L'aune, dit l'auteur du même dictionnaire, a 524 lignes : c'est une erreur; elle est égale à 526 lignes cinq sixièmes.

100,000 mètres, dit-il encore, valent 84,599 aunes, et 100,000 aunes valent 118,205 mètres; erreur dans le premier résultat de 456 aunes en plus, et dans le second de 640 mètres en moins.

A la page 169 du même volume, je trouve encore une erreur qu'il importe de relever. L'aune pratique en usage à Grenoble pour les toiles, a quatre pieds 8 pouces 10 lignes, ou un mètre 3 décimètres, 22 centimètres, 27 millimètres : cette dernière expression décimale devrait s'écrire ainsi : 1 mètre 32,227 : ce qui ferait 1 mètre 32,227 cent-millièmes, ou 1 mètre, 3 décimètres, 2 centimètres, 2 millimètres, 2 dix-millièmes, 7 cent-millièmes.

La canne de Marseille, dit-il enfin, est de 72 pouces 2

loi d'être utile à tous, et mon invention, j'ose le dire, a atteint ce degré de clarté, de simplicité et de perfection que l'on avait droit d'exiger dans un ouvrage aussi utile qu'intéressant. Il était de mon devoir d'offrir au public ce livre qui à juste titre mérite le nom de livre élémentaire. Je puis donc me prévaloir ici de ce que d'*Alembert* dit de la géométrie. « Les différentes vues dans lesquelles on » peut étudier les éléments de géométrie, rendent » ces éléments susceptibles de différentes formes » dont chacune peut avoir son avantage. »

En effet, celui qui se destine à la simple profession de géomètre-arpenteur, peut fort bien exercer son état sans être obligé de sonder toute la profondeur de la science des lignes...... etc. On peut en dire autant de toutes les branches de la géométrie qui bien que liées entr'elles par le calcul, peuvent, à l'aide d'un maître, être apprises séparément, suivant l'intention de l'élève ou l'usage qu'il en doit faire.

---

lignes, tandis que la commission des poids et mesures a constaté dans sa séance du 24 ventôse an 10, qu'elle était de 74 pouces, 3 lignes, ou de 6 pieds 2 pouces 3 lignes, ou de 891 lignes.

Les tables de M. *Soulet-Duzerches*, renferment deux erreurs essentielles. La pinte de Paris, selon lui, folio 72, vaut 0952 millièmes de litre, et le litre, 1 pinte de Paris et 55 centièmes.

La véritable évaluation est, pour la pinte de Paris, 1 litre, 0,931 un tiers, et pour le litre en pinte de Paris 107 et-demi à très-peu de chose près,

La multiplicité des méthodes actuelles ne peut produire aucune objection réelle contre mon livre. Le peu de succès et l'inutilité de ces méthodes, une fois démontrée, est un motif suffisant pour que le public et les gens instruits accueillent le mien sans préjugé. C'est parce qu'on a voulu trop faire qu'on n'a pas réussi; il semblait, par une fatalité inconcevable, que tous ceux qui entreprenaient d'écrire sur cette matière pour en faciliter l'intelligence, n'eussent recours qu'à ces moyens qui portent avec eux la longueur et l'incertitude; ils oubliaient que pour propager le système décimal, il faut être simple, clair et précis, comme la belle découverte qu'ils se sont chargés de faire connaître; qu'il n'était pas question d'enseigner le calcul décimal à des personnes peu instruites qui n'ont ni le temps ni la volonté d'apprendre, mais bien de présenter une méthode exacte, dont la facilité peut lever tous les obstacles à la propagation du nouveau système et n'exige d'autres connaissances que celle de la première règle de l'arithmétique.

Le système décimal a donc deux avantages bien précieux sur l'ancien; il a une base inaltérable et une extrême simplicité; c'est le fruit du génie et des méditations de deux siècles. Le grand nombre de décimales, la virgule même, le peu d'exactitude des tables offertes jusqu'ici à l'instruction publique, avaient multiplié les difficultés. Mon *Régulateur universel* vient les applanir; c'est une invention simple, d'un usage facile, et qui cependant m'a coûté des années de veilles et de travaux.

Comparer les livres tournois aux francs, les francs aux livres tournois, les divers poids aux kilogrammes, les mesures de tous les pays, mesures de longueur, de solidité, de surface, de capacité, aux mètres, aux stères, aux ares, aux litres, et *vice versâ;* les carrés et les cubes anciens, aux carrés et aux cubes du nouveau système; par le même procédé, offrir les résultats des règles d'intérêt, un barême complet en dix pages, suivi des rapports des monnaies étrangères et des opérations de changes avec les principales villes de l'Europe; tel est l'objet dont la pratique est mise à la portée de tout le monde par mon *Régulateur.*

Les choses nouvelles ne peuvent être désignées que par des noms nouveaux. Plusieurs méthodistes ont cru pouvoir simplifier la chose en substituant les anciens noms aux nouvelles dénominations décimales, mais on n'a pas songé que la difficulté ne gissait pas dans les mots. Je respecte les motifs qui ont porté le gouvernement à rétablir les anciens noms. Le calcul décimal est si beau dans sa conception et ses développements; il est si ingénieux dans son ensemble et si parfait dans les détails, qu'il faut en éloigner tout ce qui peut altérer sa simplicité ou l'obscurcir : il lui faut des noms propres qui n'ayent aucune autre acception, qui n'ayent jamais exprimé des choses différentes, et qui puissent passer dans toutes les langues, dans tous les idiômes, sans y produire cette bigarrure que font éprouver les noms vulgaires inventés pour donner une idée des valeurs qu'ils désignent.

Pour le succès de ma nouvelle méthode, j'ai inventé un instrument graphique, à qui j'ai donné le nom de *Régulateur;* cet instrument est de cuivre plaqué en argent, qu'on applique sur les tables à côté des nombres dont on cherche le rapport et qui les présente dans les espaces marqués unités, dixièmes, centièmes, millièmes, dix-millièmes. Les divisions de cet instrument sont subordonnées à la différence des calculs de fractions, de mesures, poids et monnaies de quelque nature que soient les qualités, les quotités, les capacités, les longueurs et les valeurs.

Pour appliquer mon *Régulateur* avec plus de succès, j'ai dressé des tables qui indiquent en titre leur objet et leur base. La table, à gauche, porte la comparaison depuis dix mille unités jusqu'à quatre-vingt-dix mille. Les chiffres 1, 2, 3, 4, 5, 6, 7, 8, 9, suivis chacun de quatre zéros, sont les nombres à comparer, et ceux de droite offrent le produit exact de la comparaison dans les vuides du *Régulateur.*

On observera que, pour éviter de donner trop de volume à ma méthode, je n'ai mis en comparaison que des quantités décimales, en les poussant comme je viens de le dire jusqu'à quatre-vingt-dix mille, et qu'elles peuvent s'étendre au besoin à l'infini. Mais lorsqu'on voudra savoir, par exemple, le rapport en kilogrammes, de 18 ou 19 livres ou de telle autre mesure, il faudra d'abord chercher le produit de 10 avec le Régulateur des unités dont le rapport se trouve dans les interstices ou vides du Régulateur. Ensuite le produit de 8 ou 9 qu'on ajoutera au premier, et au moyen d'une seule addition on obtiendra le rapport demandé. Ce que je dis des livres doit s'appliquer à toutes les mesures, à toutes les quantités et même aux fractions de toute espèce, en se servant du Régulateur convenable, c'est-à-dire du Régulateur des unités toutes les fois que les nombres qu'on a à comparer ne sont pas des fractions d'unités, ni des carrés ou des cubes ; et du Régulateur des nombres composés, dans les cas contraires.

Toutes les multiplications nécessaires pour la conversion des poids et mesures s'opèrent, au moyen de l'invention, par une simple addition.

Les divisions s'opèrent de même par l'addition.

DIVISION DE L'OUVRAGE.

L'ouvrage est divisé en vingt-huit chapitres ou tableaux, savoir :

1° Mesures de pesanteur, poids de marc de France, comparées jusque dans ses plus petites divisions, *et vice versâ ;*

2° Mesures de pesanteur diverses de différentes villes de France et étrangères, réduites au nouveau système, *idem ;*

3° Valeur du kilogramme réduit en livres, onces, gros et grains, d'après l'ordonnance du Roi, pour la vente en détail ;

4° Mesures de longueur en toises, pieds,

pouces, lignes, réduits au nouveau système, *et vice versâ;*

5° Mesures de longueur pour les aunages de France et de toutes les villes étrangères qui commercent avec elle, *idem;*

6° Manière de réduire les différentes largeurs des étoffes en mètres pour l'habillement des troupes, *idem;*

7° Mesures itinéraires, *idem;*

8° Mesures des brasses marines en mètres, en usage dans les ports de roi;

9° Tableau pour servir d'expression à la taille de l'homme;

10° Mesures d'arpentage de l'ancien au nouveau système, *et vice versâ;*

11° Mesures carrées ou de superficie;

12° Mesures cubes ou de solidité;

13° Mesures pour trouver le jaugeage et le cubage des bois ronds par le même procédé;

14° Mesures pour réduire les bois équarris de l'ancien au nouveau système et du nouveau à l'ancien;

15° Mesures de capacité pour les liquides;

16° Mesures de capacité pour les matières sèches;

17° Tableau donnant la conversion des diverses contenances pour toutes sortes de futailles des principaux vignobles de France;

18° Conversion des livres, sous et deniers tournois en francs, *et vice versâ;*

19° Des règles d'intérêt depuis un huitième par mois jusqu'à 25 pour cent;

20° Des tables d'escompte pour évaluer le bénéfice et la perte;

21° Des changes des principales places de l'Europe avec la France;

22° De l'évaluation de toutes les monnaies étrangères en francs et en centimes;

23° Un tableau donnant en lignes et millimètres la longueur de chaque pied des différents pays de l'Europe;

24° Un tableau donnant la pesanteur d'un pied cube de diverses matières en ancien et nouveau système;

25° Un tableau donnant la concordance de l'annuaire et du calendrier républicain;

26° Un tableau pour le tarif des glaces;

27° La valeur de 20 sous depuis Charlemagne jusqu'à nos jours, donnée en livres tournois, au titre ordonné par Louis XVI;

28° Des tables servant à trouver le cours des rentes suivant le cours de la Bourse.

C'est pour être utile à la banque et au commerce, c'est pour seconder tous les calculateurs, que j'ai entrepris cet ouvrage aussi pénible que difficile à composer, et qui doit offrir au gouvernement du plus juste et du meilleur des monarques, à ma patrie, à l'Europe entière, une méthode précise, simple, et dont l'exactitude est à l'abri de toute objection. Si mon livre obtient le suffrage des savants, s'il met en évidence toute l'importance du calcul décimal, et facilite à toute sorte de personnes toutes les opérations arithmétiques décimales à résoudre, ce sera pour moi la plus douce récompense de mon zèle et de mes travaux.

INSTRUCTION GÉNÉRALE.

Le rapport de dix à un, que l'on appèle rapport décimal et qui régle les divisions et sous-divisions des nouvelles mesures, est le même que celui qui a lieu entre les unités des chiffres placés à la suite les uns des autres dans l'arithmétique ordinaire; c'est-à-dire, par exemple, que chaque division du quart du méridien égale dix fois la division suivante comme dans notre arithmétique l'unité de chaque chiffre vaut dix fois celle du chiffre qui suit, en allant de gauche à droite.

Dans le calcul décimal, l'unité se divise en dixièmes, centièmes, millièmes, dix-millièmes..... etc. Ainsi le mètre se divise en dix dixièmes ou dix décimètres, en cent centièmes ou centimètres, en mille-millièmes ou millimètres..... etc. Le décimètre vaut donc dix centièmes, le centimètre dix millièmes..... etc. Voilà ce qu'on appèle fractions décimales. On leur a donné ce nom, parce que la quantité, dont elles sont des parties, est divisée en dixièmes si le numérateur n'a qu'un chiffre; en centièmes s'il en a deux; en millièmes s'il en a trois; en dix-millièmes s'il en a quatre. Le dénominateur de ces fractions étant ainsi déterminé, on le supprime pour rendre le calcul plus aisé; mais il faut toujours le sous-entendre et lui donner autant de zéros que le numérateur a de chiffres. 82, 5 est donc la même chose que 82 $\frac{5}{10}$. 49, 52 est égal à 49 $\frac{52}{100}$. La virgule décimale n'est employée que pour séparer les nombres entiers des nombres fractionnaires. Lorsqu'il n'y a point d'entier, on met un zéro à leur place : ainsi o, 33 est égal à $\frac{33}{100}$ Les dixièmes, les centièmes, peuvent être également répresentés par des zéros lorsque leur produit est néant, ainsi o, oo3 est égal à $\frac{3}{1000}$.

3

Il est bon d'observer encore que, quelque nombre de zéros que l'on mette à la suite du chiffre décimal, on ne change point la valeur de la fraction, parce que le dénominateur sous-entendu est censé recevoir le même nombre de zéros ; ainsi $\frac{1}{10}$ $\frac{10}{100}$ $\frac{100}{1000}$..... etc. sont une même chose; ainsi 6 mètres 4568 peut s'exprimer par six mètres, quatre mille cinq cent soixante huit dix milliemes de mètre, ou par six mètres, quatre décimètres, cinq centimètres, six millimètres, huit dix-millimètres. Quoi de plus simple et de plus précis que cette division décimale!

Le principal usage de ce calcul était de mettre sous une forme commode les résultats des divisions susceptibles de donner un reste, et d'offrir un moyen simple d'avoir des approximations dont les différences avec la rigoureuse exactitude étaient successivement moindres que $\frac{1}{10}$ $\frac{1}{100}$ $\frac{1}{1000}$..... etc. suivant qu'on poussait le calcul jusqu'à une, deux, trois, quatre décimales.

Cela posé, convenons d'exprimer la longueur du mètre par le chiffre 1, et imaginons qu'ayant mesuré une dimension considérable on l'ait trouvée égale à neuf cent vingt-trois mètres. Il est évident que, pour écrire ce nombre, il suffira d'écrire de suite les trois chiffres, en ajoutant si l'on veut en abrégé la valeur de l'unité, de cette manière : 923 mètres.

Supposons maintenant que la dimension mesurée se trouve augmentée d'une certaine quantité, ensorte qu'elle égale neuf cent ving-trois mètres, cinq décimètres, six centimètres, sept millimètres, quatre dixièmes de millimètre; et écrivons d'abord ce nombre de la manière suivante : 923 mètres 5 décimètres 6 centimètres 7 millimètres 4 dixièmes de millimètres.

Ayant fait attention qu'un mètre vaut dix décimètres, un décimètre dix centimètres, un centimètre dix millimètres..... etc., je vois que je puis représenter le même nombre d'une manière beaucoup plus simple et plus commode; pour cela j'écris les nombres fractionnaires à la suite de ceux qui expriment des unités : 923 mètres 5674 et je vois que les unités de tous les chiffres pris successivement de gauche à droite décroissent suivant le rapport décimal, c'est-à-dire que les valeurs de ces unités se succèdent dans cet ordre :

centaines.	dixaines.	unités.	dixièmes.	centièmes.	millièmes.	dix-millièmes.
9	2	3	5	6	7	4

Le mètre étant l'étalon des nouvelles mesures, il n'est pas hors de propos de faire connaître ici sa véritable base.

La distance du pôle à l'équateur est exactement de 5,130,740 toises, qui réduites à raison de six pieds font 30,784,440 pieds; ces pieds réduits en pouces donnent 369,413,280 pouces, qui, convertis en lignes, produisent, pour la vraie distance du pôle à l'équateur, 4,432,959,360 lignes. Voilà la base et le garant des nouvelles mesures. Le mètre est égal à la dix-millionième partie de cette distance, c'est-à-dire, à 443 lignes, 2,959,360 dix-millionièmes. Mais pour éviter, dans l'expression du mètre, ce grand nombre de décimales, la commission des poids et mesures de Paris les a réduites à trois : elle a donc exprimé la longueur du mètre par 443 lignes 296 millièmes, en retranchant les quatre derniers chiffres fractionaires ; ce qui a augmenté la valeur du mètre, de peu de chose à la vérité.

Les tables de cet ouvrage ont été calculées sur la vraie distance; ainsi toutes les difficultés qui s'opposaient à l'exactitude et à la facilité des résultats ont disparu, parce que le Régulateur ne laisse jamais à découvert que quatre décimales qui sont des dix-millièmes d'unité. Cela est si vrai que, sur une réduction de 1,458,879 toises 70 centièmes, en mètres, le vrai résultat donné par mon Régulateur est de 2,859,511 mètres 84 centimètres, qui par la contre-opération, ont reproduit la même quantité de toises et la même fraction, au lieu qu'en opérant arithmétiquement sur la base de 443 lignes 296 millièmes, qui est une approximation forcée aux millièmes, il se trouve en différence réelle une quantité de 41 centièmes sur le résultat de la comparaison.

On veut opérer des calculs usités dans le commerce ou la banque, on veut le faire sans être obligé de recourir aux régles de l'arithmétique; les multiplications et les divisions s'opérent par addition seulement, même toutes les régles de trois possibles, directes et inverses, mesures linéaires, de superficie ou carrées, de solidité ou cubes, jaugeage, régles d'intérêt, cubage des bois ronds et équarris (le jaugeage et le cubage des bois ronds sont assujétis à un même procédé); tarif de toutes les monnaies françaises et étrangères, la réduction des mesures de pesanteur et de longueur, de l'ancien au nouveau système et du nouveau à l'ancien. Par conséquent chaque nombre forme une table composée de 9 lignes; la première de gauche est appelée *comparative*, et les deux autres, tables de réciprocité. Les nombres 1, 2, 3, 4, 5, 6, 7, 8, 9, etc., on peut les étendre à volonté par le moyen de l'instrument graphique.

Nous allons présenter dans le cours de cette instruction et dans chaque chapitre tous les exemples propres et nécessaires à l'explication des objets dont on traite.

CHAPITRE PREMIER.

MESURES DE PESANTEUR.

INSTRUCTION PRÉLIMINAIRE.

Le nouveau système des poids se rallie à celui des mesures linéaires par le terme de comparaison adopté par l'Académie des Sciences. Elle a choisi l'eau, comme un fluide universel et susceptible de se dépouiller par la distillation de toute substance hétérogène, pour servir de base inaltérable et constante à l'unité fondamentale du système des poids et mesures. Les expériences faites avec l'exactitude la plus scrupuleuse par les commissaires de l'Académie, ont déterminé que la pesanteur spécifique d'un décimètre cube d'eau distillée, prise à son *maximum* de densité et pesée dans le vide, est de 18,827 grains 15 centièmes, ce qui répond à 2 livres, 5 gros, 35 grains, 15 centièmes, poids de marc, valeur du kilogramme, consacrée par la loi du 19 frimaire an 8.

La livre, poids de marc, qui était le poids le plus généralement en usage, se divisait en 2 marcs, le marc en 8 onces, l'once en 8 gros, le gros en 24 deniers, et le denier en 24 grains : il en est à peu près de même des autres poids usités dans divers lieux. De cette division irrégulière et si peu uniforme, résultait nécessairement la complication des calculs. La simplicité des divisions décimales a remédié à cet inconvénient, et l'usage de mon Régulateur doit convaincre tout le monde de cette vérité.

Commençons par présenter la série des nouvelles dénominations et leurs rapports avec l'ancien poids de marc.

DÉNOM. DÉCIM.	VALEURS RELATIVES.	RAPPORT avec LE POIDS DE MARC. livres.	onces.	gros.	grains.	centièmes de grains.	VALEUR EN GRAINS.
1 Myriagr.	10 kilogrammes .	20	6	6	53	60	188271, 5
1 Kilogr. .	10 Hectogramm .	2	0	5	35	15	18827, 15
1 Hectogr.	10 Décagrammes.	»	3	2	10	71	1882, 715
1 Décagr .	10 Grammes. . .	»	»	2	44	27	188, 2715
1 Gram. .	10 Décigrammes.	»	»	»	18	83	18, 82715
1 Décigr. .	10 Centigram . .	»	»	»	1	88	1, 882715
1 Centigr .	10 Milligram. . .	»	»	»	»	19	0, 1882715
1 Milligr .	10 Dix-milligram.	»	»	»	»	02	0, 01882715

La diversité des poids en usage parmi nous et chez nos voisins, ne me permet pas de donner ici les différents rapports du système décimal avec les poids de tous les pays; mais on les trouvera dans les tables qui suivent la présente instruction, par l'application du Régulateur : car mon intention a été de ne rien omettre dans cet ouvrage, et de le rendre, quoiqu'en un petit volume, d'une utilité universelle, non seulement pour la France ma patrie, mais pour le commerce en général de l'Europe et du monde entier.

On trouvera dans cette méthode, au moyen de mon Régulateur et sans autre opération que celle d'une simple addition arithmétique, les rapports mutuels entre les nouveaux poids français et les anciens poids de tous les pays.

Je prends pour exemple le poids de marc comme le plus universellement répandu.

Soit 6,100 kilogrammes, 50 centièmes ou 50 décagrammes à réduire en livres, poids de marc : je cherche la table comparative qui indique cette réduction, et après avoir décomposé cette quantité comme il suit, je procède à l'application de mon Régulateur, qui me donne le résultat suivant :

QUANTITÉS à COMPARER.		RÉSULTATS de la COMPARAISON.	
Kilog.	Cent.	Liv.	Centièmes
6000	»	12257	26
100	»	204	29
»	50	1	02
6100	50	12462	57

J'ai donc trouvé par l'application du Régulateur, et au moyen d'une simple addition, que 6,100 kilogrammes 50 décagrammes étaient égaux à 12,462 livres, 57 centièmes, poids de marc; et pour bien expliquer mon opération, je crois qu'il n'est pas inutile de présenter ici une de mes tables comparatives jointe aux tables de réciprocité qui ont rapport à l'opération indiquée, comme il suit :

TABLE COMPARATIVE.	RÉSULTATS de la COMPARAISON.	
	Kilogram.	Livres.
10000	48950584	204287652
20000	97901168	408575304
30000	146851752	612862956
40000	195802336	817150608
50000	244752920	1021438260
60000	293703504	1225725912
70000	342654088	1430013564
80000	391604672	1634301216
90000	440555256	1838588868

Il me reste à démontrer : je cherche sur ma table comparative, et je pose en dehors de mon Régulateur, à gauche, la série 6 jusqu'au o qui indique 6,000; et cherchant aussitôt dans les vides du Régulateur, je vois que 6,000 kilogrammes donnent en livres 12257,26, que j'écris. Posant ensuite mon Régulateur sur la série 1, suivie de deux zéros, je trouve encore dans les vides du Régulateur 204,29, que j'écris également. Mais comme j'ai obtenu un résultat fractionnaire de 57 centièmes de livres que je veux réduire en divisions de l'ancien poids, c'est-à-dire en onces, gros et grains, j'ai recours au tableau placé à la fin des tables de ce chapitre, et qui sert pour toutes les fractions supprimées ou étrangères; je cherche d'abord la colonne de la livre de 16 onces, et je trouve que le rapport de 57 centièmes de livres est de 7 onces o gros 69 grains; puis j'additionne le tout, et j'ai pour quotient 12,462 livres 57 centièmes, poids de marc.

Si l'on veut la preuve, l'on décomposera par le même procédé et l'emploi du Régulateur, les 12,462 livres 57, de la même manière que les 6,100 kilogrammes 50 décagrammes, et ce sur la table des rapports des kilogrammes, et l'on obtiendra pour résultat le produit 6,100 kilogrammes 50 décagrammes, comme je dois le démontrer plus bas. Il en est ainsi pour toutes les autres opérations. On ne peut rien désirer de plus facile et de plus précis dans l'explication du système décimal, et c'est avec raison que je me suis flatté de le mettre à la portée de tout le monde.

Il me paraît essentiel de prévenir ici une objection qui peut se présenter à l'esprit des personnes qui ne connaissent pas assez les éléments du calcul décimal.

Le poids de marc n'est pas le seul dont la livre se subdivise en 16 onces. Ceux en usage à *Montpellier*, *Avignon* et autres villes, ont la même subdivision, mais une base ou valeur différente ; et comment la colonne de réduction des centièmes de la livre de 16 onces, dans le tableau dont nous venons de parler, peut-elle être commune à tous les poids qui ont une livre de 16 onces?

Si j'écrivais seulement pour des hommes versés dans la science des nombres, je n'aurais pas même l'idée d'une pareille objection; mais mon but est d'instruire. J'ai dû par conséquent m'identifier, pour ainsi dire, avec cette intention, employer un langage convenable, et ne rien omettre de ce qui peut prévenir les difficultés, dissiper les doutes et favoriser l'instruction. Ainsi cette objection, qui peut paraître puérile aux savants, est à mes yeux d'une véritable importance, parce que, se présentant d'elle-même, elle pourrait mettre obstacle à la parfaite intelligence de mon système, si on n'en trouvait ici la solution.

Le rapport de 16 à 100, qui est le rapport de 16 onces à 100 centièmes, est le même pour le poids de marc et pour tous les poids qui se composent du même nombre d'onces. La différence intrinsèque de chacun étant mesurée dans les tables respectives par une base déterminée, la même quantité de centièmes doit être représentée par le même nombre d'onces. Il est évident en effet que 50 centièmes étant la moitié de l'unité, doivent égaler 8 onces, si la livre en a 16. Ainsi 50 centièmes de la livre de Montpellier, Avignon, etc., se traduiront par 8 onces ; car la différence spécifique de ces poids ne consiste point dans un plus grand nombre d'onces, mais seulement dans la valeur relative des onces, qui sont les éléments de cette différence. En effet 100 valent, poids de marc, 204 livres 2876 dix-millièmes, et en poids de Montpellier ou d'Avignon, 245 livres 1451, poids d'Avignon, parce que ces deux dernières quantités sont égales au premier terme de la comparaison, qui est 100 kilogrammes.

Revenons à notre exemple.

Il est nécessaire d'observer que, pour la réduction de 50 centièmes de kilogrammes, j'ai dû employer le Régulateur des nombres fractionnaires qui a produit 1 livre 02 centièmes. C'est ce qu'on devra observer toutes les fois qu'on aura à réduire les sous-multiples de l'unité.

Si on répète cette opération avec moi, on s'apercevra aisément que, dans le résultat des fractions, j'ai ajouté une unité aux centièmes toutes les fois que les chiffres suivants, qui sont des millièmes et des dix-millièmes, excédaient 50; et que, dans le cas contraire, je les ai négligés pour simplifier l'opération, en retranchant deux décimales. On doit se rappeler de cette observation.

Reprenons notre opération; et pour la démontrer d'une manière parfaite dans toutes les parties, supposons que nous avons 12,462 livres 57 centièmes, poids de marc, à réduire en kilogrammes, par une contre-opération sur la table inverse, qui servira de preuve à la première.

Je prends la table des réductions de livres, poids de marc, en kilogrammes; j'applique le Régulateur, et je trouve le produit de 6,100 kilogr. 50 centièmes, comme il suit :

	QUANTITÉS à COMPARER.		RÉSULTATS de la COMPARAISON.	
	Livres.	Centièmes.	Kilogrammes	Centièmes.
	10000	»	4,895	06
	2000	»	979	01
	400	»	195	80
	60	»	29	37
	2	»	»	98
		50	»	25
		07	»	03
Tot.	12462	57	6,100	50

Le Régulateur des nombres simples servant pour les poids et mesures de longueur et de capacité, il sera bon d'observer que j'ai dû désigner la valeur des fractions du système décimal par des mots génériques, c'est-à-dire par dixièmes, centièmes, millièmes et dix-millièmes, qu'on doit traduire, dans le système des poids nouveaux, par hectogrammes, décagrammes, grammes et décigrammes. Le résultat ci-dessus pourrait donc s'écrire ainsi : 6,100 kilogrammes 5 hectogrammes 0 décagrammes. Il en est de même pour le Régulateur des nombres fractionnaires.

C'est par le même procédé qu'avec la plus grande facilité on trouvera les rapports réciproques des poids de tous les pays avec le poids décimal sur les tables respectives. La seule difficulté était de réduire en onces, gros et grains, les centièmes de livres donnés par la comparaison ; mais, outre qu'elle est totalement levée par le tableau que nous venons d'employer dans l'exemple ci-dessus, il est encore un moyen simple de connaître la valeur d'une fraction décimale de la livre en anciennes subdivisions : c'est de multiplier cette fraction par le nombre qui indique la quotité de ces subdivisions, c'est-à-dire par 12, 14, 15, 16, 18, etc., suivant que la livre sur laquelle on opère est composée de 12, 14, 15, 16 ou 18 onces, etc.

EXEMPLE.

Soit 34289 cent millièmes de livres à réduire en onces, gros, grains et centièmes de grains de la livre composée de 16 onces. Je multiplie la fraction par ce nombre, et je trouve en produit 5,48624. Je sépare par une virgule le premier chiffre à gauche qui est 5, et je marque 5 onces. L'once étant composée de 8 gros, je multiplie le reste de la fraction par 8. Le résultat est de 3,88992 ; le premier chiffre représente 3 gros, que j'écris à la suite des 5 onces. Pour réduire en grains le restant de la fraction, je le multiplie par 72, et j'obtiens 64, 07, 424, c'est-à-dire 64 grains, 7 centièmes de grains, et 424 cent-millièmes de grains. En réunissant tous ces résultats, on aura 5 onces 3 grains 64 gros 17 centièmes seulement, car on ne peut faire aucun cas de la dernière fraction.

Pour établir une preuve incontestable de la précision de cette opération, il faut chercher le complément de 34,289 cent-millièmes, qui est de 65,711. Il est clair en effet que ces deux fractions réunies forment l'unité, c'est-à-dire 1 livre. En opérant sur ce complément comme je viens de le faire sur la fraction 34,289, j'ai pour

	onces	gros	grains	cent.	cent-milliièm.	
produit	10	4	07	92	576,	que j'ajoute à celui de la
fraction	5	3	64	07	424,	et je trouve exactement
l'unité	16	0	00	00	000,	c'est-à-dire 16 onces,

qui font une livre. Cette opération sert aussi à prouver l'exactitude de mon tableau de réduction des centièmes de livres en onces, gros et grains.

Un autre avantage de ma méthode, c'est que le prix de la livre étant connu, l'application du Régulateur sur la table offre de suite le prix du kilogramme et *vice versâ.* Supposons que la livre, poids de marc, ait coûté 20 fr.; le Régulateur, appliqué à côté du nombre 20 sur la table de réduction des kilogrammes en livres, poids de marc, rapporte 40 fr. 86 cent. pour la valeur du kilogramme. Le kilogramme coûtant 40 fr. 86 cent., voyons si le Régulateur donnera la même somme de 20 fr. pour la valeur de la livre. Je trouve en effet par la même opération, sur la table inverse :

1° Que 40 fr. produisent par le Régulateur des nombres simples.	19 fr. 58 c.
2° Que 80 c. produisent par le Régulateur des nombres fractionnaires	» 39
3° Que 06 produisent *idem*.	» 3
Somme égale.	20 00

Les mêmes opérations, que je viens de faire sur le poids de marc, peuvent se faire sur tous les anciens poids de France et sur tous les poids étrangers que j'ai compris dans les tables de ce chapitre : ce qui doit faire juger de l'extrême simplicité de mon invention et du travail pénible qu'a dû me coûter l'étendue et la perfection où je l'ai portée pour l'utilité publique.

Je commencerai par les tables de réduction des poids de marc, comme étant le poids en usage dans la capitale et le plus usité, et je le comparerai avec les poids décimaux jusque dans ses plus petites subdivisions. Quant aux poids des autres villes de France et de l'étranger, on les trouvera ensuite par ordre alphabétique.

MANIÈRE DE SE SERVIR DU RÉGULATEUR EN PARTIE DOUBLE.

Opération *sur la 1re Table des mesures de pesanteur, poids de marc.*

L'on suppose vouloir connaître combien 4641 livres 75 centièmes font en kilogrammes et fraction de kilogr. ou combien 4642 kilogr. 75 centièmes font en livres. Ces deux opérations se trouvent faites par la même application du Régulateur. Pour l'une et pour l'autre, je décompose cette quantité de la manière suivante ; Savoir :

Quantités représentant la table comparative, soit en livres ou en kilogrammes. — TABLE DES RAPPORTS.

L'on prend		pour					donne		ou	
	1re	4600	00	Fig. 1re	1958 kilogr.	6454 fract.		0171 liv.	5061 fract.
	2e	600	00	id. 2e	293 . . .	9035 . . .		1225 . .	7259 . . .
	3e	40	00	id. 3e	19 . . .	5602 . . .		81 . .	7171 . . .
	4e	»	01	id. 4e	» . . .	9719 . . .		4 . .	0857 . . .
	5e	»	70	id. 5e	» . . .	3247 . . .		1 . .	5500 . . .
	6e	»	05	id. 6e	» . . .	245 . . .		» . .	1021 . . .
		4641	75		2272 kilogr.	1075 fract.		9185 liv.	6609 fract.

Fig. I.

Chapitre Ier. — Mesures de pesanteur.

Fig. II.

Chapitre Ier. — Mesures de pesanteur.

Fig. III.

Chapitre Ier. — Mesures de pesanteur.

Fig. IV.

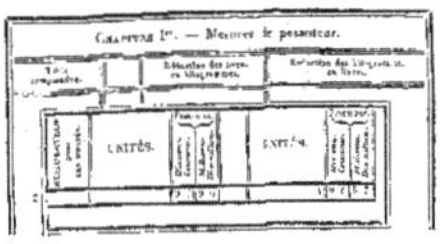

Chapitre Ier. — Mesures de pesanteur.

Fig. V.

Chapitre Ier. — Mesures de pesanteur.

Fig. VI.

Chapitre Ier. — Mesures de pesanteur.

Opération *sur les Changes entre Paris et Amsterdam.*

L'on suppose le taux du Change à 57 francs 3 huitièmes deniers de gros, pour 3 francs, et l'on veut savoir combien 2272 fr. 65 c. font en florins, et combien la même quantité de florins font en francs. La manière d'opérer pour les changes est la même que celle ci-contre, l'on cherche les tables qui portent ce Change (pag. 529).

Quantités représentant la table comparative, soit en florins ou en francs. — TABLE DES RAPPORTS.

L'on prend		pour					donne		ou	
	1re	2000	00	Fig. 1re	956 florins.	2500 fract.		4185 fr.	0465 fract.
	2e	200	00	id. 2e	95	6250 . . .		418 . .	5046 . . .
	3e	70	00	id. 3e	33	4687 . . .		146 . .	4650 . . .
	4e	»	00	id. 4e	»	9563 . . .		4 . .	1850 . . .
	5e	»	60	id. 5e	»	2812 . . .		1 . .	2549 . . .
	6e	»	05	id. 6e	»	234 . . .		» . .	1046 . . .
		2272	65		1086 florins.	[illegible] fract.		4733 fr.	[illegible] fract.

Fig. I.

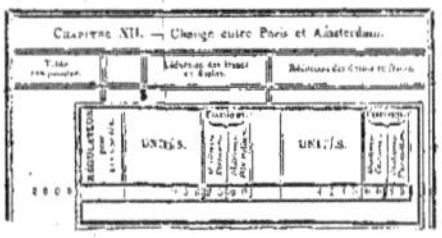

Chapitre XII. — Change entre Paris et Amsterdam.

Fig. II.

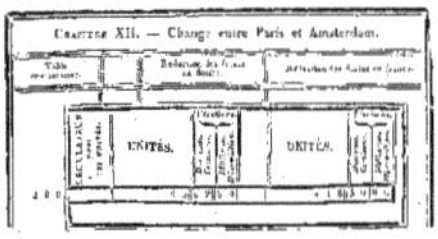

Chapitre XII. — Change entre Paris et Amsterdam.

Fig. III.

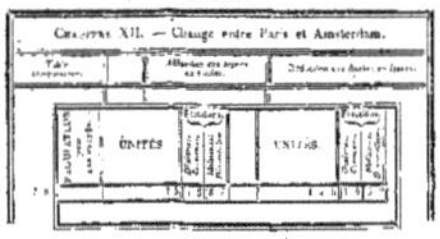

Chapitre XII. — Change entre Paris et Amsterdam.

Fig. IV.

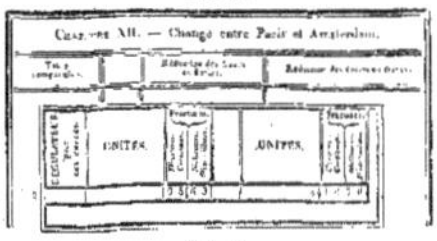

Chapitre XII. — Change entre Paris et Amsterdam.

Fig. V.

Chapitre XII. — Change entre Paris et Amsterdam.

Fig. VI.

Chapitre XII. — Change entre Paris et Amsterdam.

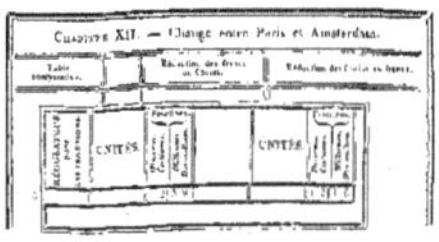

LES

TABLES DE MARTIN,

OU

LE RÉGULATEUR UNIVERSEL DES CALCULS EN PARTIES DOUBLES.

CHAPITRE PREMIER.

MESURES DE PESANTEUR.

Table comparative.		Réduction des livres en kilogrammes.	Réduction des kilogrammes en livres.
10000	*Paris.* Poids de marc.	4895058	20428765
20000		9790117	40857530
30000		14685175	61286296
40000		19580234	81715061
50000		24475292	102143826
60000		29370351	122572591
70000		34265409	143001356
80000		39160468	163430122
90000		44055526	183858887

Table comparative.		Réduction des onces en hectogrammes.	Réduction des hectogrammes en onces.
10000	*Paris.* Poids de marc.	3059412	32686024
20000		6118823	65372049
30000		9178235	98058073
40000		12237646	130744097
50000		15297058	163430122
60000		18356469	196116146
70000		21415881	228802170
80000		24475292	261488194
90000		27534704	294174219

Table comparative.		Réduction des gros en décagrammes.	Réduction des décagrammes en gros.
10000	*Paris.* Poids de marc.	3824264	26148819
20000		7648529	52297639
30000		11472793	78446458
40000		15297058	104595278
50000		19121322	130744097
60000		22945587	156892917
70000		26769851	183041736
80000		30594115	209190556
90000		34418380	235339375

Chapitre Ier. — Mesures de pesanteur.

Table comparative.		Réduction des deniers en grammes.	Réduction des grammes en deniers.
10000	*Paris.* Poids de marc.	12747548	7844646
20000		25495096	15689292
30009		38242644	23533937
40000		50990199	31378583
50000		63737742	39223229
60000		76485289	47067875
70000		89232837	54912521
80000		101980385	62757167
90000		114727933	70601812

Table comparative.		Réduction des grains en grammes.	Réduction des grammes en grains.
10000	*Paris.* Poids de marc.	531148	18827150
20000		1062296	37654300
30000		1593444	56481450
40000		2124591	75308600
50000		2655739	94135750
60000		3186887	112962900
70000		3718035	131790050
80000		4249183	150617200
90000		4780331	169444350

Table comparative.		Réduction des grains en décigrammes.	Réduction des décigrammes en grains.
10000	*Paris.* Poids de marc.	5311478	18827150
20000		10622957	37654300
30000		15934435	56481450
40000		21245913	75308600
50000		26557392	94135750
60000		31868870	112962900
70000		37180349	131790050
80000		42491827	150617200
90000		47803305	169444350

Table comparative.		Réduction des grains en centigrammes.	Réduction des centigrammes en grains.
10000	*Paris.* Poids de marc.	53114784	1882715
20000		106229567	3765430
30000		159344351	5648145
40000		212459135	7530860
50000		265573919	9413575
60000		318688702	11296290
70000		371803486	13179005
80000		424918270	15061720
90000		478033053	16944435

Table comparative.		Réduction des grains en milligrammes.	Réduction des milligrammes en grains.
10000	*Paris.* Poids de marc.	531147837	188271
20000		1062295674	376543
30000		1593443511	564814
40000		2124591349	753086
50000		2655739186	941357
60000		3186887023	1129629
70000		3718034860	1317900
80000		4249182697	1506172
90000		4780330535	1694443

Chap. Ier. — Mesures de pesanteur.

Table comparative.		Réduction des onces en kilogrammes.	Réduction des kilogrammes en onces.
10000	*Paris* Poids de marc.	305941	326860243
20000		611882	653720496
30000		917823	980580739
40000		1223765	1307440972
50000		1529706	1634301225
60000		1835647	1961161468
70000		2141588	2288021701
80000		2447529	2614881944
90000		2753470	2941742198

Table comparative.		Réduction des gros en kilogrammes.	Réduction des kilogrammes en gros.
10000	*Paris.* Poids de marc	38243	2614881944
20000		76485	5229763889
30000		114728	7844645833
40000		152971	10459527778
50000		191213	13074409722
60000		229456	15689291667
70000		267698	18304173611
80000		305941	20919055756
90000		344184	23533937500

Table comparative.		Réduction des marcs en kilogrammes.	Réduction des kilogrammes en marcs.
10000	*Paris.* Poids de marc.	2447530	40857530
20000		4895058	81715060
30000		7342588	122572591
40000		9790117	163430121
50000		12237646	204287652
60000		14685175	245145182
70000		17132705	286002713
80000		19580234	326860243
90000		22027763	367717773

Table comparative.		Réduction des livres en kilogrammes.	Réduction des kilogrammes en livres.
10000	*Abbeville.*	4219540	23699264
20000		8439081	47398527
30000		12658621	71097791
40000		16878162	94797054
50000		21097702	118496318
60000		25317242	142195581
70000		29536783	165894845
80000		33756323	189594108
90000		37975864	213293372

Table comparative.		Réduction des cattis en kilogrammes.	Réduction des kilogrammes en cattis.
10000	*Achem.*	9594679	10422443
20000		19189359	20844886
30000		28784039	31267329
40000		38378717	41689772
50000		47973397	52111215
60000		57568076	62533658
70000		67162756	72957100
80000		76757435	83379543
90000		86352155	93801986

CHAPITRE Ier. — Mesures de pesanteur.

Table comparative.		Réduction des rotolis en kilogrammes.	Réduction des kilogrammes en rotolis.
10000	*Acre.*	2058706 9	485741 8
20000		4117413 7	971483 6
30000		6176120 6	1457225 4
40000		8234827 4	1942967 2
50000		10293534 3	2428709 1
60000		12352241 1	2914450 9
70000		14410948 0	3400192 7
80000		16469654 9	3885934 5
90000		18528361 7	4371676 3

Table comparative.		Réduction des livres en kilogrammes.	Réduction des kilogrammes en livres.
10000	*Aix. (B.-du-Rhône.)*	398131 4	2511836 4
20000		796262 8	5023672 7
30000		1194394 3	7535509 1
40000		1592525 7	10047345 4
50000		1990657 1	12559181 8
60000		2388788 5	15071018 2
70000		2786920 0	17582854 5
80000		3185051 4	20094690 9
90000		3573182 8	22606527 2

Table comparative.		Réduction des livres en kilogrammes.	Réduction des kilogrammes en livres.
10000	*Aix-la-Chapelle.*	461767 2	2165670 0
20000		923534 4	4331340 0
30000		1385301 5	6497010 0
40000		1847068 7	8662680 0
50000		2308835 9	10828350 0
60000		2770603 1	12994020 1
70000		3232370 3	15159690 1
80000		3694137 5	17325360 1
90000		4155904 6	19491030 1

Table comparative.		Réduction des rotolis en kilogrammes.	Réduction des kilogrammes en rotolis.
10000	*Alep.*	225172 7	4441035 9
20000		450345 4	8882071 8
30000		675518 1	13323107 7
40000		900690 8	17764143 6
50000		1125863 4	22205179 6
60000		1351036 1	26646215 5
70000		1576208 8	31087251 4
80000		1801381 5	35528287 3
90000		2026554 2	39969323 2

Table comparative.		Réduction des rotolis en kilogrammes.	Réduction des kilogrammes en rotolis.
10000	*Alexandrie. (Egypt.)* Poids app. zaidines.	587407 0	1702397 1
20000		1174814 0	3404794 2
30000		1762221 0	5107191 3
40000		2349628 1	6809588 4
50000		2937035 1	8511985 5
60000		3524442 1	10214382 6
70000		4111849 1	11916779 7
80000		4699256 1	13619176 8
90000		5286663 1	15321573 9

Chapitre Ier. — Mesures de pesanteur.

Table comparative.		Réduction des rotolis en kilogrammes.	Réduction des kilogrammes en rotolis.
10000	*Alexandrie.* (*Egypt.*) Poids app. forfores.	4279865	23391157
20000		8559730	46782315
30000		12839596	70173472
40000		17119461	93564629
50000		21399326	116955787
60000		25679191	140346944
70000		29959057	163738102
80000		34238922	187129259
90000		38518787	210520416

Table comparative.		Réduction des rotolis en kilogrammes.	Réduction des kilogrammes en rotolis.
10000	*Alexandrie.* (*Egypt.*) Poids app. zaures.	9484220	10543830
20000		18968440	21087659
30000		28452660	31631489
40000		37936880	42175319
50000		47421100	52719148
60000		56905320	63262978
70000		66389540	73806807
80000		75873760	84350638
90000		85357980	94894467

Table comparative.		Réduction des rotolis en kilogrammes.	Réduction des kilogrammes en rotolis.
10000	*Alexandrie.* (*Egypt.*) Poids app. mines.	7586990	13180458
20000		15173980	26360914
30000		22760970	39541372
40000		30347960	52721829
50000		37934950	65902286
60000		45521940	79082744
70000		53108930	92263202
80000		60695920	105443659
90000		68282910	118624817

Table comparative.		Réduction des okes en kilogrammes.	Réduction des kilogrammes en okes.
10000	*Alexandrie.* (*Egypt.*) Pour la vente du café.	4630306	21503963
20000		9300611	43007927
30000		13950017	64511890
40000		18401222	86015854
50000		23251528	107519817
60000		27901833	129023780
70000		32552139	150527744
80000		37203444	172031707
90000		41852750	193535671

Table comparative.		Réduction des livres en kilogrammes.	Réduction des kilogrammes en livres.
10000	*Alger.*	04799113	20837174
20000		9598231	41674348
30000		14397346	62511521
40000		19196461	83348695
50000		23995577	104185869
60000		28794692	125023043
70000		33593807	145860217
80000		38392923	166697390
90000		43192038	187534564

Chapitre Ier. — Mesures de pesanteur.

Table comparative.		Réduction des livres en kilogrammes.	Réduction des kilogrammes en livres.
10000	*Alicante.* Poids de 12 onces.	5133693	19479156
20000		10267385	38958313
30000		15401078	58437469
40000		20534770	77916625
50000		25668463	97395782
60000		30802155	116874938
70000		35935848	136354094
80000		41069541	155833251
90000		46203233	175312407

Table comparative.		Réduction des livres en kilogrammes.	Réduction des kilogrammes en livres.
10000	*Alicante.* Poids de 12 onces.	3420422	29236158
20000		6840844	58472315
30000		10261266	87708472
40000		13681688	116944630
50000		17102110	146180787
60000		20522533	175416945
70000		23942955	204653102
80000		27363377	233889261
90000		36783799	263125418

Table comparative.		Réduction des livres en kilogrammes.	Réduction des kilogrammes en livres.
10000	*Altona.*	4863703	20560468
20000		9727405	41120936
30000		14591108	61681404
40000		19454810	82241872
50000		24318513	102802340
60000		29182215	123362807
70000		34045918	143923275
80000		38909620	164483743
90000		43773323	185044211

Table comparative.		Réduction des livres en kilogrammes.	Réduction des kilogrammes en livres.
10000	*Amberg.*	5021723	19913484
20000		10043446	39826968
30000		15065169	59740452
40000		20086892	79653936
50000		25108615	99567420
60000		30130338	119480904
70000		35152061	139394388
80000		40173784	159307873
90000		45195507	179221357

Table comparative.		Réduction des livres en kilogrammes.	Réduction des kilogrammes en livres.
10000	*Amiens.*	4613593	21675082
20000		9227185	43350165
30000		13840778	65025247
40000		18454370	86700330
50000		23067963	10[illegible]375412
60000		27681556	130050495
70000		32295148	151725577
80000		36908741	173400659
90000		41522333	195075742

Chapitre Ier. — Mesures de pesanteur.

Table comparative.		Réduction des livres en kilogrammes.	Réduction des kilogrammes en livres.
10000	*Amsterdam.* Poids de commerce.	4940904	20239211
20000		9881808	40478421
30000		14822712	60717632
40000		19763617	80956842
50000		24704521	101196053
60000		29645425	121435264
70000		34586329	141674474
80000		39527233	161913685
90000		44468137	182152895

Table comparative.		Réduction des livres en kilogrammes.	Réduction des kilogrammes en livres.
10000	*Amsterdam.* Poids de médecine.	3705678	26985614
20000		7411356	53971228
30000		11117034	80956843
40000		14822712	107942457
50000		18528391	134928071
60000		22234069	161913685
70000		25939747	188899299
80000		29645425	215884913
90000		33351103	242870528

Table comparative.		Réduction des livres en kilogrammes.	Réduction des kilogrammes en livres.
10000	*Ancône.*	4211219	23746095
20000		8422438	47492189
30000		12633656	71238284
40000		16844875	94984378
50000		21056094	118730473
60000		25267313	142476568
70000		29478532	166222662
80000		33689750	189968757
90000		37900969	213714851

Table comparative.		Réduction des livres en kilogrammes.	Réduction des kilogrammes en livres.
10000	*Angleterre.* Poids de troy.	5023564	19906188
20000		10047127	39812376
30000		15070691	59718564
40000		20094254	79624752
50000		25117818	99530940
60000		30141381	119437128
70000		35164945	139343316
80000		40188508	159249505
90000		45212072	179155693

Table comparative.		Réduction des livres en kilogrammes.	Réduction des kilogrammes en livres.
10000	*Angleterre.* Avoir du poids.	4478979	22326510
20000		8957957	44653021
30000		13436936	66979531
40000		17915914	89306042
50000		22394893	111632552
60000		26873871	133959062
70000		31352850	156285573
80000		35831828	178612083
90000		40310807	200938593

Chapitre Ier. — Mesures de pesanteur.

Table comparative.		Réduction des livres en kilogrammes.	Réduction des kilogrammes en livres.
10000	*Anspach.*	5118468	19537116
20000		10236936	39074231
30000		15355404	58611347
40000		20473872	78148463
50000		25592340	97685579
60000		30710807	117222694
70000		35829275	156759810
80000		40947743	156296926
90000		46066211	175834042

Table comparative.		Réduction des livres en kilogrammes.	Réduction des kilogrammes en livres.
10000	*Anvers.*	4638068	21560702
20000		9276136	43121404
30000		13914204	64682106
40000		18552272	86242808
50000		23190340	107803510
60000		27828408	129364212
70000		32466476	150924914
80000		37104544	172485616
90000		41742612	194046318

Table comparative.		Réduction des livres en kilogrammes.	Réduction des kilogrammes en livres.
10000	*Araw. (Suisse.)*	4766563	20979476
20000		9533126	41958952
30000		14299689	62938428
40000		19066252	83917904
50000		23832815	104897380
60000		28599378	125876856
70000		53365941	146856332
80000		38132504	167835808
90000		42899067	188815284

Table comparative.		Réduction des livres en kilogrammes.	Réduction des kilogrammes en livres.
10000	*Augsbourg.*	4870583	20531422
20000		9741166	41062844
30000		14611749	61594266
40000		19482332	82125688
50000		24352915	102657110
60000		29223498	128188532
70000		34094081	143719954
80000		38964664	164251376
90000		43835247	184782788

Table comparative,		Réduction des livres en kilogrammes.	Réduction des kilogrammes en livres.
10000	*Augsbourg.*	4661961	21450202
20000		9323922	42900404
30000		13985883	64350606
40000		18647844	85800808
50000		23309805	107251010
60000		27971766	128701212
70000		32633727	150151414
80000		37295688	171601616
90000		41957649	193051818

Chapitre Ier. — Mesures de pesanteur.

Table comparative.		Réduction des livres en kilogrammes.	Réduction des kilogrammes en livres.
10000	*Archangel.*	4107127	24347923
20000		8214254	48695846
30000		12321381	73043769
40000		16428508	97391692
50000		20535635	121739615
60000		24642762	146087538
70000		28749889	170435461
80000		32857016	194783384
90000		36964143	219131307

Table comparative.		Réduction des livres en kilogrammes.	Réduction des kilogrammes en livres.
10000	*Aurich.*	5486141	18227750
20000		10972282	36455500
30000		16458423	54683250
40000		21944564	72911000
50000		27430705	91138750
60000		32916846	109366500
70000		38402987	127594250
80000		43889128	145822000
90000		49375269	164049750

Table comparative.		Réduction des livres en kilogrammes.	Réduction des kilogrammes en livres.
10000	*Aurich.*	4987225	20051230
20000		9974450	40102460
30000		14961675	60153690
40000		19948900	80204920
50000		24936125	100256150
60000		29923350	120307380
70000		34910575	140358610
80000		39897800	160409840
90000		44885025	180461070

Table comparative.		Réduction des livres en kilogrammes.	Réduction des kilogrammes en livres.
10000	*Avignon.*	4079215	24514518
20000		8158430	49029036
30000		12237645	73543554
40000		16316860	98058072
50000		20396075	122572590
60000		24475290	147087108
40000		28554505	171601626
80000		32633720	196116144
90000		36712935	220630662

Table comparative.		Réduction des livres en kilogrammes.	Réduction des kilogrammes en livres.
10000	*Avignon.*	3191578	31332463
20000		6383156	62664926
30000		9574734	93997389
40600		12766312	125329853
50000		15957890	156662316
60000		19149468	187994779
70000		22341046	219327242
80000		25532624	250659705
90000		28724202	281992168

Chapitre Ier. — Mesures de pesanteur.

Table comparative.		Réduction des livres en kilogrammes.	Réduction des kilogrammes en livres.
10000	*Avignon*	4038423	24762139
20000		8076846	49524278
30000		12115269	74286417
40000		16153692	99048556
50000		20192115	123810695
60000		24230538	148572834
70000		28268961	173334973
80000		32307384	198097112
90000		36345807	222859251
Table comparative.		**Réduction des livres en kilogrammes.**	**Réduction des kilogrammes en livres.**
10000	*Bamberg.*	4874800	20513662
20000		9749600	41027324
30000		14624400	61540986
40000		19499200	82054648
50000		24374000	102568310
60000		29248800	123081972
70000		34123600	143595634
80000		38998400	164109296
90000		43873200	184622958
Table comparative.		**Réduction des livres en kilogrammes.**	**Réduction des kilogrammes en livres.**
10000	*Barcelonne.*	3073118	32540244
20000		6146236	65080488
30000		9219354	97620732
40000		12292472	130160976
50000		15365590	162701220
60000		18438708	195241464
70000		21511826	227781708
80000		24584944	260321952
90000		27658062	292862196
Table comparative.		**Réduction des livres en kilogrammes.**	**Réduction des kilogrammes en livres.**
10000	*Barletie.*	8495557	11770859
20000		16991113	23541718
30000		25486670	35312577
40000		33982226	47083436
50000		42477783	58854296
60000		50973340	70625155
70000		59468896	82396014
80000		67964453	94166873
90000		76460009	105937732
Table comparative.		**Réduction des livres en kilogrammes.**	**Réduction des kilogrammes en livres.**
10000	*Basle.*	4918709	20330539
20000		9837418	40661078
30000		14756127	60991617
40000		19674836	81322156
50000		24593545	101652695
60000		29512254	121983234
70000		34430963	142313773
80000		39349672	162644312
90000		44268381	182974851

Chapitre Ier. — Mesures de pesanteur.

Table comparative.		Réduction des livres en kilogrammes.	Réduction des kilogrammes en livres.
10000	*Bassano.*	3428236	29169522
20000		6856472	58339045
30000		10284707	87508567
40000		13712943	116678088
50000		17141179	145847610
60000		20569415	175017132
70000		23997650	204186654
80000		27425886	203356176
90000		30854122	262525698

Table comparative.		Réduction des cattis en kilogrammes.	Réduction des kilogrammes en cattis.
10000	*Batavia.*	5915478	16904806
20000		11830955	33809613
30000		17746432	50714419
40000		23661910	67619226
50000		29577387	84524032
60000		35492865	101428838
70000		41408342	118333645
80000		47323820	135238451
90000		53239297	152143258

Table comparative.		Réduction des livres en kilogrammes.	Réduction des kilogrammes en livres.
10000	*Bayreuth.*	5196635	19243223
20000		10393269	38486447
30000		15589904	57729670
40000		20786538	76972894
50000		25983173	96216117
60000		31179807	115459341
70000		36376442	134702564
80000		41573076	153945788
90000		46769711	173189011

Table comparative.		Réduction des livres en kilogrammes.	Réduction des kilogrammes en livres.
10000	*Beaucaire.*	4129032	24218750
20000		8258065	48437500
30000		12387097	72656250
40000		16516129	96875000
50000		20645161	121093750
60000		24774194	145312500
70000		28903226	169531250
80000		33032258	193750000
90000		37161290	217968750

Table comparative,		Réduction des livres en kilogrammes.	Réduction des kilogrammes en livres,
10000	*Bengale-Mons.*	3328640	30042392
20000		6657280	60084784
30000		9985919	90127176
40000		13314559	120169568
50000		16643197	150211959
60000		19971839	180254351
70000		23300478	210296743
80000		26629118	240339135
90000		29957758	270381527

CHAPITRE Ier. — Mesures de pesanteur.

Table comparative.		Réduction des livres en kilogrammes.	Réduction des kilogrammes en livres.
10000	*Bergame.*	2887938	34626786
20000		5775875	69255573
30000		8663813	103880359
40000		11551751	138507146
50000		14439688	173133932
60000		17327626	207760719
70000		20215563	242387505
80000		23103501	277014292
90000		25991439	311641078

Table comparative.		Réduction des livres en kilogrammes.	Réduction des kilogrammes en livres.
10000	*Bergame.*	7225155	15224586
20000		14450310	30449173
30000		21675466	45673759
40000		28900621	60898345
50000		36125776	76122932
60000		43350931	91347518
70000		50576087	106572104
80000		57801242	121796691
90000		65026397	137021277

Table comparative.		Réduction dés livres en kilogrammes.	Réduction des kilogrammes en livres.
10000	*Bergopzoom.*	4776851	20934295
20000		9553701	41868589
30000		14330552	62802884
40000		19107403	83737178
50000		23884254	104671473
60000		28661104	125605768
70000		33437955	146540062
80000		38214806	167474357
90000		42991656	188408651

Table comparative.		Réduction des livres en kilogrammes.	Réduction des kilogrammes en livres.
10000	*Berne.*	5164287	19363758
20000		10328573	38727517
30000		15492860	58091275
40000		20657147	77455034
50000		25821433	96818792
60000		30985720	116182551
70000		36150007	135546309
80000		41314293	154910068
90000		46478580	174273826

Table comparative.		Réduction des mons en kilogrammes.	Réduction des kilogrammes en mons.
10000	*Betefalguy.*	9303279	10747897
20000		18606557	21495793
30000		27909836	32243690
40000		37213115	42991586
50000		46516393	53739483
60000		55819672	64487380
70000		65122950	75235276
80000		74426229	85983173
90000		83729508	96731069

Chapitre Ier. — Mesures de pesanteur.

Table comparative.		Réduction des livres en kilogrammes.	Réduction des kilogrammes en livres.
10000	*Bienne (Suisse).*	4711493	21224692
20000		9422987	42449386
30000		14134480	63674079
40000		18845973	84898772
50000		23557467	106123465
60000		28268960	127348158
70000		32980454	148572850
80000		37691947	169797543
90000		42405440	191022236

Table comparative.		Réduction des livres en kilogrammes.	Réduction des kilogrammes en livres.
10000	*Bilbao.*	4980722	20077408
20000		9961444	40154817
30000		14942166	60232225
40000		19922888	80309634
50000		24903610	100387042
60000		29884332	120464451
70000		34865054	140541859
80000		39845776	160619268
90000		44826498	180696676

Table comparative.		Réduction des livres en kilogrammes.	Réduction des kilogrammes en livres.
10000	*Bilbao.*	4617980	21654491
20000		9225959	43308982
30000		13853939	64963472
40000		18471919	86617963
50000		23089898	108272454
60000		27707878	129926945
70000		32325858	151581436
80000		36943838	173235927
90000		41561817	194890417

Table comparative.		Réduction des livres en kilogrammes.	Réduction des kilogrammes en livres.
10000	*Bizance.*	4711494	21224691
20000		9422988	42449382
30000		14134481	63674073
40000		18845975	84898764
50000		23557469	106123456
60000		28268963	127348147
70000		32980456	148572838
80000		37691950	169797529
90000		42403444	191022220

Table comparative.		Réduction des livres en kilogrammes.	Réduction des kilogrammes en livres.
10000	*Bois-le-Duc.*	4681314	21361525
20000		9362627	42723050
30000		14043941	64084575
40000		18725255	85446100
50000		23406568	106807626
60000		28087882	128169151
70000		32769196	149530676
80000		37450510	170892201
90000		42131823	192253726

CHAPITRE Ier. — Mesures de pesanteur.

Table comparative.		Réduction des livres en kilogrammes.	Réduction des kilogrammes en livres.
10000	*Bologne.*	3683531	27147861
20000		7367063	54285721
30000		11050594	81433582
40000		14734126	108581443
50000		18417657	135729303
60000		22101189	162877164
70000		25784720	190025025
80000		29468252	217172886
90000		33151783	244320746

Table comparative.		Réduction des livres en kilogrammes.	Réduction des kilogrammes en livres.
10000	*Bolzano.*	5029673	19882010
20000		10059345	39764020
30000		15089018	59646030
40000		20118690	79528040
50000		25148363	99410050
60000		30178035	119292059
70000		35207708	139174069
80000		40237381	159056079
90000		45267053	178938089

Table comparative.		Réduction des livres en kilogrammes.	Réductiou des kilogrammes en livres.
10000	*Boston (Amérique).*	4478978	22326510
20000		8957957	44653021
30000		13436935	66979531
40000		17915914	89306042
50000		22394892	111632552
60000		26873871	133959062
70000		31352849	156285573
80000		35831828	178612083
90000		40310806	200938593

Table comparative.		Réduction des livres en kilogrammes.	Réduction des kilogrammes en livres.
10000	*Bolzen.*	4352242	22976665
20000		8704484	45955330
30000		13056725	68929994
40000		17408967	91906659
50000		21761209	114883324
60000		26113451	137859989
70000		30465692	160836653
80000		34817934	183813318
90000		39170176	206789983

Table comparative.		Réduction des livres en kilogrammes.	Réduction des kilogrammes en livres.
10000	*Bourg.*	4728137	21149980
20000		9456274	42299960
30000		14184411	65449940
40000		18912548	84699920
50000		23640685	105749900
60000		28368822	126899880
70000		33096959	148049860
80000		37825096	169199840
90000		42553233	190349820

Chapitre Ier. — Mesures de pesanteur.

Table comparative.		Reduction des livres en kilogrammes.	Réduction des kilogrammes en livres.
10000	*Bourges.*	4682939	21354110
20000		9365879	42708220
30000		14048818	64062330
40000		18731757	85416440
50000		23414696	106770550
60000		28097636	128124660
70000		32780575	149478770
80000		37463514	170832880
90000		42146453	192186990

Table comparative.		Reduction des livres en kilogrammes.	Réduction des kilogrammes en livres.
10000	*Brabant.*	4699256	21279964
20000		9398512	42559927
30000		14097768	63839891
40000		18797025	85119855
50000		23496281	106399818
60000		28195537	127679782
70000		32894793	148959746
80000		37594049	170239710
90000		42293305	191519673

Table comparative.		Reduction des livres en kilogrammes.	Reduction des kilogrammes en livres.
10000	*Brême.*	4944009	22265002
20000		9888018	44530004
30000		14832027	66795006
40000		19776036	89060008
50000		24720045	111325010
60000		29664054	133590011
70000		34608063	155855013
80000		39552072	178120015
90000		44496081	200385017

Table comparative.		Reduction des livres en kilogrammes.	Reduction des kilogrammes en livres.
10000	*Brescia.*	2911091	34351379
20000		5822183	68702758
30000		8733274	103054138
40000		11644365	137405517
50000		14555456	171756896
60000		17466548	206108275
70000		20377639	240459654
80000		23288730	274811034
90000		26199821	309162413

Table comparative.		Reduction des livres en kilogrammes.	Reduction des kilogrammes en livres.
10000	*Breslaw.*	3744720	26704268
20000		7489439	53408536
30000		11234159	80112805
40000		14978879	106817073
50000		18723599	135521341
60000		22468318	160225609
70000		26213038	186929877
80000		29957758	213634146
90000		33702478	240338414

CHAPITRE Ier. — Mesures de pesanteur.

Table comparative.		Reduction des livres en kilogrammes.	Reduction des kilogrammes en livres.
10000	*Brouck.*	5478549	18253007
20000		10957099	36506014
30000		16435648	54759020
40000		21914198	73012027
50000		27392747	91265035
60000		32871297	109518040
70000		38349846	127771047
80000		43828396	146024054
90000		49306945	164277060

Table comparative.		Reduction des livres en kilogrammes.	Reduction des kilogrammes en livres.
10000	*Bruges.*	4632683	21585762
20000		9265367	43171524
30000		13898050	64757286
40000		18530733	86343048
50000		23163417	107928810
60000		27796100	129514572
70000		32428783	151100334
80000		37061467	172686096
90000		41694150	194271858

Table comparative.		Réduction des livres en kilogrammes.	Réduction des kilogrammes en livres.
10000	*Brunswick.*	4688069	21119570
20000		9376138	42239141
30000		14064206	63358711
40000		18752275	84478282
50000		23440344	105597852
60000		28128413	126717423
70000		32816482	147836993
80000		37504551	168956564
90000		42192619	190076134

Table comparative.		Réduction des livres en kilogrammes.	Réduction des kilogrammes en livres.
10000	*Bruxelles.*	4650306	21503963
20000		9300611	43007927
30000		13950917	64511890
40000		18601222	86015854
50000		23251528	107519817
60000		27901833	129023780
70000		32552139	150527744
80000		37202444	172031707
90000		41852750	193535671

Table comparative.		Réduction des livres en kilogrammes.	Reduction des kilogrammes en livres.
10000	*Bude.*	4797167	20845679
20000		9594315	41691357
30000		14391472	62537036
40000		19188629	83382715
50000		23985786	104228394
60000		28782944	125074073
70000		33580101	145919751
80000		38377258	166765430
90000		43174416	187611109

Chapitre Ier. — Mesures de pesanteur.

Table comparative.		Réduction des livres en kilogrammes.	Réduction des kilogrammes en livres.
10000	*Cadix.*	4564642	21907530
20000		9129284	43815060
30000		13693926	65722590
40000		18258568	87630120
50000		22823210	109537650
60000		27387852	131445180
70000		31952494	153352710
80000		36517136	175260240
90000		41081778	197167770

Table comparative.		*Réductions des rotolis en kilogrammes.*	Réduction des kilogrammes en rotolis.
10000	*Caire.*	4331910	23084505
20000		8663820	46169009
30000		12995730	69253514
40000		17327641	92338019
50000		21659551	215422523
60000		25991461	238507028
70000		30323371	261595533
80000		34655281	284676038
90000		38987191	307760542

Table comparative.		Réduction des livres en kilogrammes.	Réduction des kilogrammes en livres.
10000	*Calemberg.*	4886381	20465046
20000		9772761	40930091
30000		14659142	61395137
40000		19545522	81860182
50000		24431903	102325228
60000		29318283	122790274
70000		34204664	143255319
80000		39091044	163720365
90000		43977425	184185410

Table comparative.		Réduction des scyras en kilogrammes.	Réduction des kilogrammes en scyras.
10000	*Calicut.* (Scyras.)	2743070	36455503
20000		5486141	72911007
30000		8229211	109366510
40000		10972281	145822014
50000		13715352	182277517
60000		16458422	218733021
70000		19201492	255188524
80000		21944563	291644028
90000		24687633	328099531

Table comparative.		Réduction des livres en kilogrammes.	Réduction des kilogrammes en livres.
10000	*Canaries.*	4513244	22157012
20000		9026488	44314024
30000		13539732	66471036
40000		18052976	88628048
50000		22566220	110785060
60000		27079463	132942073
70000		31592707	155099085
80000		36105951	177256097
90000		40619195	199413109

CHAPITRE Ier. — Mesures de pesanteur.

Table comparative.		Réduction des rotolis en kilogrammes.	Réduction des kilogrammes en rotolis.
10000	*Candie.* (rotolis légers.)	3375903	29621702
20000		6751805	59243405
30000		10127708	88865107
40000		13503610	118486810
50000		16879513	148108512
60000		20255415	177730214
70000		23631318	207351917
80000		27007220	236973619
90000		30383123	266595322
Table comparative.		**Réduction des rotolis en kilogrammes.**	**Réduction des kilogrammes en rotolis.**
10000	*Candie.* (rotolis gros.)	5319651	18798226
20000		10639302	37596452
30000		15958953	56394678
40000		21278604	75192904
50000		26598255	93991130
60000		31917906	112789355
70000		37237557	131587581
80000		42557208	150385807
90000		47876858	169184033
Table comparative.		**Réduction des bisses en kilogrammes.**	**Réduction des kilogrammes en bisses.**
10000	*Canton.* (Chine.)	6025105	16597222
20000		12050209	33194445
30000		18075314	49791667
40000		24100418	66388889
50000		30125523	82986112
60000		36150627	99583334
70000		42175732	116180557
80000		48200836	132777778
90000		54225941	149375002
Table comparative.		**Réduction des livres en kilogrammes.**	**Réduction des kilogrammes en livres.**
10000	*Cassel.*	3206263	31176473
20000		6412527	62352945
30000		9618790	93529418
40000		12825053	124705890
50000		16031316	155882363
60000		19237580	187058835
70000		22443843	218235308
80000		25650106	249411781
90000		28856370	280588253
Table comparative.		**Réduction des livres en kilogrammes.**	**Réduction des kilogrammes en livres.**
10000	*Castille.*	4574922	21858298
20000		9149843	43716596
30000		13724765	65574894
40000		18299687	87433192
50000		22874608	109291489
60000		27449530	131149787
70000		32024451	153008085
80000		36599373	174866383
90000		41174295	196724681

Chapitre Ier. — Mesures de pesanteur.

Table comparative.		Réduction des livres en kilogrammes.	Réduction des kilogrammes en livres.
10000	*Chambéry.*	4307368	23216032
20000		8614737	46432064
30000		12922105	69648095
40000		17229473	92864127
50000		21536842	116080159
60000		25844210	139296191
70000		30151578	162512223
80000		34458946	185728254
90000		38766315	208944286

Table comparative.		Réduction des bisses en kilogrammes.	Réduction des kilogrammes en bisses.
10000	*Chine.*	6118823	16343012
20000		12237646	32686024
30000		18356469	49029036
40000		24475292	65372048
50000		30594115	81715060
60000		36712938	98058073
70000		42831762	114401085
80000		48950585	130744097
90000		55069408	147087109

Table comparative.		Réduction des livres en kilogrammes.	Réduction des kilogrammes en livres.
10000	*Chypre.*	2387833	41878969
20000		4775667	83757938
30000		7163500	125636907
40000		9551333	167515876
50000		11939167	209394845
60000		14327000	251273814
70000		16714834	293152783
80000		19102667	335031752
90000		21490500	376910721

Table comparative.		Réduction des livres en kilogrammes.	Réduction des kilogrammes en livres.
10000	*Civita-Vechia.*	3426305	29183044
20000		6852609	58366087
30000		10278914	87549131
40000		13705210	116732174
50000		17131524	145915218
60000		20557828	175098262
70000		23984133	204281305
80000		27410438	233464349
90000		30836743	262647392

Table comparative.		Réduction des livres en kilogrammes.	Réduction des kilogrammes en livres.
10000	*Coburg.*	5118447	19537096
20000		10236936	39074192
30000		15355404	58611289
40000		20473872	78148385
50000		25592340	97685481
60000		30710807	117222577
70000		35829275	136759673
80000		40947743	156296770
90000		46066211	175833866

Chapitre Ier. — Mesures de pesanteur.

Table comparative.		Réduction des livres en kilogrammes.	Réduction des kilogrammes en livres.
10000	*Corse.*	3377590	29606906
20000		6755181	59213812
30000		10132771	88820718
40000		13510361	118427624
50000		16887952	148034530
60000		20265542	177641437
70000		23643132	207248343
80000		27020723	236855249
90000		30398313	266462155

Table comparative.		Réduction des livres en kilogrammes.	Réduction des kilogrammes en livres.
10000	*Como.*	3115086	32101846
20000		6230172	64203692
30000		9345258	96305538
40000		12460344	128407384
50000		15575430	160509230
60000		18690516	192611076
70000		21805602	224712922
80000		24920688	256814768
90000		28035774	288916614

Table comparative.		Réduction des livres en kilogrammes.	Réduction des kilogrammes en livres.
10000	*Constance.*	4739215	21100413
20000		9478430	42200826
30000		14217645	63301239
40000		18956860	84401652
50000		23696075	105502065
60000		28435290	126602478
70000		33174505	147702891
80000		37913720	168803304
90000		42652935	189903717

Table comparative.		Réduction des livres en kilogrammes.	Réduction des kilogrammes en livres.
10000	*Constantinople.*	12714429	7865079
20000		25428858	15730158
30000		38143287	23595237
40000		50857716	31460316
50000		63572145	39325395
60000		76286574	47190474
70000		89001003	55055553
80000		101715432	62920632
90000		114429861	70785711

Table comparative.		Réduction des livres en kilogrammes.	Réduction des kilogrammes en livres.
10000	*Constantinople.*	5617080	17802845
20000		11234160	35605690
30000		16851240	53408535
40000		22468320	71211380
50000		28085400	89014225
60000		33702480	106817070
70000		39319560	124619915
80000		44936640	142422760
90000		50553720	160225605

Chapitre Ier. — Mesures de pesanteur.

Table comparative.		Réduction des livres en kilogrammes.	Réduction des kilogrammes en livres.
10000	*Copenhague.*	3830383	26107048
20000		7660766	52214096
30000		11491149	78321144
40000		15321532	104428192
50000		19151915	130535240
60000		22982298	156642288
70000		26812681	182749336
80000		30643064	208856384
90000		34473447	234963432
Table comparative.		**Réduction des livres en kilogrammes.**	**Réduction des kilogrammes en livres.**
10000	*Corfou.*	4101336	24382296
20000		8202672	48764592
30000		12304008	73146888
40000		16405344	97529184
50000		20506680	121911480
60000		24608016	146293776
70000		28709352	170676072
80000		32810688	195058368
90000		36912024	219440664
Table comparative.		**Réduction des livres en kilogrammes.**	**Réduction des kilogrammes en livres.**
10000	*Corogne.*	5774199	17318246
20000		11548398	34636492
30000		17322597	51954738
40000		23096796	69272984
50000		28870995	86591230
60000		34645194	103909476
70000		40419393	121227722
80000		46193592	138545968
90000		51967791	155864214
Table comparative.		**Réduction des bisses en kilogrammes.**	**Réduction des kilogrammes en bisses.**
10000	*Coromandel.*	13750575	7272423
20000		27501150	14544846
30000		41251725	21817270
40000		55002300	29089693
50000		68752874	36362116
60000		82503449	43634539
70000		96294024	50906962
80000		110004599	58179386
90000		123755174	65451809
Table comparative.		**Réduction des livres en kilogrammes.**	**Réduction des kilogrammes en livres.**
10000	*Curaçao.*	4552404	21077576
20000		9104808	42155152
30000		13657212	63232728
40000		18209616	84310304
50000		22762020	105387880
60000		27314424	126465456
70000		31866828	147543032
80000		36419232	168620608
90000		40971636	189698184

Chapitre Ier. — Mesures de pesanteur.

Table comparative.		Réduction des livres en kilogrammes.	Réduction des kilogrammes en livres.
10000	*Courtray.*	4571287	22876556
20000		8742574	45753112
30000		13113861	68629668
40000		17485148	91506224
50000		21856435	114382780
60000		26227722	137259336
70000		30599009	160135892
80000		34970296	183012448
90000		39341583	205889004

Table comparative.		Réduction des livres en kilogrammes.	Réduction des kilogrammes en livres.
10000	*Cracovie.*	4045521	24718694
20000		8091042	49437388
30000		12136563	74156082
40000		16182084	98874776
50000		20227605	123593470
60000		24273126	148312164
70000		28318647	173030858
80000		32364168	197749552
90000		36409689	222468246

Table comparative		Réduction des faires en kilogrammes.	Réduction des kilogrammes en faires.
10000	*Dely.*	3720244	26869202
20000		7440488	53738404
30000		11160732	80607606
40000		14880976	107476808
50000		18601220	134346010
60000		22321464	161215212
70000		26041708	188084414
80000		29761952	214953616
90000		33482196	241822818

Table comparative.		Réduction des livres en kilogrammes.	Réduction des kilogrammes en livres.
10000	*Dixmude.*	4295413	23280644
20000		8590826	46561288
30000		12886239	69841932
40000		17181652	93122576
50000		21477065	116403220
60000		25772478	139683864
70000		30067891	162964508
80000		34363304	186245152
90000		38658717	209525796

Table comparative.		Réduction des livres en kilogrammes.	Réduction des kilogrammes en livres.
10000	*Douay.*	4275017	23391715
20000		8550034	46783430
30000		12825051	70175145
40000		17100068	93566860
50000		21375085	116958575
60000		25650102	140350290
70000		29925119	163742005
80000		34200136	187133720
90000		38475153	210525435

Chapitre Ier. — Mesures de pesanteur.

Table comparative.		Réduction des rotolis en kilogrammes.	Réduction des kilogrammes en rotolis.
10000	*Damas.*	17963517	5566838
20000		35927034	11133676
30000		53890551	16700514
40000		71854068	22267352
50000		89817585	27834190
60000		107781102	33401028
70000		125744619	38967866
80000		143708136	44534704
90000		161671653	50101542

Table comparative.		Réduction des livres en kilogrammes.	Réduction des kilogrammes en livres.
10000	*Dunkerque.*	4283176	23347160
20000		8566352	46694320
30000		12849528	70041480
40000		17132704	93388640
50000		21415880	116735800
60000		25699056	140082960
70000		29982232	163430120
80000		34265408	186777280
90000		38548584	210124440

Table comparative.		Réduction des livres en kilogrammes.	Réduction des kilogrammes en livres.
10000	*Edimbourg.*	4954414	20183020
20000		9908828	40366040
30000		14863242	60549060
40000		19817656	80732080
50000		24772070	100915100
60000		29726484	121098120
70000		34680898	141281140
80000		39635312	161464160
90000		44589726	181647180

Table comparative.		Réduction des livres en kilogrammes.	Réduction des kilogrammes en livres.
10000	*Eger.*	6194948	16142185
20000		12389896	32284370
30000		18584844	48426555
40000		24779792	64568740
50000		30974740	80710925
60000		37169688	96853110
70000		43364636	112995295
80000		49559584	129137480
90000		55754532	145279665

Table comparative.		Réduction des livres en kilogrammes.	Réduction des kilogrammes en livres.
10000	*Elbing.*	4266355	23439212
20000		8532710	46878424
30000		12799065	70317636
40000		17065420	93756848
50000		21331775	117196060
60000		25598130	140635272
70000		29864485	164074484
80000		34130840	187513696
90000		38397195	210952908

Chapitre Ier. — Mesures de pesanteur.

Table comparative.		Reduction des livres en kilogrammes.	Reduction des kilogrammes en livres.
10000	*Embden.*	4987225	20051230
20000		9974450	40102460
30000		14961675	60153690
40000		19948900	80204920
50000		24936125	100256150
60000		29923350	120307380
70000		34910575	140358610
80000		39897800	160409840
90000		44885025	180461070
Table comparative.		**Reduction des livres en kilogrammes.**	**Reduction des kilogrammes en livres.**
10000	*Erfurt.*	4739215	21100541
20000		9478430	42201082
30000		14217645	63301623
40000		18956860	84402164
50000		23696075	105502705
60000		28435290	126603246
70000		33174505	147703787
80000		37913720	168804328
90000		42652935	189904869
Table comparative.		**Réduction des livres en kilogrammes.**	**Reduction des kilogrammes en livres.**
10000	*Erlang.*	5157069	19390860
20000		10314138	38781720
30000		15471207	58172580
40000		20628276	77563440
50000		25785345	96954300
60000		30942414	116345160
70000		36099483	135736020
80000		41256552	155126880
90000		46413621	174517740
Table comparative.		**Reduction des livres en kilogrammes.**	**Reduction des kilogrammes en livres.**
10000	*Espagne.*	4619552	81668766
20000		9239104	43337532
30000		13858656	65006298
40000		18478208	86675064
50000		23097760	108343830
60000		27717312	130012596
70000		32336864	151681362
80000		36956416	173350128
90000		41575968	195018894
Table comparative.		**Reduction des livres en kilogrammes.**	**Reduction des kilogrammes en livres.**
10000	*Fano.*	3345726	34026987
20000		6691451	68053974
30000		10037177	102050961
40000		13382902	136067949
50000		16728628	170984936
60000		20074353	204101923
70000		23420079	238118910
80000		26765804	272155897
90000		30111530	306152884

CHAPITRE Ier. — Mesures de pesanteur.

Table comparative.		Réduction des livres en kilogrammes.	Réduction des kilogrammes en livres.
10000	*Ferrare.*	3401697	29397089
20000		6803393	58794178
30000		10205090	88191267
40000		13606787	117588356
50000		17008483	146985445
60000		20410180	176382524
70000		23811877	205779623
80000		27213574	235176712
90000		30615270	264573801

Table comparative.		Réduction des livres en kilogrammes.	Réduction des kilogrammes en livres.
10000	*Ferrol.*	5774199	17318419
20000		11548398	34636837
30000		17322598	51955256
40000		23096797	69273674
50000		28870990	86592093
60000		34645195	103910511
70000		40419395	121228930
80000		46193594	138547348
90000		51967793	155865767

Table comparative.		Réduction des livres en kilogrammes.	Réduction des kilogrammes en livres.
10000	*Flensbourg.*	4853570	20603392
20000		9707140	41206783
30000		14560709	61810175
40000		19414279	82413566
50000		24267849	103016958
60000		29121419	123620350
70000		33974989	144223742
80000		38828559	164827134
90000		43682128	185430525

Table comparative.		Réduction des livres en kilogrammes.	Réduction des kilogrammes en livres.
10000	*Flessingue.*	4676489	21383565
20000		9352977	42767131
30000		14029466	64150696
40000		18705954	85534262
50000		23382443	106917827
60000		28058932	128301393
70000		32735420	149684958
80000		37411909	171068524
90000		42088397	192452089

Table comparative.		Réduction des livres en kilogrammes.	Réduction des kilogrammes en livres.
10000	*Fez.*	4722327	21176000
20000		9444654	42352000
30000		14166981	63528001
40000		18889308	84704002
50000		23611635	105880002
60000		28333962	127056003
70000		33056289	148232003
80000		37778616	169408004
90000		42500944	190584004

CHAPITRE Ier. — Mesures de pesanteur.

Table comparative.		Réduction des livres en kilogrammes.	Réduction des kilogrammes en livres.
10000	*Forli.*	3307123	30237747
20000		6614249	60475493
30000		9921374	90713240
40000		13228499	120950987
50000		16535624	151188734
60000		19842748	181426480
70000		23149873	211664227
80000		26457000	241901974
90000		29764122	272139721

Table comparative.		Réduction des livres en kilogrammes.	Réduction des kilogrammes en livres.
10000	*Freyberg.*	5387709	18560766
20000		10775417	37121533
30000		16163126	55682299
40000		21550834	74243065
50000		26938543	92803832
60000		32326251	111364598
70000		37713960	129925364
80000		43101669	148486130
90000		48489377	167046897

Table comparative.		Réduction des livres en kilogrammes.	Réduction des kilogrammes en livres.
10000	*Francfort-Mein.*	4706787	21245916
20000		9413574	42491831
30000		14120361	63737747
40000		18827148	84983662
50000		23533935	106229578
60000		28240722	127475494
70000		32947509	148521409
80000		37654296	169967325
90000		42361083	191213241

Table comparative.		Réduction des livres en kilogrammes.	Réduction des kilogrammes en livres.
10000	*Francfort-Mein.*	4992960	20028201
20000		9985919	40056402
30000		14978879	60084603
40000		19971839	80112805
50000		24964798	100141006
60000		29957758	120169207
70000		34950717	140197408
80000		39943677	160225609
90000		44936637	180253811

Table comparative.		Réduction des livres en kilogrammes.	Réduction des kilogrammes en livres.
10000	*Francfort. (Oder.)*	4704474	21256361
20000		9408948	42512723
30000		14113423	63769084
40000		18817897	85025446
50000		23522371	106281807
60000		28226845	127538169
70000		32931319	148794530
80000		37635793	170050892
90000		42340268	191307253

Chapitre Ier. — Mesures de pesanteur.

Table comparative.		Réduction des livres en kilogrammes.	Réduction des kilogrammes en livres.
10000	*Gaëte.* Poids de 12 onces.	2961647	33764990
20000		5923295	67529980
30000		8884942	101294970
40000		11846590	135059961
50000		14808237	168824951
60000		17769885	202589941
70000		20731532	236354931
80000		23693179	270119921
90000		26654827	303884911

Table comparative.		Réduction des livres en kilogrammes.	Réduction des kilogrammes en livres.
10000	*Gallipoli.*	4056946	24649082
20000		8113891	49298164
30000		12170837	73947246
40000		16227782	98596328
50000		20284728	123245409
60000		24341673	147894491
70000		28398619	172543573
80000		32455564	197192655
90000		36512510	221841737

Table comparative.		Réduction des livres en kilogrammes.	Réduction des kilogrammes en livres.
10000	*Gand.*	4202181	23797166
20000		8404362	47594332
30000		12606543	71391497
40000		16808724	95188663
50000		21010905	118985828
60000		25213087	142782995
70000		29415268	166580160
80000		33617449	190377326
90000		37819630	214174492

Table comparative.		Réduction des livres en kilogrammes.	Réduction des kilogrammes en livres.
10000	*Gênes.* Poids de la douane.	5371686	18616130
20000		10743371	37232260
30000		16115057	55848390
40000		21486743	74464620
50000		26858429	93080750
60000		32230114	111696880
70000		37601800	130313010
80000		42973488	148929140
90000		48345172	167545270

Table comparative.		Réduction des livres en kilogrammes.	Réduction des kilogrammes en livres.
10000	*Gênes.* Poids du Cantaro.	4883005	20479201
20000		9766006	40958402
30000		14649009	61437604
40000		19532012	81916805
50000		24415015	102396006
60000		29298018	122875207
70000		34181021	143354408
80000		39064024	163833610
90000		43947026	184312811

8

Chapitre Ier. — Mesures de pesanteur.

Table comparative.		Réduction des livres en kilogrammes.	Réduction des kilogrammes en livres.
10000	*Gênes.*	4257187	23489688
20000		8514375	46979376
30000		12771562	70469064
40000		17028749	93958752
50000		21285936	117448440
60000		25543124	140938128
70000		29800311	164427815
80000		34057498	187917503
90000		38314685	211407191

Table comparative.		Réduction des livres en kilogrammes.	Réduction des kilogrammes en livres.
10000	*Gênes.* Poids de ville.	3445124	29026535
20000		6890247	58053069
30000		10335371	87079604
40000		13780495	116106138
50000		17225618	145132673
60000		20670742	174159207
70000		24115865	203185742
80000		27560989	232212276
90000		31006113	261238811

Table comparative.		Réduction des livres en kilogrammes.	Réduction des kilogrammes en livres.
10000	*Gênes.* Poids de ville faible.	3242468	30840702
20000		6484937	61681404
30000		9727405	92522106
40000		12969873	123362808
50000		16212342	154203509
60000		19454810	185044211
70000		22697278	215884913
80000		25939747	246725615
90000		29182215	277566316

Table comparative.		Réduction des livres en kilogrammes.	Réduction des kilogrammes en livres.
10000	*Genève.* Poids fort.	5430532	18414403
20000		10861063	36828807
30000		16291595	55243210
40000		21722126	73657614
50000		27152658	92072017
60000		32583190	110486421
70000		38013721	128900824
80000		43444253	147315228
90000		48874784	165729631

Table comparative.		Réduction des livres en kilogrammes.	Réduction des kilogrammes en livres.
10000	*Genève.* Poids faible.	4126417	24234099
20000		8252834	48468199
30000		12379251	72702298
40000		16505668	96936398
50000		20632085	121170497
60000		24758502	145404597
70000		28884919	169638696
80000		33011336	193872796
90000		37137753	218106895

Chapitre Ier. — Mesures de pesanteur.

Table comparative.		Réduction des livres en kilogrammes.	Réduction des kilogrammes en livres.
10000	*Gibraltar.*	4211349	23745362
20000		8422698	47490723
30000		12634046	71236085
40000		16845395	94981447
50000		21056744	118726808
60000		25268093	142472170
70000		29479441	166217532
80000		33690790	189962893
90000		37902139	213708255

Table comparative.		Réduction des livres en kilogrammes.	Réduction des kilogrammes en livres.
10000	*Goerlitz.*	3869732	25841586
20000		7759463	51683171
30000		11609195	77524757
40000		15478926	103366342
50000		19348658	129207928
60000		23218389	157049514
70000		27088171	180891099
80000		30957853	206732685
90000		34827584	232574270

Table comparative.		Réduction des livres en kilogrammes.	Réduction des kilogrammes en livres.
10000	*Goldkronack.*	5209662	19195102
20000		10419325	38390204
30000		15628987	57585306
40000		20838649	76780408
50000		26048312	95975510
60000		31257974	115170612
70000		36467636	134365714
80000		41677299	153560816
90000		46886961	172755918

Table comparative.		Réduction des livres en kilogrammes.	Réduction des kilogrammes en livres.
10000	*Gottenbourg. Poids de victuaille.*	3738489	26748774
30000		7476978	53497548
30000		11215467	80246322
40000		14953956	106995096
50000		18692445	133743870
60000		22430935	160492644
70000		26169424	187241419
80000		29907913	213990193
90000		33646402	240738967

Table comparative.		Réduction des livres en kilogrammes.	Réduction des kilogrammes en livres.
10000	*Gottenbourg. Poids de fer.*	3415207	29280802
20000		6830414	58561604
30000		10245621	87842406
40000		13660828	117123208
50000		17076035	146404010
60000		20491242	175684813
70000		23906449	204965615
80000		27321656	234246417
90000		30736863	263527219

Chapitre Ier. — Mesures de pesanteur.

Table comparative.		Réduction des livres en kilogrammes.	Réduction des kilogrammes en livres.
10000	*Grenade.* Poids fort.	5013763	19945098
20000		10027526	39890197
30000		15041290	59835295
40000		20055053	79780393
50000		25068816	99725492
60000		30082579	119670590
70000		35096342	139615688
80000		40110106	159560787
90000		45123869	179505885

Table comparative.		Réduction des livres en kilogrammes.	Réduction des kilogrammes en livres.
10000	*Grenade.* Poids faible.	3979744	25127245
20000		7959488	50254490
30000		11939232	75381735
40000		15918976	100508980
50000		19898719	125636225
60000		23878463	150763470
70000		27858207	175890715
80000		31837951	201017960
90000		35817695	226145205

Table comparative.		Réduction des livres en kilogrammes.	Réduction des kilogrammes en livres.
10000	*Groningue.*	4912919	20354499
20000		9825838	40708998
30000		14738756	61063497
40000		19651675	81417996
50000		24564594	101772495
60000		29477513	122126994
70000		34390431	142481493
80000		39303350	162835992
90000		44216269	183190490

Table comparative.		Réduction des livres en kilogrammes.	Réduction des kilogrammes en livres.
10000	*Gueldres.*	4204594	23785511
20000		8409187	47567022
30000		12613781	71350534
40000		16818375	95134045
50000		21022968	118917556
60000		25227562	142701067
70000		29432156	166484578
80000		33636749	190268089
90000		37841343	214051601

Table comparative.		Réduction des livres en kilogrammes.	Réduction des kilogrammes en livres.
10000	*Guinée.*	6118823	16345012
20000		12237646	32686024
30000		18356469	49029036
40000		24475292	65372049
50000		30594115	81715061
60000		36712938	98058073
70000		42831762	114401085
80000		48950585	130744097
90000		55069448	147087109

Chapitre Ier. — Mesures de pesanteur.

Table comparative.		Réduction des livres en kilogrammes.	Réduction des kilogrammes en livres.
10000	*Hambourg.*	4797157	20845679
20000		9594315	41691358
30000		14391472	62537036
40000		19188629	83382715
50000		23985786	104228394
60000		28782944	125074073
70000		33580101	145919751
80000		38377258	166765430
90000		43174416	187611108

Table comparative.		Réduction des livres en kilogrammes.	Réduction des kilogrammes en livres.
10000	*Hambourg.*	4662650	21446818
20000		9325300	42893635
30000		13987949	64340453
40000		18650599	85787271
50000		23313249	107234088
60000		27975899	128680906
70000		32638549	150127723
80000		37301198	171574541
90000		41963848	193021359

Table comparative.		Réduction des livres en kilogrammes.	Réduction des kilogrammes en livres.
10000	*Hanovre.*	4833870	20687357
20000		9667740	41374714
30000		14501611	62062071
40000		19335481	82749429
50000		24169351	103436786
60000		29003221	124124143
70000		33837092	144811500
80000		38670962	165498857
90000		43504832	186186214

Table comparative.		Réduction des livres en kilogrammes.	Réduction des kilogrammes en livres.
10000	*Hassfurt.*	5118468	19537096
20000		10236936	39074192
30000		15355404	58611289
40000		20473872	78148385
50000		25592340	97685481
60000		30710807	117222577
70000		35829275	136759673
80000		40947743	156296770
90000		46066211	175833866

Table comparative.		Réduction des livres en kilogrammes.	Réduction des kilogrammes en livres.
10000	*Hâvre-de-Grâce.*	5286663	18915523
20000		10573326	37831047
30000		15859989	56746570
40000		21146652	75662094
50000		26433316	94577617
60000		31719979	113493141
70000		37006642	132408664
80000		42293305	151324188
90000		47579968	170239711

Chapitre Ier. — Mesures de pesanteur.

Table comparative.		Réduction des livres en kilogrammes.	Réduction des kilogrammes en livres.
10000	*Heldeshim.*	4688069	21330745
20000		9376138	42661490
30000		14064207	63992234
40000		18752275	85322979
50000		23440344	106653724
60000		28128413	127984469
70000		32816482	149315214
80000		37504551	170645958
90000		42192620	191976703

Table comparative.		Réduction des livres en kilogrammes.	Réduction des kilogrammes en livres.
10000	*Hidelberg.*	4980722	20077812
20000		9961444	40155624
30000		14942166	60233436
40000		19922888	80311248
50000		24903610	100389060
60000		29884332	120466872
70000		34865054	140544684
80000		39845776	160622496
90000		44826498	180700308

Table comparative.		Réduction des livres en kilogrammes.	Réduction des kilogrammes en livres.
10000	*Hoff.* Poids fort.	6398085	15629677
20000		12796170	31259354
30000		19194255	46889031
40000		25592340	62518708
50000		31990424	78148385
60000		38388509	93778062
70000		44786594	109407739
80000		51184679	125037416
90000		57582764	140667093

Table comparative.		Réduction des livres en kilogrammes.	Réduction des kilogrammes en livres.
10000	*Hull.*	4806801	20803856
20000		9613603	41607711
30000		14420404	62411567
40000		19227205	83215422
50000		24034007	104019278
60000		28840808	124823133
70000		33647609	145626989
80000		38454410	166430844
90000		43261212	187234700

Table comparative.		Réduction des livres en kilogrammes.	Réduction des kilogrammes en livres.
10000	*Japon.* Poids de cattis.	5923777	16881121
20000		11847555	33762241
30000		17771332	50643362
40000		23695110	67524482
50000		29618887	84405603
60000		35542664	101286723
70000		41466442	118167844
80000		47390219	135048964
90000		53313997	151930085

CHAPITRE Ier. — Mesures de pesanteur.

Table comparative.		Réduction des livres en kilogrammes.	Réduction des kilogrammes en livres.
10000	*Java.*	6012076	16633188
20000		12024153	33266377
30000		18036229	49899565
40000		24048306	66532753
50000		30060382	83165942
60000		36072459	99799130
70000		42084535	116432318
80000		48096612	133065507
90000		54108688	149698695

Table comparative.		Réduction des livres en kilogrammes.	Réduction des kilogrammes en livres.
10000	*Jeroslaw.*	4053085	4672561
20000		8106171	9345123
30000		12159256	14017684
40000		16212342	18690246
50000		20265427	23362807
60000		24318513	28035369
70000		28371598	32707930
80000		32424684	37380492
90000		36477769	42053053

Table comparative.		Réduction des livres en kilogrammes.	Réduction des kilogrammes en livres.
10000	*Irlande.*	5468288	18287260
20000		10936576	36574520
30000		16404863	54861780
40000		21873151	73149040
50000		27341439	91436300
60000		32809727	109723560
70000		38278014	128010820
80000		43746302	146298079
90000		49214590	164585339

Table comparative.		Réduction des livres en kilogrammes.	Réduction des kilogrammes en livres.
10000	*Ispahan.* Poids de batman.	61628786	1622618
20000		123257572	3245237
30000		184886358	4867856
40000		246515144	6490473
50000		308143930	8113092
60000		369772717	9735710
70000		431401503	11358329
80000		493030289	12980947
90000		554659075	14603565

Table comparative.		Réduction des livres en kilogrammes.	Réduction des kilogrammes en livres.
10000	*Kiel.*	4784571	20900516
20000		9569142	41801032
30000		14353713	62701548
40000		19138883	83602064
50000		23922854	104502580
60000		28707425	125403096
70000		33491996	146303612
80000		38276567	167204128
90000		43061138	188104644

CHAPITRE Ier. — Mesures de pesanteur.

Table comparative.		Réduction des livres en kilogrammes.	Réduction des kilogrammes en livres.
10000	*Kitzengen.*	5153209	19405385
20000		10306417	38810771
30000		15459626	58216156
40000		20612835	77621542
50000		25766043	97026927
60000		30919252	116432313
70000		36072460	135837698
80000		41225669	155243084
90000		46378878	174648469

Table comparative.		Réduction des livres en kilogrammes.	Réduction des kilogrammes en livres.
10000	*Konisberg.* Poids vieux.	3818103	26188660
20000		7636206	52377319
30000		11454309	78565979
40000		15272412	104754639
50000		19090515	130943299
60000		22908618	157131958
70000		26726721	183320618
80000		30544824	209509278
90000		34362927	235698938

Table comparative.		Réduction des livres en kilogrammes.	Réduction des kilogrammes en livres.
10000	*Konisberg.* Poids neuf.	3744720	26704268
20000		7489439	53408536
30000		11234159	80112805
40000		14978879	106817073
50000		18723599	133521341
60000		22468318	160225609
70000		26213038	186929877
80000		29957758	213634146
90000		33702478	240338414

Table comparative.		Réduction des livres en kilogrammes.	Réduction des kilogrammes en livres.
10000	*Krems.*	5687347	17582889
20000		11374695	35165779
30000		17062046	52748668
40000		22749390	70331557
50000		28436737	87914447
60000		34124084	105497336
70000		39811432	123080225
80000		45498779	140663115
90000		51186127	158246004

Table comparative.		Réduction des livres en kilogrammes.	Réduction des kilogrammes en livres.
10000	*Lacédémone.*	4536456	22043641
20000		9072911	44087281
30000		13609367	66130922
40000		18145823	88174562
50000		22682278	110218203
60000		27218734	132261844
70000		31755190	154305484
80000		36291646	176349125
90000		40828101	198392765

CHAPITRE Ier. — Mesures de pesanteur.

Table comparative.		Réduction des livres en kilogrammes.	Réduction des kilogrammes en livres.
10000	*Lauban.*	4207006	23769872
20000		8414012	47539745
30000		12621019	71309617
40000		16828025	95079489
50000		21035031	118849362
60000		25242037	142619234
70000		29449043	166389106
80000		33656050	190158979
90000		37863056	213928851

Table comparative.		Réduction des livres en kilogrammes.	Réduction des kilogrammes en livres.
10000	*Leipzick.* Poids de viande.	5055742	19779492
20000		10111483	39558984
30000		15167225	59338476
40000		20222966	79117968
50000		25278708	98897460
60000		30334449	118676952
70000		35390191	138456444
80000		40445933	158235935
90000		45501674	178015427

Table comparative.		Réduction des livres en kilogrammes.	Réduction des kilogrammes en livres.
10000	*Leipzick.* Poids de mines.	4523533	22106615
20000		9047066	44213230
30000		13570599	66319845
40006		18094131	88426460
50000		22617664	110533075
60000		27141197	132639691
70000		31664730	154746306
80000		36188263	176852921
90000		40711796	198959536

Table comparative.		Réduction des livres en kilogrammes.	Réduction des kilogrammes en livres.
10000	*Leipzick.* Poids d'acier.	4370095	22882800
20000		8740189	45765600
30000		13110284	68648399
40000		17480379	91531198
50000		21850473	114413998
60000		26220568	137296798
70000		30590662	160179598
80000		34960757	183062398
90000		39330852	205945197

Table comparative.		Réduction des livres en kilogrammes.	Réduction des kilogrammes en livres.
10000	*Liége.*	4769131	20968185
20000		9538262	41936365
30000		14307392	62904548
40000		19076522	83872730
50000		23845653	104840913
60000		28614783	125809096
70000		33383914	146777278
80000		38153044	167745461
90000		42922175	188713644

CHAPITRE Ier. — Mesures de pesanteur.

Table comparative.		Réduction des livres en kilogrammes.	Réduction des kilogrammes en livres.
10000	*Liége.*	4638068	21560702
20000		9276136	43121404
30000		13914204	64682106
40000		18552272	86242808
50000		23190339	107803510
60000		27828407	129364212
70000		32466475	150924915
80000		37104543	172485616
90000		41742611	194046318
Table comparative.		Réduction des livres en kilogrammes.	Réduction des kilogrammes en livres.
10000	*Leutzbourg.*	5237713	19092304
20000		10475425	38184608
30000		15713138	57276912
40000		20950850	76369216
50000		26188563	95461520
60000		31426275	114553823
70000		36663988	133646127
80000		41901700	152738431
90000		47139413	171830735
Table comparative.		Réduction des livres en kilogrammes.	Réduction des kilogrammes en livres.
10000	*Lille.* Poids fort.	4660083	21458844
20600		9320166	42917688
30000		13980250	64376532
40000		18640333	85835377
50000		23300416	107294221
60000		27960499	128753065
70000		32620583	150211909
80000		37280666	171670753
90000		41940749	193129597
Table comparative.		Réduction des livres en kilogrammes.	Réduction des kilogrammes en livres.
10000	*Lille.* Poids faible.	4313193	23184678
20000		8626387	46369356
30000		12939580	69554033
40000		17252774	92738711
50000		21565967	115923389
60000		25879160	139108067
70000		30192354	162292744
80000		34505547	185477422
90000		38818741	208662100
Table comparative.		Réduction des livres en kilogrammes.	Réduction des kilogrammes en livres.
10000	*Lindau.*	4611832	21685556
20000		9223664	43366712
30000		13835497	65050068
40000		18447329	86733424
50000		23059161	108416780
60000		27670993	130100136
70000		32282826	151783492
80000		36894658	173466848
90000		41506490	195150204

Chapitre Ier. — Mesures de pesanteur.

Table comparative.		Réduction des livres en kilogrammes.	Réduction des kilogrammes en livres.
10000	*Lintz.*	5687347	17582888
20000		11374695	35165775
30000		17062042	52748663
40000		22749390	70331550
50000		28436737	87914438
60000		34124084	105497325
70000		39811432	123080213
80000		45498779	140663101
90000		51186127	153245988

Table comparative.		Réduction des livres en kilogrammes.	Réduction des kilogrammes en livres.
10000	*Lisbonne.*	4608937	21696976
20000		9217874	43393952
30000		13826812	65090929
40000		18435749	86787905
50000		23044686	108484881
60000		27653623	130181857
70000		32262560	151878833
80000		36871497	173575809
90000		41480435	195272786

Table comparative.		Réduction des livres en kilogrammes.	Réduction des kilogrammes en livres.
10000	*Livourne.*	3445605	29022478
20000		6891210	58044956
30000		10336815	87067455
40000		13782421	116089933
50000		17228026	145112411
60000		20673631	174134889
70000		24119236	203157367
80000		27564841	232179845
90000		31010446	261202314

Table comparative.		Réduction des livres en kilogrammes.	Réduction des kilogrammes en livres.
10000	*Libau.*	4688069	21589678
20000		9376138	42659357
30000		14064207	63989035
40000		18752275	85518713
50000		23440344	106648391
60000		28128413	127078070
70000		32816482	149307748
80000		37504551	170637426
90000		42192620	191067104

Table comparative.		Réduction des livres en kilogrammes.	Réduction des kilogrammes en livres.
10000	*Londres* (avoir du poids).	4556826	21945099
20000		9113652	46890198
30000		13670478	65835298
40000		18227304	87780397
50000		22784130	109725496
60000		27340956	151670595
70000		31897782	153615694
80000		36454609	175560793
90000		41011435	197605893

CHAPITRE Ier. — Mesures de pesanteur.

Table comparative.		Réduction des livres en kilogrammes.	Réduction des kilogrammes en livres.
10000	*Londres.* Poids de troy.	3745244	26700530
20000		7490488	53401061
30000		11235732	80101591
40000		14980976	106802121
50000		18726220	133502652
60000		22471464	160203182
70000		26216708	186903712
80000		29961952	213604243
90000		33707196	240304773

Table comparative.		Réduction des livres en kilogrammes.	Réduction des kilogrammes en livres.
10000	*Londres.* Poids de roi.	5098203	19614756
20000		10196405	39229512
30000		15294608	58844268
40000		20392810	78459024
50000		25491013	98073780
60000		30589215	117688536
70000		35687418	137303292
80000		40785621	156918049
90000		45883823	176532805

Table comparative		Réduction des livres en kilogrammes.	Réduction des kilogrammes en livres.
10000	*Louvain.*	4723775	21169507
20000		9447549	42339014
30000		14171324	63508521
40000		18895098	84678029
50000		23618873	105847536
60000		28342648	127017043
70000		33066422	148186550
80000		37790197	169356057
90000		42513971	190525564

Table comparative.		Réduction des livres en kilogrammes.	Réduction des kilogrammes en livres.
10000	*Lublin.*	3998944	25006600
20000		7997889	50013200
30000		11996833	75019799
40000		15995777	100026399
50000		19994722	125032999
60000		23993666	150039599
70000		27992610	175046199
80000		31991554	200052798
90000		35990498	225059398

Table comparative.		Réduction des livres en kilogrammes.	Réduction des kilogrammes en livres.
10000	*Lucerne.*	5013863	19944701
20000		10027726	39889401
30000		15041590	59834102
40000		20055453	79778802
50000		25069316	99723503
60000		30083179	119668203
70000		35097042	139612904
80000		40110906	159557604
90000		45124769	179502305

Chapitre Ier. — Mesures de pesanteur.

Table comparative.		Réduction des livres en kilogrammes.	Réduction des kilogrammes en livres.
10000	cques.	3737525	26755675
20000		7475050	53511351
30000		11212574	80267026
40000		14950099	107022701
50000		18687624	133778377
60000		22425149	160534052
70000		26162674	187289727
80000		29900198	214045402
90000		33637723	240801078

Table comparative.		Réduction des livres en kilogrammes.	Réduction des kilogrammes en livres.
10000	Lucques.	3350068	29850139
20000		6700136	59700278
30000		10050204	89550418
40000		13400273	119400557
50000		16750341	149250696
60000		20100409	179100835
70000		23450477	208950974
80000		26800545	238801114
90000		30150613	268651253

Table comparative.		Réduction des livres en kilogrammes.	Réduction des kilogrammes en livres.
10000	Lubeck.	4853570	20603392
20000		9707140	41206783
30000		14560709	61810175
40000		19414279	82413567
50000		24267849	103016958
60000		29121419	123620350
70000		33974989	144223742
80000		38828559	164827133
90000		43682128	185430525

Table comparative.		Réduction des livres en kilogrammes.	Réduction des kilogrammes en livres.
10000	Lunebourg.	4886381	20465046
20000		9772761	40930091
30000		14659142	61395137
40000		19545522	81860182
50000		24431903	102325228
60000		29318283	122790274
70000		34204664	143255319
80000		39091044	163720365
90000		43977425	184185410

Table comparative.		Réduction des livres en kilogrammes.	Réduction des kilogrammes en livres.
10000	Lyon. (Poids de ville.)	4265390	23444513
20000		8530780	46889026
30000		12796170	70333540
40000		17061560	93778053
50000		21326950	117222566
60000		25592339	140667079
70000		29857729	164111592
80000		34123119	187556106
90000		38388509	211000619

CHAPITRE Ier. — Mesures de pesanteur.

Table comparative.		Réduction des livres en kilogrammes.	Réduction des kilogrammes en livres.
10000	*Lyon.* Poids de soie.	4613727	21674450
20000		9227455	43348899
30000		13841182	65023349
40000		18454909	86697799
50000		23068636	108372248
60000		27682364	130046698
70000		32296091	151721148
80000		36909818	173395597
90000		41523546	195070047

Table comparative.		Réduction des livres en kilogrammes.	Réduction des kilogrammes en livres.
10000	*Madère.*	4374437	22860083
20000		8748874	45720170
30000		13123312	68980250
40000		17497750	91440334
50000		21872186	114300417
60000		26246623	137160501
70000		30621061	160020584
80000		34995498	182880668
90000		39369935	205740751

Table comparative.		Réduction des livres en kilogrammes.	Réduction des kilogrammes en livres.
10000	*Madras.*	14227777	7028505
20000		28455555	14057009
30000		42683333	21085514
40000		56911110	28114019
50000		71138887	35142523
60000		85366665	42171028
70000		99594442	49199533
80000		113822220	56228037
90000		128049997	63256542

Table comparative.		Réduction des livres en kilogrammes.	Réduction des kilogrammes en livres.
10000	*Madrid.*	4619552	21647119
20000		9239105	43294238
30000		13858657	64941357
40000		18478209	86588476
50000		23097762	108235595
60000		27717314	129882714
70000		32336867	151529833
80000		36956419	173176951
90000		41575972	194824070

Table comparative.		Réduction des livres en kilogrammes.	Réduction des kilogrammes en livres.
10000	*Magdebourg.*	4704474	21256361
20000		9408948	42512721
30000		14113423	63769082
40000		18817897	85025443
50000		23522371	106281803
60000		28226845	127538164
70000		32931319	148794525
80000		37635793	170050885
90000		42340268	191307246

CHAPITRE Ier. — Mesures de pesanteur.

Table comparative.		Réduction des livres en kilogrammes.	Réduction des kilogrammes en livres.
10000		4465652	22393249
20000		8931263	44786497
30000		13396895	67179746
40000		17862527	89572995
50000	*ahon.*	22328158	111966243
60000		26793790	134359492
70000		31259422	156752741
80000		35725053	179145989
90000		40190685	201539238

Table comparative.		Réduction des livres en kilogrammes.	Réduction des kilogrammes en livres.
10000		4220034	23696492
20000		8440068	47392983
30000		12660102	71089475
40000		16880136	94785967
50000	*Mayorque.*	21100170	118482459
60000		25320204	142178950
70000		29540238	165875442
80000		33760272	189571934
90000		37980306	213268425

Table comparative.		Réduction des bisses en kilogrammes.	Réduction des kilogrammes en bisses.
10000		13975293	7944629
20000		27950586	15889257
30000		41925878	23833886
40000		55901171	31778514
50000	*Malabar.*	69876464	39723143
60000		83851757	47667772
70000		97827050	55612400
80000		111802342	63557029
90000		125777635	71501658

Table comparative.		Réduction des cattis en kilogrammes.	Réduction des kilogrammes en cattis.
10000		6835239	14630066
20000		13670478	29260132
30000		20505717	43890198
40000		27340956	58520264
50000	*Malaca.*	34176196	73150331
60000		41011435	87780397
70000		47846674	102410463
80000		54681913	117040529
90000		61517152	131670595

Table comparative.		Réduction des livres en kilogrammes.	Réduction des kilogrammes en livres.
10000		3585630	27889099
20000		7171261	55778198
30000		10756891	83667298
40000		14342521	111556397
50000	*Malaga.*	17928152	139445496
60000		21523782	167334595
70000		25099412	195223695
80000		28685043	223112794
90000		32270673	251001893

Chapitre Ier. — Mesures de pesanteur.

Table comparative.		Réduction des livres en kilogrnmmes.	Réduction des kilogrammes en livres.
10000	*Malines.*	2386241	41906915
20000		4772482	83813831
30000		7158723	125720747
40000		9544964	167627662
50000		11931205	209534578
60000		14317446	251441493
70000		16703687	293348409
80000		19089928	335255324
90000		21476169	377162240
Table comparative.		**Réduction des rotolis en kilogrammes.**	**Réduction des kilogrammes en rotolis.**
10000	*Malte.*	7874925	12698533
20000		15749851	25397066
30000		23624776	38095599
40000		31499701	50794133
50000		39374626	63492666
60000		47249552	76191199
70000		55124477	88889732
80000		62999402	101588265
90000		70874328	114286798
Table comparative.		**Réduction des livres en kilogrammes.**	**Réduction des kilogrammes en livres.**
10000	*Manheim.*	4969372	20123266
20000		9938745	40246532
30000		14908117	60369798
40000		19877489	80493064
50000		24846861	100616323
60000		29816224	120739596
70000		34785606	140862862
80000		39754978	160986128
90000		44724350	181109394
Table comparative.		**Réduction des livres en kilogrammes.**	**Réduction des kilogrammes en livres.**
10000	*Mantoue.*	2790183	35839939
20000		5580367	71679878
30000		8370550	107519817
40000		11160733	143359756
50000		13950917	179199695
60000		16741100	215039634
70000		19531283	250879573
80000		22321467	286719511
90000		25111650	322559450
Table comparative.		**Réduction des livres en kilogrammes.**	**Réduction des kilogrammes en livres.**
10000	*Maroc.*	4552404	21966414
20000		9104809	43932828
30000		13657213	65899243
40000		18209617	87865657
50000		22762022	109832071
60000		27314426	131798485
70000		31866831	153764899
80000		36419235	175731314
90000		40971639	197697728

Chapitre Ier. — Mesures de pesanteur.

Table comparative.		Réduction des livres en kilogrammes.	Réduction des kilogrammes en livres.
10000	*Marseille.*	4079215	24514518
20000		8158431	49029036
30000		12237646	73543555
40000		16316862	98058073
50000		20396077	122572591
60000		24475292	147087109
70000		28554508	171601628
80000		32633723	196116146
90000		36712939	220630664

Table comparative.		Réduction des livres en kilogrammes.	Réduction des kilogrammes en livres.
10000	*Massa.*	3402069	29393879
20000		6804138	58787758
30000		10206207	88181637
40000		13608275	117575517
50000		17010344	146969396
60000		20412413	176363275
70000		23814482	205757154
80000		27216551	235151033
90000		30618619	264544912

Table comparative.		Réduction des seyras en kilogrammes.	Réduction des kilogrammes en seyras.
10000	*Masulipatan.*	2792769	35806758
20000		5585538	71613516
30000		8378307	107420275
40000		11171076	143227033
50000		13963844	179033791
60000		16756613	214840549
70000		19549382	250647307
80000		22342151	286454066
90000		25134920	322260824

Table comparative.		Réduction des livres en kilogrammes.	Réduction des kilogrammes en livres.
10000	*Mecheln.*	4723775	21169511
20000		9447549	42339023
30000		14171324	63508534
40000		18895090	84678046
50000		23618873	105847557
60000		28342648	127017068
70000		33066422	148186580
80000		37790197	169356091
90000		42513971	190525603

Table comparative.		Réduction des livres en kilogrammes.	Réduction des kilogrammes en livres.
10000	*Messen.*	4739215	21100541
20000		9478430	42201083
30000		14217645	63301624
40000		18956860	84402165
50000		23696075	105502707
60000		28435289	126603248
70000		33174504	147703789
80000		37913719	168804330
90000		42652934	189904872

CHAPITRE 1er. — Mesures de pesanteur.

Table comparative.		Réduction des livres en kilogrammes.	Réduction des kilogrammes en livres.
10000	*Meningen.*	514146	19450917
20000		1028292	38901833
30000		1542343 8	58352750
40000		2056458 4	77803666
50000		2570572 9	97254583
60000		3084687 5	116705500
70000		3598802 1	136156416
80000		4112916 7	155607333
90000		4627031 3	175058249

Table comparative.		Réduction des livres en kilogrammes.	Réduction des kilogrammes en livres.
10000	*Messine.* (28 onces).	3102243	32234738
20000		6204487	64469476
30000		9306730	96704214
40000		12408973	128938952
50000		15511217	161173690
60000		18613460	193408428
70000		21715703	225643166
80000		24817946	257877904
90000		27920190	290112642

Table comparative.		Reduction des livres en kilogrammes.	Réduction des kilogrammes en livres.
10000	*Messine.* (30 onces).	7764786	12878654
20000		15529573	25757308
30000		23294359	38635963
40000		31059146	51514617
50000		38823932	64393271
60000		46588719	77271925
70000		54353505	90150579
80000		62118292	103029233
90000		69883078	115907888

Table comparative.		Réduction des livres en kilogrammes.	Réduction des kilogrammes en livres.
10000	*Messine.* Poids de 12 onces.	3102243	32234738
20000		6204487	64469476
30000		9306730	96704214
40000		12408973	128938952
50000		15511217	161173690
60000		18613460	193408428
70000		21715703	225643166
80000		24817946	257877904
90000		27920190	290112642

Table comparative.		Reduction des livres en kilogrammes.	Reduction des kilogrammes en livres.
10000	*Midelbourg.*	4698681	21282555
20000		9397368	42565109
30000		14096052	63847664
40000		18794736	85130218
50000		23493420	106412773
60000		28192104	127695328
70000		32890788	148977882
80000		37589472	170260437
90000		42288157	191542991

CHAPITRE Ier. — Mesures de pesanteur.

Table comparative.		Reduction des livres en kilogrammes.	Reduction des kilogrammes en livres.
10000	*Milan* Poids de 28 onces,	7530859	13278697
20000		15061719	26557394
30000		22592578	39836091
40000		30123438	53114788
50000		37654297	66393485
60000		45185156	79672182
70000		52716016	92950879
80000		60246875	106229576
90000		67777735	119508273

Table comparative.		Réduction des livres en kilogrammes.	Réduction des kilogrammes en livres.
10000	*Milan* Poids de 12 onces.	3218501	31070365
20000		6437002	62140731
30000		9655503	93211096
40000		12874004	124281461
50000		16092505	155351827
60000		19311006	186422192
70000		22529507	217492557
80000		25748008	248562922
90000		28966508	279633288

Table comparative.		Réduction des livres en kilogrammes.	Réduction des kilogrammes en livres.
10000	*Minorque* Poids fort.	12020293	8319264
20000		24040587	16638529
30000		36060880	24957793
40000		48081174	33277057
50000		60101467	41596322
60000		72121760	49915586
70000		84142054	58234850
80000		96162347	66554014
90000		108182641	74873279

Table comparative.		Réduction des livres en kilogrammes.	Réduction des kilogrammes en livres.
10000	*Minorque* Poids faible.	4006764	24957793
20000		8013529	49915587
30000		12020293	74873380
40000		16027058	99831174
50000		20033822	124788967
60000		24040587	149746761
70000		28047351	174704554
80000		32054116	199662347
90000		36060880	224620141

Table comparative.		Réduction des maons en kilogrammes.	Réduction des kilogrammes en maons.
10000	*Mocka* Poids Maon.	10395682	9619379
20000		20791363	19238758
30000		31187045	28858136
40000		41582727	38477515
50000		51978408	48096894
60000		62374090	57716273
70000		72769772	67335652
80000		83165453	76955031
90000		93561135	86574409

CHAPITRE Ier. — Mesures de pesanteur.

Table comparative.		Réduction des livres en kilogrammes.	Réduction des kilogrammes en livres.
10000	*Monaco.*	3323550	30088490
20000		6647060	60176979
30000		9970590	90265469
40000		13294120	120353958
50000		16617650	150442448
60000		19941180	180530938
70000		23264710	210619427
80000		26588241	240707917
90000		29911771	270796406

Table comparative.		Réduction des livres en kilogrammes.	Réduction des kilogrammes en livres.
10000	*Mogol.*	3194578	31303038
20000		6389156	62606076
30000		9583734	93909113
40000		12778313	125212151
50000		15972891	156515189
60000		19167469	187818227
70000		22362047	219121265
80000		25556625	250424302
90000		28751203	281727340

Table comparative.		Réduction des livres en kilogrammes.	Réduction des kilogrammes en livres.
10000	*Mons.*	4662563	21447433
20000		9325126	42894865
30000		13987690	64342298
40000		18650253	85789731
50000		23312816	107237163
60000		27975379	128684596
70000		32637942	150132029
80000		37300506	171579461
90000		41963069	193026894

Table comparative.		Réduction des livres en kilogrammes.	Réduction des kilogrammes en livres.
10000	*Montpellier.*	4079215	24514518
20000		8158431	49029036
30000		12237646	73543555
40000		16316862	98058073
50000		20396077	122572591
60000		24475292	147087109
70000		28554508	171601628
80000		32633723	196116146
90000		36712909	220630664

Table comparative.		Réduction des livres en kilogrammes.	Réduction des kilogrammes en livres.
10000	*Morlaix.*	4913284	20352988
20000		9826567	40705975
30000		14739851	61058963
40000		19653134	81411950
50000		24566418	101764938
60000		29479702	122117925
70000		34392985	142470913
80000		39306269	162823900
90000		44219552	183176888

Chapitre Iᵉʳ, — Mesures de pesanteur.

Table comparative.		Réduction des livres en kilogrammes.	Reduction des kilogrammes en livres.
10000	*Morée.* Poids de commerce.	4012554	24921779
20000		8025109	49843559
30000		12037664	74765338
40000		16050218	99687117
50000		20062773	124608897
60000		24075328	149530676
70000		28087882	174452455
80000		32100437	199374235
90000		36112991	224296014

Table comparative.		Réduction des livres en kilogrammes.	Reduction des kilogrammes en livres.
10000	*Morée.* Poids de soie.	5010868	19956622
20000		10021736	39913243
30000		15032604	59869865
40000		20043473	79826487
50000		25054341	99783109
60000		30065209	119739730
70000		35076077	139696352
80000		40086945	159652974
90000		45097813	179609596

Table comparative.		Réduction des okes en kilogrammes.	Réduction des kilogrammes en okes.
10000	*Morée-Okes.*	11646831	8586027
20000		23293661	17172054
30000		34940492	25758081
40000		46587322	34344107
50000		58234153	42930134
60000		69880983	51516161
70000		81527814	60102188
80000		93174644	68688215
90000		104821475	77274242

Table comparative.		Réduction des livres en kilogrammes.	Réduction des kilogrammes en livres.
10000	*Moscovie.*	4150552	24093178
20000		8301105	48186356
30000		12451657	72279534
40000		16602210	96372712
50000		20752762	120465890
60000		24903315	144559068
70000		29053867	168652246
80000		33204420	192745424
90000		37354972	216838602

Table comparative.		Réduction des livres en kilogrammes.	Réduction des kilogrammes en livres.
10000	*Moscou.*	4273586	23400647
20000		8546772	46801295
30000		12820158	70201942
40000		17093544	93602590
50000		21366930	117003237
60000		25640316	140403884
70000		29913702	163804532
80000		34187088	187205179
90000		38460474	210605827

CHAPITRE Ier. — Mesures de pesanteur.

Table comparative.		Réduction des livres en kilogrammes.	Réduction des kilogrammes en livres.
10000	*Munschberg.*	5196635	19243223
20000		10393269	38486447
30000		15589904	57729670
40000		20786538	76972894
50000		25983173	96216117
60000		31179807	115459341
70000		36376442	134702564
80000		41573076	153945788
90000		46769711	173189011

Table comparative.		Réduction des livres en kilogrammes.	Réduction des kilogrammes en livres.
10000	*Munich.*	4677840	21377587
20000		9355680	42754773
30000		14033521	64132160
40000		18711361	85509547
50000		23389201	106886934
60000		28067041	128264320
70000		32744882	149641707
80000		37422722	171019094
90000		42100562	192396481

Table comparative.		Réduction des livres en kilogrammes.	Réduction des kilogrammes en livres.
10000	*Munster.*	4784571	20900516
20000		9569142	41801032
30000		14353713	62701548
40000		19138283	83602064
50000		23922854	104502580
60000		28707425	125403096
70000		33491996	146303612
80000		38276567	167204128
90000		43061138	188104644

Table comparative.		Réduction des livres en kilogrammes.	Réduction des kilogrammes en livres.
10000	*Murcie.*	4344364	23018327
20000		8688729	46036654
30000		13033093	69054981
40000		17377458	92073308
50000		21721822	115091635
60000		26066186	138109962
70000		30410551	161128289
80000		34754915	184146616
90000		39099280	207164943

Table comparative.		Réduction des livres en kilogrammes.	Réduction des kilogrammes en livres.
10000	*Namur.*	4644921	21528892
20000		9289842	43057783
30000		13934763	64586675
40000		18579684	86115566
50000		23224605	107644458
60000		27869526	129173349
70000		32514447	150702241
80000		37159368	172231132
90000		41804289	193760024

Chapitre Ier. — Mesures de pesanteur.

Table comparative.		Réduction des livres en kilogrammes.	Réduction des kilogrammes en livres.
10000	*Nanci.*	4556810	21945177
20000		9113620	43890354
30000		13670430	65835531
40000		18227240	87780708
20000		22784050	109725885
60000		27340860	131671062
70000		31897669	153616239
80000		36454479	175561416
90000		41011289	197506592
Table comparative.		**Réduction des livres en kilogrammes.**	**Réduction des kilogrammes en livres.**
10000	*Naples.* Poids de 12 onces.	3184847	31397633
20000		6369695	62795266
30000		9554542	94192899
40000		12739390	125590531
50000		15924237	156988164
60000		19109085	188385797
70000		22293932	219783430
80000		25478779	251181063
90000		28663627	282578696
Table comparative.		**Réduction des livres en kilogrammes.**	**Réduction des kilogrammes en livres.**
10000	*Naples.* Poids de 33 onces.	8921244	11209199
20000		17842188	22418398
30000		26763732	33627597
40000		35684976	44836796
50000		44606220	56045995
60000		53527464	67255194
70000		62448708	78464393
80000		71369952	89673592
90000		80291196	190882791
Table comparative.		**Réduction des livres en kilogrammes.**	**Réduction des kilogrammes en livres.**
10000	*Narva.*	4698684	21282555
20000		9397368	42565109
30000		14096052	63847664
40000		18794736	85130218
50000		23493420	106412773
60000		28192104	127695328
70000		32890788	148977882
80000		37589473	170260437
90000		42288157	191542991
Table comparative.		**Réduction des livres en kilogrammes.**	**Réduction des kilogrammes en livres.**
10000	*Négrepont.*	5374198	18607427
20000		10748397	37214853
30000		16122595	55822280
40000		21496793	74429706
50000		26870991	93037133
60000		32245190	111644559
70000		37619388	130251986
80000		42993586	148859412
90000		48367785	167466839

Chapitre Ier. — Mesures de pesanteur.

Table comparative.		Réduction des livres en kilogrammes.	Réduction des kilogrammes en livres.
10000	*Newcastle.*	4323703	23128326
20000		8647405	46256651
30000		12971108	69384977
40000		17294810	92513302
50000		21618513	115641628
60000		25942215	138769953
70000		30265918	161898279
80000		34589620	185026605
90000		38913323	208154930

Table comparative.		Réduction des livres en kilogrammes.	Réduction des kilogrammes en livres.
10000	*Neuchâtel.*	5201000	19227073
20000		10401999	38454146
30000		15602999	57681219
40000		20803998	76908293
50000		26004998	96135366
60000		31205998	115362439
70000		36406997	134589512
80000		41607997	153816585
90000		46808997	173043658

Table comparative.		Réduction des livres en kilogrammes.	Réduction des kilogrammes en livres.
10000	*Neustadt.*	5114608	19551841
20000		10229216	39103682
30000		15343823	58655524
40000		20458431	78207365
50000		25573039	97759206
60000		30687647	117311047
70000		35802255	136862888
80000		40916863	156414730
90000		46031470	175966571

Table comparative.		Réduction des livres en kilogrammes.	Réduction des kilogrammes en livres.
10000	*Nice.*	3096124	32298443
20000		6192249	64596886
30000		9288373	96895329
40000		12384498	129193772
50000		15480622	161492215
60000		18576747	193790658
70000		21672871	226089101
80000		24768996	258387544
90000		27865120	290685987

Table comparative.		Réduction des livres en kilogrammes.	Réduction des kilogrammes en livres.
10000	*Nimègue.*	4968372	20127316
20000		9936745	40254633
30000		14905117	60381948
40000		19873489	80509265
50000		24841861	100636581
60000		29810234	120763898
70000		34778606	140891214
80000		39746978	161018530
90000		44715350	181145847

Chapitre Ier. — Mesures de pesanteur.

Table comparative.		Réduction des livres en kilogrammes.	Réduction des kilogrammes en livres.
10000	*Norlingue.*	4921604	20318740
20000		9843208	40637480
30000		14764811	60956219
40000		19686415	81274959
50000		26408019	101593699
60000		29529623	121912439
70000		34451226	142231178
80000		39372830	162549918
90000		44294434	183868658

Table comparative.		Réduction des livres en kilogrammes.	Réduction des kilogrammes en livres.
10000	*Norwège.*	5012316	19950858
20000		10024631	39901717
30000		15036947	59852575
40000		20049263	79803433
50000		25061578	99754292
60000		30073894	119705150
70000		35086210	139656009
80000		40098525	159606867
90000		45110841	179557725

Table comparative.		Réduction des livres en kilogrammes.	Réduction des kilogrammes en livres.
10000	*Novi.*	3292416	30372830
20000		6584833	60745659
30000		9877249	91118489
40000		13169665	121491318
50000		16462082	151864148
60000		19754498	182236978
70000		23046914	212609807
80000		26339331	242982637
90000		29631747	273355466

Table comparative.		Réduction des livres en kilogrammes.	Réduction des kilogrammes en livres.
10000	*Nuremberg.*	5090861	19643043
20000		10181722	39286087
30000		15272582	58929130
40000		20363443	78572174
50000		25454304	98215217
60000		30545165	117858261
70000		35636026	137501304
80000		40726886	157144348
90000		45817747	176787391

Table comparative.		Réduction des livres en kilogrammes.	Réduction des kilogrammes en livres.
10000	*Nyon.*	5724281	17469442
20000		11448563	34938884
30000		17173844	52408325
40000		22897125	69877767
50000		28621407	87347209
60000		34345688	104816651
70000		40069970	122286093
80000		45794251	139755535
90000		51518532	157224978

Chapitre Ier. — Mesures de pesanteur.

Table comparative.		Réduction des livres en kilogrammes.	Réduction des kilogrammes en livres.
10000	*Oldembourg.*	4960205	20016046
20000		9920409	40032092
30000		14880614	60048138
40000		19840818	80064184
50000		24801023	100080229
60000		29761227	120096275
70000		34721432	140112321
80000		39681637	160128367
90000		44641841	180144413

Table comparative.		Réduction des livres en kilogrammes.	Réduction des kilogrammes en livres.
10000	*Olmutz.*	5599947	17857312
20000		11199894	35714624
30000		16799841	53571937
40000		22399788	71429249
50000		27999734	89286561
60000		33599681	107143873
70000		39199628	125001185
80000		44799575	142858498
90000		50399522	160715810

Table comparative.		Réduction des livres en kilogrammes.	Réduction des kilogrammes en livres.
10000	*Saint-Omer.*	5482465	18249969
20000		10964931	36479938
30000		16447396	54719907
40000		21929862	72959876
50000		27412327	91199845
60000		32894793	109439814
70000		38377258	127679783
80000		43859724	145919752
90000		49342189	164159721

Table comparative.		Réduction des rotolis en kilogrammes.	Réduction des kilogrammes en rotolis.
10000	*Oran.*	5058154	19770058
20000		10116308	39540116
30000		15174462	59310174
40000		20232617	79080231
50000		25290770	98850289
70000		30348925	118620347
60000		35407079	138390405
80000		40465233	158160463
90000		45523387	177930521

Table comparative.		Réduction des scyras en kilogrammes.	Réduction des kilogrammes en scyras.
10000	*Ormus.*	3041744	32875875
20000		6083488	65751750
30000		9125232	98627625
40000		12166976	131503500
50000		15208721	164379375
60000		18250465	197255251
70000		21292209	230131126
80000		24333953	263007001
90000		27375697	295882876

Chapitre Ier. — Mesures de pesanteur.

Table comparative.		Réduction des livres en kilogrammes.	Réduction des kilogrammes en livres.
10000	*Osnabruck.*	4917576	20335223
20000		9835151	40670446
30000		14752727	61005669
40000		19670303	81340893
50000		24587879	101676116
60000		29505454	122011339
70000		34423030	142346562
80000		39340606	162681785
90000		44258182	183017008

Table comparative.		Reduction des livres en kilogrammes.	Reduction des kilogrammes en livres.
10000	*Ostende.*	4723775	21169511
20000		9447549	42339023
30000		14171324	63508534
40000		18895098	84678046
50000		23618873	105847557
60000		28342648	127017068
70000		33066422	148186580
80000		37790197	169356091
90000		42513971	190525603

Table comparative.		Reduction des livres en kilogrammes.	Reduction des kilogrammes en livres.
10000	*Oudenarde.*	4396150	22747176
20000		8792300	45494351
30000		13188451	68241527
40000		17584601	90988702
50000		21980751	113735878
60000		26376901	136483053
70000		30773051	159230229
80000		35169201	181977405
90000		39565352	204724580

Table comparative.		Reduction des livres en kilogrammes.	Reduction des kilogrammes en livres.
10000	*Oviédo.*	6929329	14431413
20000		13858657	28862825
30000		20787986	43294238
40000		27717314	57725650
50000		34646643	72157063
60000		41575972	86588476
70000		48505300	101019888
80000		55434629	115451301
90000		62363957	129882714

Table comparative.		Reduction des livres en kilogrammes.	Reduction des kilogrammes en livres.
10000	*Oviédo.*	4619552	21647119
20000		9239105	43294238
30000		13858657	64941357
40000		18478210	86588476
50000		23097762	108235595
60000		27717314	129882714
70000		32336867	151529833
80000		36956419	173176951
90000		41575972	194824070

Chapitre Ier. — Mesures de pesanteur.

Table comparative.		Réduction des livres en kilogrammes.	Réduction des kilogrammes en livres.
10000	*Paderbonn.*	4784571	20900516
20000		9569142	41801032
30000		14353713	62701548
40000		19138283	83602064
50000		23922854	104502580
60000		28707425	125403096
70000		33491996	146303612
80000		38276567	167204128
90000		43061138	188104644

Table comparative.		Réduction des livres en kilogrammes.	Réduction des kilogrammes en livres.
10000	*Paloue.*	3104936	22067873
20000		6209871	44135746
30000		9314807	66203619
40000		12419742	88271492
50000		15524678	110339365
60000		18629614	132407239
70000		21734549	154475112
80000		24839485	176542985
90000		27944420	198610858

Table comparative.		Réduction des livres en kilogrammes.	Réduction des kilogrammes en livres.
10000	*Parme.*	3263535	30635355
20000		6527071	61270710
30000		9790606	91906064
40000		13054142	122541419
50000		16317677	153176774
60000		19581213	183812129
70000		22844748	214447474
80000		26108284	245082838
90000		29371819	275718193

Table comparative.		Réduction des livres en kilogrammes.	Réduction des kilogrammes en livres.
10000	*Passau.*	4823172	20733245
20000		9646343	41466490
30000		14469515	62199735
40000		19292687	82932980
50000		24115858	103666225
60000		28939030	124399470
70000		33762202	145132715
80000		38585373	165865960
90000		43408545	186599205

Table comparative.		Réduction des livres en kilogrammes.	Réduction des kilogrammes en livres.
10000	*Patras.*	4012555	24921779
20000		8025109	49843559
30000		12037664	74765338
40000		16050218	99687117
50000		20062773	124608896
60000		24075328	149530676
70000		28087882	174452455
80000		32100437	199374234
90000		36112991	224296014

Chapitre Ier. — Mesures de pesanteur.[1]

Table comparative.		Réduction des livres en kilogrammes.	Réduction des kilogrammes en livres.
10000	*Patras.*	5015693	19937423
20000		10031386	39874847
30000		15047080	59812270
40000		20062773	79749694
50000		25078466	99687117
60000		30094159	119624541
70000		35109853	139561964
80000		40125546	159499387
90000		45141239	179436811

Table comparative.		Réduction des livres en kilogrammes.	Réduction des kilogrammes en livres.
10000	*Pégu.*	15431158	6480395
20000		30862316	12960790
30000		46293473	19441185
40000		61724631	25921580
50000		77155789	32401976
60000		92586947	38882371
70000		108018105	45362766
80000		123449263	51843161
90000		138880420	58323556

Table comparative.		Réduction des livres en kilogrammes.	Réduction des kilogrammes en livres.
10000	*Pékin.*	6022692	16603871
20000		12045384	33207742
30000		18068076	49811613
40000		24090768	66415484
50000		30113460	83019355
60000		36136152	99623225
70000		42158844	116227096
80000		48181536	132830967
90000		54204228	149434838

Table comparative.		Réduction des livres en kilogrammes.	Réduction des kilogrammes en livres.
10000	*Pernau.*	4183363	23904212
20000		8366726	47808424
30000		12550090	71712636
40000		16733453	95616847
50000		20916816	119521059
60000		25100179	143425271
70000		29283542	167329483
80000		33466906	191233695
90000		37650269	215137907

Table comparative.		Réduction des livres en kilogrammes.	Réduction des kilogrammes en livres.
10000	*Pérouse.*	3401576	29398135
20000		6803153	58796270
30000		10204729	88194405
40000		13606305	117592540
50000		17007882	146990675
60000		20409458	176388810
70000		23811034	205786945
80000		27212611	235185080
90000		30614187	264583215

Chapitre Ier. — Mesures de pesanteur.

Table comparative.		Réduction des livres en kilogrammes.	Réduction des kilogrammes en livres.
10000	*Pétersbourg.*	3995591	25027584
20000		7991183	50055167
30000		11986774	75082751
40000		15982366	100110335
50000		19977957	125137918
60000		23973549	150165502
70000		27969140	175193086
80000		31964732	200220669
90000		35960323	225248253

Table comparative.		Réduction des livres en kilogrammes.	Réduction des kilogrammes en livres.
10000	*Piémont.*	3739454	26741873
20000		7478908	53483746
30000		11218362	80225619
40000		14957815	106967492
50000		18697269	133709365
60000		22436723	160451238
70000		26176177	187193111
80000		29915631	213934984
90000		33655085	240676857

Table comparative.		Réduction des livres en kilogrammes.	Réduction des kilogrammes en livres.
10000	*Pillau.* Poids vieux.	4010148	24936738
20000		8020295	49873477
30000		12030443	74810215
40000		16040590	99746953
50000		20050738	124683692
60000		24060885	149620430
70000		28071033	174557168
80000		32081180	199493901
90000		36091328	224430645

Table comparative.		Réduction des livres (1) en kilogrammes.	Réduction des kilogrammes en livres.
10000	*Pise.*	3422462	29218734
20000		6844923	58437469
30000		10267385	87656203
40000		13689847	116874938
50000		17112309	146093672
60000		20534770	175312407
70000		23957232	204531141
80000		27379794	233749876
90000		30802155	262968610

Table comparative.		Réduction des livres (1) en kilogrammes.	Réduction des kilogrammes en livres.
10000	*Pistoya.*	3147084	31775445
20000		6294168	63550891
30000		9441252	95326336
40000		12588337	127101781
50000		15735421	158877227
60000		18882505	190652672
70000		22029589	222428117
80000		25176673	254203563
90000		28323757	285979008

CHAPITRE Ier. — Mesures de pesanteur.

Table comparative.		Réduction des livres en kilogrammes.	Réduction des kilogrammes en livres.
10000	*Plaisance.*	3239569	30868301
20000		6479138	61736603
30000		9718708	92604905
40000		12958277	123473207
50000		16197846	154341509
60000		19437415	185209810
70000		22676984	216078112
80000		25916553	246946414
90000		29156123	277814716

Table comparative.		Réduction des livres en kilogrammes.	Réduction des kilogrammes en livres.
10000	*Pondichéry.*	14747441	6780837
20000		29494882	13561675
30000		44242323	20342512
40000		58989164	27123350
50000		73737204	33904187
60000		88484645	40685025
70000		103232086	47465862
80000		117979527	54246700
90000		132726968	61027637

Table comparative.		Réduction des livres en kilogrammes.	Réduction des kilogrammes en livres.
10000	*Pontremoli.*	3592288	27837410
20000		7184576	55674820
30000		10776865	83512230
40000		14369153	111349640
50000		17961441	139187049
60000		21553729	167024459
70000		25146018	194861869
80000		28738306	222699279
90000		32330594	250536689

Table comparative.		Réduction des livres en kilogrammes.	Réduction des kilogrammes en livres.
10000	*Porto.*	4185811	23901651
20000		8367623	47813302
30000		12581434	71704954
40000		16735243	95606605
50000		20919057	119508256
60000		25102868	143409907
70000		29286680	167311558
80000		33470491	191213210
90000		37654302	215114861

Table comparative.		Réduction des livres en kilogrammes.	Réduction des kilogrammes en livres.
10000	*Posen.*	3999044	25005917
20000		7998089	50011954
30000		11997133	75017931
40600		15996177	100023908
50000		19995222	125029885
60000		23994266	150035862
70000		27993310	175041839
80000		31992354	200047816
90000		35991399	225053793

Chapitre Ier. — Mesures de pesanteur.

Table comparative.		Réduction des livres en kilogrammes.	Réduction des kilogrammes en livres.
10000	*Prague.*	5152693	19407327
20000		10305386	38814654
30000		15458079	58221981
40000		20610772	77629308
50000		25763466	97036635
60000		30916159	116443961
70000		36068852	135851288
80000		41221545	155258615
90000		46374238	174665942

Table comparative.		Réduction des livres en kilogrammes.	Réduction des kilogrammes en livres.
10000	*Presbourg.*	5604834	17841741
20000		11209668	35683483
30000		16814502	53525224
40000		22419336	71366965
50000		28024170	89208707
60000		33629004	107050448
70000		39233839	124892190
80000		44838673	142733931
90000		50443507	160575672

Table comparative.		Réduction des cattis en kilogrammes.	Réduction des kilogrammes en cattis.
10000	*Quéda.*	7381921	13546609
20000		14763842	27093218
30000		22145763	40639827
40000		29527685	54186436
50000		36909606	67733046
60000		44291527	81279655
70000		51673448	94826264
80000		59055369	108372873
90000		66437290	121919482

Table comparative.		Réduction des livres en kilogrammes.	Réduction des kilogrammes en livres.
10000	*Raconigi.*	3230739	30952674
20000		6461477	61905348
30000		9692216	92858023
40000		12922954	123810697
50000		16153693	154763371
60000		19384432	185716045
70000		22615170	216668720
80000		25845909	247621394
90000		29076647	278574068

Table comparative.		Réduction des livres en kilogrammes.	Réduction des kilogrammes en livres.
10000	*Raguse.*	3647777	27413957
20000		7295554	54827914
30000		10943331	82241872
40000		14591108	109655829
50000		18238885	137069786
60000		21886661	264483743
70000		25534438	291897701
80000		29182215	319311658
90000		32829992	346725615

CHAP. Ier. — Mesures de pesanteur.

Table comparative.		Réduction des livres en kilogrammes.	Réduction des kilogrammes en livres.
10000	*Ravenne.*	3006038	33266375
20000		6012077	66532750
30000		9018115	99799125
40000		12024153	133065500
50000		15030192	166331875
60000		18036230	199598250
70000		21042269	232864626
80000		24048307	266131001
90000		27054345	299397376

Table comparative.		Réduction des livres en kilogrammes.	Réduction des kilogrammes en livres.
10000	*Recanate.*	3308572	30224518
20000		6617144	60449035
30000		9925717	90673553
40000		13234289	120898070
50000		16542861	151122588
60000		19851434	181347105
70000		23160006	211571623
80000		26468578	241796140
90000		39777150	272020658

Table comparative.		Réduction des livres en kilogrammes.	Réduction des kilogrammes en livres.
10000	*Reggio.*	3312915	30184899
20000		6625830	60369798
30000		9938745	90554697
40000		13251659	120739596
50000		16564574	150924495
60000		19877489	181109394
70000		23190404	211294293
80000		26503319	241479192
90000		29816234	271664091

Table comparative.		Réduction des livres en kilogrammes.	Réduction des kilogrammes en livres.
10000	*Rembervilliers.*	4601355	21732729
20000		9202710	43465458
30000		13804065	65198187
40000		18405420	86930916
50000		23006775	108663645
60000		27608130	130396374
70000		32209485	152129102
80000		36810840	173861831
90000		41412195	195594560

Table comparative.		Réduction des livres en kilogrammes.	Réduction des kilogrammes en livres.
10000	*Revel.*	4323291	23130526
20000		8646582	46261053
30000		12969873	69391579
40000		17293165	92522106
50000		21616456	115652632
60000		25939747	138783158
70000		30263038	161913685
80000		34586329	185044211
90000		38909620	208174738

Chapitre Ier. — Mesures de pesanteur.

Table comparative.		Réduction des livres en kilogrammes.	Réduction des kilogrammes en livres.
10000	*Rhodes.*	24018391	4163476
20000		48036783	8326952
30000		72055174	12490429
40000		96073565	16653905
50000		120091956	20817381
60000		144110348	24980857
70000		168128740	29144333
80000		192147131	33307809
90000		216165522	37471286

Table comparative.		Réduction des livres en kilogrammes.	Réduction des kilogrammes en livres.
10000	*Riga.*	4160800	24033841
20000		8321599	48067683
30000		12482399	72101524
40000		16643199	96135366
50000		20803999	120169207
60000		24964798	144203048
70000		29125598	168236890
80000		33286398	192270731
90000		37447197	216304573

Table comparative.		Réduction des livres en kilogrammes.	Réduction des kilogrammes en livres.
10000	*Rochelle. (la)*	4944009	20226500
20000		9888018	40453000
30000		14832027	60679501
40000		19776036	80906001
50000		24720045	101132501
60000		29664054	121359001
70000		34608063	141585501
80000		39552072	161812002
90000		44496081	182038502

Table comparative.		Réduction des livres en kilogrammes.	Réduction des kilogrammes en livres.
10000	*Rome.*	3499967	28571700
20000		6999934	57143399
30000		10499900	85715099
40000		13999867	114286798
50000		17499834	142858498
60000		20999801	171430197
70000		24499768	200001897
80000		27999734	228573597
90000		31499701	257145296

Table comparative.		Réduction des livres en kilogrammes.	Réduction des kilogrammes en livres.
10000	*Rostock.*	5131013	14989328
20000		10262026	29978657
30000		15393040	44967985
40000		20524053	59957313
50000		25655066	74946641
60000		30786079	89935970
70000		35917092	104925298
80000		41048105	119914626
90000		46179119	134903954

Chapitre Ier. — Mesures de pesânteur.

Table comparative.		Réduction des livres en kilogrammes.	Réduction des kilogrammes en livres.
10000	*Rotterdam.*	4723775	21169511
20000		9447549	42339023
30000		14171324	63508534
40000		18895098	84678046
50000		23618873	105847557
60000		28342648	127017068
70000		33066422	148186580
80000		37790197	169356091
90000		42513971	190525603

Table comparative.		Réduction des livres en kilogrammes.	Réduction des kilogrammes en livres.
10000	*Roveredo.*	3420032	29239492
20000		6840064	58478983
30000		10260096	87718475
40000		13680128	116957966
50000		17100160	146197458
60000		20520193	175436950
70000		23940225	204676441
80000		27360257	233915933
90000		30780289	263155425

Table comparative.		Réduction des livres en kilogrammes.	Réduction des kilogrammes en livres.
10000	*Russie.*	4107127	24347923
20000		8214253	48695845
30000		12321380	73043768
40000		16428506	97391690
50000		20535633	121739613
60000		24642760	146087535
70000		28749886	170435458
80000		32857013	194783380
90000		36964139	219131303

Table comparative.		Réduction des livres en kilogrammes.	Réduction des kilogrammes en livres.
10000	*Rouen.* Poids de vicomté.	5090861	19643043
20000		10181722	39286087
30000		15272582	58929130
40000		20363443	78572174
50000		25454304	98215217
60000		30545165	117858261
70000		35636026	137501304
80000		40726886	157144348
90000		45817747	176787391

Table comparative.		Réduction des livres en kilogrammes.	Réduction des kilogrammes en livres.
10000	*Rouen.* Poids pour les laines.	5286663	18915523
20000		10573326	37831047
30000		15859989	56746570
40000		21146652	75662094
50000		26433316	94577617
60000		31719979	113493141
70000		37006642	132408664
80000		42293305	151324187
90000		47579968	170239711

Chapitre Ier. — Mesures de pesanteur.

Table comparative.		Réduction des rotolis en kilogrammes.	Réduction des kilogrammes en rotolis.
10000	*Sayde.*	23923819	4179935
20000		47847639	8359869
30000		71771458	12539804
40000		95695277	16719738
50000		119619097	20899673
60000		143542916	25079607
70000		167466736	29259542
80000		191390555	33439476
90000		215314374	37619411

Table comparative.		Réduction des livres en kilogrammes.	Réduction des kilogrammes en livres.
10000	*Schaffouse.*	4614727	21669753
20000		9229455	43339506
30000		13844182	65009259
40000		18458909	86679012
50000		23073636	108348764
60000		27688364	130018517
70000		32303091	151688270
80000		36917818	173358023
90000		41532546	195027776

Table comparative.		Réduction des livres en kilogrammes.	Réduction des kilogrammes en livres.
10000	*Scio.*	4628238	21606497
20000		9256475	43212993
30000		13884713	64819490
40000		18512950	86425987
50000		23141188	108032484
60000		27769425	129638980
70000		32397663	151245477
80000		37025901	172851974
90000		41654138	194458471

Table comparative.		Réduction des livres en kilogrammes.	Réduction des kilogrammes en livres.
10000	*Schweinfurt.*	5118468	19537096
20000		10236936	39074192
30000		15355404	58611289
40000		20473872	78148385
50000		25592340	97685481
60000		30710807	117222577
70000		35829275	136759674
80000		40947743	156296770
90000		46066211	175833866

Table comparative.		Réduction des rotolis en kilogrammes.	Réduction des kilogrammes en rotolis.
10000	*Siam.*	6161655	16229406
20000		12323310	32458812
30000		18484965	48688218
40000		24646620	64917625
50000		30808275	81147031
60000		36969929	97376437
70000		43131584	113605843
80000		49293239	129835249
90000		55454894	146064655

Chapitre Ier. — Mesures de pesanteur.

Table comparative.		Réduction des livres en kilogrammes.	Réduction des kilogrammes en livres.
10000	*Salé.*	4693839	21304523
20000		9387678	46090460
30000		14081517	63913569
40000		18775356	85218092
50000		23469195	106522615
60000		28163034	127827138
70000		32856873	149131661
80000		37550712	170436184
90000		42244550	191740707

Table comparative.		Réduction des livres en kilogrammes.	Réduction des kilogrammes en livres.
10000	*Salzbourg.*	5622208	17786604
20000		11244417	35573208
30000		16866625	53359812
40000		22488834	71146416
50000		28111042	88933020
60000		33733250	106719624
70000		39355459	124506228
80000		44977667	142292833
90000		50599876	160079437

Table comparative.		Réduction des livres en kilogrammes.	Réduction des kilogrammes en livres.
10000	*Sardaigne.*	4025582	24841126
20000		8051165	49682253
30000		12076747	74523379
40000		16102329	99364505
50000		20127912	124205631
60000		24153494	149046758
70000		28179075	173887884
80000		32204659	198729010
90000		36230241	223570137

Table comparative.		Réduction des livres en kilogrammes.	Réduction des kilogrammes en livres.
10000	*Sarguemines.*	5188762	19272420
20000		10377524	38544840
30000		15566286	57817260
40000		20755048	77089680
50000		25943810	96362100
60000		31132572	115634520
70000		36321334	134906940
80000		41510096	154179360
90000		46698858	173451780

Table comparative.		Réduction des livres en kilogrammes.	Réduction des kilogrammes en livres.
10000	*Sarragosse.*	3129078	31958291
20000		6258157	63916582
30000		9387235	95874873
40000		12516314	127833164
50000		15645392	159791455
60000		18774471	191749746
70000		21903549	223708036
80000		25032628	255666327
90000		28161706	287624618

Chapitre Ier. — Mesures de pesanteur.

Table comparative.		Reduction des rotolis en kilogrammes.	Réduction des kilogrammes en rotolis.
10000	*Strasbourg.*	4915814	20340254
20000		9831627	40680509
30000		14747441	61020763
40000		19663255	81361018
50000		24579068	101701272
60000		29494882	122041526
70000		34410695	142381781
80000		39326509	162722035
90000		44242323	183062290

Table comparative.		Réduction des livres en kilogrammes.	Réduction des kilogrammes en livres.
10000	*Saint-Gall.*	4797158	20845679
20000		9594315	41691358
30000		14391472	62537036
40000		19188629	83382715
50000		23985786	104228394
60000		28782944	125074073
70000		33580101	145919752
80000		38377258	166765430
90000		43174416	187611092

Table comparative.		Réduction des livres en kilogrammes.	Réduction des kilogrammes en livres.
10000	*St.-Lucar de Barraméilo (Espagne).*	4722327	21176000
20000		9444654	42352000
30000		14166981	63528000
40000		18889308	84704000
50000		23611635	105880000
60000		28333962	137056000
70000		33056289	148232000
80000		37778616	169408000
90000		42500944	190584000

Table comparative.		Réduction des livres en kilogrammes.	Réduction des kilogrammes en livres.
10000	*Saint-Pétersbourg.*	4107127	24347923
20000		8214253	48695845
30000		12321380	73043768
40000		16428506	97391690
50000		20535633	121739613
60000		24642760	146087535
70000		28749886	170435458
80000		32857013	194783380
90000		36964139	219131303

Table comparative.		Réduction des livres en kilogrammes.	Réduction des kilogrammes en livres.
10000	*Saint-Remo.*	3326425	30062303
20000		6652850	60124606
30000		9979275	90186909
40000		13305701	120249212
50000		16632126	150311515
60000		19958551	180373818
70000		23284976	210436121
80000		26611401	240498424
90000		29937826	270560727

Chapitre Ier. — Mesures de pesanteur.

Table comparative.		Réduction des livres en kilogrammes.	Réduction des kilogrammes en livres.
10000	*Vienne.*	4491687	22263349
20000		8983374	44526698
30000		13475062	66790047
40000		17966749	89053396
50000		22458436	111316745
60000		26950232	133580094
70000		31441810	158084344
80000		35933498	178106793
90000		40425185	200370142

Table comparative.		Réduction des rotolis en kilogrammes.	Réduction des kilogrammes en rotolis.
10000	*Smyrne.*	5118468	19537096
20000		10236936	39074192
30000		15355404	58611289
40000		20473872	78148385
50000		25592340	97685481
60000		30710807	117222577
70000		35829275	136759673
80000		40947743	156296770
90000		46066211	175833866

Table comparative.		Réduction des livres en kilogrammes.	Réduction des kilogrammes en livres.
10000	*Stockolm.*	4173037	23963361
20000		8346075	47926722
30000		12519112	71890083
40000		16692149	95853444
50000		20865187	119816805
60000		25038224	143780166
70000		29211261	167743526
80000		33384299	191706887
90000		37557336	215670248

Table comparative.		Réduction des livres en kilogrammes.	Réduction des kilogrammes en livres.
10000	*Suède.* Poids de victuaille.	4269250	23423318
20000		8538500	46846636
30000		12807750	70269954
40000		17077000	93693272
50000		21346250	117116589
60000		25615500	140539907
70000		29884750	163963225
80000		34154000	187386543
90000		38423250	210809861

Table comparative.		Reduction des livres en kilogrammes.	Réduction des kilogrammes en livres.
10000	*Suède.* Poids de mines.	3774195	26495719
20000		7548389	52991439
30000		11322584	79487158
40000		15096778	105982877
50000		18870973	132478597
60000		22645167	158974316
70000		26419362	185470035
80000		30193557	211965755
90000		33967751	238461474

Chapitre Ier. — Mesures de pesanteur.

Table comparative.		Réduction des livres en kilogrammes.	Réduction des kilogrammes en livres.
10000	*Suède.* Poids des États.	3594701	27818727
20000		7189402	55637454
30000		10784102	83456181
40000		14378803	111274908
50000		17973504	139093635
60000		21568205	166912362
70000		25162905	194731089
80000		28757606	222549816
90000		32352307	250368544

Table comparative.		Réduction des livres en kilogrammes.	Réduction des kilogrammes en livres.
10000	*Suède.* Poids de fer.	3415207	29280802
20000		6830414	58561604
30000		10245621	87842406
40000		13660828	117123208
50000		17076035	146404010
60000		20491242	175684812
70000		23906449	204965614
80000		27321656	234246416
90000		30736863	263527218

Table comparative.		Réduction des livres en kilogrammes.	Réduction des kilogrammes en livres.
10000	*Suède.* Poids de médecine.	3578295	27946267
20000		7156591	55892534
30000		10734886	83838801
40000		14313182	111785068
50000		17891477	139731335
60000		21469773	167677602
70000		25048068	195623869
80000		28626364	223570137
90000		32204659	251516404

Table comparative.		Réduction des cattis en kilogrammes.	Réduction des kilogrammes en cattis.
10000	*Sumatra.*	12804865	7809539
20000		25609710	15619076
30000		38414565	23428614
40000		51219420	31238152
50000		64024275	39047689
60000		76829130	46857227
70000		89633985	54666765
80000		102438840	62476303
90000		115243695	70285851

Table comparative.		Réduction des seyras en kilogrammes.	Réduction des kilogrammes en seyras.
10000	*Surate.*	4245607	23553758
20000		8491214	47107516
30000		12736821	70661274
40000		16982421	94215031
50000		21228035	117678790
60000		25473642	141322548
70000		29719249	164876306
80000		33964856	188430064
90000		38210463	211983222

Chapitre Ier. — Mesures de pesanteur.

Table comparative.		Réduction des livres en kilogrammes.	Réduction des kilogrammes en livres.
10000	*Syracuse.*	3281069	30477870
20000		6562138	60955740
30000		9843208	91433610
40000		13124277	121911480
50000		16405346	152389351
60000		19686415	182867221
70000		22967484	213345091
80000		26248553	243822961
90000		29529623	274300831

Table comparative.		Réduction des mines en kilogrammes.	Réduction des kilogrammes en mines.
10000	*Syrie.*	5931015	16860520
20000		11862030	33721041
30000		17793045	50581561
40000		23724060	67442082
50000		29655075	84302602
60000		35586090	101163122
70000		41517105	118023643
80000		47448120	134884163
90000		53379135	151744684

Table comparative.		Réduction des livres en kilogrammes.	Réduction des kilogrammes en livres.
10000	*Tanger.*	4830409	20702179
20000		9660819	41404359
30000		14491228	62106538
40000		19321637	82808717
50000		24152047	103510896
60000		28982456	124213075
70000		33812865	144915255
80000		38643275	165617434
90000		43473684	186319613

Table comparative.		Réduction des livres en kilogrammes.	Réduction des kilogrammes en livres.
10000	*Ténériffe.*	4610385	21690164
20000		9220769	43380328
30000		13831154	65070492
40000		18441539	86760656
50000		23051923	108450820
60000		27662308	130140984
70000		32272693	151831148
80000		36880078	173521912
90000		41493462	195211476

Table comparative.		Réduction des rotolis en kilogrammes.	Réduction des kilogrammes en rotolis.
10000	*Tétuan.*	7119920	14045101
20000		14239840	28090203
30000		21359760	42135304
40000		28479680	56180406
50000		35599601	70225507
60000		42719521	84270609
70000		49839441	98315710
80000		56959361	112360811
90000		64079281	126405913

CHAPITRE Ier. — Mesures de pesanteur.

Table comparative.		Réduction des livres en kilogrammes.	Réduction des kilogrammes en livres.
10000	*Thorn.*	4361008	22930479
20000		8722016	45860958
30000		13083024	68791437
40000		17444032	91721916
50000		21805039	114652395
60000		26166047	137582874
70000		30527055	160513353
80000		34888063	183443832
90000		39249071	206374311

Table comparative.		Réduction des livres en kilogrammes.	Réduction des kilogrammes en livres.
10000	*Tortose.*	3058632	32694355
20000		6117264	65388710
30000		9175896	98083065
40000		12234528	130777420
50000		15293160	163471775
60000		18351792	196166130
70000		21410424	228860485
80000		24469056	261554840
90000		27527688	294249196

Table comparative.		Réduction des livres en kilogrammes.	Réduction des kilogrammes en livres.
10000	*Toulon.*	4065500	24597221
20000		8131000	49194441
30000		12196500	73791662
40000		16262000	98388882
50000		20327500	122986103
60000		24393000	147583323
70000		28458500	172180544
80000		32524000	196777764
90000		30589500	221374985

Table comparative.		Réduction des livres en kilogrammes.	Réduction des kilogrammes en livres.
10000	*Tournay.*	4332127	23083350
20000		8664253	46166701
30000		12996380	69250050
40000		17328507	92333401
50000		21660634	115416751
60000		25992760	138500102
70000		30324887	161583452
80000		34657014	184666803
90000		38789141	207750153

Table comparative.		Réduction des livres en kilogrammes.	Réduction des kilogrammes en livres.
10000	*Trèves.* Poids fort.	5187949	19275439
20000		10375899	38550877
30000		15563848	57826316
40000		20751797	77101755
50000		25939747	96377193
60000		31127696	115652632
70000		36315646	134928071
80000		41503595	154203509
90000		46691544	173478948

Chapitre Ier. — Mesures de pesanteur.

Table comparative.		Réduction des rotolis en kilogrammes.	Réduction des kilogrammes en rotolis.
10000	*Trèves.* Poids foible.	3413277	29287359
20000		6826554	58574718
30000		10239831	87862076
40000		13653108	117149435
50000		17066385	146436794
60000		20479662	175724153
70000		23892939	205011512
80000		27306216	234298871
90000		30719493	263586230

Table comparative.		Réduction des rotolis en kilogrammes.	Réduction des kilogrammes en rotolis.
10000	*Trieste.*	4759476	21010717
20000		9518952	42021434
30000		14278428	63032151
40000		19037903	84042868
50000		23797379	105053585
60000		28556855	126064302
70000		33316331	147075019
80000		38075807	168085736
90000		42835283	189096453

Table comparative.		Réduction des bisses en kilogrammes.	Réduction des kilogrammes en bisses.
10000	*Tripoli (de Barbarie.)*	5106888	19581398
20000		10213775	39162796
30000		15320663	58744194
40000		20427551	78325592
50000		25534438	97906990
60000		30641326	117488388
70000		35748214	137069786
80000		40855101	156651184
90000		45961989	176232582

Table comparative.		Réduction des livres en kilogrammes.	Réduction des kilogrammes en livres.
10000	*Tripoli. (de Syrie.)*	18129846	5515767
20000		36259692	11031533
30000		54389539	16547300
40000		72519385	22063066
50000		90649231	27578833
60000		108779077	33094600
70000		126908923	38610366
80000		145038769	44126133
90000		163168616	49641899

Table comparative.		Réduction des livres en kilogrammes.	Réduction des kilogrammes en livres.
10000	*Tripoli. (de Syrie.)*	12036926	3671294
20000		24073852	7342588
30000		36110778	11013882
40000		48147704	14685175
50000		60184630	18356469
60000		72221556	22027763
70000		84258482	25699057
80000		96295408	29370351
90000		108332334	33041645

Chapitre Ier. — Mesures de pesanteur.

Table comparative.		Réduction des livres en kilogrammes.	Réduction des kilogrammes en livres.
10000	*Turin.*	3671294	27238354
20000		7342588	54476707
30000		11013882	81715061
40000		14685175	108953414
50000		18356469	136191768
60000		22027763	163430122
70000		25699057	190668475
80000		29370351	217906829
90000		33041645	245145182

Table comparative.		Réduction des livres en kilogrammes.	Réduction des kilogrammes en livres.
10000	*Tyrol.*	5629317	17764144
20000		11258634	35528287
30000		16887952	53292431
40000		22517269	71056575
50000		28146586	88820718
60000		33775903	106584862
70000		39405221	124349006
80000		45034538	142113149
90000		50663855	159877293

Table comparative.		Réduction des livres en kilogrammes.	Réduction des kilogrammes en livres.
10000	*Ulm.*	4706404	21247644
20000		9412808	42495287
30000		14119213	63742931
40000		18825617	84990575
50000		23532021	106238218
60000		28238425	127485862
70000		32944830	148733506
80000		37651234	169981150
90000		42357639	191228793

Table comparative.		Réduction des livres en kilogrammes.	Réduction des kilogrammes en livres.
10000	*Valence. (Espagne.)* Poids fort.	4653732	21488130
20000		9307464	42976260
30000		13961196	64464390
40000		18614928	85952520
50000		23268660	107440650
60000		27922392	128928780
70000		32576125	150416910
80000		37229857	171905040
90000		41883589	193393170

Table comparative.		Réduction des livres en kilogrammes.	Réduction des kilogrammes en livres.
10000	*Valence. (Espagne.)* Poids faible.	3083887	32426611
20000		6167774	64853223
30000		9251660	97279834
40000		12335547	129706446
50000		15419434	162133057
60000		18503321	194559668
70000		21587208	226986280
80000		24671095	259412891
90000		27754981	291839503

Chapitre Ier. — Mesures de pesanteur.

Table comparative.		Réduction des livres en kilogrammes.	Réduction des kilogrammes en livres.
10000	*Valenciennes.*	4722327	21176106
20000		9444654	42352213
30000		14166981	63528319
40000		18889308	84704425
50000		23611635	105880532
60000		28333962	127056638
70000		33056289	148232744
80000		37778616	169408851
90000		42500944	190584957

Table comparative.		Réduction des livres en kilogrammes.	Réduction des kilogrammes en livres.
10000	*Varsovie.*	3807488	26264037
20000		7614976	52528074
30000		11422463	78792211
40000		15229951	105056148
50000		19037439	131320185
60000		22844927	157584222
70000		26652414	183848260
80000		30459902	210112297
90000		34267390	236376334

Table comparative.		Réduction des livres en kilogrammes.	Réduction des kilogrammes en livres.
10000	*Venise.* Poids fort.	4925653	20301878
20000		9851305	40603757
30000		14776958	60905635
40000		19702610	81207514
50000		24628263	101509392
60000		29553915	121811271
70000		34479568	142113149
80000		39405221	162415028
90000		44330873	182716906

Table comparative.		Réduction des livres en kilogrammes.	Réduction des kilogrammes en livres.
10000	*Venise.* Poids faible.	3120600	32045122
20000		6241200	64090244
30000		9361799	96135366
40000		12482399	128180487
50000		15602999	160225609
60000		18723599	192270731
70000		21844198	224315853
80000		24964798	256360975
90000		28085398	288406097

Table comparative.		Réduction des livres en kilogrammes.	Réduction des kilogrammes en livres.
10000	*Vérone.* Poids fort.	4995407	20018388
20000		9990814	40036776
30000		14986221	60055165
40000		19981629	80073553
50000		24977036	100091941
60000		29972443	120110329
70000		34967850	140128718
80000		39963257	160147106
90000		44958664	180165494

CHAPITRE Ier. — Mesures de pesanteur.

Table comparative.		Réduction des livres en kilogrammes.	Réduction des kilogrammes en livres.
10000	*Veronne.* Poids faible.	3328640	30042302
20000		6657280	60084603
30000		9985919	90126905
40000		13314559	120169207
50000		16643199	150211509
60000		19971839	180253810
70000		23300478	210296112
80000		26629118	240338414
90000		29957758	270380716

Table comparative.		Réduction des livres en kilogrammes.	Réduction des kilogrammes en livres.
10000	*Vibourg.*	4077211	24526570
20000		8154422	49053140
30000		12231633	73579710
40000		16308844	98106280
50000		20386055	122632850
60000		24463266	147159420
70000		28540477	171685990
80000		32617688	196212560
90000		36694899	220739130

Table comparative.		Réduction des livres en kilogrammes.	Réduction des kilogrammes en livres.
10000	*Vicence.*	4894101	20432763
20000		9788801	40865526
30000		14682302	61298289
40000		19576403	81731053
50000		24470503	102163816
60000		29364604	122596579
70000		34258705	143029342
80000		39152805	163462105
90000		44046906	183894868

Table comparative.		Réduction des livres en kilogrammes.	Réduction des kilogrammes en livres.
10000	*Vienne.*	5604842	17841716
20000		11209684	35683433
30000		16814526	53525149
40000		22419368	71366865
50000		28024210	89208581
60000		33629052	197050298
70000		39233894	124892014
80000		44838736	142733730
90000		50443578	106575446

Table comparative.		Réduction des livres en kilogrammes.	Réduction des kilogrammes en livres.
10000	*Vismar.*	4868528	20540091
20000		9737055	41080182
30000		14605583	61620273
40000		19474111	82160363
50000		24342638	102700454
60000		29211166	123240545
70000		34079693	143780636
80000		38948221	164320727
90000		43816749	184860818

Chapitre Ier. — Mesures de pesanteur.

Table comparative.		Reduction des livres en kilogrammes.	Reduction des kilogrammes en livres.
10000	*Windau.*	4148622	24143867
20000		8297845	48287734
30000		12445867	72431600
40000		16594490	96575467
50000		20743112	120719334
60000		24891735	144863201
70000		29040357	169007067
80000		33188980	193150934
90000		37337602	217294801

Table comparative.		Reduction des livres en kilogrammes.	Reduction des kilogrammes en livres.
10000	*Wondsiedel.*	7121368	14042247
20000		14242735	28084493
30000		21364103	42126740
40000		28485471	56168986
50000		35606838	70211233
60000		42728206	84253479
70000		49849573	98295726
80000		56970941	112337972
90000		64092309	126380219

Table comparative.		Réduction des livres en kilogrammes.	Reduction des kilogrammes en livres.
10000	*Wurtzbourg.*	4789396	20879460
20000		9578792	41758919
30000		14368188	62638379
40000		19157584	83517839
50000		23946980	104397298
60000		28736376	125276758
70000		33525772	146156218
80000		38315168	167035677
90000		43104564	187915137

Table comparative.		Reduction des livres en kilogrammes.	Reduction des kilogrammes en livres.
10000	*Ypres.*	4323291	23130526
20000		8646582	46261053
30000		12969873	69391579
40000		17293165	92522106
50000		21616456	115652632
60000		25939747	138783158
70000		30263038	161913685
80000		34586329	185044211
90000		38909620	208174738

Table comparative.		Reduction des livres en kilogrammes.	Reduction des kilogrammes en livres.
10000	*Yvica.*	4648020	21514535
20000		9296041	43029070
30000		13944061	64543605
40000		18592082	86058140
50000		23240102	107572675
60000		27888123	129087211
70000		32536143	150601746
80000		37184164	172116281
90000		41832184	193630816

CHAPITRE Ier. — Mesures de pesanteur.

Table comparative.		Réduction des livres en kilogrammes.	Réduction des kilogrammes en livres.
10000	*Zélande.*	4665391	21434431
20000		9330782	42868863
30000		13996173	64303294
40000		18661563	85737725
50000		23326954	107172157
60000		27992345	128606588
70000		32657736	150041019
80000		37323127	171475451
90000		41988518	192909882
10000	*Zirickzée.*	4381675	22822323
20000		8763359	45644646
30000		13145025	68466969
40000		17526700	91289293
50000		21908374	114111616
60000		26290049	136933939
70000		30671724	159756262
80000		35053399	182578585
90000		39435074	205400908
10000	*Zittau.*	4697237	21289113
20000		9394473	42578226
30000		14091710	63867339
40000		18788946	85156453
50000		23486183	106445566
60000		28183419	127734679
70000		32880656	149023792
80000		37577892	170312905
90000		42275129	191602018
10000	*Zurick.* Poids fort.	5237713	19092304
20000		10475425	38184608
30000		15713138	57276912
40000		20950850	76369216
50000		26188563	95461520
60000		31426275	114553823
70000		36663988	133646127
80000		41901700	152738431
90000		47139413	171830735
10000	*Zurick.* Poids faible.	4684266	21348060
20000		9368533	42696119
30000		14052799	64044179
40000		18737066	85392238
50000		23421332	106740298
60000		28105599	128088358
70000		32789865	149436417
80000		37474132	170784477
90000		42158398	192132536

Paris. Elle était plus courte en Champagne et à Lyon ; elle était plus longue en Bretagne.

La Hollande, la Flandre, le Brabant, l'Allemagne, avaient aussi une aune, mais plus courte que celle de Paris.

Dans le royaume de Naples et les provinces du midi de la France, on se servait de la canne, dont la longueur variait en divers lieux.

La varre en usage dans le royaume d'Arragon est égale à la canne de Toulouse; à Séville on emploie la verge, qui est de $\frac{7}{24}$ de moins que l'aune de Paris.

Dans plusieurs autres villes d'Espagne on se sert d'une autre mesure appelée varre, dont la longueur n'est pas uniforme partout.

Outre l'aune de Paris, dont on se sert en Angleterre, on emploie encore une autre mesure connue sous le nom de verge ou yard, plus courte d'environ deux neuvièmes.

Le ras de Piémont était égal, à très-peu de chose près, à une demi-aune de Paris. Dans le reste de l'Italie on mesurait avec la brasse, qui n'était pas la même partout. A Gênes on faisait usage du palme, qui est la même chose que le pan ou empan du ci-devant Languedoc et de la Provence, c'est-à-dire un huitième de la canne.

A Constantinople, à Smyrne et en Egypte, etc., etc., la mesure en usage s'appèle pick.

L'unité des mesures était un bienfait réservé pour le siècle de la paix et des beaux-arts. Déjà les nations voisines s'empressent d'en profiter ; trop heureux si mes Tables viennent seconder son utilité ! si j'obtiens alors le suffrage de mes contemporains, et si je parviens à applanir toutes les difficultés, en faisant ici pour les mesures de longueur ce que je viens de faire pour celles de pesanteur !

Le mètre est l'unité fondamentale et l'étalon de toutes

les mesures. Sa base est invariable comme la nature ; sa longueur est la dix-millionnième partie du quart du méridien terrestre, c'est-à-dire de 443 lignes 2959360, ou de 36 pouces 11 lignes 2959360 ; ou de 3 pieds 11 lignes 2959360 dix-millionnièmes de ligne.

Tableau *des multiples et sous-multiples du mètre, comparés à la toise et aux sous-divisions de la toise.*

NOUVELLES DÉNOMINATIONS des Mesures de longueur.	VALEURS RELATIVES.	RAPPORT du nouveau système avec la toise et les sous-divisions de la toise.					
		VALEUR en toises et centièmes de toises.		VALEUR en pieds, pouces, lignes et centièmes de lignes.			
		Toises.	Cent.	Pieds.	Pouc.	Lignes.	Cent.
Myriamèt.	10 Kilomètres.	5130	74	30784	5	3	»
Kilomètre.	10 Hectomèt.	513	07	3078	5	4	»
Hectomèt.	10 Décamètr.	51	31	307	10	2	»
Décamèt.	10 Mètres.	5	13	30	9	5	»
Mètre.	10 Décimètr.	»	51	3	»	11	296
Décimètre.	10 Centimètr.	»	»	»	3	8	»
Centimèt.	10 Millimètr.	»	»	»	»	4	»
Millimèt.	10 Dix-millim.	»	»	»	»	»	44

Les mesures de longueur peuvent se diviser en mesures de longueur proprement dites, et en mesures itinéraires ou de distance. Parmi celles-ci on comptait autrefois les lieues de poste de 2000 toises, les lieues communes de 25 au degré, les lieues moyennes de 2565 toises 37 centièmes, et les lieues marines de 20 au degré, qui sont, dans le nouveau système, remplacées par le myriamètre et ses sous-divisions.

Les mesures de longueur proprement dites étaient, suivant les pays, la toise, le pied, la brasse marine, la canne, la varre, la verge, la brache, le ras, le palme, le pick, etc. Le principal inconvénient de l'ancien système n'était pas seulement la variété de ces dénominations, mais encore la différente valeur de la même mesure d'une ville à l'autre, et même d'un village à l'autre. De là les difficultés du commerce, les mécomptes fréquents dans les spéculations, parce que peu de personnes avaient les moyens de faire les comparaisons et les calculs nécessaires pour s'éclairer.

Le mètre a déjà remplacé l'aune et la canne et levé toutes les difficultés pour le commerce de l'intérieur; espérons que bientôt le monde entier jouira de ce précieux avantage : mon Régulateur doit y concourir efficacement.

Les tables de ce chapitre commenceront par les mesures de distance, qui seront suivies de la réduction des toises, pieds, pouces, lignes, en mesures décimales et réciproquement.

Les tables suivantes présenteront les réductions des mesures de longueur de toutes les villes de commerce ou de manufactures, en commençant par l'aune de Paris.

Je place ensuite une table de conversion des pieds, pouces et lignes, des centièmes d'aunes en trente-deuxièmes, des centièmes de cannes, de brasses marines et de varres d'Espagne en quarante-huitièmes, et des centièmes de toutes les autres mesures de longueur en seizièmes.

On ne doit pas aussi perdre de vue l'interprétation que j'ai donnée dans le premier chapitre des dixièmes, centièmes, millièmes et dix-millièmes présentés dans les vides du Régulateur appliqué sur les tables. Dans les comparaisons des anciennes mesures itinéraires aux nouvelles, le myriamètre étant l'unité, les dixièmes sont des kilomètres, les centièmes des hectomètres, les millièmes des décamètres, et les dix-millièmes des mètres.

Dans la conversion des anciennes mesures de longueur aux nouvelles, le mètre étant l'unité, les dixièmes se traduiront par décimètres, les centièmes par centimètres, les millièmes par millimètres, les dix-millièmes par dix-millimètres. Dans l'opération inverse, les fractions conserveront les dénominations de dixième, centième (1), dont on cherchera la réduction en subdivisions des anciennes mesures dans le tableau qui termine ce chapitre.

Soit 412 à réduire en aunes de Paris, je cherche la table qui indique cette réduction, et après avoir décomposé cette quantité comme il suit, je procède à l'application du Régulateur, qui me donne les résultats suivants :

QUANTITÉS à COMPARER.	RÉSULTATS de la COMPARAISON.	
Mètres.	Aunes.	Cent.
400	336	57
10	8	41
2	1	68
Tot. . 412	346	66

Je trouve donc, après avoir additionné les réponses du Régulateur, que 412 mètres valent 346 aunes 66 cen-

(1) On ne doit pas oublier que la précision des résultats exige que les millièmes et dix-millièmes soient négligés, lorsque leur produit n'excède pas 50, et que, dans le cas contraire, il convient d'ajouter une unité aux centièmes, ainsi que je l'ai observé dans le premier chapitre.

tièmes d'aune ; pour avoir la valeur de ces 66 centièmes en trente-deuxièmes, je consulte le tableau placé à la fin du chapitre sur lequel 66 centièmes sont traduits par 21 trente-deuxièmes et 1 dixième de trente-deuxièmes.

Je suppose à présent que j'ai 346 aunes de Paris et 66 centièmes à réduire en mètres : le même procédé sur la table inverse prouvera l'exactitude du premier exemple.

QUANTITÉS à COMPARER.		RÉSULTATS de la COMPARAISON.	
Aunes.	Centièmes.	Mètres.	Centièmes.
300	»	356	53
40	»	47	54
6		7	13
»	60	»	71
»	06	»	07
Tot. . 346	66	411	98

On voit en effet que cette seconde opération reproduit les 412 mètres à 2 centièmes près, ce qui provient de l'abandon des millièmes et des dix-millièmes.

Le prix de l'aune étant connu, on peut, par le même moyen, connaître la valeur du mètre.

Je suppose que l'aune ait coûté 50 francs : le Régulateur appliqué à côté du nombre 50, sur la table de réduction des mètres en aunes, donnera pour la valeur du mètre 42 fr. 07 cent., en opérant du mètre à l'aune sur la table inverse, c'est-à-dire, en cherchant la valeur de l'aune de Paris, le mètre ayant coûté 42 fr. 07 cent., la réponse du Régulateur sera 50 fr.

	Francs.	Cent.
Car sur cette table 40 fr. produiront. . . .	47	54
2 francs produiront	2	38
Et 7 centimes produiront, par le Régulateur des fractions.	0	08
Total.	50	00

Cet exemple doit suffire, puisque c'est partout le même procédé, la même exactitude et la même précision il ne me reste plus qu'une observation à faire.

Il est possible que dans une entreprise immense comme celle-ci, j'aye pu oublier les mesures de quelques villes. Pour réparer en quelque sorte ces oublis s'il en existe dans cette édition, je vais indiquer un moyen simple de réduire en mètres les mesures que j'aurais pu oublier.

Dans chaque ville on sait que la mesure en usage est composée d'un certain nombre de pieds, pouces et lignes. On trouvera dans les premières tables de ce chapitre la réduction des toises, pieds, pouces et lignes en mètres et subdivisions du mètre, en comparant sur ces tables le nombre de toises, pieds, pouces et lignes qui composent ces mesures, on en trouvera la valeur en mètres par l'addition des divers résultats, ou bien on consultera la table qui donne l'expression décimale de la taille de l'homme que j'ai portée depuis 2 pieds jusqu'à 7.

Chapitre Ier. — Mesures de pesanteur.

Table comparative.		Réduction des livres en kilogrammes.	Réduction des kilogrammes en livres.
10000	*Zutphen.*	4722327	21176000
20000		9444654	42352000
30000		14166981	63528001
40000		18889308	84704002
50000		23611635	105880002
60000		28333962	127056003
70000		33056289	148232003
80000		37778616	169408004
90000		42500944	190584004

Table comparative.		Réduction des ellen en kilogrammes.	Réduction des kilogrammes en ellen.
10000	*Zwol.*	4835909 5	20665023
20000		9678189	41330046
30000		14517284	61995069
40000		19356378	82660098
50000		24195473	103325115
60000		29034567	123990139
70000		33873662	144655162
80000		38723756	165320185
90000		43551851	185985208

Table comparative.		Réduction des livres anciennes en nouvelles.	Réduction des livres nouvelles en anciennes.
10000	*Paris.*	9790117	10214383
20000		19580234	20428765
30000		29370350	30643148
40000		39160467	40857530
50000		48950584	51071913
60000		58740701	61286296
70000		68530818	71500678
80000		78320935	81715061
90000		88111051	91929443

Table comparative.		Réduction des grains anciens en onces nouvelles.	Réduction des onces nouvelles en grains anciens.
10000	*Paris.*	16996	5883484375
20000		33993	11766968750
30000		50990	17650453125
40000		67987	23533937500
50000		84984	29417421875
60000		101980	35300906250
70000		118977	41184390625
80000		135974	47067875000
90000		152971	52951359375

Nota. La livre nouvelle, ou autrement dit la moitié du kilogramme, vaut 16 onces anciennes, 2 gros, 53 grains, 575 millièmes de grains.

CHAPITRE SECOND.

MESURES DE LONGUEUR.

INSTRUCTION PRÉLIMINAIRE.

L'UNIVERS entier, jusqu'à nos jours, attendait avec impatience la solution du problème de l'unité des mesures de longueur. Pour y parvenir, il ne manquait qu'une base constante et inaltérable ; on était bien d'accord sur ce principe, mais il fallait en découvrir le résultat.

Louis-le-Grand voulut mesurer la terre ; pour y réussir, il suffisait d'avoir la longueur d'un de ses degrés. Les savants qui furent chargés de ce travail firent choix d'une distance parfaitement horizontale ; ils en mesurèrent la longueur à des heures différentes : les résultats n'en furent pas égaux. Enfin, après plusieurs tentatives infructueuses tant en France que chez nos voisins, on mit fin aux recherches, et l'aune de Paris, la toise, le pied, etc., conservèrent leur existence privilégiée.

Malgré les arrêts du Conseil d'Etat et entr'autres ceux des 24 juin et 27 octobre 1687, qui interdisaient l'usage de la canne dans les provinces méridionales de la France, chaque pays, chaque ville resta fidèle à sa routine, parce que les mesures autorisées par l'Etat n'avaient pas alors une base assez inaltérable pour mériter le sacrifice des vieilles habitudes.

L'aune qui était dans presque toutes les villes du Royaume, n'avait pas partout la même longueur qu'à

TABLEAU DE RÉDUCTION DES CENTIÈMES DE LIVRES

de 12, 14, 15, 16, 18, 28, 30 et 33 $\frac{1}{3}$ onces, en onces, gros et grains, depuis 1 centième de livre jusqu'à 100 centièmes ou l'unité.

LIVRE de 12 onces.			LIVRE de 14 onces.			LIVRE de 15 onces.			LIVRE de 16 onces.			LIVRE de 18 onces.			LIVRE de 28 onces.			LIVRE de 30 onces.			LIVRE de 33 1/3 onces.			ROTE de Constantinople et Smyrne.			Centièmes de la livre.	LIVRE de 12 onces.			LIVRE de 14 onces.			LIVRE de 15 onces.			LIVRE de 16 onces.			LIVRE de 18 onces.			LIVRE de 28 onces.			LIVRE de 30 onces.			LIVRE de 33 1/3 onces.			ROTE de Constantinople et Smyrne.		
Onces.	Gros.	Grains.	Onces.	Gros.	Grains.	Onces.	Gros.	Grains.	Onces.	Gros.	Grains.	Onces.	Gros.	Grains.	Onces.	Gros.	Grains.	Onces.	Gros.	Grains.	Onces.	Gros.	Grains.	Onces.	Gros.	Grains.		Onces.	Gros.	Grains.	Onces.	Gros.	Grains.	Onces.	Gros.	Grains.	Onces.	Gros.	Grains.	Onces.	Gros.	Grains.	Onces.	Gros.	Grains.	Onces.	Gros.	Grains.	Onces.	Gros.	Grains.	Onces.	Gros.	Grains.
»	0	69	»	1	09	»	1	14	»	1	20	»	1	32	»	2	17	»	2	29	»	2	48	»	1	34	51	6	»	69	7	1	09	7	5	14	8	1	20	9	1	32	14	2	17	15	2	29	17	0	00	9	2	66
»	1	66	»	2	17	»	2	29	»	2	46	»	2	63	»	4	35	»	4	58	»	5	21	»	2	08	52	6	1	66	7	2	17	7	6	29	8	2	40	9	2	63	14	4	35	15	4	58	17	2	48	9	4	28
»	2	63	»	3	26	»	3	43	»	3	60	»	4	25	»	6	52	»	7	14	1	0	00	»	4	29	53	6	2	63	7	3	26	7	7	43	8	3	60	9	4	23	14	6	52	15	7	14	17	5	24	9	5	62
»	3	60	»	4	35	»	4	58	»	5	09	»	5	55	1	0	69	1	1	43	1	2	48	»	5	63	54	6	3	60	7	4	35	8	0	58	8	5	09	9	5	55	15	0	67	16	1	43	18	0	00	9	7	24
»	4	58	»	5	43	»	6	00	»	6	29	»	7	14	1	3	14	1	4	00	1	5	24	»	7	23	55	6	4	58	7	5	43	8	2	00	8	6	29	9	7	14	15	3	14	16	4	00	18	2	48	10	0	67
»	5	55	»	6	52	»	7	14	»	7	49	1	0	46	1	5	32	1	6	29	2	0	00	1	0	50	56	6	5	55	7	6	52	8	3	14	8	7	49	10	0	46	15	5	32	16	6	29	18	5	24	10	2	18
»	6	52	»	7	60	1	0	29	1	0	69	1	2	06	1	7	49	2	0	58	2	2	48	1	2	20	57	6	6	52	7	7	60	8	4	29	9	0	69	10	2	06	15	7	49	17	0	58	19	0	00	10	3	52
»	7	49	1	0	69	1	1	43	1	2	17	1	3	37	2	1	66	2	3	14	2	5	24	1	3	54	58	6	7	49	8	0	69	8	5	43	9	2	17	10	3	37	16	1	66	17	3	14	19	2	48	10	5	14
1	0	46	1	2	06	1	2	58	1	3	37	1	4	69	2	4	12	2	5	43	3	0	00	1	5	16	59	7	0	46	8	2	06	8	6	58	9	3	37	10	4	60	16	4	12	17	5	43	19	5	24	10	6	47
1	1	43	1	3	14	1	4	00	1	4	58	1	6	29	2	6	29	3	0	00	3	2	48	1	6	50	60	7	1	43	8	3	14	9	0	00	9	4	58	10	6	29	16	6	29	18	0	00	20	0	00	11	0	09
1	2	40	1	4	23	1	5	14	1	6	06	1	7	60	3	0	46	3	2	29	3	3	24	2	0	11	61	7	2	40	8	4	23	9	1	14	9	6	06	10	7	60	17	0	46	18	2	29	20	2	48	11	1	43
1	3	37	1	5	32	1	6	29	1	7	26	2	1	20	3	2	63	3	4	58	4	0	00	2	1	45	62	7	3	37	8	5	32	9	2	29	9	7	26	11	1	20	17	2	63	18	4	58	20	5	21	11	3	06
1	4	35	1	6	40	1	7	43	2	0	46	2	2	52	3	5	09	3	7	14	4	2	48	2	3	08	63	7	4	35	8	6	40	9	3	43	10	0	46	11	2	52	17	5	09	18	7	14	21	0	00	11	4	38
1	5	32	1	7	49	2	0	58	2	1	66	2	4	12	3	7	26	4	1	43	4	5	24	2	4	41	64	7	5	32	8	7	49	9	4	58	10	1	66	11	4	12	17	7	26	19	1	43	21	2	48	11	6	00
1	6	29	2	0	58	2	2	00	2	3	14	2	5	43	4	1	43	4	4	00	5	0	00	2	6	02	65	7	6	29	9	0	58	9	6	00	10	3	14	11	5	43	18	1	43	19	4	00	21	5	24	11	7	34
1	7	26	2	1	66	2	3	14	2	4	35	2	7	03	4	3	60	4	6	29	5	2	48	2	7	36	66	7	7	26	9	1	66	9	7	14	10	4	35	11	7	05	18	3	60	19	6	29	22	0	00	12	0	08
2	0	23	2	3	03	2	4	29	2	5	55	3	0	33	4	6	07	5	0	58	5	5	24	3	0	70	67	8	0	23	9	3	03	10	0	29	10	5	55	12	0	33	18	6	06	20	0	58	22	2	48	12	2	10
2	1	20	2	4	12	2	5	43	2	7	03	3	1	66	5	0	23	5	3	14	6	0	00	3	2	32	68	8	1	20	9	4	12	10	1	43	10	7	03	12	1	66	19	0	23	20	3	14	22	5	24	12	3	53
2	2	17	2	5	20	2	6	58	3	0	23	3	3	26	5	2	40	5	5	43	6	2	48	3	3	65	69	8	2	17	9	5	20	10	2	58	11	0	23	12	3	28	19	2	40	20	5	43	23	0	00	12	5	15
2	3	14	2	6	29	3	0	00	3	1	43	3	4	58	5	4	57	6	0	00	6	5	24	3	5	27	70	8	3	14	9	6	29	10	4	00	11	1	43	12	4	58	19	4	57	21	0	00	23	2	48	12	6	49
2	4	12	2	7	37	3	1	14	3	2	63	3	6	17	5	7	03	6	2	29	7	0	00	3	6	61	71	8	4	12	9	7	37	10	5	14	11	2	63	12	6	17	19	7	03	21	2	29	23	5	24	13	0	70
2	5	09	3	0	46	3	2	29	3	4	12	3	7	49	6	1	20	6	4	58	7	2	48	4	0	23	72	8	5	09	10	0	46	10	6	29	11	4	12	12	7	49	20	1	20	21	4	58	24	0	00	13	1	44
2	6	06	3	1	55	3	3	43	3	5	32	4	1	09	6	3	37	6	7	14	7	5	24	4	1	56	73	8	6	06	10	1	55	10	7	43	11	5	32	13	1	09	20	3	37	21	7	14	24	2	48	13	3	06
2	7	03	3	2	65	3	4	58	3	6	52	4	2	40	6	5	55	7	1	43	8	0	00	4	3	18	74	8	7	03	10	2	65	11	0	58	11	6	52	13	2	40	20	5	55	22	1	43	24	5	24	13	4	40
3	0	00	3	4	00	3	6	00	4	0	00	4	4	00	7	0	00	7	4	00	8	2	48	4	4	52	75	9	0	00	10	4	00	11	2	00	12	0	00	13	4	00	21	0	00	22	4	00	25	0	00	13	6	01
3	0	69	3	5	08	3	7	14	4	1	20	4	5	32	7	2	17	7	6	29	8	5	24	4	6	15	76	9	0	69	10	5	09	11	3	14	12	1	20	13	5	32	21	2	17	22	6	29	25	2	48	13	7	34
3	1	66	3	6	17	4	0	29	4	2	40	4	6	63	7	4	35	8	0	58	9	0	00	4	7	48	77	9	1	66	10	6	17	11	4	29	12	2	40	13	6	63	21	4	35	23	0	58	25	5	24	14	0	68
3	2	63	3	7	26	4	1	43	4	3	60	5	0	23	7	6	52	8	3	14	9	2	48	5	1	10	78	9	2	63	10	7	26	11	5	43	12	3	60	14	0	23	21	6	52	23	3	14	26	0	00	14	2	30
3	3	60	4	0	35	4	2	58	4	5	09	5	1	55	8	0	69	8	5	43	9	5	24	5	2	44	79	9	3	60	11	0	35	11	6	58	12	5	09	14	1	55	22	0	69	23	5	43	26	2	48	14	4	64
3	4	58	4	1	43	4	4	00	4	6	29	5	3	14	8	3	14	9	0	00	10	0	00	5	4	06	80	9	4	58	11	1	43	12	0	00	12	6	29	14	3	11	22	3	14	24	0	00	26	5	24	14	5	50
3	5	56	4	2	52	4	5	14	4	7	49	5	4	46	8	5	32	9	2	29	10	2	48	5	5	39	81	9	5	55	11	2	52	12	1	14	12	7	49	14	4	46	22	5	32	24	2	29	27	0	00	14	7	21
3	6	52	4	3	60	4	6	29	5	0	69	5	6	06	8	7	49	9	4	58	10	5	24	5	7	01	82	9	6	52	11	3	60	12	2	29	13	0	69	14	6	06	22	7	49	24	4	58	27	2	48	15	0	55
3	7	49	4	4	69	4	7	43	5	2	17	5	7	37	9	1	66	9	7	14	11	0	00	6	0	35	83	10	7	49	11	4	69	12	3	43	13	2	17	14	7	37	23	1	66	24	7	14	27	5	24	15	2	26
4	0	46	4	6	06	5	0	58	5	3	37	6	0	69	9	4	12	10	1	43	11	2	48	6	1	69	84	10	0	49	11	6	06	12	4	58	13	3	37	15	0	69	23	4	13	25	1	43	28	0	00	15	3	60
4	1	43	4	7	14	5	2	00	5	4	58	6	2	29	9	6	29	10	4	00	11	5	24	6	3	30	85	10	1	43	11	7	14	12	6	00	13	4	58	15	2	29	23	6	29	25	4	00	28	2	48	15	5	29
4	2	40	5	0	23	5	3	14	5	6	06	6	3	60	10	0	46	10	6	29	12	0	00	6	4	64	86	10	2	40	12	0	23	12	7	14	13	6	06	15	3	60	24	0	46	25	6	29	28	5	24	15	6	56
4	3	37	5	1	32	5	4	29	5	7	26	6	5	20	10	2	63	11	0	58	12	2	48	6	6	26	87	10	3	37	12	1	32	13	0	29	13	7	26	15	5	20	24	2	63	26	0	58	29	0	00	16	0	17
4	4	35	5	2	40	5	5	43	6	0	46	6	6	52	10	5	09	11	3	14	12	5	24	6	7	60	88	10	4	35	12	2	40	13	1	43	14	0	46	15	6	52	24	5	00	26	3	14	29	2	48	16	1	51
4	5	32	5	3	49	5	6	58	6	1	66	7	0	12	10	7	26	11	5	43	13	0	00	7	1	21	89	10	5	32	12	3	49	13	2	58	14	1	63	16	0	12	24	7	26	26	5	43	29	5	21	16	3	13
4	6	29	5	4	58	6	0	00	6	3	14	7	1	48	11	1	43	12	0	00	13	2	48	7	2	55	90	10	6	29	12	4	58	13	4	00	14	3	14	16	1	43	25	1	43	27	0	00	30	0	00	16	4	47
4	7	26	5	5	66	6	1	14	6	4	35	7	3	30	11	3	60	12	2	29	13	5	24	7	4	17	91	10	7	26	12	5	66	13	5	14	14	4	35	16	3	03	25	3	60	27	2	29	30	2	48	16	6	08
5	0	23	5	7	03	6	2	29	6	5	54	7	4	38	11	6	06	12	4	58	14	0	00	7	5	51	92	11	0	23	12	7	03	13	6	29	14	5	55	16	4	35	25	6	06	27	4	58	30	5	24	16	7	42
5	1	20	6	0	15	6	3	43	6	7	03	7	5	66	12	0	23	12	7	14	14	2	48	7	7	13	93	11	1	20	13	0	12	13	7	43	14	7	03	16	5	66	26	0	23	27	7	14	31	0	00	17	1	04
5	2	17	6	1	20	6	5	58	7	0	23	7	7	26	12	2	40	13	1	43	14	5	24	8	0	46	94	11	2	17	13	1	20	14	0	58	15	0	23	16	7	26	26	2	40	28	1	43	31	2	48	17	2	38
5	3	14	6	2	29	6	6	00	7	1	43	8	0	58	12	4	58	13	4	00	15	0	00	8	1	80	95	11	3	14	13	2	29	14	2	00	15	1	43	17	0	58	26	4	58	28	4	03	31	5	24	17	3	71
5	4	12	6	3	37	6	7	14	7	2	65	8	2	17	12	7	03	13	6	29	15	2	48	8	3	43	96	11	4	12	13	3	37	14	3	14	15	2	63	17	2	17	26	7	03	28	6	29	32	0	00	17	5	33
5	5	09	6	4	46	7	0	29	7	4	12	8	3	49	13	1	20	14	0	58	15	5	24	8	5	03	97	11	5	09	13	4	46	14	4	20	15	4	12	17	3	49	27	1	20	29	0	58	32	2	48	17	6	67
5	6	06	6	5	55	7	1	43	7	5	32	8	4	71	13	3	37	14	3	14	16	0	00	8	6	37	98	11	6	06	13	5	55	14	5	43	15	5	32	17	5	21	27	3	38	29	3	14	32	5	24	18	0	29
5	7	03	6	6	63	7	2	58	7	6	52	8	6	37	13	5	54	14	5	43	16	2	48	8	7	71	99	11	7	03	13	6	63	14	6	58	15	6	52	17	7	60	27	5	54	29	5	43	33	0	00	18	1	62
6	0	00	7	0	00	7	4	00	8	0	00	9	0	00	14	0	00	15	0	00	16	5	24	9	1	33	100	12	0	00	14	0	00	15	0	00	16	0	00	18	0	00	28	0	00	30	0	00	33	2	48	18	3	24

CHAPITRE SECOND.

MESURES DE LONGUEUR.

Table comparative.		Réduction des lieues de poste en myriamètres.	Réduction des myriamètres en lieues de poste.
10000	*Paris.* Lieues de poste de 2000 toises.	3898073	25653700
20000		7796146	51307400
30000		11694220	76961100
40000		15592293	102614800
50000		19490366	128268500
60000		23388439	153922200
70000		27286512	179575900
80000		31184585	205229600
90000		35082659	230883300

Table comparative.		Réduction des lieues commune en myriamètres.	Réduction des myriamètres en lieues communes.
10000	Lieues communes de 25 au degré.	4444444	22500000
20000		8888889	45000000
30000		13333336	67500000
40000		17777778	90000000
50000		22222222	112500000
60000		26666667	135000000
70000		31111111	157500000
80000		35555556	180000000
90000		40000000	202500000

Table comparative.		Réduction des lieues moyennes en myriamètres.	Réduction des myriamètres en lieues moyennes.
10000	Lieues moyennes de 2565 t. 37 c.	4000000	25000000
20000		8000000	50000000
30000		12000000	75000000
40000		16000000	100000000
50000		20000000	125000000
60000		24000000	150000000
70000		28000000	175000000
80000		32000000	200000000
90000		36000000	225000000

Table comparative.		Réduction des lieues marines en myriamètres.	Réduction des myriamètres en lieues marines.
10000	Lieues marines de 20 au degré.	5555556	18000000
20000		11111111	36000000
30000		16666667	54000000
40000		22222222	72000000
50000		27777778	90000000
60000		33333333	108000000
70000		38888889	126000000
80000		44444444	144000000
80000		50000000	162000000

Chapitre II. — Mesures de longueur.

Table comparative.		Réduction des toises en mètres.	Réduction des mètres en toises.
10000	Paris. Mesures de longueur.	19490366	5130740
20000		38980732	10261480
30000		58471098	15392220
40000		77961464	20522960
50000		97451830	25653700
60000		116942195	30784440
70000		136432561	35915180
80000		155922923	41045920
90000		175413293	46176660

Table comparative.		Réduction des pieds en mètres.	Réduction des mètres en pieds.
10000	Mesures de longueur.	3248394	30784440
20000		6496789	61568880
30000		9745183	92353320
40000		12993577	123137760
50000		16241972	153922200
60000		19490366	184706640
70000		22738760	215491080
80000		25987155	246275520
90000		29235549	277059960

Table comparative.		Réduction des pieds en décimètres.	Réduction des décimètres en pieds.
10000	Mesures de longueur.	3248394	3078444
20000		6496789	6156888
30000		9745183	9235332
40000		12993577	12313776
50000		16241972	15392220
60000		19490366	18470664
70000		22738760	21549108
80000		25987155	24627552
90000		29235549	27705996

Table comparative.		Réduction des pouces en centimètres.	Réduction des centimètres en pouces.
10000	Mesures de longueur.	27069953	3694133
20000		54139905	7388266
30000		81209858	11082398
40000		108279811	14776531
50000		135349763	18470664
60000		162419716	22164797
70000		189489669	25858930
80000		216559621	29553062
90000		243629574	33247195

Table comparative.		Réduction des lignes en millimètres.	Réduction des millimètres en lignes.
10000	Mesures de longueur.	22558	4432959
20000		45117	8865919
30000		67675	13298878
40000		90233	17731837
50000		112791	22164797
60000		135350	26597756
70000		157908	31030716
80000		180466	35463675
90000		203025	39896634

Chapitre II. — Mesures de longueur.

Table comparative.		Réduction des lignes en mètres.	Réduction des mètres en lignes.
10000	*Paris.* Mesures de longueur.	22558	4432959360
20000		45117	8865918720
30000		67675	13298878080
40000		90233	17731837440
50000		112791	22164796800
60000		135350	26597756160
70000		157908	31030715520
80000		180466	35463674880
90000		203025	39896634240

Table comparative.		Réduction des brasses marine en mètres.	Réduction des mètres en brasses marines.
10000	Dans les ports maritimes.	16241972	6156880
20000		32483943	12313760
30000		48725915	18470640
40000		64967886	24627620
50000		81209858	30784400
60000		97451830	36941280
70000		113693801	43098160
80000		129935773	49255040
90000		146177744	55411920

Table comparative.		Réduction des aunes de Paris en mètres.	Réduction des mètres en aunes de Paris.
10000	Mesures de longueur pour les aunages.	11884459	8414350
20000		23768919	16828700
30000		35653378	25243050
40000		47537838	33657400
50000		59422297	42071749
60000		71306757	50486099
70000		83191216	58900449
80000		95075676	67314799
90000		106960135	75729149

Table comparative.		Réduction des aunes de 12 décimètres en mètres.	Réduction des mètres en aunes de 12 décimètres.
10000	Aunes de 12 décimètres.	12000000	8333333
20000		24000000	16666667
30000		36000000	25000000
40000		48000000	33333333
50000		60000000	41666667
60000		72000000	50000000
70000		84000000	58333333
80000		96000000	66666667
90000		108000000	75000000

Table comparative.		Réduction des ellen en mètres.	Réduction des mètres en ellen.
10000	*Aix-la-Chapelle.*	6654697	15026981
20000		13309393	30053962
30000		19964090	45080943
40000		26618787	60107924
50000		33273483	75134904
60000		30928180	90161885
70000		46582875	105188866
80000		53237574	120215847
90000		59892270	135242828

CHAPITRE II. — Mesures de longueur.

Table comparative.		Réduction des picks en mètres.	Réduction des mètres en picks.
10000	*Alep.*	6762976	14786389
20000		13525953	29572778
30000		20288930	44359166
40000		27051906	59145555
50000		33814883	73931944
60000		40577859	88718333
70000		47340836	103504722
80000		54103812	118291110
90000		60866789	133077499

Table comparative.		Réduction des picks en mètres.	Réduction des mètres en picks.
10000	*Alexandrie. (Egypt.)*	6767488	14776531
20000		13534976	29553062
30000		20302464	44329594
40000		27069953	59106125
50000		33837441	73882656
60000		40604929	88659187
70000		47372417	103435718
80000		54139905	118212250
90000		60907393	132988781

Table comparative.		Réduction des picks en mètres.	Réduction des mètres en picks.
10000	*Alger.*	5169741	19343330
20000		10339481	38686660
30000		15509222	58029991
40000		20678963	77373321
50000		25848703	96716651
60000		31018444	116059981
70000		36188184	135403311
80000		41357925	154746641
90000		46527666	174089972

Table comparative.		Réduction des varres en mètres.	Réduction des mètres en varres.
10000	*Alicante.*	7602145	13154182
20000		15204290	26308364
30000		22806435	39462546
40000		30408580	52616728
50000		38010725	65770910
60000		45612870	78925092
70000		53215015	92079275
80000		60817160	105233457
90000		68419305	118387639

Table comparative.		Réduction des ellen en mètres.	Réduction des mètres en ellen.
10000	*Altona.*	5729807	17452596
20000		11459613	34905192
30000		17189420	52357788
40000		22919227	69810384
50000		28649033	87262979
60000		34378840	104715575
70000		40108647	122168171
80000		45838453	139620767
90000		51568260	157073363

Chapitre II. — Mesures de longueur.

Table comparative.		Réduction des ellen en mètres.	Réduction des mètres en ellen.
10000	*Amberg.*	8351080	11974499
20000		16702161	23948997
30000		25053241	35923496
40000		33404322	47897994
50000		41755402	59872493
60000		50106482	71846991
70000		58457563	83821490
80000		66808643	95795988
90000		75159724	107770487

Table comparative.		Réduction des ellen en mètres.	Réduction des mètres en ellen.
10000	*Amsterdam.*	6878249	14538583
20000		13756499	29077166
30000		20634748	43615749
40000		27512998	58154332
50000		34391247	72692915
60000		41269497	87231498
70000		48147746	101770081
80000		55025995	116308664
90000		61904245	130847247

Table comparative.		Réduction des brasses en mètres.	Réduction des mètres en brasses.
10000	*Ancône.*	6424602	15565143
20000		12849204	31130286
30000		19273806	46695430
40000		25698408	62260573
50000		32143010	77825716
60000		38547613	93390859
70000		44972215	108956002
80000		51396817	124521145
90000		57821419	140086289

Table comparative.		Réduction des yards en mètres.	Réduction des mètres en yards.
10000	*Angleterre.*	9240167	10822315
20000		18480334	21644630
30000		27720502	32466945
40000		36960669	43289260
50000		46200836	54111575
60000		55441003	64933890
70000		64681171	75756205
80000		73921338	86578520
90000		83161505	97400835

Table comparative.		Réduction des gods en mètres.	Réduction des mètres en gods.
10000	*Angleterre.*	7015629	14253889
20000		14031259	28507777
30000		21046888	42761666
40000		28062518	57015554
50000		35078147	71269443
60000		42093776	85523332
70000		49109406	99777220
80000		56125035	114031109
90000		63140665	128284998

Chapitre II. — Mesures de longueur.

Table comparative.		Réduction des ells en mètres.	Réduction des mètres en ells.
10000	*Angleterre.*	11434799	8745234
20000		22869598	17490469
30000		34304398	26235703
40000		45739197	34980938
50000		57173996	43726172
60000		68608795	52471407
70000		80043594	61216641
80000		91478393	69961876
90000		102913193	78707110

Table comparative.		Réduction des ells en mètres.	Réduction des mètres en ells.
10000	*Angleterre.*	6857721	14582103
20000		13715443	29164206
30000		20573164	43746309
40000		27430885	58328413
50000		34288607	72910516
60000		41146328	87492619
70000		48004049	102074722
80000		54861771	116656825
90000		61719492	131238928

Table comparative.		Réduction des ellen en mètres.	Réduction des mètres en ellen.
10000	*Anspach.*	6135856	16297645
20000		12271712	32595289
30000		18407568	48892934
40000		24543424	65190579
50000		30679280	81488224
60000		36815136	97785868
70000		42950992	114083513
80000		49086847	130381158
90000		55222704	146678802

Table comparative.		Réduction des aunes en mètres.	Réduction des mètres en aunes.
10000	*Anvers.* Mesure longue.	6943443	14402077
20000		13886886	28804154
30000		20830329	43206232
40000		27773771	57608309
50000		34717214	72010386
60000		41660657	86412463
70000		48604100	100814540
80000		55547543	115216618
90000		62490986	129618695

Table comparative.		Réduction des aunes en mètres.	Réduction des mètres en aunes.
10000	*Anvers.* Mesure courte.	6844186	14610941
20000		13688373	29221881
30000		20532559	43832822
40000		27376745	58443762
50000		34220932	73054703
60000		41065118	87665643
70000		47909305	102276584
80000		54753491	116887524
90000		61597677	131498465

CHAPITRE II. — Mesures de longueur.

Table comparative.		Réduction des archines en mètres.	Réduction des mètres en archines.
10000		7114886	14055039
20000		14229772	28.110078
30000		21344658	42165118
40000		28459544	56220157
50000	*Archangel.*	35574429	70275196
60000		42689315	84330235
70000		49804201	98385274
80000		56919087	112440314
90000		64033973	126495353

Table comparative.		Réduction des picks en mètres.	Réduction des mètres en picks.
10000		3970260	25187269
20000		7940519	50374538
30000		11910779	75561807
40000		15881039	100749076
50000	*Argel.*	19851299	125936345
60000		23821558	151123614
70000		27791818	176310883
80000		31762078	201498152
90000		35732338	226685421

Table comparative.		Réduction des picks en mètres.	Réduction des mètres en picks.
10000		4669567	21415263
20000		9339134	42830525
30000		14008700	64245788
40000		18678267	85661050
50000	*Argel.*	23347834	107076313
60000		28017401	128491575
70000		32686968	149906838
80000		37356535	171322101
90000		42026101	192737363

Table comparative.		Réduction des aunes en mètres.	Réduction des mètres en aunes.
10000		6979536	14327600
20000		13959072	28655199
30000		20938608	42982799
40000		27918145	57310399
50000	*Arras.*	34897681	71637999
60000		41877217	85965598
70000		48856753	100293198
80000		55836289	114620798
90000		62815825	128948398

Table comparative.		Réduction des varres en mètres.	Réduction des mètres en varres.
10000		7879612	12690980
20000		15759224	25381961
30000		23638836	38072941
40000		31518448	50763921
50000	*Aragon.*	39398060	63454901
60000		47277672	76145882
70000		55157284	88836862
80000		63036896	101527842
90000		70916508	114218823

Chapitre II. — Mesures de longueur.

Table comparative.		Réduction des braches en mètres.	Réduction des mètres en braches.
10000	*Araw.*	5942230	16828700
20000		11884459	33657400
30000		17826689	50486099
40000		23768919	67314799
50000		29711149	84143499
60000		35653378	100972199
70000		41595608	117800899
80000		47537838	134629598
90000		53480067	151458298

Table comparative.		Réduction des ellen en mètres.	Réduction des mètres en ellen.
10000	*Ausbourg.*	6095251	16406215
20000		12190502	32812430
30000		18285753	49218646
40000		24381004	65624861
50000		30476255	82031076
60000		36571506	98437291
70000		42666757	114843507
80000		48762008	131249722
90000		54857259	147655937

Table comparative.		Réductions des ellen en mètres.	Réduction des mètres en ellen.
10000	*Ausbourg.*	5923808	16881033
20000		11847616	33762067
30000		17771424	50643100
40000		23695232	67524133
50000		29619040	84405167
60000		35542848	101286200
70000		41466656	118167234
80000		47390464	135048267
90000		53314272	151929300

Table comparative.		Réduction des ellen en mètres.	Réduction des mètres en ellen.
10000	*Aurich.*	6729139	14860742
20000		13458278	29721484
30000		20187417	44582226
40000		26916556	59442968
50000		33645695	74303710
60000		40374834	89164452
70000		47103973	104025194
80000		53833113	118885937
90000		60562252	133746679

Table comparative.		Réduction des cannes en mètres.	Réduction des mètres en cannes.
10000	*Avignon.*	19807761	5048526
20000		39615522	10097052
30000		59423283	15145578
40000		79231044	20194105
50000		99038806	25242631
60000		118846567	30291157
70000		138654328	35339683
80000		158462089	40388209
90000		178269850	45436735

Chapitre II. — Mesures de longueur.

Table comparative.		Reduction des aunes en mètres.	Réduction des mètres en aunes.
10000	*Avignon.*	11671661	8567761
20000		23343323	17135521
30000		35014984	25703282
40000		46686645	34271043
50000		58358306	42838803
60000		70029968	51406564
70000		81701629	59974325
80000		93373290	68542085
90000		105044951	77109846

Table comparative.		Réduction des ellen en mètres.	Reduction des mètres en ellen.
10000	*Bamberg.*	7290841	13715840
20000		14581681	27431679
30000		21872522	41147519
40000		21163362	54863358
50000		36454203	68579198
60000		43745043	82295038
70000		51035884	96010877
80000		58326725	109726717
90000		65617565	133442556

Table comparative		Réduction des cannes en mètres.	Réduction des mètres en cannes.
10000	*Barcelone.*	5229162	19123522
20000		10458324	38247045
30000		15687486	57370567
40000		20916647	76494090
50000		26145811	95617612
60000		31374973	114741135
70000		36604135	133864657
80000		41833297	152988180
90000		47062459	172111702

Table comparative.		Réduction des varres en mètres.	Réduction des mètres en varres.
10000	*Barcelone.*	16430265	6086329
20000		32860530	12172658
30000		49290796	18258987
40000		65721061	24345316
50000		82151326	30431645
60000		98581591	36517974
70000		115011856	42604303
80000		131442121	48690632
90000		147872387	54776961

Table comparative.		Réduction des braches en mètres.	Réduction des mètres en braches.
10000	*Basle.*	5481707	18242493
20000		10963414	36414986
30000		16445121	54727479
40000		21926828	72969972
50000		27408535	91212465
60000		32890241	109454958
70000		38371948	127697451
80000		43853655	145939944
90000		49335362	164242437

CHAPITRE II. — Mesures de longueur.

Table comparative.		Reduction des aunes en mètres.	Reduction des mètres en aunes.
10000	*Basle.*	1178964	8482509
20000		2357929	16965018
30000		3536893	25447528
40000		4715858	33930037
50000		5894822	42412546
60000		7073786	50895055
70000		8252751	69377564
80000		9431715	67860074
90000		10610679	76342583

Table comparative.		Reduction des cabidos en mètres.	Reduction des mètres en cabidos.
10000	*Batavia.*	5030500	19878742
20000		10060999	39757483
30000		15091499	59636225
40000		20121998	79514966
50000		25152498	99393708
60000		30182997	119272449
70000		35213497	139151191
80000		40243996	159029932
90000		45274496	178908674

Table comparative.		Reduction des ellen en mètres.	Réduction des mètres en ellen.
10000	*Bautzen.*	5759132	17363726
20000		11518265	34727453
30000		17277397	52091179
40000		23036530	69454906
50000		28795662	86818632
60000		34554795	104182359
70000		40313927	121546085
80000		46073059	138909812
90000		51832192	156273538

Table comparative.		Reduction des ellen en mètres.	Reduction des mètres en ellen.
10000	*Bavière.*	8211172	12178529
20000		16422345	24357058
30000		24633517	36535587
40000		32844689	48714116
50000		41055861	60892645
60000		49267034	73071174
70000		57478206	85249703
80000		65689378	97428233
90000		73900550	109606762

Table comparative.		Reduction des aunes en mètres.	Réduction des mètres en aunes.
10000	*Bayonne.*	8850357	11298980
20000		17700713	22597959
30000		26551070	33896939
40000		35401426	45195919
50000		44251783	56494899
60000		53102140	67793878
70000		61952496	79092858
80000		70802853	90391838
90000		79653210	101690818

Chapitre II. — Mesures de longueur.

Table comparative.		Réduction des ellen en mètres.	Réduction des mètres en ellen.
10000	*Bayreuth.*	6005018	16652740
20000		12010036	33305480
30000		18015053	49958220
40000		24020071	66610960
50000		30025089	83263699
60000		36030107	99916439
70000		42035125	116569179
80000		48040143	133221919
90000		54045160	149874659

Table comparative.		Réduction des cabidos en mètres.	Réduction des mètres en cabidos.
10000	*Bengale.*	4755319	21029082
20000		9510639	42058164
30000		14265958	63087246
40000		19021277	84116328
50000		23776597	105145410
60000		28531916	126174492
70000		33287235	147203574
80000		38042555	168232656
90000		42797874	189261738

Table comparative.		Réduction des brasses en mètres.	Réduction des mètres en brasses.
10000	*Bergame.*	6791120	14725112
20000		13582239	29450224
30000		20373359	44175337
40000		27164479	58900449
50000		33955599	73625561
60000		40746718	88350673
70000		47537838	103075785
80000		54328958	117800898
90000		61120078	132526010

Table comparative.		Réduction des ellen en mètres.	Réduction des mètres en ellen.
10000	*Berghen (Norwége).*	6277071	15930997
20000		12554142	31861995
30000		18831213	47792992
40000		25108283	63723990
50000		31385354	79654987
60000		37662425	95585985
70000		43939496	111516982
80000		50216567	127447980
90000		56493638	143378977

Table comparative.		Réduction des ellen en mètres.	Réduction des mètres en ellen.
10000	*Bergopzoom.*	6925396	14439607
20000		13850792	28879214
30000		20776189	43318821
40000		27701585	57758428
50000		34626981	72198035
60000		41552377	86637642
70000		48477774	101077249
80000		55403170	115516856
90000		62328566	129956463

Chapitre II. — Mesures de longueur.

Table comparative.		Réduction des ellen en mètres.	Réduction des mètres en ellen.
10000	*Berlin.*	6714720	14892655
20000		13429439	29785309
30000		20144159	44677964
40000		26858878	59570619
50000		33573598	74463273
60000		40288318	89355928
70000		47003037	104248583
80000		53717757	119141237
90000		60432476	134033892

Table comparative.		Réduction des ellen en mètres.	Réduction des mètres en ellen.
10000	*Beyersdorf.*	6596045	15160600
20000		13192090	30321199
30000		19788135	45481799
40000		26384181	60642399
50000		32980226	75802999
60000		39576271	90963598
70000		46172316	106124198
80000		52768361	121284798
90000		59364406	136445397

Table comparative.		Réduction des braches en mètres.	Réduction des mètres en braches.
10000	*Berne.*	5416246	18462971
20000		10832493	36925942
30000		16248739	55388913
40000		21664985	73851884
50000		27081232	92314855
60000		32497478	110777827
70000		37913725	129240798
80000		43329971	147703769
90000		48746217	166166738

Table comparative.		Réduction des aunes en mètres.	Réduction des mètres en aunes.
10000	*Bienne.*	5645119	17714418
20000		11290238	35428837
30000		16935357	53143255
40000		22580476	70857673
50000		28225595	88572092
60000		33870714	106286510
70000		39515833	124000928
80000		45160952	141715347
90000		50806071	159429765

Table comparative.		Réduction des varres en mètres.	Réduction des mètres en varres.
10000	*Bilbao.*	8522346	11733858
20000		17044692	23467717
30000		25567038	35201575
40000		34089383	46935434
50000		42611729	58669292
60000		51134075	70403151
70000		59656421	82137009
80000		68178767	93870868
90000		76701113	105604726

Chapitre II. — Mesures de longueur.

Table comparative.		Réduction des ellen en mètres.	Réduction des mètres en ellen.
10000	*Bielefeldt.*	5849566	17095871
20000		11698731	34191742
30000		17548097	51287613
40000		23397462	68383484
50000		29246828	85479355
60000		35096194	102575226
70000		40945559	119671097
80000		46794925	136766968
90000		52644290	153862839

Table comparative.		Réduction des aunes en mètres.	Réduction des mètres en aunes.
10000	*Biscaye.*	8565300	11675015
20000		17130599	23350030
30000		25695899	35025044
40000		34261199	46700059
50000		42826498	58375074
60000		51391798	70050089
70000		59957098	81725103
80000		68522397	93400118
90000		77087697	105075133

Table comparative.		Réduction des aunes en mètres.	Réduction des mètres en aunes.
10000	*Bolduc.*	6942506	14404021
20000		13885012	28808041
30000		20827518	43212062
40000		27770024	57616082
50000		34712530	72020103
60000		41655036	86424124
70000		48597542	100828144
80000		55540048	115232165
90000		62482554	129636185

Table comparative.		Réduction des brasses en mètres.	Réduction des mètres en brasses.
10000	*Bologne.*	5193509	19254805
20000		10387018	38509610
30000		15580526	57764416
40000		20774035	77019221
50000		25967544	96274026
60000		31161053	115528831
70000		36354561	134783636
80000		41548070	154038442
90000		46741579	173293247

Table comparative.		Réduction des brasses en mètres.	Réduction des mètres en brasses.
10000	*Bologne.*	6482426	15426324
20000		12964852	30852648
30000		19447278	46278971
40000		25929703	61705295
50000		32412129	77131619
60000		38894555	92557943
70000		45376981	107984267
80000		51859407	123410590
90000		58341833	138836914

Chapitre II. — Mesures de longueur.

Table comparative.		Réduction des ellen en mètres.	Réduction des mètres en ellen.
10000	*Bonn.*	5603480	17846052
20000		11206960	35692104
30000		16810441	53538157
40000		22413921	71384209
50000		28017401	89230261
60000		33620881	107076313
70000		39224361	124922365
80000		44827842	142768417
90000		50431322	160614470

Table comparative.		Réduction des aunes en mètres.	Réduction des mètres en aunes.
10000	*Bordeaux.*	11910779	8395756
20000		23821558	16791513
30000		35732338	25187269
40000		47643117	33583025
50000		59553896	41978782
60000		71464675	50374538
70000		83375454	58770295
80000		95286233	67166051
90000		107197013	75561807

Table comparative.		Réduction des ellen en mètres.	Réduction des mètres en ellen.
10000	*Botzen.*	7922973	12621525
20000		15845946	15243050
30000		23768919	37864574
40000		31691892	50486099
50000		39614865	63107624
60000		47537838	75729149
70000		55460811	88350674
80000		63383784	100972199
90000		71306757	113593724

Table comparative.		Réduction des brasses en mètres.	Réduction des mètres en brasses.
10000	*Botzen.*	5500128	18181396
20000		11000256	36362791
30000		16500383	54544187
40000		22000511	72725582
50000		27500639	90906978
60000		33000767	109088374
70000		38500895	127269769
80000		44001023	145451165
90000		49501150	163632560

Table comparative.		Réduction des aunes en mètres.	Réduction des mètres en aunes.
10000	*Bourg-en-Bresse.*	11646770	8586071
20000		23293540	17172143
30000		34940311	25758214
40000		46587081	34344285
50000		58233851	42930357
60000		69880622	51516428
70000		81527392	60102499
80000		93174162	68688571
90000		104820932	77274642

Chapitre II. — Mesures de longueur.

Table comparative.		Réduction des aunes en mètres.	Réduction des mètres en aunes.
10000	*Bourgogne.*	8082581	12572286
20000		16165162	24744571
30000		24247743	37116857
40000		32330324	49489142
50000		40412905	61861428
60000		48495486	74233713
70000		56578067	86605999
80000		64660648	98978284
90000		72743229	111350570

Table comparative.		Réduction des aunes en mètres.	Réduction des mètres en aunes.
10000	*Brabant.*	6942901	14403201
20000		13885802	28806402
30000		20828704	43209602
40000		27771605	57612803
50000		34714506	72016004
60000		41657407	86419205
70000		48600308	100822405
80000		55543210	115225606
90000		62486111	129628807

Table comparative.		Réduction des ellen en mètres.	Réduction des mètres en ellen.
10000	*Braunau.*	7771332	12867807
20000		15542664	25735613
30000		23313997	38603420
40000		31085329	51471226
50000		38856681	64339033
60000		46627993	77206839
70000		54399326	90074646
80000		62170658	102942452
90000		69941990	115810259

Table comparative.		Réduction des ellen en mètres.	Réduction des mètres en ellen.
10000	*Brême.*	5783947	17289233
20000		11567893	34578466
30000		17351840	51867699
40000		23135786	69156932
50000		28919733	86446165
60000		34703679	103735398
70000		40487626	121024631
80000		46271572	138313865
90000		52055519	155603098

Table comparative.		Réduction des brasses en mètres.	Réduction des mètres en brasses.
10000	*Brescia.*	6821680	14659116
20000		13643359	29318292
30000		20465039	43977438
40000		27286719	58636585
50000		34108399	73295731
60000		40930078	87954877
70000		47751758	102614023
80000		54573438	117273169
90000		61395117	131932315

Chapitre II. — Mesures de longueur.

Table comparative.		Réduction des ellen en mètres.	Réduction des mètres en ellen.
10000	*Breslaw.*	5541129	18046863
20000		11082258	36093726
30000		16623388	54140589
40000		22164517	72187452
50000		27705646	90234315
60000		33246775	108281178
70000		38787904	126328041
80000		44329034	144374904
90000		49870163	162421767

Table comparative.		Réduction des ellen en mètres.	Réduction des mètres en ellen.
10000	*Breslaw.*	5759132	17363727
20000		11518265	34727453
30000		17277397	52091180
40000		23036530	69454906
50000		28795662	86818633
60000		34554795	104182360
70000		40313927	121546086
80000		46073059	138909813
90000		51832192	156273539

Table comparative.		Réduction des aunes en mètres.	Réduction des mètres en aunes.
10000	*Bretagne.*	13865203	7212300
20000		27730405	14424600
30000		41595608	21636900
40000		55460811	28849200
50000		69326013	36061500
60000		83191216	43273799
70000		97056419	50486099
80000		110921621	57698399
90000		124786824	64910699

Table comparative.		Réduction des braches en mètres.	Réduction des mètres en braches.
10000	*Brouck.*	5645118	17714421
20000		11290236	35428842
30000		16935355	53143262
40000		22580473	70857683
50000		28225591	88572104
60000		33870709	106286525
70000		39515828	124000946
80000		45160946	141715367
90000		50806064	159429787

Table comparative.		Réduction des aunes en mètres.	Réduction des mètres en aunes.
10000	*Bruges.*	6656784	15022270
20000		13313568	30044539
30000		19970351	45066809
40000		26627135	60089078
50000		33283919	75111348
60000		39940703	90133617
70000		46597486	105155886
80000		53254270	120178156
90000		59911054	135200426

Chapitre II. — Mesures de longueur.

Table comparative.		Réduction des ellen en mètres.	Réduction des mètres en ellen.
10000	*Brunswick.*	5707248	17521579
20000		11414497	35043157
30000		17121745	52564736
40000		22828993	70086314
50000		28536242	87607893
60000		34243490	105129471
70000		39950738	122651050
80000		45657987	140172628
90000		51365235	157694207

Table comparative.		Réduction des aunes en mètres.	Réduction des mètres en aunes.
10000	*Bruxelles.*	6788997	14729715
20000		13577995	29459431
30000		20366992	44189146
40000		27155990	58918861
50000		33944987	73648577
60000		40733985	88378292
70000		47522982	103108007
80000		54311980	117837723
90000		61100977	132567438

Table comparative.		Réduction des aunes en mètres.	Réduction des mètres en aunes.
10000	*Bruxelles.* Mesures courtes.	6943443	14402077
20000		13886886	28804154
30000		20830329	43206232
40000		27773771	57608309
50000		34717214	72010386
60000		41660657	86412463
70000		48604100	100814540
80000		55547543	115216618
90000		62490986	129618695

Table comparative.		Réduction des aunes en mètres.	Réduction des mètres en aunes.
10000	*Bude.*	5737564	17429000
20000		11475127	34858000
30000		17242091	52287000
40000		22950255	69716000
50000		28687818	87145000
60000		34425382	104574000
70000		40162945	122003000
80000		45900509	139432000
90000		51638073	156861000

Table comparative.		Réduction des varres en mètres.	Réduction des mètres en varres.
10000	*Burgos.*	8479663	11792922
20000		16959325	23585844
30000		25438988	35378766
40000		33918651	47171688
50000		42398313	58964610
60000		50877976	70757532
70000		59357639	82550454
80000		67837301	94343376
90000		76316964	106136297

Chapitre II. — Mesures de longueur.

Table comparative.		Réduction des ellen en mètres.	Réduction des mètres en ellen.
10000	*Burse.*	8443061	11844046
20000		16886121	23688092
30000		25329182	35532138
40000		33772243	47376184
50000		42215304	59220230
60000		50658364	71064276
70000		59101425	82908322
80000		67544486	94752368
90000		75987546	106596414

Table comparative.		Réduction des ellen en mètres.	Réduction des mètres en ellen.
10000	*Buxtude.*	5820040	17182013
20000		11640080	34364026
30000		17460119	51546039
40000		23280159	68728052
50000		29100199	85910065
60000		34920239	103092078
70000		40740279	120274091
80000		46560319	137456104
90000		52380358	154638117

Table comparative.		Réduction des varres en mètres.	Réduction des mètres en varres.
10000	*Cadix.*	8482533	11788932
20000		16965066	23577863
30000		25447599	35366795
40000		33930132	47155726
50000		42412665	58944658
60000		50895198	70733589
70000		59377730	82522521
80000		67860263	94311452
90000		76342796	106100384

Table comparative.		Réduction des rasi en mètres.	Réduction des mètres en rasi.
10000	*Cagliari.*	5486177	18227629
20000		10972354	36455258
30000		16458531	54682887
40000		21944708	72910516
50000		27430885	91138145
60000		32917062	109365774
70000		38403239	127593403
80000		43889417	145824032
90000		49375594	164048660

Table comparative.		Réduction des picks en mètres.	Reduction des mètres en picks.
10000	*Caire (le).*	6767489	14776531
20000		13534976	29553062
30000		20302464	44329594
40000		27069953	59106125
50000		33837441	73882656
60000		40604929	88659187
70000		47372417	103435718
80000		54139905	118212250
90000		60907393	132988781

Chapitre II. — Mesures de longueur.

Table comparative.		Réduction des ellen en mètres.	Réduction des mètres en ellen.
10000	Calemberg.	5880040	17006688
20000		11760080	34013375
30000		17640119	51020063
40000		23520159	68026750
50000		29400199	85033438
60000		35280239	102040125
70000		41160279	119046816
80000		47040319	136053400
90000		52920359	153060188

Table comparative.		Réduction des covitz en mètres.	Réduction des mètres en covitz.
10000	Calicut.	4572566	21869558
20000		9145132	43739116
30000		13717699	65608673
40000		18290265	87478231
50000		22862831	109347789
60000		27435397	131217347
70000		32007963	153086904
80000		36580529	174956462
90000		41153096	196826020

Table comparative.		Réduction des aunes en mètres.	Réduction des mètres en aunes.
10000	Cambray.	7442643	13436088
20000		14885285	26872175
30000		22327928	40308263
40000		29770571	53744351
50000		37213214	67180438
60000		44655856	80616526
70000		52098499	94052614
80000		59541142	107488701
90000		66983785	120924789

Table comparative.		Réduction des varres en mètres.	Réduction des mètres en varres.
10000	Canaries.	8594710	11635064
20000		17189420	23270128
30000		25784130	34905192
40000		34378840	46540256
50000		42973550	58175320
60000		51568260	69810384
70000		60162970	81445448
80000		68757680	93080512
90000		77352390	104715575

Table comparative.		Réduction des picks en mètres.	Réduction des mètres en picks.
10000	Candie.	6372718	15691892
20000		12745436	31383784
30000		19118154	47075675
40000		25490872	62767566
50000		31863590	78459458
60000		38236308	94151349
70000		44609026	109843241
80000		50981744	125535132
90000		57354462	141227024

Chapitre II. — Mesures de longueur.

Table comparative.		Réduction des cabidos en mètres.	Réduction des mètres en cabidos.
10000	*Canton.*	3564210	28036705
20000		7128421	56113410
30000		10692631	84170114
40000		14256842	112226819
50000		17821052	140283524
60000		21385263	168340229
70000		24949473	196396934
80000		28513683	224453638
90000		32077894	252510343
Table comparative.		**Réduction des brasses en mètres.**	**Réduction des mètres en brasses.**
10000	*Carpy.*	6308006	15852869
20000		12616013	31705739
30000		18924019	47558608
40000		25232025	63411478
50000		31540031	79264347
60000		37848038	95117217
70000		44156044	110970086
80000		50464050	126822955
90000		56772057	142675825
Table comparative.		**Réduction des ellen en mètres.**	**Réduction des mètres en ellen.**
10000	*Carlsbad.* Mesure longue.	6772000	14766687
20000		13544000	29533373
30000		20315999	44300060
40000		27087999	59066747
50000		33859999	73833434
60000		40631999	88600120
70000		47403999	103366807
80000		54175999	118133494
90000		60947998	132900181
Table comparative.		**Réduction des ellen en mètres.**	**Réduction des mètres en ellen.**
10000	*Carlsbad.* Mesure courte.	5917040	16900341
20000		11834081	33800681
30000		17751121	50701022
40000		23668162	67601363
50000		29585202	84501703
60000		35502243	101402044
70000		41419283	118302385
80000		47336324	135202725
90000		53253364	152103066
Table comparative.		**Réduction des varres en mètres.**	**Réduction des mètres en varres.**
10000	*Carthagène.*	8369127	11948678
20000		16738254	23897355
30000		25107381	35846033
40000		33476508	47794710
50000		41845635	59743388
60000		50214762	71692065
70000		58583889	83640743
80000		66953016	95589420
90000		753[illegible]2143	107538098

Chapitre II. — Mesures de longueur.

Table comparative.		Réduction des brasses en mètres.	Réduction des mètres en brasses.
10000	*Casal.*	6613702	15120126
20000		13227403	30240251
30000		19841105	45360377
40000		26454807	60480502
50000		33068508	75600628
60000		39682210	90720754
70000		46295912	105840879
80000		52909613	120961005
90000		59523315	136081130

Table comparative.		Réduction des ellen en mètres.	Réduction des mètres en ellen.
10000	*Cuschau.*	6034344	16571811
20000		12068687	33143621
30000		18103031	49715432
40000		24137374	66287243
50000		30171718	82859053
60000		36206062	99430864
70000		42240405	116002675
80000		48274749	132574486
90000		54309093	149146296

Table comparative.		Réduction des ellen en mètres.	Réduction des mètres en ellen.
10000	*Cassel.*	5612504	17817361
20000		11225007	35634722
30000		16837511	53452082
40000		22450014	71269443
50000		28062518	89086804
60000		33675021	106904165
70000		39287525	124721525
80000		44900028	142538886
90000		50512532	160356247

Table comparative.		Réduction des rasi en mètres.	Réduction des mètres en rasi.
10000	*Chambéry.*	5745597	17404630
20000		11491195	34809261
30000		17236792	52213891
40000		22982390	69618521
50000		28727987	87023152
60000		34473585	104427782
70000		40219182	121832413
80000		45964780	139237043
90000		51710377	156641674

Table comparative.		Réduction des picks en mètres.	Réduction des mètres en picks.
10000	*Chio.*	6061075	16498723
20000		12122150	32997446
30000		18183225	49496169
40000		24244301	65994892
50000		30305376	82493615
60000		36366451	98992338
70000		42427526	115491061
80000		48488601	131989784
90000		54549676	148488507

Chapitre II. — Mesures de longueur.

Table comparative.		Réduction des picks en mètres.	Réduction des mètres en picks.
10000	*Chypre.*	6715604	14890693
20000		13431208	20781386
30000		20146812	44672080
40000		26862416	59562773
50000		33578020	74453466
60000		40293625	89344159
70000		47009229	104234852
80000		53724833	119125545
90000		60440437	134016239

Table comparative.		Réduction des ellen en mètres.	Réduction des mètres en ellen.
10000	*Coblentz.*	5580922	17918187
20000		11161844	35836373
30000		16742766	53754560
40000		22323688	71672746
50000		27904610	89590933
60000		33485531	107509120
70000		39066453	125427306
80000		44647375	143345493
90000		50228297	161263679

Table comparative.		Réduction des ellen en mètres.	Réduction des mètres en ellen.
10000	*Cobourg.*	5862901	17056404
20000		11725801	34112807
30000		17588702	51169212
40000		23451602	68225616
50000		29314503	85282020
60000		35177403	102338423
70000		41040304	119394827
80000		46903205	136451231
90000		52766105	153507635

Table comparative.		Réduction des ellen en mètres.	Réduction des mètres en ellen.
10000	*Cologne.* Mesure longue.	6947955	14392725
20000		13895909	28785450
30000		20843864	43178176
40000		27791818	57570901
50000		34739773	71963626
60000		41687727	86356351
70000		48635682	100749076
80000		55583636	115141802
90000		62531591	129534527

Table comparative.		Réduction des ellen en mètres.	Réduction des mètres en ellen.
10000	*Cologne.* Mesure courte.	5741086	17418308
20000		11482172	34836616
30000		17223257	52254924
40000		22964343	69673232
50000		28705429	87091540
60000		34446515	104509847
70000		40187601	121928155
80000		45928686	139346463
90000		51669772	156764771

CHAPITRE II. — Mesures de longueur.

Table comparative.		Réduction des ellen en mètres.	Réduction des mètres en ellen.
10000	*Constance.* Mesures longues.	7432958	13455594
20000		14865916	26907189
30000		22298873	40360783
40000		29731831	53814378
50000		37164789	67267972
60000		44597747	80721566
70000		32030705	94175161
80000		59463663	107628755
90000		66896621	121082350

Table comparative.		Réduction des ellen en mètres.	Réduction des mètres en ellen.
10000	*Constance.* Mesures courtes.	6909605	14472606
20000		13819211	28945213
30000		20728816	43417819
40000		27638422	57890426
50000		34548027	72363032
60000		41457632	86835639
70000		48367238	101308245
80000		55276843	115780852
90000		62186449	130253458

Table comparative.		Réduction des picks en mètres.	Réduction des mètres en picks.
10000	*Constantinople.* Mesures longues.	6690790	14945918
20000		13381580	29891836
30000		20072370	44837755
40000		26763160	59783673
50000		33453950	74729591
60000		40144740	89675510
70000		46835530	104621428
80000		53526320	119567346
90000		60217110	134513265

Table comparative.		Réduction des picks en mètres.	Réduction des mètres en picks.
10000	*Constantinople.* Mesures courtes.	6478742	15435095
20000		12957484	30870190
30000		19436226	46305286
40000		25914968	61740381
50000		32393710	77175476
60000		38872452	92610572
70000		45351194	108045667
80000		51829936	123480762
90000		58308678	138915858

Table comparative.		Réduction des allen en mètres.	Réduction des mètres en allen.
10000	*Copenhague.*	6402753	15618283
20000		12805505	31236566
30000		19208258	46854849
40000		25611010	62473131
50000		32013763	78091414
60000		38416515	93709697
70000		44819268	109327980
80000		51222020	124946263
90000		57624773	140564546

Chapitre II. — Mesures de longueur.

Table comparative.		Réduction des picks en mètres.	Réduction des mètres en picks.
10000	*Corfou.*	5738830	14425157
20000		11477660	28850313
30000		17216490	43275470
40000		22955320	57700627
50000		28694150	72125783
60000		34432980	86550940
70000		40171810	100976097
80000		45910640	115401254
90000		51649470	129826410

Table comparative.		Réduction des pans en mètres.	Réduction des mètres en pans.
10000	*Corse.*	2501715	39972581
20000		5003430	79945163
30000		7505144	119917744
40000		10006859	159890326
50000		12508574	199862907
60000		15010289	239835489
70000		17512004	279808070
80000		20013719	319780652
90000		22515433	359753233

Table comparative.		Réduction des aunes en mètres.	Réduction des mètres en aunes.
10000	*Courtrai.*	7427787	13462960
20000		14855574	26925920
30000		22283361	40388879
40000		29711149	53851839
50000		37138936	67314799
60000		44566723	80777759
70000		51994510	94240719
80000		59422297	107703678
90000		66850084	121166638

Table comparative.		Réduction des ellen en mètres.	Réduction des mètres en ellen.
10000	*Cracovie.* Mesures neuves.	6169693	16208261
20000		12339587	32416522
30000		18509080	48624783
40000		24678773	64833044
50000		30848467	81041305
60000		37018160	97249566
70000		43187854	113457827
80000		49357547	129666088
90000		55527240	145874349

Table comparative.		Réduction des brasses en mètres.	Réduction des mètres en brasses.
10000	*Creme.*	6690951	14945559
20000		13381901	29891118
30000		20072852	44836678
40000		26763803	59782237
50000		33454753	74727796
60000		40145704	89673356
70000		46836655	104618915
80000		53527605	119564474
90000		60218556	134510033

CHAPITRE II. — Mesures de longueur.

Table comparative.		Réduction des brasses grandes en mètres.	Réduction des mètres en brasses grandes.
10000	*Crémone.* Pour draps.	6990439	14305253
20000		13980878	28610506
30000		20971317	42915759
40000		27961756	57221013
50000		34952195	71526266
60000		41942634	85831519
70000		48933073	100136772
80000		55983512	114442025
90000		62913951	128747278

Table comparative.		Réduction des brasses en mètres.	Réduction des mètres en brasses.
10000	*Crémone.* Pour toiles.	5942230	16828700
20000		11884459	33657400
30000		17826689	50486099
40000		23768919	67314799
50000		29711149	84143499
60000		35653378	100972199
70000		41595608	117800899
80000		47537838	134629598
90000		53480067	151458298

Table comparative.		Réduction des ellen en mètres.	Réduction des mètres en ellen.
10000	*Culmbach.*	6147135	16267741
20000		12294270	32535481
30000		18441405	48803222
40000		24588540	65070963
50000		30735675	81338704
60000		36882810	97606445
70000		43029946	113874186
80000		49177081	130141926
90000		55324216	146409667

Table comparative.		Reduction des varres en mètres.	Reduction des mètres en varres.
10000	*Curaçao.*	8330923	12003472
20000		16661846	24006944
30000		24992768	36010417
40000		33323691	48013889
50000		41654614	60017361
60000		49985537	72020833
70000		58316459	84024305
80000		66647382	96027778
90000		74978305	108031250

Table comparative.		Réduction des ellen en mètres.	Réduction des mètres en ellen.
10000	*Danemarck.*	6277071	15930997
20000		12554142	31861995
30000		18831213	47792992
40000		25108283	63723990
50000		31385354	79654987
60000		37662425	95585985
70000		43939496	111516982
80000		50216567	127447980
90000		56493638	143378977

Chapitre II. — Mesures de longueur.

Table comparative.		Réduction des ellen en mètres.	Réduction des mètres en ellen.
10000	*Dantzick.*	5738830	17425155
20000		11477660	34840309
30000		17216490	52265464
40000		22955320	69690619
50000		28694150	87115774
60000		34432980	104540928
70000		40171810	121966083
80000		45910640	139391238
90000		51649470	156816392
Table comparative.		**Réduction des aunes en mètres.**	**Réduction des mètres en aunes.**
10000	*Dauphiné.*	19692549	5078063
20000		39385099	10156125
30000		59077648	15234188
40000		78770197	20312251
50000		98462746	25390314
60000		118155296	30468376
70000		137847845	35546439
80000		157540394	40624502
90000		177232944	45702564
Table comparative.		**Réduction des aunes en mètres.**	**Réduction des mètres en aunes.**
10000	*Douai.*	5868545	17039999
20000		11737090	34079997
30000		17605635	51119996
40000		23474180	68159994
50000		29342725	85199993
60000		35211270	102239992
70000		41079815	119279990
80000		46948361	136319989
90000		52816906	153359987
Table comparative.		**Réduction des ellen en mètres.**	**Réduction des mètres en ellen.**
10000	*Dresde.*	5659876	17668232
20000		11319752	35336464
30000		16979628	53004695
40000		22639504	70672927
50000		28299380	88341159
70000		33959256	106009391
60000		39619132	123677623
80000		45279007	141345854
90000		50938883	159014086
Table comparative.		**Réduction des yards en mètres.**	**Réduction des mètres en yards.**
10000	*Dublin.*	11617521	8607688
20000		23235042	17207377
30000		34852563	25815065
40000		46470085	34422753
50000		58087606	43030442
60000		69705127	51638130
70000		81322648	60245818
80000		92940169	68853506
90000		104557691	77461195

Chapitre II. — Mesures de longueur.

Table comparative.		Réduction des yards en mètres.	Réduction des mètres en yards.
10000	*Dublin.*	9147388	19320823
20000		18294776	38641645
30000		27442164	57962468
40000		36589553	77283291
50000		45735941	96604113
60000		54884329	115924936
70000		64031717	135245759
80000		73179105	154566582
90000		82326494	173887404

Table comparative.		Réduction des aunes en mètres.	Réduction des mètres en aunes.
10000	*Dunkerque.*	6762976	14786389
20000		13525953	29572777
30000		20288930	44359166
40000		27051906	59145555
50000		33814883	73931944
60000		40577859	88718333
70000		47340836	103504722
80000		54103812	118291110
90000		60866789	133077499

Table comparative.		Réduction des ellen en mètres.	Réduction des mètres en ellen.
10000	*Dusseldorff.*	5395944	18532439
20000		10791888	37064878
30000		16187832	55597316
40000		21583776	74129755
50000		26979719	92662194
60000		32375663	111194633
70000		37771607	129727072
80000		43167551	148259510
90000		48563495	166791949

Table comparative.		Réduction des yards en mètres.	Réduction des mètres en yards.
10000	*Écosse. Vieille mesure.*	9451925	10579855
20000		18903850	21159711
30000		28355775	31739566
40000		37807701	42319421
50000		47259626	52899277
60000		56711551	63479132
70000		66163476	74058987
80000		75615401	84638842
90000		85067326	95218698

Table comparative.		Réduction des yards en mètres.	Réduction des mètres en yards.
10000	*Edimbourg.*	9501553	10524595
20000		19003107	21049190
30000		28504660	31573785
40000		38006214	42098379
50000		47507767	52622974
60000		57009320	63147569
70000		66510874	73672164
80000		76012427	84196759
90000		85513980	94721354

Chapitre II. — Mesures de longueur.

Table comparative.		Réduction des ellen en mètres.	Réduction des mètres en ellen.
10000	*Einbeck.*	5820040	17182013
20000		11640080	34364026
30000		17460119	51546039
40000		23280159	68728052
50000		29100199	85910065
60000		34920239	103092078
70000		40740279	120274091
80000		46560319	137456104
90000		52380358	154638117
Table comparative.		Réduction des ellen en mètres.	Réduction des mètres en ellen.
10000	*Elbing.*	5650853	17696444
20000		11301705	35392889
30000		16952558	53089333
40000		2.2603411	70785778
50000		28254263	88482222
60000		33905116	106178667
70000		39555969	123875111
80000		45206821	141571556
90000		50857674	159268000
Table comparative.		Réduction des ellen en mètres.	Réduction des mètres en ellen.
10000	*Embden.*	6704323	14915745
20000		13408650	29831490
30000		20112975	44747234
40000		26817300	59662979
50000		33521625	74578724
60000		40225950	89494469
70000		46930275	104410214
80000		53634600	119325958
90000		60338924	134241703
Table comparative.		Réduction des ellen en mètres.	Réduction des mètres en ellen.
10000	*Erfurt.* Mesure longue.	5497456	18190231
20000		10994912	36380463
30000		16492369	54570694
40000		21989825	72760925
50000		27487281	90951156
60000		32984737	109141388
70000		38482194	127331619
80000		43979650	145521850
90000		49477106	163712081
Table comparative.		Réduction des ellen en mètres.	Réduction des mètres en ellen.
10000	*Erfurt.* Mesure courte.	4037935	24765136
20000		8075869	49530272
30000		12113804	74295408
40000		16151738	99060544
50000		20189673	123825680
60000		24227608	148590816
70000		28265542	173355953
80000		32303477	198121089
90000		36341411	222886225

Chapitre II. — Mesures de longueur.

Table comparative.		Réduction des ellen en mètres.	Réduction des mètres en ellen.
10000	*Erlangen.*	6596045	15160600
20000		13192090	30321299
30000		19788135	45481899
40000		26384181	60642499
50000		32980226	75803099
60000		39576271	90963698
70000		46172316	106124298
80000		52768361	121284898
90000		59364406	136445497

Table comparative.		Réduction des varres en mètres.	Réduction des mètres en varres.
10000	*Espagne.*	8469663	11806846
20000		16939325	23613691
30000		25408988	35420537
40000		33878651	47227383
50000		42348313	59034228
60000		50817976	70841074
70000		59287639	82647920
80000		67757301	94454765
90000		76226964	106261611

Table comparative.		Réduction des brasses en mètres.	Réduction des mètres en brasses.
10000	*Ferrare.*	6338379	15776904
20000		12676759	31553808
30000		19015138	47330711
40000		25353517	63107615
50000		31691896	78884519
60000		38030276	94661423
70000		44368655	110438327
80000		50707034	126215230
90000		57045414	141992134

Table comparative.		Réduction des aunes en mètres.	Réduction des mètres en aunes.
10000	*Flandres.*	6901606	14489382
20000		13803211	28978763
30000		20704817	43468145
40000		27606423	57957527
50000		34508029	72446909
60000		41409634	86936290
70000		48311240	101425672
80000		55212846	115915054
90000		62114451	130404435

Table comparative.		Réduction des ellen en mètres.	Réduction des mètres en ellen.
10000	*Flensbourg.*	5729807	17452596
30000		11459613	34905192
30000		17189420	52357788
40000		22919227	69810384
50000		28649033	87262979
60000		34378840	104715575
70000		40108647	122168171
80000		45838453	139620767
90000		51568260	157073363

Chapitre II. — Mesures de longueur.

Table comparative.		Réduction des ellen en mètres.	Réduction des mètres en ellen.
10000	*Flessingue.*	9586799	10431010
20000		19173597	20862022
30000		28760396	31293032
40000		38347195	41724043
50000		47933993	52155054
60000		57520792	62586065
70000		67107591	73017075
80000		76694389	83448086
90000		86281188	93879097

Table comparative.		Réduction des cannes en mètres.	Réduction des mètres en cannes.
10000	*Florence.* Mesure pour lainage.	23708757	4217851
20000		47417514	8435702
30000		71126271	12653553
40000		94835027	16871403
50000		118543784	21089254
60000		142252541	25307105
70000		165961298	29524956
80000		189670055	33742807
90000		213378812	37960658

Table comparative.		Réduction des bracci en mètres.	Réduction des mètres en bracci.
10000	*Florence.* Mesure pour lainage.	5995761	16678449
20000		11991523	33356898
30000		17987284	50035347
40000		23983045	66713796
50000		29978807	83392245
60000		35974568	100070694
70000		41970329	116749143
80000		47966091	133427592
90000		53961852	150106041

Table comparative.		Réduction des palmi en mètres.	Réduction des mètres en palmi.
10000	*Florence.* Mesure pour lainage.	2942881	33980311
20000		5885761	67960622
30000		8828642	101940933
40000		11771523	135921244
50000		14714403	169901554
60000		17657284	203881865
70000		20600165	237862176
80000		23543045	371842487
90000		26485926	405822798

Table comparative.		Réduction des cannes en mètres.	Réduction des mètres en cannes.
10000	*Florence.* Mesure pour soiries.	23280159	4295503
20000		46560319	8591007
30000		69840478	12886510
40000		93120637	17182013
50000		116400796	21477516
60000		139680956	25773020
70000		162961115	30068523
80000		186241274	34364026
90000		209521434	38659529

Chapitre II. — Mesures de longueur.

Table comparative.		Réduction des bracci en mètres.	Réduction des mètres en bracci.
10000	*Florence. Pour soiries.*	5880040	17006688
20000		11760080	34013375
30000		17640119	51020063
40000		23520159	68026750
50000		29400199	85033438
60000		35280239	102040125
70000		41160279	119046813
80000		47040319	136053500
90000		52920358	153060188

Table comparative.		Reduction des palmi en mètres.	Reduction des mètres en palmi.
10000	*Florence. Mesures pour soiries.*	2910020	3436403
20000		5820040	6872805
30000		8730060	10309208
40000		11640080	13745610
50000		14550100	17182013
60000		17460119	20618416
70000		20370139	24054818
80000		23280159	27491221
90000		26190179	30917623

Table comparative		Reduction des brasses en mètres.	Reduction des mètres en brasses.
10000	*Foiby.*	6151632	16255848
20000		12303264	32511696
30000		18454897	48767545
40000		24606529	65023393
50000		30758161	81279241
60000		36909793	97535089
70000		43061426	113790938
80000		49213058	130046786
90000		55364690	146302634

Table comparative.		Reduction des ellen en mètres.	Reduction des mètres en ellen.
10000	*Francfort.*	6914117	14463163
20000		13828234	28926325
30000		20742351	43389488
40000		27656468	57052651
50000		34570585	72315813
60000		41484702	86778976
70000		48398820	101242139
80000		55312937	115705301
90000		62227054	130168464

Table comparative.		Reduction des ellen en mètres.	Reduction des mètres en ellen.
10000	*Francfort. Sur le Mein.*	7651773	13068866
20000		15303547	26137732
30000		22955320	39206598
40000		30607093	52275464
50000		38258866	65344330
60000		45910640	78413196
70000		53562413	91482062
80000		61214186	104550928
90000		68865960	117619794

Chapitre II. — Mesures de longueur.

Table comparative.		Réduction des ellen en mètres.	Réduction des mètres en ellen.
10000	*Freiberg.* (Saxe.)	5666643	17647131
20000		11333287	35294262
30000		16999930	52941394
40000		22666574	70588525
50000		28333217	88235656
60000		33999861	105882787
70000		39666504	123529918
80000		45333147	141177050
90000		50999791	158824181

Table comparative.		Réduction des ellen en mètres.	Réduction des mètres en ellen.
10000	*Gand.*	7250236	13792655
20000		14500471	27585310
30000		21750707	41377965
40000		29000943	55170621
50000		36251178	68963276
60000		43501414	82755931
70000		50751650	96548586
80000		58001885	110341241
90000		65252121	124133896

Table comparative.		Réduction des cannes en mètres.	Réduction des mètres en cannes.
10000	*Gênes.* Cannes de 10 ½ palmi.	26361622	3793393
20000		52723244	7586787
30000		79084867	11380180
40000		105446489	15173573
50000		131808111	18966966
60000		158169733	22760360
70000		184531356	26553753
80000		210892978	30347146
90000		237254600	34140539

Table comparative.		Réduction des cannes en mètres.	Réduction des mètres en cannes.
10000	*Gênes.* Cannes pour toileries de 10 palmi.	25107381	3982892
20000		50214762	7965785
30000		75322143	11948678
40000		100429524	15931570
50000		125536905	19914463
60000		150644287	23897355
70000		175751668	27880248
80000		200859049	31863140
90000		225966430	35846033

Table comparative.		Réduction des cannes en mètres.	Réduction des mètres en cannes.
10000	*Gênes.* Cannes de 9 palmi.	22596643	4425436
20000		45193286	8850872
30000		67789929	13276308
40000		90386572	17701744
50000		112983215	22127181
60000		135579858	26552617
70000		158176501	30978053
80000		180773144	35403489
90000		203369787	39828925

Chapitre II. — Mesures de longueur.

Table comparative.		Réduction des palmi en mètres.	Réduction des mètres en palmi.
10000	*Gênes. Mesures de 2 1/2 palmi.*	5404967	18501500
20000		10809934	37003000
30000		16214902	55504499
40000		21619869	74005999
50000		27024836	92507499
60000		32429803	111008999
70000		37834770	129510499
80000		43239738	148011998
90000		48644705	166513498

Table comparative.		Réduction des palmi en mètres.	Réduction des mètres en palmi.
10000	*Gênes.*	2510738	39828924
20000		5021476	79657849
30000		7532214	119486773
40000		10042953	159315698
50000		12553691	199144622
60000		15064429	238973546
70000		17575167	278802471
80000		20085905	318631395
90000		22596643	358460320

Table comparative.		Réduction des palmi en mètres.	Réduction des mètres en palmi.
10000	*Genève.*	11437055	8743510
20000		22874110	17487019
30000		34311165	26230529
40000		45748220	34974038
50000		57185275	43717548
60000		68622330	52461057
70000		80059385	61204567
80000		91496440	69948077
90000		102933495	78691586

Table comparative.		Réduction des varres en mètres.	Réduction des mètres en varres.
10000	*Gibraltar.*	8479663	11792922
20000		16959325	23585843
30000		25438988	35378766
40000		33918651	47171688
50000		42398313	58964610
60000		50877976	70757532
70000		59357639	82550454
80000		67837301	94343376
90000		76316964	106136298

Table comparative.		Réduction des ellen en mètres.	Réduction des mètres en ellen.
10000	*Glatz.*	5860645	17062969
20000		11721290	34125938
30000		17581934	51188907
40000		23442579	68251876
50000		29303224	85314845
60000		35163869	102377814
70000		41024513	119440783
80000		46885158	136503752
90000		52745803	153566721

Chapitre II. — Mesures de longueur.

Table comparative.		Réduction des ellen en mètres.	Réduction des mètres en ellen.
10000	*Goa.*	6859977	14577508
20000		13719954	29154616
30000		20579932	43731924
40000		27439909	58309232
50000		34299886	72886540
60000		41159863	87463848
70000		48019840	102041156
80000		54879817	116618464
90000		61739795	131195772

Table comparative.		Réduction des ellen en mètres.	Réduction des mètres en ellen.
10000	*Goerlitz.*	5637318	17738933
20000		11274635	35477866
30000		16911953	53216799
40000		22549271	70955732
50000		28186588	88694665
60000		33823906	106433598
70000		39461223	124172531
80000		45098541	141911464
90000		50735859	159650397

Table comparative.		Réduction des aunes en mètres.	Réduction des mètres en aunes.
10000	*Goës.*	7427788	13462958
20000		14855576	26925916
30000		22283365	40388874
40000		29711153	53851832
50000		37138941	67314789
60000		44566729	80777747
70000		51994518	94240705
80000		59422306	107703663
90000		66850094	121166621

Table comparative.		Réduction des picks en mètres.	Réduction des mètres en picks.
10000	*Gomron.*	6097507	16400146
20000		12195014	32800291
30000		18292520	49200437
40000		24390027	65600582
50000		30487534	82000728
60000		36585041	98400874
70000		42682548	114801019
80000		48780055	131201165
90000		54877562	147601310

Table comparative.		Réduction des cabidos en mètres.	Réduction des mètres en cabidos.
10000	*Gomron.*	9605322	10410896
20000		19210643	20821791
30000		28815965	31232687
40000		38421286	41643582
50000		48026608	52054478
60000		57631929	62465374
70000		67237251	72876269
80000		76842572	33287165
90000		86447894	93698060

Chapitre II. — Mesures de longueur.

Table comparative.		Réduction des guèzes en mètres.	Réduction des mètres en guèzes.
10000	*Gomron.*	9835416	10167358
20000		19670822	20334676
30000		29506248	30502014
40000		39341665	40669352
50000		49177081	50836690
60000		59012497	61004028
70000		68847913	71171366
80000		78683329	81338704
90000		88518745	91506042

Table comparative.		Réduction des ellen en mètres.	Réduction des mètres en ellen.
10000	*Gothembourg.*	5937343	16842551
20000		11874686	33685102
30000		17812029	50527652
40000		23749372	67370203
50000		29686715	84212754
60000		35624058	101055305
70000		41561401	117897855
80000		47498744	134740406
90000		53436087	151582957

Table comparative.		Réduction des aunes en mètres.	Réduction des mètres en aunes.
10000	*Gravelines.*	7249521	13794014
20000		14499043	27588028
30000		21748564	41382043
40000		28998085	55176057
50000		36247607	68970071
60000		43497127	82764085
70000		50746649	96558099
80000		57996170	110352114
90000		65245692	124146128

Table comparative.		Réduction des varres en mètres.	Réduction des mètres en varres.
10000	*Grenade.*	3347457	29873427
20000		6694913	59746855
30000		10042370	89620282
40000		13389826	119493709
50000		16737283	149367136
60000		20084739	179240564
70000		23432196	209113991
80000		26779652	238987418
90000		30127109	268860846

Table comparative.		Réduction des ellen en mètres.	Réduction des mètres en ellen.
10000	*Gripswald.*	5823386	17172140
20000		11646772	34344280
30000		17470158	51516420
40000		23293544	68688561
50000		29116930	85860701
60000		34940316	103032841
70000		40763702	120202981
80000		46587088	137377121
90000		52410474	154549261

Chapitre II. — Mesures de longueur.

Table comparative.		Réduction des ellen en mètres.	Réduction des mètres en ellen.
10000	*Groningue.*	6932602	14424598
20000		13865205	28849195
30000		20797807	43273793
40000		27730409	57698391
50000		34663012	72122989
60000		41595614	86547586
70000		48528216	100972184
80000		55460819	115396782
90000		62393421	129821379
Table comparative.		**Réduction des ellen en mètres.**	**Réduction des mètres en ellen.**
10000	*Gundelfingen.*	5867412	17043286
20000		11731824	34086572
30000		17602237	51129857
40000		23469649	68173143
50000		29337061	85216429
60000		35204473	102259715
70000		41071886	119303001
80000		46939298	136346286
90000		52806710	153389572
Table comparative.		**Réduction des ellen en mètres.**	**Réduction des mètres en ellen.**
10000	*Græz.*	8590198	11641175
20000		17180397	23282350
30000		25770595	34923524
40000		34360793	46564699
50000		42950992	58205874
60000		51541190	69847049
70000		60131388	81488224
80000		68721586	93129398
90000		77311785	104770573
Table comparative.		**Réduction des brasses en mètres.**	**Réduction des mètres en brasses.**
10000	*Guastalla.*	6927652	14434905
20000		13855304	28869810
30000		20782956	43304715
40000		27710608	57739620
50000		34638260	72174526
60000		41565912	86609431
70000		48493564	101044336
80000		55421216	115479241
90000		62348868	129914146
Table comparative.		**Réduction des ellen en mètres.**	**Réduction des mètres en ellen.**
10000	*Guben.*	6684022	14961051
20000		13368045	29922102
30000		20052064	44883152
40000		26736090	59844203
50000		33420112	74805254
60000		40104135	89766305
70000		46788157	104727356
80000		53472180	119688406
90000		60156202	134649457

Chapitre II. — Mesures de longueur.

Table comparative.		Réduction des ellen en mètres.	Réduction des mètres en ellen.
10000	*Gueldres.*	6632138	15078093
20000		13264277	30156186
30000		19896415	45234279
40000		26528554	60312372
50000		33160692	75390465
60000		39792830	90468558
70000		46424969	105546651
80000		53057107	120624744
90000		59689246	135702837
Table comparative.		**Réduction des jacktant en mètres.**	**Réduction des mètres en jacktant.**
10000	*Guinée.*	3659015 3	2732976
20000		7318030 5	5465952
30000		109770458	8198927
40000		146360611	10931903
50000		182950763	13664879
60000		219540916	16397855
70000		256131069	19130831
80000		292721221	21863806
90000		329311374	24596782
Table comparative.		**Réduction des ellen en mètres.**	**Réduction des mètres en ellen.**
10000	*Hall.* Mesure longue.	6668317	14996288
20000		13336633	29992577
30000		20004950	44988865
40000		26673267	59985153
50000		33341584	74981441
60000		40009900	89977730
70000		46678217	104974018
80000		53346534	119970306
90000		60014850	134966595
Table comparative.		**Réduction des ellen en mètres.**	**Réduction des mètres en ellen.**
10000	*Hall.* Mesure courte.	5711760	17507738
20000		11423520	35015477
30000		17135280	52523215
40000		22847040	70030954
50000		28558800	87538692
60000		34270560	105046430
70000		39982320	122554169
80000		45694080	140061907
90000		51405840	157569646
Table comparative.		**Réduction des aunes en mètres.**	**Réduction des mètres en aunes.**
10000	*Hambourg.*	5763963	17349175
20000		11527926	34698350
30000		17291888	52047525
40000		23055851	69396700
50000		28819814	86745875
60000		34583777	104095050
70000		40347740	121444225
80000		46111703	138793400
90000		51875665	156142575

CHAPITRE II. — Mesures de longueur.

Table comparative.		Réduction des ellen en mètres.	Réduction des mètres en ellen.
10000	*Harlem.*	7277306	13741350
20000		14554611	27482699
30000		21831917	41224049
40000		29109222	54965398
50000		36386528	68706748
60000		43663834	82448097
70000		50941139	96189447
80000		58218445	109930796
90000		65495750	123672146

Table comparative.		Réduction des ellen en mètres.	Réduction des mètres en ellen.
10000	*Haszfurth.*	6765232	14781458
20000		13530465	29562917
30000		20295697	44344375
40000		27060929	59125833
50000		33826162	73907291
60000		40591394	88688750
70000		47356626	103470208
80000		54121859	118251666
90000		60887091	133033125

Table comparative.		Réduction des ellen en mètres.	Réduction des mètres en ellen.
10000	*Hildesheim.*	5601224	17853239
20000		11202449	35706479
30000		16803673	53559718
40000		22404897	71412958
50000		28006122	89266197
60000		33607346	107119437
70000		39208571	124972676
80000		44809795	142825916
90000		50411019	160679155

Table comparative.		Réduction des ellen en mètres.	Réduction des mètres en ellen.
10000	*Hirschberg.*	5759132	17363726
20000		11518265	34727453
30000		17277397	52091179
40000		23036530	69454906
50000		28795662	86818632
60000		34554795	104182358
70000		40313927	121546085
80000		46073059	138909811
90000		51832192	156273538

Table comparative.		Réduction des ellen en mètres.	Réduction des mètres en ellen.
10000	*Hoff.*	6372718	15691892
20000		12745436	31383783
30000		19118154	47075675
40000		25490872	62767566
50000		31863590	78459458
60000		38236308	94151349
70000		44609026	109843241
80000		50981744	125535132
90000		57354462	141227024

Chapitre II. — Mesures de longueur.

Table comparative.		Réduction des ellen en mètres.	Réduction des mètres en ellen.
10000	*Jagerndorff.*	5684690	17591109
20000		11369380	35182217
30000		17054070	52773326
40000		22738760	70364434
50000		28423450	87955543
60000		34108140	105546651
70000		39792830	123137760
80000		45477520	140728868
90000		51162211	158319977

Table comparative.		Réduction des inkes en mètres.	Réduction des mètres en inkes.
10000	*Japon.*	19005363	5261673
20000		38010725	10523346
30000		57016088	15785018
40000		76021450	21046691
50000		95026813	26308364
60000		114032176	31570037
70000		133037538	36831710
80000		152042901	42093382
90000		171048263	47355055

Table comparative.		Réduction des cabidos en mètres.	Réduction des mètres en cabidos.
10000	*Indes.*	4566118	21900444
20000		9132235	43800888
30000		13698353	65701331
40000		18264470	87601775
50000		22830588	109502219
60000		27396705	131402663
70000		31962823	153303107
80000		36528940	175203550
90000		41095058	197103994

Table comparative.		Réduction des ellen en mètres.	Réduction des mètres en ellen.
10000	*Inglostadt.*	7963078	12557959
20000		15926155	15115917
30000		23889233	27673876
40000		31852311	40231834
50000		39815389	52789793
60000		47778466	65347751
70000		55741544	77905710
80000		63704622	90463668
90000		71667700	103021627

Table comparative.		Réduction des ellen en mètres.	Réduction des mètres en ellen.
10000	*Inspruck.*	7861565	12720113
20000		15723131	25440226
30000		23584696	38160339
40000		31446262	50880452
50000		39307827	63600565
60000		47169392	76320678
70000		55030958	89040791
80000		62892523	101760904
90000		70754089	114481017

Chapitre II. — Mesures de longueur.

Table comparative.		Réduction des aunes en mètres.	Réduction des mètres en aunes.
10000	*Ipres.*	7249521	13794014
20000		14499043	27588028
30000		21748564	41382043
40000		28998085	55176057
50000		36247607	68970071
60000		43497128	82764085
70000		50746649	96558099
80000		57996170	110352114
90000		65245692	124146128
Table comparative.		**Réduction des aunes en mètres.**	**Réduction des mètres en aunes.**
10000	*Ispahan.*	9507569	10517956
20000		19015138	21035872
30000		28522707	31553807
40000		38030276	42071743
50000		47537845	52589679
60000		57045414	63107615
70000		66552982	73625551
80000		76060551	84143486
90000		85568120	94661422
Table comparative.		**Réduction des aunes en mètres.**	**Réduction des mètres en aunes.**
10000	*Iverdun.*	10948558	9133623
20000		21897117	18267245
30000		32845675	27400868
40000		43794233	36534491
50000		54742791	45668113
60000		65691350	54801736
70000		76639908	63935359
80000		87588466	73068981
90000		98537024	82202604
Table comparative.		**Réduction des ellen en mètres.**	**Réduction des mètres en ellen.**
10000	*Kauffbeuren.*	5898994	16952043
20000		11797988	33904087
30000		17696982	50856130
40000		23595975	67808174
50000		29494969	84760217
60000		35393963	101712261
70000		41292957	118664304
80000		47191951	135616348
90000		53090945	152568391
Table comparative.		**Réduction des ellen en mètres.**	**Réduction des mètres en ellen.**
10000	*Kempten.*	6794558	14717661
20000		13589116	29435321
30000		20383674	44152982
40000		27178232	58870642
50000		33972791	73588303
60000		40767349	88305963
70000		47561907	103023624
80000		54356465	117741284
90000		61151023	132458943

Chapitre II. — Mesures de longueur.

Table comparative.		Réduction des ellen en mètres.	Réduction des mètres en ellen.
10000	*Kiel.*	5752365	17384154
20000		11504730	34768309
30000		17257095	52152463
40000		23009460	69536617
50000		28761825	86920772
60000		34514190	104304926
70000		40266555	121689080
80000		46018920	139073235
90000		51771284	156457389

Table comparative.		Réduction des ellen en mètres.	Réduction des mètres en ellen.
10000	*Kizingen.*	5962157	16772453
20000		11924314	33544906
30000		17886471	50317359
40000		23848628	67089812
50000		29810785	83862266
60000		35772942	100634719
70000		41735100	117407172
80000		47697257	134179625
90000		53659414	150952078

Table comparative.		Réduction des ellen en mètres.	Réduction des mètres en ellen.
10000	*Konisberg.*	5747853	17397800
20000		11495707	34795599
30000		17243560	52193399
40000		22991413	69591199
50000		28739266	86988998
60000		34487120	104386798
70000		40234973	121784598
80000		45982826	139182397
90000		51730680	156580197

Table comparative.		Réduction des ellen en mètres.	Réduction des mètres en ellen.
10000	*Krembs.*	7480330	13368394
20000		14960660	26736787
30000		22440991	40105181
40000		29921321	53473575
50000		37401651	66841969
60000		44881981	80210362
70000		52362312	93578756
80000		59842642	106947150
90000		67322972	120315544

Table comparative.		Réduction des picks en mètres.	Réduction des mètres en picks.
10000	*Lacédémone.*	4372566	21869558
20000		9145132	43739116
30000		13717699	65608673
40000		18290265	87478231
50000		22862831	109347789
60000		27435397	131217347
70000		32007963	153086905
80000		36580529	174956462
90000		41153096	196826020

CHAPITRE II. — Mesures de longueur.

Table comparative.		Réduction des ellen en mètres.	Réduction des mètres en ellen.
10000	*Langensalsa.*	5779435	17302730
20000		11558870	34605459
30000		17338305	51908189
40000		23117740	69210919
50000		28897174	86513649
60000		34676609	103816378
70000		40456044	121119108
80000		46235479	138421838
90000		52014914	155724567

Table comparative.		Réduction des cannes en mètres.	Réduction des mètres en cannes.
10000	*Languedoc (haut).*	19807435	5048609
20000		39614871	10097218
30000		59422306	15145828
40000		79229741	20194437
50000		99037176	25243046
60000		118844612	30291655
70000		138652047	35340264
80000		158459482	40388874
90000		178266917	45437483

Table comparative.		Réduction des cannes en mètres.	Réduction des mètres en cannes.
10000	*Languedoc (bas).*	17826692	5609566
20000		35653383	11219132
30000		53480075	16828697
40000		71306767	22438263
50000		89133459	28047829
60000		106960151	33657395
70000		124786842	39266961
80000		142613534	44876527
90000		160440226	50486092

Table comparative.		Réduction des picks en mètres.	Réduction des mètres en picks.
10000	*Larta.*	5704541	17529893
20000		11409083	35059786
30000		17113624	52589679
40000		22818165	70119572
50000		28522707	87649465
60000		34227248	105179358
70000		39931789	122709251
80000		45636331	140239145
90000		51340872	157769038

Table comparative.		Réduction des ellen en mètres.	Réduction des mètres en ellen.
10000	*Lauban.*	5637318	17738933
20000		11274635	35477866
30000		16911953	53216799
40000		22549271	70955732
50000		28186588	88694665
60000		33823906	106433598
70000		39461223	124172731
80000		45098541	141911464
90000		50735859	159650397

Chapitre II. — Mesures de longueur.

Table comparative.		Réduction des aunes en mètres.	Réduction des mètres en aunes.
10000	*Lausanne.*	10755436	9297624
20000		21510872	18595248
30000		32266307	27892873
40000		43021743	37190497
50000		53777179	46488121
60000		64532615	55785745
70000		75288051	65083369
80000		86043486	74380993
90000		96798922	83678618

Table comparative.		Réduction des aunes en mètres.	Réduction des mètres en aunes.
10000	*Laval.*	14324517	6981038
20000		28649033	13962077
30000		42973550	20943115
40000		57298067	27924153
50000		71622583	34905192
60000		85947100	41886230
70000		100271617	48867268
80000		114596134	55848307
90000		128920650	62829345

Table comparative.		Réduction des aunes en mètres.	Réduction des mètres en aunes.
10000	*Léicuse.*	7249521	13794014
20000		14499043	27588028
30000		21748564	41382043
40000		28998085	55176057
50000		36247607	68970071
60000		43497128	82764085
70000		50746649	96558099
80000		57996170	110352114
90000		65245692	124146128

Table comparative.		Réduction des ellen en mètres.	Réduction des mètres en ellen.
10000	*Leipzick.*	5555985	17998609
20000		11111970	35997219
30000		16667954	53005828
40000		22223939	71994438
50000		27779924	89993047
60000		33335909	107991656
70000		38891894	125990266
80000		44447878	143988875
90000		50003863	161987484

Table comparative.		Réduction des braches en mètres.	Réduction des mètres en braches.
10000	*Lentzbourg.*	6239342	16027331
20000		12478684	32054662
30000		18718026	48081992
40000		24957368	64109323
50000		31196711	80136654
60000		37436053	96163985
70000		43675395	112191316
80000		49914737	128218646
90000		56154079	144245977

Chapitre II. — Mesures de longueur.

Table comparative.		Réduction des picks en mètres.	Réduction des mètres en picks.
10000	*Lepante.*	6358187	15727755
20000		12716373	31455509
30000		19074560	47183264
40000		25432747	62911018
50000		31790934	78638773
60000		38149120	94366527
70000		44507308	110094282
80000		50865494	125822036
90000		57223680	141549791

Table comparative.		Réduction des ellen en mètres.	Réduction des mètres en elleu.
10000	*Leudkerche.*	7026909	14231001
20000		14053817	28462002
30000		21080726	42693003
40000		28107634	56924004
50000		35134543	71155005
60000		42161451	85386005
70000		49188360	99617006
80000		56215268	113848007
90000		63242177	128079008

Table comparative.		Réduction des ellen en mètres.	Réduction des mètres en ellen.
10000	*Liége.*	5515503	18130713
20000		11031006	36261426
30000		16546509	54392139
40000		22062011	72522852
50000		27577514	90653566
60000		33093017	108784279
70000		38608520	126914992
80000		44124023	145045705
90000		49639526	163176418

Table comparative.		Réduction des aunes en mètres.	Réduction des mètres en aunes.
10000	*Lille.*	6922698	14445236
20000		13845395	28890472
30000		20768093	43335708
40000		27690790	57780943
50000		34613488	72226179
60000		41536186	86671415
70000		48458883	101116651
80000		55381581	115561887
90000		62304279	130007123

Table comparative.		Réduction des varres en mètres.	Réduction des mètres en varres.
10000	*Lisbonne.*	10963331	9121316
20000		21926662	18242631
30000		32889992	27363947
40000		43853323	36485262
50000		54816654	45606578
60000		65779985	54727893
70000		76743316	63849209
80000		87706647	72970524
90000		98669977	82091840

Chapitre II. — Mesures de longueur.

Table comparative.		Réduction des covados en mètres.	Réduction des mètres en covados.
10000	*Lisbonne.*	6772000	14766687
20000		13544000	29533374
30000		20315999	44300060
40000		27087999	59066747
50000		33859999	73833434
60000		40631999	88600121
70000		47403999	103366808
80000		54175999	118133494
90000		60947998	132900181

Table comparative.		Réduction des palmos en mètres.	Réduction des mètres en palmos.
10000	*Lisbonne.* Mesure longue.	2257408	44298585
20000		4514817	88597169
30000		6772225	132895754
40000		9029634	177194338
50000		11287042	221492923
60000		13544451	265791508
70000		15801859	310090092
80000		18059268	354388677
90000		20316676	398687261

Table comparative.		Réduction des palmos en mètres.	Réduction des mètres en palmos.
10000	*Lisbonne.* Mesure courte.	2192666	45606578
20000		4385332	91213155
30000		6577998	136819733
40000		8770665	182426311
50000		10963331	228032889
60000		13155997	273639466
70000		15348663	319246044
80000		17541329	364852622
90000		19733995	410459199

Table comparative.		Réduction des aunes en mètres.	Réduction des mètres en aunes.
10000	*Lisieux.*	1131995	8833962
20000		2263990	17867924
30000		3395985	26701886
40000		4527980	35535847
50000		5659975	44369809
60000		6791970	53203771
70000		7923964	62037733
80000		9055959	70871695
90000		10187954	79705657

Table comparative.		Réduction des aunes en mètres.	Réduction des mètres en aunes.
10000	*Louvain.* Mesure longue.	6943443	14402077
20000		13886886	28804154
30000		20830329	43206231
40000		27773771	57608309
50000		34717214	72010386
60000		41660657	86412463
70000		48604100	100814540
80000		55547543	115216617
90000		62490986	129618695

Chapitre II. — Mesures de longueur.

Table comparative.		Réduction des aunes en mètres.	Réduction des mètres en aunes.
10000	*Louvain.* Mesure courte.	6844186	14610941
20000		13688373	29221881
30000		20532559	43832822
40000		27376745	58443762
50000		34220932	73054703
60000		41065118	87665643
70000		47909305	102276584
80000		54753491	116887524
90000		61597677	131498465

Table comparative.		Réduction des brasses en mètres.	Réduction des mètres en brasses.
10000	*Lucques.* Pour lainage.	6052390	16522398
20000		12104780	33044796
30000		18157171	49567194
40000		24209561	66089592
50000		30261951	82611990
60000		36314341	99134387
70000		42366732	115656785
80000		48419122	132179183
90000		54471512	148701581

Table comparative.		Réduction des brasses eu mètres.	Réduction des mètres en brisses.
10000	*Lucques.* Pour soieries.	5786202	17282495
20000		11572405	34564985
30000		17358607	51847478
40000		23144810	69129971
50000		28931012	86412463
60000		34717214	103694956
70000		40503417	120977448
80000		46289619	138259941
90000		52075821	155542434

Table comparative.		Réduction des varres en mètres.	Réduction des mètres en varres.
10000	*Madrid.*	8556811	11686597
20000		17113622	23373194
30000		25670432	35059791
40000		34227243	46746388
50000		42784054	58432985
60000		51340865	70119582
70000		59897676	81806179
80000		68454486	93492777
90000		77011297	105179374

Table comparative.		Réduction des cannes en mètres.	Réduction des mètres en cannes.
10000	*Mahon.*	16007365	6247124
20000		32014731	12494248
30000		48022096	18741373
40000		64029461	24988497
50000		80036827	31235621
60000		96044192	37482745
70000		112051557	43729870
80000		128058923	49976994
90000		144066288	56224118

CHAPITRE II. — Mesures de longueur.

Table comparative.		Réduction des aunes en mètres.	Réduction des mètres en aunes.
10000	*Malines.*	6774142	14762017
20000		13548284	29524035
30000		20322426	44286052
40000		27096568	59048069
50000		33870709	73810087
60000		40644851	88572104
70000		47418993	103334121
80000		54193135	118096139
90000		60967277	132858156

Table comparative.		Réduction des cannes en mètres.	Réduction des mètres en cannes.
10000	*Malte.*	22411665	4461962
20000		44823330	8923924
30000		67234995	13385886
40000		89646660	17847852
50000		112058325	22309814
60000		134469990	26771776
70000		156881655	31233738
80000		179293320	35695700
90000		201704985	40157662

Table comparative.		Réduction des ellen en mètres.	Réduction des mètres en ellen.
10000	*Manheim.*	5578666	17925432
20000		11157332	35850864
30000		16735998	53776296
40000		22314664	71701728
50000		27893330	89627160
60000		33471996	107552593
70000		39050663	125478025
80000		44629329	143403457
90000		50207995	161328889

Table comparative.		Réduction des brasses en mètres.	Réduction des mètres en brasses.
10000	*Mantoue.*	6001652	16662079
20000		12003304	33324158
30000		18004956	49986237
40000		24006608	66648316
50000		30008260	83310395
60000		36009912	99972474
70000		42011564	116634553
80000		48013216	133296632
90000		54014868	149958711

Table comparative.		Réduction des covados en mètres.	Réduction des mètres en cavados.
10000	*Maroc.*	5037267	19852035
20000		10074534	39704069
30000		15111801	59556104
40000		20149068	79408139
50000		25186335	99260174
60000		30223602	119112208
70000		35260869	138964243
80000		40298136	158816278
90000		45335403	178668313

Chapitre II. — Mesures de longueur.

Table comparative.		Réduction des cannes en mètres.	Réduction des mètres en cannes.
10000	*Marseille.*	20127000	4968450
20000		40254000	9936901
30000		60381000	14905351
40000		80508000	19873801
50000		100635000	24842252
60000		120762000	29810702
70000		140889000	34779152
80000		161016000	39747603
90000		181143000	44716053

Table comparative.		Réduction des aunes en mètres.	Réduction des mètres en aunes.
10000	*Marseille.*	11700987	8546288
20000		23401974	17092575
30000		35102961	25638863
40000		46803948	34185150
50000		58504935	42731438
60000		70205922	51277726
70000		81906909	59824013
80000		93607896	68370301
90000		105308883	76916588

Table comparative.		Réduction des ellen en mètres.	Réduction des mètres en ellen.
10000	*Maëstricht.*	6835163	14630229
20000		13670326	29260458
30000		20505489	43890687
40000		27340652	58520916
50000		34175815	73151145
60000		41010978	87781374
70000		47846141	102411603
80000		54681304	117041832
90000		61516467	131672061

Table comparative.		Réduction des cannes en mètres.	Réduction des mètres en cannes.
10000	*Maïorque.*	15845946	6310762
20000		31691892	12621525
30000		47537838	18932287
40000		63383784	25243050
50000		79229730	31553812
60000		95075676	37864574
70000		110921621	44175337
80000		126767567	50486099
90000		142613513	56796862

Table comparative.		Réduction des cannes en mètres.	Réduction des mètres en cannes.
10000	*Messine.*	19364039	5164212
20000		38728079	10328423
30000		58092118	15492635
40000		77456158	20656847
50000		96820197	25821059
60000		116184237	30985270
70000		135548276	36149482
80000		154912316	41313694
90000		174276355	46477986

Chapitre II. — Mesures de longueur.

Table comparative.		Réduction des palmi en mètres.	Réduction des mètres en palmi.
10000	*Messine.*	2420505	41313694
20000		4841010	82627388
30000		7261515	123941082
40000		9682020	165254776
50000		12102525	206568470
60000		14523030	247882164
70000		16943535	289195858
80000		19364039	330509551
90000		21784544	371823245
Table comparative.		**Réduction des ellen en mètres.**	**Réduction des mètres en ellen.**
10000	*Middelbourg.*	6878249	14538583
20000		13756499	29077166
30000		20634748	43615749
40000		27512998	58154332
50000		34391247	72692915
60000		41269496	87231498
70000		48147746	101770081
80000		55025995	116308664
90000		61904244	130847247
Table comparative.		**Réduction des brasses en mètres.**	**Réduction des mètres en brasses**
10000	*Milan.* Pour lainage.	6883083	14528574
20000		13766166	29056748
30000		20649248	43585122
40000		27532331	58113496
50000		34415414	72641870
60000		41298497	87170243
70000		48181579	101698617
80000		55064662	116226991
90000		61947745	130755365
Table comparative.		**Réduction des brasses en mètres.**	**Réduction des mètres en brasses.**
10000	*Milan.* Pour soierie.	5219258	19159810
20000		10438517	38319620
30000		15657775	57479430
40000		20877034	76639240
50000		26096292	95799050
60000		31315551	114958860
70000		36534809	134118670
80000		41754067	153278480
90000		46973326	172438290
Table comparative.		**Réduction des ellen en mètres.**	**Réduction des mètres en ellen.**
10000	*Mindelheim.*	6316322	15831998
20000		12632645	31663995
30000		18948967	47495993
40000		25265289	63327991
50000		31581611	79159989
60000		37897934	94991986
70000		44214256	110823984
80000		50530578	126655982
90000		56846901	142487979

Chapitr II. — Mesures de longueur.

Table comparative.		Réduction des ellen en mètres.	Réduction des mètres en ellen.
10000	*Minden.*	5788458	17275757
20000		11576916	34551515
30000		17365975	51827272
40000		23153833	69103030
50000		28942291	86378787
60000		34730749	103654545
70000		40519207	120930302
80000		46307666	138206060
90000		52096124	155481817

Table comparative.		Réduction des cabidos en mètres.	Réduction des mètres en cabidos.
10000	*Mocka.*	4827475	20714763
20000		9654950	41429527
30000		14482425	62144290
40000		19309900	82859053
50000		24137374	103573817
60000		28964849	124288580
70000		33792324	145003344
80000		38619799	165718107
90000		43447274	186432870

Table comparative.		Réduction des brasses en mètres.	Réduction des mètres en brasses.
10000	*Modène.*	6227457	16057921
20000		12454913	32115842
30000		18682370	48173764
40000		24909827	64231685
50000		31137284	80289606
60000		37364740	96347527
70000		43592197	112405449
80000		49819654	128463371
90000		56047111	144521291

Table comparative.		Réduction des aunes en mètres.	Réduction des mètres en aunes.
10000	*Mons.*	8238307	12138416
20000		16476615	24276832
30000		24714922	36415247
40000		32953229	48553663
50000		41191536	60692079
60000		49429844	72830495
70000		57668151	84968911
80000		65906458	97107326
90000		74144766	109245742

Table comparative.		Réduction des cannes en mètres.	Réduction des mètres en cannes.
10000	*Montauban.*	17826689	5609567
20000		35653378	11219133
30000		53480067	16828700
40000		71306757	22438266
50000		89133446	28047833
60000		106960135	33657400
70000		124786824	39266966
80000		142613513	44876533
90000		160440202	50486100

Chapitre II. — Mesures de longueur.

Table comparative.		Réduction des cannes en mètres.	Réduction des mètres en cannes.
10000	*Montpellier.*	19807432	5048610
20000		39614865	10097220
30000		59422297	15145830
40000		79229730	20194440
50000		99037162	25243050
60000		118844594	30291660
70000		138652027	35340270
80000		158459459	40388879
90000		178266892	45437489

Table comparative.		Réduction des aunes en mètres.	Réduction des mètres en aunes.
10000	*Morges.*	11211009	8919806
20000		22422013	17839611
30000		33633020	26759417
40000		44844027	35679222
50000		56055034	44599028
60000		67266040	53518833
70000		78477047	62438639
80000		89688054	71358444
90000		100899061	80278250

Table comparative.		Réduction des aunes en mètres.	Réduction des mètres en aunes.
10000	*Morlaix.*	13471815	7422906
20000		26943626	14845812
30000		40415439	22268717
40000		53887252	29691623
50000		67359066	37114529
60000		80830879	44537435
70000		94302692	51960341
80000		107774505	59383246
90000		121246318	66806152

Table comparative.		Réduction des ellen en mètres.	Réduction des mètres en ellen.
10000	*Münchberg.*	6124577	16327659
20000		12249154	32655318
30000		18373730	48982976
40000		24498307	65310635
50000		30622884	81638294
60000		36747461	97965953
70000		42872038	114293612
80000		48996614	130621270
90000		55121191	146948929

Table comparative.		Réduction des ellen en mètres.	Réduction des mètres en ellen.
10000	*Munden.*	5847110	17102467
20000		11694220	34204933
30000		17541329	51307400
40000		23388439	68409867
50000		29235549	85512333
60000		35082659	102614800
70000		40929768	119717267
80000		46776878	136819733
90000		52623988	153922200

Chapitre II. — Mesures de longueur.

Table comparative.		Reduction des ellen en mètres.	Reduction des mètres en ellen.
10000	*Munich.*	8348825	11977734
20000		16697649	23955468
30000		25046474	35933202
40000		33395298	47910936
50000		41744123	59888670
60000		50092947	71866404
70000		58441772	83844138
80000		66790597	95821872
90000		75139421	107799606

Table comparative.		Réduction des ellen en mètres.	Réduction des mètres en ellen.
10000	*Munster.*	8084893	12368748
20000		16169785	24737496
30000		24254678	37106245
40000		32339570	49474993
50000		40424463	61843741
60000		48509355	74212489
70000		56594248	86581237
80000		64679140	98949986
90000		72764033	111318734

Table comparative.		Réduction des aunes en mètres.	Réduction des mètres en aunes.
10000	*Nanci.*	6285908	15913664
20000		12567816	31827328
30000		18851724	47740992
40000		25135632	63654656
50000		31419540	79568320
60000		37703448	95481985
70000		43987356	111395649
80000		50271263	127309313
90000		56555171	143222977

Table comparative.		Réduction des aunes en mètres.	Réduction des mètres en aunes.
10000	*Nantes.*	13845395	7222618
20000		27690790	14445236
30000		41536186	21667854
40000		55381581	28890472
50000		69226976	36113090
60000		83072371	43335708
70000		96917767	50558326
80000		110763162	57780943
90000		124608557	65003561

Table comparative.		Réduction des petites aunes en mètres.	Réduction des mètres en petites aunes.
10000	*Nantes.*	6452073	15498895
20000		12904146	30997789
30000		19356219	46496684
40000		25808292	61995578
50000		32260365	77494473
60000		38712438	92993368
70000		45164511	108492262
80000		51616584	123991157
90000		58068657	139490052

Chapitre II. — Mesures de longueur.

Table comparative.		Réduction des cannes en mètres.	Réduction des mètres en cannes.
10000	*Naples.*	21124627	4733812
20000		42249253	9467624
30000		63373880	14201436
40000		84498507	18935247
50000		105623133	23669059
60000		126747760	28402871
70000		147872387	33136683
80000		168997013	37870495
90000		190121640	42604307

Table comparative.		Réduction des palmi en mètres.	Réduction des mètres en palmi.
10000	*Naples.*	2637065	37920952
20000		5274129	75841902
30000		7911194	113762856
40000		10548258	151683808
50000		13185323	189604760
60000		15822388	227525712
70000		18459452	265446664
80000		21096517	303367616
90000		23733581	341288568

Table comparative.		Réduction des ellen en mètres.	Réduction des mètres en ellen.
10000	*Narva.*	5992459	16687639
20000		11984919	33375278
30000		17977378	50062917
40000		23969837	66750556
50000		29962297	83438195
60000		35954756	100125834
70000		41947216	116813473
80000		47939675	133501112
90000		53932134	150188751

Table comparative.		Réduction des picks en mètres.	Réduction des mètres en picks.
10000	*Négrepont.*	6162926	16226060
20000		12325851	32452119
30000		18488777	48678179
40000		24651703	64904238
50000		30814629	81130298
60000		36977554	97356358
70000		43140480	113582417
80000		49303406	129808477
90000		55466331	146034536

Table comparative.		Réduction des aunes en mètres.	Réduction des mètres en aunes.
10000	*Neufchâtel.*	11181296	8943507
20000		22362591	17887015
30000		33543887	26830522
40000		44725182	35774030
50000		55906478	44717537
60000		67087774	53661044
70000		78269069	62604552
80000		89450365	71548059
90000		100631660	80491567

Chapitre II. — Mesures de longueur.

Table comparative.		Réduction des pans en mètres.	Réduction des mètres en pans.
10000	*Nice.*	2640991	37864574
20000		5281982	75729149
30000		7922973	113593723
40000		10563964	151458298
50000		13204955	189322872
60000		15845946	227187447
70000		18486937	265052021
80000		21127928	302916596
90000		23768919	340781170

Table comparative.		Réduction des cannes en mètres.	Réduction des mètres en cannes.
10000	*Nisme.*	19411284	5151643
20000		38822568	10303286
30000		58233851	15454928
40000		77645135	10606571
50000		97056419	15758214
60000		116467703	30909857
70000		135878986	36061500
80000		155290270	41213142
90000		174701554	46364785

Table comparative.		Réduction des ellen en mètres.	Réduction des mètres en ellen.
10000	*Norlingem.*	6106530	16375911
20000		12213060	32751822
30000		18319590	49127734
40000		24426121	65503645
50000		30532651	81879556
60000		36639181	98255467
70000		42745711	114631379
80000		48852241	131007290
90000		54958771	147383201

Table comparative.		Réduction des ellen en mètres.	Réduction des mètres en ellen.
10000	*Nuremberg.*	6670153	14992160
20000		13340306	29984320
30000		20010459	44976480
40000		26680611	59968641
50000		33350764	74960801
60000		40020917	89952961
70000		46691070	104945121
80000		53361223	119937281
90000		60031376	134929441

Table comparative.		Réduction des aunes en mètres.	Réduction des mètres en aunes.
10000	*Nyon.*	11839893	8446022
20000		23679785	16892045
30000		35519678	25338067
40000		47359571	33784090
50000		59199464	42230112
60000		71039356	50676135
70000		82879249	59122157
80000		94719142	67568180
90000		106559034	76014202

Chapitre II. — Mesures de longueur.

Table comparative.		Reduction des ellen en mètres.	Reduction des mètres en ellen.
10000	*Ochsenfurt.*	5811016	17208693
20000		11622033	34417386
30000		17433050	51626079
40000		23244066	68834773
50000		29055083	86043466
60000		34866099	103252159
70000		40677116	120460852
80000		46488132	137669545
90000		52299149	154878238

Table comparative.		Reduction des ellen en mètres.	Reduction des mètres en ellen.
10000	*Oldenbourg.*	5808761	17215376
20000		11617521	34430752
30000		17426282	51646128
40000		23235043	68861505
50000		29043803	86076881
60000		34852564	103292257
70000		40661325	120507633
80000		46470085	137723009
90000		52278846	154938385

Table comparative.		Réduction des ellen en mètres.	Reduction des mètres en ellen.
10000	*Osnabruck.*	5833575	17142148
20000		11667150	34284295
30000		17500724	51426443
40000		23334299	68568590
50000		29167874	85710738
60000		35001449	102852885
70000		40835024	119995033
80000		46668598	137137180
90000		52502173	154279328

Table comparative.		Réduction des ellen en mètres.	Reduction des mètres en ellen.
10000	Osnabruck. Mesure pour toiles.	6016297	16621520
20000		12032594	33243040
30000		18048891	49864560
40000		24065188	66486080
50000		30081485	83107600
60000		36097782	99729120
70000		42114079	116350640
80000		48130376	132972160
90000		54146672	149595680

Table comparative.		Reduction des aunes en mètres.	Reduction des mètres en aunes.
10000	*Ostende.*	6769744	14771607
20000		13539488	29543215
30000		20309232	44314822
40000		27078986	59086429
50000		33848730	73858037
60000		40618474	88629644
70000		47388218	103401251
80000		54157962	118172858
90000		60927706	132944466

Chapitre II. — Mesures de longueur.

Table comparative.		Réduction des brasses en mètre.	Réduction des mètres en brasses.
10000	*Padoue.*	6706581	14910728
20000		13413162	29821455
30000		20119742	44732183
40000		26826323	59642911
50000		33532904	74553639
60000		40239485	89464366
70000		46946065	104375094
80000		53652646	119285822
90000		60359227	134196550

Table comparative.		Réduction des brasses en mètres.	Réduction des mètres en brasses.
10000	*Parme.* Mesure longue.	6381955	15669180
20000		12763910	31338360
30000		19145865	47007540
40000		25527820	62676720
50000		31909775	78345900
60000		38291730	94015080
70000		44673684	109684260
80000		51055639	125353439
90000		57437594	141022619

Table comparative.		Réduction des brasses en mètres.	Réduction des mètres en brasses.
10000	*Parme.* Mesure courte.	5864981	17050354
20000		11729961	34100709
30000		17594942	51151063
40000		23459923	68201418
50000		29324904	85251772
60000		35189884	102302126
70000		41054865	119352481
80000		46919846	136402835
90000		52784827	153453189

Table comparative.		Réduction des picks en mètres.	Réduction des mètres en picks.
10000	*Patras.* Mesures pour soiries.	6352416	17742043
20000		12704831	35484086
30000		19057247	53226130
40000		25409662	70968173
50000		31762078	88710216
60000		38114493	106452259
70000		44466909	124194302
80000		50819324	141936346
90000		57171740	159678389

Table comparative.		Réduction des coudées en mètres.	Réduction des mètres en coudées.
10000	*Pékin.*	4694362	21302149
20000		9388724	42604297
30000		14083086	63906446
40000		18777449	85208594
50000		23471811	106510743
60000		28166173	127812891
70000		32860535	149115040
80000		37554897	170417188
90000		42249259	191719337

Chapitre II. — Mesures de longueur.

Table comparative.		Réduction des guèzes en mètres.	Réduction des mètres en guèzes.
10000	*Pernau.*	5486177	18227629
20000		10972354	36455258
30000		16458531	54682887
40000		21944708	72910516
50000		27430885	91138145
60000		32917062	109365774
70000		38403339	127593403
80000		43889417	145821032
90000		49375594	164048661

Table comparative.		Réduction des guèzes en mètres.	Réduction des mètres en guèzes.
10000	*Perse.*	6300531	15871677
20000		12601063	31743354
30000		18901594	47615031
40000		26202126	63486708
50000		31502657	79358384
60000		37803189	95230061
70000		44103720	111101738
80000		50404252	126973415
90000		56704783	142845092

Table comparative.		Réduction des guèzes en mètres.	Réduction des mètres en guèzes.
10000	*Perse.*	9451925	10579855
20000		18903850	21159710
30000		28355775	31739565
40000		37807701	42319421
50000		47259626	52899276
60000		56711551	63479131
70000		66163476	74058986
80000		75615401	84638841
90000		85067326	95218696

Table comparative.		Réduction des brasses en mètres.	Réduction des mètres en brasses.
10000	*Perugia.*	6465207	15467409
20000		12930414	30934818
30000		19395621	46402226
40000		25860828	61869635
50000		32326035	77337044
60000		38791242	92804453
70000		45256449	108271862
80000		51721656	123739270
90000		58186863	139206679

Table comparative.		Réduction des brasses en mètres.	Réduction des mètres en brasses.
10000	*Pesaro.*	6909965	14471853
20000		13819931	28943706
30000		20729896	43415558
40000		27639861	57887411
50000		34549826	72359264
60000		41459792	86831117
70000		48369757	101302970
80000		55279722	115774822
90000		62189687	130246675

Chapitre II. — Mesures de longueur.

Table comparative.		Réduction des brasses en mètres.	Réduction des mètres en brasses.
10000		6602478	15145828
20000		13204957	30291655
30000		19807435	45437483
40000		26409914	60583310
50000	*Pesaro.*	33012392	75729138
60000		39614871	90874966
70000		46217349	106020793
80000		52818827	121166621
90000		59422306	136312448

Table comparative.		Réduction des aunes en mètres.	Réduction des mètres en aunes.
10000		7998241	12502749
20000		15996482	25005497
30000		23994724	37508246
40000		31992965	50010995
50000	*Picardie.*	39991206	62513744
60000		47989447	75016492
70000		55987688	87519241
80000		63985930	100021990
90000		71984171	112524738

Table comparative.		Réduction des rasi en mètres.	Réduction des mètres en rasi.
10000		2984462	33506873
20000		5968925	67013747
30000		8953387	100520620
40000		11937849	134027494
50000	*Piémont.*	14922311	167534367
60000		17906774	201041241
70000		20891236	234548114
80000		23875698	268054988
90000		26860161	301561861

Table comparative.		Réduction des palmi en mètres.	Réduction des mètres en palmi.
10000		6032088	16578008
20000		12064176	33156016
30000		18096263	49734024
40000		24128351	66312032
50000	*Pise.*	30160439	82490040
60000		36192527	99468048
70000		42224614	116046056
80000		48256702	132624064
90000		54288790	149202072

Table comparative.		Réduction des brasses en mètres.	Reduetion des mètres en brasses.
10000		6483254	15421354
20000		12966507	30848708
30000		19449761	46273062
40000		25933015	61697416
20000	*Plaisance.*	32416268	77121770
60000		38899522	92546124
70000		45382776	107970478
80000		51866029	123394832
90000		58349283	138819186

Chapitre II. — Mesures de longueur.

Table comparative.		Réduction des brasses en mètres.	Réduction des mètres en brasses.
10000	*Pontremoli.*	6905094	14482063
20000		13810188	28964125
30000		20715281	43446188
40000		27620375	57928250
50000		34525469	72410313
60000		41430563	86892376
70000		48335656	101374438
80000		55240750	115856501
90000		62145844	130338563

Table comparative.		Réduction des covados en mètres.	Réduction des mètres en covados.
10000	*Porto.*	6641162	15057607
20000		13282323	30115213
30000		19923485	45172820
40000		26564647	60230426
50000		33205809	75288033
60000		39846970	90345639
70000		46488132	105403246
80000		53129294	120460852
90000		59770455	135518459

Table comparative.		Réduction des ellen en mètres.	Réduction des mètres en ellen.
10000	*Posen.*	5695969	17556275
20000		11391938	35112549
30000		17087908	52668824
40000		22783877	70225099
50000		28479846	87781373
60000		34175815	105337648
70000		39871784	122893923
80000		45567754	140450198
90000		51263723	158006472

Table comparative.		Réduction des ellen en mètres.	Réduction des mètres en ellen.
10000	*Prague.*	5908017	16926153
20000		11816034	33852305
30000		17724051	50778458
40000		23632069	67704610
50000		29540086	84630763
60000		35448103	101556916
70000		41356120	118483068
80000		47264137	135409221
90000		53172155	152335373

Table comparative.		Réduction des ellen en mètres.	Réduction des mètres en ellen.
10000	*Presbourg.*	5580922	17918187
20000		11161844	35836373
30000		16742766	53754560
40000		22323688	71672746
50000		27904610	89590933
60000		33485531	107509120
70000		39066453	125427306
80000		44647375	143345493
90000		50228297	161263679

Chapitre II. — Mesures de longueur.

Table comparative.		Réduction des cannes en mètres.	Réduction des mètres en cannes.
10000	*Provence.*	19807433	5048609
20000		39614866	10097219
30000		59422298	15145828
40000		79229731	20194437
50000		99037164	25243047
60000		118844597	30291656
70000		138652030	35340265
80000		158459462	40388875
90000		178266895	45437484

Table comparative.		Réduction des rasi en mètres.	Réduction des mètres en rasi.
10000	*Racon.*	5942231	16828697
20000		11884461	33657395
30000		17826692	50486072
40000		23768922	67314789
50000		29711153	84143487
60000		35653383	100972184
70000		41595614	117800881
80000		47537845	134629579
90000		53480075	151458276

Table comparative.		Réduction des aunes en mètres.	Réduction des mètres en aunes.
10000	*Raguse.*	5132012	19484756
20000		10264024	38969512
30000		12396036	58454269
40000		20528047	77939025
50000		25660059	97423781
60000		30792071	116908537
70000		35924083	136393294
80000		41056095	155878050
90000		46188107	175362806

Table comparative.		Réduction des ellen en mètres.	Réduction des mètres en ellen.
10000	*Ratisbonne.*	5853877	17082695
20000		11707755	34165390
30000		17561632	51248085
40000		23415509	68330780
50000		29269386	85413475
60000		35123264	102496170
70000		40977141	119578865
80000		46831018	136661560
90000		52684895	153744255

Table comparative.		Réduction des brasses en mètres.	Réduction des mètres en brasses.
10000	*Ravennes.*	6722372	14875703
20000		13444743	29751405
30000		20167115	44627108
40000		26889486	59502810
50000		33611858	74378513
60000		40334229	89254215
70000		47056601	104129918
80000		53778973	119005620
90000		60501344	133881323

CHAPITRE II. — Mesures de longueur.

Table comparative.		Réduction des ellen en mètres.	Réduction des mètres en ellen.
10000	*Ravensberg.*	6873512	14548603
20000		13747024	29097206
30000		20620536	43645809
40000		27494049	58194412
50000		34367561	72743015
60000		41241073	87291618
70000		48114585	101840221
80000		54988097	116388824
90000		61861609	130937427

Table comparative.		Réduction des brasses en mètres.	Réduction des mètres en brasses.
10000	*Recanati.*	6652441	15032077
20000		13304882	30064153
30000		19957323	45096230
40000		26609763	60128306
50000		33262204	75160383
60000		39914645	90192459
70000		46567086	105224536
80000		53219527	120256612
90000		59871968	135288689

Table comparative.		Réduction des brasses en mètres.	Réduction des mètres en brasses.
10000	*Reggio.*	5297815	18875705
20000		10595631	37751410
30000		15893446	56627115
40000		21191261	75502820
50000		26489077	94378526
60000		31786892	113254231
70000		37084707	132129936
80000		42382523	151005642
90000		47680338	169881347

Table comparative.		Réduction des aunes en mètres.	Réduction des mètres en aunes.
10000	*Revel.*	5645119	17714418
20000		11290238	35428836
30000		16935357	53143255
40000		22580476	70857673
50000		28225595	88572091
60000		33870714	106286509
70000		39515833	124000928
80000		45160952	141715346
90000		50806071	159429764

Table comparative.		Réduction des ellen en mètres.	Réduction des mètres en ellen.
10000	*Regenberge.*	12914448	7743266
20000		25828896	15486531
30000		38743343	23229797
40000		51657791	30973063
50000		64572239	38716328
60000		77486687	46459594
70000		90401135	54202860
80000		103315582	61946125
90000		116230030	69689391

Chapitre II. — Mesures de longueur.

Table comparative.		Réduction des aunes en mètres.	Réduction des mètres en aunes.
10000	*Rennes.*	13845397	7222544
20000		27690794	14445088
30000		41536191	21667631
40000		55381588	28890175
50000		69226985	36112719
60000		83072382	43335263
70000		96917779	50557806
80000		110763176	57780350
90000		124608573	65002894
Table comparative.		**Réduction des cannes en mètres.**	**Réduction des mètres en cannes.**
10000	*Rhodes.*	21213763	4713921
20000		42427526	9427841
30000		63651290	14141762
40000		84855053	18855683
50000		106068816	23569603
60000		127282579	28283524
70000		148496342	32997445
80000		179710105	37711366
90000		190923869	42425286
Table comparative.		**Réduction des picks en mètres.**	**Réduction des mètres en picks.**
10000	*Rhodes.*	7559284	13228766
20000		15118569	26457531
30000		22677853	39686297
40000		30237137	52915062
50000		37796421	66143828
60000		45355706	79372594
70000		52914990	92601359
80000		60474274	105830125
90000		68033559	119058890
Table comparative.		**Réduction des archines en mètres.**	**Réduction des mètres en archines.**
10000	*Riga.*	5644198	17717309
20000		11288396	35434618
30000		16932594	53151928
40000		22576792	70869237
50000		28220990	88586546
60000		33865188	106303855
70000		39509385	124021165
80000		45153583	141738474
90000		50797781	159455783
Table comparative.		**Réduction des cannes en mètres.**	**Réduction des mètres en cannes.**
10000	*Rome.*	20898003	4785146
20000		41796007	9570292
30000		62694010	14355438
40000		83592014	19140584
50000		104490017	23925730
60000		125388021	28710877
70000		146286024	33496023
80000		167184028	38281169
90000		188082031	43066315

Chapitre II. — Mesures de longueur.

Table comparative.		Reduction des brasses en mètres.	Réduction des mètres en brasses.
10000	*Rome.* Mesure dite toile.	6347904	15753074
20000		12695808	31506148
30000		19043712	47259222
40000		25391616	63012296
50000		31739519	78765730
60000		38087423	94518444
70000		44435327	110271518
80000		50783231	126024592
90000		57131135	141777666

Table comparative.		Réduction des cannes en mètres.	Réduction des mètres en cannes.
10000	*Rome.* Canne dite marchande.	19896415	5026031
20000		39792830	10052062
30000		59689246	15078093
40000		79585661	20104124
50000		99482076	25130155
60000		119378491	30156186
70000		139274906	35182217
80000		159171322	40208248
90000		179067737	45234279

Table comparative.		Reduction des palmi en mètres.	Réduction des mètres en palmi.
10000	*Rome.*	2488180	40190021
20000		4976360	80380041
30000		7464540	120570062
40000		9952719	160760083
50000		12440899	200950104
60000		14929079	241140124
70000		17417259	281330145
80000		19905439	321520166
90000		22393619	361710187

Table comparative.		Réduction des picks en mètres.	Réduction des mètres en picks.
10000	*Rosette.*	5713683	17501845
20000		11427366	35003690
30000		17141050	52505536
40000		22854733	70007381
50000		28568416	87509226
60000		34282099	105011071
70000		39995783	122512917
80000		45709466	140014762
90000		51423149	157516607

Table comparative.		Reduction des aunes en mètres.	Réduction des mètres en aunes.
10000	*Rouen.* Mesure de lainage et toileries.	11640080	8591007
20000		23280159	17182013
30000		34920239	25773020
40000		46560319	34364026
50000		58200398	42955033
60000		69840478	51546039
70000		81480557	60137046
80000		93120637	68728052
90000		104760717	77319059

Chapitre II. — Mesures de longueur.

Table comparative.		Réduction des aunes en mètres.	Réduction des mètres en aunes.
10000	*Rouen.* Mesure pour toiles.	13968096	7159172
20000		27936191	14318344
30000		41904287	21477516
40000		55872382	28636688
50000		69840478	35795860
60000		83808573	42955033
70000		97776669	50114205
80000		111744765	57273377
90000		125712860	64432549

Table comparative.		Réduction des brasses en mètres.	Réduction des mètres en brasses.
10000	*Roveredo.* Mesure pour soiries.	7448749	13425074
20000		14897497	26850148
30000		22346246	40275221
40000		29794995	53700295
50000		37243743	67125369
60000		44692492	80550443
70000		52141240	93975516
80000		59589989	107400590
90000		67038738	120825664

Table comparative.		Réduction des aunes en mètres.	Reduction des mètres en aunes.
10000	*Saint-Gall.* Mesure de lainage.	8017218	12473155
20000		16034435	24946310
30000		24051653	37419466
40000		32068871	49892621
50000		40086088	62365776
60000		48103306	74838931
70000		56120523	87312086
80000		64137741	99785242
90000		72154959	112258397

Table comparative.		Réduction des aunes en mètres.	Réduction des mètres en aunes.
10000	*Saint-Gall.* Mesure pour toileries	6079911	16447607
20000		12159823	32895214
30000		18239734	49342821
40000		24319645	65790428
50000		30399557	82238036
60000		36479468	98685643
70000		42559380	115133250
80000		48639291	131580857
90000		54719202	148028464

Table comparative		Réduction des picks en mètres.	Réduction des mètres en picks.
10000	*Saint-Jean-d'Acre.*	6932602	14424598
20000		13865205	28849195
30000		20797807	43273793
40000		27730409	57698391
50000		34663011	72122989
60000		41595614	86547586
70000		48528216	100972184
80000		55460819	115396782
90000		62393421	229821380

Chapitre II. — Mesures de longueur.

Table comparative.		Réduction des aunes en mètres.	Réduction des mètres en aunes.
10000	*Saint-Malo.* Petites aunes.	6254791	15987744
20000		12509582	31975489
30000		18764373	47963233
40000		25019164	63950978
50000		31273955	79938722
60000		37528746	95926467
70000		43783537	111914211
80000		50038328	127901955
90000		56293119	143889700

Table comparative.		Réduction des aunes en mètres.	Réduction des mètres en aunes.
10000	*Saint-Malo.* Grandes aunes.	8489069	11779813
20000		16978139	23559626
30000		25467208	35339439
40000		33956278	47119252
50000		42445347	58899065
60000		50934416	70678878
70000		59423486	82458691
80000		67912555	94238504
90000		76401624	106018317

Table comparative.		Réduction des brasses en mètres.	Réduction des mètres en brasses.
10000	*Saint-Marino.*	6529851	15314285
20000		13059702	30628569
30000		19589553	45942854
40000		26119405	61257139
50000		32649256	76571424
60000		39179107	91885708
70000		45708958	107199993
80000		52238809	122514278
90000		58768660	137828562

Table comparative.		Réduction des archines en mètres.	Réduction des mètres en archines.
10000	*Saint-Pétersbourg.*	7114886	14055039
20000		14229772	28110078
30000		21344658	42165117
40000		28459544	56220157
50000		35574429	70275196
60000		42689315	84330235
70000		49804201	98385274
80000		56919087	112440313
90000		64033973	126495352

Table comparative.		Réduction des elien en mètres.	Réduction des mètres en ellen.
10000	*Saltzbourg.* Mesure pour soiries.	8028497	12455632
20000		16056994	24911264
30000		24085490	37366895
40000		32113987	49822527
50000		40142484	62278159
60000		48170981	74735791
70000		56199478	87189423
80000		64227974	99645054
90000		72256471	112100686

CHAPITRE II. — Mesures de longueur.

Table comparative.		Réduction des ellen en mètres.	Réduction des mètres en ellen.
10000	*Saltzbourg.* Mesure de toile.	10056487	9943830
20000		20112975	19887660
30000		30169462	29831490
40000		40225950	39775320
50000		50282437	49719149
60000		60338924	59662979
70000		70395412	69606809
80000		80451899	79550639
90000		90508387	89494469

Table comparative.		Réduction des cannes en mètres.	Réduction des mètres en cannes.
10000	*Saragosse.*	20717537	4826829
20000		41435074	9653657
30000		62152611	14480486
40000		82870148	19307314
50000		103587685	24134143
60000		124305223	28960971
70000		145022760	33787800
80000		165740297	38614629
90000		186457834	43441457

Table comparative.		Réduction des picks en mètres.	Réduction des mètres en picks.
10000	*Sayde.*	6652298	15032399
20000		13304596	30064798
30000		19956895	45097196
40000		26609193	60129595
50000		33261491	75161994
60000		39913789	90194393
70000		46566088	105226791
80000		53218386	120259190
90000		59870684	135291589

Table comparative.		Réduction des braches en mètres.	Réduction des mètres en braches.
10000	*Schwitz.*	5754156	17378743
20000		11508312	34757485
30000		17262469	52136228
40000		23016625	69514970
50000		28770781	86893713
60000		34524937	104272456
70000		40279094	121651198
80000		46033250	139029941
90000		51787406	156408684

Table comparative.		Réduction des picks en mètres.	Réduction des mètres en picks.
10000	*Scio.*	6602813	15145061
20000		13205625	30290122
30000		19808438	45435183
40000		26411250	60580244
50000		33014063	75725305
60000		39616876	90870366
70000		46219688	106015427
80000		52822501	121160488
90000		59425314	136305549

CHAPITRE II. — Mesures de longueur.

Table comparative.		Réduction des picks en mètres.	Réduction des mètres en picks.
10000	*Scutari.*	6313610	15838799
20000		12627220	31677598
30000		18940830	47516397
40000		25254440	63355196
50000		31568050	79193995
60000		37881660	95032794
70000		44195270	110871593
80000		50508880	126710392
90000		56822490	142549192

Table comparative.		Réduction des varres en mètres.	Réduction des mètres en varres.
10000	*Séville.*	16638246	6110249
20000		33276491	12020498
30000		49914737	18030747
40000		66552982	24040996
50000		83191228	30051245
60000		99829474	36061494
70000		116467719	42071743
80000		133105965	48081992
90000		149744211	54092242

Table comparative.		Réduction des picks en mètres.	Réduction des mètres en picks.
10000	*Sigon.*	6045623	16540893
20000		12091246	33081786
30000		18136868	49622679
40000		24182491	66163572
50000		30228114	82704465
60000		36273737	99245358
70000		42319359	115786251
80000		48364982	132327144
90000		54410605	148868037

Table comparative.		Réduction des brasses en mètres.	Réduction des mètres en brasses.
10000	*Sienne.* Mesure longue.	6002762	16658998
20000		12005524	33317996
30000		18008286	49976994
40000		24011048	66635992
50000		30013810	83294990
60000		36016572	99953988
70000		42019334	116612986
80000		48022096	133271984
90000		54024858	149930982

Table comparative.		Réduction des brasses en mètres.	Réduction des mètres en brasses.
10000	*Sienne.* Mesure courte.	3776258	26481239
20000		7552517	52962477
30000		11328775	79443716
40000		15105034	105924955
50000		18881292	132406194
60000		22657550	158887432
70000		26433809	185368671
80000		30210067	211849910
90000		33986326	238331148

Chapitre II. — Mesures de longueur.

Table comparative.		Réduction des braches en mètres.	Réduction des mètres en braches.
10000	*Soleure.*	5481708	18242490
20000		10963415	36484981
30000		16445123	54727471
40000		21926831	72969962
50000		27408538	91212452
60000		32890246	109454943
70000		38371954	127697433
80000		43853661	145939924
90000		49335369	164182414

Table comparative.		Réduction des ellen en mètres.	Réduction des mètres en ellen.
10000	*Speyer.*	5504224	18167866
20000		11008447	36335732
30000		16512671	54503598
40000		22016895	72671464
50000		27521119	90839331
60000		33025342	109007197
70000		38529566	127175063
80000		44033790	145342929
90000		49538013	163510795

Table comparative.		Réduction des ellen en mètres.	Réduction des mètres en ellen.
10000	*Stettin.*	6508068	15365544
20000		13016136	30731087
30000		19524203	46096631
40000		26032271	61462175
50000		32540339	76827719
60000		39048407	92193262
70000		45556474	107558806
80000		52064542	122924350
90000		58572610	138289893

Table comparative.		Réduction des ellen en mètres.	Réduction des mètres en ellen.
10000	*Strasbourg.*	5382409	18579042
20000		10764818	37158083
30000		16147227	55737125
40000		21529636	74316167
50000		26912045	92895209
60000		32294454	111474250
70000		37676862	130053292
80000		43059271	148632334
90000		48441680	167211376

Table comparative.		Réduction des ellen en mètres.	Réduction des mètres en ellen.
10000	*Straubingen.*	8087148	12365298
20000		16174297	24730596
30000		24261445	37095894
40000		32348593	49461192
50000		40435742	61826490
60000		48522890	74191788
70000		56610038	86557086
80000		64697187	98922384
90000		72784335	111287682

CHAPITRE II. — Mesures de longueur.

Table comparative.		Réduction des guèzes en mètres	Réduction des mètres en guèzes.
10000	*Surate.*	4731602	21134490
20000		9463204	42268981
30000		14194806	63403471
40000		18926409	84537962
50000		23658011	105672452
60000		28389613	126806942
70000		33121215	147941433
80000		37852817	169075923
90000		42584419	190210413

Table comparative.		Réduction des cabidos en mètres.	Réduction des mètres en cabidos.
10000	*Surate.*	6880280	14534293
20000		13760559	29068586
30000		20640839	43602879
40000		27521119	68137172
50000		34401398	82671465
60000		41281678	97205758
70000		48161957	111740051
80000		55042237	126274344
90000		61922517	140808637

Table comparative.		Réduction des guèzes en mètres.	Réduction des mètres en guèzes.
10000	*Tauris.*	9507569	10517936
20000		19015138	21035871
30000		28522707	31553807
40000		38030276	42071743
50000		47537845	52589678
60000		57045414	63107614
70000		66552982	73625550
80000		76060551	84143486
90000		85568120	94661421

Table comparative.		Réduction des varres en mètres.	Réduction des mètres en varres.
10000	*Ténériffe.*	8560873	11681052
20000		17121745	23362105
30000		25682618	35043157
40000		34243490	46724209
50000		42804363	58405262
60000		51365235	70086314
70000		59926108	81767366
80000		68486980	93448419
90000		77047853	105129471

Table comparative.		Réduction des ellen en mètres.	Réduction des mètres en ellen.
10000	*Thorn.*	5695969	17556275
20000		11391938	35112549
30000		17087908	52668824
40000		22783877	70225099
50000		28479846	87781373
60000		34175815	105337648
70000		39871784	122893923
80000		45567754	140450198
90000		51263723	158006472

Chapitre II. — Mesures de longueur.

Table comparative.		Réduction des aunes en mètres.	Réduction des mètres en aunes.
10000	*Tirlemont.*	6942506	14404021
20000		13885012	28808041
30000		20827518	43212062
40000		27770024	57616082
50000		34712530	72020103
60000		41655036	86424123
70000		48597542	100828144
80000		55540048	115232164
90000		62482555	129636185

Table comparative.		Réduction des varres en mètres.	Réduction des mètres en varres.
10000	*Tolède.*	8217986	12168431
20000		16435973	24336862
30000		24653959	36505293
40000		32871946	48673724
50000		41089932	60842156
60000		49307919	73010586
70000		57525905	85179017
80000		65743892	97347448
90000		73961878	109515879

Table comparative.		Réduction des cannes en mètres.	Réduction des mètres en cannes.
10000	*Tortose.*	16142715	6194745
20000		32285430	12389490
30000		48428145	18584234
40000		64570860	24778979
50000		80713575	30973724
60000		96856291	37168469
70000		112999006	43363213
80000		129141721	49557958
90000		145284436	55752703

Table comparative.		Réduction des cannes en mètres.	Réduction des mètres en cannes.
10000	*Toulon.*	19391209	5156976
20000		38782419	10313952
30000		58173628	15470928
40000		77564838	20627904
50000		96956047	25784880
60000		116347257	30941856
70000		135738466	36098832
80000		155129675	41255808
90000		174520885	46412784

Table comparative.		Réduction des cannes en mètres.	Réduction des mètres en cannes.
10000	*Toulouse.*	17960913	5567646
20000		35921826	11135291
30000		53882739	16702937
40000		71843652	22270583
50000		89804565	27838228
60000		107765478	33405874
70000		125726391	38973520
80000		143687304	44541166
90000		161648217	50108811

Chapitre II. — Mesures de longueur.

Table comparative.		Reduction des aunes en mètres.	Reduction des mètres en aunes.
10000	*Tournay.*	6192252	16149214
20000		12384503	32298429
30000		18576755	48447643
40000		24769007	64596858
50000		30961258	80746072
60000		37153510	96895287
70000		43345762	113044501
80000		49538013	129193715
90000		55730265	145342930

Table comparative.		Reduction des ellen en mètres.	Reduction des mètres en ellen.
10000	*Trente.* Pour lainage.	6767488	14776531
20000		13534976	29553062
30000		20302464	44329594
40000		27069953	59106125
50000		33837441	73882656
60000		40604929	88659187
70000		47372417	103435718
80000		54139905	118212250
90000		60907393	132988781

Table comparative.		Reduction des ellen en mètres.	Réduction des mètres en ellen.
10000	*Trente.* Pour soieries.	6120065	16339695
20000		12240130	32679391
30000		18360195	49019086
40000		24480261	65358782
50000		30600326	81698477
60000		36720391	98038172
70000		42840456	114377868
80000		48960521	130717563
90000		55080586	147057259

Table comparative.		Reduction des ellen en mètres.	Reduction des mètres en ellen.
10000	*Trèves.*	5580922	17918189
20000		11161844	35836377
30000		16742766	53754566
40000		22323688	71672754
50000		27904610	89590943
60000		33485531	107509132
70000		39066453	125427320
80000		44647375	143345509
90000		50228297	161263697

Table comparative.		Réduction des bracci en mètres.	Réduction des mètres en bracci.
10000	*Trévigo.*	6706580	14910728
20000		13413161	29821457
30000		20119741	44732185
40000		26826322	59642914
50000		33532902	74553642
60000		40239483	89464371
70000		46946063	104375099
80000		53652643	119285828
90000		60359224	134196556

Chapitre II. — Mesures de longueur.

Table comparative.		Réduction des ellen en mètres.	Réduction des mètres en ellen.
10000	*Trieste.* Mesure longue.	6758465	14796260
20000		13516930	29592519
30000		20275395	44388779
40000		27033859	59185038
50000		33792324	73981298
60000		40550789	88777557
70000		47309254	103573817
80000		54067719	118370076
90000		60826184	133166336

Table comparative.		Réduction des ellen en mètres.	Réduction des mètres en ellen.
10000	*Trieste.* Mesure courte.	6406555	15609012
20000		12813111	31218024
30000		19219666	46827035
40000		25626221	62436047
50000		32032777	78045059
60000		38439333	93654071
70000		44845888	109263083
80000		51252444	124872095
90000		57658999	140481106

Table comparative.		Réduction des picks en mètres.	Réduction des mètres en picks.
10000	*Tripoli (Barbarie).*	5524526	18102000
20000		11049052	36204000
30000		16573579	54306000
40000		22098105	72408199
50000		27622631	90510199
60000		33147157	108612199
70000		38671683	126714199
80000		44196209	144816199
90000		49720736	162918199

Table comparative.		Réduction des picks en mètres.	Réduction des mètres en picks.
10000	*Tripoli (Syrie).*	6857721	14582103
20000		13715443	29164206
30000		20573164	43746309
40000		27430885	58328413
50000		34288607	72910516
60000		41146328	87492619
70000		48004049	102074722
80000		54861771	116656825
90000		61719492	131238928

Table comparative.		Réduction des ellen en mètres.	Réduction des mètres en ellen.
10000	*Troppau.*	5684690	17591109
20000		11369380	35182217
30000		17054070	52773326
40000		22738760	70364434
50000		28423450	87955543
60000		34108140	105546651
70000		39792830	123137760
80000		45477520	140728869
90000		51162211	158319977

Chapitre II. — Mesures de longueur.

Table comparative.		Réduction des aunes en mètres.	Réduction des mètres en aunes.
10000	*Troyes.*	7933752	12604377
20000		15867504	25208754
30000		23801256	37813131
40000		31735008	50417508
50000		39668760	63021884
60000		47602512	75626261
70000		55536264	88230638
80000		63470016	100835015
90000		71403768	113439392
Table comparative.		**Réduction des picks en mètres.**	**Réduction des mètres en picks.**
10000	*Tunis.* Pour lainage.	6729139	14860745
20000		13458277	29721486
30000		20187416	44582228
40000		26916555	59442971
50000		33645694	74303714
60000		40374832	89164457
70000		47103971	104025200
80000		53833110	118885943
90000		60562249	133746685
Table comparative.		**Réduction des picks en mètres.**	**Réduction des mètres en picks.**
10000	*Tunis.* Pour soieries.	6307299	15854647
20000		12614598	31709294
30000		18921897	47563942
40000		25229196	63418589
50000		31536495	79273236
60000		37843794	95127883
70000		44151093	110982531
80000		50458392	126837178
90000		56765691	142691825
Table comparative.		**Réduction des picks en mètres.**	**Réduction des mètres en picks.**
10000	*Tunis.* Pour toileries.	4730474	21139530
20000		9460948	42279059
30000		14191423	63418589
40000		18921897	84558118
50000		23652371	105697648
60000		28382845	126837178
70000		33113320	147976797
80000		37843794	169116337
90000		42574268	190255866
Table comparative.		**Réduction des rasi en mètres.**	**Réduction des mètres en rasi.**
10000	*Turin.*	6032088	16578008
20000		12064176	33156016
30000		18096263	49734024
40000		24128351	66312032
50000		30160439	82890040
60000		36192527	99468048
70000		42224614	116046056
80000		48256702	132624065
90000		54288790	149202073

CHAPITRE II. — Mesures de longueur.

Table comparative.		Réduction des picks en mètres.	Réduction des mètres en picks.
10000	*Turquie.* Mesure longue.	6690790	14945918
20000		13381580	29891837
30000		20072370	44837755
40000		26763160	59783673
50000		33453950	74729591
60000		40144740	89675510
70000		46835530	104621428
80000		53526320	119567346
90000		60217110	134513264

Table comparative.		Réduction des picks en mètres.	Réduction des mètres en picks.
10000	*Turquie.* Mesure courte.	6480998	15429723
20000		12961996	30859446
30000		19442993	46289168
40000		25923991	61718891
50000		32404989	77148614
60000		38885987	92578337
70000		45366985	108008060
80000		51847983	123437782
90000		58328980	138867505

Table comparative.		Réduction des aunes en mètres.	Réduction des mètres en aunes.
10000	*Underwald.*	5713683	17501845
20000		11427367	35003690
30000		17141050	52505536
40000		22854733	70007381
50000		28568416	87509226
60000		34282100	105011071
70000		39995783	122512917
80000		45709466	140014762
90000		51423149	157516607

Table comparative.		Réduction des brasses en mètres.	Réduction des mètres en brasses.
10000	*Urbin.*	6992025	14302009
20000		13984049	28604018
30000		20976074	42906027
40000		27968099	57208036
50000		34960123	71510045
60000		41952148	85812054
70000		48944173	100114064
80000		55936197	114416073
90000		62928222	128718082

Table comparative.		Réduction des varres en mètres.	Réduction des mètres en varres.
10000	*Valence.*	9090992	10999899
20000		18181985	21999798
30000		27272977	32999697
40000		36363970	43999597
50000		45454962	54999496
60000		54545955	65999395
70000		63636947	76999294
80000		72727939	87999193
90000		81818932	98999092

Chapitre II. — Mesures de longueur.

Table comparative.		Réduction des picks en mètres.	Réduction des mètres en picks.
10000	*Valenciennes.*	6465146	15467555
20000		12930292	30935110
30000		19395438	46402665
40000		25860584	61870220
50000		32325730	77337775
60000		38790876	92805329
70000		45256022	108272884
80000		51721167	123740439
90000		58186313	139207994

Table comparative.		Réduction des picks en mètres.	Réduction des mètres en picks.
10000	*Valonne.*	6259150	15976611
20000		12518299	31953222
30000		18777449	47929834
40000		25036598	63906445
50000		31295748	79883056
60000		37554897	95859667
70000		43814047	111836278
80000		50073196	127812890
90000		56332346	143789501

Table comparative.		Réduction des brasses longues en mètres.	Réduction des mètres en brasses longues.
10000	*Venise.*	10101791	9899235
20000		20203581	19798470
30000		30305372	29697705
40000		40407162	39596941
50000		50508953	49496176
60000		60610743	59395411
70000		70712534	69294646
80000		80814324	79193881
90000		90916115	89093116

Table comparative.		Réduction des brasses courtes en mètres.	Réduction des mètres en brasses courtes.
10000	*Venise.*	6209830	16103500
20000		12419660	32207000
30000		18629490	48310500
40000		24839320	64414000
50000		31049150	80517500
60000		37258980	96621000
70000		43468810	112724500
80000		49678640	128828000
90000		55888471	144931500

Table comparative.		Réduction des brasses longues en mètres.	Réduction des mètres en brasses longues.
10000	*Véronne.*	6477030	15624631
20000		12954061	51049262
30000		19431091	46573892
40000		25908122	62098523
50000		32385152	77623154
60000		38862182	93147785
70000		45339213	108672416
80000		51816243	124197046
90000		58293274	139721677

Chapitre II. — Mesures de longueur.

Table comparative.		Réduction des brasses courtes en mètres.	Réduction des mètres en brasses courtes.
10000	*Véronne.*	6441377	15524631
20000		12882754	31049262
30000		19324131	46573822
40000		25765508	62098523
50000		32206885	77623154
60000		38648262	93147785
70000		45089639	108672416
80000		51531016	124197046
90000		57972393	139721677

Table comparative.		Réduction des aunes en mètres.	Réduction des mètres en aunes.
10000	*Vérue.*	7427789	13462957
20000		14855578	26925913
30000		22283367	40388870
40000		29711156	53851826
50000		37138945	67314783
60000		44566734	80777739
70000		51994523	94240696
80000		59422312	107503652
90000		66850100	121166609

Table comparative.		Réduction des aunes en mètres.	Réduction des mètres en aunes.
10000	*Vevay.*	11151584	8967336
20000		22303169	17934671
30000		33454753	26902007
40000		44606338	35869342
50000		55757322	44836678
60000		66909507	53804013
70000		78061091	62771349
80000		89212676	71738685
90000		100364260	80706020

Table comparative.		Réduction des brasses en mètres.	Réduction des mètres en brasses.
10000	*Vicence.*	6848698	14601315
20000		13697396	29202631
30000		20246094	43803946
40000		27394792	58105262
50000		34243490	73006577
60000		41092188	87607892
70000		47940886	102209208
80000		54789584	116810523
90000		61638282	131411839

Table comparative.		Réduction des ellen en mètres.	Réduction des mètres en ellen.
10000	*Vienne.*	7771332	12867807
20000		15542664	25735613
30000		23313997	38603420
40000		31085329	51471226
50000		38856661	64339033
60000		46627993	77206839
70000		54399326	90074646
80000		62170658	102942452
90000		69941990	115810259

Chapitre II. — Mesures de longueur.

Table comparative.		Réduction des ellen en mètres.	Réduction des mètres en ellen.
10000	*Vismar.*	5829063	17155415
20000		11658126	34310831
30000		17487189	51466246
40000		23316253	68621662
50000		29145316	85777077
60000		34974379	102932493
70000		40803442	120087908
80000		46632505	137243324
90000		52461568	154398739

Table comparative.		Réduction des aunes en mètres.	Réduction des mètres en aunes.
10000	*Vitré.*	13429441	7446326
20000		26858882	14892653
30000		40288323	22338979
40000		53717764	29785305
50000		67147206	37231631
60000		80576647	44677958
70000		94006088	52124284
80000		107435529	59570610
90000		120864970	67016936

Table comparative.		Réduction des aunes en mètres.	Réduction des mètres en aunes.
10000	*Vitré.* Pour flanckes.	12125392	8247156
20000		24250783	16494313
30000		36376175	24741469
40000		48501566	32988625
50000		60626958	41235782
60000		72752350	49482938
70000		84877741	57730094
80000		97003133	65977251
90000		109128524	74224407

Table comparative.		Réduction des aunes en mètres.	Réduction des mètres en aunes.
10000	*Voiron.*	13815684	7238150
20000		27631368	14476301
30000		41447052	21714451
40000		55262736	28952602
50000		69078421	36190752
60000		82894105	43428903
70000		96709789	50667053
80000		110525473	57905204
90000		124341157	65143354

Table comparative.		Réduction des brasses en mètres.	Réduction des mètres en brasses.
10000	*Winterthur.*	6140305	16285836
20000		12280610	32571672
30000		18420915	48857508
40000		24561220	65143345
50000		30701525	81429181
60000		36841830	97715017
70000		42982135	114000853
80000		49122439	130286689
90000		55262744	146572525

Chapitre II. — Mesures de longueur.

Table comparative.		Réduction des brasses en mètres.	Réduction des mètres en brasses.
10000	*Wittemberg.*	6735651	14850785
20000		13467301	29701570
30000		20200952	44552355
40000		26934603	59403140
50000		33668254	74253926
60000		40401904	89104711
70000		47135555	103955496
80000		53869206	118806281
90000		60602857	133657066
Table comparative.		**Réduction des varres en mètres.**	**Réduction des mètres en varres.**
10000	*Xativa.*	8903759	11231212
20000		17807517	22462424
30000		26711276	33693636
40000		35615034	44924848
50000		44518793	56156060
60000		53422552	67387272
70000		62326310	78618484
80000		71230069	89849696
90000		80133827	101080908
Table comparative.		**Réduction des aunes en mètres.**	**Réduction des mètres en aunes.**
10000	*Yverdun.*	10973319	9113013
20000		21946638	18226026
30000		32919957	27339039
40000		43893277	36452052
50000		54866596	45565065
60000		65839915	54678078
70000		76813234	63791091
80000		87786553	72904104
90000		98759872	82017117
Table comparative.		**Réduction des ellen en mètres.**	**Réduction des mètres en ellen.**
10000	*Zittou.*	5698225	17549324
20000		11396450	35098649
30000		17094675	52647973
40000		22792900	70197298
50000		28491125	87746622
60000		34189350	105295947
70000		39887575	122845271
80000		45585800	140394596
90000		51284025	157943920
Table comparative.		**Réduction des brasses en mètres.**	**Réduction des mètres en brasses.**
10000	*Zurich.*	6075930	16458586
20000		12151860	32916772
30000		18227790	49375158
40000		24303720	65833544
50000		30379649	82291930
60000		36455579	98750317
70000		42531509	115208703
80000		48607439	131667089
90000		54683369	148125475

CHAPITRE

RELATIF

Aux différentes largeurs des draps et étoffes réduits au mètre carré, pour l'habillement des troupes.

Table comparative.		Largeur des draps ou étoffes en mètres.	Longueur à prendre pour les rendre à leur largeur.
10000	1 mètre $\frac{7}{8}$.	18750000	5333333
20000		37500000	10666667
30000		56250000	16000000
40000		75000000	21333333
50000		93750000	26666667
60000		112500000	32000000
70000		131250000	37333333
80000		150000000	42666667
90000		168750000	48000000

Table comparative.		Largeur des draps ou étoffes en mètres.	Longueur à prendre pour les rendre à leur largeur.
10000	1 mètre $\frac{3}{4}$.	17500000	5711286
20000		35000000	11428571
30000		52500000	17142857
40000		70000000	22857143
50000		87500000	28571429
60000		105000000	34285714
70000		122500000	40000009
80000		140000000	45714296
90000		157500000	51428581

Table comparative.		Largeur des draps ou étoffes en mètres.	Longueur à prendre pour les rendre à leur largeur.
10000	1 mètre $\frac{2}{3}$.	1666667	600000
20000		3333333	1200000
30000		5000000	1800000
40000		6666667	2400000
50000		8333333	3000000
60000		10000000	3600000
70000		11666667	4200000
80000		13333333	4800000
90000		15000000	5400000

Table comparative.		Largeur des draps ou étoffes en mètres.	Longueur à prendre pour les rendre à leur largeur.
10000	1 mètre $\frac{5}{8}$.	16250000	6153846
20000		32500000	12307692
30000		48750000	18461538
40000		65000000	24615385
50000		81250000	30769231
60000		97500000	36923077
70000		113750000	43076923
80000		130000000	49230769
90000		146250000	55384615

Supplément au Chapitre II.

Table comparative.		Largeur des draps ou étoffes en mètres.	Longueur à prendre pour les rendre à leur largeur.
10000	1 mètre $\frac{1}{2}$.	15000000	6666667
20000		30000000	13333333
30000		45000000	20000000
40000		60000000	26666667
50000		75000000	33333333
60000		90000000	40000000
70000		105000000	46666667
80000		120000000	53333333
90000		135000000	60000000

Table comparative.		Largeur des draps ou étoffes en mètres.	Longueur à prendre pour les rendre à leur largeur.
10000	1 mètre $\frac{1}{3}$.	13333333	7500000
30000		26666667	15000000
30000		40000000	22500000
40000		53333333	30000001
50000		66666667	37500000
60000		80000000	45000000
70000		93333333	52500000
80000		106666667	60000000
90000		120000000	67500000

Table comparative.		Largeur des draps ou étoffes en mètres.	Longueur à prendre pour les rendre à leur largeur.
10000	1 mètre $\frac{3}{8}$.	13750000	7272727
20000		27500000	14545454
30000		41250000	21818181
40000		55000000	29090908
50000		68750000	36363636
60000		82500000	43636363
70000		96250000	50909090
80000		110000000	58181817
90000		123750000	65454544

Table comparative.		Largeur des draps ou étoffes en mètres.	Longueur à prendre pour les rendre à leur largeur.
10000	1 mètre $\frac{1}{4}$.	12500000	800000
20000		25000000	1600000
30000		37500000	2400000
40000		50000000	3200000
50000		62500000	4000000
60000		75000000	4800000
70000		87500000	5600000
80000		100000000	6400000
90000		112500000	7200000

Table comparative.		Largeur des draps ou étoffes en mètres.	Longueur à prendre pour les rendre à leur largeur.
10000	1 mètre $\frac{1}{5}$.	1200000	833333
20000		2400000	1666667
30000		3600000	2500000
40000		4800000	3333333
50000		6000000	4166667
60000		7200000	5000000
70000		8400000	5833333
80000		9600000	6666667
90000		10800000	7500000

Supplément au Chapitre II.

Table comparative.		Largeur des draps ou étoffes en mètres.	Longueur à prendre pour les rendre à leur largeur.
10000	1 mètre $\frac{1}{5}$.	14000000	7142860
20000		28000000	14285630
30000		42000000	21428490
40000		56000000	28571350
50000		70000000	35714220
60000		84000000	42857080
70000		98000000	49999940
80000		112000000	57142810
90000		126000000	64285670

Table comparative.		Largeur des draps ou étoffes en mètres.	Longueur à prendre pour les rendre à leur largeur.
10000	1 mètre $\frac{3}{5}$.	16000000	6250000
20000		32000000	12500000
30000		48000000	18750000
40000		64000000	25000000
50000		80000000	31250000
60000		96000000	37500000
70000		112000000	43750000
80000		128000000	50000000
90000		144000000	56250000

Table comparative.		Largeur des draps ou étoffes en mètres.	Longueur à prendre pour les rendre à leur largeur.
10000	1 mètre $\frac{4}{5}$.	18000000	5555556
20000		36000000	11111111
30000		54000000	16666667
40000		72000000	22222222
50000		90000010	27777778
60000		108000000	33333333
70000		126000000	38888889
80000		144000000	44444444
90000		162000000	50000000

Table comparative.		Largeur des draps ou étoffes en mètres.	Longueur à prendre pour les rendre à leur largeur.
10000	1 mètre $\frac{1}{6}$.	11666667	8571429
20000		23333333	17142858
30000		35000000	25714287
40000		46666667	34285716
50000		58333333	42857145
60000		70000000	51428574
70000		81666667	60000003
80000		93333333	68571402
90000		105000000	77142861

Table comparative.		Largeur des draps ou étoffes en mètres.	Longueur à prendre pour les rendr à leur largeur.
10000	1 mètre $\frac{5}{6}$.	18333333	5454540
20000		36666667	10909090
30000		55000000	16363630
40000		73333333	21818180
50000		91666667	27272730
60000		110000000	32727270
70000		128333333	38181810
80000		146666667	43636360
90000		165000000	49090900

Supplément au Chapitre II.

Table comparative.		Largeur des draps ou étoffes en mètres.	Longueur à prendre pour les rendre à leur largeur.
10000	1 mètre $\frac{1}{7}$.	11428556	8750000
20000		22857111	17500000
30000		34285667	26250000
40000		45714222	35000000
50000		57142778	43750000
60000		68571333	52500000
70000		79999889	61250000
80000		91428444	70000000
90000		102857000	78750000

Table comparative.		Largeur des draps ou étoffes en mètres.	Longueur à prendre pour les rendre à leur largeur.
10000	1 mètre $\frac{2}{7}$.	12857142	7777778
20000		25714284	15555566
30000		38571426	23333333
40000		51428568	31111111
50000		64285710	38888889
60000		77142852	46666667
70000		89999994	54444444
80000		102857136	62222222
90000		115714278	70000000

Table comparative.		Largeur des draps ou étoffes en mètres.	Longueur à prendre pour les rendre à leur largeur.
10000	1 mètre $\frac{3}{7}$.	14285667	7000023
20000		28571333	14000046
30000		42857000	21000069
40000		57142667	28000092
50000		71428333	35000115
60000		85714000	42000138
70000		99999667	49000161
80000		114285333	56000184
90000		128571000	63000207

Table comparative.		Largeur des draps ou étoffes en mètres.	Longueur à prendre pour les rendre à leur largeur.
10000	1 mètre $\frac{4}{7}$.	15714222	6363662
20000		31428444	12727324
30000		47142667	19090986
40000		62856889	25454648
50000		78571111	31818310
60000		94255333	38181972
70000		109999555	44545634
80000		125713778	50909296
90000		141428000	57272958

Table comparative.		Largeur des draps ou étoffes en mètres.	Longueur à prendre pour les rendre à leur largeur.
10000	1 mètre $\frac{5}{7}$.	17142778	5833302
20000		34285556	11666604
30000		51428333	17499906
40000		68571111	23333208
50000		85713889	29166500
60000		102856667	34999801
70000		119999444	40833103
80000		137142222	46666405
90000		154285000	52499707

Supplément au Chapitre II.

Table comparative.		Largeur des draps ou étoffes en mètres.	Longueur à prendre pour les rendre à leur largeur.
10000	1 mètre 6/7.	18571333	5384643
20000		37142667	10769286
30000		55714000	16153929
40000		74285333	21538572
50000		92856667	26923215
60000		111428000	32307858
70000		129999333	37692501
80000		148570667	43077144
90000		167142000	48461787

Table comparative.		Largeur des draps ou étoffes en mètres.	Longueur à prendre pour les rendre à leur largeur.
10000	1 mètre 1/8.	11250000	8888889
20000		22500000	17777778
30000		33750000	26666667
40000		45000000	35555556
50000		56250000	44444444
60000		67500000	53333333
70000		78750000	62222222
80000		90000000	71111111
90000		101250000	80000000

Table comparative.		Largeur des draps ou étoffes en mètres.	Longueur à prendre pour les rendre à leur largeur.
10000	1 mètre 1/9.	11111111	90909090
20000		22222222	181818180
30000		33333333	272727270
40000		44444444	363636360
50000		55555566	454545450
60000		66666677	545454540
70000		77777788	636363630
80000		88888899	727272720
90000		100000000	818181810

Table comparative.		Largeur des draps ou étoffes en mètres.	Longueur à prendre pour les rendre à leur largeur.
10000	1 mètre 2/9.	12222222	8181818
20000		24444444	16363636
30000		36666667	24545454
40000		48888889	32727272
50000		61111111	40909090
60000		73333333	49090909
70000		85555556	57272727
80000		97777778	65454545
90000		110000000	73636363

Table comparative.		Largeur des draps ou étoffes en mètres.	Longueur à prendre pour les rendre à leur largeur.
10000	1 mètre 4/9.	14444444	6923081
20000		28888889	13846160
30000		43333333	20769240
40000		57777778	27692330
50000		72222222	34615410
60000		86666667	41538490
70000		101111111	48461570
80000		115555556	55384650
90000		130000000	62307730

Supplément au Chapitre II.

Table comparative.		Largeur des draps ou étoffes en mètres.	Longueur à prendre pour les rendre à leur largeur.
10000	1 mètre $\frac{5}{9}$.	15555556	6428570
20000		31111111	12857140
30000		46666667	19285710
40000		62222222	25714280
50000		77777778	32142850
60000		93333333	38571430
70000		108888889	45000000
80000		124444444	51428570
90000		140000000	57857140

Table comparative.		Largeur des draps ou étoffes en mètres.	Longueur à prendre pour les rendre à leur largeur.
10000	1 mètre $\frac{7}{9}$.	17777778	5625000
20000		35555556	11250000
30000		53333333	16875000
40000		71111111	22500000
50000		88888889	28125000
60000		106666667	33750000
70000		124444444	39375000
80000		142222222	45000000
90000		160000000	50625000

Table comparative.		Largeur des draps ou étoffes en mètres.	Longueur à prendre pour les rendre à leur largeur.
10000	1 mètre $\frac{8}{9}$.	18888889	5294118
20000		37777778	10588236
30000		56666667	15882354
40000		75555556	21176472
50000		94444444	26470590
60000		113333333	31764708
70000		132222222	37058826
80000		151111111	42352944
90000		170000000	47647062

Table comparative.		Largeur des draps et étoffes en mètres.	Longueur à prendre pour les rendre à leur largeur.
10000	1 mètre $\frac{1}{10}$.	11000000	9090909
20000		22000000	18181818
30000		33000000	27272727
40000		44000000	36363636
50000		55000000	45454545
60000		66000000	54545454
70000		77000000	63636363
80000		88000000	72727272
90000		99000000	81818181

Table comparative.		Largeur des draps ou étoffes en mètres.	Longueur à prendre pour les rendre à leur largeur.
10000	1 mètre $\frac{3}{10}$.	13000000	7692308
20000		26000000	15384616
30000		39000000	23076924
40000		52000000	30769232
50000		65000000	38461540
60000		78000000	46153848
70000		91000000	53846156
80000		104000000	61538464
90000		117000000	69230772

Supplément au Chapitre II.

Table comparative.		Largeur des draps ou étoffes en mètres.	Longueur à prendre pour les rendre à leur largeur.
10000	1 mètre $\frac{7}{10}$.	17000000	5882359
20000		34000000	11764719
30000		51000000	17647078
40000		68000000	23529438
50000		85000000	29411797
60000		102000000	35294156
70000		119000000	41176516
80000		136000000	47058875
90000		153000000	52941235

Table comparative.		Largeur des draps ou étoffes en mètres.	Longueur à prendre pour les rendre à leur largeur.
10000	1 mètre $\frac{9}{10}$.	19000000	5263158
20000		38000000	10526316
30000		57000000	15789474
40000		76000000	21052633
50000		95000000	26315791
60000		114000000	31578949
70000		133000000	36842107
80000		152000000	42105266
90000		171000000	47368424

Table comparative.		Largeur des draps ou étoffes en mètres.	Longueur à prendre pour les rendre à leur largeur.
10000	1 mètre $\frac{1}{11}$.	10909090	9166667
20000		21818180	18333333
30000		32727270	27500000
40000		43636360	36666667
50000		54545450	45833333
60000		65454540	55000000
70000		76363630	64166667
80000		87272720	73333333
90000		98181820	82500000

Table comparative.		Largeur des draps ou étoffes en mètres.	Longueur à prendre pour les rendre à leur largeur.
10000	1 mètre $\frac{2}{11}$.	11818181	8461538
20000		33636362	16923076
30000		45454543	25384614
40000		57272724	33846152
50000		69090905	42307690
60000		80909091	50769228
70000		92727273	59230766
80000		104545455	67692304
90000		116363637	76153842

Table comparative.		Largeur des draps ou étoffes en mètres.	Longueur à prendre pour les rendre à leur largeur.
10000	1 mètre $\frac{3}{11}$.	12727273	7857143
20000		25454546	15714286
30000		38181818	13571429
40000		50909090	21428572
50000		63636363	29285715
60000		76363636	37142858
70000		89090909	45000000
80000		101818181	52857143
90000		114545454	60714286

Supplément au Chapitre II.

Table comparative.		Largeur des draps ou étoffes en mètres.	Longueur à prendre pour les rendre à leur largeur.
10000	1 mètre $\frac{4}{11}$.	13636363	7333333
20000		27272727	14666667
30000		40909091	22000000
40000		54545454	29333333
50000		68181818	39666667
60000		81818182	44000000
70000		95454545	51335333
80000		109090909	58666667
90000		122727273	66000000

Table comparative.		Largeur des draps ou étoffes en mètres.	Longueur à prendre pour les rendre à leur largeur.
10000	1 mètre $\frac{5}{11}$.	14545454	6875000
20000		29090909	13750000
30000		43636364	20625000
40000		58181818	27500000
50000		72727272	34375000
60000		87272727	41250000
70000		101818181	48125000
80000		116363636	55000000
90000		130909090	61875000

Table comparative.		Largeur des draps ou étoffes en mètres.	Longueur à prendre pour les rendre à leur largeur.
10000	1 mètre $\frac{6}{11}$.	15454545	6470588
20000		30909090	12941176
30000		46363636	19411764
40000		61818182	25882352
50000		77272727	32352940
70000		92727273	38823528
60000		108181818	45294116
80000		123636363	51764701
90000		139090909	58235292

Table comparative.		Largeur des draps ou étoffes en mètres.	Longueur à prendre pour les rendre à leur largeur.
10000	1 mètre $\frac{7}{11}$.	16363636	6111111
20000		32727273	12222222
30000		49090909	18333333
40000		65454545	24444444
50000		81818181	30555556
60000		98181818	36666667
70000		114545454	42777778
80000		130909090	48888889
90000		147272727	55000000

Table comparative.		Largeur des draps ou étoffes en mètres.	Longueur à prendre pour les rendre à leur largeur.
10000	1 mètre $\frac{8}{11}$.	17272727	5789474
20000		34545454	11578948
30000		51818181	17368422
40000		69090909	23157896
50000		86363636	28947370
60000		103636363	34736844
70000		120909090	40526318
80000		138181818	46315792
90000		155454545	52195266

Supplément au CHAPITRE II.

Table comparative.		Largeur des draps ou étoffes en mètres.	Longueur à prendre pour les rendre à leur largeur.
10000	1 mètre $\frac{2}{11}$.	18181818	5500000
20000		36363636	11000000
30000		54545454	16500000
40000		72727272	22000000
50000		90909090	27500000
60000		109090909	33000000
70000		127272727	38500000
80000		145454545	44000000
90000		163636364	49500000

Table comparative.		Largeur des draps ou étoffes en mètres.	Longueur à prendre pour les rendre à leur largeur.
10000	1 mètre $\frac{10}{11}$.	19090909	9166667
20000		38181818	18333333
30000		57272727	27500000
40000		76363636	36666667
50000		95454545	45833333
60000		114545454	55000000
70000		133636363	64166667
80000		152727272	73333333
90000		171818181	82500000

Table comparative.		Largeur des draps ou étoffes en mètres.	Longueur à prendre pour les rendre à leur largeur.
10000	1 mètre $\frac{1}{12}$.	10833333	9230769
20000		21666667	18461538
30000		32500000	27692307
40000		43333333	36923076
50000		54166667	46153845
60000		65000000	55384614
70000		75833333	64615383
80000		86666667	73846152
90000		97500000	83076921

Table comparative.		Largeur des draps ou étoffes en mètres.	Longueur à prendre pour les rendre à leur largeur.
10000	1 mètre $\frac{5}{12}$.	14166667	7058823
20000		28333333	14117646
30000		42500000	21176469
40000		56666667	28235292
50000		70833333	35294115
60000		85000000	42352938
70000		99166667	49411761
80000		113333333	56470584
90000		127500000	63529407

Table comparative.		Largeur des draps ou étoffes en mètres.	Longueur à prendre pour les rendre à leur largeur.
10000	1 mètre $\frac{7}{12}$.	15733333	6315789
20000		31466667	12631578
30000		47200000	18947367
40000		62933333	25263156
50000		78666667	31578947
60000		94400000	37894734
70000		110133333	44210523
80000		125866667	50526312
90000		141600000	56842101

Supplément au CHAPITRE II.

Table comparative.		Largeur des draps ou étoffes en mètres.	Longueur à prendre pour les rendre à leur largeur.
10000	1 mètre $\frac{11}{12}$.	19166667	5217391
20000		38333333	10434782
30000		57500000	15652173
40000		76666667	20869564
50000		95833333	26086955
60000		115000000	31304346
70000		134166667	36521737
80000		153333333	41739128
90000		172500000	46956519

Table comparative.		Largeur des draps ou étoffes en mètres.	Longueur à prendre pour les rendre à leur largeur.
10000	1 mètre $\frac{1}{13}$.	10769231	9285714
20000		21538462	18571428
30000		32307693	27857142
40000		43076924	37142856
50000		53846155	46428570
60000		64615386	55714284
70000		75384617	64999998
80000		86153848	74285712
90000		96923079	83571426

Table comparative.		Largeur des draps ou étoffes en mètres.	Longueur à prendre pour les rendre à leur largeur.
10000	1 mètre $\frac{2}{13}$.	11538462	8666667
20000		23076924	17333333
30000		34615386	26000000
40000		46153848	34666667
50000		57692310	43333333
60000		69230772	52000000
70000		80769234	60666667
80000		92307696	69333333
90000		103846158	78000000

Table comparative.		Largeur des draps ou étoffes en mètres.	Longueur à prendre pour les rendre à leur largeur.
10000	1 mètre $\frac{3}{13}$.	12307692	8125000
20000		24615384	16250000
30000		36923076	24375000
40000		49230768	32500000
50000		61538460	40625000
60000		73846152	48750000
70000		86153844	56875000
80000		98461536	65000000
90000		120769228	73125000

Table comparative.		Largeur des draps ou étoffes en mètres.	Longueur à prendre pour les rendre à leur largeur.
10000	1 mètre $\frac{4}{13}$.	13076923	7647059
20000		26153846	15294118
30000		39230769	22941177
40000		52307692	30588236
50000		65384615	38235295
60000		78461538	45882354
70000		91538461	53529413
80000		104615384	61176472
90000		117692307	68823531

Supplément au Chapitre II.

Table comparative.		Largeur des draps ou étoffes en mètres.	Longueur à prendre pour les rendre à leur largeur.
10000	1 mètre $\frac{5}{13}$.	13846154	7222222
20000		27692308	14444444
30000		41538462	21666667
40000		55384616	28888889
50000		69230770	36111111
60000		83076924	43333333
70000		96923078	50555556
80000		110769232	57777778
90000		124615386	65000000

Table comparative.		Largeur des draps ou étoffes en mètres.	Longueur à prendre pour les rendre à leur largeur.
10000	1 mètre $\frac{6}{13}$.	14615385	6842106
20000		29230770	13684212
30000		43846155	20526318
40000		58461540	27368424
50000		73076925	34210530
60000		87692310	41052636
70000		102307695	47894742
80000		116923080	54736848
90000		131538465	61578954

Table comparative.		Largeur des draps ou étoffes en mètres.	Longueur à prendre pour les rendre à leur largeur.
10000	1 mètre $\frac{7}{13}$.	15384615	6500000
20000		30769230	13000000
30000		46153845	19500000
40000		61538460	26000000
50000		76923075	32500000
60000		92307690	39000000
70000		107692305	45500000
80000		123076920	52000000
90000		138461535	58500000

Table comparative.		Largeur des draps ou étoffes en mètres.	Longueur à prendre pour les rendre à leur largeur.
10000	1 mètre $\frac{8}{13}$.	16153846	6190476
20000		32307692	12380952
30000		48461538	18571428
40000		64615384	24761904
50000		80769230	30952380
60000		96923076	37142856
70000		113076922	43333333
80000		129230768	49523808
90000		145384614	55714284

Table comparative.		Largeur des draps ou étoffes en mètres.	Longueur à prendre pour les rendre à leur largeur.
10000	1 mètre $\frac{9}{13}$.	16923077	5909091
20000		33846154	11818182
30000		50769231	17727273
40000		67692308	23636364
50000		84615385	29545455
60000		101538462	35454545
70000		118461539	41363636
80000		135384616	47272727
90000		152307693	53181818

Supplément au Chapitre II.

Table comparative.		Largeur des draps ou étoffes en mètres.	Longueur à prendre pour les rendre à leur largeur.
10000	1 mètre $\frac{10}{13}$.	17692308	5652174
20000		35384616	11304348
30000		53076924	16956522
40000		70769232	22608696
50000		88461540	28260870
60000		106153848	33913044
70000		123846156	39565218
80000		141538464	45217392
90000		159230772	50869566

Table comparative.		Largeur des draps ou étoffes en mètres.	Longueur à prendre pour les rendre à leur largeur.
10000	1 mètre $\frac{11}{13}$.	18461538	5416667
20000		36923076	10833333
30000		55384614	16250000
40000		73846152	21666667
50000		92307690	27083333
60000		110769228	32500000
70000		129230766	37916667
80000		147692304	43333333
90000		166153842	48750000

Table comparative.		Largeur des draps ou étoffes en mètres.	Longueur à prendre pour les rendre à leur largeur.
10000	1 mètre $\frac{12}{13}$.	19230769	5200000
20000		38461538	10400000
30000		57692307	15600000
40000		77923076	20800000
50000		96153845	26000000
60000		115384614	31200000
70000		134615383	36400000
80000		153846152	41600000
90000		173076921	46800000

Table comparative.		Largeur des draps ou étoffes en mètres.	Longueur à prendre pour les rendre à leur largeur.
10000	1 mètre $\frac{1}{14}$.	10714286	9333333
20000		21428572	18666667
30000		32142858	28000000
40000		42857144	37333333
50000		53571430	46666667
60000		64285716	56000000
70000		75000000	65333333
80000		85714286	74666667
90000		96428572	84000000

Table comparative.		Largeur des draps ou étoffes en mètres.	Longueur à prendre pour les rendre à leur largeur.
10000	1 mètre $\frac{3}{14}$.	12142857	8235294
20000		24285714	16470588
30000		36428571	24705882
40000		48571428	32941176
50000		60714285	41176470
60000		72857142	49411764
70000		84999999	57647058
80000		97142856	65882352
90000		109285713	74117546

Supplément au Chapitre II.

Table comparative.		Largeur des draps ou étoffes en mètres.	Longueur à prendre pour les rendre à leur largeur.
10000	1 mètre $\frac{5}{14}$.	13571429	7368421
20000		27142858	14736842
30000		40714287	22105263
40000		54285716	29473684
50000		67857145	36842105
60000		81428574	44210526
70000		95000003	51578947
80000		108571432	58947368
90000		122142861	66315789

Table comparative.		Largeur des draps ou étoffes en mètres.	Longueur à prendre pour les rendre à leur largeur.
10000	1 mètre $\frac{9}{14}$.	16428571	6086957
20000		32857142	12173914
30000		49285713	18260871
40000		65714284	24347828
50000		82142855	30434785
60000		98571426	36521742
70000		114999997	42608699
80000		131428568	48695656
90000		147857139	54782613

Table comparative.		Largeur des draps ou étoffes en mètres.	Longueur à prendre pour les rendre à leur largeur.
10000	1 mètre $\frac{11}{14}$.	17857140	56000000
20000		35714280	112000000
30000		53571420	168000000
40000		71428560	224000000
50000		89285700	280000000
60000		107142840	336000000
70000		124999980	392000000
80000		142857120	448000000
90000		160714260	504000000

Table comparative.		Largeur des draps ou étoffes en mètres.	Longueur à prendre pour les rendre à leur largeur.
10000	1 mètre $\frac{13}{14}$.	19285714	5185185
20000		38571428	10370370
30000		57857142	15555556
40000		77142856	20740740
50000		96428570	25925925
60000		115714284	31111110
70000		134999998	36296295
80000		154285712	41481480
90000		173571426	46666665

Table comparative.		Largeur des draps ou étoffes en mètres.	Longueur à prendre pour les rendre à leur largeur.
10000	1 mètre $\frac{1}{15}$.	10666667	9375000
20000		21333333	18750000
30000		32000000	28125000
40000		42666667	37500000
50000		53333333	46875000
60000		64000000	56250000
70000		74666667	65625000
80000		85333333	75000000
90000		96000000	84375000

Supplément au CHAPITRE II.

Table comparative.		Largeur des draps ou étoffes en mètres.	Longueur à prendre pour les rendre à leur largeur.
10000	1 mètre $\frac{2}{15}$.	11333333	8823529
20000		22666697	17647058
30000		34000000	26470587
40000		45333333	35294116
50000		56666667	44117645
60000		68000000	52941174
70000		79333333	61764703
80000		90666667	70588232
90000		102000000	79411761

Table comparative.		Largeur des draps ou étoffes en mètres.	Longueur à prendre ponr les rendre à leur largeur.
10000	1 mètre $\frac{4}{15}$.	12666667	7894738
20000		25333333	15789476
30000		38000000	23684214
40000		50666667	31578952
50000		63333333	39473690
60000		76000000	47368428
70000		88666667	55263166
80000		101333333	63157904
90000		114000000	71052642

Table comparative.		Largeur des draps ou étoffes en mètres.	Longueur à prendre pour les rendre à leur largeur.
10000	1 mètre $\frac{7}{15}$.	14666667	6818182
20000		29333333	13636364
30000		44000000	20454546
40000		58666667	27272728
50000		73333333	34090909
60000		88000000	40909090
70000		102666667	47727272
80000		117333333	54545454
90000		132000000	61363636

Table comparative.		Largeur des draps ou étoffes en mètres.	Longueur à prendre pour les rendre à leur largeur.
10000	1 mètre $\frac{8}{15}$.	15333333	6521739
20000		30666667	13043478
30000		46000000	19565217
40000		61333333	26086956
50000		76666667	32608695
60000		92000000	39130434
70000		107333333	45652173
80000		122666667	52173912
90000		138000000	58695651

Table comparative.		Largeur des draps ou étoffes en mètres.	Longueur à prendre pour les rendre à leur largeur.
10000	1 mètre $\frac{11}{15}$.	17333333	5769231
20000		34666667	11538162
30000		52000000	17307693
40000		69333333	23076924
50000		86666667	28846155
60000		104000000	34615386
70000		121333333	40384617
80000		138666667	46153848
90000		156000000	51923079

Supplément au Chapitre II.

Table comparative.		Largeur des draps ou étoffes en mètres.	Longueur à prendre pour les rendre à leur largeur.
10000	1 mètre $\frac{13}{15}$.	18666667	5172414
20000		37333333	10344828
30000		56000000	15517242
40000		74666667	20689656
50000		93333333	25862070
60000		112000000	31034484
70000		130666667	36206898
80000		149333333	41379312
90000		168000000	46551726

Table comparative.		Largeur des draps ou étoffes en mètres.	Longueur à prendre pour les rendre à leur largeur.
10000	1 mètre $\frac{14}{15}$.	19333333	5172414
20000		38666667	10344828
30000		58000000	15517242
40000		77333333	20689656
50000		96666667	25862070
60000		116000000	31034484
70000		135333333	36206898
80000		154666667	41379312
90000		174000000	46551726

Table comparative.		Largeur des draps ou étoffes en mètres.	Longueur à prendre pour les rendre à leur largeur.
10000	1 mètre $\frac{1}{16}$.	10625000	9411965
20000		21250000	18823930
30000		31875000	28235895
40000		42500000	37647860
50000		53125000	47059825
60000		63750000	56471790
70000		74375000	65883755
80000		85000000	75295720
90000		95625006	84707685

Table comparative.		Largeur des draps ou étoffes en mètres.	Longueur à prendre pour les rendre à leur largeur.
10000	1 mètre $\frac{3}{16}$.	11875000	8421053
20000		23750000	16842106
30000		35625000	25263159
40000		47500000	33684212
50000		59375000	42105265
60000		71250000	50526318
70000		83125000	58947371
80000		95000000	67368424
90000		106875000	75789477

Table comparative.		Largeur des draps ou étoffes en mètres.	Longueur à prendre pour les rendre à leur largeur.
10000	1 mètre $\frac{5}{16}$.	13125000	7619047
20000		26250000	15238095
30000		39375000	22857143
40000		52500000	30476190
50000		65625000	38095238
60000		78750000	45714286
70000		91875000	53333333
80000		105000000	60952381
90000		118125000	68571428

Supplément au Chapitre II.

Table comparative.		Largeur des draps ou étoffes en mètres.	Longueur à prendre pour les rendre à leur largeur.
10000	1 mètre $\frac{7}{16}$.	14375000	6956522
20000		28750000	13913044
30000		43125000	20869567
40000		57500000	27826089
50000		71875000	34782611
60000		86250000	41739133
70000		100625000	48695655
80000		115000000	55652177
90000		129375000	62608699

Table comparative.		Largeur des draps ou étoffes en mètres.	Longueur à prendre pour les rendre à leur largeur.
10000	1 mètre $\frac{9}{16}$.	15625000	6400000
20000		31250000	12800000
30000		46875000	19200000
40000		62500000	25600000
50000		78125000	32000000
60000		93750000	38400000
70000		109375000	44800000
80000		125000000	51200000
90000		140625000	57600000

Table comparative.		Largeur des draps ou étoffes en mètres.	Longueur à prendre pour les rendre à leur largeur.
10000	1 mètre $\frac{11}{16}$.	16875000	5925926
20000		33750000	11851852
30000		50625000	17777778
40000		67500000	23703704
50000		84375000	29629630
60000		101250000	35555556
70000		118125000	41481482
80000		135000000	47407408
90000		151875000	53333333

Table comparative.		Largeur des draps ou étoffes en mètres.	Longueur à prendre pour les rendre à leur largeur.
10000	1 mètre $\frac{13}{16}$.	18125000	5517246
20000		36250000	11034492
30000		54375000	16551738
40000		72500000	22068984
50000		90625000	27586230
60000		108750000	33103476
70000		126875000	38620722
80000		145000000	44137968
90000		163125000	49655214

Table comparative.		Largeur des draps ou étoffes en mètres.	Longueur à prendre pour les rendre à leur largeur.
10000	1 mètre $\frac{15}{16}$.	19375000	5161290
20000		38750000	10322580
30000		58125000	15483870
40000		77500000	20645160
50000		96875000	25806450
60000		116250000	30967740
70000		135625000	36129030
80000		155000000	41290320
90000		174375000	46451610

Supplément au CHAPITRE II.

Table comparative.		Largeur des draps ou étoffes en mètres.	Longueur à prendre pour les rendre à leur largeur.
10000	$\frac{3}{4}$ de mètre.	7500000	13333333
20000		15000000	26666667
30000		22500000	40000000
40000		30000000	53333333
50000		37500000	66666667
60000		45000000	80000000
70000		52500000	93333333
80000		60000000	106666667
90000		67500000	120000000

Table comparative.		Largeur des draps ou étoffes en mètres.	Longueur à prendre pour les rendre à leur largeur.
10000	$\frac{2}{3}$ de mètre.	6666667	15000000
20000		13333333	30000000
30000		20000000	45000000
40000		26666667	60000000
50000		33333333	75000000
60000		40000000	90000000
70000		46666667	105000000
80000		53333333	120000000
90000		60000000	135000000

Table comparative.		Largeur des draps ou étoffes en mètres.	Longueur à prendre pour les rendre à leur largeur.
10000	$\frac{1}{2}$ de mètre.	5000000	20000000
20000		10000000	40000000
30000		15000000	60000000
40000		20000000	80000000
50000		25000000	100000000
60000		30000000	120000000
70000		35000000	140000000
80000		40000000	160000000
90000		45000000	180000000

Table comparative.		Largeur des draps ou étoffes en mètres.	Longueur à prendre pour les rendre à leur largeur.
10000	$\frac{1}{3}$ de mètre.	3333333	30000000
20000		6666667	60000000
30000		10000000	90000000
40000		13333333	120000000
50000		16666667	150000000
60000		20000000	180000000
70000		23333333	210000000
80000		26666667	240000900
90000		30000000	270000000

Table comparative.		Largeur des draps ou étoffes en mètres.	Longueur à prendre pour les rendre à leur largeur.
10000	$\frac{1}{4}$ de mètre.	2500000	40000000
20000		5000000	80000000
30000		7500000	120000000
40000		10000000	160000000
50000		12500000	200000000
60000		15000000	240000000
70000		17500000	280000000
80000		20000000	320000000
90000		22500000	360000000

CHAPITRE TROISIÈME.

MESURES DE SUPERFICIE.

INSTRUCTION PRÉLIMINAIRE.

Si la connaissance de ce qui fait la matière des deux premiers chapitres de cet ouvrage est d'une absolue nécessité dans le commerce, la matière de ce troisième chapitre n'est pas d'une moindre importance ; car, outre qu'elle intéresse encore par elle-même le commerce, l'agriculture, l'architecture, les arts, les administrations chargées des cadastres, etc., la méthode simple et facile que lui donne l'usage de mon Régulateur ajoute considérablement à son intérêt, en mettant à la portée de tout le monde des calculs dont les difficultés étaient rebutantes pour le plus grand nombre, tant à cause de l'incertitude des mesures carrées, que de leur innombrable diversité.

En effet, quoique la toise et le pied fussent presque partout les éléments des anciennes mesures de superficie, rien de plus effrayant que la confusion de ces mesures avant l'institution du nouveau système. Dans la seule province du Hainaut, composée de trois cent treize communes, il y avait deux cent soixante-treize manières différentes de mesurer les terres. La Haute-Guyenne comptait dans ses usages soixante espèces de sétérées. L'arpent n'avait pas non plus la même valeur partout, quoique partout il fût composé de 100 perches ; mais ici la perche était de 18 pieds, là de 19, ailleurs de 20 ou de 22, etc. Dans quelques provinces méridionales de la France, la mesure est cent fois plus grande ou plus petite que celle qui la suit ou la précède immédiatement. C'est pourquoi le Régulateur des nombres carrés diffère du Régulateur des nombres simples, en ce que la première case des fractions de celui-ci renferme les dixièmes et les centièmes qui sont des décimètres et des centimètres, tandis que la première case de celui-là n'exprime que des décimètres carrés, de même que la seconde n'exprime que des centimètres, et la troisième que des millimètres; suivant l'observation que nous venons de faire sur les rapports des carrés entr'eux.

Pour rendre ceci plus sensible, partagez la grandeur du mètre carré en dix parties égales dans sa hauteur; partagez-là de même dans sa largeur: vous aurez dix cases de chaque côté du mètre, chaque case sera un décimètre, et le mètre en contiendra dix rangs de dix qui feront cent.

D'où il résulte 1° que la première décimale, après les mètres carrés, représente des dixièmes, et non des décimètres carrés; 2° que, si l'on veut additionner des mètres carrés avec des décimètres et centimètres carrés, il faut mettre deux chiffres d'intervalle entre chaque unité et celle qui lui est immédiatement supérieure ou inférieure; 3° que, si l'on veut convertir un nombre de mètres carrés en décimètres ou centimètres carrés, il faut reculer le Régulateur de deux chiffres pour les décimètres, et de quatre pour les centimètres.

Néanmoins, si l'on veut se contenter d'approcher à des centièmes d'unités, l'on peut se servir du Régulateur des nombres simples, et opérer comme si c'en était en effet; ce qui revient à peu près à la même chose.

Un autre avantage de cette méthode, c'est que le prix de la toise carrée étant connu, le Régulateur donne avec la même facilité la valeur du mètre carré. Supposons que la toise carrée ait coûté 56 fr. 40 cent.: en décomposant cette quantité, l'application du Régulateur sur la table de réduction des mètres carrés en toises carrées, donnera, pour le prix du mètre carré, la réponse suivante : 14 fr. 85 cent.

Francs.	Cent.	Francs.	Cent.
50	»	13	16
6	»	1	58
»	40	»	11
56	40	14	85

La même opération, sur la table inverse, reproduira le premier terme de la comparaison, c'est-à-dire, 56 fr. 40 cent. à un centième de franc près.

Quant aux centièmes de toises ou pieds carrés, produit par la comparaison des mètres carrés en toises ou pieds carrés, on en trouvera la réduction en subdivisions, de la toise ou du pied, à la suite des huit premières tables de ce chapitre.

La toise carrée se divisait en toise-pieds, la toise-pieds en toise-pouces, la toise-pouces en toise-lignes, et la toise-lignes en toise-points, c'est-à-dire, que, dans la manière d'opérer, les parties de la toise carrée ne représentaient pas des pieds, pouces ou lignes carrées, mais des surfaces ayant la longueur d'une toise et la largeur d'un pied pour les toise-pieds, d'un pouce pour les toise-pouces, d'une ligne pour les toise-lignes, et d'un point pour les toise-points.

La toise-pieds était égale à 6 pieds carrés, la toise-pouces à 72 pouces carrés, la toise-lignes à 72 lignes carrées, et la toise-points à 72 points carrés.

La toise-pieds ne vaut en mètre que 0 mèt. 63, 31, 23. qui s'expriment ainsi : 63 décimètres carrés, 31 centimètres carrés et 23 millimètres carrés.

La toise-pouces est égale à 0 mèt. 05, 27, 60 ; c'est-à-dire, à 5 décimètres carrés, 27 centimètres carrés, 60 millimètres carrés.

La toise-lignes équivaut à o mèt. oo, 43, 97, qui s'expriment par 43 centimètres carrés, 97 millimètres carrés.

La toise-points ne vaut que o mèt. oo, o3, 66; c'est-à-dire, 3 centimètres carrés, 66 millimètres carrés.

L'unité des mesures agraires se nomme are; l'are est égal à un carré qui a dix mètres de côté.

L'are se divise en cent centiares qui contiènent chacun un mètre carré.

Une surface de cent ares se nomme hectare, et vaut un kilomètre carré.

L'hectare et l'are remplacent l'arpent et la perche. L'are vaut en perches carrées ce que l'hectare vaut en arpents.

L'innombrable diversité des mesures agraires ne m'avait pas permis de les donner dans mon Régulateur de la première et deuxième édition; mais l'augmentation et l'arrangement des tables, par une invention double de la première, m'a mis dans le cas de les étendre même pour une grande partie des différents pays de l'Europe.

Les plus usitées en France sont celles, savoir : l'arpent de Paris à la perche de 18 pieds, l'arpent à la perche de 19 pieds 4 pouces; l'arpent à la perche de 20 pieds, et l'arpent des eaux et forêts à la perche de 22 pieds, ainsi qu'il a été déterminé par l'ordonnance des eaux et forêts de 1699 : chacun de ces arpents composé de cent perches carrées.

Pour la conversion des arpents en hectares, les chiffres que le Régulateur présente dans le carré long des unités, sont des hectares; les deux premières décimales sont des ares; les deux suivantes sont des centiares ou des mètres carrés, et les deux dernières sont des décimètres carrés. Dans la réduction des hectares en arpents, les chiffres renfermés dans le carré des unités sont des arpents, les deux premières décimales sont des perches, les secondes des dixièmes de perche, et les troisièmes des centièmes de perche.

La conversion des dixièmes de perche en centiares est très-facile : il suffit d'avancer le Régulateur d'un chiffre vers la gauche.

Pour rendre cet ouvrage utile à tous les pays et à tous les états, en leur offrant un moyen court et simple de trouver l'expression décimale de l'unité usitée dans leur ancienne méthode de mesurer les terres, je finirai les tables de ce chapitre par un tableau de conversion progressive des pieds et pouces, éléments des anciennes mesures, en centiares et fractions, depuis le carré de quatre pieds jusqu'à celui de vingt-quatre : ce qui sera d'autant plus commode, qu'en supposant que la mesure linéaire, dont on cherche l'expression décimale, est composée de 23 pieds, 11 pouces, on trouvera, au premier coup-d'œil, que cette mesure équivaut à 60 centiares ou mètres carrés, 35 décimètres carrés, 80 centimètres carrés, et 21 millimètres carrés. En supposant même que l'unité de la mesure agraire qu'on veut convertir en centiares, soit composée de quelques subdivisions du pouce, c'est-à-dire de quelques lignes, voici un moyen d'en trouver la valeur décimale, quoiqu'elles ne soient pas représentées dans le tableau. Soit une mesure de 6 pieds, 6 pouces, 6 lignes, à convertir en décimales; prenez dans le tableau la valeur de 6 pieds, 6 pouces, ajoutez à cette somme le produit de 6 pieds, 7 pouces, prenez la moitié du résultat, et vous aurez exactement l'expression décimale de 6 pieds, 6 pouces, 6 lignes, comme en l'exemple suivant :

Si 6 pieds 6 pouces égalent. .	4	45	82	48
Si 6 pieds 7 pouces égalent. .	4	57	32	94
	9	03	15	42
6 pieds 6 pouces 6 lignes égaleront.	4	51	57	71

Si au lieu de 6 lignes, la mesure n'a qu'une fraction de 3 lignes, ajoutez au produit de 6 pieds, 6 pouces, 6 lignes, celui de 6 pieds, 6 pouces : la moitié du résultat sera l'expression décimale de 6 pieds, 6 pouces, 3 lignes. Ainsi,

Si 6 pieds 6 pouces 6 lignes égalent	4	51	57	71
Si 6 pieds 6 pouces égalent. .	4	45	82	48
	8	97	40	19
6 pieds 6 pouces 3 lignes égaleront	4	48	70	09

Quoique je suppose ici les principes de la géométrie connus, et que la démonstration des règles ne fasse pas partie de mon plan, je finirai cette instruction par donner, le plus succinctement possible, la méthode de mesurer chaque surface.

Mesurer une surface, c'est déterminer combien de fois elle contient une autre surface connue.

Les surfaces planes qu'on évalue, sont particulièrement celles des triangles et des quadrilatères, celles des autres polygones rectilignes et celles du cercle.

Un quadrilatère est un plan qui a quatre côtés. Si les côtés opposés sont parallèles, il se nomme parallélogramme. On distingue quatre sortes de parallélogrammes, le carré, le rectangle ou carré-long, le lozange ou rhombe et le rhomboïde.

Le carré est celui qui a quatre angles droits et quatre côtés égaux. Le rectangle a quatre angles droits et les côtés inégaux. Le rhombe est celui dont les angles sont inégaux, mais dont les côtés sont égaux. Le rhomboïde a les angles et les côtés inégaux.

Un quadrilatère, dont deux côtés seulement sont parallèles, se nomme trapèze, et les côtés parallèles s'appellent bases.

La surface d'un rectangle et d'un parallèlogramme quelconque est le produit de sa base par sa hauteur, c'est-à-dire, que, si la hauteur est de 30 mètres, et la largeur de 20, la somme du plan sera 600.

La surface d'un trapèze est égale au produit de la moitié de ses deux bases multiplié par leur distance, c'est-à-dire, qu'en supposant la petite base de six mètres, la grande base de 10, et leur distance de 4, on aura 8 à multiplier par 4 : le produit sera le carré du trapèze.

Le triangle étant la moitié d'un parallèlogramme, sa surface est égale à la moitié du produit de sa base par sa hauteur.

Pour trouver le carré d'une surface circulaire, il faut multiplier la moitié de la circonférence par le rayon, ou, ce qui revient au même, la circonférence par la moitié du rayon.

Si on veut mesurer un polygone, on le divisera en triangles dont on prendra le produit, et leur somme sera le carré du plan irrégulier.

---

agraire prenait le nom de salmée, etc., dont la valeur et les subdivisions étaient aussi peu constantes. Ici les mesures s'appelaient journaux, là sétérées, acres, dont l'étendue variait non seulement de province à province, mais encore d'une ville à l'autre.

Depuis long-temps on sentait le besoin de ramener toutes ces différences à un terme commun. L'arpent français paraissait devoir être adopté de préférence, mais sa base n'était rien moins qu'invariable. Les mémoires de l'Académie des Sciences (année 1772) nous apprennent que lorsqu'on voulut réformer l'étalon de la toise, on prit la moitié d'une des portes du vieux Louvre, qui, suivant le plan, devait avoir précisément douze pieds de largeur, et que la nouvelle toise, d'après cette donnée, se trouva de cinq lignes plus courte que l'ancienne. Les savants qui furent chargés de mesurer la terre sous Louis XIV ne connurent pas que la différence des résultats de leurs essais tenait à la théorie des combinaisons et des volatilisations, effets alternatifs et nécessaires, soumis à une loi éternelle.

Plusieurs savants, à différentes époques, frappés des inconvénients de cette bigarrure dans les mesures, avaient cherché dans la nature un étalon invariable. En 1735, Mairan proposa d'adopter la grandeur du pendule simple qui bat les secondes sous la latitude de Paris, et qui est, selon lui, de 3 pieds, 8 lignes, 57 centièmes. Ce vœu de la science et de la raison souleva contre lui les partisans intéressés de la diversité des mesures. (*Voyez* les mémoires de l'Académie des Sciences, année 1747).

La Société économique de Berne a reconnu, dans ses mémoires pour 1770, que cette différence était aussi incommode dans la société que la diversité des langues.

D'ailleurs, outre la bigarrure inconcevable des anciennes mesures de superficie, que de difficultés dans les opérations ! on mesurait une surface en toises et parties de toise carrée. La toise carrée contenait 36 pieds carrés ; le pied carré 144 pouces carrés, et le pouce carré 144 lignes carrées ; de manière qu'il fallait diviser le total des lignes par 144 pour trouver des pouces, le total des pouces par le même nombre pour avoir des pieds, et le total de ceux-ci par 36 pour avoir des toises : opérations compliquées et fort délicates, dont les inconvénients devenaient très-graves par l'impéritie des arpenteurs. Et de combien de procès, de combien de ruines n'a pas été cause cette étrange incertitude des mesures dans un même pays soumis aux mêmes lois !

Rendons grâces au génie et à la puissance qui se sont réunis pour remédier de concert à cette confusion.

Les mesures de superficie peuvent se diviser en deux classes, mesures de surface et mesures agraires.

La toise, le pied, le pouce, etc., étaient autrefois les éléments des mesures de surface ; ils sont remplacés par le mètre carré et ses fractions. Mais on a besoin encore de connaître, d'une manière précise, leurs rapports mutuels : c'est l'objet du présent chapitre.

Le mètre carré est une surface qui a un mètre de longueur et un mètre de largeur. Pour mesurer des petites surfaces, on emploiera les décimètres, centimètres et millimètres carrés ; de même que, pour les surfaces étendues, on peut se servir des multiples du mètre. Mais il est une observation essentielle qui tient à la planimétrie et qu'il ne faut pas oublier : c'est que le mètre carré et ses multiples ou sous-multiples ne conservent pas entre eux les rapports que leurs noms semblent indiquer. Le décimètre carré et le mètre carré ne sont pas dans la proportion de 1 à 10, mais de 1 à 100. Il faut considérer toutes ces mesures comme des unités particulières dont chacune

TABLEAU DE CONVERSION

des centièmes d'unité des anciennes mesures de longueur en leurs subdivisions respectives,

SAVOIR :

CONVERSION DES CENTIÈMES DE TOISE en pieds, pouces et lignes.

Centièmes.	Pieds.	Pouces.	Lignes.	Centièmes.	Pieds.	Pouces.	Lignes.
1	»	»	9	51	3	»	9
2	»	1	5	52	3	1	5
3	»	2	2	53	3	2	2
4	»	2	11	54	3	2	11
5	»	3	7	55	3	3	7
6	»	4	3	56	3	4	3
7	»	5	1	57	3	5	1
8	»	5	9	58	3	5	9
9	»	6	6	59	3	6	6
10	»	7	2	60	3	7	2
11	»	7	11	61	3	7	11
12	»	8	8	62	3	8	8
13	»	9	4	63	3	9	4
14	»	10	1	64	3	10	1
15	»	10	10	65	3	10	10
16	»	11	6	66	3	11	6
17	1	0	3	67	4	0	3
18	1	0	11	68	4	0	11
19	1	1	8	69	4	1	8
20	1	2	5	70	4	2	5
21	1	3	1	71	4	3	1
22	1	3	10	72	4	3	10
23	1	4	7	73	4	4	7
24	1	5	3	74	4	5	3
25	1	6	0	75	4	6	0
26	1	6	9	76	4	6	9
27	1	7	5	77	4	7	5
28	1	8	2	78	4	8	2
29	1	8	11	79	4	8	11
30	1	9	7	80	4	9	7
31	1	10	4	81	4	10	4
32	1	11	1	82	4	11	1
33	1	11	9	83	4	11	9
34	2	0	6	84	5	»	6
35	2	1	2	85	5	1	2
36	2	1	11	86	5	1	11
37	2	2	8	87	5	2	8
38	2	3	4	88	5	3	4
39	2	4	1	89	5	4	1
40	2	4	10	90	5	4	10
41	2	5	6	91	5	5	6
42	2	6	3	92	5	6	3
43	2	6	11	93	5	6	11
44	2	7	8	94	5	7	8
45	2	8	5	95	5	8	5
46	2	9	1	96	5	9	1
47	2	9	10	97	5	9	10
48	2	10	7	98	5	10	7
49	2	11	3	99	5	11	3
50	3	0	0	100	6 pieds ou 1 toise.		

CONVERSION DES CENTIÈMES DE PIED en pouces, lignes et points.

Centièmes.	Pouces.	Lignes.	Points.	Centièmes.	Pouces.	Lignes.	Points.
1	»	1	5	51	6	1	5
2	»	2	11	52	6	2	11
3	»	4	4	53	6	4	4
4	»	5	9	54	6	5	9
5	»	7	2	55	6	7	2
6	»	8	8	56	6	8	8
7	»	10	1	57	6	10	1
8	»	11	6	58	6	11	6
9	1	0	0	59	7	0	0
10	1	2	5	60	7	2	5
11	1	3	10	61	7	3	10
12	1	5	3	62	7	5	3
13	1	6	9	63	7	6	9
14	1	8	2	64	7	8	2
15	1	9	7	65	7	9	7
16	1	10	0	66	7	11	0
17	2	0	6	67	8	0	6
18	2	1	11	68	8	1	11
19	2	2	4	69	8	3	4
20	2	3	10	70	8	4	10
21	2	6	3	71	8	6	3
22	2	7	8	72	8	7	8
23	2	9	1	73	8	9	6
24	2	10	7	74	8	10	7
25	3	0	0	75	9	0	0
26	3	1	5	76	9	1	5
27	3	2	11	77	9	2	11
28	3	4	4	78	9	4	4
29	3	5	9	79	9	5	9
30	3	7	2	80	9	7	2
31	3	8	8	81	9	8	8
32	3	10	1	82	9	10	1
33	3	11	6	83	9	11	6
34	4	0	0	84	10	1	0
35	4	2	5	85	10	2	5
36	4	3	10	86	10	3	10
37	4	5	3	87	10	5	3
38	4	6	9	88	10	6	9
39	4	8	2	89	10	8	2
40	4	9	7	90	10	9	7
41	4	11	0	91	10	11	0
42	5	0	6	92	11	0	6
43	5	1	11	93	11	1	11
44	5	3	4	94	11	3	4
45	5	4	10	95	11	4	10
46	5	6	3	96	11	6	3
47	5	7	8	97	11	7	8
48	5	9	1	98	11	9	1
49	5	10	7	99	11	10	7
50	6	0	0	100	12 ou 1 pied.		

CONVERSION DES CENTIÈMES D'AUNE en trente-deuxièmes et dixièmes de trente-deuxièmes.

Centièmes.	Trente-deuxièmes d'aune.	Dixièmes de trente-deuxièmes.	Centièmes.	Trente-deuxièmes d'aune.	Dixièmes de trente-deuxièmes.
1	»	3	51	16	3
2	»	6	52	16	6
3	1	0	53	17	0
4	1	3	54	17	3
5	1	6	55	17	6
6	1	9	56	17	9
7	2	2	57	18	2
8	2	6	58	18	6
9	2	9	59	18	9
10	3	2	60	19	2
11	3	5	61	19	5
12	3	8	62	19	8
13	4	2	63	20	2
14	4	5	64	20	5
15	4	8	65	20	8
16	5	1	66	21	1
17	5	4	67	21	4
18	5	8	68	21	8
19	6	1	69	22	1
20	6	4	70	22	4
21	6	7	71	22	7
22	7	0	72	23	0
23	7	4	73	23	4
24	7	7	74	23	7
25	8	0	75	24	0
26	8	3	76	24	3
27	8	6	77	24	6
28	9	0	78	25	0
29	9	3	79	25	3
30	9	6	80	25	6
31	9	9	81	25	9
32	10	2	82	26	2
33	10	6	83	26	6
34	10	9	84	26	9
35	11	2	85	27	2
36	11	5	86	27	5
37	11	8	87	27	8
38	12	2	88	28	2
39	12	5	89	28	5
40	12	8	90	28	8
41	13	1	91	29	1
42	13	4	92	29	4
43	13	8	93	29	8
44	14	1	94	30	1
45	14	4	95	30	4
46	14	7	96	30	7
47	15	»	97	31	»
48	15	4	98	31	4
49	15	7	99	31	7
50	16	»	100	32 ou 1 aune.	

CONVERSION DES CENTIÈMES DE CANNE, VARRE, BRASSE-MARINE, en quarante-huitièmes d'unité et dixièmes de quarante-huitièmes.

Centièmes.	Quarante-huitièmes d'unité.	Dixièmes de quarante-huitièmes.	Centièmes.	Quarante-huitièmes d'unité.	Dixièmes de quarante-huitièmes.
1	»	5	51	24	5
2	1	0	52	25	0
3	1	4	53	25	4
4	1	9	54	25	9
5	2	4	55	26	4
6	2	9	56	26	9
7	3	4	57	27	4
8	3	8	58	27	8
9	4	3	59	28	3
10	4	8	60	28	9
11	5	3	61	29	3
12	5	8	62	29	8
13	6	2	63	30	2
14	6	7	64	30	7
15	7	2	65	31	2
16	7	7	66	31	7
17	8	2	67	32	2
18	8	6	68	32	6
19	9	1	69	33	1
20	9	6	70	33	6
21	10	1	71	34	1
22	10	6	72	34	6
23	11	0	73	35	0
24	11	5	74	35	5
25	12	0	75	36	0
26	12	5	76	36	5
27	13	0	77	37	0
28	13	4	78	37	4
29	13	9	79	37	9
30	14	4	80	38	4
31	14	9	81	38	9
32	15	4	82	39	4
33	15	8	83	39	8
34	16	3	84	40	3
35	16	8	85	40	8
36	17	3	86	41	3
37	17	8	87	41	8
38	18	2	88	42	2
39	18	7	89	42	7
40	19	2	90	43	2
41	19	7	91	43	7
42	20	2	92	44	2
43	20	6	93	44	6
44	21	1	94	45	1
45	21	6	95	45	6
46	22	1	96	46	1
47	22	6	97	46	6
48	23	»	98	47	»
49	23	5	99	47	5
50	24	»	100	48 ou 1 unité.	

CONVERSION DES CENTIÈMES DE BAS, PIC, etc., en seizièmes d'unité et dixièmes de seizièmes.

Centièmes.	Seizièmes d'unité.	Dixièmes de seizièmes.	Centièmes.	Seizièmes d'unité.	Dixièmes de seizièmes.
1	»	2	51	8	2
2	»	3	52	8	3
3	»	5	53	8	5
4	»	6	54	8	6
5	»	8	55	8	8
6	1	0	56	9	0
7	1	1	57	9	1
8	1	3	58	9	3
9	1	4	59	9	4
10	1	6	60	9	6
11	1	8	61	9	8
12	1	9	62	9	9
13	2	1	63	10	1
14	2	2	64	10	2
15	2	4	65	10	4
16	2	6	66	10	6
17	2	7	67	10	7
18	2	9	68	10	9
19	3	0	69	11	0
20	3	2	70	11	2
21	3	4	71	11	4
22	3	5	72	11	5
23	3	7	73	11	7
24	3	8	74	11	8
25	4	0	75	12	0
26	4	2	76	12	2
27	4	3	77	12	3
28	4	5	78	12	5
29	4	6	79	12	6
30	4	8	80	12	8
31	5	0	81	13	0
32	5	1	82	13	1
33	5	3	83	13	3
34	5	4	84	13	4
35	5	6	85	13	6
36	5	8	86	13	8
37	5	9	87	13	9
38	6	1	88	14	1
39	6	2	89	14	2
40	6	4	90	14	4
41	6	6	91	14	6
42	6	7	92	14	7
43	6	9	93	14	9
44	7	0	94	15	»
45	7	2	95	15	2
46	7	4	96	15	4
47	7	5	97	15	5
48	7	7	98	15	7
49	7	8	99	15	8
50	8	»	100	16 ou 1 unité.	

CHAPITRE TROISIÈME.

MESURES DE SUPERFICIE

OU CARRÉES.

Table comparative.		Réduction des toises carrées en mètres carrés.	Réduction des mètres carrés en toises carrées.
10000		37987435	2632494
20000		75974871	5264987
30000		113962306	7897480
40000		151949742	10529974
50000	Paris.	189937177	13162468
60000		227924612	15794962
70000		265912048	18427455
80000		303899483	21059949
90000		341886919	23692442

Table comparative.		Réduction des pieds carrés en mètres carrés.	Réduction des mètres carrés en pieds carrés.
10000		1055207	94768175
20000		2110413	189536349
30000		3165620	284304524
40000		4220826	379072698
50000	Paris.	5276033	473840873
60000		6331239	568609048
70000		7386446	663377222
80000		8441653	758145397
90000		9496859	852913571

Table comparative.		Réduction des pieds carrés en decimètres carrés.	Réduction des décimètres carrés en pieds carrés.
10000		1055207	947682
20000		2110413	1895363
30000		3165620	2843045
40000		4220826	3790727
50000	Paris	5276033	4738409
60000		6331239	5686090
70000		7386446	6633772
80000		8441653	7581454
90000		9496859	8529136

Table comparative.		Réduction des pouces carrés en centimètres carrés.	Réduction des centimètres carrés en pouces carrés.
10000		7328	1364662
20000		14656	2729323
30000		21983	4093985
40000		29311	5458647
50000	Paris	36639	6823309
60000		43967	8187970
70000		51295	9552632
80000		58623	10917294
90000		65950	12281955

CHAPITRE III. — Mesures de superficie.

Table comparative.		Réduction des lignes carrées en millimètres carrés.	Réduction des millimètres carrés en lignes carrées.
10000	*Paris.*	51	1965113
20000		102	3930226
30000		153	5895339
40000		204	7860451
50000		254	9825564
60000		305	11790677
70000		356	13755790
80000		407	15720903
90000		458	17686016

Table comparative.		Réduction des pouces carrés en mètres carrés.	Réduction des lignes carrées en mètres carrés.
10000	*Paris.*	7328	509
20000		14656	1018
30000		21983	1527
40000		29311	2036
50000		36639	2544
60000		43967	3053
70000		51295	3562
80000		58623	4071
90000		65950	4580

Table comparative.		Réduction des toises-pieds en mètres carrés.	Réduction des toises-pouces en mètres carrés.
10000	*Paris.*	6331239	527603
20000		12662478	1055207
30000		18993718	1582810
40000		25324957	2110413
50000		31656196	2638016
60000		37987435	3165620
70000		44318675	3693223
80000		50649914	4220826
90000		56981153	4748429

Table comparative.		Réduction des toises-lignes en mètres carrés.	Réduction des toises-points en mètres carrés.
10000	*Paris.*	43967	3664
20000		87934	7328
30000		131901	10992
40000		175868	14656
50000		219835	18320
60000		263802	21983
70000		307769	25647
80000		351736	29311
90000		395702	32975

MESURES AGRAIRES

LES PLUS USITÉES EN FRANCE.

Table comparative.		Réduction des arpents en hectares.	Réduction des hectares en arpents.
10000	*France.* Perches de 18 pieds.	3418869	29249437
20000		6837739	58498873
30000		10256608	87748310
40000		13675477	116997746
50000		17094346	146247183
60000		20513216	175496620
70000		23932085	204746056
80000		27350954	233995493
90000		30769823	263244929

Table comparative.		Réduction des arpents en hectares.	Réduction des hectares en arpents.
10000	*France.* Perches de 19 p. 4 p.	3942768	25362894
20000		7885535	50725788
30000		11828303	76088682
40000		15771071	101451576
50000		19713839	126814470
60000		23656606	152177364
70000		27599374	177540258
80000		31542142	202903152
90000		35494909	228266046

Table comparative.		Réduction des arpents en hectares.	Réduction des hectares en arpents.
10000	*France.* Perches de 20 pieds.	4220826	23692044
20000		8441653	47384087
30000		12662479	71076131
40000		16883305	94768175
50000		21104131	118460218
60000		25324958	142152262
70000		29545784	165844306
80000		33766610	189536349
90000		37987436	213228393

Table comparative.		Réduction des arpents en hectares.	Réduction des hectares en arpents.
10000	*France.* Perches de 22 pieds.	5107200	19580201
20000		10214400	39160403
30000		15321599	58740604
40000		20428799	78320805
50000		25535999	97901007
60000		30643199	117481208
70000		35750398	137061410
80000		40857598	156641611
90000		45964798	176221812

MESURES AGRAIRES

DES

VILLES ÉTRANGÈRES.

Table comparative.		Réduction des morgen en mètres.	Réduction des mètres en morgen.
10000	*Amsterdam.*	8126779	1230
20000		16253558	2461
30000		24380337	3691
40000		32507116	4922
50000		40633894	6152
60000		48760673	7383
70000		56887472	8613
80000		65014231	9844
90000		73141010	11074

Table comparative.		Réduction des acres en mètres.	Réduction des mètres en acres.
10000	*Angleterre.*	4039753	2475
20000		8079506	4951
30000		12119258	7426
40000		16159011	9902
50000		20198764	12377
60000		24238517	14852
70000		28278270	17328
80000		32318023	19803
90000		36357775	22279

Table comparative.		Réduction des acres en mètres.	Réduction des mètres en acres.
10000	*Angleterre.*	1009938	9902
20000		2019876	19803
30000		3029815	29705
40000		4039753	39606
50000		5049691	49508
60000		6059629	59410
70000		7069567	69311
80000		8079506	79213
90000		9089444	89114

Table comparative.		Réduction des jucharts en mètres.	Réduction des mètres en jucharts.
10000	*Basle.*	3187357	3137
20000		6374714	6275
30000		9562071	9412
40000		12749428	12549
50000		15936785	15687
60000		19124142	18824
70000		22311499	21962
80000		25498856	25099
90000		28686213	28237

Chapitre III. — Mesures agraires.

Table comparative.		Réduction des morgen en mètres.	Réduction des mètres en morgen.
10000	*Berlin.*	5773951	1732
20000		11547902	3464
30000		17321854	5196
40000		23095805	7928
50000		28869756	8660
60000		34643707	10391
70000		40417659	12123
80000		46191610	13855
90000		51965561	15587
Table comparative.		Réduction des morgen en mètres.	Réduction des mètres en morgen.
10000	*Berlin.*	2553283	3917
20000		5106567	7833
30000		7659850	11750
40000		10213133	15666
50000		12766416	19583
60000		15319699	23499
70000		17872982	27416
80000		20426265	31332
90000		22979549	35249
Table comparative.		Réduction des morgen en mètres.	Réduction des mètres en morgen.
10000	*Berne.* Mesure de campagne.	2687506	3721
20000		5375012	7442
30000		8062518	11163
40000		10750024	14884
50000		13437530	18605
60000		16125036	22326
70000		18812542	26046
80000		21500048	29767
90000		24187554	33488
Table comparative.		Réduction des jucharts en mètres.	Réduction des mètres en jucharts.
10000	*Berne.* Mesure de bois.	3869970	2584
20000		7739940	5168
30000		11609910	7752
40000		15479880	10336
50000		19349850	12920
60000		23219820	15504
70000		27089790	18088
80000		30959760	20672
90000		34829730	23256
Table comparative.		Réduction des psluge en mètres.	Réduction des mètres en psluge.
10000	*Danemarck.*	17653184	566
20000		35306367	1133
30000		52959551	1699
40000		70612735	2266
50000		88265919	2832
60000		105919102	3399
70000		123572286	3965
80000		141225470	4532
90000		158878654	5098

Chapitre III. — Mesures agraires.

Table comparative.		Réduction des morgen en mètres.	Réduction des mètres en morgen.
10000	*Dantzick.*	5557562	1799
20000		11115124	3599
30000		16672686	5398
40000		22230248	7197
50000		27787810	8997
60000		33345372	10796
70000		38902934	12595
80000		44460495	14395
90000		50018057	16194

Table comparative.		Réduction des acres en mètres.	Réduction des mètres en acres.
10000	*Ecosse.*	5145715	1943
20000		10291430	3887
30000		15437144	5830
40000		20582859	7773
50000		25728574	9717
60000		30874289	11660
70000		36020004	13604
80000		41165719	15547
90000		46311433	17490

Table comparative.		Réduction des morgen en mètres.	Réduction des mètres en morgen.
10000	*Erfurt.*	2622294	3813
20000		5244588	7627
30000		7866881	11440
40000		10489175	15254
50000		13111469	19067
60000		15733763	22881
70000		18356057	26694
80000		20978351	30508
90000		23600645	34321

Table comparative.		Réduction des toësas en mètres.	Réduction des mètres en toësas.
10000	*Espagne (Brazas).*	3384578	2955
20000		6769156	5919
30000		10153734	8874
40000		13538312	11828
50000		16922890	14783
60000		20307468	17737
70000		23692046	20692
80000		27076624	23647
90000		30461202	26601

Table comparative.		Réduction des soccate en mètres.	Réduction des mètres en soccàte.
10000	*Florence.* Soccate.	4957994	2017
20000		9915987	4034
30000		14873981	6051
40000		19831974	8068
50000		24789968	10085
60000		29747961	12102
70000		34705955	14119
80000		39663949	16136
90000		44621942	18152

Chapitre III. — Mesures agraires.

Table comparative.		Réduction des stajoli en mètres.	Réduction des mètres en stajoli.
10000	*Florence.*	495736	20172
20000		991472	40344
30000		1487208	60516
40000		1982944	80688
50000		2478680	100860
60000		2974416	121032
70000		3470152	141204
80000		3965888	161976
90000		4461624	181548

Table comparative.		Réduction des arpents en mètres.	Réduction des mètres en arpents.
10000	*France.* Perche de 18 pieds.	3418869	2925
20000		6837739	5850
30000		10256608	8775
40000		13675477	11790
50000		17094346	14625
60000		20513216	17550
70000		23932085	20475
80000		27350954	23400
90000		30769823	26324

Table comparative.		Réduction des arpents en mètres.	Réduction des mètres en arpents.
10000	*France.* Perche de 22 pieds.	5107200	1958
20000		10214400	3916
30000		15321599	5874
40000		20428800	7832
50000		25535999	9790
60000		30643199	11748
70000		35750398	13706
80000		40857598	15664
90000		45964798	17622

Table comparative.		Réduction des arpents en mètres.	Réduction des mètres en arpents.
10000	*France.* Perche de 20 pieds.	4220826	2369
20000		8441653	4738
30000		12662479	7108
40000		16883305	9477
50000		21104131	11846
60000		25324958	14215
70000		29545784	16584
80000		33766610	18954
90000		37987436	21323

Table comparative.		Réduction des morgen en mètres.	Réduction des mètres en morgen.
10000	*Franconie.*	3631388	2754
20000		7262776	5508
30000		10894164	8261
40000		14525551	11015
50000		18156939	13769
60000		21788327	16523
70000		25419715	19276
80000		29051103	22030
90000		32682491	24784

Chapitre III. — Mesures agraires.

Table comparative.		Réduction des journées en mètres.	Réduction des mètres en journées.
10000	*Genève.*	5166291	1936
20000		10332583	3871
30000		15498874	5807
40000		20665165	7742
50000		25831457	9678
60000		30997748	11614
70000		36164039	13549
80000		41330331	15485
90000		46496622	17421

Table comparative.		Réduction des morgen en mètres.	Réduction des mètres en morgen.
10000	*Hambourg.*	12607291	793
20000		25214583	1586
30000		37821874	2380
40000		50429166	3173
50000		63036457	3966
60000		75643749	4759
70000		88251040	5552
80000		100858331	6346
90000		113465623	7139

Table comparative.		Réduction des morgen en mètres.	Réduction des mètres en morgen.
10000	*Hanôvre.*	2601401	3844
20000		5202801	7688
30000		7804202	11532
40000		10405603	15376
50000		13007004	19220
60000		15608404	23064
70000		18209805	26909
80000		20811206	30753
90000		23412607	34597

Table comparative.		Réduction des morgen en mètres.	Réduction des mètres en morgen.
10000	*Hildesheim.*	2409459	4150
20000		4818917	8301
30000		7228376	12451
40000		9637835	16601
50000		12047293	20752
60000		14456752	24902
70000		16866211	29052
80000		19275669	33202
90000		21685128	37353

Table comparative.		Réduction des acres en mètres.	Réduction des mètres en acres.
10000	*Irlande.*	6543758	1528
20000		13087516	3056
30000		19631274	4585
40000		26175032	6113
50000		32718790	7641
60000		39262548	9169
70000		45806306	10697
80000		52350064	12225
90000		58893822	13754

Chapitre III. — Mesures agraires.

Table comparative.		Réduction des journaux en mètres.	Réduction des mètres en journaux.
10000	*Lorraine.*	2051955	4873
20000		4103909	9747
30000		6155864	14620
40000		8207819	19494
50000		10259773	24367
60000		12311728	29240
70000		14363683	34114
80000		16415637	38987
90000		18467592	43861

Table comparative.		Réduction des morgen en mètres.	Réduction des mètres en morgen.
10000	*Nuremberg.*	886585	11279
20000		1773169	22558
30000		2659754	33838
40000		3546338	45117
50000		4432923	56396
60000		5319507	67675
70000		6206092	78955
80000		7092676	90234
90000		7979261	101513

Table comparative.		Réduction des morgen en mètres.	Réduction des mètres en morgen.
10000	*Rhin.* Mesure de campagne.	1702154	5875
20000		3404307	11750
30000		5106461	17625
40000		6808615	23500
50000		8510769	29375
60000		10212922	35249
70000		11915076	41124
80000		13617230	46999
90000		15319383	52874

Table comparative.		Réduction des morgen en mètres.	Réduction des mètres en morgen.
10000	*Rhin.* Mesure de bois.	2269538	4406
20000		4539077	8812
30000		6808615	13219
40000		9078153	17625
50000		11347691	22031
60000		13617230	26437
70000		15886768	30843
80000		18156306	35249
90000		20425845	39656

Table comparative.		Réduction des morgen en mètres.	Réduction des mètres en morgen.
10000	*Rhin.* Mesure de vignes.	1576057	6345
20000		3152113	12690
30000		4728170	19035
40000		6304226	25380
50000		7880283	31725
60000		9456339	38070
70000		11032396	44415
80000		12608452	50760
90000		14184509	57104

Chapitre III. — Mesures agraires.

Table comparative.		Réduction des thauen en mètres.	Réduction des mètres en thauen.
10000	*Rhin.*	1276694	7833
20000		2553389	15665
30000		3830083	23498
40000		5106778	31331
50000		6383472	39164
60000		7660167	46996
70000		8936861	54829
80000		10213555	62662
90000		11490249	70495

Table comparative.		Réduction des jucharte en mètres.	Réduction des mètres en jucharte.
10000	*Rhin.*	851130	11749
20000		1702259	23498
30000		2553389	35247
40000		3404518	46996
50000		4255648	58745
60000		5106778	70495
70000		5957907	82244
80000		6809037	93993
90000		7660167	105742

Table comparative.		Réduction des dessactine en mètres.	Réduction des mètres en dessactine.
10000	*Russie.*	11584374	863
20000		23168748	1726
30000		34753123	2590
40000		46337497	3453
50000		57921871	4316
60000		69506245	5179
70000		81090620	6043
80000		92674994	6906
90000		104259368	7769

Table comparative.		Réduction des acker en mètres.	Réduction des mètres en acker.
10000	*Saxe.*	551349	1814
20000		1102698	3628
30000		1654046	5441
40000		2205395	7255
50000		2756744	9069
60000		3308093	10883
70000		3859441	12696
80000		4410790	14510
90000		4962139	16324

Table comparative.		Réduction des morgen en mètres.	Réduction des mètres en morgen.
10000	*Saxe.* Mesure de Dresde.	2756622	3628
20000		5513243	7255
30000		8269865	10883
40000		11026487	14511
50000		13783108	18138
60000		16539730	21766
70000		19296351	25393
80000		22052973	29021
90000		24809595	32649

Chapitre III. — Mesures agraires.

Table comparative.		Réduction des rhuttes en mètres.	Réduction des mètres en rhuttes.
10000	*Silésie.*	18578	538265
20000		37156	1076527
30000		55735	1614790
40000		74313	2153053
50000		92891	2691317
60000		111470	3229580
70000		130048	3767843
80000		148626	4306107
90000		167204	4844370

Table comparative.		Réduction des arpents en mètres.	Réduction des mètres en arpents.
10000	*Strasbourg.*	2022198	4945
20000		4044396	9890
30000		6066594	14835
40000		8088791	19780
50000		10110989	23726
60000		12133187	28671
70000		14155385	33616
80000		16177583	38561
90000		18199781	43506

Table comparative.		Réduction des tuna en mètres.	Réduction des mètres en tuna.
10000	*Suède.*	4935412	2026
20000		9870824	4052
30000		14806236	6079
40000		19741649	8105
50000		24677061	10131
60000		29612473	12157
70000		34547885	14183
80000		39483297	16209
90000		44418709	18236

Table comparative.		Réduction des faux en mètres.	Réduction des mètres en faux.
10000	*Suisse.*	6567500	1523
20000		13135000	3045
30000		19702500	4568
40000		26270001	6091
50000		32837501	7613
60000		39405001	9136
70000		45972501	10659
80000		52540001	12181
90000		59107501	13704

Table comparative.		Réduction des morgen en mètres.	Réduction des mètres en morgen
10000	*Suisse, dite Poses.*	3283803	3045
20000		6567606	6090
30000		9851408	9136
40000		13135211	12181
50000		16419014	15226
60000		19702817	18271
70000		22986620	21317
80000		26270423	24362
90000		29554225	27407

Chapitre III. — Mesures agraires.

Table comparative.		Réduction des rhuttes en mètres.	Réduction des mètres en rhuttes.
10000	*Suisse, dite perches carrées.*	15097	662392
20000		30194	1324784
30000		45290	1987176
40000		60387	2649568
50000		75484	3311960
60000		90581	3974352
70000		105678	4636744
80000		120774	5299136
90000		135871	5961528

Table comparative.		Réduction des poses en mètres.	Réduction des mètres en poses.
10000	*Vaux* (pays de).	3483026	2871
20000		6966052	5742
30000		10449077	8613
40000		13932103	11484
50000		17415129	14355
60000		20898155	17226
70000		24381181	20097
80000		27864207	22969
90000		31347232	25840

Table comparative.		Réduction des arpents en mètres.	Réduction des mètres en arpents.
10000	*Vaux* (pays de).	2687400	3721
20000		5374800	7442
30000		8062200	11163
40000		10749600	14884
50000		13437000	18605
60000		16124400	22326
70000		18811801	26047
80000		21499201	29769
90000		24186601	33490

Table comparative.		Réduction des jochen en mètres.	Réduction des mètres en jochen.
10000	*Vienue.* (Autriche)	5909163	1692
20000		11818327	3385
30000		17727490	5077
40000		23636653	6769
50000		29545817	8461
60000		35454980	0154
70000		41364144	11846
80000		47273307	13538
90000		53182470	15231

Table comparative.		Réduction des morgen en mètres.	Réduction des mètres en morgen.
10000	*Vittemberg.* Mesure longue.	5673951	1762
20000		11347902	3525
30000		17021854	5287
40000		22695805	7050
50000		28369756	8812
60000		34043707	10575
70000		39717658	12337
80000		45391610	14100
90000		51065561	15862

Chapitre III. — Mesures agraires.

Table comparative.		Réduction des morgen en mètres.	Réduction des mètres en morgen.
10000	*Vittemberg.* Mesure courte.	3324639	3008
20000		6649279	6016
30000		9973918	9024
40000		13298557	12031
50000		16623197	15039
60000		19947836	18047
70000		23272475	21055
80000		26597115	24063
90000		29921754	27071

Table comparative.		Réduction des jucharts en mètres.	Réduction des mètres en jucharts.
10000	*Zurich.*	3261538	3066
20000		6523076	6132
30000		9784614	9198
40000		13046152	12264
50000		16307690	15330
60000		19569228	18396
70000		22830766	21462
80000		26092304	24528
90000		29353842	27594

Table comparative.		Réduction des jucharts en mètres.	Réduction des mètres en jucharts.
10000	*Zurich* (Reben).	2880397	3472
20000		5760795	6943
30000		8641192	10415
40000		11521589	13887
50000		14401987	17359
60000		17282384	20830
70000		20162782	24302
80000		23043179	27774
90000		25923576	31246

Table comparative.		Réduction des jucharts en mètres.	Réduction des mètres en jucharts.
10000	*Zurich.* Mesure de bois.	3599470	2778
20000		7198941	5556
30000		10798411	8335
40000		14397881	11113
50000		17997352	13891
60000		21596822	16669
70000		25196292	19447
80000		28795763	22225
90000		32395232	25004

TABLEAU de Conversion des centièmes de Toise carrée en Pieds, Pouces et Lignes carrées.

Centièmes.	VALEUR EN Pieds carrés.	Pouces carrés.	Lignes carrées.	Centièmes.	VALEUR EN Pieds carrés.	Pouces carrés.	Lignes carrées.	Centièmes.	VALEUR EN Pieds carrés.	Pouces carrés.	Lignes carrées.
1		51	121	34	12	34	81	67	24	17	40
2		103	98	35	12	86	58	68	24	69	17
3	1	11	75	36	12	138	35	69	24	120	138
4	1	63	52	37	13	46	11	70	25	28	115
5	1	115	28	38	13	97	132	71	25	80	92
6	2	25	05	39	14	05	109	72	25	132	69
7	2	74	126	40	14	57	86	73	26	40	46
8	2	126	103	41	14	109	63	74	26	92	24
9	3	34	81	42	15	17	40	75	27	00	00
10	3	86	58	43	15	69	17	76	27	51	121
11	3	138	35	44	15	120	138	77	27	103	98
12	4	46	11	45	16	28	115	78	28	11	75
13	4	97	132	46	16	80	92	79	28	63	52
14	5	05	109	47	16	132	69	80	28	115	28
15	5	57	86	48	17	40	46	81	29	23	05
16	5	109	63	49	17	92	24	82	29	74	126
17	6	17	40	50	18	00	00	83	29	126	103
18	6	69	17	51	18	51	121	84	30	34	81
19	6	120	138	52	18	103	98	85	30	86	58
20	7	28	115	53	19	11	75	86	30	138	35
21	7	80	92	54	19	63	52	87	31	46	11
22	7	132	69	55	19	115	28	88	31	97	132
23	8	40	46	56	20	23	05	89	32	05	109
24	8	92	24	57	20	74	126	90	32	57	86
25	9	00	00	58	20	126	103	91	32	109	63
26	9	51	121	59	21	34	81	92	33	17	40
27	9	103	98	60	21	86	58	93	33	69	17
28	10	11	75	61	21	138	35	94	33	120	138
29	10	63	52	62	22	46	11	95	34	28	115
30	10	115	28	63	22	97	132	96	34	80	92
31	11	23	05	64	23	05	109	97	34	132	69
32	11	74	126	65	23	57	86	98	35	40	46
33	11	126	103	66	23	109	63	99	35	92	24

TABLEAU de Conversion des centièmes de Pied carré en Pouces, Lignes et Points carrés.

CENTIÈMES.	VALEUR EN			CENTIÈMES.	VALEUR EN			CENTIÈMES.	VALEUR EN		
	Pouces carrés.	Lignes carrées.	Points carrés.		Pouces carrés.	Lignes carrées.	Points carrés.		Pouces carrés.	Lignes carrées.	Points carrés.
1	1	63	52	34	48	139	35	67	96	69	17
2	2	126	104	35	50	58	86	68	97	122	69
3	4	46	12	36	51	121	138	69	99	51	121
4	5	109	63	37	53	41	46	70	100	115	29
5	7	28	115	38	54	104	98	71	102	34	81
6	8	92	23	39	56	24	06	72	103	97	132
7	10	11	75	40	57	87	58	73	105	17	40
8	11	74	127	41	59	00	109	74	106	80	92
9	12	138	35	42	60	69	17	75	108	00	00
10	14	57	86	43	61	132	69	76	109	63	52
11	15	120	138	44	63	51	121	77	110	126	104
12	17	40	46	45	64	115	29	78	112	46	12
13	18	103	98	46	66	34	81	79	113	109	63
14	20	23	06	47	67	97	132	80	115	28	115
15	21	86	58	48	69	17	40	81	116	92	23
16	23	06	109	49	70	80	92	82	118	11	75
17	25	69	17	50	72	00	00	83	119	75	127
18	26	132	69	51	73	63	52	84	120	139	35
19	27	51	121	52	74	126	104	85	122	58	86
20	28	115	29	53	76	46	12	86	123	121	138
21	30	34	81	54	77	109	63	87	125	41	46
22	31	97	132	55	79	28	115	88	126	104	98
23	33	17	40	56	80	92	23	89	128	24	06
24	34	80	92	57	82	11	75	90	129	87	58
25	36	00	00	58	83	74	127	91	131	06	109
26	37	63	52	59	84	138	35	92	132	69	17
27	38	126	104	60	86	57	86	93	133	132	69
28	40	46	12	61	87	120	138	94	135	51	121
29	41	109	63	62	89	40	46	95	136	115	29
30	43	28	115	63	90	103	98	96	138	34	81
31	44	92	23	64	92	23	06	97	139	97	132
32	46	11	75	65	93	86	58	98	141	17	40
33	47	75	127	66	95	06	109	99	142	80	92

TARIF

Pour servir à trouver l'expression décimale de l'unité des anciennes Mesures agraires, depuis le carré de 4 Pieds, jusqu'à celui de 14 Pieds, 5 Pouces.

ANCIENNE expression.		EXPRESSION décimale.			ANCIENNE expression.		EXPRESSION décimale.			ANCIENNE expression.		EXPRESSION décimale.		
Pieds.	Pouces.	Centiares.	Décimètres carrés.	Centimètres carrés.	Pieds.	Pouces.	Centiares.	Décimètres carrés.	Centimètres carrés.	Pieds.	Pouces.	Centiares.	Décimètres carrés.	Centimètres carrés.
4	»	1	68	83	7	6	5	93	55	11	»	12	76	80
	1	1	75	94		7	5	06	82		1	12	96	17
	2	1	83	20		8	6	20	23		2	13	10	78
	3	1	90	60		9	6	33	73		3	13	35	50
	4	1	98	04		10	6	47	49		4	13	54	85
	5	2	05	79		11	6	61	34		5	13	75	31
	6	2	08	68	8	»	6	75	33		6	13	95	51
	7	2	12	67		1	6	89	42		7	14	15	81
	8	2	29	73		2	7	03	76		8	14	36	25
	9	2	38	08		3	7	18	20		9	14	56	84
	10	2	46	51		4	7	32	78		10	14	77	58
	11	2	55	08		5	7	47	51		11	14	98	42
5	»	2	63	80		6	7	62	39	12	»	15	19	50
	1	2	72	67		7	7	77	36		1	15	40	67
	2	2	81	68		8	7	92	58		2	15	62	00
	3	2	85	79		9	8	07	89		3	15	83	42
	4	2	99	65		10	8	23	35		4	16	00	09
	5	3	09	60		11	8	38	91		5	16	26	85
	6	3	19	20	9	»	8	54	72		6	16	48	76
	7	3	28	90		1	8	70	62		7	16	70	82
	8	3	38	84		2	8	86	67		8	16	93	02
	9	3	48	88		3	9	02	86		9	17	15	62
	10	3	54	06		4	9	19	20		10	17	37	87
	11	3	69	40		5	9	35	64		11	17	60	51
6	»	3	79	87		6	9	46	82	13	»	17	83	30
	1	3	90	45		7	9	69	10		1	18	06	19
	2	4	01	27		8	9	86	03		2	18	24	32
	3	4	12	19		9	10	03	05		3	18	52	55
	4	4	23	26		10	10	14	18		4	18	73	92
	5	4	29	42		11	10	37	69		5	18	94	45
	6	4	45	82	10	»	10	55	21		6	19	23	11
	7	4	57	33		1	10	72	87		7	19	46	88
	8	4	68	98		2	10	90	67		8	19	70	39
	9	4	80	78		3	11	08	58		9	19	95	00
	10	4	92	72		4	11	26	73		10	20	19	25
	11	5	04	76		5	11	44	97		11	20	33	01
	»	5	17	05		6	11	63	36	14	»	20	68	20
	1	5	29	43		7	11	81	85		1	20	92	90
7	2	5	41	47		8	12	00	59		2	21	12	74
	3	5	54	59		9	12	19	42		3	21	42	63
	4	5	67	47		10	12	33	40		4	21	67	86
	5	5	75	44		11	12	57	53		5	21	88	09

TARIF

Pour servir à trouver l'expression décimale de l'unité des anciennes Mesures agraires, depuis le carré de 14 Pieds, 6 Pouces, jusqu'à celui de 24 Pieds.

ANCIENNE expression.		EXPRESSION décimale.			ANCIENNE expression.		EXPRESSION décimale.			ANCIENNE expression.		EXPRESSION décimale.		
Pieds.	Pouces.	Centiares.	Décimètres carrés.	Centimètres carrés.	Pieds.	Pouces.	Centiares.	Décimètres carrés.	Centimètres carrés.	Pieds.	Pouces.	Centiares.	Décimètres carrés.	Centimètres carrés.
14	6	22	18	50	17	8	32	88	42	20	10	45	79	89
	7	22	44	15		9	33	25	11		11	46	16	60
	8	22	64	57		10	33	55	35	21	»	46	53	46
	9	22	95	68		11	33	87	29		1	46	90	42
	10	23	21	75	18	»	34	18	86		2	47	27	62
	11	23	47	91		1	34	50	55		3	47	64	92
15	»	23	74	21		2	34	82	47		4	48	02	36
	1	24	00	67		3	35	09	50		5	48	39	90
	2	24	27	27		4	35	46	67		6	48	81	23
	3	24	53	97		5	35	78	50		7	49	15	58
	4	24	80	91		6	36	11	44		8	49	53	61
	5	25	07	95		7	36	44	00		9	49	91	79
	6	25	34	63		8	36	76	81		10	50	30	12
	7	25	19	91		9	37	09	71		11	50	68	53
	8	25	89	95		10	37	42	76	22	»	51	06	70
	9	26	17	57		11	37	75	90		1	51	45	96
	10	26	45	34	19	»	38	04	29		2	51	84	87
	11	26	73	26		1	38	42	78		3	52	23	88
16	»	26	96	64		2	38	71	42		4	52	63	14
	1	27	29	49		3	39	10	20		5	53	02	49
	2	27	57	90		4	39	44	13		6	53	36	98
	3	27	86	40		5	39	78	15		7	53	81	63
	4	28	15	06		6	40	33	55		8	54	16	42
	5	28	43	80		7	40	46	79		9	54	61	30
	6	28	72	80		8	40	80	80		10	55	08	76
	7	29	01	89		9	41	15	91		11	55	41	67
	8	29	31	13		10	41	50	77	23	»	55	82	04
	9	29	45	86		11	41	85	72		1	56	22	52
	10	29	90	04	20	»	42	20	83		2	56	63	23
	11	30	19	67		1	42	56	07		3	57	04	05
17	»	30	48	55		2	42	91	47		4	57	45	01
	1	30	79	52		3	43	26	96		5	57	81	12
	2	31	09	63		4	43	62	59		6	58	27	38
	3	31	39	85		5	43	98	52		7	58	68	73
	4	31	70	31		6	44	41	83		8	59	10	33
	5	32	00	87		7	44	70	58		9	59	52	02
	6	32	31	37		8	45	06	90		10	59	93	36
	7	32	62	42		9	45	43	32		11	60	35	80
										24	»	60	72	99

CHAPITRE QUATRIÈME.

MESURES DE SOLIDITÉ.

INSTRUCTION PRÉLIMINAIRE.

Un solide est un corps qui a trois dimensions : longueur, largeur, hauteur ou profondeur. Pour mesurer la solidité des corps, on les rapporte tous au solide le plus simple, ainsi que pour mesurer les surfaces on les rapporte toutes au carré. Or le solide le plus simple, c'est le cube, qui est à l'égard des solides ce que le carré est à l'égard des surfaces. Mesurer un solide n'est donc autre chose que chercher combien ce solide contient de cubes d'un volume déterminé.

Pour mesurer les solides, on se servait presque partout de la toise cube.

La toise cube contenait. . . . . 216 pieds cubes.
Le pied cube . . . . 1718 pouces cubes.
Le pouce cube . . . . 1728 lignes cubes.
La ligne cube. . . . . 1728 points cubes.

On divisait encore la toise cube en six solides égaux qui avaient tous une toise carrée de base sur un pied de hauteur, et l'on nommait ces solides pieds de toise cube ou toise-toise-pieds ; chaque pied de toise cube se divisait en 12 pouces de toise cube ou en douze toise-toise-pouces ; chaque pouce de toise cube en 12 lignes de toise cube ou en 12 toise-toise lignes ; et chaque ligne de toise cube en 12 points de toise cube ou en 12 toise-toise-points.

Ces subdivisions de la toise cube ne représentaient pas

des pieds, pouces et lignes cubes, mais des parallélipipèdes qui avaient tous la longueur et la largeur d'une toise, et l'épaisseur ou la hauteur d'un pied pour les toise-toise-pieds, d'un pouce pour les toise-toise-pouces, d'une ligne pour les toise-toise-lignes, et d'un point pour les toise-toise-points.

La toise-toise-pieds égalait.	36 pieds cubes.
La toise-toise-pouces. . . .	3 pieds cubes.
La toise-toise-lignes	$\frac{1}{4}$ pied cube ou 432 pouces cubes.
La toise-toise-points. . . .	$\frac{1}{48}$ pied cube ou 36 pouces cubes.

Dans quelques villes, au lieu de la toise cube, on se servait de la canne cube, du pan cube, etc., dont les valeurs, différentes encore suivant les lieux, pouvaient néanmoins être réduites en toises cubes ou fractions de toise cube, en connaissant le nombre de pieds ou pouces cubes qu'elles contenaient.

Le bois de charpente ne se mesurait pas partout à la toise cube, comme les ouvrages de maçonnerie; on le rapportait ordinairement à un solide de bois équarri contenant trois pieds cubes, que l'on nommait pièce ou solive. Sa longueur était de 6 pieds, sa largeur de 12 pouces, et son épaisseur de 6 pouces: ce qui fait 3 pieds cubes ou 5184 pouces cubes.

Cette division de l'unité des anciennes mesures de solidité rendait les calculs extrêmement longs et aussi pénibles que peu sûrs.

Rien de plus simple aujourd'hui qu'une opération de cubage, au moyen du système décimal, et surtout avec le secours de mon Régulateur.

Un solide qui a un mètre de chaque côté s'appèle un mètre cube; appliqué au mesurage des bois de chauffage, il se nomme stère.

Un solide qui a un décimètre de chaque côté s'appèle un décimètre cube.

Un centimètre cube est un solide qui a un centimètre de chaque côté.

Un millimètre cube est un solide qui a un millimètre de chaque côté.

Le rapport de ces nouvelles mesures entre elles n'est plus ici de 1 à 10 ni de 1 à 100, comme dans les nombres simples, mais de 1 à 1000. Ainsi le mètre cube vaut mille décimètres cubes, le décimètre cube 1000 centimètres cubes, le centimètre cube mille millimètres cubes. C'est pourquoi le Régulateur, qui sert pour les tables de ce chapitre, renferme trois chiffres dans chaque case des fractions.

Il n'y a point de mesure de solide au-dessus du stère ou mètre cube. On peut cependant se servir, dans l'expression, du décastère, égal à dix stères, unité de compte très-commode pour l'évaluation des grandes quantités de bois.

Le stère se divise en dix décistères, le décistère en dix centistères, et le centistère en dix millistères. Mais cette mesure n'est employée que pour le bois de chauffage. Les bois de charpente ou de construction, les ouvrages d'architecture ou de maçonnerie, etc., le volume des corps, se mesurent au mètre cube.

On trouvera donc, dans les tables de ce chapitre, 1° la réduction, en mètres cubes et en fractions du mètre cube, des toises, pieds et pouces cubes, *et vice versâ*, ainsi que la réduction simple, en mètres, des toise-toise-pieds, toise-toise-pouces, toise-toise-lignes et toise-toise-points; 2° la réduction en stères des cordes des eaux-et-forêts, et la réduction des stères en cordes des eaux-et-forêts; 3° la réduction des solives nouvelles en solives anciennes, *et vice versâ*.

Les avantages de ma méthode, et la manière d'opérer en ce chapitre à l'aide du Régulateur, étant les mêmes qu'aux chapitres précédents, je me dispenserai de citer des exemples. Il suffira de prévenir que dans la réduction des anciennes mesures en nouvelles, le Régulateur porte la dénomination des fractions qu'il faudra traduire, dans la réduction des nouvelles en anciennes, par dixièmes, centièmes, millièmes, etc.

Pour éviter l'embarras d'un grand nombre de décimales dans les opérations, on pourra retrancher des résultats les chiffres que présentera le Régulateur dans les deux dernières cases des fractions, en les négligeant tout-à-fait si la valeur des chiffres de la case du milieu est moindre de 500, ou en ajoutant une unité au dernier chiffre de la première case, si elle excède cette quantité.

Les personnes qui se contenteront d'une approximation aux centièmes pourront même se servir du Régulateur des nombres simples, tant pour la réduction des nombres que pour la comparaison des prix. Par ce moyen on n'aura pour résultats en fractions que des centièmes de toise, pied ou pouce, dont on trouvera la conversion exacte au premier coup-d'œil dans les tableaux respectifs qui suivent immédiatement les huit tables de ce chapitre (1).

Je terminerai les mesures de solidité par un tarif de cubage pour les bois équarris, qui sera d'une extrême utilité pour les charpentiers, constructeurs, et pour les administrations de la marine, de l'artillerie, des ponts et chaussées, etc.

---

(1) On observera que, pour la conversion des centièmes de pouce cube, il faut se servir du tableau de conversion des centièmes de pied cube, en reculant la valeur des chiffres de gauche à droite, c'est-à-dire que les chiffres placés dans la colonne des pouces représenteront des lignes; ceux placés dans la colonne des lignes représenteront des points, et on portera un centième de plus aux lignes, lorsque les chiffres de la colonne des points excéderont 864.

Il ne nous reste plus qu'à donner succinctement la méthode qu'on doit suivre pour mesurer les solides, afin de faciliter, aux personnes qui ne sont pas versées dans la science des mathématiques, l'entière intelligence de ce chapitre.

Les solides que l'on considère ordinairement sont les prismes, les cylindres, les pyramides, les cônes et la sphère.

Un prisme est un corps qui a une grosseur égale dans toute sa longueur, et dont les bases supérieure et inférieure sont des polygones entièrement égaux. Le prisme est droit, lorsque ses faces sont perpendiculaires à la base; il est oblique, lorsqu'elles sont inclinées à la base.

Le prisme et la pyramide prennent différents noms, suivant le nombre des côtés de la base. Si la base est un triangle, le prisme est appelé triangulaire; si c'est un pentagone, il est nommé pentagonal, etc. Il en est de même de la pyramide.

Il y a une espèce de prisme qu'on appèle parallélipipède; c'est celui dont la base est un parallélogramme. Lorsque la base du parallélipipède est un carré, et que sa hauteur est égale au côté du carré, on le nomme cube.

Le cylindre est un corps rond dont la grosseur est égale dans toute sa longueur, et dont les bases sont des cercles égaux. Il est droit, lorsque le point central d'une base est perpendiculaire au point central de l'autre; s'il est incliné, le cylindre est oblique.

Un cône est un corps qui finit en pointe, et dont la base est un cercle.

La sphère est un corps rond, dont tous les points de la surface sont à égale distance du centre.

Pour trouver la solidité d'un prisme quelconque, il faut multiplier la surface de la base par la hauteur.

On mesure une pyramide et un cône, en multipliant la surface de la base par le tiers de la hauteur.

On aura la solidité d'un cylindre droit ou oblique, si on multiplie le cercle de sa base par sa hauteur.

Multipliez la surface d'une sphère par le tiers de son rayon, et vous aurez sa solidité.

Les corps irréguliers peuvent se réduire en prismes ou en pyramides, de même que les surfaces irrégulières se réduisent en triangles. Prenez la somme de ces prismes ou pyramides, vous aurez la solidité du corps irrégulier.

Il est souvent très-difficile de réduire ainsi un corps irrégulier. Alors, s'il est petit, on peut le plonger dans un vase cubique ou d'une figure aisée à mesurer, et qui contienne une certaine quantité d'eau. Le corps fera monter un volume d'eau égal à sa grosseur. En multipliant la hauteur à laquelle l'eau sera montée par la surfaee de l'eau, le produit donnera la solidité du corps irrégulier.

On peut encore trouver la solidité des corps irréguliers par leurs poids, en supposant que l'on connaisse combien pèse un pied cube ou un décimètre cube de la même matière. Comme cette méthode peut être utile dans bien des circonstances, je terminerai cette instruction par un tarif de la pesanteur des matières les plus communes.

	Kilog.	Décag.	Dix-mill.
1 pied cube d'or pèse.	649	20	71
——— de vif-argent	463	37	60
——— de plomb	392	64	48
——— d'argent	352	81	14
——— de cuivre.	307	28	73
——— de fer	273	14	42
——— d'étain	252	64	61
——— d'eau de mer.	35	24	44
——— d'eau de rivière	34	14	31
——— de vin	33	50	04

	Kilog.	Décag.	Dix-mill.
1 pied cube d'huile pèse	31	32	83
——— de bois de chêne...	29	37	03
——— de bois de noyer...	20	43	69
1 pouce cube d'or..........		37	57
——— de vif-argent.....		26	82
——— de plomb		22	72
——— d'argent		20	42
——— de cuivre		17	78
——— de fer		15	81
——— d'étain		14	62
——— d'eau de mer.....		2	04
——— d'eau de rivière ...		1	97
——— de vin		1	94
——— d'huile		1	81
——— de bois de chêne...		1	70
——— de bois de noyer...		1	18

Nota. Le pied cube contient 1728 pouces cubes; par conséquent 3 hectogrammes, 7 décagrammes, 5 grammes, 7 décigrammes, sont la 1728e partie de 649 kilogrammes, comme 12 onces, 2 gros, 16 grains, poids de marc, de même que 14 onces, 5 gros, 64 grains, poids de la ville de Toulouse. J'ai pensé que cette particularité ferait plaisir aux amateurs, et même pourrait être utile dans plusieurs cas.

CHAPITRE QUATRIÈME.

MESURES DE SOLIDITÉ.

Table comparative.		Réduction des toises cubes en mètres cubes.	Réduction des mètres cubes en toises cubes.
10000	*Paris.*	74038881	1350642
20000		148077763	2701283
30000		222116644	4051925
40000		296155525	5402567
50000		370194407	6753208
60000		444233288	8103850
70000		518272169	9454492
80000		592311051	10805134
90000		666349932	12155775

Table comparative.		Réduction des pieds cubes en mètres cubes.	Réduction des mètres cubes en pieds cubes.
10000	*Paris.*	342773	291738519
20000		685545	583477037
30000		1028318	875215556
40000		1371091	1166954074
50000		1713863	1458692593
60000		2056636	1750431111
70000		2399409	2042169630
80000		2742182	2333908148
90000		3084954	2625646667

Table comparative.		Réduction des pieds cubes en décimètres cubes.	Réduction des décimètres cubes en pieds cubes.
10000	*Paris.*	342773	291739
20000		685545	583477
30000		1028318	875216
40000		1371091	1166954
50000		1713863	1458693
60000		2056636	1750431
70000		2399409	2042170
80000		2742182	2333908
90000		3084954	2625647

Table comparative.		Réduction des pouces cubes en centimètres cubes.	Réduction des centimètres cubes en pouces cubes.
10000	*Paris.*	198	504124
20000		397	1008248
30000		595	1512372
40000		793	2026497
50000		992	2520621
60000		1190	3024745
70000		1389	3528869
80000		1587	4032993
90000		178[illegible]	4537117

CHAPITRE IV. — Mesures de solidité.

Table comparative.		Réduction des toise-toise-pieds en mètres cubes.	Réduction des toise-toise-pouces en mètres cubes.
10000		12339814	1028318
20000		24679627	2056636
30000		37019441	3084953
40000		49359254	4113271
50000	*Paris.*	61699068	5141589
60000		74038881	6169907
70000		86378695	7198225
80000		98718508	8226542
90000		111058322	9254860

Table comparative.		Réduction des toise-toise-lignes en mètres cubes.	Réduction des toise-toise-points en mètres cubes.
10000		85693	7141
20000		171386	14282
30000		257079	21423
40000		342773	28564
50000	*Paris.*	428469	35705
60000		514159	42847
70000		699852	49988
80000		685545	57129
90000		771238	64270

Table comparative.		Réduction des cordes des eaux et forêts en stères.	Réduction des stères en cordes des eaux et forêts.
10000		38390000	2604845
20000		76780000	5209690
30000		115170000	7814536
40000		153560000	10419381
50000	*Paris.*	191950000	13024226
60000		230340000	15629071
70000		268730000	18223917
80000		307120000	20828762
90000		345510000	23433607

Table comparative.		Réduction des anciennes solives en solives décimales.	Réduction des solives décimales en anciennes solives.
10000		10283181	9724612
20000		20566362	19449225
30000		30849543	29173837
40000		41132724	38898450
50000	*Paris.*	51415905	48623062
60000		61699086	58347675
70000		71982267	68072287
80000		82265448	77796900
90000		92548629	87521512

CHAPITRE CINQUIÈME.

MESURES DE CAPACITÉ

POUR LES MATIÈRES SÈCHES.

INSTRUCTION PRÉLIMINAIRE.

Les mesures de capacité dérivent immédiatement du mètre. La contenance d'un vase quelconque, c'est-à-dire le vide formé par ses parois intérieures, peut être assimilé au solide qui le remplirait, et se mesure de même.

L'unité des nouvelles mesures s'appèle litre. Elle est égale à un décimètre cube, qui est son étalon invariable.

Le litre se divise en dix décilitres, le décilitre en dix centilitres, le centilitre en dix millilitres. Dans cette partie du nouveau système le litre a ses multiples comme le mètre, qui servent à exprimer des plus grandes contenances.

Le décalitre contient dix litres, l'hectolitre dix décalitres ou cent litres, le kilolitre dix hectolitres ou mille litres.

Il suit de là 1° que si le litre est égal à un décimètre cube, la mesure du décalitre sera un solide qui a dix décimètres de chaque côté; que celle de l'hectolitre sera un solide de cent décimètres cubes, et que le kilolitre aura le mètre cube pour étalon; 2° que pour réduire une quantité de litres en décalitres, de décalitres en hectolitres ou d'hectolitres en kilolitres, il suffira de la diviser par 10, comme dans l'opération inverse il suffira de la multiplier par ce nombre; 3° que les nouvelles mesures de capacité étant entr'elles dans le rapport de 1 à 10, on ne devra employer, sur les tables de ce chapitre, que le Régulateur des nombres simples, en observant de traduire convenablement les expressions génériques de dixièmes, centièmes, millièmes, dix-millièmes, qui désignent les fractions sur le Régulateur.

Dans la réduction des anciennes mesures en hectolitres, les dixièmes sont des décalitres, les centièmes des litres, les millièmes des décilitres, et les dix-millièmes des centilitres. Si l'unité de la comparaison est le décalitre, les dixièmes seront des litres, les centièmes des décilitres, les millièmes des centilitres, les dix-millièmes des dix-millilitres. Si la réduction s'opère en litres, comme pour la pinte de Paris, les dixièmes seront des décilitres, les centièmes des centilitres, les millièmes des millilitres, et les dix-millièmes des dix-millilitres.

La méthode abrégée que j'ai indiquée dans les chapitres précédents, et qui consiste à se borner dans les calculs à des centièmes d'unité qui sont déjà des évaluations suffisantes, peut être suivie dans ce chapitre sans aucun inconvénient, d'autant plus que, même dans l'ancien système, les fractions de même valeur à peu près étaient ordinairement négligées.

Les mesures de capacité servant à mesurer les grains ou matières sèches et les liquides, seront aussi distinguées.

Les premières tables de ce chapitre présenteront, à l'aide du Régulateur, la réduction réciproque des mesures pour les grains, anciennes et nouvelles, des villes de l'Europe les plus recommandables par leur commerce ou par les productions de leur sol, en commençant par celles de Paris qui sont le muid, le setier, le boisseau et le litron.

Les instructions précédentes me dispensent d'entrer dans de plus longs détails sur cet article et de citer des exemples, parce que la manière d'opérer sur les tables est la même que pour les mesures de longueur et de pesan-pour trouver les rapports des quantités et des prix. D'ailleurs le mesurage des grains ou matières sèches n'étant qu'un objet de simple police, n'exige pas plus de connaissance que le pesage.

Il n'en est pas de même des mesures des liquides. C'est ici l'objet du jaugeage, qui est l'art de trouver la capacité des vaisseaux en général et celle des tonneaux en particulier.

Si les vaisseaux sont de forme irrégulière, il est facile de les jauger, en suivant les règles énoncées pour les solides. S'ils sont irréguliers, on se contente d'une approximation, à moins de mesurer exactement en détail la quantité de liqueur qu'ils contiènent avec un vase de forme régulière et d'une capacité connue.

Les géomètres rapportent la figure des tonneaux à différentes courbes qui leur fournissent plusieurs méthodes pour les jauger. Je me bornerai à expliquer ici succinctement celle qui doit suffire à l'usage commun.

Pour trouver la capacité d'un tonneau ordinaire, il faut le rapporter à un cylindre moyen entre deux autres, dont l'un aurait pour base le plus grand cercle du tonneau et l'autre le plus petit, en supposant que les deux fonds opposés sont égaux.

Soit un tonneau dont la longueur intérieure est de 727 millimètres, le diamètre du bouge 625 et le diamètre des fonds 553 : la différence des deux diamètres est de 72, dont le tiers est 24. En retranchant ces 24 du diamètre du bouge; reste le diamètre 601, dont il faut chercher la surface. Cette surface est 283687, qui, multipliée par 727, donne 206,240439 millimètres cubes; et en négligeant les centimètres et millimètres, on aura 206 décimètres cubes.

Il ne s'agit plus que de réduire la capacité trouvée à la

mesure en usage dont le litre est l'unité spécifique. Or le litre est égal à un décimètre cube : la capacité du tonneau sera donc de 206 litres.

Si, au lieu de prendre en décimètres les dimensions du tonneau, on les a prises en pouces, et que le produit soit de 15081 pouces 70 centièmes, on en trouvera la réduction en litres, par le moyen du Régulateur, sur les dernières tables du présent chapitre, en opérant comme il a été déjà amplement expliqué.

EXEMPLE.

Pouces.	Cent.	Litres.	Déc.	Cent.
10000	»	198	3	6
5000	»	99	1	8
80	»	1	5	9
1	»	»	»	2
»	70	»	»	1
15081	70	299	1	6

Les tables de réduction des mesures pour les grains seront immédiatement suivies de la réduction des anciennes mesures de Paris pour les liquides, qui sont les muids de 288 pintes, les setiers ou veltes de 8 pintes, et les pintes.

CHAPITRE CINQUIÈME.

MESURES DE CAPACITÉ

POUR LES MATIÈRES SÈCHES.

Table comparative.		Réduction du muid de bled en hectolitres.	Réduction des hectolitres en muid de bled.
10000		187319229	533848
20000		374638458	1067696
30000		561957687	1601544
40000		749276916	2135392
50000	*Paris.*	936596145	2669240
60000		1123915374	3203088
70000		1311234602	3736936
80000		1498553831	4270784
90000		1685873060	4804632

Table comparative.		Réduction des setiers en hectolitres.	Réduction des hectolitres en setiers.
10000		15609936	6406240
20000		31219871	12812481
30000		46829807	19218721
40000		62439743	25624961
50000	*Paris.*	78049679	32031202
60000		93659614	38437442
70000		109269550	44843682
80000		124879486	51249923
90000		140489422	57656163

Table comparative.		Réduction des boisseaux en litres.	Réduction des litres en boisseaux.
10000		130082798	768741
20000		260165596	1537482
30000		390248394	2306223
40000		520331191	3074965
50000	*Paris.*	650413989	3843706
60000		780496787	4612447
70000		910579585	5381188
80000		1040662383	6149929
90000		1170745181	6918670

Table comparative.		Réduction des litrons en litres.	Réduction des litres en litrons.
10000		8130175	12299858
20000		16260350	24599717
30000		24390525	36899575
40000		32520699	49199434
50000	*Paris.*	40650874	61499292
60000		48781049	73799151
70000		56911224	86099009
80000		65041399	98398867
90000		73171574	110698726

Chapitre V. — Mesures de capacité.

Table comparative.		Réduction des quilotz en hectolitres.	Réduction des hectolitres en quilotz.
10000	*Alexandrie.*	17071191	5857822
20000		34142381	11715644
30000		51213572	17573467
40000		68284763	23431289
50000		85355953	29289111
60000		102427144	35146933
70000		119498334	41004756
80000		136569525	46862578
90000		153640716	52720400

Table comparative.		Réduction des caffises en hectolitres.	Réduction des hectolitres en caffises.
10000	*Alicante.*	24636787	4058971
20000		49273574	8117942
30000		73910361	12176912
40000		98547147	16235883
50000		123183934	20294854
60000		147820721	24353825
70000		172457508	28412796
80000		197094295	32471767
90000		221731082	36530738

Table comparative.		Réduction des scheffels en hectolitres.	Réduction des hectolitres en scheffels.
10000	*Altenbourg.*	14062011	7111358
20000		28124023	14222716
30000		42186034	21334075
40000		56248046	28445433
50000		70310057	35556791
60000		84372069	42668149
70000		98434080	49779507
80000		112496092	56890865
90000		126558103	64002224

Table comparative.		Réduction des mudden en hectolitres.	Réduction des hectolitres en mudden.
10000	*Amersfort.*	18221701	5487962
20000		36443402	10975924
30000		54665102	16463886
40000		72886803	21951848
50000		91108504	27439810
60000		109330205	32927771
70000		127551906	38415733
80000		145773607	43903695
90000		163995307	49391657

Table comparative.		Réduction des lats en hectolitres.	Réduction des hectolitres en lats.
10000	*Amsterdam.*	29183286	3426619
20000		58366571	6853238
30000		87549857	10279857
40000		116733143	13706476
50000		145916428	17133095
60000		175099714	20559714
70000		204282999	23986333
80000		233466286	27412952
90000		262649571	30839571

Chapitre V. — Mesures de capacité.

Table comparative.		Réduction des mudden en hectolitres.	Réduction des hectolitres en mudden.
10000	*Amsterdam.*	10808845	9251683
20000		21617689	18503365
30000		32426534	27755048
40000		43235379	37006730
50000		54044224	46258413
60000		64853068	55510095
70000		75661913	64761778
80000		86470758	74013460
90000		97279603	83265143

Table comparative.		Réduction des sacken en hectolitres.	Réduction des hectolitres en sacken.
10000	*Amsterdam.*	8107129	12334822
20000		16214259	24669644
30000		24321389	37004466
40000		32428518	49339289
50000		40535647	61674111
60000		48642777	74008933
70000		56749906	86343755
80000		64857036	98678577
90000		72964165	111013399

Table comparative.		Réduction des scheppels en hectolitres.	Réduction des hectolitres en scheppels.
10000	*Amsterdam.*	2701715	37013523
20000		5403431	74027046
30000		8105146	111040569
40000		10806861	148054092
50000		13508576	185067614
60000		16210292	222081137
70000		18912007	259094660
80000		21613722	296108183
90000		24316437	333121706

Table comparative.		Réduction des rubi en hectolitres.	Réduction des hectolitres en rubi.
10000	*Ancône.*	27302797	3662629
20000		54605593	7325257
30000		81908390	10987886
40000		109211187	14650514
50000		136513983	18313143
60000		163816780	21975771
70000		191119577	25638400
80000		218422373	29301028
90000		245725170	32963657

Table comparative.		Réduction des quarters en hectolitres.	Réduction des hectolitres en quarters.
10000	*Angleterre.*	28580260	3498919
20000		57160519	6997837
30000		85740779	10496756
40000		114321039	13995674
50000		142901298	17494593
60000		171481558	20993511
70000		200061818	24492430
80000		228642077	27991348
90000		257222337	31490267

Chapitre V. — Mesures de capacité.

Table comparative.		Réduction des buschels en hectolitres.	Réduction des hectolitres en buschels.
10000	*Angleterre.*	3572532	27991320
20000		7145065	55982640
30000		10717597	83973961
40000		14290130	111965281
50000		17862662	139956601
60000		21435195	167947921
70000		25007727	195939241
80000		28580260	223930562
90000		32152792	251921882

Table comparative.		Réduction des viertels en hectolitres.	Réduction des hectolitres en viertels.
10000	*Anvers.*	7710402	12969493
20000		15420804	25938985
30000		23131205	38908478
40000		30841607	51877971
50000		38552009	64847463
60000		46262411	77816956
70000		53972813	90786449
80000		61683215	103755941
90000		69393616	116725434

Table comparative.		Réduction des ctzetwers en hectolitres.	Réduction des hectolitres en ctzetwers.
10000	*Archangel.*	19064747	5245283
20000		38129494	10490567
30000		57194241	15735850
40000		76258988	20981133
50000		95323735	26226417
60000		114388482	31471700
70000		133453229	36716983
80000		152517976	41962267
90000		171582724	47207550

Table comparative.		Réduction des caffises en hectolitres.	Réduction des hectolitres en caffises.
10000	*Argel.*	31960379	3128874
20000		63920758	6257748
30000		95881138	9386622
40000		127841517	12515496
50000		159801896	15644370
60000		191762275	18773244
70000		223722655	21902118
80000		255683034	25030992
90000		287643413	28159866

Table comparative.		Réduction des tarries en hectolitres.	Réduction des hectolitres en tarries.
10000	*Argel.*	1997524	50061984
20000		3995047	100123968
30000		5992571	150185955
40000		7990095	200247937
50000		9987619	250309921
60000		11985142	300371905
70000		13982666	350433890
80000		15980190	400495876
90000		17977713	450557858

Chapitre V. — Mesures de capacité.

Table comparative.		Réduction des malter en hectolitres.	Réduction des hectolitres en malter.
10000	*Aschaffenbourg.*	3084078	32424604
20000		6168156	64849207
30000		9252233	97273811
40000		12336311	129698415
50000		15420389	162123018
60000		18504467	194547622
70000		21588545	226972226
80000		24672622	259396829
90000		27756700	291821433

Table comparative.		Réduction des schaffen en hectolitres.	Réduction des hectolitres en schaffen.
10000	*Ausbourg.*	43937587	2275956
20000		87875174	4551911
30000		131812761	6827867
40000		175750348	9103823
50000		219687934	11379778
60000		263625521	13655734
70000		307563108	15931690
80000		351500695	18207645
90000		395438282	20483601

Table comparative.		Réduction des metzen en hectolitres.	Réduction des hectolitres en metzen.
10000	*Ausbourg.*	5492694	18206001
20000		10985389	36412003
30000		16478083	54618004
40000		21970777	72824006
50000		27463471	91030007
60000		32956166	109236009
70000		38448860	127442010
80000		43941554	145648012
90000		49434248	163854013

Table comparative.		Réduction des alquiers en hectolitres.	Réduction des hectolitres en alquiers.
10000	*Açores (les).*	1198117	83464279
20000		2396235	166928557
30000		3594352	250392836
40000		4792470	333857114
50000		5990587	417321393
60000		7188705	500785672
70000		8386822	584249950
80000		9584940	667714229
90000		10783057	751178508

Table comparative.		Réduction des quartiers en hectolitres.	Réduction des hectolitres en quartiers.
10000	*Barcelonne.*	6871323	14553238
20000		13742646	2910647[illegible]
30000		20613969	4365971[illegible]
40000		27485291	5821295[illegible]
50000		34356614	7276619[illegible]
60000		41227937	8731943[illegible]
70000		48099260	10187266[illegible]
80000		54970483	11642590[illegible]
90000		61841906	13097914[illegible]

Chapitre V. — Mesures de capacité.

Table comparative.		Réduction des sacs en hectolitres.	Réduction des hectolitres en sacs.
10000	*Basle.*	12901583	7750987
20000		25803166	15501974
30000		38704749	23252960
40000		51606332	31003947
50000		64507915	38754934
60000		77409498	46505921
70000		90311081	54256908
80000		103212665	62007894
90000		116114248	69758881

Table comparative.		Réduction des scheffels en hectolitres.	Réduction des hectolitres en scheffels.
10000	*Bautzen.*	10919928	9157569
20000		21839857	18315138
30000		32759785	27472707
40000		43679714	36630277
50000		54599642	45787846
60000		65519571	54945415
70000		76439499	64102984
80000		87359428	73260553
90000		98289356	82418122

Table comparative.		Réduction des sacs en hectolitres.	Réduction des hectolitres en sacs.
10000	*Bayonne.*	8212262	12176913
20000		16424525	24353825
30000		24636787	36530738
40000		32849049	48707650
50000		41061311	60884563
60000		49273574	73061475
70000		57485836	85238388
80000		65698098	97415301
90000		73910361	109592213

Table comparative.		Réduction des conques en hectolitres.	Réduction des hectolitres en conques.
10000	*Bayonne.*	4106131	24353825
20000		8212262	48707650
30000		12318393	73061476
40000		16424525	97415301
50000		20530656	121769126
60000		24636787	146122951
70000		28742918	170476776
80000		32849049	194830602
90000		36955180	219184427

Table comparative.		Réduction des setiers en hectolitres.	Réduction des hectolitres en setiers.
10000	*Beaucaire.*	6073900	16463886
20000		12147801	32927771
30000		18221701	49391657
40000		24295601	65855543
50000		30369501	82319429
60000		36443402	98783314
70000		42517302	115247200
80000		48591202	131711086
90000		54665102	148174972

Chapitre V. — Mesures de capacité.

Table comparative.		Réduction des setiers en hectolitres.	Réduction des hectolitres en setiers.
10000	*Bergopzoom.*	4621877	21636231
20000		9243754	43272462
30000		13865631	64908693
40000		18487508	86544924
20000		23109385	108181155
60000		27731262	129817386
70000		32353140	151453617
80000		36975017	173089848
90000		41596894	194726079

Table comparative.		Réduction des scheffets en hectolitres.	Réduction des hectolitres en schffets.
10000	*Berlin.*	5165394	19359608
20000		10330788	38719215
30000		15496182	58078823
40000		20661576	77438430
50000		25826970	96798038
60000		30992364	116157645
70000		36157758	135517253
80000		41323152	154876861
90000		46488546	174236468

Table comparative.		Réduction des mütt en hectolitres.	Réduction des hectolitres en mütt.
10000	*Berne.*	15829433	6317346
20000		31658866	12634691
30000		47488299	18952037
40000		63317732	25269382
50000		79147166	31586728
60000		94976599	37904074
70000		110806032	44221419
80000		126635465	50538765
90000		142464898	56856111

Table comparative.		Réduction des mass en hectolitres.	Réduction des hectolitres en mass.
10000	*Berne.*	1319119	75808148
20000		2638239	151616296
30000		3957358	227424443
40000		5276478	303232591
50000		6595597	379040739
60000		7914717	454848887
70000		9233836	530657035
80000		10552955	606465183
90000		11872075	682273330

Table comparative.		Réduction des fanègues en hectolitres.	Réduction des hectolitres en fanègues.
10000	*Bilbao.*	5714862	17498236
20000		11429723	34996472
30000		17144585	52494708
40000		22859447	69992944
50000		28574309	87491180
60000		34289170	104989416
70000		40004032	122487652
80000		45718894	139985889
90000		51433756	157484125

Chapitre IV. — Mesures de capacité.

Table comparative.		Réduction des malter en hectolitres.	Réduction des hectolitres en malter.
10000	*Bingen.*	19407916	5152537
20000		38815833	10305073
30000		58223749	15457610
40000		77631666	20610146
50000		97039582	25762683
60000		116447499	30915220
70000		135855415	36067756
80000		155263332	41220293
90000		174671248	46372829

Table comparative.		Réduction des corbes en hectolitres.	Réduction des hectolitres en corbes.
10000	*Bologne.*	7379134	13551725
20000		14758268	27103451
30000		22137403	40655176
40000		29516537	54206901
50000		36895671	67758626
60000		44274805	81310352
70000		51653940	94862077
80000		59033074	108413802
90000		66412208	121965528

Table comparative.		Réduction des mudden en hectolitres.	Réduction des hectolitres en mudden.
10000	*Bommel.*	16196406	6174209
20000		32392812	12348418
30000		48589219	18522628
40000		64785625	24696837
50000		80982031	30871046
60000		97178437	37045255
70000		113374843	43219464
80000		129571249	49393674
90000		145767656	55567883

Table comparative.		Réduction des sœcke en hectolitres.	Réduction des hectolitres en sœcke.
10000	*Bommen.*	7662794	13050069
20000		15325589	26100139
30000		22988383	39150208
40000		30651178	52200278
50000		38313972	65250347
60000		45976767	78300416
70000		53639561	91350486
80000		61302356	104400555
90000		68965150	117450625

Table comparative.		Réduction des viertels en hectolitres.	Réduction des hectolitres en viertels.
10000	*Borcken.*	17842826	5604493
20000		35685652	11208987
30000		53528478	16813480
40000		71371304	22417974
50000		89214130	28022467
60000		107056955	33626960
70000		124899781	39231454
80000		142742607	44835947
90000		160585433	50440441

Chapitre V. — Mesures de capacité.

Table comparative.		Réduction des boisseaux en hectolitres.	Réduction des hectolitres en boisseaux.
10000	*Bordeaux.*	7672713	13033200
20000		15345425	26066400
30000		23018158	39099600
40000		30690851	52132801
50000		38363563	65166001
60000		46036276	78199201
70000		53708989	91232401
80000		61381702	104265601
90000		69054414	117298801

Table comparative.		Réduction des scheffels en hectolitres.	Réduction des hectolitres en scheffels.
10000	*Borna.*	11084570	9021549
20000		22169141	18043099
30000		33253711	27064648
40000		44338282	36086198
50000		55422852	45107747
60000		66507423	54129296
70000		77591993	63150846
80000		88676564	72172395
90000		99761134	81193945

Table comparative.		Réduction des viertels en hectolitres.	Réduction des hectolitres en viertels.
10000	*Breda.*	8702221	11491319
20000		17404442	22982639
30000		26106663	34473958
40000		34808884	45965478
50000		43511105	57456597
60000		52213326	68947916
70000		60915547	80439236
80000		69617767	91930555
90000		78319988	103421875

Table comparative.		Réduction des scheffels en hectolitres.	Réduction des hectolitres en scheffels.
10000	*Bremen.*	7111343	14620413
20000		14222686	29240826
30000		21334029	43861239
40000		28445372	58481652
50000		35556715	73102065
60000		42668058	87722478
70000		49779401	102342891
80000		56890745	116963305
90000		64002088	131583718

Table comparative.		Réduction des scheffels en hectolitres.	Réduction des hectolitres en scheffels.
10000	*Breslaw.*	6990341	14305453
20000		13980682	28610907
30000		20971023	42916360
40000		27961365	57221814
50000		34951706	71527267
60000		41942047	85832721
70000		48932388	100138174
80000		55922729	114443628
90000		62913070	128749081

Chapitre V. — Mesures de capacité.

Table comparative.		Réduction des tonneaux en hectolitres.	Réduction des hectolitrea en tonneaux.
10000	*Brest.*	138108828	724066
20000		276217656	1448133
30000		414326485	2172200
40000		552435313	2896266
50000		690544142	3620333
60000		828652970	4344400
70000		966761798	5068466
80000		1104870627	5792533
90000		1242979455	6516599

Table comparative.		Réduction des scheffels en hectolitres.	Réduction des hectoliires en scheffels.
10000	*Brunswick.*	31103448	3215078
20000		62206895	6430155
30000		93310343	9645233
40000		124413790	12860311
50000		155517238	16075388
60000		186620685	19290466
70000		217724133	22505544
80000		248827580	25720621
90000		279931028	28935699

Table comparative.		Réduction des himten en hectolitres.	Réduction des hectolirres en himten.
10000	*Brunswick.*	3110345	32150777
20000		6220689	64301554
30000		9331034	96452331
40000		12441379	128603107
50000		15551724	160753884
60000		18662068	192904661
70000		21772413	225055438
80000		24882758	257206215
90000		27993103	289356992

Table comparative.		Réduction des sacs en hectolitres.	Réduction des hectolitres en sacs.
10000	*Bruxelles.*	11661809	8574999
20000		23323618	17149998
30000		34985428	25724996
40000		46647237	34299995
50000		58309046	42874994
60000		69970855	51449993
70000		81632664	60024992
80000		93294473	68599991
90000		104956283	77174989

Table comparative.		Réduct on des himten en hectolitres.	Réduction des kectolitres en himten.
10000	*Bukebourg.*	3173821	31507761
20000		6347642	63015523
30000		9521464	94523284
40000		12695285	126031045
50000		15869106	157538807
60000		19042927	189046568
70000		22216748	220554329
80000		25390569	252062091
90000		28564390	283569852

Chapitre V. — Mesures de capacité.

Table comparative.		Réduction des achtels en hectolitres.	Réduction des hectolitres en achtels.
10000	*Budingen.*	13163425	7596808
20000		26326847	15193616
30000		39490270	22790424
40000		52653693	30387232
50000		65817117	37984040
60000		78980540	45580848
70000		92143963	53177656
80000		105307387	60774464
90000		118470810	68371272

Table comparative.		Réduction des mudden en hectolitrea.	Réduction des hectolitres en mudden.
10000	*Bueren.*	13883484	7202803
20000		27766968	14405606
30000		41650452	21608409
40000		55533936	28811212
50000		69417420	36014015
60000		83300904	43216818
70000		97184388	50419621
80000		111067872	57622424
90000		124951356	64825227

Table comparative.		Réduction des malter en hectolitres.	Réduction des hectolitres en malter.
10000	*Butzbach.*	21740675	4599673
20000		43481350	9199346
30000		65222025	13799020
40000		86962700	18398693
50000		108703375	22998366
60000		130444050	27598039
70000		152184725	32197712
80000		173925400	36797385
90000		195666075	41397059

Table comparative.		Réduction des fanègues en hectolitres.	Réduction des hectolitres en fanègues.
10000	*Cadix.*	5714862	17498236
20000		11429723	34996472
30000		17144585	52494708
40000		22859447	69992944
50000		28574309	87491180
60000		34289170	104989416
70000		40004032	122487652
80000		45718894	139985888
90000		51433756	157484124

Table comparative.		Réduction des tomoli en hectolitres.	Réduction des hectolitres en tomoli.
10000	*Calabre.*	5115803	19547271
20000		10231606	39094543
30000		15347409	58641814
40000		20463213	78189086
50000		25579015	97736357
60000		30694818	117283629
70000		35810621	136830900
80000		40926424	156378172
90000		46042237	175925443

CHAPITRE V. — Mesures de capacité.

Table comparative.		Réduction des setiers en hectolitres.	Réduction des hectolitres en setiers.
10000	*Calais.*	16622888	6015802
20000		33245776	12031603
30000		49868665	18047405
40000		66491553	24063207
50000		83114442	30079008
60000		99737330	36094810
70000		116360218	42110612
80000		132983107	48126413
90000		149605995	54142215

Table comparative.		Réduction des mudden en hectolitres.	Réduction des hectolitres en mudden.
10000	*Campen.*	11707433	8541582
20000		23414866	17083164
30000		35122299	25624747
40000		46829731	34166329
50000		58537164	42707911
60000		70244597	51249493
70000		81952030	59791075
80000		93659463	68332658
90000		105366896	76874240

Table comparative.		Réduction des charges en hectolitres.	Réduction des hectolitres en charges.
10000	*Caulie.*	15345425	6516600
20000		30690851	13033200
30000		46036276	19549800
40000		61381702	26066400
50000		76727127	32583000
60000		92072552	39099600
70000		107417978	45616200
80000		122763403	52132800
90000		138108828	58649400

Table comparative.		Réduction des viertels en hectolitres.	Réduction des hectolitres en viertels.
10000	*Cassel.*	14274261	7005617
20000		28548521	14011233
30000		42822782	21016850
40000		57097043	28022467
50000		71371304	35028084
60000		85645564	42033700
70000		99919825	49039317
80000		114194086	56044934
90000		128468347	63050551

Table comparative.		Réduction des metzen en hectolitres.	Réduction des hectolitres en metzen.
10000	*Cassel.*	896053	111600495
20000		1792107	223200991
30000		2688160	334801486
40000		3584213	446401982
50000		4480267	558002477
60000		5376320	669602972
70000		6272374	781203468
80000		7168427	892803963
90000		8064480	1004404459

Chapitre V. — Mesures de capacité.

Table comparative.		Réduction des scheffels en hectolitres.	Réduction des hectolitres en scheffels.
10000		14898512	6712080
20000		29797023	13424160
30000		44695535	20136240
40000		59594047	26848319
50000	*Chemnitz.*	74492558	33560399
60000		89391070	40272479
70000		104289582	46984559
80000		119188093	53696639
90000		134086605	60408719

Table comparative.		Réduction des medimne en hectolitres.	Réduction des hectolitres en medimne.
10000		7295821	13706476
20000		14591643	27412952
30000		21887464	41119428
40000		29183286	54825903
50000	*Chypre.*	36479107	68532379
60000		43774929	82238855
70000		51070750	95945331
80000		58366571	109651807
90000		65662393	123358283

Table comparative.		Réduction des malter en hectolitres.	Réduction des hectolitres en malter.
10000		17942008	5573512
20000		35884016	11147024
30000		53826023	16720537
40000		71768031	22294049
50000	*Clèves.*	89710039	27867561
60000		107652047	33441073
70000		125594055	39014586
80000		143536063	44588098
90000		161478070	50161610

Table comparative.		Réduction des malter en hectolitres.	Réduction des hectolitres en malter.
10000		15954402	6267862
20000		31908805	12535725
30000		47865207	18803587
40000		63817609	25071450
50000	*Coblentz.*	79772012	31339312
60000		95726414	37607175
70000		111680816	43875037
80000		127635219	50142900
90000		143589621	56410762

Table comparative.		Réduction des simmer en hectolitres.	Réduction des hectolitres en simmer.
10000		8331281	12002957
20000		16662561	24005913
30000		24993842	36008870
40000		33325122	48011827
50000	*Cobourg.*	41656403	60014783
60000		49987683	72017740
70000		58318964	84020697
80000		66650245	96023654
90000		74981525	108026610

Chapitre V. — Mesures de capacité.

Table comparative.		Réduction des scheffels en hectolitres.	Réduction des hectolitres en scheffels.
10000	*Colberg.*	4969014	20124718
20000		9938028	40249436
30000		14907041	60374153
40000		19876055	80498871
50000		24845069	100623589
60000		29814083	120748307
70000		34783096	140873025
80000		39752110	160997742
90000		44721124	181122460

Table comparative.		Réduction des scheffels en hectolitres.	Réduction des hectolitres en scheffels.
10000	*Colditz.*	7940504	12593659
20000		15881008	25187319
30000		23821512	37780978
40000		31762015	50374637
50000		39702519	62968297
60000		47643023	75561956
70000		55583527	88155615
80000		63524031	100749274
90000		71464535	113342934

Table comparative.		Réduction des malter en hectolitres.	Réduction des hectolitres en malter.
10000	*Cologne.*	16210292	6168920
20000		32420583	12337841
30000		48630875	18506761
40000		64841167	24675682
50000		81051458	30844602
60000		97261750	37013523
70000		113472042	43182443
80000		129682333	49351364
90000		145892625	55520284

Table comparative.		Réduction des kisloz en hectolitres.	Réduction des hectolitres en kisloz.
10000	*Constantinople.*	3511040	28481592
20000		7022079	56963184
30000		10533119	85444776
40000		14044159	113926369
50000		17555198	142407961
60000		21066238	170889553
70000		24577278	199371145
80000		28088317	227852737
90000		31599357	256334329

Table comparative.		Réduction des tonnen en hectolitres.	Réduction des hectolitres en tonnen.
10000	*Copenhague.*	13911255	7188424
20000		27822510	14376848
30000		41733765	21565272
40000		55645020	28753696
50000		69556275	35942120
60000		83467530	43130544
70000		97378785	50318969
80000		111290040	57507393
90000		125201294	64695817

Chapitre V. — Mesures de capacité.

Table comparative.		Réduction des moggi en hectolitres.	Réduction des hectolitres en moggi.
10000		9977700	10022350
20000		19955401	20044700
30000		29933101	30067049
40000		39910801	40089398
50000	*Corfou.*	49888502	50111748
60000		59866202	60134097
70000		69843902	70156447
80000		79821603	80178796
90000		89799303	90201146

Table comparative.		Réduction des sémidos en hectolitres.	Réduction des hectolitres en sémidos.
10000		1823955	54825902
20000		3647911	109651803
30000		5471866	164477705
40000		7295822	219303607
50000	*Corogne.*	9119777	274129509
60000		10943732	328955410
70000		12767688	383781312
80000		14591643	438607214
90000		16415599	493433115

Table comparative.		Réduction des staja en hectolitres.	Réduction des hectolitres en staja.
10000		9854715	10147427
20000		19709430	20294854
30000		29564144	30442281
40000		39418859	40589709
50000	*Corse.*	49273574	50737136
60000		59128289	60884563
70000		68983003	71031990
80000		78837718	81179417
90000		88692433	91326844

Table comparative.		Réduction des bacini en hectolitres.	Réduction des hectolitres en bacini.
10000		821226	121769126
20000		1642452	243538251
30000		2463679	365307377
40000		3284905	487076503
50000	*Corse.*	4106131	608845628
60000		4927357	730614754
70000		5748584	852383880
80000		6569810	974153005
90000		7391036	1095922131

Table comparative.		Réduction des malter en hectolitres.	Réduction des hectolitres en malter.
10000		14555937	6870049
20000		29111875	13740098
30000		43667812	20610146
40000		58223749	27480195
50000	*Creutznach.*	72779687	34350244
60000		87335624	41220293
70000		101891562	48090342
80000		116447499	54960390
90000		131003436	61830439

Chapitre V. — Mesures de capacité.

Table comparative.		Réduction des mudden en hectolitres.	Réduction des hectolitres en mudden.
10000	*Culembourg.*	13885468	7201774
20000		27770935	14403548
30000		41656403	21605322
40000		55541871	28807096
50000		69427338	36008870
60000		83312806	43210644
70000		97198273	50412418
80000		111083741	57614192
90000		124969209	64815966

Table comparative.		Réduction des tonnen en hectolitres.	Réduction des hectolitres en tonnen.
10000	*Danemarck.*	13911255	7188424
20000		27822510	14376848
30000		41733765	21565272
40000		55645020	28753696
50000		69556275	35942120
60000		83467530	43130544
70000		97378785	50318969
80000		111290039	57507393
90000		125201294	64695817

Table comparative.		Réduction des skipp en hectolitres.	Réduction des hectolitres en skipp.
10000	*Danemarck.*	2124477	47070418
20000		4248953	94140837
30000		6373429	141211255
40000		8497906	188281673
50000		10622382	235352092
60000		12746859	282422510
70000		14871336	329492929
80000		16995812	376563347
90000		19120289	423633765

Table comparative.		Réduction des tonnen en hectolitres.	Réduction des hectolitres en tonnen.
10000	*Danemarck.* Pour sel.	17001763	5881743
20000		34003527	11763486
30000		51005290	17645229
40000		68007053	23526971
50000		85008817	29408714
60000		102010580	35290457
70000		119012343	41172200
80000		136014106	47053943
90000		153015870	52935686

Table comparative.		Réduction des scheffels en hectolitres.	Réduction des hectolitres en scheffels.
10000	*Dantzick.*	4863881	20559714
20000		9727762	41119428
30000		14591643	61679142
40000		19455524	82238856
50000		24319405	102798570
60000		29183286	123358284
70000		34047167	143917998
80000		38911047	164477712
90000		43774928	185037426

Chapitre V. — Mesures de capacité.

Table comparative.		Réduction des malter en hectolitres.	Réduction des hectolitres en malter.
10000	*Darmstadt.*	10017373	9982557
20000		20034746	19965115
30000		30052119	29947672
40000		40069492	39930229
50000		50086865	49912786
60000		60104238	59895343
70000		70121612	69877901
80000		80138985	79860458
90000		60156358	89843015

Table comparative.		Réduction des schaff en hectolitres.	Reduction des hectolitres en schaff.
10000	*Deckendorff.*	95341478	1048861
20000		190682956	2097722
30000		286024434	3146583
40000		381365912	4195445
50000		476707390	5244306
60000		572048868	6293167
70000		667390346	7342028
80000		762731825	8390889
90000		858073303	9439750

Table comparative.		Réduction des vierling en hectolitres.	Réduction des hectolitres en vierling.
10000	*Deckendorff.*	23835397	4195441
20000		47670794	8390882
30000		71506191	12586323
40000		95341588	16781764
50000		119176985	20977205
60000		143012382	25172646
70000		166847778	29368087
80000		190683175	33563527
90000		214518572	37748968

Table comparative.		Réduction des hœden en hectolitres.	Réduction des hectolitres en hœden.
10000	*Delft.*	107233499	932544
20000		211466999	1865089
30000		321700498	2797636
40000		428933997	3730178
50000		536167496	4662722
60000		643400996	5595266
70000		750634495	6527811
80000		857867994	7460355
90000		965101494	8392890

Table comparative.		Réduction des sakken en hectolitres.	Réduction des hectolitres en sakken.
10000	*Delft.*	10053079	9947202
20000		20106157	19894403
30000		30159236	29841605
40000		40212314	39788807
50000		50265393	49736008
60000		60318471	59683210
70000		70371550	60630412
80000		80424629	79577613
90000		90477707	89524815

Chapitre V. — Mesures de capacité.

Table comparative.		Réduction des acttend en hectolitres.	Réduction des hectolitres en acttend.
10000	*Delft.*	3350365	29847449
20000		6700730	59694899
30000		10051095	89542348
40000		13401460	119389798
50000		16751825	149237247
60000		20102190	179084697
70000		23452555	208932146
80000		26802920	238779596
90000		30153285	268627046

Table comparative.		Réduction des scheffels en hectolitres.	Réduction des hectolitres en scheffels.
10000	*Délitz.*	5397479	18527166
20000		10794959	37054332
30000		16192439	55581497
40000		21589919	74108663
50000		26987398	92635829
60000		32384878	111162995
70000		37782357	129690161
80000		43179837	148217326
90000		48577317	166744492

Table comparative.		Réduction des malter en hectolitres.	Réduction des hectolitres en malter.
10000	*Deux-Ponts.*	18828694	5311042
20000		37657388	10622086
30000		56486082	15933128
40000		75314776	21244171
50000		94143470	26555214
60000		112972165	31866257
70000		131800859	37177300
80000		150629553	42488342
90000		169458247	47799385

Table comparative.		Réduction des mudden en hectolitres.	Réduction des hectolitres en mudden.
10000	*Deventer.*	8099195	12346906
20000		16198390	24693812
30000		24297585	37040718
40000		32396780	49387625
50000		40495975	61734531
60000		48595169	74081437
70000		56694364	86428344
80000		64793559	98775250
90000		72892754	111122156

Table comparative.		Réduction des setiers en hectolitres.	Réduction des hectolitres en setiers.
10000	*Dieppe.*	10229621	9775533
20000		20459243	19551066
30000		30688864	29326599
40000		40918485	39102132
50000		51148107	48877664
60000		61377728	58653197
70000		71607350	68428730
80000		81836971	78204263
90000		92066592	87979796

Chapitre V. — Mesures de capacité.

Table comparative.		Réduction des razières en hectolitres.	Réduction des hectolitres en razières.
10000	*Dixmude.*	9559153	10461178
20000		19118305	20922357
30000		28677458	31383535
40000		38236611	41844713
50000		47795763	52305891
60000		57354916	62767070
70000		66914069	73228248
80000		76473221	83689426
90000		86032374	94150604

Table comparative.		Réduction des schaffen en hectolitres.	Réduction des hectolitres en schaffen.
10000	*Donawerth.*	41537385	2407470
20000		83074769	4814940
30000		124612154	7222409
40000		166149538	9629879
50000		207686923	12037349
60000		249224308	14444819
70000		290761692	16852289
80000		332299077	19259759
90000		373836462	21667228

Table comparative.		Réduction des metzen en hectolitres.	Réduction des hectolitres en metzen.
10000	*Donawerth.*	2306971	43346877
20000		4613942	86693754
30000		6920914	130040631
40000		9227885	173387508
50000		11534856	216734385
60000		13841827	260081262
70000		16148799	303428139
80000		18455770	346775016
90000		20762741	390121893

Table comparative.		Réduction des hoeden en hectolitres.	Réduction des hectolitres en hoeden.
10000	*Dordrecht.*	97182404	1028993
20000		194364809	2057986
30000		291547213	3086979
40000		388729617	4115971
50000		485912022	5144964
60000		583094426	6173957
70000		680276830	7202950
80000		777459235	8231943
90000		874641639	9260936

Table comparative.		Réduction des sakken en hectolitres.	Réduction des hectolitres en sakken.
10000	*Dordrecht.*	12147801	8231943
20000		24295601	16463886
30000		36443402	24695829
40000		48591202	32927771
50000		60739003	41159714
60000		72886803	49391657
70000		85034604	57623600
80000		97182404	65855543
90000		109330205	74087486

Chapitre V. — Mesures de capacité.

Table comparative.		Réduction des scheffels en hectolitres.	Réduction des hectolitres en scheffels.
10000	*Dresde.*	10588661	9444065
20000		21177322	18888130
30000		31765983	28332194
40000		42354644	37776259
50000		52943304	47220324
60000		63531965	56664389
70000		74120626	66108454
80000		84709287	75552519
90000		95297948	84996583

Table comparative.		Réduction des sakken en hectolitres.	Réduction des hectolitres en sakken.
10000	*Duinin.*	8747846	11421091
20000		17495691	22842182
30000		26243537	34263274
40000		34991382	45684365
50000		43739228	57105456
60000		52487074	68526547
70000		61234919	79947639
80000		69982765	91368730
90000		78730610	102789821

Table comparative.		Réduction des mouvers en hectolitres.	Réduction des hectolitres en mouvers.
10000	*Duisbourg.*	13250705	7546769
20000		26501407	15093538
30000		39752110	22640307
40000		53002814	30187077
50000		66253517	37733846
60000		79504220	45280615
70000		92754924	52827384
80000		106005627	60374153
90000		119256331	67920922

Table comparative.		Réduction des razières en hectolitres.	Réduction des hectolitres en razières.
10000	*Dunkerque.*	16198390	6173453
20000		32396780	12346906
30000		48595169	18520359
40000		64793559	24693812
50000		80991949	30867266
60000		97190339	37040719
70000		113388729	43214172
80000		129587118	49387625
90000		145785508	55561078

Table comparative.		Réduction des razières en hectolitres.	Réduction des hectolitres en razières.
10000	*Dunkerque.* Mesure de terre.	14397246	6945773
20000		28794493	13891545
30000		43191739	20837318
40000		57588985	27783091
50000		71986232	34728863
60000		86383478	41674636
70000		100780724	48620409
80000		115177970	55566181
90000		129575217	62511954

Chapitre V. — Mesures de capacité.

Table comparative.		Réduction des tonnen en hectolitres.	Réduction des hectolitres en tonnen.
10000	*Eckernfoerde.*	13518495	7397273
20000		27036989	14794547
30000		40555484	22191820
40000		54073978	29589094
50000		67592473	36986367
60000		81110967	44383640
70000		94629462	51780914
80000		108147956	59178187
90000		121666451	66575460

Table comparative.		Réduction des quaters en hectolitres.	Réduction des hectolitres en quaters.
10000	*Ecosse.*	28580260	3498919
20000		57160519	6997837
30000		85740779	10496756
40000		114321039	13995674
50000		142901298	17494592
60000		171481558	20993511
70000		200061818	24492430
80000		228642077	27991348
90000		257222337	31490267

Table comparative.		Réduction des firlots a. en hectolitres.	Réduction des hectolitres en firlots.
10000	*Ecosse.* Mesure de froment.	3604271	8774486 4
20000		7208541	55489728
30000		10812812	83234592
40000		14417083	110979456
50000		18021353	138724321
60000		21625624	166469185
70000		25229895	194214049
80000		28834165	221958913
90000		32438436	249703777

Table comparative.		Réduction des firlots en hectolitres.	Réduction des hectolitres en firlots.
10000	*Ecosse.* Mesure d'orge.	5258625	19016378
20000		10517250	38032756
30000		15775875	57049134
40000		21034500	76065512
50000		26293125	95081890
60000		31551750	114098268
70000		36810375	133114646
80000		42069000	152131024
90000		47327625	171147402

Table comparative.		Réduction des mudden en hectolitres.	Réduction des hectolitres en mudden.
10000	*Edain.*	10808845	9251683
20000		21617689	18503365
30000		32426534	27755048
40000		43235379	37006730
50000		54044224	46258413
60000		64853068	55510095
70000		75661913	64761778
80000		86470758	74013460
90000		97279603	83265143

CHAPITRE V. — Mesures de capacité.

Table comparative.		Réduction des mütt en hectolitres.	Réduction des hectolitres en mütt.
10000	*Eglisau.*	9136638	10944945
20000		18273275	21889891
30000		27409915	32834836
40000		36546551	43779781
50000		45683189	54724726
60000		5481982 6	65669672
70000		63956464	76614617
80000		73093102	87559562
90000		82229739	98504508

Table comparative.		Réduction des scheffels en hectolitres.	Réduction des hectolitres en scheffels.
10000	*Eleimbourg.*	6389299	15651170
20000		12778598	31302340
30000		19167896	46953509
40000		25557195	62604679
50000		31946494	78255849
60000		38335793	93907019
70000		44725091	109558189
80000		51114390	125209359
90000		57503689	140860528

Table comparative.		Réduction des viertels en hectolitres.	Réduction des hectolitres en viertels.
10000	*Eisnach.*	9743631	10263114
20000		19487262	20526229
30000		29230893	30789343
40000		38974524	41052458
50000		48718155	51315572
60000		58461786	61578687
70000		68205417	71841801
80000		77949048	82104916
90000		87692679	92368030

Table comparative.		Réduction des scheffels en hectolitres.	Réduction des hectolitres en scheffels.
10000	*Eisseben.*	7238296	13815406
20000		14476592	27630814
30000		21714888	41446220
40000		28953184	55261627
50000		36191480	69077033
60000		43429775	82892440
70000		50668071	96707846
80000		57906367	110523253
90000		65144663	124338659

Table comparative.		Réduction des last en hectolitres.	Réduction des hectolitres en last.
10000	*Elbing.*	291563082	343048
20000		583126164	686095
30000		874689247	1029143
40000		1166252329	1372190
50000		1457815411	1715238
60000		1749378493	2058285
70000		2040941575	2401333
80000		2332504657	2744380
90000		2624067740	3087428

Chapitre V. — Mesures de capacité.

Table comparative.		Réduction des tonnen en hectolitres.	Réduction des hectolitres en tonnen.
10000	*Embden.*	19118305	5230589
20000		38236611	10461178
30000		57354916	15691767
40000		76473221	20922356
50000		95591527	26152945
60000		114709832	31383534
70000		133828137	36614122
80000		152946442	41844711
90000		172064748	47075300

Table comparative.		Réduction des werps en hectolitres.	Réduction des hectolitres en werps.
10000	*Embden.*	4778585	20926699
20000		9557169	41853398
30000		14335754	62780097
40000		19114338	83706796
50000		23892923	104633496
60000		28671507	125560195
70000		33450092	146486894
80000		38228676	167413593
90000		43007261	188340292

Table comparative.		Réduction des mudden en hectolitres.	Réduction des hectolitres en mudden.
10000	*Enckhuysen.*	13250703	7546769
20000		26501407	15093538
30000		39752110	22640308
40000		53002814	30187077
50000		66253517	37733846
60000		79504220	45280615
70000		92754924	52827384
80000		106005627	60374153
90000		119256331	67920923

Table comparative.		Réduction des sakken en hectolitres.	Réduction des hectolitres en sakken.
10000	*Enckhuysen.*	6625352	15093538
20000		13250703	30187076
30000		19876055	45280615
40000		26501407	60374153
50000		33126759	75467691
60000		39752110	90561229
70000		46377462	105654767
80000		53002814	120748306
90000		59628165	135841844

Table comparative.		Réduction des metzen en hectolitres.	Réduction des hectolitres en metzen.
10000	*Ems.*	10235573	9769848
20000		20471147	19539697
30000		30706720	29309545
40000		40942293	39079394
50000		51177866	48849242
60000		61413440	58619091
70000		71649013	68388939
80000		81884586	78158788
90000		92120160	87928636

Chapitre V. — Mesures de capacité.

Table comparative.		Réduction des malter en hectolitres.	Réduction des hectolitres en malter.
10000	*Epstein.*	9703958	10305073
20000		19407916	20610146
30000		29111875	30915220
40000		38815833	41220293
50000		48519791	51525366
60000		58223749	61830439
70000		67927708	72135512
80000		77631666	82440586
90000		87335624	92745659

Table comparative.		Réduction des scheffels en hectolitres.	Réduction des hectolitres en scheffels.
10000	*Erfurt.*	5625598	27775888
20000		11251196	55551776
30000		16876794	83327664
40000		22502392	111103551
50000		28127990	138879439
60000		33753588	166655327
70000		39379186	194431215
80000		45004784	222207103
90000		50630382	249952991

Table comparative.		Réduction des malter en hectolitres.	Réduction des hectolitres en malter.
10000	*Erpach.*	13929108	7107419
20000		27858215	14214838
30000		41787323	21322257
40000		55716431	28429677
50000		69645538	35537096
60000		83574646	42644515
70000		97503754	49751934
80000		111432861	56859353
90000		125361969	63966772

Table comparative.		Réduction des viertels en hectolitres.	Réduction des hectolitres en viertels.
10000	*Eschwège.*	14274261	7009617
20000		28548521	14019233
30000		42822782	21028850
40000		57097043	28038467
50000		71371304	35048084
60000		85645564	42057700
70000		99919825	49067317
80000		114194086	56076934
90000		128468347	63086551

Table comparative.		Réduction des fanègues en hectolitres.	Réduction des hectolitres en fanègues.
10000	*Espagne.*	5714862	17498236
20000		11429724	34996472
30000		17144585	52494708
40000		22859447	69992944
50000		28574309	87491180
60000		34289171	104989416
70000		40004032	122487652
80000		45718894	139985888
90000		51433756	157484124

Chapitre V. — Mesures de capacité.

Table comparative.		Réduction des célémines en hectolitres.	Réduction des hectolitres en célémines.
10000	*Espagne.*	476073	210051740
20000		952146	420103481
30000		1428220	630155221
40000		1904293	840206961
50000		2380366	1050258702
60000		2856439	1260311442
70000		3332512	1470362183
80000		3808585	1680413923
90000		4284659	1890465663

Table comparative.		Réduction des tonnen en hectolitres.	Réduction des hectolitres en tonnen.
10000	*Eyder-Maass.*	11401953	8770428
20000		22803905	17540855
30000		34205858	26311283
40000		45607810	35081711
50000		57009763	43852138
60000		68411715	52622566
70000		79813668	61392993
80000		91215621	70163421
90000		102617573	78933849

Table comparative.		Réduction des tonnen en hectolitres.	Réduction des hectolitres en tonnen.
10000	*Eyder-Stadt.*	12546512	7970343
20000		25093024	15940686
30000		37639535	23911028
40000		50186047	31881371
50000		62732559	39851714
60000		75279071	47822057
70000		87825583	55792400
80000		100372095	63762743
90000		112918606	71733085

Table comparative.		Réduction des viertels en hectolitres.	Réduction des hectolitres en viertels.
10000	*Felsberg.*	1784826	56027873
20000		3569652	112055747
30000		5354478	168083620
40000		7139304	224111493
50000		8924130	280139367
60000		10708955	336167240
70000		12493781	392195113
80000		14278607	448222987
90000		16063433	504250860

Table comparative.		Réduction des scheffels en hectolitres.	Réduction des hectolitres en scheffels.
10000	*Femeren.*	3762962	26574812
20000		7525923	53149624
30000		11288885	79724436
40000		15051847	106299247
50000		18814809	132874059
60000		22577770	159448871
70000		26340732	186023683
80000		30103694	212598495
90000		33866656	239173307

Chapitre V. — Mesures de capacité.

Table comparative.		Réduction des stari en hectolitres.	Réduction des hectolitres en stari.
10000	*Ferrare.*	2023065	49429957
20000		4046129	98859915
30000		6069194	148289872
40000		8092259	197719830
50000		10115323	247149787
60000		12138388	296579745
70000		14161453	346009702
80000		16184517	395439659
90000		18207582	444869617

Table comparative.		Réduction des fanègues en hectolitres.	Réduction des hectolitres en fanègues.
10000	*Ferrol.*	7292821	13706476
20000		14591643	27412952
30000		21887464	41119427
40000		29183286	54825903
50000		36479107	68532379
60000		43774929	82238855
70000		51070750	95945331
80000		58366571	109651807
90000		65662393	123358282

Table comparative.		Réduction des ferrados en hectolitres.	Réduction des hectolitres en ferrados.
10000	*Ferrol.*	1823955	54825903
20000		3647911	109651807
30000		5471866	164477710
40000		7295821	219303614
50000		9119777	274129517
60000		10943732	328955421
70000		12767687	383781324
80000		14591643	438607228
90000		16415598	493433131

Table comparative.		Réduction des tonnen en hectolitres.	Réduction des hectolitres en tonnen.
10000	*Flensbourg.*	13704957	7296630
20000		27409913	14593260
30000		41114870	21889891
40000		54819826	29186521
50000		68524783	36483151
60000		82229739	43779781
70000		95934696	51076411
80000		109639652	58373042
90000		123344609	65669672

Table comparative.		Réduction des sacken en hectolitres.	Réduction des hectolitres en sacken.
10000	*Flessingue.*	7287887	13721398
20000		14575774	27442797
30000		21863661	41164196
40000		29151548	54885594
50000		36439434	68606993
60000		43727321	82328391
70000		51015208	96049790
80000		58303095	109771188
90000		65590982	123492587

Chapitre V. — Mesures de capacité.

Table comparative.		Réduction des staja en hectolitres.	Réduction des hectolitres en staja.
10000	*Florence.*	2368461	42221456
20000		4736928	84442912
30000		7105392	126664368
40000		9473856	168885824
50000		11842320	211107280
60000		14210784	253328735
70000		16579248	295550191
80000		18947712	337771647
90000		21316176	379993103

Table comparative.		Réduction des malter en hectolitres.	Réduction des hectolitres en malter.
10000	*Francfort (Mein.)*	10798926	9260180
20000		21597853	18520360
30000		32396779	27780540
40000		43195705	37040719
50000		53994632	46300899
60000		64793558	55561079
70000		75592484	64821259
80000		86391411	74081439
90000		97190337	83341619

Table comparative.		Réduction des scheffels en hectolitres.	Réduction des hectolitres en scheffels.
10000	*Freyberg.*	10830616	9227973
20000		21673231	18455947
30000		32509847	27683920
40000		43346463	36911893
50000		54183078	46139867
60000		65019694	55367840
70000		75856310	64595813
80000		86692925	73823786
90000		97529541	83051760

Table comparative.		Réduction des malter en hectolitres.	Réduction des hectolitres en malter.
10000	*Friiberg.*	23805642	42006848
20000		47611285	84013696
30000		71416927	126020543
40000		95222570	168027391
50000		119028212	210034239
60000		142833855	252041087
70000		166639497	294047935
80000		190445140	336054782
90000		214250782	378061630

Table comparative.		Réduction des tonnen en hectolitres.	Réduction des hectolitres en tonnen.
10000	*Friedrickstadt. (ins Leswig.)*	12643700	7909064
20000		25287400	15818129
30000		37931100	23727193
40000		50574800	31636257
50000		63218501	39545322
60000		75862201	47454386
70000		88505901	55363450
80000		101149601	63272515
90000		113793301	71181579

Chapitre V. — Mesures de capacité.

Table comparative.		Réduction des viertels en hectolitres.	Réduction des hectolitres en viertels.
10000	*Fritzlar.*	15166898	6593306
20000		30333796	13186612
30000		45500694	19779918
40000		60667592	26373224
50000		75834490	32966530
60000		91001388	39559836
70000		106168286	46153142
80000		121335184	52746448
90000		136502081	59339754

Table comparative.		Réduction des malter en hectolitres.	Réduction des hectolitres en malter.
10000	*Fulda.*	16872827	5926689
20000		33745654	11853378
30000		50618480	17780068
40000		67491307	23706757
50000		84364134	29633446
60000		101236961	35560135
70000		118109788	41486824
80000		134982615	47413513
90000		151855441	53340202

Table comparative.		Réduction des halsters en hectolitres.	Réduction des hectolitres en halsters.
10000	*Gand.*	5207050	19204731
20000		10414101	38409461
30000		15621151	57614192
40000		20828201	76818923
50000		26035252	96023654
60000		31242302	115228384
70000		36449353	134433115
80000		41656403	153637846
90000		46863453	172842576

Table comparative.		Réduction des achtels en hectolitres.	Réduction des hectolitres en achtels.
10000	*Gelnhausen.*	12725039	7858522
20000		25450079	15717044
30000		38175118	23575566
40000		50900157	31434088
50000		63625196	39292610
60000		76350236	47151132
70000		89075275	55009653
80000		101800314	62868175
90000		114525353	70726697

Table comparative.		Réduction des mines en hectolitres.	Réduction des hectolitres en mines.
10000	*Gênes.*	11661809	8574999
20000		23323618	17149998
30000		34985428	25724996
40000		46647237	34299995
50000		58309046	42874994
60000		69970855	51449993
70000		81632664	60024992
80000		93294473	68599991
90000		104956283	77174989

Chapitre V. — Mesures de capacité.

Table comparative.		Réduction des coupes en hectolitres.	Réduction des hectolitres en coupes.
10000	*Genève.*	7765944	12876735
20000		15531887	25753470
30000		23297831	38630205
40000		31063775	51506941
50000		38829718	64383676
60000		46595662	77260411
70000		54361605	90137146
80000		62127549	103013881
90000		69893493	115890616

Table comparative.		Réduction des mines en hectolitres.	Réduction des hectolitres en mines.
10000	*Gergeau.*	4383840	22876735
20000		8767681	45753470
30000		13151521	68630205
40000		17535362	91506941
50000		21919202	114383676
60000		26303043	137260411
70000		30686883	160137146
80000		35070724	183013881
90000		39454564	205890616

Table comparative.		Réduction des carses en hectolitres.	Réduction des hectolitres en carses.
10000	*Gien.*	1598812	62546424
20000		3197625	125092849
30000		4796437	187639273
40000		6395250	250185697
50000		7994062	312732121
60000		9592875	375278546
70000		11191687	437824970
80000		12790499	500371394
90000		14389312	562917819

Table comparative.		Réduction des malter en hectolitres.	Réduction des hectolitres en malter.
10000	*Giessen.*	22851512	4376078
20000		45703025	8752156
30000		68554537	13128234
40000		91406050	17504312
50000		114257562	21880390
60000		137109075	26256468
70000		159960587	30632546
80000		182812099	35008624
90000		205663612	39384702

Table comparative.		Réduction des himtem en hectolitres.	Réduction des hectolitres en himtem.
10000	*Giffhorn.*	3509056	28497695
20000		7018112	56995385
30000		10527168	85493078
40000		14036224	113990771
50000		17545280	142488463
60000		21054336	170986156
70000		24563392	199483849
80000		28072448	227981541
90000		31581504	256479234

Chapitre V. — Mesures de capacité.

Table comparative.		Réduction des sacs en hectolitres.	Réduction des hectolitres en sacs.
10000	*Gimont.*	14477757	6907147
20000		28955515	13814294
30000		43433272	20721441
40000		57911030	27628583
50000		72388787	34535736
60000		86866544	41442885
70000		101344302	48350030
80000		115822059	55257177
90000		130299816	62164324

Table comparative.		Réduction des tonnen en hectolitres.	Réduction des hectolitres en tonnen.
10000	*Glackstadt.*	14296081	6994924
20000		28592162	13989848
30000		42888242	20984772
40000		57184323	27979696
50000		71480404	34974621
60000		85776485	41969545
70000		100072565	48964469
80000		114368646	55959393
90000		128664727	62954317

Table comparative.		Réduction des scheffeis en hectolitres.	Réduction des hectolitres en scheffels.
10000	*Goerlitz.*	14119536	7083094
20000		28239072	14166188
30000		42358608	21249282
40000		56478144	28332376
50000		70597680	35415470
60000		84717216	42498563
70000		98836752	49581657
80000		112956288	56664751
90000		127075824	63747845

Table comparative.		Réduction des sacken en hectolitres.	Réduction des hectolitres en sacken.
10000	*Goës.*	7289871	13717665
20000		14579741	27435330
30000		21869612	41152994
40000		29159482	54870659
50000		36449353	68588324
60000		43739223	82305989
70000		51029094	96023654
80000		58318964	109741318
90000		65608835	123458983

Table comparative.		Réduction des mudden en hectolitres.	Réduction des hectolitres en mudden.
10000	*Gorcum.*	16902581	5916256
20000		33805163	11832512
30000		50707744	17748768
40000		67610326	23665024
50000		84512907	29581280
60000		101415488	35497536
70000		118318070	41413793
80000		135220651	47330049
90000		152123233	53246305

Chapitre V. — Mesures de capacité.

Table comparative.		Réduction des himten en hectolitres.	Réduction des hectolitres en himten.
10000	*Goslar.*	3675682	27205838
20000		7351363	54411676
30000		11027045	81617515
40000		14702727	108823353
50000		18378408	136029191
60000		22054090	163235029
70000		25729771	190440867
80000		29405453	217646706
90000		33081135	244852544

Table comparative.		Réduction des sacken en hectolitres.	Réduction des hectolitres en sacken.
10000	*Gouda.*	10412117	9604195
20000		20824234	19208389
30000		31236351	28812584
40000		41648468	38416779
50000		52060585	48020974
60000		62472703	57625168
70000		72884820	67229363
80000		83296937	76833558
90000		93709054	86437752

Table comparative.		Réduction des sacos en hectolitres.	Réduction des hectolitres en sacos.
10000	*Grenade.*	8717844	11470726
20000		17435687	22941453
30000		26153531	34412179
40000		34871375	45882906
50000		43589219	57353632
60000		52307062	68824358
70000		61024906	80295085
80000		69742750	91765811
90000		78460593	103236538

Table comparative.		Réduction des razières en hectolitres.	Réduction des hectolitres en razières.
10000	*Gravelines.*	13252687	7545640
20000		26505374	15091279
30000		39758061	22636919
40000		53010748	30182558
50000		66263435	37728198
60000		79516122	45273838
70000		92768809	52819477
80000		106021496	60365117
90000		119274183	67910756

Table comparative.		Réduction des malter en hectolitres.	Réduction des hectolitres en malter.
10000	*Grelineau.*	11390051	8779592
20000		22780101	17559184
30000		34170152	26338776
40000		45560203	35118369
50000		56950254	43897961
60000		68340304	52677553
70000		79730355	61457145
80000		91120406	70236737
90000		102510456	79016329

CHAPITRE V. — Mesures de capacité.

Table comparative.		Réduction des viertels en hectolitres.	Réduction des hectolitres en viertels.
10000	*Grebenstein.*	14274261	7005617
20000		28548521	14011233
30000		42822782	21016850
40000		57097043	28022469
50000		71371304	35028084
60000		85645564	42033700
70000		99919825	49039317
80000		114194086	56044934
90000		128468347	63050551

Table comparative.		Réduction des scheffels en hectolitres.	Réduction des hectolitres en scheffels.
10000	*Greisswalde.*	3895865	25668237
20000		7791731	51336475
30000		11687596	77004712
40000		15583462	102672950
50000		19479327	128341187
60000		23375193	154009424
70000		27271058	179677662
80000		31166924	205345899
90000		35062789	231014137

Table comparative.		Réduction des tonnen en hectolitres.	Réduction des hectolitres en tonnen.
10000	*Gretsyl.*	19118305	5230589
20000		38236611	10461178
30000		57354916	15691767
40000		76473221	20922357
50000		95591527	26152946
60000		114709832	31383535
70000		133828137	36614124
80000		152946442	41844713
90000		172064768	47075302

Table comparative.		Réduction des verps en hectolitres.	Réduction des hectolitres en verps.
10000	*Gretsyl.*	4778584	20926699
20000		9557169	41853398
30000		14335753	62780098
40000		19114338	83706797
50000		23892922	104633497
60000		28671506	125560196
70000		33450091	146486895
80000		38228675	167413595
90000		43007260	188340294

Table comparative.		Réduction des scheffels en hectolitres.	Réduction des hectolitres en scheffels.
10000	*Grimma.*	10340706	9670519
20000		20681412	19341039
30000		31022118	29011558
40000		41362824	38682078
50000		51703531	48352597
60000		62044237	58023117
70000		72384943	67693636
80000		82725649	77364156
90000		93066355	87034675

CHAPITRE V. — Mesures de capacité.

Table comparative.		Réduction des sacs en hectolitres.	Réduction des hectolitres en sacs.
10000	*Grisolles.*	9820993	10182270
20000		19641986	20364540
30000		29462979	30546810
40000		39283972	40729079
50000		49104965	50911349
60000		58925957	61093619
70000		68746950	71275889
80000		78567943	81458159
90000		88388936	91640429

Table comparative.		Réduction des mudden en hectolitres.	Réduction des hectolitres en mudden
10000	*Groningue.*	8835125	11311668
20000		17670249	22623337
30000		26505374	33935005
40000		35340499	45246673
50000		44175623	56558342
60000		53010748	67870010
70000		61845873	79181678
80000		70680998	90493346
90000		79516122	101805015

Table comparative.		Réduction des moggia en hectolitres.	Réduction des hectolitres en moggia.
10000	*Grosetto.*	55319703	1807674
20000		110639406	3615348
30000		165959109	5423023
40000		221278812	7230697
50000		276598515	9038371
60000		331918218	10846045
70000		387237922	12653719
80000		442557625	14461394
90000		497877328	16269068

Table comparative.		Réduction des malter en hectolitres.	Réduction des hectolitres en malter.
10000	*Grunberg.*	27876068	3587306
20000		55752136	7174613
30000		83628204	10761919
40000		111504272	14349226
50000		139380341	17936532
60000		167256409	21523839
70000		195132477	25111145
80000		223008545	28698452
90000		250884613	32285758

Table comparative.		Réduction des malter en hectolitres.	Réduction des hectolitres en malter.
10000	*Grunstadt.*	10439888	9578647
20000		20879776	19157294
30000		31319664	28735940
40000		41759552	38314587
50000		52199440	47893234
60000		62639328	57471881
70000		73079216	67050528
80000		83519104	76629174
90000		93958992	86207821

Chapitre V. — Mesures de capacité.

Table comparative.		Réduction des viertels en hectolitres.	Réduction des hectolitres en viertels.
10000	*Gulensberg.*	16654627	6004338
20000		33309253	2008675
30000		49963880	8013013
40000		66618506	14017350
50000		83273133	20021688
60000		99927760	26026025
70000		116582386	32030363
80000		133237013	38034700
90000		149891639	44039038

Table comparative.		Réduction des malter en hectolitres.	Réduction des hectolitres en malter.
10000	*Gundelsheim.*	12366001	8086689
20000		24732002	16173378
30000		37098002	24260066
40000		49464003	32346755
50000		61830004	40433444
60000		74196005	48520133
70000		86562005	56606822
80000		98928006	64693511
90000		111294007	72780199

Table comparative.		Réduction des tonnen en hectolitres.	Réduction des hectolitres en tonnen.
10000	*Hadersleben.*	13704957	7296630
20000		27409913	14593260
30000		41114870	21889891
40000		54819826	29186521
50000		68524783	36483151
60000		82229739	43779781
70000		95934696	51076411
80000		109639652	58373042
90000		123344609	65669672

Table comparative.		Réduction des malter en hectolitres.	Réduction des hectolitres en malter.
10000	*Hailsbrunn.*	30194941	3312012
20000		60389882	6624024
30000		90584824	9936035
40000		120779765	13248047
50000		150974706	16560059
60000		181169647	19872071
70000		211364588	23184082
80000		241559529	26496094
90000		271754471	29808106

Table comparative.		Réduction des scheffels en hectolitres.	Réduction des hectolitres en scheffels.
10000	*Halle sur la Saale.*	7940504	12593659
20000		15881008	25187319
30000		23821512	37780978
40000		31762015	50374637
50000		39702519	62968296
60000		47643023	75561956
70000		55583527	88155615
80000		63524031	100749274
90000		71464535	113342934

Chapitre V. — Mesures de capacité.

Table comparative.		Réduction des last en hectolitres.	Réduction des hectolitres en last.
10000	*Hambourg.*	21611058 9	462726
20000		43222117 8	925452
30000		64833176 7	1388178
40000		86444235 6	1850904
50000		108055294 5	2313630
60000		129666353 4	2776356
70000		151277412 3	3239082
80000		172888471 2	3701808
90000		194499530 0	4164534

Table comparative.		Réduction des sœcke en hectolitres.	Réduction des hectolitres en sœcke.
10000	*Hambourg.*	2107417 3	474514 4
20000		4214834 5	949028 8
30000		6322251 8	1423543 2
40000		8429669 0	1898057 6
50000		10537086 3	2372571 9
60000		12644503 6	2847086 4
70000		14751920 8	3321600 7
80000		16859338 1	3796115 1
90000		18966755 3	4270629 5

Table comparative.		Réduction des scheffels en hectolitres.	Réduction des hectolitres en scheffels.
10000	*Hambourg.*	1053708 6	949029 0
20000		2107417 3	1898057 9
30000		3161125 9	2847086 9
40000		4214834 5	3796115 8
50000		5268543 1	4745144 8
60000		6322251 8	5694173 7
70000		7375960 4	6643202 7
80000		8429669 0	7592231 6
90000		9483377 7	8541260 6

Table comparative.		Réduction des tonnen en hectolitres.	Réduction des hectolitres en tonnen.
10000	*Hambourg.* Mesure de sel.	1864538 1	536325 9
20000		3729076 2	1072651 7
30000		5593614 4	1608977 6
40000		7458152 5	2145303 4
50000		9322690 6	2681629 3
60000		11187228 7	3217955 1
70000		13051706 8	3754281 0
80000		14916305 0	4290606 8
90000		16780843 1	4826932 7

Table comparative.		Réduction des malter en hectolitres.	Réduction des hectolitres en malter.
10000	*Homelbourg.*	1715450 3	582937 3
20000		3430900 7	1165874 6
30000		5146351 0	1748811 9
40000		6861801 4	2331749 2
50000		8577251 7	2914686 5
60000		10292702 1	3497623 8
70000		12008152 4	4080561 1
80000		13723602 8	4663498 4
90000		15439053 1	5246435 7

Chapitre V. — Mesures de capacité.

Table comparative.		Réduction des maltér en hectolitres.	Réduction des hectolitres en malter.
10000		11255163	8884811
20000		22510327	17769622
30000		33765490	26654433
40000		45020653	35539244
50000	*Hanau.*	56275817	44424055
60000		67530980	53308866
70000		78786143	62193678
80000		90041307	71078489
90000		101296470	79963300

Table comparative.		Réduction des himten, dits drittel, en hectolitres.	Réduction des hectolitres en himten, dits drittel.
10000		3110345	32150777
20000		6220690	64301554
30000		9331034	96452331
40000		12441379	128603107
50000	*Hanovre.*	15551724	160753884
60000		18662069	192904661
70000		21772413	225055438
80000		24882758	257206215
90000		27993103	289356992

Table comparative.		Réduction des metzen en hectolitres.	Réduction des hectolitres en metzen.
10000		1036782	96452331
20000		2073563	192904662
30000		3110345	289356993
40000		4147126	385809324
50000	*Hanovre.*	5183908	482261654
60000		6220689	578713985
70000		7257471	675166316
80000		8294253	771618647
90000		9331034	868070978

Table comparative.		Réduction des mudden en hectolitres.	Réduction des hectolitres en mudden.
10000		9765451	10240203
20000		19530902	20480406
30000		29296353	30720609
40000		39061804	40960812
50000	*Harderwick.*	48827256	51201015
60000		58592706	61441217
70000		68358157	71681420
80000		78123608	81921623
90000		87889059	92161826

Table comparative.		Réduction des sakken en hectolitres.	Réduction des hectolitres en sakken.
10000		7672713	13033200
20000		15345425	26066400
30000		23018138	39099600
40000		30690851	52132801
50000	*Harlem.*	38363563	65166001
60000		46036276	78199201
70000		53708989	91232401
80000		61381702	104265601
90000		69054414	117298801

Chapitre V. — Mesures de capacité.

Table comparative.		Réduction des mudden en hectolitres.	Réduction des hectolitres en mudden.
10000	*Harlingen*	8835125	11318459
20000		17670249	22636919
30000		26505374	33955378
40000		35340499	45273838
50000		4417562[illegible]	56592297
60000		53010748	67910756
70000		61845873	79229216
80000		70680998	90547675
90000		79516122	101866135
Table comparative.		**Réduction des tonnen en hectolitres.**	**Réduction des hectolitres en tonnen.**
10000	*Heselau et Haseldorf.*	13171558	7059223
20000		26342716	14118446
30000		39514074	21177669
40000		52685431	28236893
50000		65856789	35296116
60000		79028147	42355339
70000		92199505	49414562
80000		105370863	56473785
90000		118542221	63533008
Table comparative.		**Réduction des himten en hectolitres.**	**Réduction des hectolitres en himten.**
10000	*Heselau et Haseldorf.*	3292859	3036893
20000		6585679	6073785
30000		9878518	9110678
40000		13171358	12147571
50000		16464197	15184463
60000		19757037	18221356
70000		23049876	21258249
80000		26342716	24295141
90000		29635555	27332034
Table comparative.		**Réduction des boisseaux en hectolitres.**	**Réduction des hectolitres en boisseaux.**
10000	*Havre-de-Grâce.*	3457481	28922787
20000		6914965	57845575
30000		10372444	86768362
40000		13829926	115691149
50000		17287407	144613937
60000		20744889	173536724
70000		24202370	202459611
80000		27659851	231382298
90000		31117333	260305086
Table comparative.		**Réduction des malter en hectolitres.**	**Réduction des hectolitres en malter.**
10000	*Heidelberg.*	10299050	9709634
20000		20598099	19419267
30000		30897149	29128901
40000		41196199	38838535
50000		51495248	48548168
60000		61794298	58257802
70000		72093348	67967436
80000		82392398	77677069
90000		92691447	87386705

Chapitre V. — Mesures de capacité.

Table comparative.		Réduction des malter en hectolitres.	Réduction des hectolitres en malter.
10000	*Heilbron.*	110201022	907433
20000		220402044	1814865
30000		330603066	2722298
40000		440804088	3629730
50000		551005110	4537163
60000		661206132	5444596
70000		771407155	6352028
80000		881608177	7259461
90000		991809199	8166893

Table comparative.		Réduction des viertels en hectolitres.	Réduction des hectolitres en viertels.
10000	*Helmershausen.*	14274261	7005617
20000		28548521	14011233
30000		42822782	21016850
40000		57097043	28022467
50000		71371304	35028084
60000		85645564	42033700
70000		99919825	49039317
80000		114194086	5604493[illegible]
90000		128468347	63050551

Table comparative.		Réduction des tonneaux en hectolitres.	Réduction des hectolitres en tonneaux.
10000	*Hennebont.*	219850593	455764
20000		439701186	911528
30000		659551778	1367292
40000		879402371	1823056
50000		1099252964	2278820
60000		1319103557	2734584
70000		1538954150	3190348
80000		1758804743	3646112
90000		1978655335	4101877

Table comparative.		Réduction des viertels en hectolitres.	Réduction des hectolitres en viertels.
10000	*Hersfeldt.*	16997796	5883110
20000		33995592	11766220
30000		50993388	17649329
40000		67991184	23532439
50000		84988980	29415549
60000		101986776	35298659
70000		118984572	41181768
80000		135982368	47064878
90000		152980164	52947988

Table comparative.		Réduction des mudden en hectolitres.	Réduction des hectolitres en mudden.
10000	*Heusden.*	16902581	5916256
20000		33805163	11832512
30000		50707744	17748768
40000		67610326	23665024
50000		84512907	29581280
60000		101415488	35497536
70000		118318070	41413793
80000		135220651	47330049
90000		152123233	53246305

Chapitre V. — Mesures de capacité.

Table comparative.		Réduction des himten en hectolitres.	Réduction des hectolitres en himten.
10000	*Hildesheim.*	2592615	38571093
20000		5185230	77142185
30000		7777846	115713278
40000		10370461	154284371
50000		12963076	192855463
60000		15555691	231426556
70000		18148306	269997649
80000		20740921	308568741
90000		23333537	347139834

Table comparative.		Réduction des malter en hectolitres.	Réduction des hectolitres en malter.
10000	*Hirsch-Horn.*	11050849	9049079
20000		22101697	18098158
30000		33152546	27147236
40000		44203394	36196315
50000		55254243	45245394
60000		66305092	54294473
70000		77355940	63343552
80000		88406789	72392630
90000		99457637	81441709

Table comparative.		Réduction des viertels en hectolitres.	Réduction des hectolitres en viertels.
10000	*Hochstraten.*	8482037	11789621
20000		16964074	23579241
30000		25446111	35368862
40000		33928148	47158483
50000		42410186	58948105
60000		50892223	70737724
70000		59374260	82527345
80000		67856297	94316965
90000		76338334	106106586

Table comparative.		Réduction des malter en hectolitres.	Réduction des hectolitres en malter.
10000	*Hohensolms.*	23414866	4270791
20000		46829731	8541582
30000		70244597	12812373
40000		93659463	17083104
50000		117074329	21353955
60000		140489194	25624747
70000		163904060	2989553[illegible]
80000		187318926	34166329
90000		210733791	38437120

Table comparative.		Réduction des tonnen en hectolitres.	Réduction des hectolitres en tonnen.
10000	*Holstein.* Mesure de prince.	11854222	843539[illegible]
20000		23708444	1687078[illegible]
30000		35562666	2530617[illegible]
40000		47416888	3374156[illegible]
50000		59271110	4217695[illegible]
60000		71125333	5061234[illegible]
70000		82979555	59047738
80000		94833777	6748312[illegible]
90000		106687999	7591852[illegible]

Chapitre V. — Mesures de capacité.

Table comparative.		Réduction des scheffels en hectolitres.	Réduction des hectolitres en scheffels.
10000	*Holstein.* Mesure de prince.	3951407	25307439
20000		7902815	50614878
30000		11854222	75922317
40000		15805629	101229756
50000		19757037	126537195
60000		23708444	151844634
70000		27659851	177152073
80000		31611259	202459512
90000		35562666	227766950

Table comparative.		Réduction des tonnen en hectolitres.	Réduction des hectolitres en tonnen.
10000	*Holstein.* Mes. de gentilhomme.	13171358	7592232
20000		26342716	15184463
30000		39514074	22776695
40000		52685431	30368927
50000		65856789	37961158
60000		79028147	45553390
70000		92199505	53145621
80000		105370863	60737853
90000		118542221	68330085

Table comparative.		Réduction des tonnen en hectolitres.	Réduction des hectolitres en tonnen.
10000	*Holstein.* Mesure de roi.	12397739	8065987
20000		24795478	16131974
30000		37193217	24197961
40000		49590956	32263948
50000		61988695	40329934
60000		74386434	48395921
70000		86784173	56461908
80000		99181912	64527895
90000		111579651	72593882

Table comparative.		Réduction des himten en hectolitres.	Réduction des hectolitres en himten.
10000	*Holstein.*	3098443	32274276
20000		6196886	64548551
30000		9295329	96822827
40000		12393772	129097102
50000		15492215	161371378
60000		18590657	193645653
70000		21689100	225919929
80000		24787543	258194295
90000		27885986	290468480

Table comparative.		Réduction des viertels en hectolitres.	Réduction des hectolitres en viertels.
10000	*Homberg en Hesse.*	17842826	5604493
20000		35685652	11208987
30000		53528478	16815480
40000		71371304	22417974
50000		89214130	28022467
60000		107056955	33626960
70000		124899781	39231454
80000		142742607	44835047
90000		160585433	50440441

Chapitre V. — Mesures de capacité.

Table comparative.		Réduction des boisseaux en hectolitres.	Réduction des hectolitres en boisseaux.
10000	*Honfleur.*	3919669	25512357
20000		7839338	51024715
30000		11759007	76537072
40000		15678677	102049429
50000		19598346	127561787
60000		23518015	153074144
70000		27437684	178586501
80000		31357353	204098859
90000		35277022	229611216

Table comparative.		Réduction des sakken en hectolitres.	Réduction des hectolitres en sakken.
10000	*Horn.*	6625352	15093538
20000		13250703	30187077
30000		19876055	45280615
40000		26501407	60374153
50000		33126759	75467692
60000		39752110	90561230
70000		46377462	105654769
80000		53002814	120748307
90000		59628165	135841845

Table comparative.		Réduction des quarters en hectolitres.	Réduction des hectolitres en quarters.
10000	*Hull.*	26070957	3835686
20000		52141915	7671372
30000		78212872	11507057
40000		104283829	15342743
50000		130354787	19178429
60000		156425744	23014115
70000		182496701	26849801
80000		208567658	30685486
90000		234638616	34521172

Table comparative.		Réduction des tonnen en hectolitres.	Réduction des hectolitres en tonnen.
10000	*Husum.*	14637267	6831879
20000		29274533	13663759
30000		43911800	20495638
40000		58549066	27327518
50000		73186333	34159397
60000		87823599	40991277
70000		102460866	47823156
80000		117098132	54655035
90000		131735399	61486915

Table comparative.		Réduction des schaff en hectolitres.	Réduction des hectolitres en schaff.
10000	*Ingolstadt.*	103365405	967442
20000		206730809	1934883
30000		310096214	2902325
40000		413461618	3869767
50000		516827023	4837208
60000		620192428	5804650
70000		723557832	6772092
80000		826923237	7739533
90000		930288642	8706975

Chapitre V. — Mesures de capacité.

Table comparative.		Réduction des quarters en hectolitres.	Réduction des hectolitres en quarters.
10000	*Irlande.*	2858026 0	3498919
20000		57160519	6997837
30000		85740779	10496756
40000		114321039	13995674
50000		142901298	17494593
60000		171481558	20993511
70000		200061818	24492430
80000		228642077	27991348
90000		257222337	31490267
Table comparative.		**Réduction des mudden en hectolitres.**	**Réduction des hectolitres en mudden.**
10000	*Iselstein.*	14477757	6907147
20000		28955515	13814294
30000		43433272	20721441
40000		57911030	27628588
50000		72388787	34535736
60000		86866544	41442883
70000		101344302	48350030
80000		115822059	55257177
90000		130299816	62164324
Table comparative.		**Réduction des malter en hectolitres.**	**Réduction des hectolitres en malter.**
10000	*Kaiserslautern.*	12068455	8286065
20000		24136910	16572130
30000		36205365	24858194
40000		48273820	33144259
50000		60342275	41430324
60000		72410730	49716389
70000		84479185	58002454
80000		96547640	66288518
90000		108616095	74574583
Table comparative.		**Réduction des tonnen en hectolitres.**	**Réduction des hectolitres en tonnen.**
10000	*Kiel.*	11854222	8435813
20000		23708444	16871626
30000		35562666	25307439
40000		47416888	33743252
50000		59271110	42179065
60000		71125333	50614878
70000		82979555	59050691
80000		94833777	67486503
90000		106687999	75922316
Table comparative.		**Réduction des scheffels en hectolitres.**	**Réduction des hectolitres en scheffels.**
10000	*Konisberg.* Mesure vieille.	4863881	20559714
20000		9727762	41119428
30000		14591643	61679141
40000		19455524	82238855
50000		24319405	102798569
60000		29183286	123358283
70000		34047167	143917997
80000		38911047	164477711
90000		43774928	185037424

Chapitre III. — Mesures de capacité.

Table comparative.		Réduction des scheffels en hectolitres.	Réduction des hectolitres en scheffels.
1 0 0 0 0	*Konisberg.* Mesure neuve.	5 1 6 5 3 9 4	1 9 3 5 9 6 0 8
2 0 0 0 0		1 0 3 3 0 7 8 8	3 8 7 1 9 2 1 5
3 0 0 0 0		1 5 4 9 6 1 8 2	5 8 0 7 8 8 2 3
4 0 0 0 0		2 0 6 6 1 5 7 6	7 7 4 3 8 4 3 0
5 0 0 0 0		2 5 8 2 6 9 7 0	9 6 7 9 8 0 3 8
6 0 0 0 0		3 0 9 9 2 3 6 4	1 1 6 1 5 7 6 4 5
7 0 0 0 0		3 6 1 5 7 7 5 8	1 3 5 5 1 7 2 5 3
8 0 0 0 0		4 1 3 2 3 1 5 2	1 5 4 8 7 6 8 6 1
9 0 0 0 0		4 6 4 8 8 5 4 6	1 7 4 2 3 6 4 6 8

Table comparative.		Réduction des malter en hectolitres.	Réduction des hectolitres en malter.
1 0 0 0 0	*Krautheim.*	1 9 2 8 2 9 4 7	5 1 8 5 9 2 9
2 0 0 0 0		3 8 5 6 5 8 9 5	1 0 3 7 1 8 5 8
3 0 0 0 0		5 7 8 4 8 8 4 2	1 5 5 5 7 7 8 8
4 0 0 0 0		7 7 1 3 1 7 8 9	2 0 7 4 3 7 1 7
5 0 0 0 0		9 6 4 1 4 7 3 6	2 5 9 2 9 6 4 6
6 0 0 0 0		1 1 5 6 9 7 6 8 4	3 1 1 1 5 5 7 5
7 0 0 0 0		1 3 4 9 8 0 6 3 1	3 6 3 0 1 5 0 5
8 0 0 0 0		1 5 4 2 6 3 5 7 8	4 1 4 8 7 4 3 4
9 0 0 0 0		1 7 3 5 4 6 5 2 5	4 6 6 7 3 3 6 3

Table comparative.		Réduction des malter en hectolitres.	Réduction des hectolitres en malter.
1 0 0 0 0	*Ladenbourg.*	1 0 2 9 9 0 5 0	9 7 0 9 6 3 4
2 0 0 0 0		2 0 5 9 8 0 9 9	1 9 4 1 9 2 6 7
3 0 0 0 0		3 0 8 9 7 1 4 9	2 9 1 2 8 9 0 1
4 0 0 0 0		4 1 1 9 6 1 9 9	3 8 8 3 8 5 3 5
5 0 0 0 0		5 1 4 9 5 2 4 8	4 8 5 4 8 1 6 9
6 0 0 0 0		6 1 7 9 4 2 9 8	5 8 2 5 7 8 0 2
7 0 0 0 0		7 2 0 9 3 3 4 8	6 7 9 6 7 4 3 6
8 0 0 0 0		8 2 3 9 2 3 9 8	7 7 6 7 7 0 7 0
9 0 0 0 0		9 2 6 9 1 4 4 7	8 7 3 8 6 7 0 3

Table comparative.		Réduction des tonnen en hectolitres.	Réduction des hectolitres en tonnen.
1 0 0 0 0	*Ialand.*	1 3 7 4 4 6 2 9	7 2 7 5 5 6 9
2 0 0 0 0		2 7 4 8 9 2 5 9	1 4 5 5 1 1 3 8
3 0 0 0 0		4 1 2 3 3 8 8 8	2 1 8 2 6 7 0 7
4 0 0 0 0		5 4 9 7 8 5 1 7	2 9 1 0 2 2 7 6
5 0 0 0 0		6 8 7 2 3 1 4 7	3 6 3 7 7 8 4 5
6 0 0 0 0		8 2 4 6 7 7 7 6	4 3 6 5 3 4 1 4
7 0 0 0 0		9 6 2 1 2 4 0 5	5 0 9 2 8 9 8 3
8 0 0 0 0		1 0 9 9 5 7 0 3 4	5 8 2 0 4 5 5 3
9 0 0 0 0		1 2 3 7 0 1 6 6 4	6 5 4 8 0 1 2 2

Table comparative.		Réduction des scheffels en hectolitres.	Réduction des hectolitres en scheffels.
1 0 0 0 0	*Langensalza.*	4 2 9 2 5 9 3	2 3 2 9 6 9 4 2
2 0 0 0 0		8 5 8 5 1 8 6	4 6 5 9 1 8 8 4
3 0 0 0 0		1 2 8 7 7 7 7 9	6 9 8 8 7 8 2 6
4 0 0 0 0		1 7 1 7 0 3 7 3	9 3 1 8 3 7 6 7
5 0 0 0 0		2 1 4 6 2 9 6 6	1 1 6 4 7 9 7 0 9
6 0 0 0 0		2 5 7 5 5 5 5 9	1 3 9 7 7 5 6 5 1
7 0 0 0 0		3 0 0 4 8 1 5 2	1 6 3 0 7 1 5 9 3
8 0 0 0 0		3 4 3 4 0 7 4 5	1 8 6 3 6 7 5 3 5
9 0 0 0 0		3 8 6 3 3 3 3 8	2 0 9 6 6 3 [illegible]

Chapitre V. — Mesures de capacité.

Table comparative.		Réduction des tonneaux en hectolitres.	Réduction des hectolitres en tonneaux.
10000	*Lanion.*	153454256	651660
20000		306908512	1303320
30000		460362767	1954980
40000		613817023	2606640
50000		767271279	3258300
60000		920725535	3909960
70000		1074179790	4561620
80000		1227634046	5213280
90000		1381088302	5864940

Table comparative.		Réduction des sœke en hectolitres.	Réduction des hectolitres en sœke.
10000	*Lavenbourg.*	17106896	5845596
20000		34213792	11691192
30000		51320688	17536787
40000		68427584	23382383
50000		85534481	29227979
60000		102641377	35073575
70000		119748273	40919171
80000		136855169	46764766
90000		153962065	52610362

Table comparative.		Réduction des malter en hectolitres.	Réduction des hectolitres en malter.
10000	*Lautreck.*	13258638	7542253
20000		26517276	15084506
30000		39775914	22626759
40000		53034552	30169011
50000		66293190	37711264
60000		79551828	45253517
70000		92810466	52795770
80000		106069104	60338023
90000		119327740	67880276

Table comparative.		Réduction des setiérs en hectolitres.	Réduction des hectolitres en setiers.
10000	*Lavaur.*	13885468	7201774
20000		27770935	14403548
30000		41656403	21605322
40000		55541871	38807096
50000		69427538	46008870
60000		83312806	53210644
70000		97198273	60412418
80000		111083741	67614192
90000		124969209	74815966

Table comparative.		Réduction des tonnen en hectolitres.	Réduction des hectolitres en tonnen.
10000	*Leer.*	19118305	5230589
20000		38236611	10461178
30000		57354916	15691767
40000		76473221	20922357
50000		95591527	26152946
60000		114709832	31383535
70000		133828137	36614124
80000		152946442	41844713
90000		172064748	47075302

CHAPITRE V. — Mesures de capacité.

Table comparative.		Réduction des verps en hectolitres.	Réduction des hectolitres en verps.
10000	*Leer.*	4778585	20926699
20000		9557169	41853398
30000		14335754	62780097
40000		19114338	83706796
50000		23892923	104633495
60000		28671507	125560195
70000		33450092	146488694
80000		38228676	167413593
90000		43007261	188340292
Table comparative.		**Réduction des mudden en hectolitres.**	**Réduction des hectolitres en mudden.**
10000	*Leerdam.*	16902581	5916256
20000		33805163	11832512
30000		50707744	17748768
40000		67610326	23665024
50000		84512907	29581280
60000		101415488	35497536
70000		118318070	41413793
80000		135220651	47330049
90000		152123233	53246305
Table comparative.		**Réduction des scheffels en hectolitres.**	**Réduction des hectolitres en scheffels.**
10000	*Leipzick.*	13897369	7195606
20000		27794739	14391213
30000		41692108	21586819
40000		55589478	28782425
50000		69486847	35978032
60000		83384217	43173638
70000		97281586	50369244
80000		111179956	57564851
90000		125076325	64760457
Table comparative.		**Réduction des mudden en hectolitres.**	**Réduction des hectolitres en mudden.**
10000	*Leuwarden.*	8835125	11318459
20000		17670249	22636919
30000		26505374	33955378
40000		35340499	45273838
50000		44175623	56592297
60000		53010748	67910756
70000		61845873	79229216
80000		70680998	90547675
90000		79516122	101866135
Table comparative.		**Réduction des loof en hectolitres.**	**Réduction des hectolitres en loof.**
10000	*Libau.*	6264330	15963400
20000		12528659	31926801
30000		18792989	47890201
40000		25057318	63853601
50000		31321648	79817001
60000		37585977	95780402
70000		43850307	111743802
80000		50114636	127707202
90000		56378966	143670603

Chapitre V. — Mesures de capacité.

Table comparative.		Réduction des sacs en hectolitres.	Réduction des hectolitres en sacs.
10000	*Libourne.*	832929 7	12005815
20000		16658594	24011630
30000		24987891	36017446
40000		33317188	48023261
50000		41646485	60029076
60000		49975782	72034891
70000		58305079	84040707
80000		66634376	96046522
90000		74963672	108052337
Table comparative.		**Réduction des agtel en hectolitres.**	**Réduction des hectolitres en agtel.**
10000	*Lick.*	9559153	10461178
20000		19118305	20922357
30000		28677458	31383535
40000		38236611	41844713
50000		47795763	52305891
60000		57354916	62767070
70000		66914069	73228248
80000		76473221	83689426
90000		86032374	94150604
Table comparative.		**Réduction des setiers en hectolitres.**	**Réduction des hectolitres en setiers.**
10000	*Liége.*	2993310	33407832
20000		5986620	66815663
30000		8979930	100223495
40000		11973240	133631327
50000		14966551	167039158
60000		17959861	200446990
70000		20953171	233854822
80000		23946481	267262653
90000		26939791	300670485
Table comparative.		**Réduction des razières en hectolitres.**	**Réduction des hectolitres en razières.**
10000	*Lille.*	7109359	14065965
20000		14218719	28131930
30000		21328078	42197895
40000		28437438	56263859
50000		35546797	70329824
60000		42656157	84395789
70000		49765516	98461754
80000		56874875	112527719
90000		63984235	126593684
Table comparative.		**Réduction des metzen en hectolitres.**	**Réduction des hectolitres en metzen.**
10000	*Lintz.*	12794467	7815879
20000		25588933	15631758
30000		38383400	23447636
40000		51177866	31263515
50000		63972333	39079394
60000		76766800	46895273
70000		89561266	54711151
80000		102355733	62527030
90000		115150199	70342909

Chapitre V. — Mesures de capacité.

Table comparative.		Réduction des scheffels en hectolitres.	Réduction des hectolitres en scheffels.
10000	*Lippe (comté de).*	4270773	23414964
20000		8541546	46829929
30000		12812319	70244893
40000		17083092	93659857
50000		21353866	117074821
60000		25624639	140489786
70000		29895412	163904750
80000		34166185	187319714
90000		38436958	210734678

Table comparative.		Réduction des alquières en hectolitres.	Réduction des hectolitres en alquières.
10000	*Lisbonne.*	1338956	74685064
20000		2677912	149370127
30000		4016867	224055191
40000		5355823	298740255
50000		6694779	373425319
60000		8033735	448110382
70000		9372691	522795446
80000		10711646	597480510
90000		12050602	672165574

Table comparative.		Réduction des moyos en hectolitres.	Réduction des hectolitres en moyos.
10000	*Lisbonne.*	8033748	1244751
20000		160674697	2489502
30000		241012045	3734253
40000		321349394	4979004
50000		401686742	6223755
60000		482024091	7468506
70000		562361439	8713257
80000		642698788	9958008
90000		723036136	11202760

Table comparative.		Réduction des sacca en hectolitres.	Réduction des hectolitres en sacca.
10000	*Livourne.*	7103409	14077749
20000		14206817	28155497
30000		21310226	42233246
40000		28413634	56310995
50000		35517043	70388743
60000		42620451	84466492
70000		49723860	98544241
80000		56827268	112621990
90000		63930677	126699738

Table comparative.		Réduction des staja en hectolitres.	Réduction des hectolitres en staja.
10000	*Livourne. Mesure grande.*	2368464	42221456
20000		4736928	84442912
30000		7105392	126664368
40000		9473856	168885824
50000		11842320	211107279
60000		14210784	253328735
70000		16579248	295550191
80000		18947712	337771647
90000		21316176	379993103

CHAPITRE V. — Mesures de capacité.

Table comparative.		Réduction des staja en hectolitres.	Réduction des hectolitres en staja.
10000	*Livourne.* Mesure petite.	1729733	57812406
20000		3459465	115624812
30000		5189198	173437218
40000		6918930	231249624
50000		8648663	289062030
60000		10378395	346874436
70000		12108128	404686842
80000		13837860	462499249
90000		15567593	520311655

Table comparative.		Réduction des starelli en hectolitres.	Reduction des hectolitres en starelli.
10000	*Livourne.*	864866	115624808
20000		1729733	231249615
30000		2594599	346874423
40000		3459465	462499230
50000		4324331	578124038
60000		5189198	693748845
70000		6054064	809373653
80000		6918930	924998460
90000		7783796	1040623268

Table comparative.		Réduction des quarters en hectolitres.	Réduction des hectolitres en quarters.
10000	*Londres.*	28580260	3498919
20000		57160519	6997837
30000		85740779	10496756
40000		114321039	13995674
50000		142901298	17494593
60000		171481558	20993511
70000		200061818	24492430
80000		228642077	27991348
90000		257222337	31490267

Table comparative.		Réduction des buschels en hectolitres.	Réduction des hectolitres en buschels.
10000	*Londres.* Mesure de terre.	3572532	27991348
20000		7145065	55982696
30000		10717597	83974045
40000		14290130	111965393
50000		17862662	139956741
60000		21435195	167948089
70000		25007727	195939437
80000		28580260	223930786
90000		32152792	251922134

Table comparative.		Réduction des buschels en hectolitres.	Réduction des hectolitres en buschels.
10000	*Londres.* Mesure de mer.	4465170	22395566
20000		8930339	44791131
30000		13395509	67186697
40000		17860679	89582262
50000		22325848	111977828
60000		26791018	134373393
70000		31256188	156768959
80000		35721357	179164524
90000		40186527	201560090

Chapitre V. — Mesures de capacité.

Table comparative.		Réduction des scheffels en hectolitres.	Réduction des hectolitres en scheffels.
10000	*Lubeck. Mesure de seigle.*	3340447	29936115
20000		6680894	59872231
30000		10021340	89808346
40000		13361787	119744462
50000		16702234	149680577
60000		20042681	179616693
70000		23383128	209552808
80000		26723574	239488924
90000		30064021	269425039

Table comparative.		Réduction des scheffels en hectolitres.	Réduction des hectolitres en scheffels.
10000	*Lubeck. Mesure d'avoine.*	3923636	25483447
20000		7847273	50966894
30000		11770909	76450342
40000		15694546	101933789
50000		19618182	127417236
60000		23541819	152900683
70000		27465455	178384130
80000		31389091	203867578
90000		35312728	229351025

Table comparative.		Réduction des staja en hectolitres.	Réduction des hectolitres en staja.
10000	*Lucques.*	2451777	40786746
20000		4903554	81573492
30000		7355331	122360238
40000		9807107	163146984
50000		12258884	203933730
60000		14710661	244720476
70000		17162438	285507222
80000		19614215	326293968
90000		22065992	367080714

Table comparative.		Réduction des scheffels en hectolitres.	Réduction des hectolitres en scheffels.
10000	*Lunébourg.*	6220689	16075388
20000		12441379	32150777
30000		18662069	48226165
40000		24882758	64301554
50000		31103448	80376942
60000		37324137	96452331
70000		43544827	112527719
80000		49765516	128603107
90000		55986206	144678496

Table comparative.		Réduction des asnées en hectolitres.	Réduction des hectolitres en asnées.
10000	*Lyon.*	19181782	5213280
20000		38363563	10426560
30000		57545345	15639840
40000		76727127	20853120
50000		95908909	26066400
60000		115090690	31279680
70000		134272472	36492960
80000		153454254	41706240
90000		172636035	46919520

Chapitre V. — Mesures de capacité.

Table comparative.		Réduction des asnées en hectolitres.	Réduction des hectolitres en asnées.
10000	*Mâcon.*	25575048	3910061
20000		51150095	7820122
30000		76725143	11730183
40000		102300191	15640244
50000		127875239	19550306
60000		153450286	23460367
70000		179025334	27370428
80000		204600382	31280489
90000		230175430	35190550

Table comparative.		Réduction des alquiers en hectolitres.	Réduction des hectolitres en alquiers.
10000	*Madère.*	1120756	89225526
20000		2241511	178451052
30000		3362267	267676578
40000		4483022	356902104
50000		5603778	446127630
60000		6724534	535353156
70000		7845289	624578682
80000		8966045	713804209
90000		10086801	803029735

Table comparative.		Réduction des scheffels en hectolitres.	Réduction des hectolitres en scheffels.
10000	*Magdebourg.*	5165394	19359608
20000		10330788	38719215
30000		15496182	58078823
40000		20661576	77438430
50000		25826970	96798038
60000		30992364	116157645
70000		36157758	135517253
80000		41323152	154876860
90000		46488546	174236468

Table comparative.		Réduction des fanègues en hectolitres.	Réduction des hectolitres en fanègues.
10000	*Malaga.*	6061998	34808836
20000		12123997	69617672
30000		18185995	104426508
40000		24247994	139235344
50000		30309992	174044180
60000		36371991	208853016
70000		42433989	243661852
80000		48495988	278470688
90000		54557986	313279524

Table comparative.		Réduction des salmes en hectolitres.	Réduction des hectolitres en salmes.
10000	*Malte.*	26638278	3753996
20000		53276556	7507993
30000		79914834	11261989
40000		106553111	15015986
50000		133191389	18769982
60000		159829667	22523979
70000		186467945	26277975
80000		213106223	30031971
90000		239744501	33785968

Chapitre V. — Mesures de capacité.

Table comparative.		Réduction des carres en hectolitres.	Réduction des hectolitres en carres.
10000	*Manfredonia.*	187910050	532170
20000		375820100	1064339
30000		563730150	1596509
40000		751640200	2128678
50000		939550249	2660848
60000		1127460299	3193017
70000		1315370349	3725187
80000		1503280399	4257356
90000		1691190449	4789526

Table comparative.		Réduction des malter en hectolitres.	Réduction des hectolitres en malter.
10000	*Manheim.*	1029905 0	9709634
20000		20598099	19419267
30000		30897149	29128901
40000		41196199	38838535
50000		51495249	48548168
60000		61794298	58257802
70000		72093348	67967436
80000		82392398	77677070
90000		92691447	87386703

Table comparative.		Réduction des stari en hectolitres.	Réduction des hectolitres en stari.
10000	*Mantoue.*	3483269	28708666
20000		6966537	57417333
30000		10449806	86125999
40000		13933075	114834665
50000		17416344	143543332
60000		20899612	172251998
70000		24382881	200960664
80000		27866150	229669331
90000		31349419	258377996

Table comparative.		Réduction des tonneaux en hectolitres.	Réduction des hectolitres en tonneaux.
10000	*Maran.*	138108828	724067
20000		276217657	1448133
30000		414326485	2172200
40000		552435314	2896267
50000		690544142	3620335
60000		828652970	4344400
70000		966761799	5068467
80000		1104870627	5792533
90000		1242979456	6516600

Table comparative.		Réduction des moggio en hectolitres.	Réduction des hectolitres en moggio.
10000	*Marenna. (di Sienna.)*	53274572	1877068
20000		106549144	3754136
30000		159823716	5631204
40000		213098288	7508273
50000		266372860	9385341
60000		319647432	11262409
70000		372922004	13139477
80000		426196576	15016545
90000		479471149	16893613

Chapitre V. — Mesures de capacité.

Table comparative.		Réduction des charges en hectolitres.	Réduction des hectolitres en charges.
10000	*Marseille.*	1580562 9	632686 0
20000		3161125 9	1265371 9
30000		4741688 8	1898057 9
40000		6322251 8	2530743 9
50000		7902814 7	3163429 8
60000		9483377 7	3796115 8
70000		11063940 6	4428801 8
80000		12644503 6	5061487 8
90000		14225066 5	5694173 7

Table comparative.		Réduction des sacs en hectolitres.	Réduction des hectolitres en sacs.
10000	*Mas-d'Agenois.*	798017 7	1253105 1
20000		1596035 3	2506210 2
30000		2394053 0	3759315 3
40000		3192070 6	5012420 4
50000		3990088 3	6265525 5
60000		4788106 0	7518630 6
70000		5586123 6	8771735 7
80000		6384141 3	10024840 8
90000		7182159 0	11277945 9

Table comparative.		Réduction des setiers en hectolitres.	Réduction des hectolitres en setiers.
10000	*Maëstricht.*	226729 8	441053 5 3
20000		453459 7	882107 0 7
30000		680189 5	1323160 6 0
40000		906919 4	1764214 1 3
50000		1133649 2	2205267 6 6
60000		1360379 1	2646321 2 0
70000		1587108 9	3087374 7 3
80000		1813838 8	3528428 2 6
90000		2040568 6	3969481 7 9

Table comparative.		Réduction des malter en hectolitres.	Réduction des hectolitres en malter.
10000	*Mayence.*	970395 8	1030507 3
20000		1940791 6	2061014 6
30000		2911187 5	3091522 0
40000		3881583 3	4122029 3
50000		4851979 1	5152536 6
60000		5822374 9	6183043 9
70000		6792770 8	7213551 2
80000		7763166 6	8244058 6
90000		8733562 4	9274565 9

Table comparative.		Réduction des quarteras en hectolitres.	Réduction des hectolitres en quarteras.
10000	*Maïorque.*	672056 6	1487970 2
20000		1344113 2	2975940 3
30000		2016169 9	4463910 5
40000		2688226 5	5951880 6
50000		3360283 1	7439850 8
60000		4032339 7	8927820 9
70000		4704396 4	10415791 1
80000		5376453 0	11903761 2
90000		6048509 6	13391731 4

Chapitre V. — Mesures de capacité.

Table comparative.		Réduction des viertels en hectolitres.	Réduction des hectolitres en viertels.
10000	*Mecheln.*	8450299	11833901
20000		16900598	23667802
30000		25350896	35501703
40000		33801195	47335604
50000		42251494	59169505
60000		50701793	71003406
70000		59152092	82837307
80000		67602391	94671208
90000		76052689	106505109

Table comparative.		Réduction des scheffels en hectolitres.	Réduction des hectolitres en scheffels.
10000	*Mecklembourg.*	4244986	23557228
20000		8489972	47114457
30000		12734957	70671685
40000		16979943	94228914
50000		21224929	117786142
60000		25469915	141343370
70000		29714901	164900599
80000		33959886	188457827
90000		38204872	212015056

Table comparative.		Réduction des scheffels en hectolitres.	Réduction des hectolitres en scheffels.
10000	*Mussen.* Mesures de ville.	10588661	9444065
20000		21177322	18888130
30000		31765983	28334194
40000		42354644	37776259
50000		52943305	47220324
60000		63531965	56664389
70000		74120626	66108454
80000		84709287	75552519
90000		95297948	84996583

Table comparative.		Réduction des viertels en hectolitres.	Réduction des hectolitres en viertels.
10000	*Melsungen.*	17842826	5604493
20000		35685652	11208987
30000		53528478	16813480
40000		71371304	22417974
50000		89214130	28022467
60000		107056956	33626960
70000		124899781	39231454
80000		142742607	44835947
90000		160585433	50440441

Table comparative.		Réduction des scheffels en hectolitres.	Réduction des hectolitres en scheffels.
10000	*Memmel.*	4840077	20660827
20000		9680155	41321654
30000		14520232	61982481
40000		19360309	82643308
50000		24200386	103304135
60000		29040464	123964963
70000		33880541	144625790
80000		38720618	165286617
90000		43560696	185947444

Chapitre V. — Mesures de capacité.

Table comparative.		Réduction des malter en hectolitres.	Réduction des hectolitres en malter.
10000	*Mergenthal.*	19282947	5185929
20000		38565895	10371858
30000		57848842	15557787
40000		77131789	20743716
50000		96414736	25929645
60000		115697684	31115574
70000		134980631	36301503
80000		154263578	41487432
90000		173546525	46673361
Table comparative.		**Réduction des scheffels en hectolitres.**	**Réduction des hectolitres en scheffels.**
10000	*Mersebourg.*	17450066	5730638
20000		34900131	11461275
30000		52350197	17191913
40000		69800262	22922550
50000		87250328	28653188
60000		104700393	34383825
70000		122150459	40114463
80000		139600514	45845100
90000		157050580	51575738
Table comparative.		**Réduction des gomor en hectolitres.**	**Réduction des hectolitres en gomor.**
10000	*Mersebourg. Mesures juives.*	285644	350086268
20000		571288	700172536
30000		856932	1050258805
40000		1142576	1400345073
50000		1428219	1750431341
60000		1713863	2100517610
70000		1999507	2450603878
80000		2285151	2800690146
90000		2570795	3150776414
Table comparative.		**Réduction des sacken en hectolitres.**	**Réduction des hectolitres en sacken.**
10000	*Middelbourg.*	7026047	14232755
20000		14052093	28465510
30000		21078140	42698265
40000		28104187	56931020
50000		35130233	71163775
60000		42156280	85396530
70000		49182326	99629285
80000		56208373	113862040
90000		63234420	128094795
Table comparative.		**Réduction des moggio en hectolitres.**	**Réduction des hectolitres en moggio.**
10000	*Milan.*	13837860	7226551
20000		27675721	14453102
30000		41513581	21679652
40000		55351441	28906203
50000		69189302	36132754
60000		83027162	43359305
70000		96865022	50585856
80000		110702883	57812407
90000		124540743	65038957

Chapitre V. — Mesures de capacité.

Table comparative.		Réduction des malter en hectolitres.	Réduction des hectolitres en malter.
10000	*Mittemberg.*	14869352	6725245
20000		29738704	13450485
30000		44608057	20175728
40000		59477409	26900970
50000		74346761	33626213
60000		89216113	40351456
70000		104085465	47076698
80000		118954818	53801941
90000		133824170	60527183
Table comparative.		**Réduction des malter en hectolitres.**	**Réduction des hectolitres en malter.**
10000	*Minden.*	15496182	6453190
30000		30992364	12906379
30000		46488546	19359569
40000		61984727	25812758
50000		77480909	32265948
60000		92977091	38719138
70000		108473273	45172327
80000		123969455	51625517
90000		139465637	58078707
Table comparative.		**Réduction des staja eu hectolitres.**	**Réduction des hectolitres en staja.**
10000	*Modène.*	6024063	16600092
20000		12048126	33200184
30000		18072189	49800276
40000		24096252	66400368
50000		30120315	83000460
60000		36144378	99600552
70000		42168441	116200644
80000		48192504	132800736
90000		54216567	149400828
Table comparative.		**Réduction des sacs en hectolitres.**	**Réduction des hectolitres en sacs.**
10000	*Moissac.*	9717844	10290349
20000		19435687	20580697
30000		29153531	30871046
40000		38871375	41161395
50000		48589219	51451743
60000		58307062	61742092
70000		68024906	72032441
80000		77742750	82322789
90000		87460593	92613138
Table comparative.		**Réduction des sacs en hectolitres.**	**Réduction des hectolitres en sacs.**
10000	*Montauban.*	9590891	10426560
20000		19181782	20853120
30000		28772673	31279680
40000		38363563	41706240
50000		47954454	52132800
60000		57545345	62559361
70000		67136236	72985921
80000		76727127	83412481
90000		86318018	93839041

CHAPITRE V. — Mesures de capacité.

Table comparative.		Réduction des setiers en hectolitres.	Réduction des hectolitres en setiers.
10000	*Montauban.*	2148280 2	4654886
20000		4296560 4	9309772
30000		6444840 6	13964659
40000		8593120 8	18619545
50000		107414010	23274431
60000		128896812	27929317
70000		150379615	32584204
80000		171862417	37239090
90000		193345219	41893976

Table comparative.		Réduction des mudden en hectolitres.	Réduction des hectolitres en mudden.
10000	*Montfort.*	13885468	7201774
20000		27770935	14403548
30000		41656403	21605322
40000		55541871	28807096
50000		69427338	36008870
60000		83312806	43210644
70000		97198273	50412418
80000		111083741	57614192
90000		124969209	64815966

Table comparative.		Réduction des setiers en hectolitres.	Réduction des hectolitres en setiers.
10000	*Montpellier.*	4115803	24296595
20000		8231606	48593191
30000		12347409	72889786
40000		16463212	97186381
50000		20579015	121482976
60000		24694818	145779572
70000		28810621	170076167
80000		32926424	194372762
90000		37042227	218669358

Table comparative.		Réduction des emènes en hectolitres.	Réduction des hectolitres en emènes.
10000	*Montpellier.*	2536910	39109712
20000		5113819	78219425
30000		7670729	117329135
40000		10227639	156438846
50000		12784548	195548558
60000		15341458	234658269
70000		17898368	273767981
80000		20455277	312877692
90000		23012187	351987404

Table comparative.		Réduction des boisseaux en hectolitres.	Réduction des hectolitres en boisseaux.
10000	*Montreuil.*	852964	117238182
20000		1705929	234476364
30000		2558893	351714546
40000		3411858	468952728
50000		4264822	586190909
60000		5117787	703429091
70000		5970751	820667273
80000		6823716	937905455
90000		7676680	1055143637

Chapitre V. — Mesures de capacité.

Table comparative.		Réduction des tonneaux en hectolitres.	Réduction des hectolitres en tonneaux.
10000	*Morlaix.*	145781541	685958
20000		291563082	1371916
30000		437344623	2057874
40000		583126164	2743832
50000		728907705	3429789
60000		874689246	4115747
70000		1020470787	4801705
80000		1166252328	5487663
90000		1312033870	6173621

Table comparative.		Réduction des boisseaux en hectolitres.	Réduction des hectolitres en boisseaux.
10000	*Morlaix.*	5296314	18881055
20000		10592628	37762111
30000		15888942	56643166
40000		21185256	75524222
50000		26481570	94405277
60000		31777885	113286333
70000		37074199	132167388
80000		42370513	151048444
90000		47666827	169929499

Table comparative.		Réduction des malter en hectolitres.	Réduction des hectolitres en malter.
10000	*Mollbach-sur-le-Necker.*	12366001	8086689
20000		24732001	16173378
30000		37098002	24260066
40000		49464003	32346755
50000		61830004	40433444
60000		74196004	48520133
70000		86562005	56606822
80000		98928006	64693511
90000		111294007	72780199

Table comparative.		Réduction des viertels en hectolitres.	Réduction des hectolitres en viertels.
10000	*Mulhausen*	4032490	24798572
20000		8064980	49597145
30000		12097471	74395717
40000		16129961	99194289
50000		20162451	123992861
60000		24194941	148791434
70000		28227431	173590006
80000		32259922	198388578
90000		36292412	223187151

Table comparative.		Réduction des scheffels en hectolitres.	Réduction des hectolitres en scheffels.
10000	*Munich.*	36264874	2757489
20000		72529748	5514978
30000		108794623	8272468
40000		145059497	11029957
50000		181324371	13787446
60000		217589245	16544935
70000		253854119	19302425
80000		290118993	22059914
90000		326383868	24817403

Chapitre V. — Mesures de capacité.

Table comparative.		Réduction des mudden en hectolitres.	Réduction des hectolitres en mudden.
10000	*Munickeudam.*	10808845	9251683
20000		21617689	18503365
30000		32426534	27755048
40000		43235379	37006730
50000		54044224	46258413
60000		64853068	55510095
70000		75661913	64761778
80000		86470758	74013460
90000		97279603	83265143

Table comparative.		Réduction des malter en hectolitres.	Réduction des hectolitres en malter.
10000	*Munzemberg.*	21740675	4599673
20000		43481350	9199346
30000		65222025	13799020
40000		86962700	18398693
50000		108703375	22998366
60000		130444050	27598039
70000		252184725	32197712
80000		273925400	36797385
90000		395666075	41397059

Table comparative.		Réduction des mudden en hectolitres.	Réduction des hectolitres en mudden.
10000	*Muyden.*	13250703	7546769
20000		26501407	15093538
30000		39752110	22640308
40000		53002814	30187077
50000		66253517	37733846
60000		79504220	45280615
70000		92754924	52827384
80000		106005627	60374153
90000		119256331	67920923

Table comparative.		Réduction des sakke en hectolitres.	Réduction des hectolitres en sakke.
10000	*Muyden.*	6625352	15093538
20000		13250703	30187077
30000		19876055	45280615
40000		26501407	60374153
50000		33126758	75467692
60000		39752110	90561230
70000		46377462	105654768
80000		53002814	120748307
90000		59628165	135841845

Table comparative.		Réduction des r ales en hectolitres.	Réduction des hectolitres en réales
10000	*Nanci.*	19161945	5218677
20000		38323891	10437354
30000		57485836	15656030
40000		76647781	20874707
50000		95809727	26093384
60000		114971672	31312061
70000		134133617	36530738
80000		153295563	41749415
90000		172457508	46968091

CHAPITRE V. — Mesures de capacité.

Table comparative.		Réduction des cartes en hectolitres.	Réduction des hectolitres en cartes.
10000	*Nanci.*	4790486	20874707
20000		9580973	41749415
30000		14371459	62624122
40000		19161945	83498829
50000		23952432	104373537
60000		28742918	125248244
70000		33533404	146122951
80000		38323891	166997658
90000		43114377	187872366

Table comparative.		Réduction des tonneaux en hectolitres.	Réduction des hectolitres en tonneaux.
10000	*Nantes.*	24206337	4131150
20000		48412675	8262299
30000		72619012	12393449
40000		96825349	16524598
50000		121031687	20655748
60000		145238024	24786897
70000		169444362	28918047
80000		193650699	33049196
90000		217857036	37180346

Table comparative.		Réduction des setiers en hectolitres.	Réduction des hectolitres en setiers.
10000	*Nantes.*	14321868	6982329
20000		28643736	13964659
30000		42965604	20946988
40000		57287472	27929317
50000		71609340	34911641
60000		85931208	41893976
70000		100253076	48876306
80000		114574944	55858635
90000		128896812	62840964

Table comparative.		Réduction des carri en hectolitres.	Réduction des hectolitres en carri.
10000	*Naples.*	184168908	542980
20000		368337816	1085960
30000		552506725	1628959
40000		736675633	2171919
50000		920844541	2714899
60000		1105013449	3257879
70000		1289182357	3800859
80000		1473351266	4343839
90000		1657520174	4886818

Table comparative.		Réduction des tomoli en hectolitres.	Réduction des hectolitres en tomoli.
10000	*Naples.*	5115803	19547273
20000		10231606	39094547
30000		15347409	58641820
40000		20463212	78189094
50000		25579015	97736367
60000		30694818	117283640
70000		35810621	136830914
80000		40926424	156378187
90000		46042227	175925460

Chapitre V. — Mesures de capacité.

Table comparative.		Réduction des setiers en hectolitres.	Réduction des hectolitres en setiers.
10000	*Narbonne.*	7349380	13606591
20000		14698759	27213181
30000		22048139	40819772
40000		29397519	54426362
50000		36746898	68032953
60000		44096278	81639544
70000		51445658	95246134
80000		58795037	108852725
90000		66144417	122459315

Table comparative.		Réduction des mudden en hectolitres.	Réduction des hectolitres en mudden.
10000	*Narden.*	13250703	7546769
20000		26501407	15093538
30000		39752110	22640308
40000		53002814	30187077
50000		66253517	37733846
60000		79504220	45280615
70000		92754924	52827384
80000		106005627	60374153
90000		119256331	67920923

Table comparative.		Réduction des sakken en hectolitres.	Réduction des hectolitres en sakken.
10000	*Narden.*	6625352	15093538
20000		13250703	30187076
30000		19876055	45280614
40000		26501407	60374152
50000		33126758	75467690
60000		39752110	90561228
70000		46377462	105654766
80000		53002814	120748304
90000		59628165	135841842

Table comparative.		Réduction des tonnen en hectolitres.	Réduction des hectolitres en tonnen.
10000	*Narva.*	16210292	6168920
20000		32420583	12337841
30000		48630875	18506761
40000		64841167	24675682
50000		81051458	30844602
60000		97261750	37013523
70000		113472041	43182443
80000		129682333	49351364
90000		145892625	55520284

Table comparative.		Réduction des scheffels en hectolitres.	Réduction des hectolitres en scheffels.
10000	*Naumbourg.*	7720320	12952840
20000		15440640	25905680
30000		23160960	38858520
40000		30881280	51811360
50000		38601600	64764200
60000		46321920	77717039
70000		54042240	90669879
80000		61762560	103622719
90000		69482880	116575559

Chapitre V. — Mesures de capacité.

Table comparative.		Réduction des malter en hectolitres.	Réduction des hectolitres en malter.
10000	*Neckar. (Gemunde.)*	10299050	9709634
20000		20598099	19419267
30000		30897149	29128901
40000		41196199	38838535
50000		51495248	48548168
60000		61794298	58257802
70000		72093348	67967236
80000		82392398	77677070
90000		92691447	87386703

Table comparative.		Réduction des malter en hectolitres.	Réduction des hectolitres en malter.
10000	*Neckars. (Elz.)*	12366001	8086689
20000		24732001	16173377
30000		37098002	24260066
40000		49464003	32346755
50000		61830004	40433444
60000		74196004	48520132
70000		86562005	56606821
80000		98928006	64693510
90000		111294007	72780199

Table comparative.		Réduction des ferrados en hectolitres.	Réduction des hectolitres en ferrados.
10000	*Neda en Galice.*	1801144	55520284
20000		3602287	111040568
30000		5403431	166560852
40000		7204574	222081137
50000		9005718	277601420
60000		10806861	333121705
70000		12608005	388641989
80000		14409148	444162273
90000		16210292	499682557

Table comparative.		Réduction des setiers en hectolitres.	Réduction des hectolitres en setiers.
10000	*Négrepelisse.*	24244026	4124727
20000		48488053	8249455
30000		72732079	12374182
40000		96976106	16498910
50000		121220132	20623637
60000		145464159	24748364
70000		169708185	28873092
80000		193952212	32997819
90000		218196238	37122547

Table comparative.		Réduction des sacs en hectolitres.	Réduction des hectolitres en sacs.
10000	*Négrepelisse.*	12122013	8249455
20000		24244026	16498910
30000		36366040	24748364
40000		48488053	32997819
50000		60610066	41247274
60000		72732079	49496729
70000		84854093	57746183
80000		96976106	65995638
90000		109098119	74245093

Chapitre V. — Mesures de capacité.

Table comparative.		Réduction des kisloz en hectolitres.	Réduction des hectolitres en kisloz.
10000	*Négrepont.*	20329828	4918886
20000		40659657	9837771
30000		60989485	14756657
40000		81319314	19675542
50000		101649142	24594428
60000		121978971	29513313
70000		142308799	34432199
80000		162638628	39351085
90000		182968456	44269970

Table comparative.		Réduction des sacs en hectolitres.	Réduction des hectolitres en sacs.
10000	*Nérac.*	8745861	11433980
20000		17491722	22867960
30000		26237583	34301940
40000		34983444	45735920
50000		43729305	57169900
60000		52475166	68603880
70000		61221027	80037860
80000		69966888	91471840
90000		78712749	102905821

Table comparative.		Réduction des schaff en hectolitres.	Réduction des hectolitres en schaff.
10000	*Neubourg.*	111647013	895680
20000		223294025	1791360
30000		334941038	2687040
40000		446588050	3582720
50000		558235063	4478400
60000		669882075	5374080
70000		781529088	6269760
80000		893176100	7165440
90000		1004823113	8061120

Table comparative.		Réduction des metzen en hectolitres.	Réduction des hectolitres en metzen.
10000	*Neubourg.*	4651632	21282855
20000		9303263	42565709
30000		13954895	63848564
40000		18606527	85131418
50000		23258158	106414273
60000		27909790	127697127
70000		32561422	148979982
80000		37213053	170262836
90000		41864685	191545691

Table comparative.		Réduction des boisseaux en hectolitres.	Réduction des hectolitres en boisseaux.
10000	*Nevers.*	1918178	52132801
20000		3836356	104265601
30000		5754535	156398402
40000		7672713	208531202
50000		9590891	260664003
60000		11509068	312796803
70000		13427246	364929604
80000		15345424	417062405
90000		17263603	469195205

CHAPITRE V. — Mesures de capacité.

Table comparative.		Réduction des quartiers en hectolitres.	Réduction des hectolitres en quartiers.
10000	*Newcastel.*	28580260	3498918
20000		57160519	6997837
30000		85740779	10496755
40000		114321039	13995674
50000		142901298	17494592
60000		171481558	20993511
70000		200061818	24492429
80000		228642077	27991348
90000		257222337	31490266

Table comparative.		Réduction des staja en hectolitres.	Réduction des hectolitres en staja.
10000	*Nice.*	3852225	25959021
20000		7704451	51918042
30000		11556676	77877062
40000		15408902	103836083
50000		19261127	129795104
60000		23113353	155754125
70000		26965578	181713145
80000		30817803	207672166
90000		34670029	233631187

Table comparative.		Réduction des malter en hectolitres.	Réduction des hectolitres en malter.
10000	*Nida.*	26765231	3736190
20000		53530461	7472381
30000		80295692	11208571
40000		107060923	14944762
50000		133826153	18680952
60000		160591384	22417143
70000		187356615	26153333
80000		214121845	29889524
90000		240887076	33625714

Table comparative.		Réduction des razières en hectolitres.	Réduction des hectolitres en razières.
10000	*Nieuport.*	16644708	6007915
20000		33289417	12015831
30000		49934125	18023746
40000		66578833	24031662
50000		83223542	30039577
60000		99868250	36047493
70000		116512958	42055408
80000		133157667	48063323
90000		149802375	54071239

Table comparative.		Réduction des mouvers en hectolitres.	Réduction des hectolitres en mouvers.
10000	*Nimègue.*	13405427	7459665
20000		26810854	14919331
30000		40216282	22378996
40000		53621709	29838661
50000		67027136	37298326
60000		80432563	44757992
70000		93837990	52217657
80000		107243417	59677322
90000		120648845	67136988

Chapitre V. — Mesures de capacité.

Table comparative.		Réduction des tonneaux en hectolitres.	Réduction des hectolitres en tonneaux.
10000	*Noirmoutier.*	145781541	685958
20000		291563082	1371916
30000		437344623	2057874
40000		583126164	2743832
50000		728907705	3429789
60000		874689246	4115747
70000		1020470787	4801705
80000		1166252328	5587663
90000		1312033869	6173621

Table comparative.		Réduction des scheffels en hectolitres.	Réduction des hectolitres en scheffels.
10000	*Nordhausen.*	4300528	23252960
20000		8601055	46505921
30000		12901583	69758881
40000		17202111	93011842
50000		21502638	116264802
60000		25803166	139517762
70000		30103694	162770723
80000		34404222	186023683
90000		38704749	209276643

Table comparative.		Réduction des summers en hectolitres.	Réduction des summers en hectolitres.
10000	*Nuremberg.*	33275531	3005241
20000		66551063	6010483
30000		99826594	9015724
40000		133102125	12020965
50000		166377657	15026206
60000		199653188	18031448
70000		232928720	21036689
80000		266204251	24041930
90000		299479782	27047171

Table comparative.		Réduction des achtels en hectolitres.	Réduction des hectolitres en achtels.
10000	*Numbourg.*	10628335	9408813
20000		21256667	18817625
30000		31885002	28226438
40000		42513335	37635251
50000		53141668	47044063
60000		63770003	56452876
70000		74398337	65861688
80000		85026669	75270501
90000		95655004	84679314

Table comparative.		Réduction des malter en hectolitres.	Réduction des hectolitres en malter.
10000	*Ober-Rosback.*	22569836	4430692
20000		45139672	8861385
30000		67709507	13292077
40000		90279343	17722769
50000		112849179	22153462
60000		135419015	26584154
70000		157988851	31014846
80000		180558687	35445538
90000		203128522	39876231

CHAPITRE V. — Mesures de capacité.

Table comparative.		Réduction des last en hectolitres.	Réduction des hectolitres en last.
10000	*Œsel (île d').*	307321104	325393
20000		614642209	650785
30000		921963313	976178
40000		1229284417	1301570
50000		1536605522	1626963
60000		1843926626	1952355
70000		2151247730	2277748
80000		2468568834	2603140
90000		2765889939	2928533

Table comparative.		Réduction des tonnen en hectolitres.	Réduction des hectolitres en tonnen.
10000	*Oldenbourg. (Hunte).*	17822990	5610731
20000		35645979	11221462
30000		53468969	16832193
40000		71291958	22442924
50000		89114948	28053655
60000		106937937	33664386
70000		124760927	39275117
80000		142583916	44885848
90000		160406906	50496579

Table comparative.		Réduction des malter en hectolitres.	Réduction des hectolitres en malter.
10000	*Oppenheim.*	11098456	9010262
20000		22196912	18020525
30000		33295368	27030787
40000		44393824	36041050
50000		55492280	45051312
60000		66590736	54061574
70000		77689191	63071837
80000		88787647	72082099
90000		99886103	81092362

Table comparative.		Réduction des muids en hectolitres.	Réduction des hectolitres en muids.
10000	*Orléans.*	38363563	2085312
20000		76727127	4170624
30000		115090690	6255936
40000		153454254	8341248
50000		191817817	10426560
60000		230181381	12511872
70000		268544944	14597184
80000		306908508	16682496
90000		345272071	18767808

Table comparative.		Réduction des scheffels en hectolitres.	Réduction des hectolitres en scheffels.
10000	*Oschats.*	11229376	8905214
20000		22458752	17810429
30000		33688128	26715643
40000		44917504	35620857
50000		56146880	44526071
60000		67376256	53431286
70000		78605632	62336500
80000		89835008	71241714
90000		101064384	80146929

Chapitre V. — Mesures de capacité.

Table comparative.		Réduction des himten en hectolitres.	Réduction des hectolitres en himten.
10000	*Osnabruck.*	2870325	34839266
20000		5740649	69678532
30000		8610974	104517798
40000		11481298	139357064
50000		14351623	174196330
60000		17221947	209035596
70000		20092272	243874862
80000		22962596	278714129
90000		25832921	313553395

Table comparative.		Réduction des razières en hectolitres.	Réduction des hectolitres en razières.
10000	*Ostende.*	17561149	5694388
20000		35122299	11388776
30000		52683448	17083164
40000		70244597	22777553
50000		87805746	28471941
60000		105366896	34166329
70000		122928045	39860717
80000		140489194	45555105
90000		158050344	51249493

Table comparative.		Réduction des last en hectolitres.	Réduction des hectolitres en last.
10000	*Ost-Frise.*	263435092	379600
20000		526870184	759200
30000		790305276	1138800
40000		1053740368	1518401
50000		1317175460	1898001
60000		1580610552	2277601
70000		1844045644	2657201
80000		2107480736	3036801
90000		2370915828	3416401

Table comparative.		Réduction des fanègues en hectolitres.	Réduction des hectolitres en fanègues.
10000	*Oviédo.*	7619154	13124816
20000		15238309	26249632
30000		22857463	39374448
40000		30476618	52499264
50000		38095772	65624080
60000		45714927	78748896
70000		53334081	91873712
80000		60953236	104998528
90000		68572390	118123344

Table comparative.		Réduction des schaff en hectolitres.	Réduction des hectolitres en schaff.
10000	*Passau.*	191559944	522030
20000		383119888	1044060
30000		574679833	1566089
40000		766239777	2088119
50000		957799721	2610149
60000		1149359665	3132179
70000		1340919610	3654209
80000		1532479554	4176238
90000		1724039498	4698268

Chapitre V. — Mesures de capacité.

Table comparative.		Réduction des sechsting en hectolitres.	Réduction des hectolitres en sechsting.
10000	*Passau.*	3192657	3132179
20000		6385315	6264358
30000		9577972	9396536
40000		12770630	12528715
20000		15963287	15660894
60000		19155944	18793073
70000		22348602	21925252
80000		25541259	25057430
90000		28733916	28189609

Table comparative.		Réduction des scheffels en hectolitres.	Réduction des hectolitres en scheffels.
10000	*Pégau.*	8489972	11778602
20000		16979943	23557205
30000		25469915	35335807
40000		33959886	47114410
50000		42449858	58893012
60000		50939830	70671615
70000		59429801	82450217
80000		67919773	94228819
90000		76409744	106007422

Table comparative.		Réduction des boisseaux en hectolitres.	Réduction des hectolitres en boisseaux.
10000	*Périgueux.*	3068688	32587213
20000		6137377	65174425
30000		9206065	97761638
40000		12274753	130348851
50000		15343442	162936064
60000		18412130	195523276
70000		21480818	228110489
80000		24549507	260697702
90000		27618195	293284914

Table comparative.		Réduction des tonnen en hectolitres.	Réduction des hectolitres en tonnen.
10000	*Pernau.*	12665530	7895445
20000		25331060	15790891
30000		37996590	23686336
40000		50662120	31581781
50000		63327651	39477226
60000		75993181	47372672
70000		88658711	55268117
80000		101324241	63163562
90000		113989771	71059008

Table comparative.		Réduction des loofs en hectolitres.	Réduction des hectolitres en loofs.
10000	*Pernau.*	6331773	15793364
20000		12663546	31586728
30000		18995320	47380092
40000		25327093	63173456
50000		31658866	78966820
60000		37990639	94760184
70000		44322413	110553548
80000		50654186	126346912
90000		56985959	142140276

Chapitre V. — Mesures de capacité.

Table comparative.		Réduction des tonnen en hectolitres.	Réduction des hectolitres en tonnen.
10000	*Pernau.* Mesure de graine de lin.	11080603	9024779
20000		22161206	18049559
30000		33241810	27074338
40000		44322413	36099118
50000		55403016	45123897
60000		66483619	54148677
70000		77564222	63173456
80000		88644825	72198236
90000		99725429	81223015

Table comparative.		Réduction des arrobas en hectolitres.	Réduction des hectolitres en arrobas.
10000	*Perse.*	6518235	15341576
20000		13036470	30683152
30000		19554706	46024727
40000		26072941	61366303
50000		32591176	76707879
60000		39109411	92049455
70000		45627647	107391031
80000		52145882	122732606
90000		58664117	138074182

Table comparative.		Réduction des saccas en hectolitres.	Réduction des hectolitres en saccas.
10000	*Piémont.*	10644203	9394785
20000		21288406	18789571
30000		31932608	28184356
40000		42576811	37579141
50000		53221014	46973927
60000		63865217	56368712
70000		74509419	65763497
80000		85153622	75158283
90000		95797825	84553068

Table comparative.		Réduction des scheffels en hectolitres.	Réduction des hectolitres en scheffels.
10000	*Plauen.*	15428738	6481411
20000		30857476	12962823
30000		46286215	19444234
40000		61714953	25925646
50000		77143691	32407057
60000		92572429	38888469
70000		108001167	45369880
80000		123429906	51851291
90000		138858644	58332703

Table comparative.		Réduction des viertels en hectolitres.	Réduction des hectolitres en viertels.
10000	*Plesse.*	14932829	6699401
20000		29865657	13398801
30000		44798486	20098202
40000		59731315	26797602
50000		74664143	33497003
60000		89596972	40196403
70000		104529800	46895804
80000		119462629	53595204
90000		134395458	60294605

Chapitre V. — Mesures de capacité.

Table comparative.		Réduction des last en hectolitres.	Réduction des hectolitres en last.
10000	*Pologne.*	3068688835	325872
20000		6137376670	651744
30000		9206065504	977616
40000		12274753339	1303488
50000		15343441174	1629361
60000		18412130009	1955233
70000		21480818844	2281105
80000		24549506678	2606977
90000		27618195513	2932849

Table comparative.		Réduction des tonneaux en hectolitres.	Réduction des hectolitres en tonneaux.
10000	*Port-Louis.*	187981461	531967
20000		375962922	1063935
30000		563944383	1595902
40000		751925844	2127870
50000		939907304	2659837
60000		1127888765	3191801
70000		1315870226	3723772
80000		1503851687	4255739
90000		1691833148	4787707

Table comparative.		Réduction des alquiers en hectolitres.	Réduction des hectolitres en alquiers.
10000	*Porto.*	1646420	60737853
20000		3292839	121475707
30000		4939259	182213560
40000		6585679	242951413
50000		8232099	303689266
60000		9878518	364427120
70000		11524938	425164973
80000		13171358	485902826
90000		14817778	546640680

Table comparative.		Réduction des stich en hectolitres.	Réduction des hectolitres en stich.
10000	*Prague.*	9440134	10593070
20000		18880269	21186139
30000		28320403	31779209
40000		37760537	42372278
50000		47200672	52965348
60000		56640806	63558417
70000		66080940	74151487
80000		75521075	84744557
90000		84961209	95337626

Table comparative.		Réduction des viertels en hectolitres.	Réduction des hectolitres en viertels.
10000	*Prague.*	2360530	42363377
20000		4721059	84726753
30000		7081589	127090130
40000		9442118	169453506
50000		11802648	211816883
60000		14163177	254180259
70000		16523707	296543636
80000		18884236	338907012
90000		21244766	381270389

Chapitre V. — Mesures de capacité.

Table comparative.		Réduction des strich en hectolitres.	Réduction des hectolitres en strich.
10000	*Prague.* Mesure du pays.	9124736	10959221
20000		18249472	21918443
30000		27374208	32877664
40000		36498944	43836885
50000		45623679	54796107
60000		54748415	65755328
70000		63873151	76714549
80000		72997887	87673771
90000		82122623	98632992

Table comparative.		Réduction des scheffels en hectolitres.	Réduction des hectolitres en scheffels.
10000	*Querfurt.*	5294330	18888130
20000		10588661	37776259
30000		15882991	56664389
40000		21177322	75552519
50000		26471652	94440648
60000		31765983	113328778
70000		37060313	132216908
80000		42354644	151105037
90000		47648974	169993167

Table comparative.		Réduction des setiers en hectolitres.	Réduction des hectolitres en setiers.
10000	*Rabastens.*	17150536	5830722
20000		34301072	11661443
30000		51451609	17492165
40000		68602145	23322886
50000		85752681	29153608
60000		102903217	34984329
70000		120053753	40815051
80000		137204289	46645772
90000		154354826	52476494

Table comparative.		Réduction des schaff en hectolitres.	Réduction des hectolitres en schaff.
10000	*Ratisbonne.*	105055465	9518781
20000		210110929	19037563
30000		315166394	28556344
40000		420221858	38075126
50000		525277323	47593907
60000		630332787	57112688
70000		735388252	66631470
80000		840443716	76150251
90000		945499181	85669033

Table comparative.		Réduction des metzen en hectolieres.	Réduction des hectolitres en metzen.
10000	*Ratisbonne.*	3282921	30460676
20000		6565843	60921351
30000		9848764	91382027
40000		13131685	121842702
50000		16414606	152303378
60000		19697528	182764053
70000		22980449	213224729
80000		26263370	243685404
90000		29546292	274146080

Chapitre V. — Mesures de capacité.

Table comparative.		Réduction des rubbi en hectolitres.	Réduction des hectolitres en rubbi.
10000	*Ravennes.*	27858215	3589605
20000		55716431	7179211
30000		83574646	10768816
40000		111432861	14358422
50000		139291077	17948027
60000		167149292	21537632
70000		195007508	25127238
80000		222865723	28716843
90000		250723938	32306449
Table comparative.		**Réduction des setiers en hectolitres.**	**Réduction des hectolitres en setiers.**
10000	*Réalmont.*	12736941	7851179
20000		25473882	15702357
30000		38210823	23553536
40000		50947764	31404715
50000		63684705	39255893
60000		76421647	47107072
70000		89158588	54958251
80000		101895529	62809429
90000		114632470	70660608
Table comparative.		**Réduction des tonneaux en hectolitres.**	**Réduction des hectolitres en tonneaux.**
10000	*Redon.*	148338451	674134
20000		296676902	1348268
30000		445015352	2022402
40000		593353803	2696536
50000		741692254	3370670
60000		890030705	4044804
70000		1038369155	4718938
80000		1186707606	5393072
90000		1335046057	6067206
Table comparative.		**Réduction des tonneaux en hectolitres.**	**Réduction des hectolitres en tonneaux.**
10000	*Rennes.*	143224631	698204
20000		286449263	1396408
30000		429673894	2094612
40000		572898526	2792816
50000		716123157	3491020
60000		859347788	4189224
70000		1002572420	4887427
80000		1145797051	5585631
90000		1289021683	6283835
Table comparative.		**Réduction des sacs en hectolitres.**	**Réduction des hectolitres en sacs.**
10000	*Réole.*	9676187	10334649
20000		19352375	20669298
30000		29028562	31003947
40000		38704749	41338596
50000		48380937	51673245
60000		58057124	62007894
70000		67733311	72342543
80000		77409498	82677192
90000		87085686	93011841

Chapitre V. — Mesures de capacité.

Table comparative.		Réduction des tonnen en hectolitres.	Réduction des hectolitres en tonnen.
10000	*Revel.*	11830418	8452786
20000		23660837	16905573
30000		35491255	25358359
40000		47321674	33811146
50000		59152092	42263932
60000		70982511	50716718
70000		82812929	59169505
80000		94643347	67622291
90000		106473766	76075078

Table comparative.		Réduction des malter en hectolitres.	Réduction des hectolitres en malter.
10000	*Rheinfelds.*	18755463	5337471
20000		37470926	10674943
30000		56206389	16012414
40000		74941852	21349886
50000		93677316	26687357
60000		112412779	32024829
70000		131148242	37362300
80000		149883705	42699772
90000		168619168	48037243

Table comparative.		Réduction des looss en hectolitres.	Réduction des hectolitres en looss.
10000	*Riga.*	6516252	15346246
20000		13032503	30692492
30000		19548755	46038738
40000		26065006	61384984
50000		32581258	76731230
60000		39097510	92077476
70000		45613761	107423722
80000		52130013	122769968
90000		58646264	138116214

Table comparative.		Réduction des tonnen en hectolitres.	Réduction des hectolitres en tonnen.
10000	*Riga.*	13032503	7673123
20000		26065006	15346246
30000		39097510	23019369
40000		52130013	30692492
50000		65162516	38365615
60000		78195019	46038738
70000		91227522	53711861
80000		104260026	61384984
90000		117292529	69058107

Table comparative.		Réduction des malter en hectolitres.	Réduction des hectolitres en malter.
10000	*Rinteln.*	16716119	5982250
20000		33432239	11964499
30006		50148358	17946749
40000		66864478	23928999
50000		83580597	29911248
60000		100296716	35893498
70000		117012836	41875748
80000		133728955	47857998
90000		150445075	53840247

Chapitre V. — Mesures de capacité.

Table comparative.		Réduction des boisseaux en hectolitres.	Réduction des hectolitres en boisseaux.
10000	*Rochelle (la).*	3288872	30405560
20000		6577744	60811120
30000		9866617	91216679
40000		13155489	121622239
50000		16444361	152027799
60000		19733233	182433359
70000		23022105	212838918
80000		26310978	243244478
90000		29599850	273650038

Table comparative.		Réduction des stari en hectolitres.	Réduction des hectolitres en stari.
10000	*Romagne.*	9031505	11072352
20000		18063010	22144704
30000		27094515	33217056
40000		36126020	44289407
50000		45157524	55361759
60000		54189029	66434111
70000		63220534	77506463
80000		72252039	88578815
90000		81283544	99651167

Table comparative.		Réduction des rubbi en hectolitres.	Réduction des hectolitres en rubbi.
10000	*Rome.*	27366273	3654133
20000		54732546	7308266
30000		82098819	10962399
40000		109465092	14616532
50000		136831365	18270665
60000		164197638	21924798
70000		191563912	25578931
80000		218930185	29233064
90000		246296458	32887196

Table comparative.		Réduction des quarters en hectolitres.	Réduction des hectolitres en quarters.
10000	*Rome.*	6841568	14616532
20000		13683137	29233064
30000		20524705	43849595
40000		27366273	58466127
50000		34207841	73082659
60000		41049410	87699191
70000		47890978	102315722
80000		54732546	116932254
90000		61574114	131548786

Table comparative.		Réduction des modu en hectolitres.	Réduction des hectolitres en modu.
10000	*Rome. Mesure ancienne.*	904539	110553548
20000		1809078	221107096
30000		2713617	331660643
40000		3618156	442214191
50000		4522695	552767739
60000		5427234	663321287
70000		6331773	773874835
80000		7236312	884428382
90000		8140851	994981930

Chapitre V. — Mesures de capacité.

Table comparative.		Réduction des malter en hectolitres.	Réduction des hectolitres en malter.
10000	Rosenthal. (en Hesse.)	36798473	2717504
20000		73596946	5435008
30000		110395419	8152512
40000		147193892	10870016
50000		183992364	13587520
60000		220790837	16305024
70000		257589310	19022528
80000		294387783	21740033
90000		331186256	24457537

Table comparative.		Réduction des scheffels en hectolitres.	Réduction des hectolitres en scheffels.
10000	Rostock.	3548729	28742687
20000		7097458	57485373
30000		10646186	86228060
40000		14194915	114970747
50000		17743644	143713433
60000		21292373	172456120
70000		24841102	201198807
80000		28389830	229941493
90000		31938559	258684180

Table comparative.		Réduction des muids en hectolitres.	Réduction des hectolitres en muids.
10000	Rouen.	214703032	465760
20000		429406103	931519
30000		644109155	1397279
40000		858812206	1863038
50000		1073515258	2328798
60000		1288218309	2794557
70000		1502921361	3260317
80000		1717624412	3726076
90000		1932327464	4191836

Table comparative.		Réduction des setiers en hectolitres.	Réduction des hectolitres en setiers.
10000	Rouen.	17892417	5588960
20000		35784834	11177920
30000		53677251	16766880
40000		71569667	22355840
50000		89462084	27944799
60000		107354501	33533759
70000		125246918	39122719
80000		143139335	44711679
90000		161031752	50300639

Table comparative.		Réduction des mines en hectolitres.	Réduction des hectolitres en mines.
10000	Rouen.	8946208	11177920
20000		17892417	22355840
30000		26838625	33533759
40000		35784834	44711679
50000		44731042	55889599
60000		53677251	67067519
70000		62623459	78245438
80000		71569668	89423358
90000		80516876	100601278

Chapitre V. — Mesures de capacité.

Table comparative.		Réduction des boisseaux en hectolitres.	Réduction des hectolitres en boisseaux.
10000	*Rouen.*	253906	303847022
20000		507811	787694045
30000		761717	1181541067
40000		1015623	1575388090
50000		1269528	1969235112
60000		1523434	2363082135
70000		1777340	2756929157
80000		2031246	3150776180
90000		2285151	3544623202

Table comparative.		Réduction des scheffels en hectolitres.	Réduction des hectolitres en scheffels.
10000	*Ruremonde.*	4286642	23328282
20000		8573284	46656565
30000		12859927	69984847
40000		17146569	93313129
50000		21433211	116641412
60000		25719853	139969694
70000		30006496	163297976
80000		34293138	186626259
90000		38579780	209954541

Table comparative.		Réduction des cztetwers en hectolitres.	Réduction des hectolitres en cztetwers.
10000	*Russie.*	19503131	5127382
20000		39006262	10254764
30000		58509393	15382145
40000		78012524	20509527
50000		97515656	25636909
60000		117018787	30764291
70000		136521918	35891673
80000		156025049	41019055
90000		175528180	46146436

Table comparative.		Réduction des starelles en hectolitres.	Réduction des hectolitres en starelles.
10000	*Sardaigne.*	4901570	20401626
20000		9803140	40803252
30000		14704710	61204878
40000		19606280	81606504
50000		24507850	102008130
60000		29409420	122409756
70000		34310991	142811383
80000		39212561	163213009
90000		44114131	183614635

Table comparative.		Réduction des himten en hectolitres.	Réduction des hectolitres en himten.
10000	*Schavenbourg.*	3239281	30871046
20000		6478562	61742092
30000		9717844	92613138
40000		12957125	123484184
50000		16196406	154355230
60000		19435687	185226276
70000		22674969	216097322
80000		25914250	246968368
90000		29153531	277839414

Chapitre V. — Mesures de capacité.

Table comparative.		Réduction des tonnen en hectolitres.	Réduction des hectolitres en tonnen.
10000	*Schlewig.*	13145571	7607125
20000		26291141	15214250
30000		39436712	22821375
40000		52582282	30428500
50000		65727853	38035626
60000		78873423	45642751
70000		92018994	53249876
80000		105164565	60857001
90000		118310135	68464126

Table comparative.		Réduction des malter en hectolitres.	Réduction des hectolitres en malter.
10000	*Schlensingen.*	21913252	4563449
20000		43826503	9126897
30000		65739755	13690346
40000		87653006	18253795
50000		109566258	22817244
60000		131479509	27380692
70000		153392761	31944141
80000		175306013	36507590
90000		197219264	41071039

Table comparative.		Réduction des viertels en hectolitres.	Réduction des hectolitres en viertels.
10000	*Schmalcalde.*	14494345	6899243
20000		28988689	13798485
30000		43483034	20697728
40000		57977378	27596971
50000		72471723	34496213
60000		86966067	41395456
70000		101460412	48294698
80000		115954757	55193941
90000		130449101	62093184

Table comparative.		Réduction des salmes en hectolitres.	Réduction des hectolitres en salmes.
10000	*Sicile.* Mesure grande.	33158497	3015818
20000		66316993	6031637
30000		99475490	9047455
40000		132633987	12063273
50000		165792484	15079091
60000		198950980	18094910
70000		232109477	21110728
80000		265267974	24126546
90000		298426470	27142364

Table comparative.		Réduction des salmes en hectolitres.	Réduction des hectolitres en salmes.
10000	*Sicile.* Mesure générale.	26620425	3756517
20000		53240850	7513033
30000		79861275	11269550
40000		106481700	15026067
50000		133102125	18782583
60000		159722551	22539100
70000		186342976	26295617
80000		212963401	30052133
90000		239583826	33808650

Chapitre V. — Mesures de capacité.

Table comparative.		Réduction des tomoli en hectolitres.	Réduction des hectolitres en tomoli.
10000	*Sicile. Mesure grande.*	2072902	48241549
20000		4145804	96483097
30000		6218706	144724646
40000		8291608	192966194
50000		10364510	241207743
60000		12437412	289449291
70000		14510314	337690840
80000		16583216	385932388
90000		18656118	434173937

Table comparative.		Réduction des tomoli en hectolitres.	Réduction des hectolitres en tomoli.
10000	*Sicile. Mesure générale.*	1664272	60086315
20000		3328545	120172629
30000		4992817	180258944
40000		6657090	240345259
50000		8321362	300431574
60000		9985635	360517888
70000		11649907	420604203
80000		13314180	480690518
90000		14978452	540776832

Table comparative.		Réduction des quillots en hectolitres.	Réduction des hectolitres en quillots.
10000	*Smyrne.*	3511040	28481592
20000		7022079	56963184
30000		10533119	85444777
40000		14044159	113926369
50000		17555198	142407961
60000		21066239	170889553
70000		24577278	199371145
80000		28088317	227852737
90000		31599357	256334330

Table comparative.		Réduction des malter en hectolitres.	Réduction des hectolitres en malter.
10000	*Saint-Goaz.*	19267078	5190203
20000		38534156	10380405
30000		57801235	15570608
40000		77068313	20760811
50000		96335391	25951013
60000		115602469	31141216
70000		134869547	36331418
80000		154136625	41521621
90000		173403704	46711824

Table comparative.		Réduction des émines en hectolitres.	Réduction des hectolitres en émines.
10000	*St.-Jean-de-Losne.*	46036276	2172200
20000		92072552	4344400
30000		138108828	6516600
40000		184145105	8688800
50000		230181381	10861000
60000		276217657	13033200
70000		322253933	15205400
80000		368290209	17377600
90000		414326485	19549800

Chapitre V. — Mesures de capacité.

Table comparative.		Réduction des alquières en hectolitres.	Réduction des hectolitres en alquières.
10000	*Saint-Michel. (Açores.)*	1213987	82373232
20000		2427973	164746464
30000		3641960	247119696
40000		4855946	329492929
50000		6069933	411866161
60000		7283920	494239393
70000		8497906	576612625
80000		9711893	658985857
90000		10925879	741359089

Table comparative.		Réduction des razières en hectolitres.	Réduction des hectolitres en razières.
10000	*Saint-Omer.*	12957125	7717762
20000		25914250	15435523
30000		38871375	23153285
40006		51828500	30871046
50000		64785625	38588808
60000		77742750	46306569
70000		90699875	54024331
80000		103656999	61742092
90000		116614124	69459854

Table comparative.		Réduction des fanègues en hectolitres.	Réduction des hectolitres en fanègues.
10000	*Saint-Sébastien.*	5964800	16765021
20000		11929600	33530042
30000		17894401	50295063
40000		23859201	67060084
50000		29824001	83825105
60000		35788801	100590126
70000		41753601	117355147
80000		47718401	134120168
90000		53683202	150885189

Table comparative.		Réduction des tonnen en hectolitres.	Réduction des hectolitres en tonnen.
10000	*Stickhausen.*	18919941	5285429
20000		37839883	10570857
30000		56759824	15856286
40000		75679766	21141714
50000		94599707	26427143
60000		113519649	31712572
70000		132439590	36998000
80000		151359532	42283429
90000		170279473	47568857

Table comparative.		Réduction des verps en hectolitres.	Réduction des hectolitres en verps.
10000	*Stickhausen.*	4779576	20922357
20000		9559153	41844713
30000		14338729	62767070
40000		19118305	83689426
50000		23897882	104611783
60000		28677458	125534139
70000		33457034	146456496
80000		38236611	167378852
90000		43016187	188301209

Chapitre V. — Mesures de capacité.

Table comparative.		Réduction des viertels en hectolitres.	Réduction des hectolitres en viertels.
10000	*Stolberg.*	4586172	21804679
20000		9172343	43609358
30000		13758515	65414037
40000		18344686	87218716
50000		22930858	109023395
60000		27517030	130828075
70000		32103201	152632754
80000		36689373	174437433
90000		41275544	196242112

Table comparative.		Réduction des scheffels en hectolitres.	Réduction des hectolitres en scheffels.
10000	*Stolpe.*	10919928	9157569
20000		21839857	18315138
30000		32759785	27472707
40000		43679714	36630277
50000		54599642	45787846
60000		65519571	54945415
70000		76439499	64102984
80000		87359428	73260553
90000		98279356	82418122

Table comparative.		Réduction des tonnen en hectolitres.	Réduction des hectolitres en tonnen.
10000	*Stralsund.*	11687596	8556079
20000		23375193	17112158
30000		35062789	25668237
40000		46750386	34224316
50000		58437982	42780396
60000		70125579	51336475
70000		81813175	59892554
80000		93500772	68448633
90000		105188368	77004712

Table comparative.		Réduction des sesters en hectolitres.	Réduction des hectolitres en sesters.
10000	*Strasbourg.* Mesure vieille.	1832882	5444 9776
20000		3665763	10889552
30000		5498645	16334 9329
40000		7331527	21779105
50000		9164409	27224881
60000		10997290	32669 8657
70000		12830172	38114 8433
80000		14663054	43559 8210
90000		16495936	49004 7986

Table comparative.		Réduction des sesters en hectolitres.	Réduction des hectolitres en sesters.
10000	*Strasbourg.* Mesure de campagne.	1890407	52898655
20000		3780814	105797310
30000		5671222	158695964
40000		7561629	211594619
50000		9452036	264493274
60000		11342443	317391929
70000		13232851	370290584
80000		15123258	423189238
90000		17013665	476087893

Chapitre V. — Mesures de capacité.

Table comparative.		Réduction des schaff en hectolitres.	Réduction des hectolitres en schaff.
10000	*Straubing.*	90271409	1107770
20000		180542817	2215541
30000		270814226	3323311
40000		361085635	4431082
50000		451357044	5538852
60000		541628452	6646623
70000		631899861	7754393
80000		722171270	8862164
90000		812442679	9969934

Table comparative.		Réduction des vierling en hectolitres.	Réduction des hectolitres en vierling.
10000	*Straubing.*	4512777	22159305
20000		9025554	44318609
30000		13538331	66477914
40000		18051108	88637219
50000		22563885	110796523
60000		27076662	132955828
70000		31589439	155115133
80000		36102216	177274437
90000		40614993	199433742

Table comparative.		Réduction des tonnen en hectolitres.	Réduction des hectolitres en tonnen.
10000	*Suède.*	14651152	6825402
20000		29302304	13650804
30000		43953456	20476206
40000		58604608	27301607
50000		73255760	34127009
60000		87906912	40952411
70000		102558064	47777813
80000		117209216	54603215
90000		131860368	61428617

Table comparative.		Réduction des tonnen en hectolitres.	Réduction des hectolitres en tonnen.
10000	*Suède.* Mesures pour le bled.	16484034	6066476
20000		32968067	12132953
30000		49452101	18199429
40000		65936135	24265905
50000		82420169	30332381
60000		98904202	36398858
70000		115388236	42465334
80000		131872270	48531810
90000		148356303	54598287

Table comparative.		Réduction des tonnen en hectolitres.	Réduction des hectolitres en tonnen.
10000	*Suède.* Mesures pour dreche.	17398491	5747625
20000		34796982	11495250
30000		52195473	17242875
40000		69593964	22990500
50000		86992455	28738124
60000		104390946	34485749
70000		121789437	40233374
80000		139187928	45980999
90000		156586419	51728624

CHAPITRE V. — Mesures de capacité.

Table comparative.		Réduction des tonnen en hectolitres.	Réduction des hectolitres en tonnen.
10000	*Suède.* Mes. p. chaux et sel.	1556759 3	6423601
20000		31135186	12847201
30000		46702779	19270802
40000		62270371	25694403
50000		77837964	32118003
60000		93405557	38541604
70000		108973150	44965205
80000		124540743	51388805
90000		140108336	57812406

Table comparative.		Réduction des kappor en hectolitres.	Réduction des hectolitres en kappor.
10000	*Suède.* Mesure ordinaire.	458220	218235577
20000		916441	436471154
30000		1374661	654706731
40000		1832882	872942308
50000		2291102	1091177885
60000		2749323	1309413463
70000		3207543	1527649040
80000		3665763	1745884617
90000		4123984	1964120194

Table comparative.		Réduction des kanas en hectolitres.	Réduction des hectolitres en kanas.
10000	*Suède.* Mesures dites kanas.	261840	381912258
20000		532680	763824515
30000		785521	1145736773
40000		1047361	1527649030
50000		1309201	1909561288
60000		1571041	2291473545
70000		1832882	2673385803
80000		2094722	3055298061
90000		2356562	3437210318

Table comparative.		Réduction des carses en hectolitres.	Réduction des hectolitres en carses.
10000	*Sully.*	1598812	62546424
20000		3197625	125092849
30000		4796437	187639273
40000		6395250	250185697
50000		7994062	312732121
60000		9592875	375278546
70000		11191687	437824970
80000		12790499	500371394
90000		14389312	562917819

Table comparative.		Réduction des sacs en hectolitres.	Réduction des hectolitres en sacs.
10000	*Tallemont.*	9148540	10930706
20000		18297079	21861413
30000		27445619	32792119
40000		36594158	43722826
50000		45742698	54653532
60000		54891237	65584239
70000		64039777	76514945
80000		73188316	87445652
90000		82336856	98376358

Chapitre V. — Mesures de capacité.

Table comparative.		Réduction des charges en hectolitres.	Réduction des hectolitres en charges.
10000	*Tarascon.*	5716845	17492165
20000		11433691	34984329
30000		17150536	52476494
40000		22867382	69968658
50000		28584227	87460823
60000		34301072	104952987
70000		40017918	122445152
80000		45734763	139937316
90000		51451609	157429481

Table comparative.		Réduction des setiers en hectolitres.	Réduction des hectolitres en setiers.
10000	*Tarragone.*	5645434	17713429
20000		11290869	35426857
30000		16936303	53140286
40000		22581738	70853715
50000		28227172	88567143
60000		33872606	106280572
70000		39518041	123994001
80000		45163475	141707430
90000		50808910	159420858

Table comparative.		Réduction des sakken en hectolitres.	Réduction des hectolitres en sakken.
10000	*Ter-Tolen.*	7775862	12860311
20000		15551724	25720621
30000		23327586	38580932
40000		31103448	51441243
50000		38879309	64301554
60000		46655171	77161864
70000		54431033	90022175
80000		62206895	102882486
90000		69982757	115742797

Table comparative.		Réduction des sakken en hectolitres.	Réduction des hectolitres en sakken.
10000	*Ter-Veer.*	7474349	13379092
20000		14948698	26758184
30000		22423047	40137276
40000		29897395	53516367
50000		37371744	66895459
60000		44846093	80274551
70000		52320442	93653643
80000		59794791	107032735
90000		67269140	120411827

Table comparative.		Réduction des tonnen en hectolitres.	Réduction des hectolitres en tonnen.
10000	*Toenlern.*	15669576	6422782
20000		31139153	12845565
30000		46708729	19268347
40000		62278306	25691129
50000		77847882	32113911
60000		93417459	38536694
70000		108987035	44959476
80000		124556612	51382258
90000		140126188	57805040

Chapitre V. — Mesures de capacité.

Table comparative.		Réduction des mudden en hectolitres.	Réduction des hectolitres en mudden.
10000	*Tongres.*	19437671	5144649
20000		38875342	10289299
30000		58313013	15433948
40000		77750684	20578597
50000		97188355	25723246
60000		116626026	30867896
70000		136063697	36012545
80000		155501368	41157194
90000		174939039	46301843

Table comparative.		Réduction des scheffels en hectolitres.	Réduction des hectolitres en scheffels.
10000	*Torgau.*	6617417	15111636
20000		13234834	30223272
30000		19852251	45334908
40000		26469669	60446544
50000		33087086	75558181
60000		39704503	90669817
70000		46321920	105781453
80000		52939337	120893089
90000		59556754	136004725

Table comparative.		Réduction des viertels en hectolitres.	Réduction des hectolitres en viertels.
10000	*Tornhout.*	8410626	11889721
20000		16821252	23779443
30000		25231878	35669164
40000		33642504	47558885
50000		42053130	59448607
60000		50463756	71338328
70000		58874382	83228049
80000		67285009	95117770
90000		75695635	107007492

Table comparative.		Réduction des quartos en hectolitres.	Réduction des hectolitres en quartos.
10000	*Tortose.*	8880748	11260312
20000		17761497	22520625
30000		26642245	33780937
40000		35522993	45041249
50000		44403742	56301561
60000		53284490	67561874
70000		62165239	78822186
80000		71045987	90082498
90000		79926735	101342811

Table comparative.		Réduction des charges en hectolitres.	Réduction des hectolitres en charges.
10000	*Toulon.*	46032309	2172387
20000		92064618	4344774
30000		138096927	6517162
40000		184129235	8689549
50000		230161544	10861936
60000		276193853	13034323
70000		322226162	15206711
80000		368258471	17379098
90000		414290780	19551485

Chapitre V. — Mesures de capacité.

Table comparative.		Réduction des sacs en hectolitres.	Réduction des hectolitres en sacs.
10000	*Tournon.*	7365249	13577274
20000		14730498	27154548
30000		22095746	40731822
40000		29460995	54309096
50000		36826244	67886370
60000		44191493	81463644
70000		51556741	95040918
80000		58921990	108618191
90000		66287239	122195465

Table comparative.		Réduction des stara en hectolitres.	Réduction des hectolitres en stara.
10000	*Trieste.*	7408889	13497301
20000		14817778	26994601
30000		22226666	40491902
40000		29635555	53989203
50000		37044444	67486503
60000		44453333	80983804
70000		51862222	94481105
80000		59271110	107978405
90000		66679999	121475706

Table comparative.		Réduction des caffises en hectolitres.	Réduction des hectolitres en caffises.
10000	*Tripoli. (Barbarie.)*	32674489	3032947
20000		65348978	6065894
30000		98023467	9098842
40000		130697956	12131789
50000		163372445	15164736
60000		196046934	18197683
70000		228721423	21230630
80000		261395912	24263578
90000		294070401	27296525

Table comparative.		Réduction des tiberi en hectolitres.	Réduction des hectolitres en tiberi.
10000	*Tripoli. (Barbarie.)*	1634518	61180119
20000		3269036	122360238
30000		4903554	183540356
40000		6538072	244720475
50000		8172590	305900594
60000		9807107	367080713
70000		11441625	428260832
80000		13076143	489440950
90000		14710661	550621069

Table comparative.		Réduction des caffises en hectolitres.	Réduction des hectolitres en caffises.
10000	*Tunis.*	35806654	2792777
20000		71613308	5585554
30000		107419961	8378331
40000		143226615	11171108
50000		179033269	13963885
60000		214839923	16756662
70000		250646576	19549439
80000		286453230	22342216
90000		322259884	25134993

Chapitre V. — Mesures de capacité.

Table comparative.		Réduction des sacci en hectolitres.	Réduction des hectolitres en sacci.
10000	*Turin.*	11495184	8699296
20000		22990367	17398591
30000		34485551	26097887
40000		45980734	34797182
50000		57475918	43496478
60000		68971101	52195774
70000		80466285	60895069
80000		91961468	69594365
90000		103456652	78293661

Table comparative.		Réduction des staja en hectolitres.	Réduction des hectolitres en staja.
10000	*Turin.*	3832389	26093384
20000		7664778	52186768
30000		11497167	78280152
40000		15329556	104373536
50000		19161945	130466920
60000		22994334	156560305
70000		26826723	182653689
80000		30659113	208747073
90000		34491502	234840457

Table comparative.		Réduction des mines en hectolitres.	Réduction des hectolitres en mines.
10000	*Turin.*	1916195	5218768
20000		3832389	10437537
30000		5748584	15656305
40000		7664778	20874707
50000		9580973	26093384
60000		11497167	31312061
70000		13443362	36530737
80000		15329556	41749414
90000		17245751	46968091

Table comparative.		Réduction des ymy en hectolitres.	Réduction des hectolitres en ymy.
10000	*Ulm.*	22978465	4351901
20000		45956931	8703801
30000		68935396	13055702
40000		91913861	17407603
50000		114892326	21759504
60000		137870792	26111404
70000		160849257	30463305
80000		183827722	34815206
90000		206806188	39167107

Table comparative.		Réduction des mitlen en hectolitres.	Réduction des hectolitres en mitlen.
10000	*Ulm.*	5744616	17407603
20000		11489233	34815206
30000		17233849	52222809
40000		22978465	69630412
50000		28723082	87038015
60000		34467698	104445618
70000		40212314	121853220
80000		45956931	139260823
90000		51701547	156668426

Chapitre V. — Mesures de capacité.

Table comparative.		Réduction des metzen en hectolitres.	Réduction des hectolitres en metzen.
10000	*Ulm.*	958097	104373536
20000		1916195	208747072
30000		2874292	313120608
40000		3832389	417494144
50000		4790486	521867680
60000		5748584	626241217
70000		6706681	730614753
80000		7664778	834988289
90000		8622875	939361825

Table comparative.		Réduction des caffises en hectolitres.	Réduction des hectolitres en caffises.
10000	*Valence. (Espagne.)*	19995073	50012520
20000		39990147	100024639
30000		59985220	150036959
40000		79980294	200049278
50000		99975367	250061598
60000		119970440	300073917
70000		139965514	350086237
80000		159960587	400098557
90000		179955661	450110876

Table comparative.		Réduction des barcellas en hectolitres.	Réduction des hectolitres en barcellas.
10000	*Valence. (Espagne).*	1666256	60014783
20000		3332512	120029567
30000		4998768	180044350
40000		6665024	240059133
50000		8331281	300073917
60000		9997537	360088700
70000		11663793	420103483
80000		13330049	480118267
90000		14996305	540133050

Table comparative.		Réduction des tonneaux en hectolitres.	Réduction des hectolitres en tonneaux.
10000	*Vannes.*	153454256	651660
20000		306908512	1303320
30000		460362767	1954980
40000		613817023	2606640
50000		767271279	3258300
60000		920725535	3909960
70000		1074179790	4561620
80000		1227634046	5213280
90000		1381088302	5864940

Table comparative.		Réduction des staja en hectolitres.	Réduction des hectolitres en staja.
10000	*Venise.*	8105146	12337841
20000		16210292	24675682
30000		24315437	37013523
40000		32420583	49351364
50000		40525729	61689205
60000		48630875	74027046
70000		56736021	86364887
80000		64841167	98702728
90000		72946312	111040569

Chapitre V. — Mesures de capacité.

Table comparative.		Réduction des muth en hectolitres.	Réduction des hectolitres en muth.
10000	Vienne. (Autriche.)	210483855	475096
20000		420967706	950192
30000		631451559	1425287
40000		841935412	1900383
50000		1052419265	2375479
60000		1262903118	2850575
70000		1473386971	3325671
80000		1683870824	3800766
90000		1894354677	4275862

Table comparative.		Réduction des metzen en hectolitres.	Réduction des hectolitres en metzen.
10000	Vienne. (Autriche.)	7016128	14254158
20000		14032257	28508315
30000		21048385	42762473
40000		28064514	57016630
50000		35080642	71270788
60000		42096771	85524945
70000		49112899	99779103
80000		56129027	114033260
90000		63145156	128287418

Table comparative.		Réduction des viertels en hectolitres.	Réduction des hectolitres en viertels.
10000	Vienne. (Autriche.)	1753536	57027622
20000		3507072	114055244
30000		5260609	171082867
40000		7014145	228110489
50000		8767681	285138111
60000		10521217	342165733
70000		12274753	399193356
80000		14028290	456220978
90000		15781826	513248600

Table comparative.		Réduction des scheffels en hectolitres.	Réduction des hectolitres en scheffels.
10000	Wismar.	3828422	26381628
20000		7656844	52763256
30000		11485265	79144884
40000		15313687	105526513
50000		19142109	131908141
60000		22970531	158289769
70000		26798953	184671397
80000		30627374	211053025
90000		34455796	237434653

Table comparative.		Réduction des scheffels en hectolitres.	Réduction des hectolitres en scheffels.
10000	Weimar.	8906536	11227710
20000		17813071	22455420
30000		26719607	33683130
40000		35626143	44910840
50000		44532678	56138550
60000		53439214	67366260
70000		62345750	78593970
80000		71252285	89821680
90000		80158821	101049390

Chapitre V. — Mesures de capacité.

Table comparative.		Réduction des buschels en hectolitres.	Réduction des hectolitres en buschels.
10000	*Winchester.*	5526909	28353441
20000		7053818	56706882
30000		10580726	85060323
40000		14107635	113413764
50000		17634544	141767205
60000		21161453	170120646
70000		24688361	198474087
80000		28215270	226827528
90000		31742179	255180969

Table comparative.		Réduction des looss en hectolitres.	Réduction des hectolitres en looss.
10000	*Windau.*	6264330	15963407
20000		12528659	31926813
30000		18792989	47890220
40000		25057318	63853627
50000		31321648	79817033
60000		37585977	95780440
70000		43850307	111743847
80000		50114636	127707253
90000		56378966	143670660

Table comparative.		Réduction des viertels en hectolitres.	Réduction des hectolitres en viertels.
10000	*Winthertur.*	2419047	41338596
20000		4838094	82677192
30000		7257140	124015788
40000		9676187	165354385
50000		12095234	206692981
60000		14514281	248031577
70000		16933328	289370173
80000		19352375	330708769
90000		21771421	372047365

Table comparative.		Réduction des malter en hectolitres.	Réduction des hectolitres en malter.
10000	*Wigenstein.*	21712904	4605556
20000		43425808	9211112
30000		65138712	13816669
40000		86851616	18422225
50000		108564521	23027781
60000		130277425	27633337
70000		151990329	32238893
80000		173703233	36844450
90000		195416137	41450006

Table comparative.		Réduction des scheffels en hectolitres.	Réduction des hectolitres en scheffels.
10000	*Wurtzen.*	7061752	14160792
20000		14123504	28321583
30000		21185256	42482375
40000		28247008	56643166
50000		35308761	70803958
60000		42370513	84964750
70000		49432265	99125541
80000		56494017	113286333
90000		63555769	127447124

Chapitre V. — Mesures de capacité.

Table comparative.		Réduction des bazzili en hectolitres.	Réduction des hectolitres en bazzili.
10000	*Zante.*	3550712	28163362
20000		7101425	56326725
30000		10652137	84490087
40000		14202850	112653450
50000		17755562	140816812
60000		21304275	168980175
70000		24854987	197143537
80000		28405700	225306900
90000		31956412	253470262

Table comparative.		Réduction des viertels en hectolitres.	Réduction des hectolitres en viertels.
10000	*Ziegenheim.*	13355836	7487363
20000		26711672	14974727
30000		40067509	22462090
40000		53423345	29949454
50000		66779181	37436817
60000		80135017	44924181
70000		93490854	52411544
80000		106846690	59898908
90000		120202526	67386271

Table comparative.		Réduction des muttes en hectolitres.	Réduction des hectolitres en muttes.
10000	*Zurich.*	8271771	12089309
20000		16543543	24178618
30000		24815314	36267927
40000		33087086	48357236
50000		41358857	60446544
60000		49630629	72535853
70000		57902400	84625162
80000		66174172	96714471
90000		74445943	108803780

Table comparative.		Réduction des viertels en hectolitres.	Réduction des hectolitres en viertels.
10000	*Zurich.*	2067943	48357236
20000		4135886	96714471
30000		6203829	145071707
40000		8271771	193428942
50000		10339714	241786178
60000		12407657	290143413
70000		14475600	338500649
80000		16543543	386857884
90000		18611486	435215120

Table comparative.		Réduction des viertels en hectolitres.	Réduction des hectolitres en viertels.
10000	*Zurich. (Mesure de sel.)*	2300029	43477722
20000		4600057	86955443
30000		6900086	130433165
40000		9200114	173910886
50000		11500143	217388608
60000		13800171	260866329
70000		16100200	304344051
80000		18400228	347821772
90000		20700257	491299494

CHAPITRE V. — Mesures de capacité.

Table comparative.		Réduction des scheffels en hectolitres.	Réduction des hectolitres en scheffels.
10000	Zwickau.	6706681	14910505
20000		13413362	29821010
30000		20120043	44731516
40000		26826723	59642021
50000		33533404	74552526
60000		40240085	89463031
70000		46946766	104373536
80000		53653447	119284042
90000		60360128	134194547

CHAPITRE SIXIÈME.

MESURES POUR LE JAUGEAGE

ET LE CUBAGE DES BOIS RONDS.

INSTRUCTION PRÉLIMINAIRE.

Les Tables qui composent ma nouvelle méthode de jauger et de cuber les pièces de bois ronds par le même procédé, offrent à-la-fois tous les calculs faits. Elles ne laissent qu'une seule opération à faire, qui est une simple addition pour la longueur de la pièce de bois ou de la futaille qu'on trouve très-facilement par le moyen du Régulateur, et surtout avec une précision qu'on n'obtiendrait que par de longs et pénibles calculs ignorés de la plupart des personnes peu versées dans cette partie : au lieu que pour l'addition qui reste à faire, le Régulateur en fournit les moyens et ne laisse rien à désirer.

Je vais démontrer ici les principes du jaugeage d'une manière claire et succincte, afin que ceux qui voudront s'instruire dans cette partie ne puissent plus y rencontrer d'obstacles pour y parvenir.

Les moyens de se servir de ma nouvelle méthode sont simples et très-faciles ; ils empêchent de commettre la moindre erreur, parce que les Tables qui la composent ont été calculées avec la plus grande attention, et poussées à un si grand nombre de décimales, que les opérations qui en résultent sont de la plus grande précision.

Pour avoir la jauge d'un tonneau et d'une futaille quelconque, il faut trouver le diamètre moyen de la pièce qui doit être multiplié par sa longueur intérieure, afin d'avoir la contenance en litres, qui est l'unité spécifique. Il faut à cet effet prendre premièrement le diamètre des fonds deux fois à angles droits; ensuite on prendra la moitié de ce produit, qui sera le terme moyen; on fera la même opération sur l'autre fond, de manière à être certain si ses fonds sont égaux, et si toutefois (ce qui arrive très-rarement) ils ne l'étaient pas, on prendra le terme moyen du produit des deux fonds.

C'est sur le diamètre du bouge qu'il faut apporter le plus d'attention en enfonçant la mesure ou la verge qu'on fait entrer par la bonde, afin qu'elle soit bien perpendiculaire au centre du tonneau. Une autre manière qui pourrait avoir lieu avec succès, ce serait d'avoir un grand compas courbe qui mesurerait en dehors le diamètre du bouge, duquel on déduirait l'épaisseur des douves pour avoir le diamètre intérieur.

Opération pour jauger une futaille ou un tonneau.

Soit supposée une futaille ou un tonneau ayant pour le diamètre moyen des fonds 76 centimètres, et pour le diamètre du bouge 97 centimètres. Pour réduire cette pièce à un cylindre parfait, il faut soustraire du diamètre du bouge le diamètre des fonds, et ensuite prendre le tiers de leur différence, que l'on soustraira du plus grand diamètre qui est toujours celui du bouge (qui est ici 97); alors il restera, pour le diamètre moyen de ce cylindre, 90 centièmes. Après cette opération, il faudrait, pour avoir la contenance de la pièce, multiplier ce diamètre moyen par 22, ensuite en diviser le produit par 7 (1), prendre la moitié du quotient, et le multiplier par la moitié du diamètre moyen 90, qui deviendrait alors 45.

(1) Selon la proportion d'Archimède pour la circonférence du cercle :: 7 : 22.

Cette multiplication donne la surface ou l'aire de ce cylindre qui, étant multipliée par la longueur intérieure 1 mètre 36 centimètres, donnera, pour la contenance de cette pièce, 865 décimètres cubes et 543 centimètres cubes, qu'on supprimera si l'on se contente d'avoir des décimètres cubes; mais comme le nombre 543 est plus que la moitié d'un décimètre cube, on portera 1 en plus aux décimètres cubes, et l'on aura 866 décimètres cubes.

Le décimètre cube étant égal au litre, on aura donc, pour la contenance de cette pièce, 866 litres.

Cette manière de jauger par les principes ci-dessus est très-longue et très-pénible, au lieu que par ma méthode il n'y a qu'une addition à faire de la longueur intérieure de la pièce, en ce que tous les calculs pour les superficies ou les aires de cercles sont faits, et qu'il n'y a plus qu'à multiplier la base par la longueur intérieure.

Mais la base de chaque superficie quelconque se trouve toute multipliée, et par le secours du Régulateur on obtient les résultats les plus précis avec une briéveté qui étonne.

Je vais, par plusieurs opérations, donner des preuves non évidentes de la simplicité et de la facilité avec lesquelles on opère. Cette partie, qui était si difficile et si rebutante par la longueur des calculs, devient par ma méthode une règle de simple addition.

Premier exemple.

Supposons avoir une pièce qui a été mesurée et qu'on a trouvé pour le diamètre moyen 74 centimètres, et pour sa longueur intérieure 1 mètre 42 centimètres ou 142 centimètres. On cherchera la table qui porte en tête 74 centimètres; on placera le Régulateur à côté des nombres qui donnent le rapport de la longueur intérieure qui est la colonne de gauche de chaque table composée de neuf lignes, et désignées par les chiffres 1, 2, 3, 4, 5, 6, 7, 8, 9.

suivis chacun de 4 zéros, tous susceptibles d'être augmentés selon les besoins ou l'étendue que présente l'opération.

La grande ouverture du Régulateur donne la contenance en litres ou en décimètres cubes, ce qui est la même chose, puisque le décimètre cube contient exactement le litre. La petite ouverture à sa droite exprime des centilitres, et l'autre donne des centièmes de centilitres ou des dix-millièmes de litres.

Pour faire toutes les opérations possibles en ce genre, c'est toujours la même manière d'opérer. L'on placera autant de fois le Régulateur qu'il y aura de chiffres qui exprimeront la longueur intérieure de la pièce ou la longueur d'une pièce de bois rond. Dans ce cas, la longueur intérieure étant de 142 centimètres, on les cherchera selon la manière suivante :

Le premier chiffre de gauche 1, suivi de deux zéros, exprimera une valeur de 100 centimètres; le second chiffre suivant 4, suivi d'un zéro, exprimera 40 centimètres, et le chiffre 2 exprimera seulement 2 centimètres. Ces quantités doivent être cherchées dans les tables, comme il vient d'être démontré ci-dessus; d'ailleurs les différentes opérations qui vont suivre ne laisseront aucun embarras pour saisir la manière d'opérer tous les calculs pour le jaugeage et le cubage des bois ronds.

Opération.

Soit la pièce ci-dessus ayant pour son diamètre moyen 74 centimètres, et pour sa longueur intérieure 142 centimètres.

On prend la table 74.

	Litres.	Cent.	Fract.
1° Pour 100 centimètres en litres.	430	25	71
2° Pour 40	172	10	29
3° Pour 2	8	60	51
Long. intér. 142	610	96	51

Deuxième exemple.

Revenons à la pièce ou au tonneau qui a été mesuré, et dont on a trouvé pour son diamètre moyen 90 centimètres, et sa longueur intérieure 136 centimètres. Je cherche la table nº 90, où je prends pour ma longueur intérieure 136, de la même manière qu'il a été enseigné dans l'exemple précédent.

On prend la table 90.

	Litres.	Cent.	Fract.
1º Pour 100 centimètres en litres.	636	42	86
2º Pour 30	190	92	86
3º Pour 6	38	18	57
Long. intér. 136	865	54	29

Troisième exemple.

On a mesuré une pièce de vin ou d'eau-de-vie, n'importe; on a trouvé que le diamètre des fonds était de 63 centimètres, le diamètre du bouge de 84 centimètres, et la longueur intérieure de 127 centimètres. Après avoir soustrait 63 centimètres pour le diamètre des fonds, de 84 centimètres pour le diamètre du bouge, la différence en plus de ce diamètre s'est trouvée de 21 centimètres, dont le tiers 7 doit être prélevé du diamètre primitif du bouge 84; la soustraction faite, il est resté pour le diamètre moyen 77 centimètres. D'après cette opération, on demande la contenance en litres de cette pièce.

Opération.

On prend la table 77.

	Litres.	Cent.	Fract.
1º Pour 100 centimètres en litres.	465	85	00
2º Pour 20	93	17	00
3º Pour 7	32	60	95
Long. intér. 127	591	62	95

Ces trois exemples sont suffisants; et toute personne qui sait additionner doit saisir, à la première opération, ma nouvelle méthode de jauger et de cuber les bois ronds.

Pour faire apercevoir combien les opérations sont longues et pénibles par l'ancienne méthode, je vais opérer par deux différents procédés qui étaient en usage.

A cet effet je me servirai des mêmes dimensions que dans le premier exemple.

Opération du diamètre moyen par lui-même.

```
Diamètre moyen. . .     74
                        74
                       ----
                       296
                      518
                      ----
Produit. . .          5476
Ce produit multiplié par  11
                      ----
                      5476
                     5476
                     -----
                     60236
Multiplié par la longueur
  intérieure . . . . . . .  142
                     ------
                    120472
                   240944
                   60236
                   -------
                   8553512   | Divisé par 14.
                   84        | 610 lit. 96,51,43
                   --
                    15
                    14
                    ---
                     135
                     126
                     ---
                       91
                       84
                       --
                        72
                        70
                        --
                         20
                         14
                         --
                          60
                          56
                          --
                          40
```

Le quotient donne, pour la contenânce de ce tonneau ou de cette futaille, la quantité de 610 litres, 96 centilitres, 51 pour fractions.

Voyez l'opération du premier exemple qui est la même, et qu'on obtient par une seule addition.

Opération par la proportion d'Archimède.

Comme 7 est à 22 ou : : 7 : 22, toutes les opérations à faire sont : 74 multiplié par 22 = 1628, divisé par 7 = 232,57143, divisé par 2 = 116,28571, multiplié par la moitié du diamètre moyen 74, qui est 37 = 4302,5714. Voilà la quantité d'opérations qu'il faut faire avant que d'en venir à mes bases. *Voyez* la table n° 74. Vous trouverez pour la première ligne 1, suivi de 4 zéros, et le rapport de 43025714, qui est la vraie base de la superficie d'un cercle qui aurait 74 centimètres pour le diamètre moyen. Pour avoir la contenance de cette pièce qui a 142 centimètres pour la longueur intérieure, il faut multiplier 43025714 par 142 centimètres ; le produit de cette multiplication donne le rapport en litres, qui est de 610 litres, 96 centilitres, 51 centièmes de centilitres. Cette complication de règles étoit très-pénible et d'une longueur interminable. Je vais en donner la preuve par un exemple.

On a pour le diamètre moyen . 74
Multiplié par. 22

148
148

Il faut diviser ce produit par le chiffre 7, qui est le rapport de 7 : à 22.

1628 | Diviseur, 7.
14 | 232,5714, quotient.

22
21

Il faut actuellement prendre la moitié du quotient qui est de 116,2857, qu'il faut multiplier par la moitié du diamètre moyen de 74, qui est 37.

18
14

40
35

50
49

10
7

30

Multiplicande. 116,2857
Multiplicateur. 37

8139999
3488571

43025709

Il faut faire toutes ces opérations pour obtenir les bases de ma méthode, qui sont toutes calculées ; il n'y a qu'une addition à faire pour avoir la contenance de la pièce.

L'évidence de la briéveté et de la simplicité d'opérer pour trouver la contenance de tout vase depuis un centimètre de diamètre moyen à cent vingt-huit, sont incontestables par cette méthode. Chacun peut calculer, il suffit qu'il sache additionner.

CHAPITRE SIXIÈME.

MESURES POUR LE JAUGEAGE

ET LE CUBAGE DES BOIS RONDS.

Table comparative.		Diamètre moyen. 1 centimètre.	Diamètre moyen. 2 centimètres.
10000	Longueur intérieure. Rapport en litres.	7857	31429
20000		15714	62857
30000		23571	94286
40000		31429	125714
50000		39286	157143
60000		47143	188571
70000		55000	220000
80000		62857	251429
90000		70714	282857
Table comparative.		**Diamètre moyen. 3 centimètres.**	**Diamètre moyen. 4 centimètres.**
10000	Longueur intérieure. Rapport en litres.	70714	125714
20000		141429	251429
30000		212143	377143
40000		282857	502857
50000		353571	628571
60000		424286	754286
70000		495000	880000
80000		265714	1005714
90000		636429	1131429
Table comparative		**Diamètre moyen. 5 centimètres.**	**Diamètre moyen. 6 centimètres.**
10000	Longueur intérieure. Rapport en litres.	196429	282857
20000		392857	565714
30000		589286	748571
40000		785714	1031429
50000		982143	1354286
60000		1178571	1697143
70000		1375000	1980000
80000		1571429	2262857
90000		1767857	2545714
Table comparative.		**Diamètre moyen. 7 centimètres.**	**Diamètre moyen. 8 centimètres.**
10000	Longueur intérieure. Rapport en litres.	385000	502857
20000		770000	1005714
30000		1155000	1508571
40000		1540000	2011429
50000		1925000	2514286
60000		2310000	3017143
70000		2695000	3520000
80000		3080000	4022857
90000		3465000	4525714

Chapitre VI. — Mesures pour le jaugeage et le cubage des bois ronds.

Table comparative.		Diamètre moyen. 9 centimètres.	Diamètre moyen. 10 centimètres.
10000	Longueur intérieure. Rapport en litres.	636429	785714
20000		1272857	1571429
30000		1909286	2357143
40000		2545714	3142857
50000		3182143	3928571
60000		3818571	4714286
70000		4455000	5500000
80000		5091429	6285714
90000		5727857	7071429

Table comparative.		Diamètre moyen. 11 centimètres.	Diamètre moyen. 12 centimètres.
10000	Longueur intérieure. Rapport en litres.	950714	1131429
20000		1901429	2262857
30000		2852143	3394286
40000		3802857	4525714
50000		4753571	5657143
60000		5704286	6788571
70000		6655000	7920000
80000		7605714	9051429
90000		8556429	10182857

Table comparative.		Diamètre moyen. 13 centimètres.	Diamètre moyen. 14 centimètres.
10000	Longueur intérieure. Rapport en litres.	1327857	1540000
20000		2655714	3080000
30000		3983571	4620000
40000		5311429	6160000
50000		6639286	7700000
60000		7967143	9240000
70000		9295000	10780000
80000		10622857	12320000
90000		11950714	13860000

Table comparative.		Diamètre moyen. 15 centimètres.	Diamètre moyen. 16 centimètres.
10000	Longueur intérieure. Rapport en litres.	1767857	2011429
20000		3535714	4022857
30000		5303571	6034286
40000		7071429	8045714
50000		8839286	10057143
60000		10607143	12068571
70000		12375000	14080000
80000		14142857	16091429
90000		15910714	18102857

Table comparative.		Diamètre moyen. 17 centimètres.	Diamètre moyen. 18 centimètres.
10000	Longueur intérieure. Rapport en litres.	2270714	2545714
20000		4541429	5091429
30000		6812143	7637143
40000		9082857	10182857
50000		11353571	12728571
60000		13624286	15274286
70000		15895000	17820000
80000		18165714	20365714
90000		20436429	22911429

Chapitre VI. — Mesures pour le jaugeage et le cubage des bois ronds.

Table comparative.	Longueur intérieure. Rapport en litres.	Diamètre moyen. 19 centimètres.	Diamètre moyen. 20 centimètres.
10000		2836429	3142857
20000		5672857	6285714
30000		8509286	9428571
40000		11345714	12571429
50000		14182143	15714286
60000		17018571	18857143
70000		19855000	22000000
80000		22691429	25142857
90000		25527857	28285714

Table comparative.	Longueur intérieure. Rapport en litres.	Diamètre moyen. 21 centimètres.	Diamètre moyen. 22 centimètres.
10000		3465000	3802857
20000		6930000	7605714
30000		10395000	11408571
40000		13860000	15211429
50000		17325000	19014286
60000		20790000	22817143
70000		24255000	26620000
80000		27720000	30422857
90000		31185000	34225714

Table comparative.	Longueur intérieure. Rapport en litres.	Diamètre moyen. 23 centimètres.	Diamètre moyen. 24 centimètres.
10000		4156429	4525714
20000		8312857	9051429
30000		12469286	13577143
40000		16625714	18102857
50000		20782143	22628571
60000		24938571	27154286
70000		29095000	31680000
80000		33251429	36205714
90000		37407857	40731429

Table comparative.	Longueur intérieure. Rapport en litres.	Diamètre moyen. 25 centimètres.	Diamètre moyen. 26 centimètres.
10000		4910714	5311429
20000		9821429	10622857
30000		14732143	15934286
40000		19642857	21245714
50000		24553571	26557143
60000		29464286	31868571
70000		34375000	37180000
80000		39285714	42491429
90000		44196429	47802857

Table comparative.	Longueur intérieure. Rapport en litres.	Diamètre moyen. 27 centimètres.	Diamètre moyen. 28 centimètres.
10000		5727857	6160000
20000		11455714	12320000
30000		17183571	18480000
40000		22911429	24640000
50000		28639286	30800000
60000		34367143	36960000
70000		40095000	43120000
80000		45822857	49280000
90000		51550714	55440000

Chapitre VI. — Mesures pour le jaugeage et le cubage des bois ronds.

Table comparative.		Diamètre moyen. 29 centimètres.	Diamètre moyen. 30 centimètres.
10000	Longueur intérieure. Rapport en litres.	6607857	7071429
20000		13215714	14142857
30000		19823571	21214286
40000		26431429	28285714
50000		33039286	35357143
60000		39647143	42428571
70000		46255000	49500000
80000		52862857	56571429
90000		59470714	63642857

Table comparative.		Diamètre moyen. 31 centimètres.	Diamètre moyen. 32 centimètres.
10000	Longueur intérieure. Rapport en litres.	7550714	8045714
20000		15101429	16091429
30000		22652143	24137143
40000		30202857	32182857
50000		37753571	40228571
60000		45304286	48274286
70000		52855000	56320000
80000		60405714	64365714
90000		67956429	72411429

Table comparative.		Diamètre moyen. 33 centimètres.	Diamètre moyen. 34 centimètres.
10000	Longueur intérieure. Rapport en litres.	8556429	9082857
20000		17112857	18165714
30000		25669286	27248571
40000		34225714	36331429
50000		42782143	45414286
60000		51338571	54497143
70000		59895000	63580000
80000		68451429	72662857
90000		77007857	81745714

Table comparative.		Diamètre moyen. 35 centimètres.	Diamètre moyen. 36 centimètres.
10000	Longueur intérieure. Rapport en litres.	9625000	10182857
20000		19250000	20365714
30000		28875000	30548571
40000		38500000	40731429
50000		48125000	50914286
60000		57750000	61097143
70000		67375000	71280000
80000		77000000	81462857
90000		86625000	91645714

Table comparative.		Diamètre moyen. 37 centimètres.	Diamètre moyen. 38 centimètres.
10000	Longueur intérieure. Rapport en litres.	10756429	11345714
20000		21512857	22691429
30000		32269286	34037143
40000		43025714	45382857
50000		53782143	56728571
60000		64538571	68074286
70000		75295000	79420000
80000		86051429	90765714
90000		96807857	102111429

CHAPITRE VI. — Mesures pour le jaugeage et le cubage des bois ronds.

Table comparative.		Diamètre moyen. 39 centimètres.	Diamètre moyen. 40 centimètres.
10000	Longueur intérieure. Rapport en litres.	11950714	12571429
20000		23901429	25142857
30000		35852143	37714286
40000		47802857	50285714
50000		59755571	62857143
60000		71704286	75428571
70000		83655000	88000000
80000		95605714	100571429
90000		107556429	113142857
Table comparative.		**Diamètre moyen 41 centimètres.**	**Diamètre moyen. 42 centimètres.**
10000	Longueur intérieure. Rapport en litres.	13207857	13860000
20000		26415714	27720000
30000		39623571	41580000
40000		52831429	55440000
50000		66039286	69300000
60000		79247143	83160000
70000		92455000	97020000
80000		105662857	110880000
90000		118870714	121740000
Table comparative.		**Diamètre moyen. 43 centimères.**	**Diamètre moyen. 44 centimètres.**
10000	Longueur intérieure. Rapport en litres.	14527857	15211429
20000		29055714	30422857
30000		43583571	45634286
40000		58111429	60845714
50000		72639286	76057143
60000		87167143	91268571
70000		101695000	106480000
80000		116222857	121691429
90000		130750714	136902857
Table comparative.		**Diamètre moyen. 45 centimètres.**	**Diamètre moyen. 46 centimètres.**
10000	Longueur intérieure. Rapport en litres.	15910714	16625714
20000		31821428	33251429
30000		47732143	49877143
40000		63642857	66502857
50000		79553571	83128571
60000		95464286	99754286
70000		111375000	116380000
80000		127285714	133005714
90000		143196429	149631429
Table comparative.		**Diamètre moyen. 47 centimètres.**	**Diamètre moyen. 48 centimètres.**
10000	Longueur intérieure. Rapport en litres.	17356429	18102857
20000		34712857	36205714
30000		52069286	54308571
40000		69425714	72411429
50000		86782143	90514286
60000		104138571	108617143
70000		121495000	126720000
80000		138851429	144822857
90000		156207857	162925714

CHAPITRE VI. — Mesures pour le jaugeage et le cubage des bois ronds.

Table comparative.		Diamètre moyen. 49 centimètres.	Diamètre moyen. 50 centimètres.
10000	Longueur intérieure. Rapport en litres.	18865000	19642857
20000		37730000	39285714
30000		56595000	58928571
40000		75460000	78571429
50000		94325000	98214286
60000		113190000	117857143
70000		132055000	137500000
80000		150920000	157142857
90000		169785000	176785714

Table comparative.		Diamètre moyen. 51 centimètres.	Diamètre moyen. 52 centimètres.
10000	Longueur intérieure. Rapport en litres.	20436429	21245714
20000		40872857	42491429
30000		61309286	63737143
40000		81745714	84982857
50000		102182143	106228571
60000		122618571	127474286
70000		143055000	148720000
80000		163491429	169965714
90000		183927857	191211429

Table comparative.		Diamètre moyen. 53 centimètres.	Diamètre moyen. 54 centimètres.
10000	Longueur intérieure. Rapport en litres.	22070714	22911429
20000		44141429	45822857
30000		66212143	68734286
40000		88282857	91645714
50000		110353571	114557143
60000		132424286	137468571
70000		154495000	160380000
80000		176565714	183291429
90000		198636429	206202857

Table comparative.		Diamètre moyen. 55 centimètres.	Diamètre moyen. 56 centimètres.
10000	Longueur intérieure. Rapport en litres.	23767857	24640000
20000		47535714	49280000
30000		71303571	73920000
40000		95071429	98560000
50000		118839286	123200000
60000		142607143	147840000
70000		166375000	172480000
80000		190142857	197120000
90000		213910714	221760000

Table comparative.		Diamètre moyen. 57 centimètres.	Diamètre moyen. 58 centimètres.
10000	Longueur intérieure. Rapport en litres.	25527857	26431429
20000		51055714	52862857
30000		76583571	79294286
40000		102111429	105725714
50000		127639286	132157143
60000		153167143	158588571
70000		178695000	185019990
80000		204222857	211451419
90000		229750714	237882847

CHAPITRE VI. — Mesures pour le jaugeage et le cubage des bois ronds.

Table comparative.		Diamètre moyen. 59 centimètres.	Diamètre moyen. 60 centimètres.
10000	Longueur intérieure. Rapport en litres.	27350714	28285714
20000		54701429	56571429
30000		82052143	84857143
40000		109402857	113142857
50000		136753571	141428571
60000		164104286	169714286
70000		191455000	198000000
80000		218805714	226285714
90000		246156429	254571429

Table comparative.		Diamètre moyen. 61 centimètres.	Diamètre moyen. 62 centimètres.
10000	Longueur intérieure. Rapport en litres.	29236429	30202857
20000		58472857	60405714
30000		87709286	90608571
40000		116945714	120811429
50000		146182143	151014286
60000		175418571	181217143
70000		204655000	211420000
80000		233891429	241622857
90000		263127857	271824714

Table comparative.		Diamètre moyen. 63 centimètres.	Diamètre moyen. 64 centimètres.
10000	Longueur intérieure. Rapport en litres.	31185000	32182857
20000		62370000	64365714
30000		93555000	96548571
40000		124740000	128731429
50000		155925000	160914286
60000		187110000	193097143
70000		218295000	225280000
80000		249480000	257462857
90000		280665000	289645714

Table comparative.		Diamètre moyen. 65 centimètres.	Diamètre moyen. 66 centimètres.
10000	Longueur intérieure. Rapport en litres.	33196429	34225714
20000		66392857	68451429
30000		99589286	102677143
40000		132785714	136902857
50000		165982143	171128571
60000		199178571	205354286
70000		232375000	239580000
80000		265571429	273805714
90000		298767857	308031429

Table comparative.		Diamètre moyen. 67 centimètres.	Diamètre moyen. 68 centimètres.
10000	Longueur intérieure. Rapport en litres.	35270714	36331429
20000		70541429	72662857
30000		105812143	108994286
40000		141082857	145325714
50000		176353571	181657143
60000		211624286	217988571
70000		246895000	254320000
80000		282165714	290651429
90000		317436429	326982857

CHAPITRE VI. — Mesures pour le jaugeage et le cubage des bois ronds.

Table comparative.		Diamètre moyen. 69 centimètres.	Diamètre moyen. 70 centimètres.
10000	Longueur intérieure. Rapport en litres.	37407857	38500000
20000		74815714	77000000
30000		112223571	115500000
40000		149631429	154000000
50000		187039286	192500000
60000		224447143	231000000
70000		261854990	269500000
80000		299262847	308000000
90000		336670704	346500000

Table comparative.		Diamètre moyen. 71 centimètres.	Diamètre moyen. 72 centimètres.
10000	Longueur intérieure. Rapport en litres.	39607857	40731429
20000		79215714	81462857
30000		118823571	122194286
40000		158431429	162925714
50000		198039286	203657143
60000		237647143	244388571
70000		277255000	285120000
80000		316862857	325851429
90000		356470714	366582857

Table comparative.		Diamètre moyen. 73 centimètres.	Diamètre moyen. 74 centimètres.
10000	Longueur intérieure. Rapport en litres.	41870714	43025714
20000		83741429	86051429
30000		125612143	129077143
40000		167482857	172102857
50000		209353571	215128571
60000		251224286	258154286
70000		293095000	301180000
80000		334965714	344205714
90000		376836429	387231429

Table comparative.		Diamètre moyen. 75 centimètres.	Diamètre moyen. 76 centimètres.
10000	Longueur intérieure. Rapport en litres.	44196119	45382857
20000		88392837	90765714
30000		132589256	136148571
40000		176785674	181531429
50000		220982093	226914286
60000		265178511	272297143
70000		309374930	317680000
80000		353571349	363062857
90000		397767767	408445714

Table comparative.		Diamètre moyen. 77 centimètres.	Diamètre moyen. 78 centimètres.
10000	Longueur intérieure. Rapport en litres.	46585000	47802857
20000		93170000	95605714
30000		139755000	143408561
40000		186340000	191211419
50000		232925000	239014276
60000		279510000	286817133
70000		326095000	334619990
80000		372680000	382422847
90000		419265000	430225704

Chapitre VI. — Mesures pour le jaugeage et le cubage des bois ronds.

Table comparative.	Longueur intérieure. Rapport en litres.	Diamètre moyen. 79 centimètres.	Diamètre moyen. 80 centimètres.
10000		49036429	50285714
20000		98072857	100571429
30000		147109286	150857143
40000		196145714	201142857
50000		245182143	251428571
60000		294218574	301714286
70000		343255000	352000000
80000		392261429	402285714
90000		441327857	452571429

Table comparative.	Longueur intérieure. Rapport en litres.	Diamètre moyen. 81 centimètres.	Diamètre moyen. 82 centimètres.
10000		51550714	52831429
20000		103101429	105662857
30000		154652143	158494286
40000		206202857	211325714
50000		257753571	264157143
60000		309304286	316988571
70000		360855000	369820000
80000		412405714	422651429
90000		463956429	175482857

Table comparative.	Longueur intérieure. Rapport en litres.	Diamètre moyen. 83 centimètres.	Diamètre moyen. 84 centimètres.
10000		54127857	55440000
20000		108255714	110880000
30000		162383571	166320000
40000		216511429	221760000
50000		270639286	277200000
60000		324767143	332640000
70000		378895000	388080000
80000		433022857	443520000
90000		487150714	498960000

Table comparative.	Longueur intérieure. Rapport en litres.	Diamètre moyen. 85 centimètres.	Diamètre moyen. 86 centimètres.
10000		56767857	58111429
20000		113535714	116222857
30000		170303571	174334286
40000		227071429	232445714
50000		283839286	290557143
60000		340607143	348668571
70000		397375000	406780000
80000		454142857	464891429
90000		510910714	523002857

Table comparative.	Longueur intérieure. Rapport en litres.	Diamètre moyen. 87 centimètres.	Diamètre moyen. 88 centimètres.
10000		59470714	60845714
20000		118941429	121691429
30000		178412143	182537143
40000		237882857	243382857
50000		297353571	304228571
60000		356824286	365074286
70000		416295000	425920000
80000		475765714	486765714
90000		535236429	547611429

Chapitre VI. — Mesures pour le jaugeage et le cubage des bois ronds.

Table comparative.		Diamètre moyen. 89 centimètres.	Diamètre moyen. 90 centimètres.
10000	Longueur intérieure. Rapport en litres.	62236429	63642857
20000		124472857	127285714
30000		186709286	190928571
40000		248945714	254571429
50000		311182143	318214286
60000		373418571	381857143
70000		435655000	445500000
80000		497891429	509142857
90000		560127857	572785714

Table comparative.		Diamètre moyen. 91 centimètres.	Diamètre moyen. 92 centimètres.
10000	Longueur intérieure. Rapport en litres.	65065000	66502857
20000		130130000	133005714
30000		195195000	199508571
40000		260260000	266011429
50000		325325000	332514286
60000		390390000	399017143
70000		455455000	465520000
80000		520520000	532022857
90000		585585000	598325714

Table comparative.		Diamètre moyen. 93 centimètres.	Diamètre moyen. 94 centimètres.
10000	Longueur intérieure. Rapport en litres.	67956429	69425714
20000		135912857	138851429
30000		203869286	208277143
40000		271825714	277702857
50000		339782143	347128571
60000		407738571	416554286
70000		475695000	485980000
80000		543651429	555405714
90000		611607857	624831429

Table comparative.		Diamètre moyen. 95 centimètres.	Diamètre moyen. 96 centimètres.
10000	Longueur intérieure. Rapport en litres.	70910714	72411429
20000		141821429	144822857
30000		212732143	217234286
40000		283642857	289645714
50000		354553571	362057143
60000		425464286	434468571
70000		496375000	506880000
80000		567285714	579291429
90000		638196429	651702857

Table comparative.		Diamètre moyen. 97 centimètres.	Diamètre moyen. 98 centimètres.
10000	Longueur intérieure. Rapport en litres.	73927857	75460000
20000		147855714	150920000
30000		221783571	226380000
40000		295711429	301840000
50000		369639286	377300000
60000		443567143	452760000
70000		517495000	528220000
80000		591422857	603680000
90000		665350714	679140000

Chapitre VI. — Mesures pour le jaugeage et le cubage des bois ronds.

Table comparative.		Diamètre moyen. 99 centimètres.	Diamètre moyen. 100 centimètres.
10000	Longueur intérieure. Rapport en litres.	77007857	78571429
20000		154015714	157142857
30000		231023571	235714286
40000		308031429	314285714
50000		385039286	392857143
60000		462047143	471428571
70000		539055000	550000000
80000		616062857	628571429
90000		693070714	707142857
Table comparative.		**Diamètre moyen. 101 centimètres.**	**Diamètre moyen. 102 centimètres.**
10000	Longueur intérieure. Rapport en litres.	80150714	81745714
20000		160301429	163491429
30000		240452143	245237143
40000		320602857	326982857
50000		400753571	408728571
60000		480904286	490474286
70000		561055000	572220000
80000		641205714	653965714
90000		721356429	735711429
Table comparative.		**Diamètre moyen. 103 centimètres.**	**Diamètre moyen. 104 centimètres.**
10000	Longueur intérieure. Rapport en litres.	83356429	84982857
20000		166712857	169965714
30000		250069286	254948571
40000		333425714	339931429
50000		416782143	424914286
60000		500138571	509897143
70000		583495000	594880000
80000		666851429	679862857
90000		750207857	764845714
Table comparative.		**Diamètre moyen. 105 centimètres.**	**Diamètre moyen. 105 centimètres.**
10000	Longueur intérieure. Rapport en litres.	86625000	88282857
20000		173250000	176565714
30000		259875000	264848571
40000		346500000	353131429
50000		433125000	441414286
60000		519750000	529697143
70000		606375000	617980000
80000		693000000	706262857
90000		779625000	794545714
Table comparative.		**Diamètre moyen. 107 centimètres.**	**Diamètre moyen. 108 centimètres.**
10000	Longueur intérieure. Rapport en litres.	89956429	91645714
20000		179912857	183291429
30000		269869286	274937143
40000		359825714	366582857
50000		449782143	458228571
60000		539738571	549874286
70000		629695000	641520000
80000		719651429	733165714
90000		809607857	824811429

Chapitre VI. — Mesures pour le jaugeage et le cubage des bois ronds.

Table comparative.		Diamètre moyen. 109 centimètres.	Diamètre moyen. 110 centimètres.
10000	Longueur intérieure. Rapport en litres.	93507143	95071429
20000		187014289	190142857
30000		280521433	285214286
40000		374028577	380285714
50000		467535721	475357143
60000		561042866	570428571
70000		654550010	665500000
80000		748057154	760571429
90000		841564299	855642857

Table comparative.		Diamètre moyen. 111 centimètres.	Diamètre moyen. 112 centimètres.
10000	Longueur intérieure. Rapport en litres.	96807857	98560000
20000		193605714	197120000
30000		290415571	295680000
40000		387221429	394240000
50000		484029286	492800000
60000		580847143	591360000
70000		677655000	689920000
80000		774462857	788480000
90000		871270714	887040000

Table comparative.		Diamètre moyen. 113 centimètres.	Diamètre moyen. 114 centimètres.
10000	Longueur intérieure. Rapport en litres.	100327857	102101429
20000		200655714	204202857
30000		300983571	306304286
40000		401311429	408405714
50000		501639286	510507143
60000		601967143	612608571
70000		702295000	714710000
80000		802622857	816811429
90000		902950714	918912857

Table comparative.		Diamètre moyen. 115 centimètres.	Diamètre moyen. 116 centimètres.
10000	Longueur intérieure. Rapport en litres.	103910714	105725714
20000		207821429	211451429
30000		311732143	317177143
40000		415642857	422902857
50000		519553571	528628571
60000		623464286	634354286
70000		727375000	740080000
80000		831285714	846805714
90000		935196429	951531429

Table comparative.		Diamètre moyen. 117 centimètres.	Diamètre moyen. 118 centimètres.
10000	Longueur intérieure. Rapport en litres.	107546429	109402857
20000		215092857	218805714
30000		322639286	328208571
40000		430185714	437611429
50000		537732143	547014286
60000		645278571	656417143
70000		752825000	765820000
80000		860371429	875222857
90000		967917857	984625714

Chapitre VI. — Mesures pour le jeaugage et le cubage des bois ronds.

Table comparative.		Diamètre moyen. 119 centimètres.	Diamètre moyen. 120 centimètres.
10000	Longueur intérieure. Rapport en litres.	111265000	115142857
20000		222530000	226285714
30000		333795000	339428571
40000		445060000	452571429
50000		556325000	565714286
60000		667590000	678857143
70000		778855000	792000000
80000		890120000	905142857
90000		1001385000	1018285714

Table comparative.		Diamètre moyen. 121 centimètres.	Diamètre moyen. 122 centimètres.
10000	Longueur intérieure. Rapport en litres.	115036428	116945714
20000		230072856	233891428
30000		345109284	350837142
40000		460145712	467782856
50000		575182140	584728570
60000		690218568	701674284
70000		805254996	818619998
80000		920291424	935565712
90000		1035327852	1052511426

Table comparative.		Diamètre moyen. 123 centimètres.	Diamètre moyen. 124 centimètres.
10000	Longueur intérieure. Rapport en litres.	118870714	120811429
20000		237741428	241622858
30000		356612142	362434287
40000		475482856	483245716
50000		594353570	604057145
60000		713224284	724868574
70000		832094998	845680003
80000		950965712	966491432
90000		1069836426	1087302861

Table comparative.		Diamètre moyen. 125 centimètres.	Diamètre moyen. 126 centimètres.
10000	Longueur intérieure. Rapport en litres.	122767857	124740000
20000		245535714	249480000
30000		368303571	374220000
40000		491071428	498960000
50000		613839285	623700000
60000		736607142	748440000
70000		859374999	873180000
80000		982142856	997920000
90000		1104910713	1122660000

Table comparative.		Diamètre moyen. 127 centimètres.	Diamètre moyen. 128 centimètres.
10000	Longueur intérieure. Rapport en litres.	126727857	128731428
20000		253455714	257462856
30000		380183571	386194284
40000		506911428	514925712
50000		633639285	643657140
60000		760367142	772388568
70000		887094999	901119996
80000		1013822856	1029851424
90000		1140550713	1158582852

CHAPITRE SEPTIÈME.

MESURES POUR LES LIQUIDES DE LA FRANCE

ET DES VILLES ÉTRANGÈRES.

Table comparative.		Réduction des tonnen en hectolitres.	Réduction des hectolitres en tonnen.
10000	*Altona.* de 32 ssubengens.	11592382	8626356
20000		23184764	17252712
30000		34777146	25879067
40000		46369527	34505423
50000		57961909	43131779
60000		69554291	51758135
70000		81146673	60384490
80000		92739055	69010846
90000		104331437	77637202

Table comparative.		Réduction des aams en hectolitres.	Réduction des hectolitres en aams.
10000	*Amsterdam.*	15234342	6564117
20000		30498683	13128234
30000		45703025	19692351
40000		60937367	26256468
50000		76171708	32820585
60000		91406050	39384702
70000		106640391	45948819
80000		121874733	52512936
90000		137109075	59077052

Table comparative.		Réduction des steckans en hectolitres.	Réduction des hectolitres en steckans.
10000	*Amsterdam.*	1904293	52512935
20000		3808585	105025871
30000		5712878	157538806
40000		7617171	210051741
50000		9521464	262564677
60000		11425756	315077612
70000		13330049	367590548
80000		15234342	420103483
90000		17138634	472616418

Table comparative.		Réduction des viertels en hectolitres.	Réduction des hectolitres en viertels.
10000	*Amsterdam.*	726012	137738848
20000		1452023	275477696
30000		2178035	413216544
40000		2904046	550955392
50000		3630058	688694240
60000		4356070	826433088
70000		5082081	964171936
80000		5808093	1101910784
90000		6534104	1239649631

Chapitre VII. — Mesures pour les liquides.

Table comparative.		Réduction des stoopens en hectolitres.	Réduction des hectolitres en stoopens.
10000	*Amsterdam.*	238037	420103481
20000		476073	840206961
30000		714110	1260310442
40000		952146	1680413923
50000		1190183	2100517404
60000		1428220	2520620884
70000		1666256	2940724365
80000		1904293	3360827846
90000		2142329	3780931327

Table comparative.		Réduction des mingles en hectolitres.	Réduction des hectolitres en mingles.
10000	*Amsterdam.*	119018	840206997
20000		238037	1680413994
30000		357055	2520620990
40000		476073	3360827987
50000		595091	4201034984
60000		714110	5041241980
70000		833128	5881448977
80000		952146	6721655974
90000		1071165	7561862971

Table comparative.		Réduction des pintes en hectolitres.	Réduction des hectolitres en pintes.
10000	*Amsterdam.*	59509	1680413852
20000		119018	3360827705
30000		178527	5041241557
40000		238037	6721655409
50000		297546	8402069262
60000		357055	10082483114
70000		416564	11762896966
80000		476073	13443310819
90000		535582	15123724671

Table comparative.		Réduction des boccali en hectolitres.	Réduction des hectolitres en boccali.
10000	*Ancône.*	142822	700172487
20000		285644	1400344975
30000		428466	2100517462
40000		571288	2800689950
50000		714110	3500862437
60000		856932	4201034925
70000		999754	4901207412
80000		1142576	5601379900
90000		1285398	6301552387

Table comparative.		*Réduction des pipes en hectolitres.*	*Réduction des hectolitres en pipes.*
10000	*Anjou.*	40521762	2467809
20000		81043524	4935619
30000		121565286	7403429
40000		162087047	9871238
50000		202608809	12339048
60000		243130571	14806858
70000		283652333	17274667
80000		324174095	19742477
90000		364695857	22210287

Chapitre VII. — Mesures pour les liquides.

Table comparative.		Réduction des stoopeus en hectolitres.	Réduction des hectolitres en stoopers.
10000	*Anvers.*	315398	317059232
20000		630797	634118465
30000		946195	951177697
40000		1261594	1268236930
50000		1576992	1585296162
60000		1892391	1902355395
70000		2207789	2219414627
80000		2523188	2536473860
90000		2838586	2853533092

Table comparative.		Réduction des pots en hectolitres.	Réduction des hectolitres en pots.
10000	*Bâle.* Mesure vieille.	156707	638151877
20000		313415	1276263753
30000		470122	1914395630
40000		626830	2552527506
50000		783537	3190659383
60000		940245	3828791259
70000		1096952	4466923136
80000		1253659	5105055012
90000		1410367	5743186888

Table comparative.		Réduction des pots en hectolitres.	Réduction des hectolitres en pots.
10000	*Bâle.* Mesure neuve.	124969	800197105
20000		249938	1600394209
30000		374908	2400591314
40000		499877	3200788418
50000		624846	4000985523
60000		749815	4801182627
70000		874784	5601379732
80000		999754	6401576836
90000		1124723	7201773941

Table comparative.		Réduction des cargas en hectolitres.	Réduction des hectolitres en cargas.
10000	*Barcelonne.*	15154996	6598484
20000		30309992	13196968
30000		45464988	19795452
40000		60619992	26393936
50000		75774981	32992420
60000		90929977	39590904
70000		106084973	46189388
80000		121239969	52787872
90000		136394965	59386356

Table comparative.		Réduction des salmes en hectolitres.	Réduction des hectolitres en salmes.
10000	*Barr.* Mesure d'huile.	16543543	6044654
20000		33087086	12089309
30000		49630629	18133963
40000		66174171	24178618
50000		82717714	30223272
60000		99261257	36267927
70000		115804800	42312581
80000		132348343	48357236
90000		148891886	54401890

Chapitre VII. — Mesures pour les liquides.

Table comparative.		Réduction des staja en hectolitres.	Réduction des hectolitres en staja.
10000	*Bary.*	1654554	60446544
20000		3308709	120893089
30000		4963063	181339633
40000		6617417	241786177
50000		8271771	302232722
60000		9926126	362679266
70000		11580480	423125811
80000		13234834	483572355
90000		14889189	544018899

Table comparative.		Réduction des veltes en hectolitres.	Réduction des hectolitres en veltes.
10000	*Bayonne.*	922392	108413802
20000		1844784	216827604
30000		2767175	325241407
40000		3689567	433655209
50000		4611959	542069011
60000		5534351	650482813
70000		6456742	758896615
80000		7379134	867310418
90000		8301526	975724220

Table comparative.		Réduction des maass en hectolitres.	Réduction des hectolitres en maass.
10000	*Berlin.*	115051	869179604
20000		230102	1738359208
30000		345153	2607538812
40000		460204	3476718416
50000		575255	4345898020
60000		690306	5215077624
70000		805357	6084257228
80000		920408	6953436832
90000		1035459	7822616436

Table comparative.		Réduction des mauss en hectolitres.	Réduction des hectolitres en mauss.
10000	*Berne.*	65743	1521064307
20000		131487	3042128614
30000		197230	4563192921
40000		262974	6084257228
50000		328717	7605321535
60000		394461	9126385842
70000		460204	10647450149
80000		525948	12168514456
90000		591691	13689578763

Table comparative.		Réduction des quartauts en hectolitres.	Réduction des hectolitres en quartauts.
10000	*Blois.*	10130440	9871239
20000		20260881	19742478
30000		30391321	29613717
40000		40521762	39484956
50000		50652202	49356195
60000		60782643	59227434
70000		70913083	69098673
80000		81043524	78969912
90000		91173964	88841152

Chapitre VII. — Mesures pour les liquides.

Table comparative.		Réduction des corbes en hectolitres.	Réduction des hectolitres en corbes.
10000	Bologne.	7379134	1355173
20000		14758268	2710345
30000		22137403	4065518
40000		29516537	5420690
50000		36895671	6775863
60000		44274805	8131035
70000		51653940	9486208
80000		59033074	10841380
90000		66412208	12196553

Table comparative.		Réduction des boccali en hectolitres.	Réduction des hectolitres en boccali.
10000	Bologne.	122986	813103521
20000		245971	1626207042
30000		368957	2439310563
40000		491942	3252414084
50000		614928	4065517605
60000		737913	4878621126
70000		860899	5691724647
80000		983885	6504828168
90000		1106879	7317931689

Table comparative.		Réduction des barriques en hectolitres.	Réduction des hectolitres en barriques.
10000	Bordeaux.	23803659	4201035
20000		47607318	8402070
30000		71410976	12603105
40000		95214635	16804139
50000		119018294	21005174
60000		142821953	25206209
70000		166625612	29407244
80000		190429270	33608279
90000		214232929	37809314

Table comparative.		Réduction des veltes en hectolitres.	Réduction des hectolitres en veltes.
10000	Bordeaux.	743864	134453115
20000		1487729	268866229
30000		2231593	403299344
40000		2975457	537732458
50000		3719322	672165573
60000		4463186	806598687
70000		5207050	941031802
80000		5950915	1075464916
90000		6694779	1209898040

Table comparative.		Réduction des pots en hectolitres.	Réduction des hectolitres en pots.
10000	Bordeaux.	216217	462499243
20000		432433	924998486
30000		648650	1387497730
40000		864866	1849996973
50000		1081083	2312496216
60000		1297299	2774995459
70000		1513516	3237494703
80000		1729733	3699993946
90000		1945949	4162493189

Chapitre VII. — Mesures pour les liquides.

Table comparative.		Réduction des queues en hectolitres.	Réduction des hectolitres en queues.
10000	*Bourgogne.*	41132722	2431154
20000		82265445	4862309
30000		123398167	7293463
40000		164530890	9724618
50000		205663612	12155772
60000		246796335	14586927
70000		287929057	17018081
80000		329061779	19449235
90000		370194502	21880390
Table comparative.		**Réduction des stubengens en hectolitres.**	**Réduction des hectolitres en stubengens.**
10000	*Bremen.*	317382	315077611
20000		634764	630155221
30000		952146	945232832
40000		1269528	1260310442
50000		1586911	1575388053
60000		1904293	1890465663
70000		2221675	2205543274
80000		2539057	2520620885
90000		2856439	2835698495
Table comparative.		**Réduction des mengel en hectolitres.**	**Réduction des hectolitres en mengel.**
10000	*Bremen.*	19836	5041242404
20000		39673	10082484808
30000		59509	15123727212
40000		79346	20164969616
50000		99182	25206212020
60000		119018	30247454425
70000		138855	35288696829
80000		158691	40329939233
90000		178527	45371181637
Table comparative.		**Réduction des eimer en hectolitres.**	**Réduction des hectolitres en eimer.**
10000	*Breslaw.*	5554187	18004435
20000		11108374	36008870
30000		16662561	54013305
40000		22216748	72017740
50000		27770935	90022175
60000		33325122	108026610
70000		38879309	126031045
80000		44433496	144035480
90000		49987684	162039915
Table comparative.		**Réduction des quarts en hectolitres.**	**Réduction des hectolitres en quarts.**
10000	*Breslaw.*	69427	1440354765
20000		138855	2880709530
30000		208282	4321064295
40000		277709	5761419061
50000		347137	7201773826
60000		416564	8642128591
70000		485991	10082483356
80000		555419	11522838121
90000		624846	12963192886

Chapitre VII. — Mesures pour les liquides.

Table comparative.		Réduction des stubgens en hectolitres.	Réduction des hectolitres en stubgens.
10000	*Brunswick.*	366973	272499560
20000		733946	544999119
30000		1100919	817498679
40000		1467892	1089998239
50000		1834865	1362497798
60000		2201838	1634997358
70000		2568811	1907496918
80000		2935785	2179996478
90000		3302758	2452496037

Table comparative.		Réduction des quartiers en hectolitres.	Réduction des hectolitres en quartiers.
10000	*Brunswick.*	91743	1089998209
20000		183486	2179996418
30000		275230	3269994627
40000		366973	4359992837
50000		458716	5449991046
60000		550460	6539989255
70000		642203	7629987464
80000		733946	8719985673
90000		825689	9809983882

Table comparative.		Réduction des arobas en hectolitres.	Réduction des hectolitres en arobas.
10000	*Cadix.* Mesure de vin.	1575009	63491710
20000		3150018	126983421
30000		4725026	190475131
40000		6300035	253966841
50000		7875044	317458552
60000		9450053	380950262
70000		11025061	444441972
80000		12600070	507933683
90000		14175079	571425393

Table comparative.		Réduction des azumbres en hectolitres.	Réduction des hectolitres en azumbres.
10000	*Cadix.*	196876	507933696
20000		393752	1015867392
30000		590628	1523801087
40000		787504	2031734783
50000		984380	2539668479
60000		1181257	3047602175
70000		1378133	3555535870
80000		1575009	4063469566
90000		1771885	4571403262

Table comparative.		Réduction des arobas en hectolitres.	Réduction des hectolitres en arobas.
10000	*Cadix.* Mesure d'huile.	1229856	81310351
20000		2459711	162620703
30000		3689567	243931054
40000		4919423	325241406
50000		6149279	406551757
60000		7379134	487862109
70000		8608990	569172460
80000		9838846	650482812
90000		11068701	731793163

Chapitre VII. — Mesures pour les liquides.

Table comparative.		Réduction des pipa en hectolitres.	Réduction des hectolitres en pipa.
10000	*Canaries.*	43949489	2045277
20000		97898977	4090554
30000		141848466	6135832
40000		185797955	8181109
50000		229747444	10226386
60000		273686932	12271663
70000		317636421	14316941
80000		361585910	16362218
90000		405535398	18407495

Table comparative.		Réduction des mascalis en hectolitres.	Réduction des hectolitres en mascalis.
10000	*Candie.* Mesure d'huile.	1116788	89542483
20000		2233577	179084966
30000		3350365	268627449
40000		4467153	358169932
50000		5583942	447712415
60000		6700730	537254898
70000		7817518	626797381
80000		8934307	716339864
90000		10051095	805882347

Table comparative.		Réduction des okes en hectolitres.	Réduction des hectolitres en okes.
10000	*Candie.*	130920	763824537
20000		261840	1527649073
30000		392760	2291473610
40000		523680	3055298147
50000		654601	3819122683
60000		785521	4582947220
70000		916441	5346771757
80000		1047361	6110596293
90000		1178281	6874420830

Table comparative.		Réduction des viertels en hectolitres.	Réduction des hectolitres en viertels.
10000	*Cassel.*	819243	122063979
20000		1638485	244127957
30000		2457728	366191936
40000		3276970	488255914
50000		4096213	610319893
60000		4915456	732383872
70000		5734698	854447850
80000		6553941	976511829
90000		7373183	1098575808

Table comparative.		Réduction des maass en hectolitres.	Réduction des hectolitres en maass.
10000	*Cassel.*	204315	489440948
20000		408629	978881896
30000		612944	1468322843
40000		817259	1957763791
50000		1021574	2447204739
60000		1225888	2936645687
70000		1430203	3426086635
80000		1634518	3915527583
90000		1838833	4404968530

Chapitre VII. — Mesures pour les liquides.

Table comparative.		Réduction des queues en hectolitres.	Réduction des hectolitres en queues
10000	*Champagne.*	36024854	2775861
20000		72049708	5551723
30000		108074562	8327584
40000		144099416	11103445
50000		180124270	13879307
60000		216149124	16655168
70000		252173978	19431030
80000		288198832	22206891
90000		324223686	24982752

Table comparative.		Réduction des quartauts en hectolitres.	Réduction des hectolitres en quartauts.
10000	*Champagne.*	9005718	11104057
20000		18011435	22208114
30000		27017153	33312171
40000		36022870	44416227
50000		45028588	55520284
60000		54034305	66624341
70000		63040023	77728398
80000		72045741	88832455
90000		81051458	99936512

Table comparative.		Réduction des barriques en hectolitres.	Réduction des hectolitres en barriques.
10000	*Cognac.*	17416344	5741733
20000		34832687	11483467
30000		52249031	17225200
40000		69665375	22966933
50000		87081718	28708666
60000		104498062	34450400
70000		121914406	40192133
80000		139330750	45933866
90000		156747093	51675599

Table comparative.		Réduction des veltes en hectolitres.	Réduction des hectolitres en veltes.
10000	*Cognac.*	644682	155115131
20000		1289365	310230263
30000		1934047	465345394
40000		2578730	620460527
50000		3223412	775575658
60000		3868095	930690790
70000		4512777	1085805921
80000		5157459	1240921053
90000		5802142	1396036184

Table comparative.		Réduction des omhs en hectolitres.	Réduction des hectolitres en omhs.
10000	Cologne. (sur le Rhin.)	15569576	6422782
20000		31139153	12845565
30000		46708729	19268347
40000		62278306	25691129
50000		77847882	32113911
60000		93417459	38536694
70000		108987035	44959476
80000		124556612	51382258
90000		140126188	57805041

Chapitre VII. — Mesures pour les liquides.

Table comparative.		Réduction des viertels en hectolitres.	Réduction des hectolitres en viertels.
10000	*Cologne* (sur le Rhin).	599059	1669285358
20000		1198117	3338570716
30000		1797176	5007856074
40000		2396235	6677141432
50000		2995294	8346426790
60000		3594352	10015712148
70000		4193411	11684997506
80000		4792470	13354282865
90000		5391529	15023568223

Table comparative.		Réduction des maass en hectolitres.	Réduction des hectolitres en maass.
10000	*Cologne* (sur le Rhin).	149765	669046562
20000		299529	1338099125
30000		449294	2007148687
40000		599059	2676198249
50000		748823	3345247812
60000		898588	4014297374
70000		1048353	4683346936
80000		1198118	5352396499
90000		1347882	6021446061

Table comparative.		Réduction des pinger en hectolitres.	Réduction des hectolitres en pinger.
10000	*Cologne* (sur le Rhin).	37681	2653848226
20000		75362	5307696452
30000		113043	7961544678
40000		150725	10615392904
50000		188406	13269241129
60000		226087	15923089355
70000		263768	18576937581
80000		301449	21230785807
90000		339130	23884634033

Table comparative.		Réduction des almer en hectolitres.	Réduction des hectolitres en almer.
10000	*Constantinople.*	523680	190956131
20000		1047361	381912261
30000		1571041	572868392
40000		2094722	763824522
50000		2618402	954780653
60000		3142083	1145736783
70000		3665763	1336692914
80000		4189444	1527649044
90000		4713124	1718605175

Table comparative.		Réduction des stooss en hectolitres.	Réduction des hectolitres en stooss.
10000	*Culm.*	143483	696945851
20000		286966	1393891702
30000		430450	2090837553
40000		573933	2787783403
50000		717416	3484729254
60000		860899	4181675105
70000		1004382	4878620956
80000		1147865	5575566807
90000		1291349	6272512658

Chapitre VII. — Mesures pour les liquides.

Table comparative.		Réduction des aam en hectolitres.	Reduction des hectolitres en aam.
10000	*Danemack.*	14972501	6678911
20000		29945002	13357822
30000		44917503	20036732
40000		59890005	26715643
50000		74862506	33394554
60000		89835007	40073465
70000		104807508	46752376
80000		119780009	53431286
90000		134752510	60110197

Table comparative.		Réduction des tœnder en hectolitre .	Réduction des hectolitres en tœnder.
10000	*Danemarck.* Mesnre de bière.	13139620	7610570
20000		26279239	15221141
30000		39418859	22831711
40000		52558479	30442281
50000		65698098	38052852
60000		78837718	45663422
70000		91977338	53273993
80000		105116957	60884563
90000		118256577	68495133

Table comparative.		Réduction des tœnder en hectolitres.	Réduction des hectolitres en tœnder.
10000	*Danemarck.* Mesure de goudron.	11592382	8626355
20000		23184764	17252710
30000		34777146	25879065
40000		46369527	34505420
50000		57961909	43131774
60000		69554291	51758129
70000		81146673	60384484
80000		92739055	69010839
90000		104331437	77637194

Table comparative.		Réduction des anker en hectolitres.	Réduction des hectolitres en anker.
10000	*Danemarck.* Mesure de vin.	3743125	26715643
20000		7486251	53431286
30000		11229376	80146929
40000		14972501	106862571
50000		18715627	133578214
60000		22458752	160293857
70000		26201877	187009500
80000		29945003	213725143
90000		33688128	240440786

Table comparative.		Réduction des kannen en hectolitres.	Réduction des hectolitres en kannen.
10000	*Danemarck.*	173074	577787135
20000		346148	1155574271
30000		519222	1733361406
40000		692296	2311148541
50000		865371	2888935677
60000		1038445	3466722812
70000		1211519	4044509948
80000		1384593	4622297083
90000		1557667	5200084218

Chapitre VII. — Mesures pour les liquides.

Table comparative.		Réduction des potten en hectolitres.	Réduction des hectolitres en potten.
10000	*Danemarck.*	95810	1043735328
20000		191619	2087470657
30000		287429	3131205985
40000		383239	4174941313
50000		479049	5218676642
60000		574858	6262411970
70000		670668	7306147298
80000		766478	8349882627
90000		862288	9393617955

Table comparative.		Réduction des pœle en hectolitres.	Réduction des hectolitres en pœle.
10000	*Danemarck.*	23804	420134630 8
20000		47607	840269261 6
30000		71411	1260403892 4
40000		95215	1680538523 2
50000		119018	2100673154 0
60000		142822	2520807784 9
70000		166626	2940942415 7
80000		190429	3361077046 5
90000		214233	3781211677 3

Table comparative.		Réduction des stofs en hectolitres.	Réduction des hectolitres en stofs.
10000	*Dantzick.* Mesure de bierre.	230102	434589864
20000		460204	869179729
30000		690306	1303769593
40000		920408	1738359457
50000		1150510	2172949322
60000		1380612	2607539186
70000		1610714	3042129050
80000		1840816	3476718915
90000		2070918	39113087·79

Table comparative.		Réduction des stofs en hectolitres.	Réduction des hectolitres en stofs.
10000	*Dantzick.* Mesure de vin.	170841	585340133
20000		341682	1170680266
30000		512523	1756020399
40000		683363	2341360532
50000		854204	2926700665
60000		1025045	3512040798
70000		1195886	4097380931
80000		1366727	4682721064
90000		1537568	5268061197

Table comparative.		Réduction des stofs en hectolitres.	Réduction des hectolitres en stofs.
10000	*Dantzick.* Mesure de lait.	166626	600147840
20000		333251	1200295681
30000		499877	1800443521
40000		666502	2400591361
50000		833138	3000739202
60000		999754	3600887042
70000		1166389	4201034883
80000		1333005	4801182723
90000		1499630	5401330563

Chapitre VII. — Mesures pour les liquides.

Table comparative.		Réduction des queues en hectolitres.	Réduction des hectolitres en queues.
10000	*Dijon.*	40521762	2467810
20000		81043524	4935620
30000		121565286	7403429
40000		162087047	9871239
50000		202608809	12339049
60000		243130571	14806859
70000		283652333	17274668
80000		324174095	19742478
90000		364695857	22210288

Table comparative.		Réduction des tonnen en hectolitres.	Réduction des hectolitres en tonnen.
10000	*Dresde.* Mesure de bierre.	9830911	10171997
20000		19661822	20343994
30000		29492733	30515992
40000		39323644	40687989
50000		49154555	50859986
60000		58985467	61031983
70000		68816378	71203980
80000		78647289	81375978
90000		88478200	91547975

Table comparative.		Réduction des eimer en hectolitres.	Réduction des hectolitres en eimer.
10000	*Dresde.* Mesure ordinaire.	6740403	14835909
20000		13480805	29671818
30000		20221208	44507726
40000		26961611	59343635
50000		33702014	74179544
60000		40442416	89015453
70000		47182819	103851362
80000		53923222	118687270
90000		60663624	133523179

Table comparative.		Réduction des ankers en hectolitres.	Réduction des hectolitres en ankers.
10000	*Dresde.*	3370201	29671818
20000		6740403	59343635
30000		10110604	89015453
40000		13480805	118687270
50000		16851007	148359088
60000		20221208	178030906
70000		23591410	207702723
80000		26961611	237374541
90000		30331812	267046358

Table comparative.		Réduction des kannen en hectolitres.	Réduction des hectolitres en kannen.
10000	*Dresde.* Grande mesure.	140442	712039788
20000		280883	1424079576
30000		421325	2136119365
40000		561766	2848159153
50000		702208	3560198941
60000		842650	4272238729
70000		983091	4984278517
80000		1123533	5696318306
90000		1263974	6408358094

Chapitre VII. — Mesures pour les liquides.

Table comparative.		Réduction des kannen en hectolitres.	Réduction des hectolitres en kannen.
10000	*Dresde.* Mesure petite.	93628	1068059758
20000		187255	2136119517
30000		280883	3204179275
40000		374511	4272239033
50000		468139	5340298792
60000		561766	6408358550
70000		655394	7476418309
80000		749022	8544478067
90000		842649	9612537825
Table comparative.		**Réduction des nœsel en hectolitres.**	**Réduction des hectolitres en nœsel.**
10000	*Dresde.* Mesure ordinaire.	46814	213611951 7
20000		93628	427223903 3
30000		140442	640835855 0
40000		187255	854447806 7
50000		234069	1068059758 4
60000		280883	1281671710 0
70000		327697	1495283661 7
80000		374511	1708895613 4
90000		421325	1922507565 1
Table comparative.		**Réduction des pots en hectolitres.**	**Réduction des hectolitres en pots.**
10000	*Dunkerque.*	226135	44221419 1
20000		452270	88442838 2
30000		678404	132664257 4
40000		904539	176885676 5
50000		1130674	221107095 6
60000		1356809	265328514 7
70000		1582943	309549933 9
80000		1809078	353771353 0
90000		2035213	397992772 1
Table comparative.		**Réduction des pintes en hectolitres.**	**Réduction des hectolitres en pintes.**
10000	*Ecosse.*	169601	58961892 0
20000		339202	117923784 1
30000		508803	176885676 1
40000		678404	235847568 2
50000		848005	294809460 2
60000		1017606	353771352 3
70000		1187207	412733244 3
80000		1356809	471695136 4
90000		1526410	530657028 4
Table comparative.		**Réduction des maass en hectolitres.**	**Réduction des hectolitres en maass.**
10000	*Eglisau.*	130920	76382455 7
20000		261840	152764907 3
30000		392760	229147361 0
40000		523680	305529814 7
50000		654601	381912268 3
60000		785521	458294722 0
70000		916441	534677175 7
80000		1047361	611059629 3
90000		1178281	687442083 0

Chapitre VII. — Mesures pour les liquides.

Table comparative.		Réduction des bota en hectolitres.	Réduction des hectolitres en bota.
10000	*Espagne.*	47250263	21164755
20000		94500525	42329500
30000		141750788	63494255
40000		189001051	84659000
50000		236251314	105823755
60000		283501576	126988500
70000		330751839	148153255
80000		378002102	169318000
90000		425252365	190482755

Table comparative.		Réduction des pipa en hectolitres.	Réduction des hectolitres en pipa.
10000	*Espagne.*	42433989	2356601
20000		84867978	4713203
30000		127301967	7069804
40000		169735956	9426406
50000		212169945	11783007
60000		254603935	14139609
70000		297037924	16496210
80000		339471913	18852812
90000		381905902	21209413

Table comparative.		Réduction des arobas en hectolitres.	Réduction des hectolitres en arobas.
10000	*Espagne. Mesure de vin.*	1575009	634855361
20000		3150018	1269707222
30000		4725026	1904560884
40000		6300035	2539414445
50000		7875044	3174268006
60000		9450053	3809121667
70000		11025061	4443975228
80000		12600070	5078828[illegible]9
90000		14175079	5713682351

Table comparative.		Réduction des quarteras en hectolitres.	Réduction des hectolitres en quarteras.
10000	*Espagne.*	307464	3252414[illegible]3
20000		614928	6504828[illegible]6
30000		922392	9757242[illegible]9
40000		1229856	13009656[illegible]2
50000		1537320	16262070[illegible]6
60000		1844784	19514484[illegible]9
70000		2152248	22766898[illegible]2
80000		2459711	26019312[illegible]5
90000		2767175	29271726[illegible]8

Table comparative.		Réduction des mastelli en hectolitres.	Réduction des hectolitres en mastelli.
10000	*Ferrare.*	8188459	12212311
20000		16376917	24424621
30000		24565376	36636952
40000		32753835	48849242
50000		40942293	61061553
60000		49130752	73273863
70000		57319210	85486174
80000		65507669	97698485
90000		73696128	109910795

Chapitre VII. — Mesures pour les liquides.

Table comparative.		Réduction des secchie en hectolitres.	Réduction des hectolitres en secchie.
10000	*Ferrare.*	1023557	97698485
20000		2047115	195396969
30000		3070672	293095454
40000		4094229	390793938
50000		5117787	488492426
60000		6141344	586190907
70000		7164901	683889392
80000		8188459	781587876
90000		9212016	879286361

Table comparative.		Réduction des barrili en hectolitres.	Réduction des hectolitres en barrili.
10000	*Florence. Mesure d'huile.*	3181756	31429188
20000		6363511	62858377
30000		9545267	94287565
40000		12727023	125716754
50000		15908779	157145942
60000		19090534	188575130
70000		22272290	220004319
80000		25454046	251433507
90000		28635802	282862696

Table comparative.		Réduction des barrili en hectolitres.	Réduction des hectolitres en barrili.
10000	*Florence. Mesure de vin.*	3977195	25143337
20000		7954389	50286673
30000		11931584	75430010
40000		15908779	100573347
50000		19885973	125716683
60000		23863168	150860020
70000		27840363	176003357
80000		31817557	201146693
90000		35794752	226290030

Table comparative.		Réduction des fiaschi en hectolitres.	Réduction des hectolitres en fiaschi.
10000	*Florence.*	198364	504124190
20000		396728	1008248379
30000		595091	15123725[illegible]9
40000		793455	20164967[illegible]8
50000		991819	25206209[illegible]8
60000		1190183	30247451[illegible]7
70000		1388547	35288693[illegible]7
80000		1586911	4032993517
90000		1785274	45371177[illegible]6

Table comparative.		Réduction des bocali en hectolitres.	Réduction des hectolitres en bocali.
10000	*Florence.*	99182	1008248379
20000		198364	20164967[illegible]8
30000		297546	3024745157
40000		396728	4032993517
50000		495910	5041241896
60000		595091	6049490275
70000		694273	70577386[illegible]4
80000		793455	8065987033
90000		892637	9074235412

CHAPITRE VII. — Mesures pour les liquides.

Table comparative.		Réduction des ohm en hectolitres.	Réduction des hectolitres en ohm.
10000	*Francfort (Mein).*	14750334	6779508
20000		29500668	13559015
30000		44251002	20338523
40000		59001336	27118030
50000		73751670	33897538
60000		88502003	40677045
70000		103252337	47456553
80000		118002671	54236060
90000		132753005	61015568

Table comparative.		Réduction des viertels en hectolitres.	Réduction des hectolitres en viertels.
10000	*Francfort (Mein).*	737913	135517255
20000		1475827	271034507
30000		2213740	406551760
40000		2951654	542069014
50000		3689567	677586267
60000		4427481	813103521
70000		5165394	948620774
80000		5903307	1084138028
90000		6641221	1219655281

Table comparative.		Réduction des maass en hectolitres.	Réduction des hectolitres en maass.
10000	*Francfort (Mein).*	184478	542069014
20000		368957	1084138028
30000		553435	1626207042
40000		737913	2168276056
50000		922392	2710345070
60000		1106870	3252414084
70000		1291349	3794483098
80000		1475827	4336552112
90000		1660305	4878621126

Table comparative.		Réduction des schooppen en hectolitres.	Réduction des hectolitres en schooppen.
10000	*Francfort (Mein).*	45624	2191844235
20000		91247	4383688471
30000		136871	6575532706
40000		182495	8767376941
50000		228118	10959221176
60000		273742	13151065412
70000		319366	15342909647
80000		364989	17534753882
90000		410613	19726598117

Table comparative.		Réduction des salma en hectolitres.	Réduction des hectolitres en salma.
10000	*Gallipoli.*	15404935	6491426
20000		30809869	12982853
30000		46214804	19474279
40000		61619738	25965706
50000		77024673	32457132
60000		92429607	38948559
70000		107834542	45439985
80000		123239476	51931412
90000		138644411	58422838

Chapitre VII. — Mesures pour les liquides.

Table comparative.		Réduction des barrili en hectolitres.	Réduction des hectolitres en barrili.
10000	*Gênes.* Mesure d'huile.	6419053	15578621
20000		12838107	31157242
30000		19257160	46735863
40000		25676213	62314484
50000		32095267	77893106
60000		38514320	93471727
70000		44933373	109050348
80000		51352427	124628969
90000		57771480	140207590

Table comparative.		Réduction des rubbi en hectolitres.	Réduction des hectolitres en rubbi.
10000	*Gênes.* Mesure d'huile.	854948	116966167
20000		1709896	233932334
30000		2564844	350898501
40000		3419792	467864668
50000		4274740	584830836
60000		5129688	701797003
70000		5984637	818763170
80000		6839585	935729337
90000		7694533	1052695504

Table comparative.		Réduction des barrili en hectolitres.	Réduction des hectolitres en barrili.
10000	*Gênes.* Mesure de vin.	8630810	1158640
20000		17261620	2317280
30000		25892430	3475919
40000		34523240	4634559
50000		43154050	5793199
60000		51784860	6951839
70000		60415670	8110479
80000		69046480	9269118
90000		77677290	10427758

Table comparative.		Réduction des pintes en hectolitres.	Réduction des hectolitres en pintes.
10000	*Gênes.* Mesure de vin.	172577	579453069
20000		345153	1158906139
30000		517730	1738359208
40000		690306	2317812277
50000		862883	2897205347
60000		1035459	3476718416
70000		1208036	4056171485
80000		1380612	4635624554
90000		1553189	5215077624

Table comparative.		Réduction des setiers en hectolitres.	Réduction des hectolitres en setiers.
10000	*Genève.*	4570302	21880390
20000		9140605	43760780
30000		13710907	65641169
40000		18281210	87521559
50000		22851512	109401949
60000		27421815	131282339
70000		31992117	153162729
80000		36562420	175043118
90000		41132722	196923508

Chapitre VII. — Mesures pour les liquides.

Table comparative.		Réduction des quarts en hectolitres.	Réduction des hectolitres en quarts.
10000	*Genève.*	190429	525129329
20000		380859	1050258658
30000		571288	1575387987
40000		761717	2100517315
50000		952146	2625646644
60000		1142576	3150775973
70000		1333005	3675905302
80000		1523434	4201034631
90000		1713863	4726163960

Table comparative.		Réduction des pots en hectolitres.	Réduction des hectolitres en pots.
10000	*Genève.*	95215	1050258658
20000		190429	2100517315
30000		285644	3150775973
40000		380859	4201034631
50000		476073	5251293289
60000		571288	6301551946
70000		666502	7351810604
80000		761717	8402069262
90000		856932	9452327919

Table comparative.		Réduction des stubgen en hectolitres.	Réduction des hectolitres en stubgen.
10000	*Gotha.*	339202	294809461
20000		678404	589618922
30000		1017606	884428382
40000		1356809	1179237843
50000		1696011	1474047304
60000		2035213	1768856765
70000		2374415	2063666226
80000		2713617	2358475686
90000		3052819	2653285147

Table comparative.		Réduction des kannen en hectolitres.	Réduction des hectolitres en kannen.
10000	*Gotha.*	169601	589618922
20000		339202	1179237843
30000		508803	1768856765
40000		678404	2358475686
50000		848005	2948094608
60000		1017606	3537713530
70000		1187207	4127332451
80000		1356809	4716951373
90000		1526410	5306570295

Table comparative.		Réduction des nœsel en hectolitres.	Réduction des hectolitres en nœsel.
10000	*Gotha.*	42400	2358475686
20000		84801	4716951373
30000		127201	7075427059
40000		169601	9433902746
50000		212001	11792378432
60000		254402	14150854119
70000		296802	16509329805
80000		339202	18867805492
90000		381602	21226281178

Chapitre VII. — Mesures pour les liquides.

Table comparative.		Réduction des ahm en hectolitres.	Réduction des hectolitres en ahm.
10000	Hambourg.	14480559	6905811
20000		28961118	13811621
30000		43441677	20717432
40000		57922236	27623243
50000		72402796	34529053
60000		86883355	41434864
70000		101363914	48340675
80000		115844473	55246486
90000		130325032	62252296

Table comparative.		Réduction des anker en hectolitres.	Réduction des hectolitres en anker.
10000	Hambourg.	3620140	27623243
20000		7240280	55246486
30000		10860419	82869728
40000		14480559	110492971
50000		18100699	138116214
60000		21720839	165739457
70000		25340978	193362700
80000		28961118	220985942
90000		32581258	248609185

Table comparative.		Réduction des eimer en hectolitres.	Réduction des hectolitres en eimer.
10000	Hambourg.	2896112	34529054
20000		5792224	69058107
30000		8688335	103587160
40000		11584447	138116214
50000		14480559	172645267
60000		17376671	207174321
70000		20272783	241703374
80000		23168895	276232428
90000		26065006	310761481

Table comparative.		Réduction des viertels en hectolitres.	Réduction des hectolitres en viertels.
10000	Hambourg.	724028	138116214
20000		1448056	276232428
30000		2172084	414348642
40000		2896112	552464856
50000		3620140	690581070
60000		4344168	828697284
70000		5068196	966813498
80000		5792224	1104929712
90000		6516252	1243045926

Table comparative.		Réduction des stubgens en hectolitres.	Réduction des hectolitres en stubgens.
10000	Hambourg.	362014	276232428
20000		724028	552464856
30000		1086042	828697284
40000		1448056	1104929712
50000		1810070	1381162140
60000		2172084	1657394568
70000		2534098	1933626996
80000		2896111	3209859424
90000		3258125	3486091852

48

CHAPITRE VII. — Mesures pour les liquides.

Table comparative.		Réduction des kannen en hectolitres.	Réduction des hectolitres en kannen.
10000	*Hambourg.*	181007	552464856
20000		362014	1104929712
30000		543021	1657394568
40000		724028	2209859424
50000		905035	2762324280
60000		1086042	3314789136
70000		1267049	3867253992
80000		1448056	4419718848
90000		1629063	4972183704

Table comparative.		Réduction des quarters en hectolitres.	Réduction des hectolitres en quarters.
10000	*Hambourg.*	90503	1104929712
20000		181007	2209859424
30000		271510	3314789136
40000		362014	4419718848
50000		452517	5524648560
60000		543021	6629578272
70000		633524	7734507984
80000		724028	8839437696
90000		814531	9944367408

Table comparative.		Réduction des œssels en hectolitres.	Réduction des hectolitres en œssels.
10000	*Hambourg.*	45252	2209859424
20000		90503	4419718848
30000		135755	6629578272
40000		181007	8839437696
50000		226258	11049297120
60000		271510	13259156544
70000		316762	15469015968
80000		362014	17678875392
90000		407265	19888734816

Table comparative.		Réduction des tonnen eu hectolitres.	Réduction des hectolitres en tonnen.
10000	*Hambourg.* (Mesure de bière.)	17376671	5754842
20000		34753342	11509684
30000		52130013	17264527
40000		69506684	23019369
50000		86883355	28774211
60000		104260026	34529053
70000		121636697	40283896
80000		139013367	46038738
90000		156390038	51793580

Table comparative.		Réduction des tonnen en hectolitres.	Réduction des hectolitres en tonnen.
10000	*Hambourg.* (Mesure d'huile.)	11584447	8632263
20000		23168895	17264527
30000		34753342	25896790
40000		46337789	34599053
50000		57922236	43161317
60000		69506684	51793580
70000		81091131	60425844
80000		92675578	69058107
90000		104260026	77690370

Chapitre VII. — Mesures pour les liquides.

Table comparative.		Réduction des eimer en hectolitres.	Réduction des hectolitres en eimer.
10000	*Hanovre.*	6220689	16075388
20000		12441379	32150777
30000		18662068	48226165
40000		24882758	64301554
50000		31103447	80376942
60000		37324137	96452330
70000		43544826	112527719
80000		49765516	128603107
90000		55986205	144678496

Table comparative.		Réduction des anker en hectolitres.	Réduction des hectolitres en anker.
10000	*Hanovre.*	3887931	25720621
20000		7775862	51441243
30000		11663793	77161864
40000		15551724	102882486
50000		19439655	128603107
60000		23327586	154323729
70000		27215517	180044350
80000		31103448	205764972
90000		34991378	231485593

Table comparative.		Réduction des stubgens en hectolitres.	Réduction des hectolitres en stubgens.
10000	*Hanovre.*	388793	257206215
20000		777586	514412429
30000		1166379	771618644
40000		1555172	1028824859
50000		1943965	1286031073
60000		2332759	1543237288
70000		2721552	1800443503
80000		3110345	2057649718
90000		3499138	2314855932

Table comparative.		Réduction des kannen en hectolitres.	Réduction des hectolitres en kannen.
10000	*Hanovre.*	194397	514412429
20000		388793	1028824859
30000		583190	1543237288
40000		777586	2057649718
50000		971983	2572062147
60000		1166379	3086474576
70000		1360776	3600887006
80000		1555172	4115299435
90000		1749569	4629711865

Table comparative.		Réduction des quarters en hectolitres.	Réduction des hectolitres en quarters.
10000	*Hanovre.*	97198	1028824859
20000		194397	2057649718
30000		291595	3086474576
40000		388793	4115299435
50000		485991	5144124294
60000		583190	617294915[illegible]
70000		680388	7201774012
80000		777586	823059887[illegible]
90000		874784	925942372[illegible]

Chapitre VII. — Mesures pour les liquides.

Table comparative.		Réduction des tonnen en hectolitres.	Réduction des hectolitres en tonnen.
10000	*Hanovre.* Mesure de miel.	9914224	10086518
20000		19828448	20173036
30000		29742672	30259555
40000		39656896	40346073
50000		49571119	50432591
60000		59485343	60519109
70000		69399567	70605628
80000		79313791	80692146
90000		89228015	90778664

Table comparative.		Réduction des tonnen en hectolitres.	Réduction des hectolitres en tonnen.
10000	*Hanovre.* Mesure de bière.	10108620	9892547
20000		20217241	19785093
30000		30325861	29677640
40000		40434482	39570187
50000		50543102	49462734
60000		60651723	59355280
70000		70760343	69247827
80000		80868964	79140374
90000		90977584	89032920

Table comparative.		Réduction des viertels en hectolitres.	Réduction des hectolitres en viertels.
10000	*Heidelberg.*	922392	108413802
20000		1844784	216827604
30000		2767175	325241407
40000		3689567	433655209
50000		4611959	542069011
60000		5534351	650482813
70000		6456742	758896615
80000		7379134	867310418
90000		8301526	975724220

Table comparative.		Réduction des maass en hectolitres.	Réduction des hectolitres en maass.
10000	*Heidelberg.*	230598	433655209
20000		461196	867310418
30000		691794	1300965626
40000		922392	1734620835
50000		1152990	2168276044
60000		1383588	2601931253
70000		1614186	3035586462
80000		1844784	3469241670
90000		2075381	3902896879

Table comparative.		Réduction des maass en hectolitres.	Réduction des hectolitres en maass.
10000	*Hongrie.*	7331526	13639725
20000		14663052	27279451
30000		21994578	40919176
40000		29326104	54558901
50000		36657630	68198627
60000		43989155	81838352
70000		51320681	95478078
80000		58652207	109117803
90000		65983733	122757528

Chapitre VII. — Mesures pour les liquides.

Table comparative.		Réduction des anthals en hectolitres.	Réduction des hectolitres en anthals.
10000	*Hongrie.* Mesure ordinaire.	5054310	19785093
20000		10108620	39570187
30000		15162931	59355280
40000		20217241	79140374
50000		25271551	98925467
60000		30325861	118710561
70000		35380172	138495654
80000		40434482	158280748
90000		45488792	178065841

Table comparative.		Réduction des eimer en hectolitres.	Réduction des hectolitres en eimer.
10000	*Hongrie (Haute).*	7585433	13183164
20000		15170865	26366327
30000		22756298	39549491
40000		30341730	52732655
50000		37927163	65915819
60000		45512596	79098982
70000		53098028	92282146
80000		60683461	105465310
90000		68268893	118648473

Table comparative.		Réduction des eimer en hectolitres.	Réduction des hectolitres en eimer.
10000	*Hongrie (Basse).*	5689074	17577552
20000		11378149	35155103
30000		17067223	52732655
40000		22756298	70310206
50000		28445372	87887758
60000		34134447	105465310
70000		39823521	123042861
80000		45512596	140620413
90000		51201670	158197965

Table comparative.		Réduction des tonnen en hectolitres.	Réduction des hectolitres en tonnen.
10000	*Itzehoé.*	11592382	8626355
20000		23184764	17252710
30000		34777146	25879065
40000		46369527	34505420
50000		57961909	43131775
60000		69554291	51758130
70000		81146673	60384485
80000		92739055	69010840
90000		104331437	77637195

Table comparative.		Réduction des stofs en hectolitres.	Réduction des hectolitres en stofs.
10000	*Konisberg.*	144144	695748865
20000		288289	1387497730
30000		432433	2081246595
40000		576578	2774995459
50000		720722	3468744324
60000		864866	4162493189
70000		1009011	4856242054
80000		1153155	5549990919
90000		1297299	6243739784

Chapitre VII. — Mesures pour les liquides.

Table comparative.		Réduction des maass en hectolitres.	Réduction des hectolitres en maass.
10000	*Konisberg.*	115051	869179600
20000		230102	1738359201
30000		345153	2607538801
40000		460204	3476718402
50000		575255	4345898002
60000		690306	5215077602
70000		805357	6084257203
80000		920408	6953436803
90000		1035459	7822616404
Table comparative.		**Réduction des eimer en hectolitres.**	**Réduction des hectolitres en eimer.**
10000	*Leipzick.*	7585433	13183164
20000		15170865	26366327
30000		22756298	39549491
40000		30341730	52732655
50000		37927163	65915819
60000		45512596	79098982
70000		53098028	92282146
80000		60683461	105465310
90000		68268893	118648473
Table comparative.		**Réduction des anker en hectolitres.**	**Réduction des hectolitres en anker.**
10000	*Leipzick.*	3792716	26366327
20000		7585433	52732655
30000		11378149	79098982
40000		15170865	105465310
50000		18963581	131831637
60000		22756298	158197965
70000		26549014	184564292
80000		30341730	210930620
90000		34134447	237296947
Table comparative.		**Réduction des tonnen en hectolitres.**	**Réduction des hectolitres en tonnen.**
10000	*Leipzick.* Mesure de bière.	9029521	11074784
20000		18059042	22149568
30000		27088564	33224353
40000		36118085	44299137
50000		45147606	55373921
60000		54177127	66448705
70000		63206649	77523489
80000		72236170	88598274
90000		81265691	99673058
Table comparative.		**Réduction des kannen en hectolitres.**	**Réduction des hectolitres en kannen.**
10000	*Leipzick.* Mesure à la jauge.	140442	712039696
20000		280883	1424079391
30000		421325	2136119087
40000		561766	2848158783
50000		702208	3560198478
60000		842650	4272238174
70000		983091	4984277870
80000		1123533	5696317565
90000		1263974	6408357261

Chapitre VII. — Mesures pour les liquides.

Table comparative.		Réduction des kannen en hectolitres.	Réduction des hectolitres en kannen.
10000	*Leipzick.* Mesure de cabaret.	120086	825239161
20000		240173	1650478322
30000		360259	2475717483
40000		480346	3300956645
50000		600432	4126195806
60000		720518	4951434967
70000		840605	5776674128
80000		960691	6601913289
90000		1080778	7427152450

Table comparative.		Réduction des nœsel en hectolitres.	Réduction des hectolitres en nœsel.
10000	*Leipzick.* Mesure ordinaire.	60043	1650478322
20000		120086	3300956645
30000		180130	4951434967
40000		240173	6601913289
50000		300216	8252391611
60000		360259	9902869934
70000		420302	11553348256
80000		480346	13203826578
90000		540389	14854304901

Table comparative.		Réduction des kannen en hectolitres.	Réduction des hectolitres en kannen.
10000	*Leipzick.* Mesure de Dresle.	93628	1068059758
20000		187255	2136119517
30000		280883	3204179275
40000		374511	4272239033
50000		468139	5340298792
60000		561766	6408358550
70000		655394	7476418309
80000		749022	8544478067
90000		842649	9612537825

Table comparative.		Réduction des almudes en hectolitres.	Réduction des hectolitres en almudes.
10000	*Lisbonne.*	1705929	58619091
20000		3411858	117238182
30000		5117787	175857273
40000		6823716	234476363
50000		8529644	293095454
60000		10235573	351714545
70000		11941502	410333636
80000		13647431	468952727
90000		15353360	527571818

Table comparative.		Réduction des alquières en hectolitres.	Réduction des hectolitres en alquières.
10000	*Lisbonne.*	852964	117238182
20000		1705929	234476363
30000		2558893	351714545
40000		3411858	468952727
50000		4264822	586190908
60000		5117787	703429090
70000		5970751	820667272
80000		6823716	937905454
90000		7676680	1055143635

Chapitre VII. — Mesures pour les liquides.

Table comparative.		Réduction des canadas en hectolitres.	Réduction des hectolitres en canadas.
10000	*Lisbonne.*	14216 1	703429090
20000		284321	1406858180
30000		426482	2110287271
40000		568643	2813716361
50000		710804	3517145451
60000		852964	4220574541
70000		995125	4924003631
80000		1137286	5627432722
90000		1279447	6330861812

Table comparative.		Réduction des quartillos en hectolitres.	Réduction des hectolitres en quartillos.
10000	*Lisbonne.*	35540	2813716361
20000		71080	5627432722
30000		106621	8441149082
40000		142161	11254865443
50000		177701	14068581804
60000		213241	16882298165
70000		248781	19696014526
80000		284321	22509730886
90000		319862	25323447247

Table comparative.		Réduction des barrili en hectolitres.	Réduction des hectolitres en barrili.
10000	*Livourne.* Mesure d'huile.	3181756	3142918 8
20000		6363511	6285837 7
30000		9545267	9428756 5
40000		12727023	125716753
50000		15908779	157145942
60000		19090534	188575130
70000		22272290	220004318
80000		25454046	251433506
90000		28635802	282862695

Table comparative.		Réduction des barrili en hectolitres.	Réduction des hectolitres en barrili.
10000	*Livourne.* Mesure de vin.	4201346	23801897
20000		8402692	47603794
30000		12604037	71405691
40000		16805383	95207588
50000		21006729	119009486
60000		25208075	142811383
70000		29409420	166613280
80000		33610766	190415177
90000		37812112	214217074

Table comparative.		Réduction des fiaschi en hectolitres.	Réduction des hectolitres en fiaschi.
10000	*Livourne.*	210266	47558885 6
20000		420531	95117771 3
30000		630797	1426766569
40000		841063	1902355425
50000		1051328	2377944281
60000		1261594	2853533138
70000		1471860	3329121994
80000		1682125	3804710850
90000		1892391	4280299707

Chapitre VII. — Mesures pour les liquides.

Table comparative.		Réduction des bocali en hectolitres.	Réduction des hectolitres en bocali.
10000	*Livourne.*	105133	951177713
20000		210266	1902355425
30000		315398	2853555138
40000		420531	3804710850
50000		525664	4755888563
60000		630797	5707066275
70000		735930	6658243988
80000		841063	7609421701
90000		946195	8560599413

Table comparative.		Réduction des tun en hectolitres.	Réduction des hectolitres en tun.
10000	*Londres.* Mesure de vin	95484410	1047291
20000		190968820	2094583
30000		286453230	3141874
40000		381937640	4189166
50000		477422050	5236457
60000		572906460	6283748
70000		668390870	7331040
80000		763875280	8378331
90000		859359690	9425623

Table comparative.		Réduction des tun en hectolitres.	Réduction des hectolitres en tun.
10000	*Londres.* Mesure d'huile.	89422412	1118288
20000		178844823	2236576
30000		268267235	3354864
40000		357689646	4473152
50000		447112058	5591439
60000		536534470	6709727
70000		625956881	7828015
80000		715379293	8946303
90000		804801704	10064591

Table comparative.		Réduction des hogsheads en hectolitres.	Réduction des hectolitres en hogsheads.
10000	*Londres.* Mesure de vin.	23871103	4189166
20000		47742205	8378331
30000		71613308	12567497
40000		95484410	16756662
50000		119355513	20945828
60000		143226615	25134993
70000		167097718	29324159
80000		190968820	33513324
90000		214839923	37702490

Table comparative.		Réduction des hogsheads en hectolitres.	Réduction des hectolitres en hogsheads.
10000	*Londres.* Mesure de bière.	22202863	4503924
20000		44405725	9007847
30000		66608588	13511771
40000		88811451	18015695
50000		111014314	22519619
60000		133217176	27023542
70000		155420039	31527466
80000		177622902	36031390
90000		199825765	40535315

Chapitre VII. — Mesures pour les liquides.

Table comparative.		Réduction des hogsheads en hectolitres.	Réduction des hectolitres en hogsheads.
10000	*Londres.* Mesure ordinaire.	24799445	4032348
20000		49598890	8064697
30000		74398336	12097045
40000		99197781	16129393
50000		123997226	20161741
60000		148796671	24194090
70000		173596116	28226438
80000		198395562	32258786
90000		223195007	36291134

Table comparative.		Réduction des gallons en hectolitres.	Réduction des hectolitres en gallons.
10000	*Londres.*	462188	216362309
20000		924375	432724617
30000		1386563	649086926
40000		1848751	865449235
50000		2310939	1081811543
60000		2773126	1298173852
70000		3235314	1514536161
80000		3697502	1730898470
90000		4159689	1947260778

Table comparative.		Réduction des pints en hectolitres.	Réduction des hectolitres en pints.
10000	*Londres.*	57773	1730898470
20000		115547	3461796939
30000		173320	5192695409
40000		231094	6923593878
50000		288867	8654492348
60000		346641	10385390818
70000		404414	12116289287
80000		462188	13847187757
90000		519961	15578086226

Table comparative.		Réduction des viertels en hectolitres.	Réduction des hectolitres en viertels.
10000	*Lubeck.*	724028	138116213
20000		1448056	276232426
30000		2172084	414348639
40000		2896112	552464852
50000		3620140	690581065
60000		4344168	828697278
70000		5068196	966813492
80000		5792224	1104929705
90000		6516252	1243045918

Table comparative.		Réduction des stubgens en hectolitres.	Réduction des hectolitres en stubgens.
10000	*Lubeck.*	362014	276232426
20000		724028	552464852
30000		1086042	828697278
40000		1448056	1104929705
50000		1810070	1381162131
60000		2172084	1657394557
70000		2534098	1933626983
80000		2896112	2209859409
90000		3258126	2486091835

CHAPITRE VII. — Mesures pour les liquides.

Table comparative.		Réduction des kannen en hectolitres.	Réduction des hectolitres en kannen.
10000	*Lubeck.*	181007	552464852
20000		362014	1104929705
30000		543021	1657394557
40000		724028	2209859409
50000		905035	2762324262
60000		1086042	3314789114
70000		1267049	3867253966
80000		1448056	4419718819
90000		1629063	4972183671

Table comparative.		Réduction des quarters en hectolitres.	Réduction des hectolitres en quarters.
10000	*Lubeck.*	90503	1104929705
20000		181007	2209859409
30000		271510	3314789114
40000		362014	4419718819
50000		452517	5524648523
60000		543021	6629578228
70000		633524	7734507932
80000		724028	8839437637
90000		814531	9944367342

Table comparative.		Réduction des plancken en hectolitres.	Réduction des hectolitres en plancken.
10000	*Lubeck.*	45252	2209859409
20000		90503	4419718819
30000		135755	6629578228
40000		181007	8839437637
50000		226259	11049297046
60000		271510	13259156456
70000		316762	15469015865
80000		362014	17678875274
90000		407266	19888734684

Table comparative.		Réduction des copi en hectolitres.	Réduction des hectolitres en copi.
10000	*Lucques.*	9985635	10014286
20000		19971270	20028572
30000		29956905	30042857
40000		39942539	40057143
50000		49928174	50071429
60000		59913809	60085715
70000		69899444	70100001
80000		79885079	80114286
90000		89870714	90128572

Table comparative.		Réduction des pots en hectolitres.	Réduction des hectolitres en pots.
10000	*Lyon.*	94223	1061314021
20000		188446	2122628043
30000		282668	3183942064
40000		376891	4245256086
50000		471114	5306570107
60000		565337	6367884128
70000		659560	7429198150
80000		753783	8490512171
90000		848005	9551826192

Chapitre VII. — Mesures pour les liquides.

Table comparative.		Réduction des quartauts en hectolitres.	Réduction des hectolitres en quartauts.
10000	*Mayorque.* Mesure d'huile.	412597	242367396
20000		825193	484734792
30000		1237790	727102189
40000		1650387	969469585
50000		2062984	1211836981
60000		2475580	1454204377
70000		2888177	1696571774
80000		3300774	1938939170
90000		3713371	2181306566

Table comparative.		Réduction des moggia en hectolitres.	Réduction des hectolitres en moggia.
10000	*Mantoue.*	11136145	8979768
20000		22272290	17959536
30000		33408435	26939304
40000		44544580	35919072
50000		55680725	44898840
60000		66816870	53878609
70000		77953015	62858377
80000		89089160	71838145
90000		100225305	80817913

Table comparative.		Réduction des millerolles en hectolitres.	Réduction des hectolitres en millerolles.
10000	*Marseille.* Mesure de vin.	5970751	16748328
20000		11941502	33496657
30000		17912253	50244985
40000		23883004	66993314
50000		29853755	83741642
60000		35824506	100489971
70000		41795258	117238299
80000		47766009	133986627
90000		53736760	150734956

Table comparative.		Réduction des escandaux en hectolitres.	Réduction des hectolitres en escandaux.
10000	*Marseille.* Mesure d'huile.	1492688	66993314
20000		2985376	133986627
30000		4478063	200979941
40000		5970751	267973255
50000		7463439	334966568
60000		8956127	401959882
70000		10448814	468953196
80000		11941502	535946509
90000		13434190	602939823

Table comparative.		Réduction des pots en hectolitres.	Réduction des hectolitres en pots.
10000	*Marseille.* Mesure de vin.	99182	1008248379
20000		198364	2016496758
30000		297546	3024745137
40000		396728	4032993517
50000		495910	5041241896
60000		595091	6049490275
70000		694273	7057738654
80000		793455	8065987033
90000		892637	9074235412

CHAPITRE VII. — Mesures pour les liquides.

Table comparative.		Réduction des barrili en hectolitres.	Réduction des hectolitres en barrili.
10000	*Massa.* Mesure pour huile.	3542778	28226438
20000		7085556	56452876
30000		10628334	84679314
40000		14171112	112905751
50000		17713889	141132189
60000		21256667	169358627
70000		24799445	197585065
80000		28342223	225811503
90000		31885001	254037941

Table comparative.		Réduction des maass en hectolitres.	Réduction des hectolitres en maass.
10000	*Mayence.*	186462	536302332
20000		372924	1072604663
30000		559386	1608906995
40000		745848	2145209327
50000		932310	2681511659
60000		1118772	3217813990
70000		1305234	3754116322
80000		1491696	4290418654
90000		1678158	4826720986

Table comparative.		Réduction des salmes en hectolitres.	Réduction des hectolitres en salmes.
10000	*Messina.* Mesure pour vin.	8642712	11570442
20000		17285424	23140885
30000		25928136	34711327
40000		34570847	46281770
50000		43213559	57852212
60000		51856271	69422655
70000		60498983	80993097
80000		69141695	92563540
90000		77784407	104133982

Table comparative.		Réduction des caffisi en hectolitres.	Réduction des hectolitres en caffisi.
10000	*Messine.* Mesure pour huile.	864271	115704424
20000		1728542	231408849
30000		2592814	347113273
40000		3457085	462817698
50000		4321356	578522122
60000		5185627	694226546
70000		6049898	809930971
80000		6914169	925635395
90000		7778441	1041339820

Table comparative.		Réduction des bariles en hectolitres.	Réduction des hectolitres en bariles.
10000	*Minorque.*	3150018	31745855
20000		6300035	63491710
30000		9450053	95237566
40000		12600070	126983421
50000		15750088	158729276
60000		18900105	190475131
70000		22050123	222220986
80000		25200140	253966842
90000		28350158	285712697

CHAPITRE VII. — Mesures pour les liquides.

Table comparative.		Réduction des quartillos en hectolitres.	Réduction des hectolitres en quartillos.
10000	*Minorque.*	573271	174437433
20000		1146543	348874865
30000		1719814	523312298
40000		2293086	697749731
50000		2866357	872187164
60000		3439629	1046624596
70000		4012900	1221062029
80000		4586172	1395499462
90000		5159443	1569936895

Table comparative.		Réduction des menecdas en hectolitres.	Réduction des hectolitres en menecdas.
10000	*Mocka.*	143318	697753930
20000		286636	1395507859
30000		429954	2093261789
40000		573271	2791015718
50000		716589	3488769648
60000		859907	4186523578
70000		1003225	4884277507
80000		1146543	5582031437
90000		1289861	6279785367

Table comparative.		Réduction des setiers en hectolitres.	Réduction des hectolitres en setiers.
10000	*Montpellier.* Mesure de vin.	3378136	29602125
20000		6756272	59204249
30000		10134408	88806374
40000		13512544	118408498
50000		16890680	148010623
60000		20268815	177612747
70000		23646951	207214872
80000		27025087	236816996
90000		30403223	266419121

Table comparative.		Réduction des barals en hectolitres.	Réduction des hectolitres en barals.
10000	*Montpellier.*	2533106	39477226
20000		5066212	78954453
30000		7599318	118431679
40000		10132424	157908906
50000		12665530	197386132
60000		15198636	236863359
70000		17731742	276340585
80000		20264848	315817812
90000		22797954	355295038

Table comparative.		Réduction des pots en hectolitres.	Réduction des hectolitres en pots.
10000	*Montpellier.*	105133	951177713
20000		210266	1902355425
30000		315398	2853533138
40000		420531	3804710850
50000		525664	4755888563
60000		630797	5707066275
70000		735930	6658243988
80000		841063	7609421701
90000		946195	8560599413

Chapitre VII. — Mesures pour les liquides.

Table comparative.		Réduction des barals en hectolitres.	Réduction des hectolitres en barals.
10000	*Montpellier.* Mesure d'huile.	3729240	26815116
20000		7458480	53630232
30000		11187720	80445348
40000		14916960	107260464
50000		18646199	134075580
60000		22375439	160890696
70000		26104679	187705812
80000		29833919	214520928
90000		33563159	241336044
Table comparative.		**Réduction des quartals en hectolitres.**	**Réduction des hectolitres en quartals.**
10000	*Montpellier.*	932310	107260464
20000		1864620	214520928
30000		2796930	321781392
40000		3729240	429041856
50000		4661550	536302320
60000		5593860	643562784
70000		6526170	750823248
80000		7458480	858083712
90000		8390790	965344176
Table comparative.		**Réduction des pots en hectolitres.**	**Réduction des hectolitres en pots.**
10000	*Montpellier.*	116539	858083712
20000		233077	1716167425
30000		349616	2574251137
40000		466155	3432334849
50000		582694	4290418562
60000		699232	5148502274
70000		815771	6006585986
80000		932310	6864669699
90000		1048849	7722753411
Table comparative		**Réduction des salma en hectolitres.**	**Réduction des hectolitres en salma.**
10000	*Naples.* Mesure d'huile.	18564870	5386518
20000		37129740	10773035
30000		55694611	16159553
40000		74259481	21546070
50000		92824351	26932588
60000		111389221	32319106
70000		129954092	37705623
80000		148518962	43092141
90000		167083832	48478658
Table comparative.		**Réduction des staja en hectolitres.**	**Réduction des hectolitres en staja.**
10000	*Naples.*	1856487	53865176
20000		3712974	107730352
30000		5569461	161595528
40000		7425948	215460704
50000		9282435	269325879
60000		11138922	323191055
70000		12995409	377056231
80000		14851896	430921407
90000		16708383	484786583

Chapitre VII. — Mesures pour les liquides.

Table comparative.		Réduction des barrili en hectolitres.	Réduction des hectolitres en barrili.
10000	*Naples.* Mesure de vin et eau-de-vie.	4135995	22657267
20000		8827190	45314533
30000		13240785	67971800
40000		17654380	90629066
50000		22067975	113286333
60000		26481570	135943599
70000		30895165	158600866
80000		35308761	181258132
90000		39722356	203915399

Table comparative.		Réduction des carraffe en hectolitres.	Réduction des hectolitres en carraffe.
10000	*Naples.* Mesure dite carraffe.	73395	1362497873
20000		146789	2724995746
30000		220184	4087493618
40000		293578	5449991491
50000		366973	6812489364
60000		440368	8174987237
70000		513762	9537485110
80000		587157	10899982982
90000		660551	12262480855

Table comparative.		Réduction des stofs en hectolitres.	Réduction des hectolitres en stofs.
10000	*Narva.*	128956	775575634
20000		257873	1551151268
30000		386809	2326726901
40000		515746	3102302535
50000		644682	3877878169
60000		773619	4653453803
70000		902555	5429029437
80000		1031492	6204605070
90000		1160428	6980180704

Table comparative.		Réduction des rubbi en hectolitres.	Réduction des hectolitres en rubbi.
10000	*Nice.* Mesure d'huile.	845030	118339009
20000		1690060	236678019
30000		2535090	355017028
40000		3380120	473356037
50000		4225149	591695046
60000		5070179	710034056
70000		5915209	828373065
80000		6760239	946712074
90000		7605269	1065051084

Table comparative.		Réduction des tonnen en hectolitres.	Réduction des hectolitres en tonnen.
10000	*Nord.* Mesure de goudron.	11592382	8626355
20000		23184764	17252710
30000		34777146	25879065
40000		46369527	34505420
50000		57961909	43131775
60000		69554291	51758129
70000		81146673	60384484
80000		92739055	69010839
90000		104331437	77637194

Chapitre VII. — Mesures pour les liquides.

Table comparative.		Réduction des eimer en hectolitres.	Réduction des hectolitres en eimer.
10000	*Nuremberg.*	6714615	14892886
20000		13429231	29785771
30000		20143846	44678657
40000		26858462	59571543
20000		33573077	74464428
60000		40287693	89357314
70000		47002308	104250200
80000		53716923	119143086
90000		60431539	134035971

Table comparative.		Réduction des maass en hectolitres.	Réduction des hectolitres en maass.
10000	*Nuremberg.* Mesure de jauge.	105133	951177713
20000		210266	1902355425
30000		315398	2853533138
40000		420531	3804710850
50000		525664	4755888563
60000		630797	5707066275
70000		735930	6658243988
80000		841063	7609421701
90000		946195	8560599413

Table comparative.		Réduction des seidel en hectolitres.	Réduction des hectolitres en seidel.
10000	*Nuremberg.*	52566	1902355425
20000		105133	3804710850
30000		157699	5707066275
40000		210266	7609421701
50000		262832	9511777126
60000		315398	11414132551
70000		367965	13316487976
80000		420531	15218843401
90000		473098	17121198826

Table comparative.		Réduction des maass en hectolitres.	Réduction des hectolitres en maass.
10000	*Nuremberg.* Mesure de cabaret.	99182	1008248379
20000		198364	2016496758
30000		297546	3024745137
40000		396728	4032993517
50000		495910	5041241896
60000		595091	6049490275
70000		694273	7057738654
80000		793455	8065987033
90000		892637	9074235412

Table comparative.		Réduction des seidel en hectolitres.	Réduction des hectolitres en seidel.
10000	*Nuremberg.*	49591	2016496758
20000		99182	4032993517
30000		148773	6049490275
40000		198364	8065987033
50000		247955	10082483792
60000		297546	12098980550
70000		347137	14115477308
80000		396728	16131974067
90000		446319	18148470825

Chapitre VII. — Mesures pour les liquides.

Table comparative.		Réduction des barrili en hectolitres.	Réduction des hectolitres en barrili.
10000	*Onéglia.*	6163164	16225432
20000		12326328	32450865
30000		18489492	48676297
40000		24652656	64901729
50000		30815820	81127161
60000		36978984	97352594
70000		43142148	113578026
80000		49305312	129803458
90000		55468476	146028891

Table comparative.		Réduction des kannen en hectolitres.	Réduction des hectolitres en kannen.
10000	*Osnabruck.*	121994	819714125
20000		243987	1639428249
30000		365981	2459142374
40000		487975	3278856499
50000		609969	4098570623
60000		731962	4918284748
70000		853956	5737998873
80000		975950	6557712998
90000		1097944	7377427122

Table comparative.		Réduction des salmes en hectolitres.	Réduction des hectolitres en salmes.
10000	*Pola (Italie).*	15083585	6629724
20000		30167170	13259447
30000		45250755	19889171
40000		60334341	26518894
50000		75417926	33148618
60000		90501511	39778341
70000		105585096	46408065
80000		120668681	53037789
90000		135752266	59667512

Table comparative.		Réduction des salmes en hectolitres.	Réduction des hectolitres en salmes.
10000	*Pouille (la).*	15404935	6491426
20000		30809869	12982853
30000		46214804	19474279
40000		61619738	25965706
50000		77024673	32457132
60000		92429607	38948559
70000		107834542	45439985
80000		123239476	51931412
90000		138644411	58422838

Table comparative.		Réduction des staja en hectolitres.	Réduction des hectolitres en staja.
10000	*Pouille (la).*	1540493	64914265
20000		3080987	129828530
30000		4621480	194742795
40000		6161974	259657060
50000		7702467	324571325
60000		9242961	389485590
70000		10783454	454399855
80000		12323948	519314120
90000		13864441	584228385

Chapitre VII. — Mesures pour les liquides.

Table comparative.		Réduction des eimer en hectolitres.	Réduction des hectolitres en eimer.
10000	*Prague.*	6093737	16410292
20000		12187473	32820585
30000		18281210	49230877
40000		24374947	65641169
50000		30468683	82051462
60000		36562420	98461754
70000		42656157	114872047
80000		48749893	131282339
90000		54843630	147692631

Table comparative.		Réduction des pint en hectolitres.	Réduction des hectolitres en pint.
10000	*Prague.*	190429	525129356
20000		380859	1050258713
30000		571288	1575388069
40000		761717	2100517426
50000		952146	2625646782
60000		1142576	3150776139
70000		1333005	3675905495
80000		1523434	4201034851
90000		1713863	4726164208

Table comparative.		Réduction des seidel en hectolitres.	Réduction des hectolitres en seidel.
10000	*Prague.*	47607	2100517426
20000		95215	4201034851
30000		142822	6301552277
40000		190429	8402069703
50000		238037	10502587128
60000		285744	12603104554
70000		333251	14703621980
80000		380859	16804139405
90000		428466	18904656831

Table comparative.		Réduction des eimer en hectolitres.	Réduction des hectolitres en eimer.
10000	*Ratisbonne.* Grande mesure.	11348394	8811819
20000		22696789	17623638
30000		34045183	26435458
40000		45393577	35247277
50000		56741972	44059096
60000		68090366	52870915
70000		79438761	61682735
80000		90787155	70494554
90000		102135549	79306373

Table comparative.		Réduction des eimer en hectolitres.	Réduction des hectolitres en eimer.
10000	*Ratisbonne.* Mesure de montagne.	8769665	11402945
20000		17539329	22805889
30000		26308994	34208834
40000		35078659	45611778
50000		43848323	57014723
60000		52617988	68417667
70000		61387653	79820612
80000		70157317	91223556
90000		78926982	102626501

Chapitre VII. — Mesures pour les liquides.

Table comparative.		Réduction des eimer en hectolitres.	Réduction des hectolitres en eimer.
10000	*Ratisbonne.* Mesure médiocre.	8253919	121154 57
20000		16507837	24230915
30000		24761756	36346372
40000		33015675	48461829
50000		41269593	60577287
60000		49523512	72692744
70000		57777431	84808202
80000		66031350	96923659
90000		74285268	109039116

Table comparative.		Réduction des viertels en hectolitres.	Réduction des hectolitres en viertels.
10000	*Ratisbonne.* Mesure ordinaire.	355071	2816336 40
20000		710142	563267279
30000		1065214	844900919
40000		1420285	1126534558
50000		1775356	1408168198
60000		2130427	1689801837
70000		2485499	1971435477
80000		2840570	2253069117
90000		3195641	2534702756

Table comparative.		Réduction des kœpfe en hectolitres:	Réduction des hectolitres en kœpfe.
10000	*Ratisbonne.*	128936	775573574
20000		257873	1551151148
30000		386809	2326726722
40000		515746	3102302296
50000		644682	3877877870
60000		773619	4653453444
70000		902555	5429029018
80000		1031492	6204604592
90000		1160428	6980180166

Table comparative.		Réduction des seidel en hectolitres.	Réduction des hectolitres en seidel.
10000	*Ratisbonne.*	64468	1551151148
20000		128936	3102302296
30000		193405	4653453444
40000		257873	6204604592
50000		322341	7755575740
60000		386809	9306906888
70000		451278	10858058036
80000		515746	12409209184
90000		580214	13960360332

Table comparative.		Réduction des anker en hectolitres.	Réduction des hectolitres en anker.
10000	*Revel.*	3570549	28006899
20000		7141098	56013798
30000		10711646	84020697
40000		14282195	112027596
50000		17852744	140034495
60000		21423293	168041394
70000		24993842	196048293
80000		28564391	224055192
90000		32134939	252062091

Chapitre VII. — Mesures pour les liquides.

Table comparative.		Réduction des stofs en hectolitres.	Réduction des hectolitres en stofs.
10000	*Revel.*	119018	840206926
20000		238037	1680413852
30000		357055	2520620779
40000		476073	3360827705
50000		595091	4201034631
60000		714110	5041241557
70000		833128	5881448483
80000		952146	6721655409
90000		1071165	7561862336

Table comparative.		Réduction des barriques en hectolitres.	Réduction des hectolitres en barriques.
10000	*Rhé (île de).*	21720839	4603874
20000		43441677	9207748
30000		65162516	13811621
40000		86883355	18415495
50000		108604193	23019369
60000		130325032	27623243
70000		152045871	32227117
80000		173766709	36830990
90000		195487548	41434864

Table comparative.		Réduction des anker en hectolitres.	Réduction des hectolitres en anker.
10000	*Riga.*	3630058	27547769
20000		7260116	55095539
30000		10890174	82643308
40000		14520232	110191078
50000		18150290	137738847
60000		21780348	165286617
70000		25410406	192834386
80000		29040464	220382156
90000		32670522	247929925

Table comparative.		Réduction des stofs en hectolitres.	Réduction des hectolitres en stofs.
10000	*Riga.*	121002	826433059
20000		242004	1652866078
30000		363006	2479299117
40000		484008	3305732156
50000		605010	4132165195
60000		726012	4958598234
70000		847014	5785031273
80000		968016	6611464312
90000		1089017	7437897351

Table comparative.		Réduction des barriques en hectolitres.	Réduction des hectolitres en barriques.
10000	*Rochelle (la).*	17428246	5737812
20000		34856491	11475624
30000		52284737	17213437
40000		69712982	22951249
50000		87141228	28689061
60000		104569473	34426873
70000		121997719	40164685
80000		139425964	45902498
90000		156854210	51640310

Chapitre VII. — Mesures pour les liquides.

Table comparative.		Réduction des veltes en hectolitres.	Réduction des hectolitres en veltes.
10000	*Rochelle (la).*	644682	155115152
20000		1289365	310230263
30000		1934047	465345395
40000		2578730	620460527
50000		3223412	775575658
60000		3868095	930690790
70000		4512777	1085805921
80000		5157459	1240921053
90000		5802142	1396036185

Table comparative.		Réduction des amphores en hectolitres.	Réduction des hectolitres en amphores.
10000	*Rome.* Mesure ancienne.	2717584	36797385
20000		5435169	73594771
30000		8152753	110392156
40000		10870338	147189542
50000		13587922	183986927
60000		16305506	220784313
70000		19023091	257581698
80000		21740675	294379084
90000		24458259	331176469

Table comparative.		Réduction des boccali en hectolitres.	Réduction des hectolitres en boccali.
10000	*Rome.* Mesure moderne.	130920	763824420
20000		261840	1527648840
30000		392760	2291473260
40000		523681	3055297680
50000		654601	3819122100
60000		785521	4582946520
70000		916441	5346770940
80000		1047361	6110595360
90000		1178281	6874419780

Table comparative.		Réduction des foglietti en hectolitres.	Réduction des hectolitres en foglietti.
10000	*Rome.*	32730	3055297680
20000		65460	6110595360
30000		98190	9165893040
40000		130920	12221190720
50000		163650	15276488400
60000		196380	18331786080
70000		229110	21387083760
80000		261840	24442381440
90000		294570	27497679120

Table comparative.		Réduction des stoopen en hectolitres.	Réduction des hectolitres en stoopen.
10000	*Rotterdam.*	255829	390793957
20000		511779	781587915
30000		767668	1172381872
40000		1023557	1563175829
50000		1279447	1953969787
60000		1535336	2344763744
70000		1791225	2735557701
80000		2047115	3126351659
90000		2303004	3517145616

Chapitre VII. — Mesures pour les liquides.

Table comparative.		Réduction des barriques en hectolitres.	Réduction des hectolitres en barriques.
10000		19548755	5115415
20000		39097510	10230831
30000		58646264	15346246
40000		78195019	20461661
50000	*Rouen.*	97743774	25577077
60000		117292529	30692492
70000		136841284	35807907
80000		156390038	40923323
90000		175938793	46038738
Table comparative.		**Réduction des weddros en hectolitres.**	**Réduction des hectolitres en weddros.**
10000		1231839	81179417
20000		2463679	162358835
30000		3695518	243538252
40000		4927357	324717670
50000	*Russie.*	6159197	405897087
60000		7391036	487076505
70000		8622875	568255922
80000		9854715	649435340
90000		11086554	730614757
Table comparative.		**Réduction des kruskas en hectolitres.**	**Réduction des hectolitres en kruskas.**
10000		152740	654706660
20000		305480	1309413320
30000		458220	1964119980
40000		610961	2618826640
50000	*Russie*	763701	3273533300
60000		916441	3928239960
70000		1069181	4582946620
80000		1221921	5237653280
90000		1374661	5892359940
Table comparative.		**Réduction des maass en hectolitres.**	**Réduction des hectolitres en maass.**
10000		130920	763824420
20000		261840	1527648840
30000		392760	2291473260
40000		523681	3055297680
50000	*Schaffouse.*	654601	3819122100
60000		785521	4582946520
70000		916441	5346770940
80000		1047361	6110595360
90000		1178281	6874419780
Table comparative.		**Réduction des cassisi en hectolitres.**	**Réduction des hectolitres en cassisi.**
10000		1130674	88443122
20000		2261348	176886245
30000		3392022	265329367
40000		4522696	353772489
50000	*Sicile.*	5653369	442215611
60000		6784013	530658734
70000		7914687	619101856
80000		9045361	707544978
90000		10176035	795988101

Chapitre VII. — Mesures pour les liquides.

Table comparative.		Réduction des nœsel en hectolitres.	Réduction des hectolitres en nœsel.
10000	*Stettin.*	73395	1362497502
20000		146789	2724995003
30000		220184	4087492505
40000		293579	5449990006
50000		366973	6812487508
60000		440368	8174985009
70000		513762	9537482511
80000		587157	10899980012
90000		660552	12262477514

Table comparative.		Réduction des stubgens en hectolitres.	Réduction des hectolitres en stubgens.
10000	*Stralsund.*	388793	257206237
20000		777586	514412474
30000		1166379	771618711
40000		1555172	1028824949
50000		1943965	1286031186
60000		2332758	1543237423
70000		2721551	1800443660
80000		3110344	2057649897
90000		3499138	2314856134

Table comparative.		Réduction des potten en hectolitres.	Réduction des hectolitres en potten.
10000	*Stralsund.*	97198	1028824949
20000		194397	2057649897
30000		291595	3086474846
40000		388793	4115299795
50000		485991	5144124743
60000		583190	6172949692
70000		680388	7201774640
80000		777586	8230599589
90000		874784	9259424538

Table comparative.		Réduction des ohm en hectolitres.	Réduction des hectolitres en ohm.
10000	*Strasbourg.*	4609975	21692090
20000		9219950	43384181
30000		13829926	65076271
40000		18439901	86768362
50000		23049876	108460452
60000		27659851	130152543
70000		32269827	151844633
80000		36879802	173536723
90000		41489777	195228814

Table comparative.		Réduction des maass en hectolitres.	Réduction des hectolitres en maass.
10000	*Strasbourg.*	190429	525129276
20000		380859	1050258553
30000		571288	1575387829
40000		761717	2100517105
50000		952146	2625646382
60000		1142576	3150775658
70000		1333005	3675904934
80000		1523434	4201034211
90000		1713864	4726163487

Chapitre VII. — Mesures pour les liquides.

Table comparative.		Réduction des chopines en hectolitres.	Réduction des hectolitres en chopines.
10000	*Strasbourg.*	47607	2100517105
20000		95215	4201034211
30000		142822	6301551316
40000		190429	8402068421
50000		238037	10502585527
60000		285644	12603102632
70000		333251	14703619738
80000		380859	16804136843
90000		428466	18904653948

Table comparative.		Réduction des eimer en hectolitres.	Réduction des hectolitres en eimer.
10000	*Suède.*	7835207	12730409
20000		15710415	25460817
30000		23565622	38191226
40000		31420830	50921634
50000		39276037	63652043
60000		47131244	76382452
70000		54986452	89112860
80000		62841659	101843269
90000		70696867	114573678

Table comparative.		Réduction des anker en hectolitres.	Réduction des hectolitres en anker.
10000	*Suède.*	3927604	25460817
20000		7855207	50921634
30000		11782811	76382452
40000		15710415	101843269
50000		19638018	127304086
60000		23565622	152764903
70000		27493226	178225721
80000		31420830	203686538
90000		35348433	229147355

Table comparative.		Réduction des kannas en hectolitres.	Réduction des hectolitres en kannas.
10000	*Suède.*	261840	381912297
20000		523680	763824595
30000		785521	1145736892
40000		1047361	1527649190
50000		1309201	1909561487
60000		1571041	2291473785
70000		1832882	2673386082
80000		2094722	3055298380
90000		2356562	3437210677

Table comparative.		Réduction des stoopens en hectolitres.	Réduction des hectolitres en stoopens.
10000	*Suède.*	130920	763824595
20000		261840	1527649190
30000		392760	2291473785
40000		523680	3055298380
50000		654601	3819122975
60000		785521	4582947570
70000		916441	5346772165
80000		1047361	6110596760
90000		1178281	6874421355

CHAPITRE VII. — Mesures pour les liquides.

Table comparative.		Réduction des millerolles en hectolitres.	Réduction des hectolitres en millerolles.
10000	*Toulon.*	6387315	15656035
20000		12774630	31312069
30000		19161945	46968104
40000		25549260	62624139
50000		31936576	78280174
60000		38323891	93936208
70000		44711206	109592243
80000		51098521	125248278
90000		57485836	140904313

Table comparative.		Réduction des escandeaux en hectolitres.	Réduction des hectolitres en escandeaux.
10000	*Toulon.*	1596829	62624139
20000		3193658	125248278
30000		4790486	187872417
40000		6387315	250496556
50000		7984144	313120695
60000		9580973	375744834
70000		11177801	438368972
80000		12774630	500993111
90000		14371459	563617250

Table comparative.		Réduction des ornes en hectolitres.	Réduction des hectolitres en ornes.
10000	*Trieste.* Mesure d'huile.	6565843	15230338
20000		13131685	30460676
30000		19697528	45691013
40000		26263370	60921351
50000		32829213	76151789
60000		39395055	91382027
70000		45960898	10[illegible]612365
80000		52526740	121842702
90000		59092583	13[illegible]073040

Table comparative.		Réduction des boccali en hectolitres.	Réduction des hectolitres en boccali.
10000	*Trieste.* Mesure de vin.	182495	54796I059
20000		364989	109592218
30000		547484	164388317 6
40000		729979	219184423 5
50000		912474	273980529 4
60000		1094968	328776635 3
70000		1277463	383572741 2
80000		1459958	438368847 0
90000		1642452	493164952 9

Table comparative.		Réduction des matari en hectolitres.	Réduction des hectolitres en matari.
10000	*Tripoli.* Mesure d'huile.	2255397	44338098
20000		4510793	88676197
30000		6766190	133014295
40000		9021587	177352394
50000		11276983	221690492
60000		13532380	266028591
70000		15787777	310366689
80000		18043173	354704787
90000		20298570	399042886

Chapitre VII. — Mesures pour les liquides.

Table comparative.		Réduction des matari en hectolitres.	Réduction des hectolitres en matari.
10000	*Tunis.* Mesure d'huile.	1896358	52732655
20000		3792716	105465309
30000		5689074	158197964
40000		7585433	210930619
50000		9481791	263663273
60000		11378149	316395928
70000		13274507	369128583
80000		15170865	421861237
90000		17067223	474593892

Table comparative.		Réduction des matari en hectolitres.	Réduction des hectolitres en matari.
10000	*Tunis.* Mesure de vin.	948179	105465309
20000		1896358	210930619
30000		2844537	316395928
40000		3792716	421861237
50000		4740895	527326547
60000		5689074	632791856
70000		6637254	738257166
80000		7585433	843722475
90000		8533612	949187784

Table comparative.		Réduction des brentes en hectolitres.	Réduction des hectolitres en brentes.
10000	*Turin.* Mesure de vin.	5641467	17725847
20000		11282934	35451693
30000		16924401	53177540
40000		22566068	70903387
50000		28207535	88629233
60000		33849002	106355080
70000		39490469	124080926
80000		45131936	141806773
90000		50773403	159532620

Table comparative.		Réduction des rubbi en hectolitres.	Réduction des hectolitres en rubbi.
10000	*Turin.*	940245	106355080
20000		1880489	212710160
30000		2820734	319065240
40000		3760978	425420319
50000		4701223	531775399
60000		5641467	638130479
70000		6581712	744485559
80000		7521956	850840639
90000		8462201	957195719

Table comparative.		Réduction des pintes en hectolitres.	Réduction des hectolitres en pintes.
10000	*Turin.*	156707	638130479
20000		313415	1276260958
30000		470122	1914391437
40000		626830	2552521916
50000		783537	3190652395
60000		940245	3828782874
70000		1096952	4466913353
80000		1253659	5105043832
90000		1410367	5743174311

CHAPITRE VII. — Mesures pour les liquides.

Table comparative.		Réduction des cantaros en hectolitres.	Réduction des hectolitres en cantaros.
10000	*Valence (Espagne).*	1136625	87979778
20000		2273250	175959556
30000		3409874	263939334
40000		4546499	351919113
50000		5683124	439898891
60000		6819749	527878669
70000		7956373	615858447
80000		9092998	703838225
90000		10229623	791818003

Table comparative.		Réduction des migliajo en hectolitres.	Réduction des hectolitres en migliajo.
10000	*Venise.*	63159041	1583305
20000		126318083	3166609
30000		189477124	4749914
40000		252636165	6333218
50000		315795207	7916523
60000		378954248	9499828
70000		442113290	11083132
80000		505272331	12666437
90000		568431372	14249741

Table comparative.		Réduction des mini en hectolitres.	Réduction des hectolitres en mini.
10000	*Venise.*	1578976	63332180
20000		3157952	126664360
30000		4736928	189996540
40000		6315904	253328720
50000		7894880	316660900
60000		9473856	379993080
70000		11052832	443325261
80000		12631808	506657441
90000		14210784	569989621

Table comparative.		Réduction des bigoncio en hectolitres.	Réduction des hectolitres en bigoncio.
10000	*Venise.*	15805629	6326860
20000		31611259	12653719
30000		47416888	18980579
40000		63222518	25307438
50000		79028147	31634298
60000		94833777	37961158
70000		110639406	44288017
80000		126445036	50614877
90000		142250665	56941736

Table comparative.		Réduction des sechio en hectolitres.	Réduction des hectolitres en sechio.
10000	*Venise.*	987852	101229754
20000		1975704	202459508
30000		2963556	303689263
40000		3951407	404919017
50000		4939259	506148771
60000		5927111	607378525
70000		6914963	708608280
80000		7902815	809838034
90000		8890667	911067738

Chapitre VII. — Mesures pour les liquides.

Table comparative.		Réduction des enghislar en hectolitres.	Réduction des hectolitres en enghislar.
10000	*Venise.*	63947	1563786703
20000		127895	3127573407
30000		191842	4691360110
40000		255789	6255146813
50000		319737	7818933516
60000		383684	9382720220
70000		447631	10946506923
80000		511579	12510293626
90000		575526	14074080330

Table comparative.		Réduction des brentes en hectolitres.	Réduction des hectolitres en brentes.
10000	*Véronne.*	7240280	13811621
20000		14480559	27623243
30000		21720839	41434864
40000		28961118	55246486
50000		36201398	69058107
60000		43441677	82869728
70000		50681957	96681350
80000		57922236	110492971
90000		65162516	124304593

Table comparative.		Réduction des basse en hectolitres.	Réduction des hectolitres en basse.
10000	*Véronne.*	452270	221107091
20000		904539	442214181
30000		1356809	663321272
40000		1809078	884428363
50000		2261348	1105535454
60000		2713617	1326642544
70000		3165887	1547749635
80000		3618156	1768856726
90000		4070426	1989963816

Table comparative.		Réduction des eimer en hectolitres.	Réduction des hectolitres en eimer.
10000	*Vienne (Autriche).*	5927111	16871626
20000		11854222	33743253
30000		17781333	50614879
40000		23708444	67486506
50000		29635555	84358132
60000		35562666	101229759
70000		41489777	118101385
80000		47416888	134973012
90000		53343999	151844638

Table comparative.		Réduction des maass en hectolitres.	Réduction des hectolitres en maass.
10000	*Vienne (Autriche).*	148178	674864926
20000		296356	1349729852
30000		444533	2024594777
40000		592711	2699459703
50000		740889	3374324629
60000		889067	4049189555
70000		1037245	4724054480
80000		1185422	5398919406
90000		1333600	6073784332

Chapitre VII. — Mesures pour les liquides.

Table comparative.		Réduction des seidel en hectolitres.	Réduction des hectolitres en seidel.
10000	*Vienne (Autriche).*	37044	2699459703
20000		74089	5398919406
30000		111133	8098379109
40000		148178	10797838812
50000		185222	13497298516
60000		222267	16196758219
70000		259311	18896217922
80000		296356	21595677625
90000		333400	24295137328

Table comparative.		Réduction des maass en hectolitres.	Réduction des hectolitres en maass.
10000	*Winterthur.*	131317	761516780
20000		262634	1523033560
30000		393951	2284550340
40000		525267	3046067120
50000		656584	3807583900
60000		787901	4569100680
70000		919218	5330617460
80000		1050535	6092134240
90000		1181852	6853651020

Table comparative.		Réduction des stubgens en hectolitres.	Réduction des hectolitres en stubgens.
10000	*Worms.*	432433	231249616
20000		864866	462499233
30000		1297299	693748849
40000		1729733	924998465
50000		2162166	1156248081
60000		2594599	1387497698
70000		3027032	1618747314
80000		3459465	1849996930
90000		3891898	2081246546

Table comparative.		Réduction des maass en hectolitres.	Réduction des hectolitres en maass.
10000	*Zurich.*	182495	547961059
20000		364989	1095922118
30000		547484	1643883176
40000		729979	2191844235
50000		912474	2739805294
60000		1094968	3287766353
70000		1277463	3835727412
80000		1459958	4383688470
90000		1642452	4931649529

Table comparative.		Réduction des maass en hectolitres.	Réduction des hectolitres en maass.
10000	*Zurich.* Mesure de cabaret.	162261	616289138
20000		324523	1232578276
30000		486784	1848867415
40000		649046	2465156553
50000		811307	3081445691
60000		973569	3697734829
70000		1135830	4314023967
80000		1298092	4930313106
90000		1460353	5546602244

CHAPITRE VII. — Mesures pour les liquides.

Table comparative.		Réduction des maass en hectolitres.	Réduction des hectolitres en maass.
10000	*Zurich.* Mesure d'huile et miel.	146789	681248796
20000		293578	1362497593
30000		440368	2043746389
40000		587157	2724995186
50000		733946	3406243982
60000		880735	4087492779
70000		1027525	4768741575
80000		1174314	5449990372
90000		1321103	6131239168

Table comparative.		Réduction des epha en hectolitres.	Réduction des hectolitres en epha.
10000	*Zurich.* Mesure juive.	2856439	35008624
20000		5712878	70017247
30000		8569317	105025871
40000		11425756	140034495
50000		14282195	175043118
60000		17138634	210051742
70000		19995073	245060365
80000		22851512	280068989
90000		25707952	315077613

Table comparative.		Réduction des seah en hectolitres.	Réduction des hectolitres en seah.
10000	*Zurich.*	952146	105025871
20000		1904293	210051742
30000		2856439	315077613
40000		3808585	420103484
50000		4760732	525129355
60000		5712878	630155226
70000		6665024	735181096
80000		7617171	840206967
90000		8569317	945232838

Table comparative.		Réduction des hin en hectolitres.	Réduction des hectolitres en hin.
10000	*Zurich.* Mesure juive.	476073	210051742
20000		952146	420103484
30000		1428220	630155226
40000		1904293	840206967
50000		2380366	1050258709
60000		2856439	1260310451
70000		3332512	1470362193
80000		3808585	1680413935
90000		4284659	1890465677

Table comparative.		Réduction des cab en hectolitres.	Réduction des hectolitres en cab.
10000	*Zurich.* Mesure juive.	158691	630155226
20000		317382	1260310451
30000		476073	1890465677
40000		634764	2520620902
50000		793455	3150776128
60000		952146	3780931353
70000		1110837	4411086579
80000		1269528	5041241804
90000		1428220	5671397030

Chapitre VII. — Mesures pour les liquides.

Table comparative.		Réduction des log en hectolitres.	Réduction des hectolitres en log.
10000	Zurich. Mesure juive.	39673	2520620902
20000		79346	5041241804
30000		119018	7561862706
40000		158691	10082483608
50000		198364	12603104510
60000		238037	15123725412
70000		277709	17644346315
80000		317382	20164967217
90000		357055	22685588119

Table comparative.		Réduction des caph en hectolitres.	Réduction des hectolitres en caph.
10000	Zurich. Mesure juive.	29755	3360827140
20000		59509	6721654280
30000		89264	10082481420
40090		119018	13443308560
50000		148773	16804135699
60000		178527	20164962839
70000		208282	23525789979
80000		238037	26886617119
90000		267791	30247444259

MESURES DE CAPACITÉ.

INSTRUCTION PRÉLIMINAIRE.

Les mesures de capacité dérivent immédiatement du mètre. La contenance d'un vase quelconque, c'est-à-dire le vide formé par ses parois intérieurs, peut être assimilé au solide qui le remplirait, et se mesure de même.

L'unité des nouvelles mesures s'appèle litre : elle est égale à un décimètre cube, qui est son étalon invariable.

Le litre se divise en dix décilitres, le décilitre en dix centilitres, et le centilitre en dix-millilitres. Dans cette partie du nouveau système, le litre a ses multiples comme le mètre, qui servent à exprimer de plus grandes contenances.

Le décalitre contient dix litres, l'hectolitre dix décalitres ou cent litres, le kilolitre dix hectolitres ou mille litres.

Il suit de là 1° que si le litre est égal à un décimètre cube, la mesure du décalitre sera un solide qui a dix décimètres de chaque côté ; que celle de l'hectolitre sera un solide de cent décimètres cubes, et que le kilolitre aura le mètre cube pour étalon ; 2° que, pour réduire une quantité de litres en décalitres, de décalitres en hectolitres, ou d'hectolitres en kilolitres, il suffira de la diviser par 10, comme dans l'opération inverse il suffira de la multiplier par ce nombre ; 3° que les nouvelles mesures de capacité étant entr'elles dans le rapport de 1 à 10, on ne devra employer, sur les tables de ce chapitre, que le Régulateur des nombres simples, en observant de traduire convenablement les expressions génériques des dixièmes, centièmes, millièmes, dix-millièmes, qui désignent les fractions sur le Régulateur.

Dans la réduction des anciennes mesures en hectolitres, les dixièmes sont des décalitres, les centièmes des litres, les millièmes des décilitres, et les dix-millièmes des centilitres. Si l'unité de la comparaison est le décalitre, les dixièmes seront des litres, les centièmes des décilitres, les millièmes des centilitres, les dix-millièmes des millilitres. Si la réduction s'opère en litre comme pour la pinte de Paris, les dixièmes seront des décilitres, les centièmes des centilitres, les millièmes des millilitres, et les dix-millièmes des dix-millilitres.

La méthode abrégée que nous avons indiquée dans les chapitres précédents, et qui consiste à se borner dans les calculs à des centièmes d'unité qui sont déjà des évaluations snffisantes, peut être suivie dans ce chapitre sans aucun inconvénient, d'autant plus que, même dans l'ancien système, les fractions de même valeur à peu près étaient ordinairement négligées.

Mesures de capacité pour les liquides de Paris.

Le muid était de 288 pintes ou 36 setiers, le setier ou velte de 8 pintes, la pinte de deux chopines, la chopine de deux demi-setiers, et le demi-setier de deux poissons. Ce muid cubait en ancienne mesure 8 pieds cubes; chaque pied cube valait 1728 pouces, ce qui donnait, pour sa solidité en pouces cubes, 13,824 pouces cubes, qui égalent en décimètres cubes 274 décimètres cubes, 218 centimètres cubes et 149 millimètres cubes; ou, ce qui est la même chose, 274 litres, 218 millilitres, et 149 millièmes de millilitres.

L'on supposait la pinte de Paris contenir 48 pouces cubes, la chopine 24, le demi-setier 12, le poisson 6;

conséquemment la queue de Bourgogne et d'Orléans est évaluée à un muid et demi de Paris ou 432 pintes, qui égalent 12 pieds cubes qui valent 411 décimètres cubes, 327 centimètres cubes, 223 millimètres cubes, ou 411 litres 327 millilitres et 223 millièmes de millilitre. Mais d'après la rectification qui a eu lieu, la pinte de Paris n'a été trouvée que de 46 pouces $\frac{95}{100}$ de pouces, qui égalent en litres 0. lit. 9313165, au lieu que le litre vaut en pinte 1,0737488. Ainsi le setier ou la velte ne valent chacun que 7 litres 4505320, tandis que 8 litres font 8 pintes 5899906 : c'est-à-dire que 100 litres font en pintes 107,3748825, et 100 pintes ne valent en litres que 93 lit. 1316502.

Il est inutile de dire ici que les divisions du kilolitre sont l'hectolitre, le décalitre, le litre ; les divisions du litre sont le décilitre, le centilitre et le millilitre.

Le Régulateur fixe toujours d'une manière précise la valeur des nombres qu'il compare. Par cette méthode, l'œil du calculateur se trouve fixé et ne peut errer.

MESURES DE CAPACITÉ DE PARIS.

Table comparative.		Réduction des muids de vin en hectolitres.	Réduction des hectolitres en muids de vin.
10000		26821915	3728295
20000		53643830	7456589
30000		80465746	11184884
40000		107287661	14913178
50000		134109576	18641473
60000		160931492	22369767
70000		187753407	26098062
80000		214575322	29826356
90000		241397237	33554651

Table comparative.		Réduction des veltes de 8 pintes en litres.	Réduction des litres en veltes de 8 pintes.
10000		74505320	1342186
20000		149010640	2684372
30000		223515961	4026558
40000		298021281	5368744
50000		372526601	6710930
60000		447031921	8053116
70000		521537241	9395302
80000		596042561	10737488
90000		670547882	12079674

Table comparative.		Réduction des veltes en litres, selon l'usage de l'entrepôt.	Réduction des litres en veltes, selon l'usage de l'entrepôt.
10000		76096491	1314121
20000		152192982	2628242
30000		228289474	3942363
40000		304385965	5256484
50000		380482456	6570605
60000		456578947	7884726
70000		532675438	9198847
80000		608771929	10512968
90000		684868419	11827089

Table comparative.		Réduction des veltes de 8 pintes en décalitres.	Réduction des décalitres en veltes de 8 pintes.
10000		7450532	13421860
20000		14901064	26843721
30000		22351596	40265581
40000		29802128	53687441
50000		37252660	67109301
60000		44703192	80531162
70000		52153724	93953022
80000		59604256	107374882
90000		67054788	120796743

Table comparative.		Réduction des pintes en litres.	Réduction des litres en pintes.
10000		9313165	10737488
20000		18626330	21474976
30000		27939495	32212465
40000		37252660	42949953
50000		46565825	53687441
60000		55878990	64424929
70000		65192155	75162418
80000		74505320	85899906
90000		83828485	96637394

LIQUIDES.

VINS, LIQUEURS.

Comparaison des anciennes mesures de capacité avec les anciennes mesures de Paris, et leur réduction en litres.

	Setiers.	Pintes.	Pintes.	Cent.	Litres.	Cent.
Tonneau						
de Bordeaux.	108	*ou*	864	*ou*	804	67
Bayonne	108		864		804	67
Berri.	72		576		536	44
Orléans.	72		576		536	44
Pipe						
de Anjou	62	4	500		465	66
Anjou, dite *grande*	63		504		469	39
Saumur.	61		488		454	49
Saumur, dite *grande*	62		496		461	94
Cognac.	76		608		566	25
Cognac, dite *grande*.	81		648		593	49
Nantes.	71		568		528	99
Alicante	73		584		543	90
Saint-Gilles.	100		800		745	06
Madère.	60		480		447	04
Barrique						
de Bretagne.	90		720		670	55
Bordeaux, dite *grande jauge*. .	27		216		201	16
Bordeaux, dite *petite jauge*. .	23		184		171	37
Muid						
Français	35		280		260	77
du Rhône	37		296		275	67
d'Orléans.	38		304		283	12
de Bourgogne	39		312		290	57
Bourgogne, dit *rapé*	40		320		298	02

SUITE DES LIQUIDES. — *Vins, Liqueurs.*

	Setiers.	Pintes.	Pintes.	Cent.	Litres.	Cent.
MUID						
de Bourgogne, dit *très-gros* . . .	44	ou	352	ou	327	82
Bourgogne, dit *très-gros Bourgogne*.	46		368		342	73
Bourgogne, dit *gros Bourgogne*.	42		336		312	82
Bourgogne, dit *très-gros rapé* .	45		360		335	28
Cahors.	39		312		290	57
Languedoc, dit *petit muid* . .	48		384		357	63
Montpellier.	67		536		499	19
DEMI-QUEUE						
d'Orléans.	29	4	236		219	79
de Beaune.	30		240		223	52
Mâcon.	28	2	226		210	48
Montigny.	28	6	230		214	20
Bourgogne	27	6	222		206	75
Nantes.	30	4	244		227	24
Châtillon.	30	6	246		229	10
Vauvrais.	32	6	262		244	01
Vauvrais, dite *grosse Vauvrais*.	33	6	270		251	46
Vauvrais, dite *grosse*.	34	6	278		258	91
Vauvrais, dite *très-grosse*. . .	35	6	286		266	36
Champagne.	25	5 $\frac{1}{3}$	205	33	191	23
Reims	26		208		193	71
Château-Thierry.	24	5 $\frac{1}{3}$	197	33	183	78
Chapelle-Blanche.	31		248		230	97
QUARTAUT						
de Beaune.	14	7	119		110	83
Orléans.	13	7	111		103	38
Mont-Louis.	15	7	127		118	28
Vauvrais	16	4	132		122	93
Champagne.	12	4	100		93	13
Châlons.	14	3	115		107	10
Reims	13		104		96	86

SUITE DES LIQUIDES.

HUILES.

	Kilog.	Décag.
Charge		
de Aix en Provence, pèse	119	44
Montpellier.	137	06
Barral		
de Montpellier.	34	27
Rub		
de Grasse	8	16
Turin.	8	18
Nice.	7	71
Millerole		
de Marseille	58	74
Toulon.	55	53
Barril		
de Gênes	59	96
Port-Maurice	59	96
Saint-Remo.	59	96
Oneglia.	59	96
Taggia.	59	96
Livourne.	29	70
Caffi		
de Messine et ses environs.	7	76
Cantaro		
de Palerme et ses environs.	85	41
Pipe		
de Cadix.	387	69
Lisbonne.	453	09
Mistache		
de l'Archipel.	11	02

TABLES DE CONVERSION

DES KILOLITRES, HECTOLITRES, DÉCALITRES ET LITRES

en Pieds, Pouces, Lignes et Points cubes,

POUR SERVIR AUX ÉVALUATIONS DU JAUGEAGE.

KILOLITRES.	HECTOLITRES.	VALEUR DU JAUGEAGE en Pieds, Pouces et Lignes cubes.			VALEUR DU JAUGEAGE en Pieds cubes et décimales du Pied cube.	
		Pieds.	Pouces.	Lignes.	Pieds.	Fractions.
	1	2	1585	417	2	91738519
	2	5	1442	834	5	83477037
	3	8	1299	1252	8	75215556
	4	11	1156	1669	11	66954074
	5	14	1014	359	14	58692593
	6	17	871	776	17	50431111
	7	20	728	1194	20	42169630
	8	23	585	1611	23	33908148
	9	26	443	301	26	25646667
1	0	29	300	718	29	17385185

DÉCALITRES.	VALEUR DU JAUGEAGE en Pieds, Pouces, Lignes et Points cubes.				LITRES.	VALEUR DU JAUGEAGE en Pouces, Lignes et Points cubes.		
	Pieds.	Pouces.	Lignes.	Points.		Pouces.	Lignes.	Points.
1		504	214	942	1	50	712	1131
2		1008	429	155	2	100	1425	534
3		1512	643	1097	3	151	409	1665
4	1	288	858	309	4	201	1122	1068
5	1	792	1072	1253	5	252	107	471
6	1	1296	1287	466	6	302	819	1602
7	2	72	1501	1408	7	352	1532	1005
8	2	576	1716	622	8	403	517	408
9	2	1081	205	1564	9	453	1229	1539

CHAPITRE HUITIÈME.

TABLES DE CONVERSION

POUR LE CUBAGE DES BOIS ÉQUARRIS.

La manière simple et facile d'opérer par ces Tables les rendent indispensables à tous ceux qui font le commerce des bois, en ce que, quelque pièce qu'on ait à réduire de l'ancien au nouveau système et du nouveau à l'ancien, se trouve mesurée en moins d'une minute. Il ne s'agit que de réduire la longueur de la pièce en pouces, lequel produit sera multiplié par la largeur, et ensuite ce dernier produit par l'épaisseur. Je suppose avoir une pièce de bois de la longueur de 54 pieds 6 pouces : je multiplie les 54 pieds par 12, ce qui me donne 648 pouces; plus, les 6 pouces, ce qui me fait un total de 654 pouces de longueur, la largeur de 22 pouces, et l'épaisseur de 21.

Exemple.

Longueur de la pièce . .	654	pouces.
Multiplier par la largeur .	22	
	1308	
	1308	
	14388	Produit par la largeur.
Multiplier par l'épaisseur .	21	
	14388	
	28776	
	302148	Solidité de la pièce en pouces cubes.

Cette quantité se décompose de la manière suivante :

	Pieds.	Pouces.	Lign.	Fract.	Mètres.	Décim.	Cent.
1° Pour 300000	173	7	4	»	5	950	915
2° Pour 2000	1	1	10	$\frac{2}{3}$		39	673
3° Pour 148	»	1	»	$\frac{1}{3}$		2	936
302148	174	10	3	0 =	= 5	993	524

Le rapport de 302148 pouces cubes est de 174 pieds 10 pouces 3 lignes cubes, qui égalent 5 mètres 993 décimètres 524 centimètres cubes, lesquels, cherchés dans la table, reproduisent les 174 pieds 10 pouces 3 lignes.

Cet exemple suffit, puisque c'est toujours la même manière d'opérer.

Preuve par la table inverse.

	Mètres.	Décim.	Pieds.	Pouces.
Pour	5	»	145	1502
Pour		994	28	1726
			173	3228

Le rapport du pied cube est de 1728 pouces cubes, lesquels, étant prélevés des 3228, laissent 1500 pouces cubes, qui égalent les 10 pouces 3 lignes de 12 au pied.

CHAPITRE HUITIÈME.

TABLES DE CONVERSION

POUR LE CUBAGE DES BOIS ÉQUARRIS.

POUCES CUBES.	Pieds cubes.	Pouces cubes.	Lignes cubes.	Fractions de la Ligne cube.	Mètres cubes.	Décimètres cubes.	Centimètres cubes.	Millimètres cubes.
1	»	»	»	1/12	»	»	19	836
2	»	»	»	2/12	»	»	39	673
3	»	»	»	3/12	»	»	59	509
4	»	»	»	4/12	»	»	79	346
5	»	»	»	5/12	»	»	99	182
6	»	»	»	6/12	»	»	119	018
7	»	»	»	7/12	»	»	138	355
8	»	»	»	8/12	»	»	158	691
9	»	»	»	9/12	»	»	178	527
10	»	»	»	10/12	»	»	198	364
11	»	»	»	11/12	»	»	218	200
12	»	»	1	»	»	»	238	037
13	»	»	1	1/12	»	»	257	873
14	»	»	1	2/12	»	»	277	709
15	»	»	1	3/12	»	»	297	546
16	»	»	1	4/12	»	»	317	382
17	»	»	1	5/12	»	»	337	218
18	»	»	1	6/12	»	»	357	055
19	»	»	1	7/12	»	»	376	891
20	»	»	1	8/12	»	»	396	728
21	»	»	1	9/12	»	»	416	564
22	»	»	1	10/12	»	»	436	400
23	»	»	1	11/12	»	»	456	237
24	»	»	2	»	»	»	476	073
25	»	»	2	1/12	»	»	495	910
26	»	»	2	2/12	»	»	515	746
27	»	»	2	3/12	»	»	535	582
28	»	»	2	4/12	»	»	555	419
29	»	»	2	5/12	»	»	575	255
30	»	»	2	6/12	»	»	595	091
31	»	»	2	7/12	»	»	614	928
32	»	»	2	8/12	»	»	634	764
33	»	»	2	9/12	»	»	654	601
34	»	»	2	10/12	»	»	674	437
35	»	»	2	11/12	»	»	694	273
36	»	»	3	»	»	»	714	110
37	»	»	3	1/12	»	»	733	946
38	»	»	3	2/12	»	»	753	783
39	»	»	3	3/12	»	»	773	619
40	»	»	3	4/12	»	»	793	455

Chapitre VIII. — Tables de conversion pour le cubage des bois équarris.

POUCES CUBES.	Pieds cubes.	Pouces cubes.	Lignes cubes.	Fractions de la Ligne cube.	Mètres cubes.	Décimètres cubes.	Centimètres cubes.	Millimètres cubes.
41	»	»	3	5/12	»	»	813	292
42	»	»	3	6/12	»	»	833	128
43	»	»	3	7/12	»	»	852	964
44	»	»	3	8/12	»	»	872	801
45	»	»	3	9/12	»	»	892	637
46	»	»	3	10/12	»	»	912	473
47	»	»	3	11/12	»	»	932	310
48	»	»	4	»	»	»	952	146
49	»	»	4	1/12	»	»	971	983
50	»	»	4	2/12	»	»	991	819
51	»	»	4	3/12	»	1	011	655
52	»	»	4	4/12	»	1	031	492
53	»	»	4	5/12	»	1	051	328
54	»	»	4	6/12	»	1	071	165
55	»	»	4	7/12	»	1	091	001
56	»	»	4	8/12	»	1	110	837
57	»	»	4	9/12	»	1	130	673
58	»	»	4	10/12	»	1	150	510
59	»	»	4	11/12	»	1	170	347
60	»	»	5	»	»	1	190	183
61	»	»	5	1/12	»	1	210	013
62	»	»	5	2/12	»	1	229	856
63	»	»	5	3/12	»	1	249	692
64	»	»	5	4/12	»	1	269	528
65	»	»	5	5/12	»	1	289	365
66	»	»	5	6/12	»	1	309	201
67	»	»	5	7/12	»	1	329	037
68	»	»	5	8/12	»	1	348	874
69	»	»	5	9/12	»	1	368	710
70	»	»	5	10/12	»	1	388	547
71	»	»	5	11/12	»	1	408	383
72	»	»	6	»	»	1	428	220
73	»	»	6	1/12	»	1	448	056
74	»	»	6	2/12	»	1	467	892
75	»	»	6	3/12	»	1	487	729
76	»	»	6	4/12	»	1	507	565
77	»	»	6	5/12	»	1	527	400
78	»	»	6	6/12	»	1	547	238
79	»	»	6	7/12	»	1	567	075
80	»	»	6	8/12	»	1	586	911
81	»	»	6	9/12	»	1	606	747
82	»	»	6	10/12	»	1	626	583
83	»	»	6	11/12	»	1	646	420
84	»	»	7	»	»	1	666	256
85	»	»	7	1/12	»	1	686	092
86	»	»	7	2/12	»	1	705	929
87	»	»	7	3/12	»	1	725	765
88	»	»	7	4/12	»	1	745	602
89	»	»	7	5/12	»	1	765	438
90	»	»	7	6/12	»	1	785	274

Chapitre VIII. — Tables de conversion pour le cubage des bois équarris.

POUCES cubes.	Pieds cubes.	Pouces cubes.	Lignes cubes.	Fractions de la Ligne cube.	Mètres cubes.	Décimètres cubes.	Centimètres cubes.	Millimètres cubes.
91	»	»	7	7/12	»	1	805	111
92	»	»	7	8/12	»	1	824	947
93	»	»	7	9/12	»	1	844	784
94	»	»	7	10/12	»	1	864	620
95	»	»	7	11/12	»	1	884	456
96	»	»	8	»	»	1	904	293
97	»	»	8	1/12	»	1	924	129
98	»	»	8	2/12	»	1	943	965
99	»	»	8	3/12	»	1	963	802
100	»	»	8	4/12	»	1	983	638
101	»	»	8	5/12	»	2	003	475
2	»	»	8	6/12	»	2	023	311
3	»	»	8	7/12	»	2	043	147
4	»	»	8	8/12	»	2	062	984
5	»	»	8	9/12	»	2	082	820
6	»	»	8	10/12	»	2	102	656
7	»	»	8	11/12	»	2	122	493
8	»	»	9	»	»	2	142	329
9	»	»	9	1/12	»	2	162	166
110	»	»	9	2/12	»	2	182	003
111	»	»	9	3/12	»	2	201	838
2	»	»	9	4/12	»	2	221	675
3	»	»	9	5/12	»	2	241	511
4	»	»	9	6/12	»	2	261	348
5	»	»	9	7/12	»	2	281	184
6	»	»	9	8/12	»	2	301	020
7	»	»	9	9/12	»	2	320	857
8	»	»	9	10/12	»	2	340	693
9	»	»	9	11/12	»	2	360	529
120	»	»	10	»	»	2	380	366
121	»	»	10	1/12	»	2	400	202
2	»	»	10	2/12	»	2	420	039
3	»	»	10	3/12	»	2	439	875
4	»	»	10	4/12	»	2	459	711
5	»	»	10	5/12	»	2	479	548
6	»	»	10	6/12	»	2	499	384
7	»	»	10	7/12	»	2	519	227
8	»	»	10	8/12	»	2	539	057
9	»	»	10	9/12	»	2	558	893
130	»	»	10	10/12	»	2	578	730
131	»	»	10	11/12	»	2	598	566
2	»	»	11	»	»	2	618	402
3	»	»	11	1/12	»	2	638	239
4	»	»	11	2/12	»	2	658	075
5	»	»	11	3/12	»	2	677	912
6	»	»	11	4/12	»	2	697	748
7	»	»	11	5/12	»	2	717	584
8	»	»	11	6/12	»	2	737	421
9	»	»	11	7/12	«	2	757	257
140	»	»	11	8/12	»	2	777	094

Chapitre VIII. — Tables de conversion pour le cubage des bois équarris.

POUCES CUBES.	Pieds cubes.	Pouces cubes.	Lignes cubes.	Fractions de la Ligne cube.	Mètres cubes.	Décimètres cubes.	Centimètres cubes.	Millimètres cubes.
141	»	»	11	9/12	»	2	796	930
2	»	»	11	10/12	»	2	816	766
3	»	»	11	11/12	»	2	836	603
4	»	1	»	»	»	2	856	439
5	»	1	»	1/12	»	2	876	275
6	»	1	»	2/12	»	2	896	112
7	»	1	»	3/12	»	2	915	948
8	»	1	»	4/12	»	2	935	784
9	»	1	»	5/12	»	2	955	621
150	»	1	»	6/12	»	2	975	457
151	»	1	»	7/12	»	2	995	294
2	»	1	»	8/12	»	3	015	130
3	»	1	»	9/12	»	3	034	966
4	»	1	»	10/12	»	3	054	803
5	»	1	»	11/12	»	3	074	639
6	»	1	1	»	»	3	094	476
7	»	1	1	1/12	»	3	114	312
8	»	1	1	2/12	»	3	134	148
9	»	1	1	3/12	»	3	153	985
160	»	1	1	4/12	»	3	173	821
161	»	1	1	5/12	»	3	193	658
2	»	1	1	6/12	»	3	213	494
3	»	1	1	7/12	»	3	233	330
4	»	1	1	8/12	»	3	253	167
5	»	1	1	9/12	»	3	273	003
6	»	1	1	10/12	»	3	292	839
7	»	1	1	11/12	»	3	312	676
8	»	1	2	»	»	3	332	512
9	»	1	2	1/12	»	3	352	349
170	»	1	2	2/12	»	3	372	185
171	»	1	2	3/12	»	3	392	021
2	»	1	2	4/12	»	3	411	858
3	»	1	2	5/12	»	3	431	694
4	»	1	2	6/12	»	3	451	531
5	»	1	2	7/12	»	3	471	367
6	»	1	2	8/12	»	3	491	203
7	»	1	2	9/12	»	3	511	040
8	»	1	2	10/12	»	3	530	876
9	»	1	2	11/12	»	3	550	912
180	»	1	3	»	»	3	570	549
181	»	1	3	1/12	»	3	590	385
2	»	1	3	2/12	»	3	610	222
3	»	1	3	3/12	»	3	630	058
4	»	1	3	4/12	»	3	649	894
5	»	1	3	5/12	»	3	669	731
6	»	1	3	6/12	»	3	689	567
7	»	1	3	7/12	»	3	709	403
8	»	1	3	8/12	»	3	729	240
9	»	1	3	9/12	»	3	749	076
190	»	1	3	10/12	»	3	768	913

Chapitre VIII. — Tables de conversion pour le cubage des bois équarris.

POUCES CUBES.	Pieds cubes.	Pouces cubes.	Lignes cubes.	Fractions de la Ligne cube.	Mètres cubes.	Décimètres cubes.	Centimètres cubes.	Millimètres cubes.
191	»	1	3	11/12	»	3	788	749
2	»	1	4	»	»	3	808	585
3	»	1	4	1/12	»	3	828	422
4	»	1	4	2/12	»	3	848	258
5	»	1	4	3/12	»	3	868	095
6	»	1	4	4/12	»	3	887	931
7	»	1	4	5/12	»	3	907	767
8	»	1	4	6/12	»	3	927	604
9	»	1	4	7/12	»	3	947	440
200	»	1	4	8/12	»	3	967	276
201	»	1	4	9/12	»	3	987	113
2	»	1	4	10/12	»	4	006	949
3	»	1	4	11/12	»	4	026	786
4	»	1	5	»	»	4	046	622
5	»	1	5	1/12	»	4	066	458
6	»	1	5	2/12	»	4	086	295
7	»	1	5	3/12	»	4	106	131
8	»	1	5	4/12	»	4	125	968
9	»	1	5	5/12	»	4	145	804
210	»	1	5	6/12	»	4	165	640
211	»	1	5	7/12	»	4	185	477
2	»	1	5	8/12	»	4	205	313
3	»	1	5	9/12	»	4	225	149
4	»	1	5	10/12	»	4	244	986
5	»	1	5	11/12	»	4	264	822
6	»	1	6	»	»	4	284	659
7	»	1	6	1/12	»	4	304	495
8	»	1	6	2/12	»	4	324	331
9	»	1	6	3/12	»	4	344	168
220	»	1	6	4/12	»	4	364	004
221	»	1	6	5/12	»	4	383	840
2	»	1	6	6/12	»	4	403	677
3	»	1	6	7/12	»	4	423	513
4	»	1	6	8/12	»	4	443	350
5	»	1	6	9/12	»	4	463	186
6	»	1	6	10/12	»	4	483	023
7	»	1	6	11/12	»	4	502	859
8	»	1	7	»	»	4	522	695
9	»	1	7	1/12	»	4	542	532
230	»	1	7	2/12	»	4	562	368
231	»	1	7	3/12	»	4	582	204
2	»	1	7	4/12	»	4	602	041
3	»	1	7	5/12	»	4	621	877
4	»	1	7	6/12	»	4	641	713
5	»	1	7	7/12	»	4	661	550
6	»	1	7	8/12	»	4	681	386
7	»	1	7	9/12	»	4	701	223
8	»	1	7	10/12	»	4	721	059
9	»	1	7	11/12	»	4	740	895
240	»	1	8	»	»	4	760	732

Chapitre VIII. — Tables de conversion pour le cubage des bois équarris.

POUCES CUBES.	Pieds cubes.	Pouces cubes.	Lignes cubes.	Fractions de la Ligne cube.	Mètres cubes.	Décimètres cubes.	Centimètres cubes.	Millimètres cubes.
241	»	1	8	1/12	»	4	780	568
2	»	1	8	2/12	»	4	800	405
3	»	1	8	3/12	»	4	820	241
4	»	1	8	4/12	»	4	840	077
5	»	1	8	5/12	»	4	859	914
6	»	1	8	6/12	»	4	879	750
7	»	1	8	7/12	»	4	899	586
8	»	1	8	8/12	»	4	919	423
9	»	1	8	9/12	»	4	939	259
250	»	1	8	10/12	»	4	959	096
251	»	1	8	11/12	»	4	978	933
2	»	1	9	»	»	4	998	768
3	»	1	9	1/12	»	5	018	605
4	»	1	9	2/12	»	5	038	422
5	»	1	9	3/12	»	5	058	277
6	»	1	9	4/12	»	5	078	111
7	»	1	9	5/12	»	5	097	950
8	»	1	9	6/12	»	5	117	787
9	»	1	9	7/12	»	5	137	623
260	»	1	9	8/12	»	5	157	459
261	»	1	9	9/12	»	5	177	296
2	»	1	9	10/12	»	5	197	132
3	»	1	9	11/12	»	5	216	969
4	»	1	10	«	»	5	236	806
5	»	1	10	1/12	»	5	256	641
6	»	1	10	2/12	»	5	276	478
7	»	1	10	3/12	»	5	296	314
8	»	1	10	4/12	»	5	316	150
9	»	1	10	5/12	»	5	335	987
270	»	1	10	6/12	»	5	355	823
271	»	1	10	7/12	»	5	375	660
2	»	1	10	8/12	»	5	395	496
3	»	1	10	9/12	»	5	415	332
4	»	1	10	10/12	»	5	435	169
5	»	1	10	11/12	»	5	455	005
6	»	1	11	»	»	5	474	842
7	»	1	11	1/12	»	5	494	678
8	»	1	11	2/12	»	5	514	514
9	»	1	11	3/12	»	5	534	351
280	»	1	11	4/12	»	5	554	187
281	»	1	11	5/12	»	5	574	023
2	»	1	11	6/12	»	5	593	860
3	»	1	11	7/12	»	5	613	696
4	»	1	11	8/12	»	5	633	533
5	»	1	11	9/12	»	5	653	369
6	»	1	11	10/12	»	5	673	205
7	»	1	11	11/12	»	5	693	042
8	»	2	»	»	»	5	712	878
9	»	2	»	1/12	»	5	732	714
290	»	2	»	2/12	»	5	752	551

Chapitre VIII. — Tables de conversion pour le cubage des bois équarris.

POUCES CUBES.	Pieds cubes.	Pouces cubes.	Lignes cubes.	Fractions de la Ligne cube.	Mètres cubes.	Décimètres cubes.	Centimètres cubes.	Millimètres cubes.
291	»	2	»	3/12	»	5	772	387
2	»	2	»	4/12	»	5	792	234
3	»	2	»	5/12	»	5	812	060
4	»	2	»	6/12	»	5	831	896
5	»	2	»	7/12	»	5	851	733
6	»	2	»	8/12	»	5	871	569
7	»	2	»	9/12	»	5	891	406
8	»	2	»	10/12	»	5	911	242
9	»	2	»	11/12	»	5	931	078
300	»	2	1	»	»	5	950	915
301	»	2	1	1/12	»	5	970	751
2	»	2	1	2/12	»	5	990	587
3	»	2	1	3/12	»	6	010	424
4	»	2	1	4/12	»	6	030	260
5	»	2	1	5/12	»	6	050	097
6	»	2	1	6/12	»	6	069	933
7	»	2	1	7/12	»	6	089	769
8	»	2	1	8/12	»	6	109	606
9	»	2	1	9/12	»	6	129	442
310	»	2	1	10/12	»	6	149	279
311	»	2	1	11/12	»	6	169	115
2	»	2	2	»	»	6	188	951
3	»	2	2	1/12	»	6	208	788
4	»	2	2	2/12	»	6	228	624
5	»	2	2	3/12	»	6	248	460
6	»	2	2	4/12	»	6	268	297
7	»	2	2	5/12	»	6	288	133
8	»	2	2	6/12	»	6	307	970
9	»	2	2	7/12	»	6	327	806
320	»	2	2	8/12	»	6	347	642
321	»	2	2	9/12	»	6	367	479
2	»	2	2	10/12	»	6	387	315
3	»	2	2	11/12	»	6	407	151
4	»	2	3	»	»	6	426	988
5	»	2	3	1/12	»	6	446	824
6	»	2	3	2/12	»	6	466	661
7	»	2	3	3/12	»	6	486	497
8	»	2	3	4/12	»	6	506	333
9	»	2	3	5/12	»	6	526	170
330	»	2	3	6/12	»	6	546	006
331	»	2	3	7/12	»	6	565	843
2	»	2	3	8/12	»	6	585	679
3	»	2	3	9/12	»	6	605	515
4	»	2	3	10/12	»	6	625	352
5	»	2	3	11/12	»	6	645	188
6	»	2	4	»	»	6	665	024
7	»	2	4	1/12	»	6	684	861
8	»	2	4	2/12	»	6	704	697
9	»	2	4	3/12	»	6	724	534
340	»	2	4	4/12	»	6	744	370

CHAPITRE VIII. — Tables de conversion pour le cubage des bois équarris.

POUCES CUBES.	Pieds cubes.	Pouces cubes.	Lignes cubes.	Fractions de la Ligne cube.	Mètres cubes.	Décimètres cubes.	Centimètres cubes.	Millimètres cubes.
341	»	2	4	5/12	»	6	764	206
2	»	2	4	6/12	»	6	784	043
3	»	2	4	7/12	»	6	803	879
4	»	2	4	8/12	»	6	823	715
5	»	2	4	9/12	»	6	843	552
6	»	2	4	10/12	»	6	863	388
7	»	2	4	11/12	»	6	883	225
8	»	2	5	»	»	6	903	061
9	»	2	5	1/12	»	6	922	897
350	»	2	5	2/12	»	6	942	734
351	»	2	5	3/12	»	6	962	570
2	»	2	5	4/12	»	6	982	407
3	»	2	5	5/12	»	7	002	243
4	»	2	5	6/12	»	7	022	079
5	»	2	5	7/12	»	7	041	916
6	»	2	5	8/12	»	7	061	752
7	»	2	5	9/12	»	7	081	588
8	»	2	5	10/12	»	7	101	425
9	»	2	5	11/22	»	7	121	261
360	»	2	6	»	»	7	141	098
361	»	2	6	1/12	»	7	160	934
2	»	2	6	2/12	»	7	180	770
3	»	2	6	3/12	»	7	200	607
4	»	2	6	4/12	»	7	220	443
5	»	2	6	5/12	»	7	240	280
6	»	2	6	6/12	»	7	260	116
7	»	2	6	7/12	»	7	279	952
8	»	2	6	8/12	»	7	299	789
9	»	2	6	9/12	»	7	319	625
370	»	2	6	10/12	»	7	339	462
371	»	2	6	11/12	»	7	359	298
2	»	2	7	»	»	7	379	134
3	»	2	7	1/12	»	7	398	971
4	»	2	7	2/12	»	7	418	807
5	»	2	7	3/12	»	7	438	643
6	»	2	7	4/12	»	7	458	480
7	»	2	7	5/12	»	7	478	316
8	»	2	7	6/12	»	7	498	152
9	»	2	7	7/12	»	7	517	989
380	»	2	7	8/12	»	7	537	825
381	»	2	7	9/12	»	7	557	662
2	»	2	7	10/12	»	7	577	498
3	»	2	7	11/12	»	7	597	335
4	»	2	8	»	»	7	617	171
5	»	2	8	1/12	»	7	637	007
6	»	2	8	2/12	»	7	656	844
7	»	2	8	3/12	»	7	676	680
8	»	2	8	4/12	»	7	696	516
9	»	2	8	5/12	»	7	716	353
390	»	2	8	6/12	»	7	736	189

Chapitre VIII. — Tables de conversion pour le cubage des bois équarris.

POUCES CUBES.	Pieds cubes.	Pouces cubes.	Lignes cubes.	Fractions de la Ligne cube.	Mètres cubes.	Décimètres cubes.	Centimètres cubes.	Millimètres cubes.
391	»	2	8	7/12	»	7	756	026
2	»	2	8	8/12	»	7	775	862
3	»	2	8	9/12	»	7	795	698
4	»	2	8	10/12	»	7	815	535
5	»	2	8	11/12	»	7	835	371
6	»	2	9	»	»	7	855	207
7	»	2	9	1/12	»	7	875	044
8	»	2	9	2/12	»	7	894	880
9	»	2	9	3/12	»	7	914	717
400	»	2	9	4/12	»	7	934	553
401	»	2	9	5/12	»	7	954	389
2	»	2	9	6/12	»	7	974	226
3	»	2	9	7/12	»	7	994	062
4	»	2	9	8/12	»	8	013	898
5	»	2	9	9/12	»	8	033	735
6	»	2	9	10/12	»	8	053	571
7	»	2	9	11/12	»	8	073	408
8	»	2	10	»	»	8	093	244
9	»	2	10	1/12	»	8	113	080
410	»	2	10	2/12	»	8	132	917
411	»	2	10	3/12	»	8	152	753
2	»	2	10	4/12	»	8	172	590
3	»	2	10	5/12	»	8	192	426
4	»	2	10	6/12	»	8	212	262
5	»	2	10	7/12	»	8	232	099
6	»	2	10	8/12	»	8	251	935
7	»	2	10	9/12	»	8	271	771
8	»	2	10	10/12	»	8	291	608
9	»	2	10	11/12	»	8	311	444
420	»	2	11	»	»	8	331	281
421	»	5	11	1/12	»	8	351	117
2	»	2	11	2 12	»	8	370	953
3	»	2	11	3/12	»	8	390	790
4	»	2	11	4/12	»	8	410	626
5	»	2	11	5/12	»	8	430	462
6	»	2	11	6/12	»	8	450	299
7	»	2	11	7/12	»	8	470	135
8	»	2	11	8/12	»	8	489	972
9	»	2	11	9/12	»	8	509	808
430	»	2	11	10/12	»	8	529	644
431	»	2	11	11/12	»	8	549	481
2	»	3	»	»	»	8	569	317
3	»	3	»	1/12	»	8	589	154
4	»	3	»	2/12	»	8	608	990
5	»	3	»	3/12	»	8	628	826
6	»	3	»	4/12	»	8	648	663
7	»	3	»	5/12	»	8	668	499
8	»	3	»	6/12	»	8	688	335
9	»	3	»	7/12	»	8	708	172
440	»	3	»	8/12	»	8	728	008

Chapitre VIII. — Tables de conversion pour le cubage des bois équarris.

POUCES CUBES.	Pieds cubes.	Pouces cubes.	Lignes cubes.	Fractions de la Ligne cube.	Mètres cubes.	Décimètres cubes.	Centimètres cubes.	Millimètres cubes.
441	»	3	»	9/12	»	8	747	845
2	»	3	»	10/12	»	8	767	681
3	»	3	»	11/12	»	8	787	517
4	»	3	1	»	»	8	807	354
5	»	3	1	1/12	»	8	827	190
6	»	3	1	2/12	»	8	847	027
7	»	3	1	3/12	»	8	866	863
8	»	3	1	4/12	»	8	886	699
9	»	3	1	5/12	»	8	906	536
450	»	3	1	6/12	»	8	926	372
451	»	3	1	7/12	»	8	946	208
2	»	3	1	8/12	»	8	966	045
3	»	3	1	9/12	»	8	985	881
4	»	3	1	10/12	»	9	005	718
5	»	3	1	11/12	»	9	025	554
6	»	3	2	»	»	9	045	390
7	»	3	2	1/12	»	9	065	227
8	»	3	2	2/12	»	9	085	063
9	»	3	2	3/12	»	9	104	899
460	»	3	2	4/12	»	9	124	736
461	»	3	2	5/12	»	9	144	572
2	»	3	2	6/12	»	9	164	409
3	»	3	2	7/12	»	9	184	245
4	»	3	2	8/12	»	9	204	081
5	»	3	2	9/12	»	9	223	918
6	»	3	2	10/12	»	9	243	754
7	»	3	2	11/12	»	9	263	591
8	»	3	3	»	»	9	283	427
9	»	3	3	1/12	»	9	303	203
470	»	3	3	2/12	»	9	323	400
471	»	3	3	3/12	»	9	342	936
2	»	3	3	4/12	»	9	362	772
3	»	3	3	5/12	»	9	382	609
4	»	3	3	6/12	»	9	402	445
5	»	3	3	7/12	»	9	422	282
6	»	3	3	8/12	»	9	442	118
7	»	3	3	9/12	»	9	461	954
8	»	3	3	10/12	»	9	481	791
9	»	3	3	11/12	»	9	501	627
480	»	3	4	»	»	9	521	464
481	»	3	4	1/12	»	9	541	300
2	»	3	4	2/12	»	9	561	136
3	»	3	4	3/12	»	9	580	973
4	»	3	4	4/12	»	9	600	809
5	»	3	4	5/12	»	9	620	645
6	»	3	4	6/12	»	9	640	482
7	»	3	4	7/12	»	9	660	318
8	»	3	4	8/12	»	9	680	155
9	»	3	4	9/12	»	9	699	991
490	»	3	4	10/12	»	9	719	827

Chapitre VIII. — Tables de conversion pour le cubage des bois équarris.

POUCES CUBES.	Pieds cubes.	Pouces cubes.	Lignes cubes.	Fractions de la Ligne cube.	Mètres cubes.	Décimètres cubes.	Centimètres cubes.	Millimètres cubes.
491	»	3	4	11/12	»	9	739	664
2	»	3	5	»	»	9	759	500
3	»	3	5	1/12	»	9	779	336
4	»	3	5	2/12	»	9	799	173
5	»	3	5	3/12	»	9	819	009
6	»	3	5	4/12	»	9	838	846
7	»	3	5	5/12	»	9	858	682
8	»	3	5	6/12	»	9	878	518
9	»	3	5	7/12	»	9	898	355
500	»	3	5	8/12	»	9	918	191
501	»	3	5	9/12	»	9	938	028
2	»	3	5	10/12	»	9	957	864
3	»	3	5	11/12	»	9	977	701
4	»	3	6	»	»	9	997	537
5	»	3	6	1/12	»	10	017	374
6	»	3	6	2/12	»	10	037	210
7	»	3	6	3/12	»	10	057	046
8	»	3	6	4/12	»	10	076	883
9	»	3	6	5/12	»	10	096	719
510	»	3	6	6/12	»	10	116	555
511	»	3	6	7/12	»	10	136	392
2	»	3	6	8/12	»	10	156	228
3	»	3	6	9/12	»	10	176	065
4	»	3	6	10/12	»	10	195	901
5	»	3	6	11/12	»	10	215	737
6	»	3	7	»	»	10	235	574
7	»	3	7	1/12	»	10	255	410
8	»	3	7	2/12	»	10	275	247
9	»	3	7	3/12	»	10	295	083
520	»	3	7	4/12	»	10	314	919
521	»	3	7	5/12	»	10	334	756
2	»	3	7	6/12	»	10	354	592
3	»	3	7	7/12	»	10	374	428
4	»	3	7	8/12	»	10	394	265
5	»	3	7	9/12	»	10	414	101
6	»	3	7	10/12	»	10	433	938
7	»	3	7	11/12	»	10	453	774
8	»	3	8	»	»	10	473	610
9	»	3	8	1/12	»	10	493	447
530	»	3	8	2/12	»	10	513	283
531	»	3	8	3/12	»	10	533	120
2	»	3	8	4/12	»	10	552	956
3	»	3	8	5/12	»	10	572	792
4	»	3	8	6/12	»	10	592	629
5	»	3	8	7/12	»	10	612	465
6	»	3	8	8/12	»	10	632	301
7	»	3	8	9/12	»	10	652	238
8	»	3	8	10/12	»	10	671	974
9	»	3	8	11/12	»	10	691	811
540	»	3	9	»	»	10	711	647

Chapitre VIII. — Tables de conversion pour le cubage des bois équarris.

POUCES cubes.	Pieds cubes.	Pouces cubes.	Lignes cubes.	Fractions de la Ligne cube.	Mètres cubes.	Décimètres cubes.	Centimètres cubes.	Millimètres cubes.
541	»	3	9	1/12	»	10	731	483
2	»	3	9	2/12	»	10	751	320
3	»	3	9	3/12	»	10	771	156
4	»	3	9	4/12	»	10	790	992
5	»	3	9	5/12	»	10	810	829
6	»	3	9	6/12	»	10	830	665
7	»	3	9	7/12	»	10	850	502
8	»	3	9	8/12	»	10	870	338
9	»	3	9	9/12	»	10	890	174
550	»	3	9	10/12	»	10	910	011
551	»	3	9	11/12	»	10	929	847
2	»	3	10	»	»	10	949	684
3	»	3	10	1/12	»	10	969	520
4	»	3	10	2/12	»	10	989	356
5	»	3	10	3/12	»	10	009	193
6	»	3	10	4/12	»	10	029	029
7	»	3	10	5/12	»	10	048	865
8	»	3	10	6/12	»	10	068	702
9	»	3	10	7/12	»	10	088	538
560	»	3	10	8/12	»	10	108	375
561	»	3	10	9/12	»	11	128	211
2	»	3	10	10/12	»	11	148	047
3	»	3	10	11/12	»	11	167	884
4	»	3	11	»	»	11	187	720
5	»	3	11	1/12	»	11	207	557
6	»	3	11	2/12	»	11	227	393
7	»	3	11	3/12	»	11	247	229
8	»	3	11	4/12	»	11	267	066
9	»	3	11	5/12	»	11	286	902
570	»	3	11	6/12	»	11	306	738
571	»	3	11	7/12	»	11	326	575
2	»	3	11	8/12	»	11	346	411
3	»	3	11	9/12	»	11	366	248
4	»	3	11	10/12	»	11	386	084
5	»	3	11	11/12	»	11	405	920
6	»	4	»	»	»	11	425	757
7	»	4	»	1/12	»	11	445	593
8	»	4	»	2/12	»	11	465	429
9	»	4	»	3/12	»	11	485	266
580	»	4	»	4/12	»	11	505	102
581	»	4	»	5/12	»	11	524	939
2	»	4	»	6/12	»	11	544	775
3	»	4	»	7/12	»	11	564	611
4	»	4	»	8/12	»	11	584	448
5	»	4	»	9/12	»	11	604	284
6	»	4	»	10/12	»	11	624	121
7	»	4	»	11/12	»	11	643	957
8	»	4	1	»	»	11	663	793
9	»	4	1	1/12	»	11	683	630
590	»	4	1	2/12	»	11	703	466

Chapitre VIII. — Tables de conversion pour le cubage des bois équarris.

POUCES CUBES.	Pieds cubes.	Pouces cubes.	Lignes cubes.	Fractions de la Ligne cube.	Mètres cubes.	Décimètres cubes.	Centimètres cubes.	Millimètres cubes.
591	»	4	1	3/12	»	11	723	302
2	»	4	1	4/12	»	11	743	138
3	»	4	1	5/12	»	11	762	975
4	»	4	1	6/12	»	11	782	811
5	»	4	1	7/12	»	11	802	648
6	»	4	1	8/12	»	11	822	484
7	»	4	1	9/12	»	11	842	320
8	»	4	1	10/12	»	11	862	157
9	»	4	1	11/22	»	11	881	993
600	»	4	2	»	»	11	901	829
601	»	4	2	1/12	»	11	921	666
2	»	4	2	2/12	»	11	941	503
3	»	4	2	3/12	»	11	961	339
4	»	4	2	4/12	»	11	981	175
5	»	4	2	5/12	»	12	001	011
6	»	4	2	6/12	»	12	020	848
7	»	4	2	7/12	»	12	040	684
8	»	4	2	8/12	»	12	060	520
9	»	4	2	9/12	»	12	080	357
610	»	4	2	10/12	»	12	100	193
611	»	4	3	11/12	»	12	120	030
2	»	4	3	»	»	12	139	866
3	»	4	3	1/12	»	12	159	702
4	»	4	3	2/12	»	12	179	539
5	»	4	3	3/12	»	12	199	375
6	»	4	3	4/12	»	12	219	211
7	»	4	3	5/12	»	12	239	048
8	»	4	3	6/12	»	12	258	881
9	»	4	3	7/12	»	12	278	721
620	»	4	3	8/12	»	12	298	557
621	»	4	3	9/12	»	12	318	393
2	»	4	3	10/12	»	12	338	230
3	»	4	3	11/12	»	12	358	066
4	»	4	4	»	»	12	377	903
5	»	4	4	1/12	»	12	397	739
6	»	4	4	2/12	»	12	417	575
7	»	4	4	3/12	»	12	437	412
8	»	4	4	4/12	»	12	457	248
9	»	4	4	5/12	»	12	477	084
630	»	4	4	6/12	»	12	496	921
631	»	4	4	7/12	»	12	516	757
2	»	4	4	8/12	»	12	536	594
3	»	4	4	9/12	»	12	556	430
4	»	4	4	10/12	»	12	576	266
5	»	4	4	11/12	»	12	596	103
6	»	4	5	»	»	12	615	939
7	»	4	5	1/12	»	12	635	776
8	»	4	5	2/12	»	12	655	612
9	»	4	5	3/12	»	12	675	448
640	»	4	5	4/12	»	12	695	285

Chapitre VIII. — Tables de conversion pour le cubage des bois équarris.

POUCES CUBES.	Pieds cubes.	Pouces cubes.	Lignes cubes.	Fractions de la Ligne cube.	Mètres cubes.	Décimètres cubes.	Centimètres cubes.	Millimètres cubes.
641	»	4	5	5/12	»	12	715	121
2	»	4	5	6/12	»	12	734	957
3	»	4	5	7/12	»	12	754	794
4	»	4	5	8/12	»	12	774	630
5	»	4	5	9/12	»	12	794	467
6	»	4	5	10/12	»	12	814	303
7	»	4	5	11/12	»	12	834	139
8	»	4	6	»	»	12	853	976
9	»	4	6	1/12	»	12	873	812
650	»	4	6	2/12	»	12	893	649
651	»	4	6	3/12	»	12	913	485
2	»	4	6	4/12	»	12	933	321
3	»	4	6	5/12	»	12	953	158
4	»	4	6	6/12	»	12	972	994
5	»	4	6	7/12	»	12	992	830
6	»	4	6	8/12	»	13	012	667
7	»	4	6	9/12	»	13	032	503
8	»	4	6	10/12	»	13	052	340
9	»	4	6	11/12	»	13	072	176
660	»	4	7	»	»	13	092	012
661	»	4	7	1/12	»	13	111	849
2	»	4	7	2/12	»	13	131	685
3	»	4	7	3/12	»	13	151	521
4	»	4	7	4/12	»	13	171	358
5	»	4	7	5/12	»	13	191	194
6	»	4	7	6/12	»	13	211	031
7	»	4	7	7/12	»	13	230	867
8	»	4	7	8/12	»	13	250	703
9	»	4	7	9/12	»	13	270	540
670	»	4	7	10/12	»	13	290	376
671	»	4	7	11/12	»	13	310	213
2	»	4	8	»	»	13	330	049
3	»	4	8	1/12	»	13	349	885
4	»	4	8	2/12	»	13	369	722
5	»	4	8	3/12	»	13	389	558
6	»	4	8	4/12	»	13	409	394
7	»	4	8	5/12	»	13	429	231
8	»	4	8	6/12	»	13	449	067
9	»	4	8	7/12	»	13	468	904
680	»	4	8	8/12	»	13	488	740
681	»	4	8	9/12	»	13	508	576
2	»	4	8	10/12	»	13	528	413
3	»	4	8	11/12	»	13	548	249
4	»	4	9	»	»	13	568	086
5	»	4	9	1/12	»	13	587	922
6	»	4	9	2/12	»	13	607	758
7	»	4	9	3/12	»	13	627	595
8	»	4	9	4/12	»	13	647	431
9	»	4	9	5/12	»	13	667	267
690	»	4	9	6/12	»	13	687	104

Chapitre VIII. — Tables de conversion pour le cubage des bois équarris.

POUCES CUBES.	Pieds cubes.	Pouces cubes.	Lignes cubes.	Fractions de la Ligne cube.	Mètres cubes.	Décimètres cubes.	Centimètres cubes.	Millimètres cubes.
691	»	4	9	7/12	»	13	706	940
2	»	4	9	8/12	»	13	726	777
3	»	4	9	9/12	»	13	746	613
4	»	4	9	10/12	»	13	766	449
5	»	4	9	11/12	»	13	786	286
6	»	4	10	»	»	13	806	122
7	»	4	10	1/12	»	13	825	958
8	»	4	10	2/12	»	13	845	795
9	»	4	10	3/12	»	13	865	631
700	»	4	10	4/12	»	13	885	468
701	»	4	10	5/12	»	13	905	304
2	»	4	10	6/12	»	13	925	140
3	»	4	10	7/12	»	13	944	977
4	»	4	10	8/12	»	13	964	813
5	»	4	10	9/12	»	13	984	650
6	»	4	10	10/12	»	14	004	486
7	»	4	10	11/12	»	14	024	322
8	»	4	11	»	»	14	044	159
9	»	4	11	1/12	»	14	063	995
710	»	4	11	2/12	»	14	083	831
711	»	4	11	3/12	»	14	103	668
2	»	4	11	4/12	»	14	123	504
3	»	4	11	5/12	»	14	143	341
4	»	4	11	6/12	»	14	163	177
5	»	4	11	7/12	»	14	183	013
6	»	4	11	8/12	»	14	202	850
7	»	4	11	9/12	»	14	222	686
8	»	4	11	10/12	»	14	242	523
9	»	4	11	11/12	»	14	262	359
720	»	5	»	»	»	14	282	195
721	»	5	»	1/12	»	14	302	032
2	»	5	»	2/12	»	14	321	868
3	»	5	»	3/12	»	14	341	704
4	»	5	»	4/12	»	14	361	541
5	»	5	»	5/12	»	14	381	377
6	»	5	»	6/12	»	14	401	214
7	»	5	»	7/12	»	14	421	050
8	»	5	»	8/12	»	14	440	886
9	»	5	»	9/12	»	14	460	723
730	»	5	»	10/12	»	14	480	559
731	»	5	»	11/12	»	14	500	395
2	»	5	1	»	»	14	520	232
3	»	5	1	1/12	»	14	540	068
4	»	5	1	2/12	»	14	559	905
5	»	5	1	3/12	»	14	579	741
6	»	5	1	4/12	»	14	599	577
7	»	5	1	5/12	»	14	619	414
8	»	5	1	6/12	»	14	639	250
9	»	5	1	7/12	»	14	659	087
740	»	5	1	8/12	»	14	678	923

Chapitre VIII. — Tables de conversion pour le cubage des bois équarris.

POUCES CUBES.	Pieds cubes.	Pouces cubes.	Lignes cubes.	Fractions de la Ligne cube.	Mètres cubes.	Décimètres cubes.	Centimètres cubes.	Millimètres cubes.
741	»	5	1	9/12	»	14	698	759
2	»	5	1	10/12	»	14	718	596
3	»	5	1	11/12	»	14	738	432
4	»	5	2	»	»	14	758	268
5	»	5	2	1/12	»	14	778	105
6	»	5	2	2/12	»	14	797	941
7	»	5	2	3/12	»	14	817	978
8	»	5	2	4/12	»	14	837	614
9	»	5	2	5/12	»	14	857	450
750	»	5	2	6/12	»	14	877	287
751	»	5	2	7/12	»	14	897	123
2	»	5	2	8/12	»	14	916	960
3	»	5	2	9/12	»	14	936	796
4	»	5	2	10/12	»	14	956	632
5	»	5	2	11/12	»	14	976	469
6	»	5	3	»	»	14	996	305
7	»	5	3	1/12	»	15	016	141
8	»	5	3	2/12	»	15	035	978
9	»	5	3	3/12	»	15	055	814
760	»	5	3	4/12	»	15	075	651
761	»	5	3	5/12	»	15	095	487
2	»	5	3	6/12	»	15	115	323
3	»	5	3	7/12	»	15	135	160
4	»	5	3	8/12	»	15	154	996
5	»	5	3	9/12	»	15	174	832
6	»	5	3	10/12	»	15	194	669
7	»	5	3	11/12	»	15	214	505
8	»	5	4	»	»	15	234	342
9	»	5	4	1/12	»	15	254	178
770	»	5	4	2/12	»	15	274	014
771	»	5	4	3/12	»	15	293	851
2	»	5	4	4/12	»	15	313	687
3	»	5	4	5/12	»	15	333	524
4	»	5	4	6/12	»	15	353	360
5	»	5	4	7/12	»	15	373	196
6	»	5	4	8/12	»	15	393	033
7	»	5	4	9/12	»	15	412	869
8	»	5	4	10/12	»	15	432	705
9	»	5	4	11/12	»	15	452	542
780	»	5	5	»	»	15	472	378
781	»	5	5	1/12	»	15	492	215
2	»	5	5	2/12	»	15	512	051
3	»	5	5	3/12	»	15	531	887
4	»	5	5	4/12	»	15	551	724
5	»	5	5	5/12	»	15	571	560
6	»	5	5	6/12	»	15	591	397
7	»	5	5	7/12	»	15	611	233
8	»	5	5	8/12	»	15	631	069
9	»	5	5	9/12	»	15	650	906
790	»	5	5	10/12	»	15	670	742

Chapitre VIII. — Tables de conversion pour le cubage des bois équarris.

POUCES CUBES.	Pieds cubes.	Pouces cubes.	Lignes cubes.	Fractions de la Ligne cube.	Mètres cubes.	Décimètres cubes.	Centimètres cubes.	Millimètres cubes.
791	»	5	5	11/12	»	15	690	578
2	»	5	6	»	»	15	710	415
3	»	5	6	1/12	»	15	730	251
4	»	5	6	2/12	»	15	750	088
5	»	5	6	3/12	»	15	769	924
6	»	5	6	4/12	»	15	789	760
7	»	5	6	5/12	»	15	809	597
8	»	5	6	6/12	»	15	829	433
9	»	5	6	7/12	»	15	849	269
800	»	5	6	8/12	»	15	869	106
801	»	5	6	9/12	»	15	888	942
2	»	5	6	10/12	»	15	908	779
3	»	5	6	11/12	»	15	928	615
4	»	5	7	»	»	15	948	451
5	»	5	7	1/12	»	15	968	288
6	»	5	7	2/12	»	15	988	124
7	»	5	7	3/12	»	16	007	961
8	»	5	7	4/12	»	16	027	797
9	»	5	7	5/12	»	16	047	633
810	»	5	7	6/12	»	16	067	470
811	»	5	7	7/12	»	16	087	306
2	»	5	7	8/12	»	16	107	142
3	»	5	7	9/12	»	16	126	979
4	»	5	7	10/12	»	16	146	815
5	»	5	7	11/12	»	16	166	651
6	»	5	8	»	»	16	186	488
7	»	5	8	1/12	»	16	206	324
8	»	5	8	2/12	»	16	226	161
9	»	5	8	3/12	»	16	245	997
820	»	5	8	4/12	»	16	265	834
821	»	5	8	5/12	»	16	285	670
2	»	5	8	6/12	»	16	305	506
3	»	5	8	7/12	»	16	325	343
4	»	5	8	8/12	»	16	345	179
5	»	5	8	9/12	»	16	365	015
6	»	5	8	10/12	»	16	384	852
7	»	5	8	11/12	»	16	404	688
8	»	5	9	»	»	16	424	525
9	»	5	9	1/12	»	16	444	361
830	»	5	9	2/12	»	16	464	197
831	»	5	9	3/12	»	16	484	034
2	»	5	9	4/12	»	16	503	870
3	»	5	9	5/12	»	16	523	706
4	»	5	9	6/12	»	16	543	543
5	»	5	9	7/12	»	16	563	379
6	»	5	9	8/12	»	16	583	216
7	»	5	9	9/12	»	16	603	052
8	»	5	9	10/12	»	16	622	888
9	»	5	9	11/12	»	16	642	725
840	»	5	10	»	»	16	662	561

Chapitre VIII. — Tables de conversion pour le cubage des bois équarris.

POUCES CUBES.	Pieds cubes.	Pouces cubes.	Lignes cubes.	Fractions de la Ligne cube.	Mètres cubes.	Décimètres cubes.	Centimètres cubes.	Millimètres cubes.
841	»	5	10	1/12	»	16	682	398
2	»	5	10	2/12	»	16	702	234
3	»	5	10	3/12	»	16	722	070
4	»	5	10	4/12	»	16	741	907
5	»	5	10	5/12	»	16	761	743
6	»	5	10	6/12	»	16	781	579
7	»	5	10	7/12	»	16	801	416
8	»	5	10	8/12	»	16	821	252
9	»	5	10	9/12	»	16	841	089
850	»	5	10	10/12	»	16	860	925
851	»	5	10	11/12	»	16	880	761
2	»	5	11	»	»	16	900	598
3	»	5	11	1/12	»	16	920	434
4	»	5	11	2/12	»	16	940	271
5	»	5	11	3/12	»	16	960	107
6	»	5	11	4/12	»	16	979	943
7	»	5	11	5/12	»	16	999	780
8	»	5	11	6/12	»	17	019	616
9	»	5	11	7/12	»	17	039	452
860	»	5	11	8/12	»	17	059	289
861	»	5	11	9/12	»	17	079	125
2	»	5	11	10/12	»	17	098	962
3	»	5	11	11/12	»	17	118	798
4	»	6	»	»	»	17	138	624
5	»	6	»	1/12	»	17	158	471
6	»	6	»	2/12	»	17	178	307
7	»	6	»	3/12	»	17	198	143
8	»	6	»	4/12	»	17	217	980
9	»	6	»	5/12	»	17	237	816
870	»	6	»	6/12	»	17	257	653
871	»	6	»	7/12	»	17	277	489
2	»	6	»	8/12	»	17	297	325
3	»	6	»	9/12	»	17	317	162
4	»	6	»	10/12	»	17	336	998
5	»	6	»	11/12	»	17	356	835
6	»	6	1	»	»	17	376	671
7	»	6	1	1/12	»	17	396	507
8	»	6	1	2/12	»	17	416	344
9	»	6	1	3/12	»	17	436	180
880	»	6	1	4/12	»	17	456	016
881	»	6	1	5/12	»	17	475	852
2	»	6	1	6/12	»	17	495	689
3	»	6	1	7/12	»	17	515	526
4	»	6	1	8/12	»	17	535	362
5	»	6	1	9/12	»	17	555	198
6	»	6	1	10/12	»	17	575	035
7	»	6	1	11/12	»	17	594	871
8	»	6	2	»	»	17	614	708
9	»	6	2	1/12	»	17	634	544
890	»	6	2	2/12	»	17	654	380

Chapitre VIII. — Tables de conversion pour le cubage des bois équarris.

POUCES CUBES.	Pieds cubes.	Pouces cubes.	Lignes cubes.	Fractions de la Ligne cube.	Mètres cubes.	Décimètres cubes.	Centimètres cubes.	Millimètres cubes.
891	»	6	2	3/12	»	17	674	217
2	»	6	2	4/12	»	17	694	053
3	»	6	2	5/12	»	17	713	889
4	»	6	2	6/12	»	17	733	726
5	»	6	2	7/12	»	17	753	562
6	»	6	2	8/12	»	17	773	399
7	»	6	2	9/12	»	17	793	235
8	»	6	2	10/12	»	17	813	071
9	»	6	2	11/22	»	17	832	908
900	»	6	3	»	»	17	852	744
901	»	6	3	1/12	»	17	872	580
2	»	6	3	2/12	»	17	892	417
3	»	6	3	3/12	»	17	912	253
4	»	6	3	4/12	»	17	932	090
5	»	6	3	5/12	»	17	951	926
6	»	6	3	6/12	»	17	971	762
7	»	6	3	7/12	»	17	991	599
8	»	6	3	8/12	»	18	011	435
9	»	6	3	9/12	»	18	031	272
910	»	6	3	10/12	»	18	051	108
911	»	6	3	11/12	»	18	070	944
2	»	6	4	»	»	18	090	781
3	»	6	4	1/12	»	18	110	617
4	»	6	4	2/12	»	18	130	453
5	»	6	4	3/12	»	18	150	290
6	»	6	4	4/12	»	18	170	126
7	»	6	4	5/12	»	18	189	963
8	»	6	4	6/12	»	18	209	799
9	»	6	4	7/12	»	18	229	635
920	»	6	4	8/12	»	18	249	479
921	»	6	4	9/12	»	18	269	308
2	»	6	4	10/12	»	18	289	145
3	»	6	4	11/12	»	18	308	981
4	»	6	5	»	»	18	328	817
5	»	6	5	1/12	»	18	348	654
6	»	6	5	2/12	»	18	368	490
7	»	6	5	3/12	»	18	388	326
8	»	6	5	4/12	»	18	408	163
9	»	6	5	5/12	»	18	427	999
930	»	6	5	6/12	»	18	447	836
931	»	6	5	7/12	»	18	467	672
2	»	6	5	8/12	»	18	487	508
3	»	6	5	9/12	»	18	507	345
4	»	6	5	10/12	»	18	527	181
5	»	6	5	11/12	»	18	547	017
6	»	6	6	»	»	18	566	854
7	»	6	6	1/12	»	18	586	690
8	»	6	6	2/12	»	18	606	527
9	»	6	6	3/12	»	18	626	363
940	»	6	6	4/12	»	18	646	199

Chapitre VIII. — Tables de conversion pour le cubage des bois équarris.

POUCES CUBES.	Pieds cubes.	Pouces cubes.	Lignes cubes.	Fractions de la Ligne cube.	Mètres cubes.	Décimètres cubes.	Centimètres cubes.	Millimètres cubes.
941	»	6	6	5/12	»	18	666	036
2	»	6	6	6/12	»	18	685	872
3	»	6	6	7/12	»	18	705	709
4	»	6	6	8/12	»	18	725	545
5	»	6	6	9/12	»	18	745	381
6	»	6	6	10/12	»	18	765	218
7	»	6	6	11/12	»	18	785	054
8	»	6	7	»	»	18	804	890
9	»	6	7	1/12	»	18	824	727
950	»	6	7	2/12	»	18	844	563
951	»	6	7	3/12	»	18	864	400
2	»	6	7	4/12	»	18	884	236
3	»	6	7	5/12	»	18	904	072
4	»	6	7	6/12	»	18	923	909
5	»	6	7	7/12	»	18	943	745
6	»	6	7	8/12	»	18	963	582
7	»	6	7	9/12	»	18	983	428
8	»	6	7	10/12	»	19	003	254
9	»	6	7	11/12	»	19	023	091
960	»	6	8	»	»	19	042	927
961	»	6	8	1/12	»	19	062	763
2	»	6	8	2/12	»	19	082	600
3	»	6	8	3/12	»	19	102	436
4	»	6	8	4/12	»	19	122	273
5	»	6	8	5/12	»	19	142	109
6	»	6	8	6/12	»	19	161	945
7	»	6	8	7/12	»	19	181	782
8	»	6	8	8/12	»	19	201	618
9	»	6	8	9/12	»	19	221	454
970	»	6	8	10/12	»	19	241	291
971	»	0	8	11/12	»	19	261	127
2	»	6	9	»	»	19	280	964
3	»	6	9	1/12	»	19	300	800
4	»	6	9	2/12	»	19	320	636
5	»	6	9	3/12	»	19	340	473
6	»	6	9	4/12	»	19	360	309
7	»	6	9	5/12	»	19	380	146
8	»	6	9	6/12	»	19	399	982
9	»	6	9	7/12	»	19	419	818
980	»	6	9	8/12	»	19	439	655
981	»	6	9	9/12	»	19	459	491
2	»	6	9	10/12	»	19	479	327
3	»	6	9	11/12	»	19	499	164
4	»	6	10	»	»	19	519	000
5	»	6	10	1/12	»	19	538	837
6	»	6	10	2/12	»	19	558	673
7	»	6	10	3/12	»	19	578	509
8	»	6	10	4/12	»	19	598	346
9	»	6	10	5/12	»	19	618	182
990	»	6	10	6/12	»	19	638	018

Chapitre VIII. — Tables de conversion pour le cubage des bois équarris.

POUCES CUBES.	Pieds cubes.	Pouces cubes.	Lignes cubes.	Fractions de la Ligne cube.	Mètres cubes.	Décimètres cubes.	Centimètres cubes.	Millimètres cubes.
991	»	6	10	7/12	»	19	657	855
2	»	6	10	8/12	»	19	677	691
3	»	6	10	9/12	»	19	697	528
4	»	6	10	10/12	»	19	717	364
5	»	6	10	11/12	»	19	727	200
6	»	6	11	»	»	19	757	036
7	»	6	11	1/12	»	19	776	873
8	»	6	11	2/12	»	19	796	709
9	»	6	11	3/12	»	19	816	546
1000	»	6	11	4/12	»	19	836	382
1000	»	6	11	4/12	»	19	836	382
2000	1	1	10	8/12	»	39	672	765
3000	1	8	10	»	»	59	509	147
4000	2	3	9	4/12	»	79	345	529
5000	2	10	8	8/12	»	99	181	912
6000	3	5	8	»	»	119	018	294
7000	4	0	7	4/12	»	138	054	676
8000	4	7	6	8/12	»	158	691	059
9000	5	2	6	»	»	178	527	441
10000	5	9	5	4/12	»	198	363	823
11000	6	4	4	8/12	»	218	200	206
2000	6	11	4	»	»	238	036	588
3000	7	6	3	4/12	»	257	872	970
4000	8	1	2	8/12	»	277	709	353
5000	8	8	2	»	»	297	545	735
6000	9	3	1	4/12	»	317	382	117
7000	9	10	0	8/12	»	337	218	500
8000	10	5	0	»	»	357	054	882
9000	10	11	11	4/12	»	376	891	264
20000	11	6	10	8/12	»	396	727	647
21000	12	1	10	»	»	416	564	029
2000	12	8	9	4/12	»	436	400	411
3000	13	3	8	8/12	»	456	236	794
4000	13	10	8	»	»	476	073	176
5000	14	5	7	4/12	»	495	909	558
6000	15	0	6	8/12	»	515	745	941
7000	15	7	6	»	»	535	582	323
8000	16	2	5	4/12	»	555	418	706
9000	16	9	4	8/12	»	575	255	087
30000	17	4	4	»	»	595	091	470
31000	17	11	9	4/12	»	614	927	853
2000	18	6	2	8/12	»	634	764	235
3000	19	1	2	»	»	654	600	617
4000	19	8	1	4/12	»	674	437	000
5000	20	3	0	8/12	»	594	273	382
6000	20	10	0	»	»	714	109	764
7000	21	4	11	4/12	»	733	946	147
8000	21	11	10	8/12	»	753	782	529
9000	22	6	10	»	»	773	618	911
40000	23	1	9	4/12	»	793	455	294

Chapitre VIII. — Tables de conversion pour le cubage des bois équarris.

POUCES CUBES.	Pieds cubes.	Pouces cubes.	Lignes cubes.	Fractions de la Ligne cube.	Mètres cubes.	Décimètres cubes.	Centimètres cubes.	Millimètres cubes.
41000	23	8	8	8/12	»	813	291	676
2000	24	3	8	»	»	833	128	058
3000	24	10	7	4/12	»	852	964	441
4000	25	5	6	8/12	»	872	800	823
5000	26	0	6	»	»	892	637	205
6000	26	7	5	4/12	»	912	473	588
7000	27	2	4	8/12	»	932	309	970
8000	27	9	4	»	»	952	146	352
9000	28	4	3	4/12	»	971	982	735
50000	28	11	2	8/12	»	991	819	117
51000	29	6	2	»	1	011	655	499
2000	30	1	1	4/12	1	031	491	882
3000	30	7	0	8/12	1	051	328	264
4000	31	3	0	»	1	071	164	646
5000	31	9	11	4/12	1	091	001	029
6000	32	4	10	8/12	1	110	837	411
7000	32	11	10	»	1	130	673	793
8000	33	6	9	4/12	1	150	510	176
9000	34	1	8	8/12	1	170	346	558
60000	34	8	8	»	1	190	182	940
61000	35	3	7	4/12	1	210	019	323
2000	35	10	6	8/12	1	229	855	705
3000	36	5	6	»	1	249	692	087
4000	37	0	5	4/12	1	269	528	470
5000	37	7	4	8/12	1	289	364	852
6000	38	2	4	»	1	309	201	234
7000	38	9	3	4/12	1	329	037	617
8000	39	4	2	8/12	1	348	873	999
9000	39	11	2	»	1	368	710	381
70000	40	6	1	4/12	1	388	546	764
71000	41	1	0	8/12	1	408	383	146
2000	41	8	0	»	1	428	219	528
3000	42	2	11	4/12	1	448	055	911
4000	42	9	10	8/12	1	467	892	293
5000	43	4	10	»	1	487	728	675
6000	43	11	9	4/12	1	507	565	058
7000	44	6	8	8/12	1	527	401	440
8000	45	1	8	»	1	547	237	822
9000	45	8	7	4/12	1	567	074	205
80000	46	3	6	8/12	1	586	910	587
81000	46	10	6	»	1	606	746	969
2000	47	5	5	4/12	1	626	583	352
3000	48	0	4	8/12	1	646	419	735
4000	48	7	4	»	1	666	256	117
5000	49	2	3	4/12	1	686	092	499
6000	49	9	2	8/12	1	705	928	881
7000	50	4	2	»	1	725	765	264
8000	50	11	1	4/12	1	745	601	646
9000	51	6	0	8/12	1	765	438	028
90000	52	1	0	»	1	785	274	411

Chapitre VIII. — Tables de conversion pour le cubage des bois équarris.

POUCES CUBES.	Pieds cubes.	Pouces cubes.	Lignes cubes.	Fractions de la Ligne cube.	Mètres cubes.	Décimètres cubes.	Centimètres cubes.	Millimètres cubes.
91000	52	7	11	4/12	1	805	110	793
2000	53	2	10	8/12	1	824	947	175
3000	53	9	10	»	1	844	783	558
4000	54	4	9	4/12	1	864	619	940
5000	54	11	8	8/12	1	884	456	322
6000	55	6	8	»	1	904	292	705
7000	56	1	7	4/12	1	924	129	087
8000	56	8	6	8/12	1	943	965	369
9000	57	3	6	»	1	963	801	752
100000	57	10	5	4/12	1	983	638	234
101000	58	5	4	8/12	2	003	474	616
2000	59	0	4	»	2	023	310	999
3000	59	7	3	4/12	2	043	147	381
4000	60	2	2	8/12	2	062	984	763
5000	60	9	2	»	2	082	820	146
6000	61	4	1	4/12	2	102	656	528
7000	61	11	0	8/12	2	122	492	910
8000	62	6	0	»	2	142	329	293
9000	63	0	11	4/12	2	162	165	675
110000	63	7	10	8/12	2	182	002	057
111000	64	2	10	»	2	201	838	440
2000	64	9	9	4/12	2	221	674	822
3000	65	4	8	8/12	2	241	511	204
4000	65	11	8	»	2	261	347	587
5000	66	6	7	4/12	2	281	183	969
6000	67	1	6	8/12	2	301	020	351
7000	67	8	6	»	2	320	856	734
8000	68	3	5	4/12	2	340	693	116
9000	68	10	4	8/12	2	360	529	498
120000	69	5	4	»	2	380	365	881
121000	70	0	3	4/12	2	400	202	263
2000	70	7	2	8/12	2	420	038	645
3000	71	2	2	»	2	439	875	028
4000	71	9	1	4/12	2	459	711	410
5000	72	4	0	8/12	2	479	547	792
6000	72	11	0	»	2	499	384	175
7000	73	5	11	4/12	2	519	220	557
8000	74	0	10	8/12	2	539	056	939
9000	74	7	10	»	2	558	893	322
130000	75	2	9	4/12	2	578	720	704
131000	75	9	8	8/12	2	598	566	086
2000	76	4	8	»	2	618	402	469
3000	76	11	7	4/12	2	638	238	851
4000	77	6	6	8/12	2	658	075	233
5000	78	1	6	»	2	677	911	616
6000	78	8	5	4/12	2	697	747	998
7000	79	3	4	8/12	2	717	584	380
8000	79	10	4	»	2	737	420	763
9000	80	5	3	4/12	2	757	257	145
140000	81	0	2	8/12	2	777	093	527

Chapitre VIII. — Tables de conversion pour le cubage des bois équarris.

POUCES CUBES.	Pieds cubes.	Pouces cubes.	Lignes cubes.	Fractions de la Ligne cube.	Mètres cubes.	Décimètres cubes.	Centimètres cubes.	Millimètres cubes.
141000	81	7	2	»	2	796	929	910
2000	82	2	1	4/12	2	816	766	292
3000	82	9	0	8/12	2	836	602	675
4000	83	4	0	»	2	856	439	057
5000	83	10	11	4/12	2	876	275	439
6000	84	5	10	8/12	2	896	111	822
7000	85	0	10	»	2	915	948	204
8000	85	7	9	4/12	2	935	784	586
9000	86	2	8	8/12	2	955	620	969
150000	86	9	8	»	2	975	457	351
151000	87	4	7	4/12	2	995	293	733
2000	87	11	6	8/12	3	015	130	116
3000	88	6	6	»	3	034	966	498
4000	89	1	8	4/12	3	054	802	880
5000	89	8	4	8/12	3	074	639	263
6000	90	3	4	»	3	094	475	645
7000	90	10	3	4/12	3	114	312	027
8000	91	5	2	8/12	3	134	148	410
9000	92	0	2	»	3	153	984	799
160000	92	7	1	4/12	3	173	821	174
161000	93	2	0	8/12	3	193	657	557
2000	93	9	0	»	3	213	493	939
3000	94	3	11	4/12	3	233	330	321
4000	94	10	10	8/12	3	253	166	704
5000	95	5	10	»	3	273	003	086
6000	96	0	9	4/12	3	292	839	468
7000	96	7	8	8/12	3	312	675	851
8000	97	2	8	»	3	332	512	233
9000	97	9	7	4/12	3	352	348	615
170000	98	4	6	8/12	3	372	184	998
171000	98	11	6	»	3	392	021	380
2000	99	6	5	4/12	3	411	857	762
3000	100	1	4	8/12	3	431	694	145
4000	100	8	4	»	3	451	530	527
5000	101	3	3	4/12	3	471	366	909
6000	101	10	2	8/12	3	491	203	292
7000	102	5	2	»	3	511	039	674
8000	103	0	1	4/12	3	530	876	056
9000	103	7	0	8/12	3	550	712	439
180000	104	2	0	»	3	570	548	821
181000	104	8	11	4/12	3	590	385	203
2000	105	3	10	8/12	3	610	221	586
3000	105	10	10	»	3	630	057	968
4000	106	5	9	4/12	3	649	894	350
5000	107	0	8	8/12	3	669	730	733
6000	107	7	8	»	3	689	567	115
7000	108	2	7	4/12	3	709	403	497
8000	108	9	6	8/12	3	729	239	880
9000	109	4	6	»	3	749	076	262
190000	109	11	5	4/12	3	768	912	644

Chapitre VIII. — Tables de conversion pour le cubage des bois équarris.

POUCES CUBES.	Pieds cubes.	Pouces cubes.	Lignes cubes.	Fractions de la Ligne cube.	Mètres cubes.	Décimètres cubes.	Centimètres cubes.	Millimètres cubes.
191000	110	6	4	8/12	3	788	749	027
2000	111	1	4	»	3	808	585	409
3000	111	8	3	4/12	3	828	421	791
4000	112	3	2	8/12	3	848	258	174
5000	112	10	2	»	3	868	094	556
6000	113	5	1	4/12	3	887	930	939
7000	114	0	0	8/12	3	907	767	321
8000	114	7	0	»	3	927	603	703
9000	115	1	11	4/12	3	947	440	086
200000	115	8	10	8/12	3	967	276	467
300000	173	7	4	»	5	950	914	702
400000	231	5	9	4/12	7	934	552	936
500000	289	4	2	8/12	9	918	191	170
600000	347	2	8	»	11	901	829	404
700000	405	1	1	4/12	13	885	467	638
800000	462	11	6	8/12	15	869	107	871
900000	520	10	»	»	17	852	744	105
1000000	578	8	5	4/12	19	836	382	339
2000000	1157	4	10	8/12	39	672	764	679
3000000	1736	1	4	»	59	509	147	018
4000000	2314	9	9	4/12	79	345	529	357
5000000	2893	6	2	8/12	99	181	911	697
6000000	3472	2	8	»	119	018	294	036
7000000	4050	11	1	4/12	138	854	676	375
8000000	4629	7	6	8/12	158	691	058	714
9000000	5208	4	»	»	178	527	441	054
10000000	5787	»	6	4/12	198	363	823	393

CHAPITRE NEUVIÈME.

TAUX DES INTÉRÊTS.

INSTRUCTION

Pour trouver le taux des intérêts d'une manière simple et facile par l'application du Régulateur sur les tables suivantes, à tant pour cent par an, par mois et par jour.

La manière de résoudre le taux des intérêts soit par an, par mois et par jour, soit pour plusieurs années, aussi promptement et avec tant de précision, est due à l'invention de l'instrument graphique nommé Régulateur.

Son application à côté des nombres dont on cherche le résultat ou la valeur, donne la solution avec une précision que l'on ne peut obtenir que par de longs et pénibles calculs.

Les ouvertures que présentent le Régulateur servent à distinguer les unités de leurs subdivisions; la première à gauche marquée unités, et qui est la plus grande, renferme toujours les unités, ou dans ce cas les francs. La deuxième, plus petite à sa droite, renferme les centièmes, et l'autre petite ensuite renferme les centièmes de centièmes, ou des dix-millièmes de l'unité.

A cet effet, pour être persuadé de la briéveté et de la précision que l'on obtient par ma nouvelle méthode, qui ne nécessite simplement que de savoir l'addition, je vais donner des exemples par lesquels on verra que je prouve ce que j'avance.

Premier exemple.

Je suppose qu'on ait prêté ou emprunté 100 fr. à ½ pour cent par mois, et qu'on ait escompté cette somme le vingt-quatrième jour : combien doit-on payer en raison des six jours en moins?

Je cherche la table n° 6 calculée sur le ½ pour cent d'intérêt par mois, et pour avoir le rapport des vingt-quatre jours, j'appose 1° mon Régulateur à côté de 20, ce qui me donne 0 fr. 33 centimes et 33 centièmes de centimes; 2° je le reporte à côté de 4, qui me donne 0 fr. 06 centimes 67 centièmes de centimes. En additionnant ces deux rapports pour les vingt-quatre jours à escompter, j'obtiens 0 fr. 40 cent. Pour la preuve, on n'a qu'à ajouter les six jours, c'est-à-dire le rapport que donnent six jours, qui est 0 fr. 10 centimes, on aura 0 fr. 50 centimes, ce qui fait bien le ½ pour cent par mois, ou à raison de 6 fr. par an, et par jour 0 fr. 01 cent. 67 centièmes de centimes; car si l'on place le Régulateur à côté de 30 jours, on aura 0 fr. 50 cent. pour le ½ pour cent par mois. Le mois est composé de trente jours dans le commerce, et l'année de 360 : règle commerciale.

Opération du premier exemple.

	Francs.	Cent.	Fract.
Les vingt jours donnent.	0	33	33
Les quatre.	0	06	67
Total pour les vingt-quatre jours. . . .	0	40	00
Complément pour le mois, six jours. . .	0	10	00
	0	50	00

Deuxième exemple.

Une personne a emprunté 100 fr. à raison de 6 pour cent d'intérêt par an, mais elle a escompté cette somme au bout de 210 jours : on demande combien elle a dû payer ?

Je cherche la table n° 28 à 6 pour cent; je place le Régulateur à côté de 200 jours qui me donnent, pour le rapport, 3 fr. 33 cent. et 33 centièmes de centime; ensuite je le rapporte à côté de dix jours, qui me donnent 0 fr. 16 cent. et 67 centièmes de centime. Ces deux rapports me donnent, pour le produit des 210 jours, 3 fr. 50 cent. d'escompte.

Opération.

	Francs.	Cent.	Fract.
Les 200 jours donnent	3	33	33
Les 10	0	16	67
	3	50	00
Complément pour l'année, 150 jours. .	2	50	00
Preuve, 6 fr. par an.	6	00	00

Troisième exemple.

Je suppose encore qu'on ait emprunté 100 francs à raison de 6 ½ pour cent d'intérêt par an; au lieu d'avoir gardé cette somme l'année entière, on a escompté au bout de 270 jours : on demande combien on a payé ?

J'appose le Régulateur à côté de 200 jours, table n° 30; j'obtiens pour le rapport 3 fr. 61 cent. 11 centièmes de centime. Je le place à côté de 70 jours, et j'ai pour le rapport 1 fr. 26 cent. 39 centièmes de centime, en additionnant ces deux rapports, j'ai pour résultat de l'intérêt à payer, pour les 270 jours, la somme de 4 fr. 87 cent. 50 centièmes de centime.

Opération.

	Francs.	Cent.	Fract.
Les 200 jours donnent	3	61	11
Les 70	1	26	39
	4	87	50
Complément pour l'année, 90 jours. . .	1	62	50
Preuve, 6 fr. 50 cent. par an.	6	50	00

Quatrième exemple.

On a emprunté une somme de 100 francs à raison de 7 $\frac{1}{4}$ pour cent d'intérêt par an ; au lieu d'avoir payé à la fin de l'année, on a gardé les 100 fr. pendant 19 mois ou 570 jours : combien doit-on payer ?

Opération.

	Francs.	Cent.	Fract.
Les 500 jours donnent	10	06	94
Les 70	1	40	97
	11	47	91
Complément pour 2 ans ou 720 jours.	3	02	00
Preuve pour les 2 années à 7 $\frac{1}{4}$.	14	49	91

Cinquième exemple.

On a prêté une somme de 100 fr. à raison de 5 fr. $\frac{1}{4}$ pour cent d'intérêt par an ; au lieu d'avoir payé les intérêts chaque année, on a été 7 ans sans payer : on demande combien on doit payer pour l'escompte ?

Opération.

D'abord 7 années donnent 2520 jours.

	Francs.	Cent.	Fract.
1° On prend la table n° 27, qui donne pour 2000 jours.	31	94	44
2° On prend pour 500 jours	7	98	61
3° On prend pour 20	0	31	94
Total pour les 2520 jours pour le complément de 7 années.	40	24	99

Sixième exemple.

On a emprunté une somme de 4547 fr. à raison de 7 fr. $\frac{1}{4}$ pour cent d'intérêt par an : combien doit-on escompter chaque année ?

Cette manière d'opérer par le Régulateur ne peut avoir lieu, parce que les tables suivantes ont été dressées pour trouver les intérêts de la somme de 100 fr. à tant par mois ou par an et par jour. Cependant cette opération peut se faire sans multiplier; comme beaucoup de personnes ne sont dans le cas que de connaître l'addition, elles peuvent opérer par le tableau de multiplication contenu dans cet ouvrage. Je vais donner la méthode de s'en servir.

Opération.

Je partage la somme de 4547 fr. en deux parties égales, par conséquent chacune de deux chiffres; les deux premiers de gauche étant censés séparés des deux derniers de droite, expriment 4500 fois 7, ayant remplacé par 2 zéros les deux chiffres 47, qui représentent aussi 47 fois 7; ensuite on prend le $\frac{1}{4}$ de la somme entière 4547, que l'on ajoute aux deux produits trouvés, le premier

	Francs.	Cent.
étant	315	00
Le deuxième	3	29
Et le $\frac{1}{4}$ de 4547	11	37
L'intérêt pour un an de 4547 à 7 $\frac{1}{4}$ est de. .	329	66

Nota. Il n'a fallu que poser trois rapports pour cette opération.

Septième exemple.

On a emprunté une somme de 9448 fr. à raison de 7 $\frac{1}{2}$ pour cent d'intérêt par an : on demande quel sera l'escompte?

On partage cette somme comme dans l'exemple précédent; les deux premiers de gauche expriment 9400 fois 7, et les deux derniers de droite expriment 48 fois 7. Pour la $\frac{1}{2}$, on prend la moitié de la somme de 9448. Ces trois produits donneront, comme on va le voir, le résultat de l'intérêt à payer pour un an à 7 $\frac{1}{2}$ pour cent.

Opération.

	Francs.	Cent.
7 fois 9400 donnent.	658	00
7 fois 48	3	36
Pour la $\frac{1}{2}$, on prend la moitié de 9448, qui est.	47	24
L'intérêt de 9448 pour un an est donc de. .	708	60

Huitième exemple.

On a une somme de 38476 fr. à 7 $\frac{1}{4}$; dans cet exemple on décompose la somme en trois tranches, chacune de deux chiffres, en commençant par la droite; les deux premières de droite sont chacune de deux chiffres, et la dernière de gauche d'un seul chiffre. Mais on commencera toujours les opérations par la gauche, en faisant suivre à la suite de chaque tranche autant de zéros qu'il y a de chiffres après elle.

1° La tranche de gauche 3, suivie d'autant de zéros qu'il y a de chiffres après lui, en aura 4, qui représentera 30000 fois 7; la deuxième 84, suivie de deux zéros, exprimera 8400 fois 7, et la troisième 76 exprimera simplement 76 fois 7; ensuite pour le $\frac{1}{4}$ on prend le quart de la somme entière de 38476. Tous les rapports de ces quantités réunis donneront le produit de l'intérêt pour un an à raison de 7 $\frac{1}{4}$ pour cent de la somme de 38476 francs, comme on va le voir.

Opération.

	Francs.	Cent.
7 fois 30000 donnent.	2100	00
7 fois 8400.	588	00
7 fois 76	5	32
Le quart de la somme 38476.	96	19
L'intérêt de 38476 fr. pour un an à 7 $\frac{1}{4}$ est.	2789	51

On s'aperçoit facilement que cette manière d'opérer est

simple; il n'y a jamais aucune crainte à avoir de se tromper en suivant exactement les exemples ci-dessus.

J'observe que je n'ai donné ces trois derniers exemples que pour les personnes peu versées dans la partie des calculs, parce que le calculateur aura aussitôt fait son opération par la multiplication; mais cette manière peut servir pour se vérifier.

CHAPITRE NEUVIÈME.

RÈGLES D'INTÉRÊTS.

Table comparative.		à $\frac{1}{8}$ par mois.	à $\frac{3}{8}$ par mois.
10000		41667	125000
20000		83333	250000
30000		125000	375000
40000		166667	500000
50000		208333	625000
60000		250000	750000
70000		291667	875000
80000		333333	1000000
90000		375000	1125000

Table comparative.		à $\frac{5}{8}$ par mois.	à $\frac{7}{8}$ par mois.
10000		208333	291667
20000		416667	583333
30000		625000	875000
40000		833333	1166667
50000		1041667	1458333
60000		1250000	1750000
70000		1458333	2041667
80000		1666667	2333333
90000		1875000	2625000

Table comparative.		à $\frac{1}{4}$ par mois.	à $\frac{1}{2}$ par mois.
10000		83333	166667
20000		166667	333333
30000		250000	500000
40000		333333	666667
50000		416667	833333
60000		500000	1000000
70000		583333	1166667
80000		666667	1333333
90000		750000	1500000

Table comparative.		à $\frac{3}{4}$ par mois.	à 1 par an.
10000		250000	27778
20000		500000	55555
30000		750000	83333
40000		1000000	111111
50000		1250000	138888
60000		1500000	166667
70000		1750000	194444
80000		2000000	222222
90000		2250000	250000

Chapitre IX. — Règles d'intérêts.

Table comparative.		à 1 $\frac{1}{4}$ par an.	à 1 $\frac{1}{2}$ par an.
10000		34722	41667
20000		69444	83333
30000		104166	125000
40000		138888	166667
50000		173611	208333
60000		208333	250000
70000		243055	291667
80000		277777	333333
90000		312500	375000

Table comparative.		à 1 $\frac{3}{4}$ par an.	à 2 f. par an.
10000		48611	55555
20000		97222	111111
30000		145833	166667
40000		194444	222222
50000		243055	277778
60000		291667	333333
70000		340277	388889
80000		388889	444444
90000		437500	500000

Table comparative.		à 2 f. $\frac{1}{4}$.	à 2 f. $\frac{1}{2}$.
10000		62500	69444
20000		125000	138888
30000		187500	208332
40000		250000	277778
50000		312500	347220
60000		375000	416664
70000		437500	486108
80000		500000	555552
90000		562500	624996

Table comparative.		à 2 f. $\frac{3}{4}$.	à 3 f.
10000		76389	83333
20000		152778	166667
30000		229167	250000
40000		905556	333333
50000		381944	416667
60000		458233	500000
70000		534722	583333
80000		611111	666667
90000		687500	750000

Table comparative.		à 3 f. $\frac{1}{4}$.	à 3 f. $\frac{1}{2}$.
10000		90278	97222
20000		180555	194444
30000		270833	291667
40000		361111	388889
50000		451389	486111
60000		541667	583333
70000		631944	680556
80000		722222	777778
90000		812500	875000

Chapitre IX. — Règles d'intérêts.

Table comparative.		à 3 f. $\frac{3}{4}$.	à 4 f.
10000		104167	111111
20000		208333	222222
30000		312500	333333
40000		416667	444444
50000		520833	555556
60000		625000	666667
70000		729167	777778
80000		833333	888889
90000		937500	999999

Table comparative.		à 4 f. $\frac{1}{4}$.	à 4 f. $\frac{1}{2}$.
10000		118056	125000
20000		236111	250000
30000		354167	375000
40000		472222	500000
50000		590278	625000
60000		708333	750000
70000		826389	875000
80000		944444	1000000
90000		1062500	1125000

Table comparative.		à 4 f. $\frac{3}{4}$.	à 5 f.
10000		131944	138889
20000		263889	277778
30000		395833	416667
40000		527778	555556
50000		659722	694444
60000		791667	833333
70000		923611	972222
80000		1055556	1111111
90000		1187500	1250000

Table comparative.		à 5 f. $\frac{1}{4}$.	à 5 f. $\frac{1}{2}$.
10000		145833	152778
20000		291667	305556
30000		437500	458333
40000		583333	611111
50000		729167	763882
60000		875000	916667
70000		1020833	1069444
80000		1166667	1222222
90000		1312500	1375000

Table comparative.		à 5 f. $\frac{3}{4}$.	à 6 f.
10000		159722	166667
20000		319444	333333
30000		470167	500000
40000		638889	666667
50000		798611	833333
60000		958333	1000000
70000		1118056	1166667
80000		1277778	1333333
90000		1437500	1500000

Chapitre IX. — Règles d'intérêts.

Table comparative.		à 6 f. $\frac{1}{4}$.	à 6 f. $\frac{1}{2}$.
10000		173611	180556
20000		347222	361111
30000		520833	541667
40000		694444	722222
50000		868056	902778
60000		1041667	1083333
70000		1215277	1263889
80000		1388889	1444444
90000		1562500	1625000
Table comparative.		**à 6 f. $\frac{3}{4}$.**	**à 7 f.**
10000		187500	194444
20000		375000	388889
30000		562500	583333
40000		750000	777778
50000		937500	972222
60000		1125000	1166667
70000		1312500	1361111
80000		1500000	1555555
90000		1687500	1750000
Table comparative.		**à 7 f. $\frac{1}{4}$.**	**à 7 f. $\frac{1}{2}$.**
10000		201389	208333
20000		402778	416667
30000		604167	625000
40000		805556	833333
50000		1006945	1041667
60000		1208333	1250000
70000		1409722	1458333
80000		1611111	1666667
90000		1812500	1875000
Table comparative.		**à 7 f. $\frac{3}{4}$.**	**à 8 f. par an.**
10000		215278	222222
20000		430556	444444
30000		645833	666667
40000		861111	888889
50000		1076389	1111111
60000		1291667	1333333
70000		1506944	1555556
80000		1722222	1777778
90000		1937500	2000000
Table comparative.		**à 8 f. $\frac{1}{4}$.**	**à 8 f. $\frac{1}{2}$.**
10000		229167	236111
20000		458333	472222
30000		687500	708333
40000		916667	944444
50000		1145833	1180555
60000		1375000	1416667
70000		1604167	1652778
80000		1833333	1888889
90000		2062500	2125000

Chapitre IX. — Règles d'intérêts.

Table comparative.		à 8 f. $\frac{3}{4}$.	à 9 f.
10000		243056	250000
20000		486111	500000
30000		729167	750000
40000		972222	1000000
50000		1215278	1250000
60000		1458333	1500000
70000		1701389	1750000
80000		1944444	2000000
90000		2187500	2250000

Table comparative.		à 9 f. $\frac{1}{4}$.	à 9 f. $\frac{1}{2}$.
10000		256944	263889
20000		513888	527778
30000		770833	791667
40000		1027778	1055556
50000		1284722	1319444
60000		1541667	1583333
70000		1798611	1847222
80000		2055556	2111111
90000		2312500	2375000

Table comparative.		à 9 f. $\frac{3}{4}$.	à 10 f.
10000		270833	277777
20000		541667	555556
30000		812500	833333
40000		1083333	1111111
50000		1354167	1388889
60000		1625000	1666667
70000		1895833	1944444
80000		2166667	2222222
90000		2437500	2500000

Table comparative.		à 10 f. $\frac{1}{4}$.	à 10 f. $\frac{1}{2}$.
10000		284722	291667
20000		569444	583333
30000		854166	875000
40000		1138889	1166667
50000		1423611	1458333
60000		1708333	1750000
70000		1993056	2041667
80000		2277778	2333333
90000		2562500	2625000

Table comparative.		à 10 f. $\frac{3}{4}$.	à 11 f.
10000		298611	305556
20000		597222	611111
30000		895833	916667
40000		1194444	1222222
50000		1493056	1527778
60000		1791667	1833333
70000		2090278	2138889
80000		2388889	2444444
90000		2687500	2750000

Chapitre IX. — Règles d'intérêts.

Table comparative.		à 11 f. $\frac{1}{4}$.	à 11 f. $\frac{1}{2}$.
10000		312500	319444
20000		625000	638889
30000		937500	958333
40000		1250000	1277778
50000		1562500	1597222
60000		1875000	1916667
70000		2187500	2236111
80000		2500000	2555556
90000		2812500	2875000
Table comparative.		**à 11 f. $\frac{3}{4}$.**	**à 12 f. par an.**
10000		326389	333333
20000		652778	666667
30000		979167	1000000
40000		1305556	1333333
50000		1631944	1666667
60000		1958333	2000000
70000		2284722	2333333
80000		2611111	2666667
90000		2937500	3000000
Table comparative.		**à 12 f. $\frac{1}{4}$.**	**à 12 f. $\frac{1}{2}$.**
10000		340278	347222
20000		680556	694444
30000		1020833	1041667
40000		1361111	1388889
50000		1701389	1736111
60000		2041667	2083333
70000		2381945	2430556
80000		2722222	2777778
90000		3062500	3125000
Table comparative.		**à 12 f. $\frac{3}{4}$.**	**à 13 f.**
10000		354167	361111
20000		708333	722222
30000		1062500	1083333
40000		1416667	1444444
50000		1770833	1805556
60000		2125000	2166667
70000		2479167	2527778
80000		2833333	2888889
90000		3187500	3250000
Table comparative.		**à 13 f. $\frac{1}{4}$.**	**à 13 f. $\frac{1}{2}$.**
10000		368056	375000
20000		736111	750000
30000		1104167	1125000
40000		1472222	1500000
50000		1840278	1875000
60000		2208333	2250000
70000		2576289	2625000
80000		2944444	3000000
90000		3312500	3375000

Chapitre IX. — Règles d'intérêts.

Table comparative.		à 13 f. $\frac{3}{4}$.	à 14 f.
10000		381944	388889
20000		763889	777778
30000		1145833	1166667
40000		1527778	1555556
50000		1909722	1944444
60000		2291667	2333333
70000		2673611	2722222
80000		3055556	3111111
90000		3437500	3500000

Table comparative.		à 14 f. $\frac{1}{4}$.	à 14 f. $\frac{1}{2}$.
10000		395833	402778
20000		791667	805556
30000		1187500	1208333
40000		1583333	1611111
50000		1979167	2013889
60000		2375000	2416667
70000		2770833	2819444
80000		3166667	3222222
90000		3562500	3625000

Table comparative.		à 14 f. $\frac{3}{4}$.	à 15 f.
10000		409722	416667
20000		819444	833333
30000		1229167	1250000
40000		1638889	1666667
50000		2048611	2083333
60000		2458333	2500000
70000		2868056	2916667
80000		3277778	3333333
90000		3687500	3750000

Table comparative.		à 15 f. $\frac{1}{4}$.	à 15 f. $\frac{1}{2}$.
10000		423611	430556
20000		847222	861111
30000		1270833	1291667
40000		1694444	1722222
50000		2118056	2152778
60000		2541667	2583333
70000		2965278	3013889
80000		3388889	3444444
90000		3812500	3875000

Table comparative.		à 15 f. $\frac{3}{4}$.	à 16 f.
10000		437500	444444
20000		875000	888889
30000		1312500	1333333
40000		1750000	1777778
50000		2187500	2222222
60000		2625000	2666667
70000		3062500	3111111
80000		3500000	3555556
90000		3937500	4000000

Chapitre IX. — Règles d'intérêts.

Table comparative.		à 16 f. $\frac{1}{4}$.	à 16 f. $\frac{1}{2}$.
10000		451389	458333
20000		902778	916667
30000		1354167	375000
40000		1805556	833333
50000		2256944	1291667
60000		2708333	1750000
70000		3159722	2208333
80000		3611111	2666667
90000		4062500	3125000

Table comparative.		à 16 f. $\frac{3}{4}$.	à 17 f.
10000		465278	472222
20000		930556	944444
30000		1395833	1416667
40000		1861111	1888889
50000		2326389	2361111
60000		2791667	2833333
70000		3256944	3305556
80000		3722222	3777778
90000		4187500	4250000

Table comparative.		à 17 f. $\frac{1}{4}$.	à 17 f. $\frac{1}{2}$.
10000		479167	486111
20000		958333	972222
30000		1437500	1458333
40000		1916667	1944444
50000		2395833	2430556
60000		2875000	8916667
70000		3354167	3402778
80000		3833333	3888889
90000		4312500	4375000

Table comparative.		à 17 f. $\frac{3}{4}$.	à 18 f.
10000		493056	500000
20000		986111	1000000
30000		1479167	1500000
40000		1972222	2000000
50000		2465279	2500000
60000		2958333	3000000
70000		3451389	3500000
80000		3944444	4000000
90000		4437500	4500000

Table comparative.		à 18 f. $\frac{1}{4}$.	à 18 f. $\frac{1}{2}$.
10000		506944	513889
20000		1013889	1027778
30000		1520833	1541667
40000		2027778	2055556
50000		2534722	2569444
60000		3041667	3083333
70000		3548611	3597222
80000		4055556	4111111
90000		4562500	4625000

Chapitre IX. — Règles d'intérêts.

Table comparative.		à 18 f. ¾.	à 19 f.
10000		520833	527778
20000		1041667	1055556
30000		1562500	1583333
40000		2083333	2111111
50000		2604167	2638889
60000		3125000	3166667
70000		3645833	3694444
80000		4166667	4222222
90000		4687500	4750000

Table comparative.		à 19 f. ¼.	à 19 f. ½.
10000		534722	541667
20000		1069444	1083333
30000		1604167	1625000
40000		2138889	2166667
50000		2673611	2708333
60000		3208333	3250000
70000		3743056	3791667
80000		4277778	4333333
90000		4812500	4875000

Table comparative.		à 19 f. ¾.	à 20 f.
10000		548611	555555
20000		1097222	1111111
30000		1645833	1666667
40000		2194444	2222222
50000		2743056	2777778
60000		3291667	3333333
70000		3840278	3888889
80000		4388889	4444444
90000		4937500	5000000

Table comparative.		à 20 f. ¼.	à 20 f. ½.
10000		562500	569444
20000		1125000	1138889
30000		1687500	1708333
40000		2250000	2277778
50000		2812500	2847222
60000		3375000	3416667
70000		3937500	3986111
80000		4500000	4555556
90000		5062500	5125000

Table comparative.		à 20 f. ¾.	à 21 f.
10000		576889	583333
20000		1153778	1166667
30000		1730667	1750000
40000		2307556	2333333
50000		2884444	2916667
60000		3461332	3500000
70000		4038822	4083333
80000		4615111	4666667
90000		5192000	5250000

CHAPITRE DIXIÈME.

TABLES DE MULTIPLICATION EN ONZE PAGES,

plus étendues que l'ancien barême et beaucoup plus utiles.

Table comparative.		à 1 cent. ou à 1 fr. la chose.	à 2 cent. ou à 2 fr. la chose.
10000		100000000	200000000
20000		200000000	400000000
30000		300000000	600000000
40000		400000000	800000000
50000		500000000	1000000000
60000		600000000	1200000000
70000		700000000	1400000000
80000		800000000	1600000000
90000		900000000	1800000000
Table comparative.		**à 3 c. ou à 3 f. la chose.**	**à 4 c. ou à 4 f. la chose.**
10000		300000000	400000000
20000		600000000	800000000
30000		900000000	1200000000
40000		1200000000	1600000000
50000		1500000000	2000000000
60000		1800000000	2400000000
70000		2100000000	2800000000
80000		2400000000	3200000000
90000		2700000000	3600000000
Table comparative.		**à 5 c. ou à 5 f. la chose.**	**à 6 c. ou à 6 f. la chose.**
10000		500000000	600000000
20000		1000000000	1200000000
30000		1500000000	1800000000
40000		2000000000	2400000000
50000		2500000000	3000000000
60000		3000000000	3600000000
70000		3500000000	4200000000
80000		4000000000	4800000000
90000		5400000000	5400000000
Table comparative.		**à 7 c. ou à 7 f. la chose.**	**à 8 c. ou à 8 f. la chose.**
10000		700000000	800000000
20000		1400000000	1600000000
30000		2100000000	2400000000
40000		2800000000	3200000000
50000		3500000000	4000000000
60000		4200000000	4800000000
70000		4900000000	5600000000
80000		5600000000	6400000000
90000		6300000000	7200000000

Chapitre X. — Tables de multiplication.

Table comparative.	à 9 c. ou à 9 f. la chose.	à 10 c. ou à 10 f. la chose.
10000	900000000	1000000000
20000	180000000	2000000000
30000	270000000	3000000000
40000	360000000	4000000000
50000	450000000	5000000000
60000	540000000	6000000000
70000	630000000	7000000000
80000	720000000	8000000000
90000	810000000	9000000000

Table comparative.	à 11 c. ou à 11 f. la chose.	à 12 c. ou à 12 f. la chose.
10000	110000000	120000000
20000	220000000	240000000
30000	330000000	360000000
40000	440000000	480000000
50000	550000000	600000000
60000	660000000	720000000
70000	770000000	840000000
80000	880000000	960000000
90000	990000000	1080000000

Table comparative.	à 13 c. ou à 13 f. la chose.	à 14 c. ou à 14 f. la chose.
10000	130000000	140000000
20000	260000000	280000000
30000	390000000	420000000
40000	520000000	560000000
50000	650000000	700000000
60000	780000000	840000000
70000	910000000	980000000
80000	1040000000	120000000
90000	1170000000	1260000000

Table comparative.	à 15 c. ou à 15 f. la chose.	à 16 c. ou à 16 f. la chose.
10000	1500000000	1600000000
20000	3000000000	3200000000
30000	4500000000	4800000000
40000	6000000000	6400000000
50000	7500000000	8000000000
60000	9000000000	9600000000
70000	10500000000	11200000000
80000	12000000000	12800000000
90000	13500000000	14400000000

Table comparative.	à 17 c. ou à 17 f. la chose.	à 18 c. ou à 18 f. la chose.
10000	1700000000	1800000000
20000	3400000000	3600000000
30000	5100000000	5400000000
40000	6800000000	7200000000
50000	8500000000	9000000000
60000	10200000000	10800000000
70000	11900000000	12600000000
80000	13600000000	14400000000
90000	15300000000	16200000000

Chapitre X. — Tables de multiplication.

Table comparative.	à 19 c. ou à 19 f. la chose.	à 20 c. ou à 20 f. la chose.
10000	190000000	200000000
20000	380000000	400000000
30000	570000000	600000000
40000	760000000	800000000
50000	950000000	1000000000
60000	1140000000	1200000000
70000	1330000000	1400000000
80000	1520000000	1600000000
90000	1710000000	1800000000
Table comparative.	**à 21 c. ou à 21 f. la chose.**	**à 22 c. ou à 22 f. la chose.**
10000	210000000	220000000
20000	420000000	440000000
30000	630000000	660000000
40000	840000000	880000000
50000	1050000000	1100000000
60000	1260000000	1320000000
70000	1470000000	1540000000
80000	1680000000	1760000000
90000	1890000000	1980000000
Table comparative.	**à 23 c. ou à 23 f. la chose.**	**à 24 c. ou à 24 f. la chose.**
10000	230000000	240000000
20000	460000000	480000000
30000	690000000	720000000
40000	920000000	960000000
50000	1150000000	1200000000
60000	1380000000	1440000000
70000	1610000000	1680000000
80000	1840000000	1920000000
90000	2070000000	2160090000
Table comparative.	**à 25 c. ou à 25 f. la chose.**	**à 26 c. ou à 26 f. la chose.**
10000	250000000	260000000
20000	500000000	520000000
30000	750000000	780000000
40000	1000000000	1040000000
50000	1250000000	1300000000
60000	1500000000	1560000000
70000	1750000000	1820000000
80000	2000000000	2080000000
90000	2250000000	2340000000
Table comparative.	**à 27 c. ou à 27 f. la chose.**	**à 28 c. ou à 28 f. la chose.**
10000	270000000	280000000
20000	540000000	560000000
30000	810000000	840000000
40000	1080000000	1120000000
50000	1350000000	1400000000
60000	1620000000	1680000000
70000	1890000000	1960000000
80000	2160000000	2240000000
90000	2430000000	2520000000

Chapitre X. — Tables de multiplication.

Table comparative.	à 29 c. ou à 29 f. la chose.	à 30 c. ou à 30 f. la chose.
10000	290000000	300000000
20000	580000000	600000000
30000	870000000	900000000
40000	1160000000	1200000000
50000	1450000000	1500000000
60000	1740000000	1800000000
70000	2030000000	2100000000
80000	2320000000	2400000000
90000	2610000000	2700000000

Table comparative.	à 31 c. ou à 31 f. la chose.	à 32 c. ou à 32 f. la chose.
10000	310000000	320000000
20000	620000000	640000000
30000	930000000	960000000
40000	1240000000	1280000000
50000	1550000000	1600000000
60000	1860000000	1920000000
70000	2170000000	2240000000
80000	2480000000	2560000000
90000	2790000000	2880000000

Table comparative.	à 33 c. ou à 33 f. la chose.	à 34 c. ou à 34 f. la chose.
10000	330000000	340000000
20000	660000000	680000000
30000	990000000	1020000000
40000	1320000000	1360000000
50000	1650000000	1700000000
60000	1980000000	2040000000
70000	2310000000	2380000000
80000	2640000000	2720000000
90000	2970000000	3060000000

Table comparative.	à 35 c. ou à 35 f. la chose.	à 36 c. ou à 36 f. la chose.
10000	350000000	360000000
20000	700000000	720000000
30000	1050000000	1080000000
40000	1400000000	1440000000
50000	1750000000	1800000000
60000	2100000000	2160000000
70000	2450000000	2520000000
80000	2800000000	2880000000
90000	3150000000	3240000000

Table comparative.	à 37 c. ou à 37 f. la chose.	à 38 c. ou à 38 f. la chose.
10000	370000000	380000000
20000	740000000	760000000
30000	1110000000	1140000000
40000	1480000000	1520000000
50000	1850000000	1900000000
60000	2220000000	2280000000
70000	2590000000	2660000000
80000	2960000000	3040000000
90000	3330000000	3420000000

Chapitre X. — Tables de multiplication.

Table comparative.		à 39 c. ou à 39 fr. la chose.	à 40 c. ou à 40 f. la chose.
10000		390000000	400000000
20000		780000000	800000000
30000		1170000000	1200000000
40000		1560000000	1600000000
50000		1950000009	2000000000
60000		2340000000	2400000000
70000		2730000000	2800000000
80000		3120000000	3200000000
90000		3510000000	3600000000

Table comparative.		à 41 c. ou à 41 f. la chose.	à 42 c. ou à 42 fr. la chose.
10000		410000000	420000000
20000		820000000	840000000
30000		1230000000	1260000000
40000		1640000000	1680000000
50000		2050000000	2100000000
60000		2460000000	2520000000
70000		2870000000	2940000000
80000		3280000000	3360000000
90000		3690000000	3780000000

Table comparative.		à 43 c. ou à 43 f. la chose.	à 44 c. ou à 44 f. la chose.
10000		430000000	440000000
20000		860000000	880000000
30000		1290000000	1320000000
40000		1720000000	1760000000
50000		2150000000	2200000000
60000		2580000000	2640000000
70000		3010000000	3080000000
80000		3440000000	3520000000
90000		3870000000	3960000000

Table comparative.		à 45 c. ou à 45 f. la chose.	à 46 c. ou à 46 f. la chose.
10000		450000000	460000000
20000		900000000	920000000
30000		1350000000	1380000000
40000		1800000000	1840000000
50000		2250000000	2300000000
60000		2700000000	2760000000
70000		3150000000	3220000000
80000		3600000000	3680000000
90000		4050000000	4140000000

Table comparative.		à 47 c. ou à 47 f. la chose.	à 48 c. ou à 48 f. la chose.
10000		470000000	480000000
20000		940600000	960000000
30000		1410000000	1440000000
40000		1880000000	1920000000
50000		2350000000	2400000000
60000		2820000000	2880000000
70000		3290000000	3360000000
80000		3760000000	3840000000
90000		4230000000	4320000000

Chapitre X. — Tables de multiplication.

Table comparative.	à 49 c. ou à 49 f. la chose.	à 50 c. ou à 50 f. la chose.
10000	490000000	500000000
20000	980000000	1000000000
30000	1470000000	1500000000
40000	1960000000	2000000000
50000	2450000000	2500000000
60000	2940000000	3000000000
70000	3430000000	3500000000
80000	3920000000	4000000000
90000	4410000000	4500000000

Table comparative.	à 51 c. ou à 51 f. la chose.	à 52 c. ou à 52 f. la chose.
10000	510000000	520000000
20000	1020000000	1040000000
30000	1530000000	1560000000
40000	2040000000	2080000000
50000	2550000000	2600000000
60000	3060000000	3120000000
70000	3570000000	3640000000
80000	4080000000	4160000000
90000	4590000000	4680000000

Table comparative.	à 53 c. ou à 53 f. la chose.	à 54 c. ou à 54 f. la chose.
10000	530000000	540000000
20000	1060000000	1080000000
30000	1590000000	1620000000
40000	2120000000	2160000000
50000	2650000000	2700000000
60000	3180000000	3240000000
70000	3710000000	3780000000
80000	4240000000	4320000000
90000	4770000000	4860000000

Table comparative.	à 55 c. ou à 55 f. la chose.	à 56 c. ou à 56 f. la chose.
10000	550000000	560000000
20000	1100000000	1120000000
30000	1650000000	1680000000
40000	2200000000	2240000000
50000	2750000000	2800000000
60000	3300000000	3360000000
70000	3850000000	3920000000
80000	4400000000	4480000000
90000	4950000000	5040000000

Table comparative.	à 57 c. ou à 57 f. la chose.	à 58 c. ou à 58 f. la chose.
10000	570000000	580000000
20000	1140000000	1160000000
30000	1710000000	1740000000
40000	2280000000	2320000000
50000	2850000000	2900000000
60000	3420000000	3480000000
70000	3990000000	4060000000
80000	4560000000	4640000000
90000	5130000000	5220000000

CHAPITRE X. — Tables de multiplication.

Table comparative.	à 59 c. ou à 59 f. la chose.	à 60 c. ou à 60 f. la chose.
10000	590000000	600000000
20000	1180000000	1200000000
30000	1770000000	1800000000
40000	2360000000	2400000000
50000	2950000000	3000000000
60000	3540000000	3600000000
70000	4130000000	4200000000
80000	4720000000	4800000000
90000	5310000000	5400000000

Table comparative.	à 61 c. ou à 61 f. la chose.	à 62 c. ou à 62 f. la chose.
10000	610000000	620000000
20000	1220000000	1240000000
30000	1830000000	1860000000
40000	2440000000	2480000000
50000	3050000000	3100000000
60000	3660000000	3720000000
70000	4270000000	4340000000
80000	4880000000	4960000000
90000	5490000000	5580000000

Table comparative.	à 63 c. ou à 63 f. la chose.	à 64 c. ou à 64 f. la chose.
10000	630000000	640000000
20000	1260000000	1280000000
30000	1890000000	1920000000
40000	2520000000	2560000000
50000	3150000000	3200000000
60000	3780000000	3840000000
70000	4410000000	4480000000
80000	5040000500	5120000000
90000	5670000000	5760000000

Table comparative.	à 65 c. ou à 65 f. la chose.	à 66 c. ou à 66 f. la chose.
10000	650000000	660000000
20000	1300000000	1320000000
30000	1950000000	1980000000
40000	2600000000	2640000000
50000	3250000000	3300000000
60000	3900000000	3960000000
70000	4550000000	4620000000
80000	5200000000	5280000000
90000	5850000000	5940000000

Table comparative.	à 67 c. ou à 67 f. la chose.	à 68 c. ou à 68 f. la chose.
10000	670000000	680000000
20000	1340000000	1360000000
30000	2010000000	2040000000
40000	2680000000	2720000000
50000	3350000000	3400000000
60000	4020000000	4080000000
70000	4690000000	4760000000
80000	5360000000	5440000000
90000	6030000000	6120000000

Chapitre X. — Tables de multiplication.

Table comparative.	à 69 c. ou à 69 f. la chose.	à 70 c. ou à 70 f. la chose.
10000	690000000	700000000
20000	1380000000	1400000000
30000	2070000000	2100000000
40000	2760000000	2800000000
50000	3450000000	3500000000
60000	4140000000	4200000000
70000	4830000000	4900000000
80000	5520000000	5600000000
90000	6210000000	6300000000

Table comparative.	à 71 c. ou à 71 f. la chose.	à 72 c. ou à 72 f. la chose.
10000	710000000	720000000
20000	1420000000	1440000000
30000	2130000000	2160000000
40000	2840000000	2880000000
50000	3550000000	3600000000
60000	4260000000	4320000000
70000	4970000000	5040000000
80000	5680000000	5760000000
90000	6390000000	6480000000

Table comparative.	à 73 c. ou à 73 f. la chose.	à 74 c. ou à 74 f. la chose.
10000	730000000	740000000
20000	1460000000	1480000000
30000	2190000000	2220000000
40000	2920000000	2960000000
50000	3650000000	3700000000
60000	4380000000	4440000000
70000	5110000000	5180000000
80000	5840000000	5920000000
90000	6570000000	6660000000

Table comparative.	à 75 c. ou à 75 f. la chose.	à 76 c. ou à 76 f. la chose.
10000	750000000	760000000
20000	1500000000	1520000000
30000	2250000000	2280000000
40000	3000000000	3040000000
50000	3750000000	3800000000
60000	4500000000	4560000000
70000	5250000000	5320000000
80000	6000000000	6080000000
90000	6750000000	6840000000

Table comparative.	à 77 c. ou à 77 f. la chose,	à 78 c. ou à 78 f. la chose,
10000	770000000	780000000
20000	1540000000	1560000000
30000	2310000000	2340000000
40000	3080000000	3120000000
50000	3850000000	3900000000
60000	4620000000	4680000000
70000	5390000000	5460000000
80000	6160000000	6249000000
90000	6930000000	7020000000

Chapitre X. — Tables de multiplication.

Table comparative.		à 79 c. ou à 79 f. la chose.	à 80 c. ou à 80 f. la chose.
10000		790000000	800000000
20000		1580000000	1600000000
30000		2370000000	2400000000
40000		3160000000	3200000000
50000		3950000000	4000000000
60000		4740000000	4800000000
70000		5530000000	5600000000
80000		6320000000	6400000000
90000		7110000000	7200000000

Table comparative.		à 81 c. ou à 81 f. la chose.	à 82 c. ou à 82 f. la chose.
10000		810000000	820000000
20000		1620000000	1640000000
30000		2430000000	2460000000
40000		3240000000	3280000000
50000		4050000000	4100000000
60000		4860000000	4920000000
70000		5670000000	5740000000
80000		6480000000	6560000000
90000		7290000000	7380000000

Table comparative.		à 83 c. ou à 83 f. la chose.	à 84 c. ou à 84 f. la chose.
10000		830000000	840000000
20000		1660000000	1680000000
30000		2490000000	2520000000
40000		3320000000	3360000000
50000		4150000000	4200000000
60000		4980000000	5040000000
70000		5810000000	5880000000
80000		6640000000	6720000000
90000		7470000000	7560000000

Table comparative.		à 85 c. ou à 85 f. la chose.	à 86 c. ou à 86 f. la chose.
10000		850000000	860000000
20000		1700000000	1720000000
30000		2550000000	2580000000
40000		3400000000	3440000000
50000		4250000000	4300000000
60000		5100000000	5160000000
70000		5950000000	6020000000
80000		6800000000	6880000000
90000		7650000000	7740000000

Table comparative.		à 87 c. ou à 87 f. la chose.	à 88 c. ou à 88 f. la chose.
10000		870000000	880000000
20000		1740000000	1760000000
30000		2610000000	2640000000
40000		3480000000	3520000000
50000		4350000000	4400000000
60000		5220000000	5280000000
70000		6090000000	6160000000
80000		6960000000	7040000000
90000		7830000000	7920000000

Chapitre X. — Tables de multiplication.

Table comparative.		à 89 c. ou à 89 f. la chose.	à 90 c. ou à 90 f. la chose.
10000		890000000	900000000
20000		1780000000	1800000000
30000		2670000000	2700000000
40000		3560000000	3600000000
50000		4450000000	4500000000
60000		5340000000	5400000000
70000		6230000000	6300000000
80000		7120000000	7200000000
90000		8010000000	8100000000

Table comparative.		à 91 c. ou à 91 fr. la chose.	à 92 c. ou à 92 f. la chose.
10000		910000000	920000000
20000		1820000000	1840000000
30000		2730000000	2760000000
40000		3640000000	3680000000
50000		4550000000	4600000000
60000		5460000000	5520000000
70000		6370000000	6440000000
80000		7280000000	7360000000
90000		8190000000	8280000000

Table comparative.		à 93 c. ou à 93 f. la chose.	à 94 c. ou à 94 f. la chose.
10000		930000000	940000000
20000		1860000000	1880000000
30000		2790000000	2820000000
40000		3720000000	3760000000
50000		4650000000	4700000000
60000		5580000000	5640000000
70000		6510000000	6580000000
80000		7440000000	7520000000
90000		8370000000	8460000000

Table comparative.		à 95 c. ou à 95 f. la chose.	à 96 c. ou à 96 f. la chose.
10000		950000000	960000000
20000		1900000000	1920000000
30000		2850000000	2880000000
40000		3800000000	3840000000
50000		4750000000	4800000000
60000		5700000000	5760000000
70000		6650000000	6720000000
80000		7600000000	7680000000
90000		8550000000	8640000000

Table comparative.		à 97 c. ou à 97 f. la chose.	à 98 c. ou à 98 f. la chose.
10000		970000000	980000000
20000		1940000000	1960000000
30000		2910000000	2940000000
40000		3880000000	3920000000
50000		4850000000	4900000000
60000		5820000000	5880000000
70000		6790000000	6860000000
80000		7760000000	7840000000
90000		8730000000	8820000000

Chapitre X. — Tables de multiplication.

Table comparative.		à 99 c. ou à 99 f. la chose.	à 100 c. ou à 100 f. la chose.
10000		990000000	1000000000
20000		1980000000	2000000000
30000		2970000000	3000000000
40000		3960000000	4000000000
50000		4950000000	5000000000
60000		5940000000	6000000000
70000		6930000000	7000000000
80000		7920000000	8000000000
90000		8910000000	9000000000
Table comparative.		**à 101 c. ou à 101 f. la chose.**	**à 102 c. ou à 102 f. la chose.**
10000		1010000000	1020000000
20000		2020000000	2040000000
30000		3030000000	3060000000
40000		4040000000	4080000000
50000		5050000000	5100000000
60000		6060000000	6120000000
70000		7070000000	7140000000
80000		8080000000	8160000000
90000		9090000000	9180000000
Table comparative.		**à 103 c. ou à 103 f. la chose.**	**à 104 c. ou à 104 f. la chose.**
10000		1030000000	1040000000
20000		2060000000	2080000000
30000		3090000000	3120000000
40000		4120000000	4160000000
50000		5150000000	5200000000
60000		6180000000	6240000000
70000		7210000000	7280000000
80000		8240000000	8320000000
90000		9270000000	9360000000
Table comparative.		**à 105 c. ou à 105 f. la chose.**	**à 106 c. ou à 106 f. la chose.**
10000		1050000000	1060000000
20000		2100000000	2120000000
30000		3150000000	3180000000
40000		4200000000	4240000000
50000		5250000000	5300000000
60000		6300000000	6360000000
70000		7350000000	7420000000
80000		8400000000	8480000000
90000		9450000000	9540000000
Table comparative.		**à 107 c. ou à 107 f. la chose.**	**à 108 c. ou à 108 f. la chose.**
10000		1070000000	1080000000
20000		2140000000	2160000000
30000		3210000000	3240000000
40000		4280000000	4320000000
50000		5350000000	5400000000
60000		6420000000	6480000000
70000		7490000000	7560000000
80000		8560000000	8640000000
90000		9639000000	9720000000

CHAPITRE ONZIÈME.

PREMIÈRE PARTIE.

TABLES PROGRESSIVES DE MULTIPLICATION.

Ces Tables sont divisées en deux parties. La première donne les multiplications faites par unités depuis 1 jusqu'à 100. Tous les marchands détaillants peuvent se servir très-avantageusement de cette table sans prendre la plume. Les sommes qu'ils ont à recevoir ou à compter pour les marchandises qu'ils ont achetées ou vendues, se trouvent de suite.

En supposant qu'un débitant ait vendu ou acheté 67 bouteilles de vin à raison de 45 centimes la bouteille, il trouvera que 67 par 45 font 3015. Il comptera toujours les deux derniers chiffres du produit sur la droite pour des centimes, et ceux à gauche pour des francs, ou, dans tout autre cas, les premiers à droite pour la fraction de l'unité, et les autres pour des unités.

En ce cas, la somme trouvée pour la valeur des 67 bouteilles à 45 centimes est donc de 30 francs 15 cent.

En supposant encore qu'on veuille évaluer toute autre chose, telle que si l'on avait 45 centimètres par 75 centimètres à multiplier, pour savoir combien cela donnerait en mètres et fraction du mètre, en cherchant 45 par 75 ou 75 par 45, ce qui est la même chose, on trouvera 3375, dont les premiers de gauche 33 expriment 33 mètres, et les deux derniers à droite 75 expriment 75 centimètres. Enfin, que ce soit des objets de nature différente, comme vin, pain, viande, moutons, œufs, tabac, toiles, draps, etc., etc., n'importe, on obtiendra toujours les résultats les plus précis.

Un marchand de tabac a vendu dans la journée ou pendant la semaine 65 onces nouvelles de tabac à raison de 35 centimes l'once. Il trouvera que 65 par 35 font 22 fr. 75 centimes.

Un marchand boucher a vendu dans la journée ou pendant la semaine 56 livres nouvelles de viande à 55 cent. la livre : il trouvera de même que 56 par 55 font 30 fr. 80 cent.

Une marchande d'œufs en a vendu 72 douzaines à 45 centimes la douzaine ; en cherchant 72 par 45, elle aura pour le montant de sa vente 32 fr. 40 cent.

Un marchand de drap a vendu 38 aunes de drap à raison de 24 fr. l'aune nouvelle ou le mètre : il trouvera que 38 par 24 font 912 francs.

Il est bon d'observer que lorsque la somme de l'achat ou de la vente est exprimée en francs seulement, tous les chiffres trouvés sont des francs ou des unités.

Cette table est aussi très-utile aux jeunes gens qui désirent s'habituer à compter de mémoire.

TABLES PROGRESSIVES
DE
MULTIPLICATION.

Chapitre XI. — Tables progressives de multiplication.

1	2	3	4	5	6	7	8	9	10
2	4	6	8	10	12	14	16	18	20
3	6	9	12	15	18	21	24	27	30
4	8	12	16	20	24	28	32	36	40
5	10	15	20	25	30	35	40	45	50
6	12	18	24	30	36	42	48	54	60
7	14	21	28	35	42	49	56	63	70
8	16	24	32	40	48	56	64	72	80
9	18	27	36	45	54	63	72	81	90
10	20	30	40	50	60	70	80	90	100
11	22	33	44	55	66	77	88	99	110
12	24	36	48	60	72	84	96	108	120
13	26	39	52	65	78	91	104	117	130
14	28	42	56	70	84	98	112	126	140
15	30	45	60	75	90	105	120	135	150
16	32	48	64	80	96	112	128	144	160
17	34	51	68	85	102	119	136	153	170
18	36	54	72	90	108	126	144	162	180
19	38	57	76	95	114	133	152	171	190
20	40	60	80	100	120	140	160	180	200
21	42	63	84	105	126	147	168	189	210
22	44	66	88	110	132	154	176	198	220
23	46	69	92	115	138	161	184	207	230
24	48	72	96	120	144	168	192	216	240
25	50	75	100	125	150	175	200	225	250
26	52	78	104	130	156	182	208	234	260
27	54	81	108	135	162	189	216	243	270
28	56	84	112	140	168	196	224	252	280
29	58	87	116	145	174	203	232	261	290
30	60	90	120	150	180	210	240	270	300
31	62	93	124	155	186	217	248	279	310
32	64	96	128	160	192	224	256	288	320
33	66	99	132	165	198	231	264	297	330
34	68	102	136	170	204	238	272	306	340
35	70	105	140	175	210	245	280	315	350
36	72	108	144	180	216	252	288	324	360
37	74	111	148	185	222	259	295	333	370
38	76	114	152	190	228	266	304	342	380
39	78	117	156	195	234	273	312	351	390
40	80	120	160	200	240	280	320	360	400
41	82	123	164	205	246	287	328	369	410
42	84	126	168	210	252	294	336	378	420
43	86	129	172	215	258	301	344	387	430
44	88	132	176	220	264	308	352	396	440
45	90	135	180	225	270	315	360	405	450
46	92	138	184	230	276	322	368	414	460
47	94	141	188	235	282	329	376	423	470
48	96	144	192	240	288	336	384	432	480
49	98	147	196	245	294	343	392	441	490
50	100	150	200	250	300	350	400	450	500

Chapitre XI. — Tables progressives de multiplication.

	11	12	13	14	15	16	17	18	19	20
2	22	24	26	28	30	32	34	36	38	40
3	33	36	39	42	45	48	51	54	57	60
4	44	48	52	56	60	64	68	72	76	80
5	55	60	65	70	75	80	85	90	95	100
6	66	72	78	84	90	96	102	108	114	120
7	77	84	91	98	105	112	119	126	133	140
8	88	96	104	112	120	128	136	144	152	160
9	99	108	117	126	135	144	153	162	171	180
10	110	120	130	140	150	160	170	180	190	200
11	121	132	143	154	165	176	187	198	209	220
12	132	144	156	168	180	192	204	216	228	240
13	143	156	169	182	195	208	221	234	247	260
14	154	168	182	196	210	224	238	252	266	280
15	165	180	195	210	225	240	255	270	285	300
16	176	192	208	224	240	256	272	288	304	320
17	187	204	221	238	255	272	289	306	323	340
18	198	216	234	252	270	288	306	324	342	360
19	209	228	247	266	285	304	323	342	361	380
20	220	240	260	280	300	320	340	360	380	400
21	231	252	273	294	315	336	357	378	399	420
22	242	264	286	308	330	352	374	396	418	440
23	253	276	299	322	345	368	391	414	437	460
24	264	288	312	336	360	384	408	432	456	480
25	275	300	325	350	375	400	425	450	475	500
26	286	312	338	364	390	416	442	468	494	520
27	297	324	351	378	405	432	459	486	513	540
28	308	336	364	392	420	448	476	504	532	560
29	319	348	377	406	435	464	493	522	551	580
30	330	360	390	420	450	480	510	540	572	600
31	341	372	403	434	465	496	527	558	589	620
32	352	384	416	448	480	512	544	576	608	640
33	363	396	429	462	495	528	561	594	627	660
34	374	408	442	476	510	544	578	612	646	680
35	385	420	455	490	525	560	595	630	665	700
36	396	432	468	504	540	576	612	648	684	720
37	407	444	481	518	555	592	629	666	703	740
38	418	456	494	532	570	608	646	684	722	760
39	429	468	507	546	585	624	663	702	741	780
40	440	480	520	560	600	640	680	720	760	800
41	451	492	533	574	615	656	697	738	779	820
42	462	504	546	588	630	672	714	756	798	840
43	473	516	559	602	645	688	731	774	817	860
44	484	528	572	616	660	704	748	792	836	880
45	495	540	585	630	675	720	765	810	855	900
46	506	552	598	644	690	736	782	828	874	920
47	517	564	611	658	705	752	799	846	893	940
48	528	576	624	672	720	768	816	864	912	960
49	539	588	637	686	735	784	833	882	931	980
50	550	600	650	700	750	800	850	900	950	1000

CHAPITRE XI. — Tables progressives de multiplication.

	21	22	23	24	25	26	27	28	29	30
2	42	44	46	48	50	52	54	56	58	60
3	63	66	69	72	75	78	81	84	87	90
4	84	88	92	96	100	104	108	112	116	120
5	105	110	115	120	125	130	135	140	145	150
6	126	132	138	144	150	156	162	168	174	180
7	147	154	161	168	175	182	189	196	203	210
8	168	176	184	192	200	208	216	224	232	240
9	189	198	207	216	225	234	243	252	261	270
10	210	220	230	240	250	260	270	280	290	300
11	231	242	253	264	275	286	297	308	319	330
12	252	264	276	288	300	312	324	336	348	360
13	273	286	299	312	325	338	351	364	377	390
14	294	308	322	336	350	364	378	392	406	420
15	315	330	345	360	375	390	405	420	435	450
16	336	352	368	384	400	416	432	448	464	480
17	357	374	391	408	425	442	459	476	493	510
18	378	396	414	432	450	468	486	504	522	540
19	399	418	437	456	475	494	513	532	551	570
20	420	440	460	480	500	520	540	560	580	600
21	441	462	483	504	525	546	567	588	609	630
22	462	484	506	528	550	572	594	616	638	660
23	483	506	529	552	575	598	621	644	667	690
24	504	528	552	576	606	624	648	672	696	720
25	525	550	575	600	625	650	675	700	725	750
26	546	572	598	624	650	676	702	728	754	780
27	567	594	621	648	675	702	729	756	783	810
28	588	616	644	672	700	728	756	784	812	840
29	609	638	667	696	725	754	783	812	841	870
30	630	660	690	720	750	780	810	840	870	900
31	651	682	713	744	775	806	837	868	899	930
32	672	704	736	768	800	838	864	896	928	960
33	693	726	759	792	825	858	891	924	957	990
34	714	748	782	816	850	884	918	952	986	1020
35	735	770	805	840	875	910	945	980	1015	1050
36	756	792	828	864	900	936	972	1008	1044	1080
37	777	814	851	888	925	962	999	1036	1073	1110
38	798	836	874	912	950	988	1026	1064	1102	1140
39	819	858	897	936	975	1014	1053	1092	1131	1170
40	840	880	920	960	1000	1040	1080	1120	1160	1200
41	861	902	943	984	1025	1066	1107	1148	1189	1230
42	882	924	966	1008	1050	1092	1134	1176	1218	1260
43	903	946	989	1032	1075	1118	1161	1204	1247	1290
44	924	968	1012	1056	1100	1144	1188	1232	1276	1320
45	945	990	1035	1080	1125	1170	1215	1260	1305	1350
46	966	1012	1058	1104	1150	1196	1242	1288	1334	1380
47	987	1034	1081	1128	1175	1222	1269	1316	1363	1410
48	1008	1056	1104	1152	1200	1248	1296	1344	1392	1440
49	1029	1078	1127	1176	1225	1274	1323	1372	1421	1470
50	1050	1100	1150	1200	1250	1300	1350	1400	1450	1500

Chapitre XI. — Tables progressives de multiplication.

	31	32	33	34	35	36	37	38	39	40
2	62	64	66	68	70	72	74	76	78	80
3	93	96	99	102	105	108	111	114	117	120
4	124	128	132	136	140	144	148	152	156	160
5	155	160	165	170	175	180	185	190	195	200
6	186	192	198	204	210	216	222	228	234	240
7	217	224	231	238	245	252	259	266	273	280
8	248	256	264	272	280	288	296	304	312	320
9	279	288	297	306	315	324	333	342	351	360
10	310	320	330	340	350	360	370	380	390	400
11	341	352	363	374	385	396	407	418	429	440
12	372	384	396	408	420	432	444	456	468	480
13	403	416	429	442	455	468	481	494	507	520
14	434	448	462	476	490	504	518	532	546	560
15	465	480	495	510	525	540	555	570	585	600
16	496	512	528	544	560	576	592	608	624	640
17	527	544	561	578	595	612	629	646	663	680
18	558	576	594	612	630	648	666	684	702	720
19	589	608	627	646	665	684	703	722	741	760
20	620	640	660	680	700	720	740	760	780	800
21	651	672	693	714	735	756	777	798	819	840
22	682	704	726	748	771	792	814	836	858	880
23	713	736	759	782	805	828	851	874	897	920
24	744	768	792	816	840	864	888	912	936	960
25	775	800	825	850	875	900	925	950	975	1000
26	806	832	858	884	910	936	962	988	1014	1040
27	837	864	891	918	945	972	999	1026	1053	1080
28	868	896	924	952	980	1008	1036	1064	1092	1120
29	899	928	957	986	1015	1044	1073	1102	1131	1160
30	930	960	990	1020	1050	1080	1110	1140	1170	1200
31	961	992	1023	1054	1085	1116	1147	1178	1209	1240
32	992	1024	1056	1088	1120	1152	1184	1216	1248	1280
33	1023	1056	1089	1122	1155	1188	1221	1254	1287	1320
34	1054	1088	1122	1156	1190	1224	1258	1292	1326	1360
35	1085	1120	1155	1190	1225	1260	1295	1330	1365	1400
36	1116	1152	1188	1224	1260	1296	1332	1368	1404	1440
37	1147	1184	1221	1258	1295	1332	1369	1406	1443	1480
38	1178	1216	1254	1292	1330	1368	1406	1444	1482	1520
39	1209	1248	1287	1326	1365	1404	1443	1488	1521	1560
40	1240	1280	1320	1360	1400	1440	1480	1520	1560	1600
41	1271	1312	1353	1394	1435	1476	1517	1558	1599	1640
42	1302	1344	1306	1428	1470	1512	1554	1596	1638	1680
43	1333	1376	1419	1462	1505	1548	1591	1634	1677	1720
44	1364	1408	1552	1496	1540	1584	1628	1672	1716	1760
45	1395	1440	1485	1530	1575	1620	1665	1710	1755	1800
46	1486	1472	1518	1564	1610	1656	1702	1748	1794	1840
47	1457	1504	1551	1598	1645	1692	1739	1786	1833	1880
48	1488	1536	1584	1632	1680	1728	1776	1824	1872	1920
49	1519	1568	1617	1666	1715	1764	1813	1862	1911	1960
50	1550	1600	1650	1700	1750	1800	1850	1900	1950	2000

Chapitre XI. — Tables progressives de multiplication.

	41	42	43	44	45	46	47	48	49	50
2	82	84	86	88	90	92	94	96	98	100
3	123	126	129	132	135	138	141	144	147	150
4	164	168	172	176	180	184	188	192	196	200
5	205	210	215	220	225	230	235	240	245	250
6	246	252	258	264	270	276	282	288	294	300
7	287	294	301	308	315	322	329	336	343	350
8	328	336	344	352	360	368	376	384	392	400
9	369	378	387	396	405	414	423	432	441	450
10	410	420	430	440	450	460	470	480	490	500
11	451	462	473	484	495	506	517	528	539	550
12	492	504	516	528	540	552	564	576	588	600
13	533	546	559	572	585	598	611	624	637	650
14	574	588	602	616	630	644	658	672	686	700
15	615	630	645	660	675	690	705	720	735	750
16	656	672	688	704	720	736	752	768	784	800
17	697	714	731	748	765	782	799	816	833	850
18	738	756	774	792	810	828	846	864	882	900
19	779	798	817	836	855	874	893	912	931	950
20	820	840	860	880	900	920	940	960	980	1000
21	861	882	903	924	945	966	987	1008	1029	1050
22	902	924	946	968	990	1012	1034	1056	1078	1100
23	943	966	989	1012	1035	1058	1081	1104	1127	1150
24	984	1008	1032	1056	1080	1104	1128	1152	1176	1200
25	1025	1050	1075	1100	1125	1150	1175	1200	1225	1250
26	1066	1092	1118	1144	1170	1196	1222	1248	1274	1300
27	1107	1134	1161	1188	1215	1242	1269	1296	1323	1350
28	1148	1176	1204	1232	1260	1288	1316	1344	1372	1400
29	1189	1218	1247	1276	1305	1334	1363	1392	1421	1450
30	1230	1260	1290	1320	1350	1380	1410	1440	1470	1500
31	1271	1302	1333	1364	1395	1426	1457	1488	1519	1550
32	1312	1344	1376	1408	1440	1472	1504	1536	1568	1600
33	1353	1386	1419	1452	1485	1518	1551	1584	1617	1650
34	1394	1428	1462	1496	1530	1564	1598	1632	1666	1700
35	1435	1470	1505	1540	1575	1610	1645	1680	1715	1750
36	1476	1512	1548	1584	1620	1656	1692	1728	1764	1800
37	1517	1554	1591	1628	1665	1702	1739	1776	1813	1850
38	1558	1596	1634	1672	1710	1748	1786	1824	1862	1900
39	1599	1638	1677	1716	1755	1794	1833	1872	1911	1950
40	1640	1680	1720	1760	1800	1840	1880	1920	1960	2000
41	1681	1722	1763	1804	1845	1886	1927	1968	2009	2050
42	1722	1764	1806	1848	1890	1932	1974	2016	2058	2100
43	1763	1806	1849	1892	1935	1978	2021	2064	2107	2150
44	1804	1848	1892	1936	1980	2024	2068	2112	2156	2200
45	1845	1890	1935	1980	2025	2070	2115	2160	2205	2250
46	1886	1932	1978	2024	2070	2116	2162	2208	2254	2300
47	1927	1974	2021	2068	2115	2162	2209	2256	2303	2350
48	1968	2016	2064	2112	2160	2208	2256	2304	2352	2400
49	2009	2058	2107	2156	2205	2254	2303	2352	2401	2450
50	2050	2100	2150	2200	2250	2300	2350	2400	2450	2500

Chapitre XI. — Tables progressives de multiplication.

	51	52	53	54	55	56	57	58	59	60
2	102	104	106	108	110	112	114	216	118	120
3	153	156	159	162	165	168	171	174	177	180
4	204	208	212	216	220	224	228	232	236	240
5	255	260	265	270	275	280	285	290	295	300
6	306	312	318	324	330	336	342	348	354	360
7	357	364	371	378	385	392	399	406	413	420
8	408	416	424	432	440	448	456	464	472	480
9	459	468	477	486	495	504	513	522	531	540
10	510	520	530	540	550	560	570	580	590	600
11	561	572	583	594	605	616	627	638	649	660
12	612	624	636	648	660	672	684	696	708	720
13	663	676	689	702	715	728	741	754	767	780
14	714	728	742	756	770	784	798	812	826	840
15	765	780	795	810	825	840	855	870	885	900
16	816	832	848	864	880	896	912	928	944	960
17	867	884	901	918	935	952	969	986	1003	1020
18	918	936	954	972	990	1008	1026	1044	1062	1080
19	969	988	1007	1026	1045	1064	1083	1102	1121	1140
20	1020	1040	1060	1080	1100	1120	1140	1160	1180	1200
21	1071	1092	1113	1134	1155	1176	1197	1218	1239	1260
22	1122	1144	1166	1188	1210	1232	1254	1276	1298	1320
23	1173	1196	1219	1242	1265	1288	1311	1334	1357	1380
24	1224	1248	1272	1296	1320	1344	1368	1392	1416	1440
25	1275	1300	1325	1350	1375	1400	1425	1450	1475	1500
26	1326	1352	1378	1404	1430	1456	1482	1508	1534	1560
27	1377	1404	1431	1458	1485	1512	1539	1566	1593	1620
28	1428	1456	1484	1512	1540	1568	1596	1624	1652	1680
29	1479	1508	1537	1566	1595	1624	1653	1682	1711	1740
30	1530	1560	1590	1620	1650	1680	1710	1740	1770	1800
31	1581	1612	1643	1674	1705	1736	1767	1798	1829	1860
32	1632	1664	1696	1728	1760	1792	1824	1856	1888	1920
33	1683	1716	1749	1782	1815	1848	1881	1914	1947	1980
34	1734	1768	1802	1836	1870	1904	1938	1972	2006	2040
35	1785	1820	1855	1890	1925	1960	1995	2030	2065	2100
36	1836	1872	1908	1944	1980	2016	2052	2088	2124	2160
37	1887	1924	1961	1998	2035	2072	2109	2146	2183	2220
38	1938	1976	2014	2052	2090	2128	2166	2204	2242	2280
39	1989	2028	2067	2106	2145	2184	2223	2262	2301	2340
40	2040	2080	2120	2160	2200	2240	2280	2320	2360	2400
41	2091	2132	2173	2214	2255	2296	2337	2378	2419	2460
42	2142	2184	2226	2268	2310	2352	2394	2436	2478	2520
43	2193	2236	2279	2322	2365	2408	2451	2494	2537	2580
44	2244	2288	2332	2376	2420	2464	2508	2552	2596	2640
45	2295	2340	2385	2430	2475	2520	2565	2610	2655	2700
46	2346	2392	2438	2484	2530	2576	2622	2668	2714	2760
47	2397	2444	2491	2538	2585	2632	2679	2726	2773	2820
48	2448	2496	2544	2592	2640	2688	2736	2784	2832	2880
49	2499	2548	2597	2646	2695	2744	2793	2842	2891	2940
50	2550	2600	2650	2700	2750	2800	2850	2900	2950	3000

Chapitre XI. — Tables progressives de multiplication.

	61	62	63	64	65	66	67	68	69	70
2	122	124	126	128	130	132	134	136	138	140
3	183	186	189	192	195	198	201	204	207	210
4	244	248	252	256	260	264	268	272	276	280
5	305	310	315	320	325	330	335	340	345	350
6	366	372	378	384	390	396	402	408	414	420
7	427	434	441	448	455	462	469	476	483	490
8	488	496	504	512	520	528	536	544	552	560
9	549	558	567	576	585	594	603	612	621	630
10	610	620	630	640	650	660	670	680	690	700
11	671	682	693	704	715	726	737	748	759	770
12	732	744	756	768	780	792	804	816	828	840
13	793	806	819	832	845	858	871	884	897	910
14	854	868	882	896	910	924	938	952	966	980
15	915	930	945	960	975	990	1005	1020	1035	1050
16	976	992	1008	1024	1040	1056	1072	1088	1104	1120
17	1037	1054	1071	1088	1105	1122	1139	1156	1173	1190
18	1098	1116	1134	1152	1170	1188	1206	1224	1242	1260
19	1159	1178	1197	1216	1235	1254	1273	1292	1311	1330
20	1220	1240	1260	1280	1300	1320	1340	1360	1380	1400
21	1281	1302	1323	1344	1365	1386	1407	1428	1449	1470
22	1342	1364	1386	1408	1430	1452	1474	1496	1518	1540
23	1403	1426	1449	1472	1495	1518	1541	1564	1587	1610
24	1464	1488	1512	1536	1560	1584	1608	1632	1656	1680
25	1525	1550	1575	1600	1625	1650	1675	1700	1725	1750
26	1586	1612	1638	1664	1690	1716	1742	1768	1794	1820
27	1647	1674	1701	1728	1755	1782	1809	1836	1863	1890
28	1708	1736	1764	1792	1820	1848	1876	1904	1932	1960
29	1769	1798	1827	1856	1885	1914	1943	1972	2001	2030
30	1830	1860	1890	1920	1950	1980	2010	2040	2070	2100
31	1891	1922	1953	1984	2015	2046	2077	2108	2139	2170
32	1952	1984	2016	2048	2080	2112	2144	2176	2208	2240
33	2013	2046	2079	2112	2145	2178	2211	2244	2277	2310
34	2074	2108	2142	2176	2210	2244	2278	2312	2346	2380
35	2135	3170	2205	2240	2275	2310	2345	2380	2415	2450
36	2196	2232	2268	2304	2340	2376	2412	2448	2484	2520
37	2257	2294	2331	2368	2405	2442	2479	2516	2553	2590
38	2318	2356	2394	2432	2470	2508	2546	2584	2622	2660
39	2379	2418	2457	2496	2535	2574	2613	2652	2691	2730
40	2440	2480	2520	2560	2600	2640	2680	2720	2760	2800
41	2501	2542	2583	2624	2665	2706	2747	2788	2829	2870
42	2562	2604	2646	2688	2730	2772	2814	2856	2898	2940
43	2623	2666	2709	2752	2795	2838	2881	2924	2967	3010
44	2684	2728	2772	2816	2860	2904	2948	2992	3036	3080
45	2745	2790	2835	2880	2925	2970	3015	3060	3105	3150
46	2806	2852	2898	2944	2990	3036	3082	3128	3174	3220
47	2867	2914	2961	3008	3055	3102	3149	3196	3243	3290
48	2928	2976	3024	3072	3120	3168	3216	3264	3312	3360
49	2989	3038	3087	3136	3185	3234	3283	3332	3381	3430
50	3050	3100	3150	3200	3250	3300	3350	3400	3450	3500

Chapitre XI. — Tables progressives de multiplication.

	71	72	73	74	75	76	77	78	79	80
2	142	144	146	148	150	152	154	156	158	160
3	213	216	219	222	225	228	231	234	237	240
4	284	288	292	296	300	304	308	312	316	320
5	355	360	365	370	375	380	385	390	395	400
6	426	432	438	444	450	456	462	468	474	480
7	497	504	511	518	525	532	539	546	553	560
8	568	576	584	592	600	608	616	624	632	640
9	639	648	657	666	675	684	693	702	711	720
10	710	720	730	740	750	760	770	780	790	800
11	781	792	803	814	825	836	847	858	869	880
12	852	864	876	888	900	912	924	936	948	960
13	923	936	949	962	975	988	1001	1014	1027	1040
14	994	1008	1022	1036	1050	1064	1078	1092	1106	1120
15	1065	1080	1095	1110	1125	1140	1155	1170	1185	1200
16	1136	1152	1168	1184	1200	1216	1232	1248	1264	1280
17	1207	1224	1241	1258	1275	1292	1309	1326	1343	1360
18	1278	1296	1314	1332	1350	1368	1386	1404	1422	1440
19	1349	1368	1387	1406	1425	1444	1463	1482	1501	1520
20	1420	1440	1460	1480	1500	1520	1540	1560	1580	1600
21	1491	1512	1533	1554	1575	1596	1617	1638	1659	1680
22	1562	1584	1606	1628	1650	1672	1694	1716	1738	1760
23	1633	1656	1679	1702	1725	1748	1771	1794	1817	1840
24	1704	1728	1752	1776	1800	1824	1848	1872	1896	1920
25	1775	1800	1825	1850	1875	1900	1925	1950	1975	2000
26	1846	1872	1898	1924	1950	1976	2002	2028	2054	2080
27	1917	1944	1971	1998	2025	2052	2079	2106	2133	2160
28	1988	2016	2044	2072	2100	2128	2156	2184	2212	2240
29	2059	2088	2117	2146	2175	2204	2233	2262	2291	2320
30	2130	2160	2190	2220	2250	2280	2310	2340	2370	2400
31	2201	2232	2263	2294	2325	2356	2387	2418	2449	2480
32	2272	2304	2336	2368	2400	2432	2464	2496	2528	2560
33	2343	2376	2409	2442	2475	2508	2541	2574	2607	2640
34	2414	2448	2482	2516	2550	2584	2618	2652	2686	2720
35	2485	2520	2555	2590	2625	2660	2695	2730	2765	2800
36	2556	2592	2628	2664	2700	2736	2772	2808	2844	2880
37	2627	2664	2701	2738	2775	2812	2849	2886	2923	2960
38	2698	2736	2774	2812	2850	2888	2926	2964	3002	3040
39	2769	2808	2847	2886	2925	2964	3003	3042	3081	3120
40	2840	2880	2920	2960	3000	3040	3080	3120	3160	3200
41	2911	2952	2993	3034	3075	3116	3157	3198	3239	3280
42	2982	3024	3066	3108	3150	3192	3234	3276	3318	3360
43	3053	3096	3139	3182	3225	3268	3311	3354	3397	3440
44	3124	3168	3212	3256	3300	3344	3388	3432	3476	3520
45	3195	3240	3285	3330	3375	3420	3465	3510	3555	3600
46	3266	3312	3358	3404	3450	3496	3542	3588	3634	3680
47	3337	3384	3431	3478	3525	3572	3619	3666	3713	3760
48	3408	3456	3504	3552	3600	3648	3696	3744	3792	3840
49	3479	3528	3577	3626	3675	3724	3773	3822	3871	3920
50	3550	3600	3650	3700	3750	3800	3850	3900	3950	4000

Chapitre XI. — Tables progressives de multiplication.

	81	82	83	84	85	86	87	88	89	90
2	162	164	166	168	170	172	174	176	178	180
3	243	246	249	252	255	258	261	264	267	270
4	324	328	332	336	340	344	348	352	356	360
5	405	410	415	420	425	430	435	440	445	450
6	486	492	498	504	510	516	522	528	534	540
7	567	574	581	588	595	602	609	616	623	630
8	648	656	664	672	680	688	696	704	712	720
9	729	738	747	756	765	774	783	792	801	810
10	810	820	830	840	850	860	870	880	890	900
11	891	902	913	924	935	946	957	968	979	990
12	972	984	996	1000	1020	1032	1044	1056	1068	1080
13	1053	1066	1079	1092	1105	1118	1131	1144	1157	1170
14	1134	1148	1162	1176	1190	1204	1218	1232	1246	1260
15	1215	1230	1245	1260	1275	1290	1305	1320	1335	1350
16	1296	1312	1328	1344	1360	1376	1392	1408	1424	1440
17	1377	1394	1411	1428	1445	1462	1479	1496	1513	1530
18	1458	1476	1494	1512	1530	1548	1566	1584	1602	1620
19	1539	1558	1577	1596	1615	1634	1653	1672	1691	1710
20	1620	1640	1660	1680	1700	1720	1740	1760	1780	1800
21	1701	1722	1743	1764	1785	1806	1827	1848	1869	1890
22	1782	1804	1826	1848	1870	1892	1914	1936	1958	1980
23	1863	1886	1909	1932	1955	1978	2001	2024	2047	2070
24	1944	1968	1992	2016	2040	2064	2088	2112	2136	2160
25	2025	2050	2075	2100	2125	2150	2175	2200	2225	2250
26	2106	2132	2158	2184	2210	2236	2262	2288	2314	2340
27	2187	2214	2241	2268	2295	2322	2349	2376	2403	2430
28	2268	2296	2324	2352	2380	2408	2436	2464	2492	2520
29	2349	2378	2407	2436	2465	2494	2523	2552	2581	2610
30	2430	2460	2490	2520	2550	2580	2610	2640	2670	2700
31	2511	2542	2573	2604	2635	2666	2697	2728	2759	2790
32	2592	2624	2656	2688	2720	2752	2784	2816	2848	2880
33	2673	2706	2739	2772	2805	2838	2871	2904	2937	2970
34	2754	2788	2822	2856	2890	2924	2958	2992	3026	3060
35	2835	2870	2905	2940	2975	3010	3045	3080	3115	3150
36	2916	2952	2988	3024	3060	3096	3132	3168	3204	3240
37	2997	3034	3071	3108	3145	3182	3219	3256	3293	3330
38	3078	3116	3154	3192	3230	3268	3306	3344	3382	3420
39	3159	3198	3237	3276	3315	3354	3393	3432	3471	3510
40	3240	3280	3320	3360	3400	3440	3480	3520	3560	3600
41	3321	3362	3403	3444	3485	3526	3567	3608	3649	3690
42	3402	3444	3486	3528	3570	3612	3654	3696	3738	3780
43	3483	3526	3569	3612	3655	3698	3741	3784	3827	3870
44	3564	3608	3652	3696	3740	3784	3828	3872	3916	3960
45	3645	3690	3735	3780	3825	3870	3915	3960	4005	4050
46	3726	3772	3818	3864	3910	3956	4002	4048	4094	4140
47	3807	3854	3901	3948	3995	4042	4089	4136	4183	4230
48	3888	3936	3984	4032	4080	4128	4176	4224	4272	4320
49	3969	4018	4067	4116	4165	4214	4263	4312	4361	4410
50	4050	4100	4150	4200	4250	4300	4350	4400	4450	4500

Chapitre XI. — Tables progressives de multiplication.

	91	92	93	94	95	96	97	98	99	100
2	182	184	186	188	190	192	194	196	198	200
3	273	276	279	282	285	288	291	294	297	300
4	364	368	372	376	380	384	388	392	396	400
5	455	460	465	470	475	480	485	490	495	500
6	546	552	558	564	570	576	582	588	594	600
7	637	644	651	658	665	672	679	686	693	700
8	728	736	744	752	760	768	776	784	792	800
9	819	828	837	846	855	864	873	882	891	900
10	910	920	930	940	950	960	970	980	990	1000
11	1001	1012	1023	1034	1045	1056	1067	1078	1085	1100
12	1092	1104	1116	1128	1140	1152	1164	1176	1188	1200
13	1183	1196	1209	1222	1235	1248	1261	1274	1287	1300
14	1274	1288	1302	1316	1330	1344	1358	1372	1386	1400
15	1465	1380	1395	1410	1425	1440	1455	1470	1485	1500
16	1456	1472	1488	1504	1520	1536	1552	1568	1584	1600
17	1547	1564	1581	1598	1615	1632	1649	1666	1683	1700
18	1638	1656	1674	1692	1710	1728	1746	1764	1782	1800
19	1729	1748	1767	1786	1805	1824	1843	1862	1881	1900
20	1820	1840	1860	1880	1900	1920	1940	1960	1980	2000
21	1911	1932	1953	1974	1995	2016	2037	2058	2079	2100
22	2002	2024	2046	2068	2090	2112	2134	2156	2178	2200
23	2093	2116	2139	2162	2185	2208	2231	2254	2277	2300
24	2184	2208	2232	2256	2280	2304	2328	2352	2376	2400
25	2275	2300	2325	2350	2375	2400	2425	2450	2475	2500
26	2366	2392	2418	2444	2470	2496	2522	2548	2574	2600
27	2457	2484	2511	2538	2565	2592	2619	2646	2673	2700
28	2548	2576	2604	2632	2660	2688	2716	2744	2772	2800
29	2639	2668	2697	2726	2755	2784	2813	2842	2871	2900
30	2730	2760	2790	2820	2850	2880	2910	2940	2970	3000
31	2821	2852	2883	2914	2945	2976	3007	3038	3069	3100
32	2912	2944	2976	3008	3040	3072	3104	3136	3168	3200
33	3003	3036	3069	3102	3135	3168	3201	3234	3267	3300
34	3094	3128	3162	3196	3230	3264	3298	3332	3566	3400
35	3185	3220	3255	3290	3325	3360	3395	3430	3465	3500
36	3276	3312	3348	3384	3420	3456	3492	3528	3564	3600
37	3367	3404	3441	3478	3515	3552	3589	3626	3663	3700
38	3458	3496	3534	3572	3610	3648	3686	3724	3762	3800
39	3549	3588	3627	3666	3705	3744	3783	3822	3861	3900
40	3640	3680	3720	3760	3800	3840	3880	3920	3960	4000
41	3731	3772	3813	3854	3895	3936	3977	4018	4059	4100
42	3822	3864	3906	3948	3990	4032	4074	4146	4158	4200
43	3913	3956	3999	4042	4085	4128	4171	4214	4257	4300
44	4004	4048	4092	4136	4180	4224	4268	4312	4356	4400
45	4095	4140	4185	4230	4275	4320	4365	4410	4455	4500
46	4186	4232	4278	4324	4370	4416	4462	4508	4554	4600
47	4277	4324	4371	4418	4465	4512	4559	4606	4653	4700
48	4368	4416	4464	4512	4560	4608	4656	4704	4752	4800
49	4459	4508	4557	4606	4655	4704	4753	4802	4851	4900
50	4550	4600	4650	4700	4750	4800	4850	4900	4950	5000

Chapitre XI. — Tables progressives de multiplication.

	51	52	53	54	55	56	57	58	59	60
51	2601	2652	2703	2754	2805	2856	2907	2958	3009	3060
52	2652	2704	2756	2808	2860	2912	2964	3016	3068	3120
53	2703	2756	2809	2862	2915	2968	3021	3074	3127	3180
54	2754	2808	2862	2916	2970	3024	3078	3132	3186	3240
55	2805	2860	2915	2970	3025	3080	3135	3190	3245	3300
56	2856	2912	2968	3024	3080	3136	3192	3248	3304	3360
57	2907	2964	3021	3078	3135	3192	3249	3306	3363	3420
58	2958	3016	3074	3132	3190	3248	3306	3364	3422	3480
59	3009	3068	3127	3186	3245	3304	3363	3422	3481	3540
60	3060	3120	3180	3240	3300	3360	3420	3480	3540	3600
61	3111	3172	3233	3294	3355	3416	3477	3538	3599	3660
62	3162	3224	3286	3348	3410	3472	3534	3596	3658	3720
63	3213	3276	3339	3402	3465	3528	3591	3654	3717	3780
64	3264	3328	3392	3456	3520	3584	3648	3712	3776	3840
65	3315	3380	3445	3510	3575	3640	3705	3770	3835	3900
66	3366	3432	3498	3564	3630	3696	3762	3828	3894	3960
67	3417	3484	3551	3618	3685	3752	3819	3886	3953	4020
68	3468	3536	3604	3672	3740	3808	3876	3944	4012	4080
69	3519	3588	3657	3726	3795	3864	3933	4002	4071	4140
70	3570	3640	3710	3780	3850	3920	3990	4060	4130	4200
71	3621	3692	3763	3834	3905	3976	4047	4118	4189	4260
72	3672	3744	3816	3888	3960	4032	4104	4176	4248	4320
73	3723	3796	3869	3942	4015	4088	4161	4234	4307	4380
74	3774	3848	3922	3996	4070	4144	4218	4292	4366	4440
75	3825	3900	3975	4050	4125	4200	4275	4350	4425	4500
76	3876	3952	4028	4104	4180	4256	4332	4408	4484	4560
77	3927	4004	4081	4158	4235	4312	4389	4466	4543	4620
78	3978	4056	4134	4212	4290	4368	4446	4524	4602	4680
79	4029	4108	4187	4266	4345	4424	4503	4582	4661	4740
80	4080	4160	4240	4320	4400	4480	4560	4640	4720	4800
81	4131	4212	4293	4374	4455	4536	4617	4698	4779	4860
82	4182	4264	4346	4428	4510	4592	4674	4756	4838	4920
83	4233	4316	4399	4482	4565	4648	4731	4814	4897	4980
84	4284	4368	4452	4536	4620	4704	4788	4872	4956	5040
85	4335	4420	4505	4590	4675	4760	4845	4930	5015	5100
86	4386	4472	4558	4644	4730	4816	4902	4988	5074	5160
87	4437	4524	4611	4698	4785	4872	4959	5046	5133	5120
88	4488	4576	4664	4752	4840	4928	5016	5104	5192	5280
89	4539	4628	4717	4806	4895	4984	5073	5162	5251	5340
90	4590	4680	4770	4860	4950	5040	5130	5220	5310	5400
91	4641	4732	4823	4914	5005	5096	5187	5278	5369	5460
92	4692	4784	4876	4968	5060	5152	5244	5336	5428	5520
93	4743	4836	4929	5022	5115	5208	5301	5394	5487	5580
94	4794	4888	4982	5076	5170	5264	5358	5452	5546	5640
95	4845	4940	5035	5130	5225	5320	5415	5510	5605	5700
96	4896	4992	5088	5184	5280	5376	5472	5568	5664	5760
97	4947	5044	5141	5238	5335	5432	5529	5626	5723	5820
98	4998	5096	5194	5292	5390	5488	5586	5684	5782	5880
99	5049	5148	5247	5346	5445	5544	5643	5742	5841	5940
100	5100	5200	5300	5400	5500	5600	5700	5800	5900	6000

Chapitre XI. — Tables progressives de multiplication.

	61	62	63	64	65	66	67	68	69	70
51	3111	3162	3213	3264	3315	3366	3417	3468	3519	3570
52	3172	3224	3276	3328	3380	3432	3484	3536	3588	3640
53	3233	3286	3339	3392	3445	3498	3551	3604	3657	3710
54	3294	3348	3402	3456	3510	3564	3618	3672	3726	3780
55	3355	3410	3465	3520	3575	3630	3685	3740	3795	3850
56	3416	3472	3528	3584	3640	3696	3752	3808	3864	3920
57	3477	3534	3591	3648	3705	3762	3819	3876	3933	3990
58	3538	3596	3654	3712	3770	3828	3886	3944	4002	4060
59	3599	3658	3717	3776	3835	3894	3953	4012	4071	4130
60	3660	3720	3780	3840	3900	3960	4020	4080	4140	4200
61	3721	3782	3843	3904	3965	4026	4087	4148	4209	4270
62	3782	3844	3906	3968	4030	4092	4154	4216	4278	4340
63	3843	3906	3969	4032	4095	4158	4221	4284	4347	4410
64	3904	3968	4032	4096	4160	4224	4288	4352	4416	4480
65	3965	4030	4095	4160	4225	4290	4355	4420	4485	4550
66	4026	4092	4158	4224	4290	4356	4422	4488	4554	4620
67	4087	4154	4221	4288	4355	4422	4489	4556	4623	4690
68	4148	4216	4284	4352	4420	4488	4556	4624	4692	4760
69	4209	4278	4347	4416	4485	4554	4623	4692	4761	4830
70	4270	4340	4410	4480	4550	4620	4690	4760	4830	4900
71	4331	4402	4473	4544	4615	4686	4757	4828	4899	4970
72	4392	4464	4536	4608	4680	4752	4824	4896	4968	5040
73	4453	4526	4599	4672	4745	4818	4891	4964	5037	5110
74	4514	4588	4662	4736	4810	4884	4958	5032	5106	5180
75	4575	4650	4725	4800	4875	4950	5025	5100	5175	5250
76	4636	4712	4788	4864	4940	5016	5092	5168	5244	5320
77	4697	4774	4851	4928	5005	5082	5159	5236	5313	5390
78	4758	4836	4914	4992	5070	5148	5226	5304	5382	5460
79	4819	4898	4977	5056	5135	5214	5293	5372	5451	5530
80	4880	4960	5040	5120	5200	5280	5360	5440	5520	5600
81	4941	5022	5103	5184	5265	5346	5427	5508	5589	5670
82	5002	5084	5166	5248	5330	5412	5494	5576	5658	5740
83	5063	5146	5229	5312	5395	5478	5561	5644	5727	5810
84	5124	5208	5292	5376	5460	5544	5628	5712	5796	5880
85	5185	5270	5355	5440	5525	5610	5695	5780	5865	5950
86	5246	5332	5418	5504	5590	5676	5762	5848	5934	6020
87	5307	5394	5481	5568	5655	5742	5829	5916	6003	6090
88	5368	5456	5544	5632	5720	5808	5896	5984	6072	6160
89	5429	5518	5607	5696	5785	5874	5963	6052	6141	6230
90	5490	5580	5670	5760	5850	5940	6030	6120	6210	6300
91	5551	5642	5733	5824	5915	6006	6097	6188	6279	6370
92	5612	5704	5796	5888	5980	6072	6164	6256	6348	6440
93	5673	5766	5859	5952	6045	6138	6231	6324	6417	6510
94	5734	5828	5922	6016	6110	6204	6298	6392	6486	6580
95	5795	5890	5985	6080	6175	6270	6365	6460	6555	6650
96	5856	5952	6048	6144	6240	6336	6432	6528	6624	6720
97	5917	6014	6111	6208	6305	6402	6499	6596	6693	6790
98	5978	6076	6174	6272	6370	6468	6566	6664	6762	6860
99	6039	6138	6237	6336	6435	6534	6633	6732	6831	6930
100	6100	6200	6300	6400	6500	6600	6700	6800	6900	7000

Chapitre XI. — Tables progressives de multiplication.

	71	72	73	74	75	76	77	78	79	80
51	3621	3672	3723	3774	3825	3876	3927	3978	4029	4080
52	3692	3744	3796	3848	3900	3952	4004	4056	4108	4160
53	3763	3816	3869	3922	3975	4028	4081	4134	4187	4240
54	3834	3888	3942	3996	4050	4104	4158	4212	4266	4320
55	3905	3960	4015	4070	4125	4180	4235	4290	4345	4400
56	3976	4032	4088	4144	4200	4256	4312	4368	4424	4480
57	4047	4104	4161	4218	4275	4332	4389	4446	4503	4560
58	4118	4176	4234	4292	4350	4408	4466	4524	4582	4640
59	4189	4248	4307	4366	4425	4484	4543	4602	4661	4720
60	4260	4320	4380	4440	4500	4560	4620	4680	4740	4800
61	4331	4392	4453	4514	4575	4636	4697	4758	4819	4880
62	4402	4464	4526	4588	4650	4712	4774	4836	4898	4960
63	4473	4536	4599	4662	4725	4788	4851	4914	4977	5040
64	4544	4608	4672	4736	4800	4864	4928	4992	5056	5120
65	4615	4680	4745	4810	4875	4940	5005	5070	5135	5200
66	4686	4752	4818	4884	4950	5016	5082	5148	5214	5280
67	4757	4824	4891	4958	5025	5092	5159	5226	5293	5360
68	4828	4896	4964	5032	5100	5168	5236	5304	5372	5440
69	4899	4968	5037	5106	5175	5244	5313	5382	5451	5520
70	4970	5040	5110	5180	5250	5320	5390	5460	5530	5600
71	5041	5112	5183	5254	5325	5396	5467	5538	5609	5680
72	5112	5184	5256	5328	5400	5472	5544	5616	5688	5760
73	5183	5256	5329	5402	5475	5548	5621	5694	5767	5840
74	5254	5328	5402	5476	5550	5624	5698	5772	5846	5920
75	5325	5400	5475	5550	5625	5700	5775	5850	5925	6000
76	5396	5472	5548	5624	5700	5776	5852	5928	6004	6080
77	5467	5544	5621	5698	5775	5852	5929	6006	6083	6160
78	5538	5616	5694	5772	5850	5928	6006	6084	6162	6240
79	5609	5688	5767	5846	5925	6004	6083	6162	6241	6320
80	5680	5760	5840	5920	6000	6080	6160	6240	6320	6400
81	5751	5832	5913	5994	6075	6156	6237	6318	6399	6480
82	5822	5904	5986	6068	6150	6232	6314	6396	6478	6560
83	5893	5976	6059	6142	6225	6308	6391	6474	6557	6640
84	5964	6048	6132	6216	6300	6384	6468	6552	6636	6720
85	6035	6120	6205	6290	6375	6460	6545	6630	6715	6800
86	6106	6192	6278	6364	6450	6536	6622	6708	6794	6880
87	6177	6264	6351	6438	6525	6612	6699	6786	6873	6960
88	6248	6336	6424	6512	6600	6688	6776	6864	6952	7040
89	6319	6408	6497	6586	6675	6764	6853	6942	7031	7120
90	6390	6480	6570	6660	6750	6840	6930	7020	7110	7200
91	6461	6552	6643	6734	6825	6916	7007	7098	7189	7280
92	6532	6624	6716	6808	6900	6992	7084	7176	7268	7360
93	6603	6696	6789	6882	6975	7068	7161	7254	7347	7440
94	6674	6768	6862	6956	7050	7144	7238	7332	7426	7520
95	6745	6840	6935	7030	7125	7220	7315	7410	7505	7600
96	6816	6912	7008	7104	7200	7296	7392	7488	7584	7680
97	6887	6984	7081	7178	7275	7372	7469	7566	7663	7760
98	6958	7056	7154	7252	7350	7448	7546	7644	7742	7840
99	7029	7128	7227	7326	7425	7524	7623	7722	7821	7920
100	7100	7200	7300	7400	7500	7600	7700	7800	7900	8000

Chapitre XI. — Tables progressives de multiplication.

	81	82	83	84	85	86	87	88	89	90
51	4131	4182	4233	4284	4335	4386	4437	4488	4539	4590
52	4212	4264	4316	4368	4420	4472	4524	4576	4628	4680
53	4293	4346	4399	4452	4505	4558	4611	4664	4717	4770
54	4374	4428	4482	4536	4590	4644	4698	4752	4806	4860
55	4455	4510	4565	4620	4675	4730	4785	4840	4895	4950
56	4536	4592	4648	4704	4760	4816	4872	4928	4984	5040
57	4617	4674	4731	4788	4845	4902	4959	5016	5073	5130
58	4698	4756	4814	4872	4930	4988	5046	5104	5162	5220
59	4779	4838	4897	4956	5015	5074	5133	5192	5251	5310
60	4860	4920	4980	5040	5100	5160	5220	5280	5340	5400
61	4941	5002	5063	5124	5185	5246	5307	5368	5429	5490
62	5022	5084	5146	5208	5270	5332	5394	5456	5518	5580
63	5103	5166	5229	5292	5355	5418	5481	5544	5607	5670
64	5184	5248	5312	5376	5440	5504	5568	5632	5696	5760
65	5265	5330	5395	5460	5525	5590	5655	5720	5785	5850
66	5346	5412	5478	5544	5610	5676	5742	5808	5874	5940
67	5427	5494	5561	5628	5695	5762	5829	5896	5963	6030
68	5508	5576	5644	5712	5780	5848	5916	5984	6052	6120
69	5598	5658	5727	5796	5865	5934	6003	6072	6141	6210
70	5670	5740	5810	5880	5950	6020	6090	6160	6230	6300
71	5751	5822	5893	5964	6035	6106	6177	6248	6319	6390
72	5832	5904	5976	6048	6120	6192	6264	6336	6408	6480
73	5913	5986	6059	6132	6205	6278	6351	6424	6497	6570
74	5994	6068	6142	6216	6290	6364	6438	6512	6586	6660
75	6075	6150	6225	6300	6375	6450	6525	6600	6675	6750
76	6156	6232	6308	6384	6460	6536	6612	6688	6764	6840
77	6237	6314	6391	6468	6545	6622	6699	6776	6853	6930
78	6318	6396	6474	6552	6630	6708	6786	6864	6942	7020
79	6399	6478	6557	6636	6715	6794	6873	6952	7031	7110
80	6480	6560	6640	6720	6800	6880	6960	7040	7120	7200
81	6561	6642	6723	6804	6885	6966	7047	7128	7209	7290
82	6642	6724	6806	6888	6970	7052	7134	7216	7298	7380
83	6723	6806	6889	6972	7055	7138	7221	7304	7387	7470
84	6804	6888	6972	7056	7140	7224	7308	7392	7476	7560
85	6885	6970	7055	7140	7225	7310	7395	7480	7565	7650
86	6966	7052	7138	7224	7310	7396	7482	7568	7654	7740
87	7047	7134	7221	7308	7395	7482	7569	7656	7743	7830
88	7128	7216	7304	7392	7480	7568	7656	7744	7832	7920
89	7209	7298	7387	7476	7565	7654	7743	7832	7921	8010
90	7290	7380	7470	7560	7650	7740	7830	7920	8010	8100
91	7371	7462	7553	7644	7735	7826	7917	8008	8099	8190
92	7452	7544	7636	7728	7820	7912	8004	8096	8188	8280
93	7533	7626	7719	7812	7905	7998	8091	8184	8277	8370
94	7614	7708	7802	7896	7990	8084	8178	8272	8366	8460
95	7695	7790	7885	7980	8075	8170	8265	8360	8455	8550
96	7776	7872	7968	8064	8160	8256	8352	8448	8544	8640
97	7857	7954	8051	8148	8245	8342	8439	8536	8633	8730
98	7938	8036	8134	8232	8330	8428	8526	8624	8722	8820
99	8019	8118	8217	8316	8415	8514	8613	8712	8811	8940
100	8100	8200	8300	8400	8500	8600	8700	8800	8900	9000

Chapitre XI. — Tables progressives de multiplication.

	91	92	93	94	95	96	97	98	99	100
51	4641	4692	4743	4794	4845	4896	4947	4978	5049	5100
52	4732	4784	4836	4888	4940	4992	5044	5096	5148	5200
53	4823	4876	4929	4982	5035	5088	5141	5194	5247	5300
54	4914	4968	5022	5076	5130	5184	5238	5292	5346	5400
55	5005	5060	5115	5170	5225	5280	5335	5390	5445	5500
56	5096	5152	5208	5264	5320	5376	5432	5488	5544	5600
57	5187	5244	5301	5358	5415	5472	5529	5586	5643	5700
58	5278	5336	5394	6452	5510	5568	5626	5684	5742	5800
59	5369	5428	5487	5546	5605	5664	5723	5782	5841	5900
60	5460	5520	5580	5640	5700	5760	5820	5880	5940	6000
61	5551	5612	5673	5734	5795	5856	5917	5978	6039	6100
62	5642	5704	5766	5828	5890	5952	6014	6076	6138	6200
63	5733	5796	5859	5922	5985	6048	6111	6174	6237	6300
64	5824	5888	5952	6016	6080	6144	6208	6272	6336	6400
65	5915	5980	6045	6110	6175	6240	6305	6370	6435	6500
66	6006	6072	6138	6204	6270	6336	6402	6468	6534	6600
67	6097	6164	6231	6298	6365	6432	6499	6566	6633	6700
68	6188	6256	6324	6392	6460	6528	6596	6664	6732	6800
69	6279	6348	6417	6486	6555	6624	6693	6762	6831	6900
70	6370	6440	6510	6580	6650	6720	6790	6860	6930	7000
71	6461	6532	6603	6674	6745	6816	6887	6958	7029	7100
72	6552	6624	6696	6768	6840	6912	6984	7056	7128	7200
73	6643	6716	6789	6862	6935	7008	7081	7154	7227	7300
74	6734	6808	6882	6956	7030	7104	7178	7252	7326	7400
75	6825	6900	6975	7050	7125	7200	7275	7350	7425	7500
76	6916	6992	7068	7144	7220	7296	7372	7448	7524	7600
77	7007	7084	7161	7238	7315	7392	7469	7546	7623	7700
78	7098	7176	7254	7332	7410	7488	7566	7644	7722	7800
79	7189	7268	7347	7426	7505	7584	7663	7742	7821	7900
80	7280	7360	7440	7520	7600	7680	7760	7840	7920	8000
81	7371	7452	7533	7614	7695	7776	7857	7938	8019	8100
82	7462	7544	7626	7708	7790	7872	7954	8036	8118	8200
83	7553	7636	7719	7802	7885	7968	8051	8134	8217	8300
84	7644	7728	7812	7896	7980	8064	8148	8232	8316	8400
85	7735	7820	7905	7990	8075	8160	8245	8330	8415	8500
86	7826	7912	7998	8084	8170	8256	8342	8428	8514	8600
87	7917	8004	8091	8178	8265	8352	8439	8526	8613	8700
88	8008	8096	8184	8272	8360	8448	8536	8624	8712	8800
89	8099	8188	8277	8366	8455	8544	8633	8722	8811	8900
90	8190	8280	8370	8460	8550	8640	8730	8820	8910	9000
91	8281	8372	8463	8554	8645	8736	8827	8918	9009	9100
92	8372	8464	8556	8648	8740	8832	8924	9016	9108	9200
93	8463	8556	8649	8742	8835	8928	9021	9114	9207	9300
94	8554	8648	8742	8836	8930	9024	9118	9212	9306	9400
95	8645	8740	8835	8930	9025	9120	9215	9310	9405	9500
96	8736	8832	8928	9024	9120	9216	9312	9408	9504	9600
97	8827	8924	9021	9118	9215	9312	9409	9506	9603	9700
98	8918	9016	9114	9212	9310	9408	9506	9604	9702	9800
99	9009	9108	9207	9306	9405	9504	9603	9702	9801	9900
100	9100	9200	9300	9400	9500	9600	9700	9800	9900	10000

CHAPITRE ONZIÈME.

SECONDE PARTIE.

TABLES DE MULTIPLICATION ET DE DIVISION.

La manière simple d'opérer au moyen de ces Tables est à la portée des personnes qui ne connaissent absolument que l'addition, d'autant plus qu'elles abrègent considérablement le calcul et ne laissent point d'incertitude sur l'exactitude des opérations, soit qu'on multiplie ou qu'on divise un nombre quelconque par un facteur donné pour trouver le produit de 844 multiplié par 727, il faut chercher la table 844 et opérer comme il vient d'être dit, ou comme ci-après, ce qui revient au même.

Exemple.

Multiplicande	844
Multiplicateur.	727
	5908
	1688
	5908
	613588

TABLE.	
1	844
2	1688
3	2532
4	3376
5	4220
6	5064
7	5908
8	6752
9	7596

On commence par chercher le produit de 844 multiplié par 7. La colonne donne 5908, qu'on pose sous 844; ensuite on cherche le produit du multiplicande par 2; on trouve 1688, qu'on pose en reculant vers la gauche d'un chiffre: c'est la même chose que si on ajoutait un zéro après le 2 et un autre à la droite de 1688; enfin on cherche le produit de 844 par 7, et on trouve 5908 qu'il faut poser sous les autres résultats, en reculant encore d'une place vers la gauche, ce qui est aussi la même chose, comme si on ajoutait deux zéros à la suite de 7 pour le faire valoir..... 700.

La preuve de cette opération se fait sans multiplication.

Opération.

Dividende.	613588	Diviseur, 844.
	5908	Quotient, 727.
	2278	
	1688	
	5908	
	5908	
	....	

Toutes les opérations à faire par les règles de la multiplication et de la division peuvent s'opérer comme on vient de le voir.

Exemple.

Cent soixante-quatre hommes ont fait 188 mètres de travail: combien en feront 942 pendant le même temps? On cherche la table 942, sur laquelle on prend 188 fois 942 de la même manière qu'il a été démontré dans les exemples précédents: on aura pour le produit 177090, qu'il faut diviser par 164. On cherchera cette table, et on divisera comme il a été enseigné dans les autres exemples.

Opération.

164 : 188 :: 942 : 1079, 82, à très-peu de chose près.

Le multiplicande est . . . 942
Le multiplicateur 188

7536
7536
942

177096
164

1309
1148

1610
1476

1340
1312

280

Divisenr, 164.
Quotient, 1079,82.

Les 942 hommes feront, dans la proportion des 164, la quantité de 1079 mètres 82 centimètres de travail.

Autre opération.

Un marchand a reçu 64 mètres de drap ; on lui marque seulement que les 64 mètres coûtent 2184 fr., mais il désire savoir à combien lui revient le mètre : la proportion est 64 : 2184 fr. :: 1 : × 34 fr. 12 cent. 5 fract.

Exemple.

Je divise 2184 par 64, au moyen de la table ci-dessous.

qui indique le nombre de fois que le diviseur est contenu dans le dividende, sans être obligé de faire aucune multiplication. Ces deux exemples sont suffisants pour faire connaître l'utilité de ces Tables.

Dividende . . . . 2184 | Diviseur, 64.
Quotient. 34 fr. 12 1/2, *ou* 34 fr. 12 c. 50.

192
———
264
256
———
80
64
———
160
128
———
320
320
———
. . .

TABLE.	
1	64
2	128
3	192
4	256
5	320
6	384
7	448
8	512
9	576

CHAPITRE ONZIÈME.

DEUXIÈME PARTIE.

TABLES DE MULTIPLICATION ET DE DIVISION.

1	101	102	103	104	105	106	107	108
2	202	204	206	208	210	216	214	216
3	303	306	309	312	315	318	321	324
4	404	408	412	416	420	424	428	432
5	505	510	515	520	525	530	535	540
6	606	612	618	624	630	636	642	648
7	707	714	721	728	735	742	749	756
8	808	816	824	832	840	848	856	864
9	909	918	927	936	945	954	963	972
1	109	110	111	112	113	114	115	116
2	218	220	222	224	226	228	230	232
3	327	330	333	336	339	342	345	348
4	436	440	444	448	452	456	460	464
5	545	550	555	560	565	570	575	580
6	654	660	666	672	678	684	690	696
7	763	770	777	784	791	798	805	812
8	872	880	888	896	904	912	920	928
9	981	990	999	1008	1017	1026	1035	1044
1	117	118	119	120	121	122	123	124
2	234	236	238	240	242	244	246	248
3	351	354	357	360	363	366	369	372
4	468	472	476	480	484	488	492	496
5	585	590	595	600	605	610	615	620
6	702	708	714	720	726	732	738	744
7	819	826	833	840	847	854	861	868
8	936	944	952	960	968	976	984	992
9	1050	1062	1071	1080	1089	1098	1107	1116
1	125	126	127	128	129	130	131	132
2	250	252	254	256	258	260	262	264
3	375	378	381	384	387	390	393	396
4	500	504	508	512	516	520	524	528
5	625	630	635	640	645	650	655	660
6	750	756	762	768	774	780	786	792
7	875	882	889	896	903	910	917	924
8	1000	1008	1016	1024	1032	1040	1048	1056
9	1125	1134	1143	1152	1161	1170	1179	1188
1	133	134	135	136	137	138	139	140
2	266	268	270	272	274	276	278	280
3	399	402	405	408	411	414	417	420
4	532	536	540	544	548	552	556	560
5	665	670	675	680	685	690	695	700
6	798	804	810	816	822	828	834	840
7	931	938	945	952	959	966	973	980
8	1064	1072	1080	1088	1096	1104	1112	1120
9	1197	1206	1215	1224	1233	1242	1251	1260

Chapitre XI. — Tables de multiplication et de division.

1	141	142	143	144	145	146	147	148
2	282	284	286	288	290	292	294	296
3	423	426	429	432	435	438	441	444
4	564	568	572	576	580	584	588	592
5	705	710	715	720	725	730	735	740
6	846	852	858	864	870	876	882	888
7	987	994	1001	1008	1015	1022	1029	1036
8	1128	1136	1044	1052	1060	1068	1076	1084
9	1269	1278	1287	1296	1305	1214	1223	1232
1	149	150	151	152	153	154	155	156
2	298	300	302	304	306	308	310	312
3	447	450	453	456	459	462	465	468
4	596	600	604	608	612	616	620	624
5	745	750	755	760	765	770	775	780
6	894	900	906	912	918	924	930	936
7	1043	1050	1057	1064	1071	1078	1085	1092
8	1192	1200	1208	1216	1224	1232	1240	1248
9	1341	1350	1359	1368	1377	1386	1395	1404
1	157	158	159	160	161	162	163	164
2	314	316	318	320	322	324	326	328
3	471	474	477	480	483	486	489	492
4	628	632	636	640	644	648	652	654
5	785	790	795	800	805	810	815	820
6	942	948	954	960	966	972	978	984
7	1099	1106	1113	1120	1127	1134	1141	1148
8	1256	1264	1272	1280	1288	1296	1304	1312
9	1413	1422	1431	1440	1449	1458	1467	1476
1	165	166	167	168	169	170	171	172
2	330	332	334	336	338	340	342	344
3	495	498	501	504	507	510	513	516
4	660	664	668	672	676	680	684	688
5	825	830	835	840	845	850	855	860
6	990	996	1002	1008	1014	1020	1026	1032
7	1155	1162	1169	1176	1183	1190	1197	1204
8	1320	1328	1336	1344	1352	1360	1368	1376
9	1485	1894	1903	1912	1921	1930	1939	1948
1	173	174	175	176	177	178	179	180
2	346	348	350	352	354	356	358	360
3	519	522	525	528	531	534	537	540
4	692	696	700	704	708	912	716	720
5	865	870	875	880	885	890	895	900
6	1038	1044	1050	1056	1062	1068	1074	1080
7	1211	1218	1225	1232	1239	1246	1253	1260
8	1384	1392	1400	1408	1416	1424	1432	1440
9	1557	1566	1675	1584	1593	1602	1611	1620
1	181	182	183	184	185	186	187	188
2	362	364	366	368	370	372	374	376
3	543	546	549	552	555	558	561	564
4	724	728	732	736	740	744	748	752
5	905	910	915	920	925	930	935	940
6	1086	1092	1098	1104	1110	1116	1122	1128
7	1267	1274	1281	1288	1295	1302	1309	1316
8	1448	1456	1464	1472	1480	1488	1496	1504
9	1629	1638	1647	1656	1665	1674	1483	1692

Chapitre XI. — Tables de multiplication et de division.

1	189	190	191	192	193	194	195	196
2	378	380	382	384	386	388	390	392
3	567	570	573	576	579	582	585	588
4	756	760	764	768	772	776	780	784
5	945	950	955	960	965	970	975	980
6	1134	1140	1146	1152	1158	1164	1170	1176
7	1323	1330	1337	1344	1351	1358	1365	1372
8	1512	1520	1528	1536	1544	1550	1560	1568
9	1701	1710	1719	1728	1737	1746	1755	1764
1	197	198	199	200	201	202	203	204
2	394	396	398	400	402	404	406	408
3	591	594	597	600	603	606	609	612
4	788	792	796	800	804	808	812	816
5	985	990	995	1005	1000	1010	1015	1020
6	1182	1188	1194	1200	1206	1212	1218	1224
7	1379	1386	1393	1400	1407	1414	1421	1428
8	1576	1584	1592	1600	1608	1616	1624	1632
9	1773	1782	1791	1800	1809	1818	1827	1836
1	205	206	207	208	209	210	211	212
2	410	412	414	416	418	420	422	424
3	615	618	621	624	627	630	633	636
4	820	824	828	832	836	840	844	848
5	1025	1030	1035	1040	1045	1050	1055	1060
6	1230	1236	1242	1248	1254	1260	1266	1272
7	1435	1442	1449	1456	1463	1470	1477	1484
8	1640	1648	1656	1664	1672	1680	1688	1696
9	1845	1854	1863	1872	1881	1890	1899	1908
1	213	214	215	216	217	218	219	220
2	426	428	430	432	434	436	438	440
3	639	642	645	648	651	654	657	660
4	852	856	860	864	868	872	876	880
5	1065	1070	1075	1080	1085	1090	1095	1100
6	1278	1284	1290	1296	1302	1308	1314	1320
7	1491	1498	1505	1512	1519	1526	1533	1540
8	1704	1712	1720	1728	1736	1744	1752	1760
9	1917	1926	1935	1944	1953	1962	1971	1980
1	221	222	223	224	225	226	227	228
2	442	444	446	448	450	452	454	456
3	663	666	669	672	675	678	681	684
4	884	888	892	896	900	904	908	912
5	1105	1110	1115	1120	1125	1130	1135	1140
6	1326	1332	1338	1344	1350	1356	1362	1368
7	1547	1554	1561	1568	1575	1582	1589	4596
8	1768	1776	1784	1792	1800	1808	1816	1824
9	1989	1998	2007	2016	2025	2034	2043	2052
1	229	230	231	232	233	234	235	236
2	458	460	462	464	466	468	470	472
3	687	690	693	696	699	702	705	708
4	916	920	924	928	932	936	940	944
5	1145	1150	1155	1160	1165	1170	1175	1180
6	1374	1380	1386	1392	1398	1404	1410	1416
7	1603	1610	1617	1624	1631	1638	1645	1652
8	1832	1840	1848	1856	1864	1872	1880	1888
9	2061	2070	2079	2088	2097	2106	2115	2124

Chapitre XI. — Tables de multiplication et de division.

1	237	238	239	240	241	242	243	244
2	474	476	478	480	482	484	486	488
3	711	714	717	720	723	726	729	732
4	948	952	956	960	964	968	972	976
5	1185	1190	1195	1200	1205	1210	1215	1220
6	1422	1428	1434	1440	1446	1452	1458	1464
7	1659	1666	1673	1680	1687	1694	1701	1708
8	1896	1904	1912	1920	1928	1936	1944	1952
9	2132	2142	2151	2160	2169	2178	2187	2196

1	245	246	247	248	249	250	251	252
2	490	492	494	496	498	500	502	504
3	735	738	741	744	747	750	753	756
4	980	984	988	992	996	1000	1004	1008
5	1225	1230	1235	1240	1245	1250	1255	1260
6	1470	1476	1482	1488	1494	1500	1506	1512
7	1715	1722	1729	1736	1743	1750	1757	1764
8	1960	1968	1976	1984	1992	2000	2008	2016
9	2205	2214	2223	2232	2241	2250	2259	2268

1	253	254	255	256	257	258	259	260
2	506	508	510	512	514	516	518	520
3	759	762	765	768	771	774	777	780
4	1012	1016	1020	1024	1028	1032	1036	1040
5	1265	1270	1275	1280	1285	1290	1295	1300
6	1518	1524	1530	1536	1542	1548	1554	1560
7	1771	1778	1785	1792	1799	1806	1813	1820
8	2024	2032	2040	2048	2056	2064	2072	2080
9	2277	2286	2295	2304	2313	2322	2331	2340

1	261	262	263	264	265	266	267	268
2	522	524	526	528	530	532	534	536
3	783	786	789	792	795	798	801	804
4	1044	1048	1052	1056	1060	1064	1068	1072
5	1305	1310	1315	1320	1325	1330	1335	1340
6	1566	1572	1578	1584	1590	1596	1602	1600
7	1827	1834	1841	1848	1855	1862	1869	1876
8	2088	2096	2104	2112	2120	2128	2136	2144
9	2349	2358	2367	2376	2385	2394	2403	2412

1	269	270	271	272	273	274	275	276
2	538	540	542	544	546	548	550	552
3	807	810	813	816	819	822	825	828
4	1076	1080	1084	1088	1092	1096	1100	1104
5	1345	1350	1355	1360	1365	1370	1375	1380
6	1614	1620	1626	1632	1638	1644	1650	1656
7	1883	1890	1897	1904	1911	1918	1925	1932
8	2152	2160	2168	2176	2184	2192	2200	2208
9	2421	2430	2439	2448	2457	2466	2475	2484

1	277	278	279	280	281	282	283	284
2	554	556	558	560	562	564	566	568
3	831	834	837	840	843	846	849	852
4	1108	1112	1116	1120	1124	1128	1132	1136
5	1385	1390	1395	1400	1405	1410	1415	1420
6	1662	1668	1674	1680	1686	1692	1698	1704
7	1939	1946	1953	1960	1967	1974	1981	1988
8	2216	2224	2232	2240	2248	2256	2264	2272
9	2493	2502	2511	2520	2529	2538	2547	2556

Chapitre XI. — Tables de multiplication et de division.

1	285	286	287	288	289	290	291	292
2	570	572	574	576	578	580	582	584
3	855	858	861	864	867	870	873	876
4	1140	1144	1148	1152	1156	1160	1164	1168
5	1425	1430	1435	1440	1445	1450	1455	1460
6	1710	1716	1722	1728	1734	1740	1746	1752
7	1995	2002	2009	2016	2023	2030	2037	2044
8	2280	2288	2296	2304	2312	2320	2328	2336
9	2565	2574	2583	2592	2601	2610	2619	2628

1	293	294	295	296	297	298	299	300
2	586	588	590	592	594	596	598	600
3	879	882	885	888	891	894	897	900
4	1172	1176	1180	1184	1188	1192	1196	1200
5	1465	1470	1475	1480	1485	1490	1495	1500
6	1758	1764	1770	1776	1782	1788	1794	1800
7	2051	2058	2065	2072	2079	2086	2093	2100
8	2344	2352	2360	2368	2376	2384	2392	2400
9	2637	2646	2655	2664	2673	2682	2691	2700

1	301	302	303	304	305	306	307	308
2	602	604	606	608	610	612	614	616
3	903	906	909	912	915	918	921	924
4	1204	1208	1212	1216	1220	1224	1228	1232
5	1505	1510	1515	1520	1525	1530	1535	1540
6	1806	1812	1818	1824	1830	1836	1842	1848
7	2107	2114	2121	2128	2135	2142	2149	2156
8	2408	2416	2424	2432	2440	2448	2456	2464
9	2709	2718	2727	2736	2745	2754	2763	2772

1	309	310	311	312	313	314	315	316
2	618	620	622	624	626	628	630	632
3	927	930	933	936	939	942	945	948
4	1236	1240	1244	1248	1252	1256	1260	1264
5	1545	1550	1555	1560	1565	1570	1575	1780
6	1854	1860	1866	1872	1878	1884	1890	1896
7	2163	2170	2177	2184	2191	2198	2205	2212
8	2472	2480	2488	2496	2504	2512	2520	2528
9	2781	2790	2799	2808	2817	2826	2835	2844

1	317	318	319	320	321	322	323	324
2	634	636	638	640	642	644	646	648
3	951	954	957	960	963	966	969	972
4	1268	1272	1276	1280	1284	1288	1292	1296
5	1585	1390	1595	1600	1605	1610	1615	1620
6	1902	1908	1914	1920	1926	1932	1938	1944
7	2219	2226	2233	2240	2247	2254	2261	2268
8	2536	2544	2552	2560	2568	2576	2584	2592
6	2853	2862	2871	2880	2889	2898	2907	2916

1	325	326	327	328	329	330	331	332
2	650	652	654	656	658	660	662	664
3	975	978	981	984	987	990	993	996
4	1300	1304	1308	1312	1316	1320	1324	1328
5	1625	1630	1635	1640	1645	1650	1655	1660
6	1950	1956	1962	1968	1974	1980	1986	1992
7	2075	2282	2289	2296	2303	2310	2317	2324
8	2600	2608	2616	2624	2632	2640	2648	2656
9	2925	2934	2943	2952	2961	2970	2979	2988

Chapitre XI. — Tables de multiplication et de division.

1	333	334	335	336	337	338	339	340
2	666	668	670	672	674	676	678	680
3	999	1002	1005	1008	1111	1114	1117	1120
4	1332	1336	1340	1344	1348	1352	1356	1360
5	1665	1670	1675	1680	1685	1690	1695	1700
6	1998	2004	2010	2016	2022	2028	2034	2040
7	2331	2338	2345	2352	2359	2366	2373	2380
8	2664	2672	2680	2688	2696	2704	2712	2720
9	2997	3006	3015	3024	3033	3042	3051	3060
1	341	342	343	344	345	346	347	348
2	682	684	686	688	690	692	694	696
3	1023	1026	1029	1032	1035	1038	1041	1044
4	1364	1368	1372	1376	1380	1384	1388	1392
5	1705	1710	1715	1720	1725	1730	1735	1740
6	2046	2052	2058	2064	2070	2076	2082	2088
7	2387	2394	2401	2408	2415	2422	2429	2436
8	2728	2736	2744	2752	2760	2768	2776	2784
9	3069	3078	3087	3096	3105	3114	3123	3132
1	349	350	351	352	353	354	355	356
2	698	700	702	704	706	708	710	712
3	1047	1050	1053	1056	1059	1062	1065	1068
4	1396	1400	1404	1408	1412	1416	1420	1424
5	1745	1750	1755	1760	1765	1770	1775	1780
6	2094	2100	2106	2112	2118	2124	2130	2136
7	2443	2450	2457	2464	2471	2478	2485	2492
8	2792	2800	2808	2816	2824	2832	2840	2848
9	3141	3150	3159	3168	3177	3186	3195	3204
1	357	358	359	360	361	362	363	364
2	714	716	718	720	722	724	726	728
3	1071	1074	1077	1080	1083	1086	1089	1092
4	1428	1432	1436	1440	1444	1448	1452	1456
5	1485	1790	1795	1800	1805	1810	1815	1820
6	2142	2148	2154	2160	2166	2172	2178	2184
7	2499	2506	2513	2520	2527	2534	2541	2548
8	2856	2864	2872	2880	2888	2896	2904	2812
9	3213	3222	3231	3240	3249	3258	3267	3276
1	365	366	367	368	369	370	371	372
2	730	732	734	736	738	740	742	744
3	1095	1098	1101	1104	1107	1110	1113	1116
4	1460	1464	1468	1472	1476	1480	1484	1488
5	1825	1830	1835	1840	1845	1850	1855	1860
6	2190	2196	2202	2208	2214	2220	2226	2232
7	2555	2562	2569	2576	2583	2590	2597	2604
8	2920	2928	2936	2944	2952	2960	2968	2976
9	3285	3294	3303	3312	3321	3330	3339	3348
1	373	374	375	376	377	378	379	380
2	746	748	750	752	754	756	758	760
3	1119	1122	1125	1128	1131	1134	1137	1140
4	1492	1496	1500	1504	1508	1512	1516	1520
5	1865	1870	1875	1880	1885	1890	1895	1900
6	2238	2244	2250	2256	2262	2268	2274	2280
7	2611	2618	2625	2632	2639	2646	2653	2660
8	2984	2992	3000	3008	3016	3024	3032	3040
9	3357	3366	3375	3384	3393	3402	3411	3420

Chapitre XI. — Tables de multiplication et de division.

1	381	382	383	384	385	386	887	388
3	762	764	766	768	770	772	774	776
2	1143	1146	1149	1152	1155	1158	1161	1164
4	1524	1528	1532	1536	1540	1544	1548	1552
5	1905	1910	1915	1920	1925	1930	1935	1940
6	2286	2292	2298	2304	2390	2316	2323	2328
7	2667	2674	2681	2688	2695	2702	2709	2716
8	3048	3056	3064	3072	3080	3088	3096	3104
9	3429	3438	3447	3456	3465	3474	3483	3492
1	389	390	391	392	393	394	395	396
2	778	780	782	784	786	788	790	792
3	1167	1170	1173	1176	1179	1182	1185	1188
4	1556	1560	1564	1568	1572	1576	1580	1584
5	1945	1950	1955	1960	1965	1970	1975	1980
6	2334	2340	2346	2352	2358	2364	2370	2376
7	2723	2730	2737	2744	2751	2758	2765	2772
8	3112	3120	3128	3136	3144	3152	3160	3168
9	3501	3510	3519	3528	3537	3546	3555	3564
1	397	398	399	400	401	402	403	404
2	794	796	798	800	802	804	806	808
3	1191	1194	1197	1200	1203	1206	1209	1212
4	1588	1592	1596	1600	1604	1608	1612	1616
5	1985	1990	1995	2000	2005	2010	2015	2020
6	2382	2388	2394	2400	2406	2412	2418	2424
7	2779	2786	2793	2800	2807	2814	2821	2828
8	3176	3184	3192	3200	3208	3216	3224	3232
9	3573	3582	3591	3600	3609	3618	3627	3636
1	405	406	407	408	409	410	411	412
2	810	812	814	816	818	820	822	824
3	1215	1218	1221	1224	1227	1230	1233	1236
4	1620	1624	1628	1632	1636	1640	1644	1648
5	2025	2030	2035	2040	2045	2050	2055	2060
6	2130	2436	2442	2448	2454	2460	2466	2472
7	2835	2842	2849	2856	2863	2870	2877	2884
8	3240	3248	3256	3264	3272	3280	3288	3296
9	3645	3654	3663	3672	3681	3690	3699	3708
1	413	414	415	416	417	418	419	420
2	826	828	830	832	834	836	838	840
3	1239	1242	1245	1248	1251	1254	1257	1260
4	1652	1656	1660	1664	1668	1672	1676	1680
5	2065	2070	2075	2080	2085	2090	2095	2100
6	2178	2484	2490	2496	2502	2508	2514	2520
7	2891	2898	2905	2912	2919	2926	2933	2940
8	3304	3312	3320	3328	3336	3344	3352	3360
9	3717	3726	3735	3744	3753	3762	3771	3780
1	421	422	423	424	425	426	427	428
2	842	844	846	848	850	852	854	856
3	1263	1266	1269	1272	1275	1278	1181	1284
4	1684	1688	1692	1696	1700	1704	1708	1712
5	2105	2110	2115	2120	2125	2130	2135	2140
6	2526	2532	2538	2544	2550	2556	2562	2568
7	2947	2954	2961	2968	2975	2982	2989	2996
8	3368	3376	3384	3392	3400	3408	3416	3424
9	3789	3798	3807	3816	3825	3834	3843	3852

Chapitre XI. — Tables de multiplication et de division.

1	429	430	431	432	433	434	435	436
2	858	860	862	864	866	868	870	872
3	1287	1290	1293	1296	1299	1302	1305	1308
4	1716	1720	1724	1728	1732	1736	1740	1744
5	2145	2150	2155	2160	2165	2170	2175	2180
6	2574	2580	2586	2592	2598	2604	2610	2616
7	3003	3010	3017	3024	3031	3038	3045	3052
8	3432	3440	3448	3456	3464	3472	3480	3488
9	3861	3870	3879	3888	3897	3906	3015	3924

1	437	438	439	440	441	442	443	444
2	874	876	878	880	882	884	886	888
3	1311	1314	1317	1320	1323	1326	1329	1332
4	1748	1752	1756	1760	1764	1768	1772	1776
5	2185	2190	2195	2200	2205	2210	2215	2220
6	2622	2628	2634	2640	2646	2652	2658	2664
7	3059	3066	3073	3080	3087	3094	3101	3108
8	3496	3504	3512	3520	3528	3536	3544	3552
9	3933	3942	3951	3960	3969	3978	3987	3996

1	445	446	447	448	448	450	451	452
2	890	892	894	896	898	900	902	904
3	1335	1338	1341	1344	1347	1350	1353	1356
4	1780	1784	1788	1792	1796	1800	1804	1808
5	2225	2230	2235	2240	2245	2250	2255	2260
6	2670	2676	2682	2688	2694	2700	2706	2712
7	3115	3122	3129	3136	3143	3150	3157	3164
8	3560	3568	3576	3584	3592	3600	3608	3616
9	4005	4014	4023	4032	4041	4050	4059	4068

1	453	454	455	456	457	458	459	460
2	906	908	910	912	914	916	918	920
3	1359	1362	1365	1368	1371	1374	1377	1380
4	1812	1816	1820	1824	1828	1832	1836	1840
5	2265	2270	2275	2280	2285	2290	2295	2300
6	2718	2724	2730	2736	2742	2748	2754	2760
7	3171	3178	3185	3192	3199	3206	3213	3220
8	3624	3632	3640	3648	3656	3664	3672	3680
9	4077	4086	4095	4104	4113	4122	4131	4140

1	461	462	463	464	465	466	467	468
2	922	924	926	928	930	932	934	936
3	1383	1386	1389	1392	1395	1398	1401	1404
4	1844	1848	1842	1846	1850	1854	1858	1862
5	2305	2310	2305	2320	2325	2330	2335	2340
6	2766	2772	2778	2784	2790	2796	2802	2808
7	3227	3234	3241	3248	3255	3262	3269	3276
8	3688	3696	3704	3712	3720	3728	3736	3744
9	4149	4158	4167	4176	4185	4194	4203	4212

1	469	470	471	472	473	474	475	476
2	938	940	942	944	946	948	950	952
3	1407	1410	1413	1416	1419	1422	1425	1428
4	1876	1880	1884	1888	1892	1896	1900	1904
5	2345	2350	2355	2360	2365	2370	2375	2380
6	2814	2820	2826	2832	2838	2814	2850	2856
7	3283	3290	3297	3304	3311	3318	3325	3332
8	3752	3760	3768	3776	3784	3792	3800	3808
9	4221	4230	4239	4248	4257	4266	4275	4284

Chapitre XI. — Tables de multiplication et de division.

1	477	478	479	480	481	482	483	484
2	954	956	958	960	962	964	966	968
3	1431	1434	1437	1440	1443	1446	1449	1452
4	1908	1912	1916	1920	1924	1928	1932	1936
5	2385	2390	2395	2400	2405	2410	2415	2420
6	2862	2868	2874	2880	2886	2892	2898	2904
7	3339	3346	3353	3360	3367	3374	3381	3388
8	3816	3824	3832	3840	3848	3856	3864	3872
9	4293	4302	4311	4320	4329	4338	4347	4356
1	485	486	487	488	489	490	491	492
2	970	972	974	976	978	980	982	984
3	1455	1458	1461	1464	1467	1470	1473	1476
4	1940	1944	1948	1952	1956	1960	1964	1968
5	2425	2430	2435	2440	2445	2450	2455	2460
6	2910	2916	2922	2928	2934	2940	2946	3952
7	3395	3402	3409	3416	3423	3430	3437	3444
8	3880	3888	3896	3904	3912	3920	3928	3936
9	4365	4374	4383	4392	4401	4410	4419	4428
1	493	494	495	496	497	498	499	500
2	986	988	990	992	994	996	998	1000
3	1479	1482	1485	1488	1491	1494	1497	1500
4	1972	1976	1980	1984	1988	1992	1996	2000
5	2465	2470	2475	2480	2485	2490	2495	2500
6	2958	2964	2970	2976	2982	2988	2994	3000
7	3451	3458	3465	3472	3479	3486	3493	3500
8	3944	3952	3960	3968	3976	3984	3992	4000
9	4457	4446	4455	4464	4473	4482	4491	4500
1	501	502	503	504	505	506	507	508
2	1002	1004	1006	1008	1010	1012	1014	1016
3	1503	1506	1509	1512	1515	1518	1521	1524
4	2004	2008	2012	2016	2020	2024	2028	2032
5	2505	2510	2515	2520	2525	2530	2535	2540
6	3006	3012	3018	3024	3030	3036	3042	3048
7	3507	2514	3521	3528	3535	3542	3549	3556
8	4008	4016	4024	4032	4040	4048	4056	4064
9	4509	4518	4527	4536	4545	4554	4563	4572
1	509	510	511	512	513	514	515	516
2	1018	1020	1022	1024	1026	1028	1030	1032
3	1527	1530	1533	1536	1539	1542	1545	1548
4	2036	2040	2044	2048	2052	2056	2060	2064
5	2545	2550	2555	2560	2565	2570	2575	2580
6	3054	3060	3066	3072	3078	3084	3090	3096
7	3563	3570	3577	3584	3591	3598	3605	3612
8	4072	4080	4088	4096	4104	4112	4120	4128
9	4581	4590	4599	4608	4617	4626	4635	4644
1	517	518	519	520	521	522	523	524
2	1034	1036	1038	1040	1042	1044	1046	1048
3	1551	1554	1557	1560	1563	1566	1569	1572
4	2068	2072	2076	2080	2084	2088	2092	2096
5	2585	2590	2695	2600	2605	2610	2615	2620
6	3102	3108	3114	3120	3126	3132	3138	3144
7	3619	3626	3633	3640	3647	3654	3661	3668
8	4136	4144	4152	4160	4168	4176	4184	4192
9	4653	4662	4671	4680	4689	4698	4707	4716

Chapitre XI. — Tables de multiplication et de division.

1	525	526	527	528	229	530	531	532
2	1050	1052	1054	1056	1058	1060	1062	1064
3	1575	1578	1581	1584	1587	1590	1593	1596
4	2100	2104	2108	2112	2116	2120	2124	2128
5	2625	2630	2635	2640	2645	2650	2655	2660
6	3150	3156	3162	3168	3174	3180	3186	3192
7	3675	3682	3689	3696	3703	3710	3717	3724
8	4200	4208	4216	4224	4232	4240	4248	4256
9	4725	4734	4743	4752	4761	4770	4779	4788
1	533	534	535	536	537	538	539	540
2	1066	1068	1070	1072	1074	1076	1078	1080
3	1599	1602	1605	1608	1611	1614	1617	1620
4	2132	2136	2140	2144	2148	2152	2156	2160
5	2665	2670	2675	2680	2685	2690	2695	2700
6	3198	3204	3210	3216	3222	3228	3234	3240
7	3731	3738	3745	3752	3759	3766	3773	3780
8	4264	4272	4280	4288	4296	4304	4312	4320
9	4797	4806	4815	4824	4833	4842	4851	4860
1	541	542	543	544	545	546	547	548
2	1082	1084	1086	1088	1090	1092	1094	1096
3	1623	1626	1629	1632	1635	1638	1641	1644
4	2164	2168	2172	2176	2180	2184	2188	2192
5	2705	2710	2715	2720	2725	2730	2735	2740
6	3246	3252	3258	3264	3270	3276	3282	3288
7	3787	3794	3801	3808	3815	3822	3829	3836
8	4328	4336	4344	4352	4360	4368	4376	4384
9	4869	4878	4887	4896	4905	4914	4923	4932
1	549	550	551	552	553	554	555	556
2	1098	1100	1102	1104	1106	1108	1110	1112
3	1647	1650	1653	1656	1559	1662	1665	1668
4	2196	2200	2204	2208	2212	2216	2220	2224
5	2745	2750	2755	2760	2765	2770	2775	2780
6	3294	3300	3306	3312	3318	3324	3330	3336
7	3843	3850	3857	3864	3871	3878	3885	3892
8	4392	4400	4408	4416	4424	4432	4440	4448
9	4941	4950	4959	4968	4977	4986	4995	5004
1	557	558	559	560	561	562	563	564
2	1114	1116	1118	1120	1122	1124	1126	1128
3	1671	1674	1677	1680	1683	1686	1689	1692
4	2228	2232	2236	2240	2244	2248	2252	2256
5	2785	2790	2795	2800	2805	2810	2815	2820
6	3342	3348	3354	3360	3366	3372	3378	3384
7	3899	3906	3913	3926	3927	3934	3941	3948
8	4456	4464	4472	4480	4488	4496	4504	4512
9	5013	5022	5031	5040	5049	5058	5067	5076
1	565	566	567	568	569	570	571	572
2	1130	1132	1134	1136	1138	1140	1142	1144
3	1695	1698	1701	1704	1707	1710	1713	1716
I	2260	2264	2268	2272	2276	2280	2284	2288
5	2825	2830	2835	2840	2845	2850	2855	2860
6	3390	3396	3402	3408	3414	3420	3426	3432
7	3955	3962	3969	3976	3983	3990	3997	4004
8	4520	4528	4536	4544	4552	4560	4568	4576
9	5085	5094	5103	5112	5121	5130	5139	5148

1	573	574	575	576	577	578	579	580
2	1146	1148	1150	1152	1154	1156	1158	1160
3	1719	1722	1725	1728	1731	1734	1737	1740
4	2292	2296	2300	2304	2308	2312	2316	2320
5	2865	2870	2875	2880	2885	2890	2895	2900
6	3438	3444	3450	3456	3462	3468	3474	3480
7	4011	4018	4025	4032	4039	4046	4053	4060
8	4584	4592	4600	4608	4616	4624	4632	4640
9	5157	5166	5175	5184	5193	5202	5211	5220
1	581	582	583	584	585	586	587	588
2	1162	1164	1166	1168	1170	1172	1174	1176
3	1743	1746	1749	1752	1755	1758	1761	1764
4	2324	2328	2332	2336	2340	2344	2348	2352
5	2905	2910	2915	2920	2925	2930	2935	2940
6	3486	3492	3498	3504	3510	3516	3522	3528
7	4067	4074	4081	4088	4095	4102	4109	4116
8	4648	4656	4664	4672	4680	4688	4696	4704
9	5229	5238	5247	5256	5265	5274	5283	5292
1	589	590	591	592	593	594	595	596
2	1178	1180	1182	1184	1186	1188	1190	1192
3	1767	1770	1773	1776	1779	1782	1785	1788
4	2356	2360	2364	2368	2372	2376	2380	2384
5	2945	2950	2955	2960	2965	2970	2975	2980
6	3534	3540	3546	3552	3558	3564	3570	3576
7	4123	4130	4137	4144	4151	4158	4165	4172
8	4712	4720	4728	4736	4744	4752	4760	4768
9	5301	5310	5319	5328	5337	5346	5355	5364
1	597	598	599	600	601	602	603	604
2	1194	1196	1198	1200	1202	1204	1206	1208
3	1791	1794	1797	1800	1803	1806	1809	1812
4	2388	2392	2396	2400	2404	2408	2412	2416
5	2985	2990	2995	3000	3005	3010	3015	3020
6	3582	3588	3594	3600	3606	3612	3618	3624
7	4179	4186	4193	4200	4207	4214	4221	4228
8	4776	4784	4992	4800	4808	4816	4824	4832
9	5373	5382	5391	5400	5409	5418	5427	5436
1	605	606	607	608	609	610	611	612
2	1210	1212	1214	1216	1218	1220	1222	1224
3	1815	1818	1821	1824	1827	1830	1833	1836
4	2420	2424	2428	2432	2436	2440	2444	2448
5	3025	3030	3035	3040	3045	3050	3055	3060
6	3630	3636	3642	3648	2654	3660	3666	3672
7	4235	4242	4249	4256	4263	4270	4277	4284
8	4840	4848	4856	4864	4872	4880	4888	4896
9	5445	5454	5463	5472	5481	5490	5499	5508
1	613	614	615	616	617	618	619	620
2	1226	1228	1230	1232	1204	1236	1238	1240
3	1839	1842	1845	1848	1851	1854	1857	1860
4	2452	2456	2460	2464	2468	2472	2476	2480
5	3065	3070	3075	3080	3085	3090	3095	3100
6	3678	3684	3690	3696	3702	3808	3714	3720
7	4291	4298	4305	4312	4319	4326	4333	4340
8	4904	4912	4920	4928	4936	4944	4952	4960
9	5517	5726	5735	5744	5753	5762	5761	5800

Chapitre XI. — Tables de multiplication et de division.

1	621	622	623	624	625	626	627	628
2	1242	1244	1246	1248	1250	1252	1254	1256
3	1863	1866	1869	1872	1875	1878	1881	1884
4	2484	2488	2492	2496	2500	2504	2508	2512
5	3105	3110	3115	3120	3125	3130	3135	3140
6	3726	3732	3738	3744	3750	3756	3762	3768
7	4347	4354	4361	4368	4375	4382	4389	4396
8	4968	4976	4984	4992	5000	5008	5016	5024
9	5589	5598	5607	5616	5625	5634	5643	5652

1	629	630	631	632	633	634	635	636
2	1258	1260	1262	1264	1266	1268	1270	1272
3	1887	1890	1893	1896	1899	1902	1905	1908
4	2516	2520	2524	2528	2532	2536	2540	2544
5	3145	3150	3155	3160	3165	3170	3175	3180
6	3774	3780	3786	3792	3798	3804	3810	3816
7	4403	4410	4417	4424	4431	4438	4445	4452
8	5032	5040	5048	5056	5064	5072	5080	5088
9	5661	5670	5679	5688	5697	5706	5715	5724

1	637	638	639	640	641	642	643	644
2	1274	1276	1278	1280	1282	1284	1286	1288
3	1911	1914	1917	1920	1923	1926	1929	1932
4	2548	2552	2556	2560	2564	2568	2572	2576
5	3185	3190	3195	3200	3205	3210	3215	3220
6	3822	3828	3834	3840	3846	3852	3858	3864
7	4459	4466	4473	4480	4487	4494	4501	4508
8	5096	5104	5112	5120	5128	5136	5144	5152
9	5733	5742	5751	5760	5769	5778	5787	5796

1	645	646	647	648	649	650	651	652
2	1290	1292	1294	1296	1298	1300	1302	1304
3	1935	1938	1941	1244	1947	1950	1953	1956
4	2580	2584	2588	2592	2596	2600	2604	2608
5	3225	3230	3235	3240	2245	3250	3255	3260
6	3870	3876	3882	3888	3894	3900	3906	3912
7	4515	4522	4529	4536	4543	4550	4557	4564
8	5160	5168	5196	5184	5192	5200	5208	5216
9	5805	5814	5823	5832	5841	5850	5859	5868

1	653	654	655	656	657	658	659	660
2	1306	1308	1310	1312	1314	1316	1318	1320
3	1959	1962	1965	1968	1971	1974	1977	1980
4	2612	2616	2620	2624	2628	2632	2636	2640
5	3265	3270	3275	3280	3285	3290	3295	3300
6	3918	3924	3930	3936	3942	3948	3956	3960
7	4571	4578	4585	4592	4599	4606	4613	4620
8	5224	5232	5240	5248	5256	5264	5272	5280
9	5877	5886	5895	5904	5913	5922	5931	5940

1	661	662	663	664	665	666	667	668
2	1322	1324	1326	1328	1330	1332	1334	1336
3	1983	1986	1989	1992	1995	1998	2001	2004
4	2644	2648	2652	2656	2660	2664	2668	2672
5	3305	3310	3315	3320	3325	3330	3335	3340
6	3966	3972	3978	3984	3990	3996	4002	4008
7	4627	4634	4641	4648	4655	4652	4659	4668
8	5288	5296	5304	5312	5320	5328	5336	5344
9	5949	5958	5967	5976	5985	5994	6003	6012

Chapitre XI. — Tables de multiplication et de division.

1	669	670	671	672	673	674	675	676
2	1338	1340	1342	1344	1346	1348	1350	1352
3	2007	2010	2013	2016	2019	2022	2025	2028
4	2676	2680	2684	2688	2692	2696	2700	2704
5	3345	3350	3355	3360	3365	3370	3375	3380
6	4014	4020	4026	4032	4038	4044	4050	4056
7	4683	4690	4697	4704	4711	4718	4725	4732
8	5352	5360	5368	5376	5384	5392	5400	5408
9	6021	6030	6039	6048	6057	6066	6075	6084

1	677	678	679	680	681	682	683	684
2	1354	1356	1358	1360	1362	1364	1366	1368
3	2031	2034	2037	2040	2043	2046	2049	2052
4	2708	2712	2716	2720	2724	2728	2732	2736
5	3385	3390	3395	3400	3405	3410	3415	3420
6	4062	4068	4074	4080	4086	4092	4098	4104
7	4739	4746	4753	4760	4767	4774	4781	4788
8	5416	5424	5432	5440	5448	5456	5464	5472
9	6093	6102	6111	6120	6129	6138	6147	6156

1	685	686	687	688	689	690	691	692
2	1370	1372	1374	1376	1378	1380	1382	1384
3	2055	2058	2061	2064	2067	2070	2073	2076
4	2740	2744	2748	2752	2756	2760	2764	2768
5	3425	3430	3435	3440	3445	3450	3455	3460
6	4110	4116	4122	4128	4134	4140	4146	4152
7	4795	4802	4809	4816	4823	4830	4837	4844
8	5480	5488	5496	5504	5512	5520	5528	5536
9	6165	6174	6183	6192	6201	6210	6219	6228

1	693	694	695	696	697	698	699	700
2	1386	1388	1390	1392	1394	1396	1398	1400
3	2079	2082	2085	2088	2091	2094	2097	2100
4	2772	2776	2780	2784	2788	2792	2796	2800
5	3465	3570	3475	3480	3485	3590	3495	3500
6	4158	4164	4170	4176	4182	4188	4194	4200
7	4851	4858	4865	4872	4879	4886	4893	4900
8	5544	5552	5560	5568	5576	5584	5592	5600
9	6237	6246	6255	6264	6273	6282	6291	6300

1	701	702	703	704	705	706	707	708
2	1402	1404	1406	1408	1410	1412	1414	1416
3	2103	2106	2109	2112	2115	2118	2121	2124
4	2804	2808	2812	2816	2820	2824	2828	2832
5	3505	3510	3515	3520	3525	3530	3535	3540
6	4206	4212	4218	4224	4230	4236	4242	4248
7	4907	4914	4921	4928	4935	4942	4949	4956
8	5608	5616	5624	5632	5648	5648	5656	5664
9	6309	6318	6327	6336	6345	6354	6363	6372

1	709	710	711	712	713	714	715	716
2	1418	1420	1422	1424	1426	1428	1430	1432
3	2127	2130	2133	2136	2139	2142	2145	2148
4	2836	2840	2844	2848	2852	2856	2860	2864
5	3545	3550	3555	3560	3565	3570	3575	3580
6	4254	4260	4266	4272	4278	4284	4290	4296
7	4963	4970	4977	4984	4991	4998	5005	5012
8	5672	5680	5688	5696	5704	5712	5720	5728
9	6381	6390	6399	6408	6417	6426	6435	6444

Chapitre XI. — Tables de multiplication et de division.

1	717	718	719	720	721	722	723	724
2	1434	1436	1438	1440	1442	1444	1446	1448
3	2151	2154	2157	2160	2163	2166	2169	2172
4	2868	2872	2876	2880	2884	2888	2892	2896
5	3585	3590	3595	3600	3605	3610	3615	3620
6	4302	4308	4314	4320	4326	4332	4338	4344
7	5019	5026	5033	5040	5047	5054	5061	5068
8	5736	5744	5752	5760	5768	5776	5784	5792
9	6453	6462	6471	6480	6489	6498	6507	6516

1	725	726	727	728	729	730	731	732
2	1450	1452	1454	1456	1458	1460	1462	1464
3	2175	2178	2181	2184	2187	2190	2193	2196
4	2900	2904	2908	2912	2916	2920	2924	2928
5	3625	3630	3635	3640	3645	3650	3655	3660
6	4350	4356	4362	4368	4374	4380	4386	4392
7	5075	5082	5089	5096	5103	5110	5117	5124
8	5800	5808	5816	5824	5832	5840	5848	5856
9	6525	6534	6543	6552	6561	6570	6579	6588

1	733	734	735	736	737	738	739	740
2	1466	1468	1470	1472	1474	1476	1478	1480
3	2199	2202	2205	2208	2211	2214	2217	2220
4	2932	2936	2940	2944	2948	2952	2956	2960
5	3665	3670	3675	3680	3685	3690	3695	3700
6	4398	4404	4410	4416	4422	4428	4434	4440
7	5131	5138	5145	5152	5159	5166	5173	5180
8	5864	5872	5880	5888	5896	5904	5912	5920
9	6597	6606	6615	6624	6633	6642	6651	6660

1	741	742	743	744	745	746	747	748
2	1482	1484	1486	1488	1490	1492	1494	1496
3	2223	2226	2229	2232	2335	2238	2241	2244
4	2964	2968	2972	2976	2980	2984	2988	2992
5	3705	3710	3715	3720	3725	3730	3735	3740
6	4446	4452	4458	4464	4470	4476	4482	4488
7	5187	5194	5201	5208	5215	5222	5229	5236
8	5928	5936	5944	5952	5960	5968	5976	5984
9	6669	6678	6687	6696	6705	6714	6723	6732

1	749	750	751	752	753	754	755	756
2	1498	1500	1502	1504	1506	1508	1510	1512
3	2247	2250	2253	2256	2259	2262	2265	2268
4	2996	3000	3004	3008	3012	3016	3020	3024
5	3745	3750	3755	3760	3765	3770	3775	3780
6	4494	4500	4506	4512	4518	4524	4530	4536
7	5243	5250	5257	5264	5271	5278	5285	5292
8	5992	6000	6008	6016	6024	6032	6040	6048
9	6741	6750	6759	6768	6777	6786	6795	6804

1	757	758	759	760	761	762	763	764
2	1514	1516	1518	1520	1522	1524	1526	1528
3	2271	2274	2277	2280	2283	2286	2289	2292
4	3028	3032	3036	3040	3044	3048	3052	3056
5	3785	3790	3795	3800	3805	3810	3815	3820
6	4542	4548	4554	4560	4566	4572	4578	4584
7	5299	5306	5313	5320	5327	5334	5341	5348
8	6056	6064	6072	6080	6088	6096	6104	6112
9	6813	6822	6831	6840	6849	6858	6867	6876

Chapitre XI. — Tables de multiplication et de division.

1	765	766	767	768	769	770	771	772
2	1530	1532	1534	1536	1538	1540	1542	1544
3	2295	2298	2301	2304	2307	2310	2313	2316
4	3060	3064	3068	3072	3076	3080	3084	3088
5	3825	3830	3835	3840	3845	3850	3855	3860
6	4590	4596	4602	4608	4614	4620	4626	4632
7	5355	5362	5369	5376	5383	5390	5397	5404
8	6120	6128	6136	6144	6150	6160	6168	6176
9	6885	6894	6903	6912	6921	6930	6939	6948
1	773	774	775	776	777	778	779	780
2	1546	1548	1550	1552	1554	1556	1558	1560
3	2319	2322	2325	2328	2331	2334	2337	2340
4	3092	3096	3100	3104	3108	3112	3116	3120
5	3865	3570	3875	3880	3885	3890	3795	3900
6	4638	4644	4650	4656	4662	4668	4674	4680
7	5411	5417	5425	5432	5439	5446	5453	5460
8	6184	6192	6200	6208	6216	6224	6232	6240
9	6957	6966	6975	6984	6993	7002	7011	7020
1	781	782	783	784	785	786	787	788
2	1562	1564	1566	1568	1570	1572	1574	1576
3	2343	2346	2349	2352	2355	2358	2361	2364
4	3124	3128	3132	3136	3140	3144	3148	3152
5	3905	3910	3915	3920	3925	3930	3935	3940
6	4686	4692	4698	4704	4710	4716	4722	4728
7	5467	5474	5481	5488	5495	5502	5509	5516
8	6218	6256	6264	6272	6280	6288	6296	6304
9	7029	7038	7047	7056	7065	7074	7083	7092
1	789	790	791	792	793	794	795	796
2	1578	1580	1582	1584	1586	1588	1590	1592
3	2367	3370	2373	2376	2379	2382	2385	2388
4	3156	3160	3164	3168	3172	3176	3180	3184
5	3945	3950	3955	3960	3965	3970	3975	3980
6	4734	4740	4746	4752	4758	4764	4770	4776
7	5523	5530	5537	5544	5551	5558	5565	5572
8	6312	6320	6328	6336	6344	6352	6360	6368
9	7101	7110	7119	7128	7137	7146	7155	7164
1	797	798	799	800	801	802	803	804
2	1594	1596	1598	1600	1602	1604	1606	1608
3	2391	2394	2397	2400	2403	2406	2409	2412
4	3188	3192	3196	3200	3204	3208	3212	3216
5	3985	3990	3995	4000	4005	4010	4015	4020
6	4782	4788	4794	4800	4806	4812	4818	4824
7	5579	5586	5593	5600	5607	5614	5621	5628
8	6376	6384	6492	6400	6408	6416	6424	6432
9	7173	7182	7191	7200	7209	7218	7227	7236
1	805	806	807	808	809	810	811	812
2	1610	1612	1614	1616	1618	1620	1622	1624
3	2415	2418	2421	2424	2427	2430	2433	2436
4	3220	3224	3228	3232	3236	3240	3247	3248
5	4025	4030	4035	4040	4045	4050	4055	4060
6	4830	4836	4842	4848	4854	4860	4866	4872
7	5635	5642	5649	5656	5663	5670	5677	5684
8	6440	6448	6456	6464	6472	6480	6488	6496
9	7245	7254	7263	7272	7281	7290	7299	7308

Chapitre XI. — Tables de multiplication et de division.

1	813	814	815	816	817	818	819	820
2	1626	1628	1630	1632	1634	1636	1638	1640
3	2439	2442	2445	2448	2451	2454	2457	2460
4	3252	3256	3260	3264	3268	3272	3276	3280
5	4065	4070	4075	4080	4085	4090	4095	4100
6	4878	4884	4890	4896	4902	4908	4914	4920
7	5691	5698	5705	5712	5719	5726	5733	5740
8	6504	6512	6520	6528	6536	6544	6552	6560
9	7317	7326	7335	7344	7353	7362	7371	7380

1	821	822	823	824	825	826	827	828
2	1642	1644	1646	1648	1650	1652	1654	1656
3	2463	2466	2469	2472	2475	2478	2481	2484
4	3284	3288	3292	3296	3300	3304	3308	3312
5	4105	4110	4115	4120	4125	4130	4135	4140
6	4926	4932	4938	4944	4950	4956	4962	4968
7	5747	5754	5761	5768	5775	5782	5789	5796
8	6568	6576	6584	6592	6600	6608	6616	6624
9	9389	7398	7407	7416	7425	7434	7443	7452

1	829	830	831	832	833	834	835	836
2	1658	1660	1662	1664	1666	1668	1670	1672
3	2487	2490	2493	2496	2499	2502	2505	2508
4	3316	3320	3324	3328	3332	3336	3340	3344
5	4145	4150	4155	4160	4165	4170	4175	4180
6	4974	4980	4986	4992	4998	5004	5010	5016
7	5803	5810	5817	5824	5831	5838	5845	5852
8	6632	6640	6648	6656	6664	6672	6680	6688
9	7461	7470	7479	7488	7497	7506	7515	7524

1	837	838	839	840	841	842	843	844
2	1674	1676	1678	1680	1682	1684	1686	1688
3	2511	2514	2517	2520	2523	2526	2529	2532
4	3348	3352	3356	3360	3364	3368	3372	3376
5	4185	4190	4195	4200	4205	4210	4215	4220
6	5022	5028	5034	5040	5046	5052	5058	5064
7	5859	5866	5873	5880	5887	5894	5901	5908
8	6696	6704	6712	6720	6728	6736	6744	6752
9	7533	7542	7551	7560	7569	7578	7587	7596

1	845	846	847	848	849	850	851	852
2	1690	1692	1694	1696	1698	1700	1702	1704
3	2535	2538	2541	2544	2547	2550	2553	2556
4	3380	3384	3388	3392	3396	3400	3404	3408
5	4225	4230	4235	4240	4245	4250	4255	4260
6	5070	5076	5082	5088	5094	5100	5106	5112
7	5915	5922	5929	5936	5943	5950	5957	5964
8	6760	6768	6776	6784	6792	6800	6808	6816
9	7605	7614	7623	7632	7641	7650	7659	7668

1	853	854	855	856	857	858	859	860
2	1706	1708	1710	1712	1714	1716	1718	1720
3	2559	2562	2565	2568	2571	2574	2577	2580
4	3412	3416	3420	3424	3428	3432	3436	3440
5	4265	4270	4275	4280	4285	4290	4295	4300
6	5118	5124	5130	5136	5142	5148	5154	5160
7	5971	5978	5985	5992	5999	6006	6013	6020
8	6824	6832	6840	6848	6856	6864	6872	6880
9	7677	7686	7695	7704	7713	7722	7731	7740

CHAPITRE XI. — Tables de multiplication et de division.

1	861	862	863	864	865	866	867	868
2	1722	1724	1726	1728	1730	1732	1734	1736
3	2583	2586	2589	2592	2595	2598	2601	2604
4	3444	3448	3452	3456	3460	3464	3468	3472
5	4305	4310	4315	4320	4325	4330	4335	4340
6	5166	5172	5178	5184	5190	5196	5202	5208
7	6027	6034	6041	6048	6055	6062	6069	6076
8	6888	6896	6904	6912	6920	6928	6936	6944
9	7749	7758	7767	7776	7785	7794	7803	7812
1	869	870	871	872	873	874	875	876
2	1738	1740	1742	1744	1746	1748	1750	1752
3	2607	2610	2613	2616	2619	2622	2625	2628
4	3476	3480	3484	3488	3492	3496	3500	3504
5	4345	4350	4355	4360	4365	4370	4375	4380
6	5214	5220	5226	5232	5238	5244	5250	5256
7	6083	6090	6097	6104	6111	6118	6125	6132
8	6952	6960	6968	6976	6984	6992	7000	7008
9	7821	7830	7839	7848	7857	7866	7875	7884
1	877	878	879	880	881	882	883	884
2	1754	1756	1758	1760	1762	1764	1766	1768
3	2631	2634	2637	2640	2643	2646	2649	2652
4	3508	3512	3516	3520	3524	3528	3532	3536
5	4385	4390	4395	4400	4405	4410	4415	4420
6	5262	5268	5274	5280	5286	5292	5298	5304
7	6139	6146	6153	6160	6167	6174	6181	6188
8	7016	7024	7032	7040	7048	7056	7064	7072
9	7893	7902	7911	7920	7929	7938	7947	7956
1	885	886	887	888	889	890	891	892
2	1770	1772	1774	1776	1778	1780	1782	1784
3	2655	2658	2661	2664	2667	2670	2673	2676
4	3540	3544	3548	3552	3556	3560	3564	3568
5	4425	4430	4435	4440	4445	4450	4455	4460
6	5310	5316	5322	5328	5334	5340	5346	5352
7	6195	6202	6209	6216	6223	6230	6237	6244
8	7080	7088	7096	7104	7112	7120	7128	7136
9	7965	7974	7983	7992	8001	8010	8019	8028
1	893	894	895	896	897	898	899	900
2	1786	1788	1790	1792	1794	1796	1798	1800
3	2679	2682	2685	2688	2691	2694	2697	2700
4	3572	3576	3580	3584	3588	3592	3596	3600
5	4465	4470	4475	4480	4485	4490	4495	4500
6	5358	5364	5370	5376	5382	5388	5394	5400
7	6251	6258	6265	6272	6279	6286	6293	6300
8	7144	7152	7160	7168	7176	7184	7192	7200
9	8037	8046	8055	8064	8073	8082	8091	8100
1	901	902	903	904	905	906	907	908
2	1802	1804	1806	1808	1810	1812	1814	1816
3	2703	2706	2709	2712	2715	2718	2721	2724
4	3604	3608	3612	3616	3620	3624	3628	3632
5	4505	4510	4515	4520	4525	4530	4535	4540
6	5406	5412	5418	5424	5430	5436	5442	5448
7	6307	6314	6321	6328	6335	6342	6349	6356
8	7208	7216	7224	7232	7240	7248	7256	7264
9	8109	8118	8127	8136	8145	8154	8163	8172

CHAPITRE XI. — Tables de multiplication et de division.

I	909	910	911	912	913	914	915	916
2	1818	1820	1822	1824	1826	1828	1830	1832
3	2727	2730	2733	2736	2739	2742	2745	2748
4	3636	3640	3644	3648	3652	3656	3660	3664
5	4545	4550	4555	4560	4565	4570	4574	4580
6	5454	5460	5466	5472	5478	5484	5490	5496
7	6363	6370	6377	6384	6391	6398	6405	6412
8	7272	7280	7288	7296	7304	7312	7320	7328
9	8181	8190	8199	8208	8217	8226	8235	8244
I	917	918	919	920	921	922	923	924
2	1834	1836	1838	1840	1842	1844	1846	1848
3	2751	2754	2757	2760	2763	2766	2769	2772
4	3668	3672	3676	3680	3684	3688	3692	3696
5	4585	4590	4595	4600	4605	4610	4615	4620
6	5502	5508	5514	5520	5526	5532	5538	5544
7	6419	6426	6433	6440	6447	6454	6461	6468
8	7336	7344	7352	7360	7368	7376	7384	7392
2	8253	8262	8271	8280	8289	8298	8307	8316
I	925	926	927	928	929	930	931	932
2	1850	1852	1854	1856	1858	1860	1862	1864
3	2775	2778	2781	2784	2787	2790	2793	2796
4	3700	3704	3708	3712	3716	3720	3724	3728
5	4625	4630	4635	4640	4645	4650	4655	4660
6	5550	5556	5562	5568	5574	5580	5586	5592
7	6475	6482	6489	6496	6503	6510	6517	6524
8	7400	7408	7416	7424	7432	7440	7448	7456
9	8325	8334	8343	8352	8361	8370	8379	8388
I	933	934	935	936	937	938	939	940
2	1866	1868	1870	1872	1874	1876	1878	1880
3	2799	2802	2805	2808	2811	2814	2817	2820
4	3732	3736	3740	3744	3748	3752	3756	3760
5	4665	4670	4675	4680	4685	4690	4695	4700
6	5598	5604	5610	5616	5622	5628	5634	5640
7	6531	6538	6545	6552	6559	6566	6573	6580
8	7464	7472	7480	7488	7496	7504	7512	7520
9	8397	8406	8415	8424	8433	8442	8451	8460
I	941	942	943	944	945	946	947	948
2	1882	1884	1886	1888	1890	1892	1894	1896
3	2823	2826	2829	2832	2835	2838	2841	2844
4	3764	3768	3772	3776	3780	3784	3788	3792
5	4705	4710	4715	4720	4725	4730	4735	4740
6	5646	5652	5658	5664	5670	5676	5682	5688
7	6587	6594	6601	6608	6615	6622	6629	6636
8	7528	7536	7544	7552	7560	7568	7576	7584
9	8469	8478	8487	8496	8505	8514	8523	8532
I	949	950	951	952	953	954	955	956
2	1898	1900	1902	1904	7906	1908	1910	1912
3	2847	2850	2853	2856	2859	2862	2865	2868
4	3796	3800	3804	3808	3812	3816	3820	3824
5	4745	4750	4755	4760	4765	4770	4775	4780
6	5694	5700	5706	5712	5718	5724	5730	5736
7	6643	6650	6657	6664	6671	6678	6685	6692
8	7592	7600	7608	7616	9624	7632	7640	7648
9	8541	8550	8559	8568	8577	8586	8595	8604

Chapitre XI. — Tables de multiplication et de division.

1	957	958	959	960	961	962	963	964
2	1914	1916	1918	1920	1922	1924	1926	1928
3	2871	2874	2877	2880	2883	2886	2889	2892
4	3828	3832	3836	3840	3844	3848	3852	3856
5	4785	4790	4795	4800	4805	4810	4815	4820
6	5742	5748	5754	5760	5766	5772	5778	5784
7	6699	6706	6713	6720	6727	6734	6741	6748
8	7656	7664	7672	7680	7688	7696	7704	7712
9	8613	8622	8631	8640	8649	8658	8667	8676

1	965	966	967	968	969	970	971	972
2	1930	1932	1934	1936	1938	1940	1942	1944
3	2895	2898	2901	2904	2907	2910	2913	2916
4	3860	3864	3868	3872	3876	3880	3884	3888
5	4825	4830	4835	4840	4845	4850	4855	4860
6	5790	5796	5802	5808	5814	5820	5826	5832
7	6755	6762	6769	6776	6783	6790	6797	6804
8	7720	7728	7736	7744	7752	7760	7768	7776
9	8685	8694	8703	8712	8721	8730	8739	8748

1	973	974	975	976	977	978	979	980
2	1946	1948	1950	1952	1954	1956	1958	1960
3	2919	2922	2925	2928	2931	2934	2937	2940
4	3892	3896	3900	3904	3908	3912	3916	3920
5	4865	4870	4875	4880	4885	4890	4895	4900
6	5838	5844	5850	5856	5862	5868	5874	5880
7	6811	6818	6825	6832	6839	6846	6853	6860
8	7784	7792	7800	7808	7816	7824	7832	7840
9	8757	8766	8775	8784	8793	8802	8811	8820

1	981	982	983	984	985	986	987	988
2	1962	1964	1966	1968	1970	1972	1974	1976
3	2943	2946	2949	2952	2955	2958	2961	2964
4	3924	3928	3932	3936	3940	3944	3948	3952
5	4905	4910	4915	4920	4925	4930	4935	4740
6	5886	5882	5298	5904	5910	5916	5922	5928
7	6867	6874	6881	6888	6895	6902	6909	6916
8	7848	7856	7864	7872	7880	7888	7896	7904
9	8829	8838	8847	8856	8865	8874	7883	8892

1	989	990	991	992	993	994	995	996
2	1978	1980	1982	1984	1986	1988	1990	1992
3	2967	2970	2973	2976	2979	2982	2985	2988
4	3956	3960	3964	3968	3972	3976	3980	3984
5	4945	4950	4955	4960	4965	4970	4975	4980
6	5934	5940	5946	5952	5958	5964	5970	5976
7	6923	6930	6937	6944	6951	6958	6965	6972
8	7912	7920	7928	7936	7944	7952	7960	7968
9	8901	8910	8919	8928	8937	8946	8955	8964

1	997	998	999	1000	1001	1002	1003	1004
2	1994	1996	1998	2000	2002	2004	2006	2008
3	2991	2994	2997	3000	3003	3006	3009	3012
4	3988	3992	3996	4000	4004	4008	4012	4016
5	4985	4990	4995	5000	5005	5010	5015	5020
6	5982	5988	5994	6000	6006	6012	6018	6024
7	6979	6986	6993	7000	7007	7014	7021	7028
8	7976	7984	7992	8000	8008	8016	8024	8032
9	8973	8982	8991	9000	9009	9018	9027	9036

Chapitre XI. — Tables de multiplication et de division.

1	1005	1006	1007	1008	1009	1010	1011	1012
2	2010	2012	2014	2016	2018	2020	2022	2024
3	3015	3018	3021	3024	3027	3030	3033	3036
4	4020	4024	4028	4032	4036	4040	4044	4048
5	5025	5030	5035	5040	5045	5050	5055	5060
6	6030	6036	6042	6048	6054	6060	6066	6672
7	7035	7042	7049	7056	7063	7070	7077	7084
8	8040	8048	8056	8064	8072	8080	8088	8096
9	9045	9054	9063	9072	9081	9090	9099	9108
1	1013	1014	1015	1016	1017	1018	1019	1020
2	2026	2028	2030	2032	2034	2036	2038	2040
3	3039	3042	3045	3048	3051	3054	3057	3060
4	4052	4056	4060	4064	4068	4072	4076	4080
5	5065	5070	5075	5080	5085	5090	5095	5100
6	6078	6084	6090	6096	6102	6108	6114	6120
7	7091	7098	7105	7112	7119	7126	7133	7140
8	8104	8112	8120	8128	8136	8144	8152	8160
9	9117	9126	9135	9144	9153	9162	9171	9180

TABLEAU

DONNANT LES RAPPORTS DES NOMBRES SIMPLES EN CARRÉS ET CUBES,

depuis 1 jusqu'à 100.

Nombres.	Carrés.	Cubes.	Nombres.	Carrés.	Cubes.
1	1	1	51	2601	132651
2	4	8	52	2704	140608
3	9	27	53	2809	148877
4	16	64	54	2916	157464
5	25	125	55	3025	166375
6	36	216	56	3136	175616
7	49	343	57	3249	185193
8	64	512	58	3364	195112
9	81	729	59	3481	205379
10	100	1000	60	3600	216000
11	121	1331	61	3721	226981
12	144	1728	62	3844	238328
13	169	2197	63	3969	250047
14	196	2744	64	4096	262144
15	225	3375	65	4225	274625
16	256	4096	66	4356	287496
17	289	4913	67	4489	300763
18	324	5832	68	4624	314432
19	361	6859	69	4761	328509
20	400	8000	70	4900	343000
21	441	9261	71	5041	357911
22	484	10648	72	5184	373248
23	529	12167	73	5329	389017
24	576	13824	74	5476	405224
25	625	15625	75	5625	421875
26	676	17576	76	5776	438976
27	729	19683	77	5929	456533
28	784	21952	78	6084	474552
29	841	24389	79	6241	493039
30	900	27000	80	6400	512000
31	961	29791	81	6561	531441
32	1024	32768	82	6724	551368
33	1089	35937	83	6889	571787
34	1156	39304	84	7056	592704
35	1225	42875	85	7225	614125
36	1296	46656	86	7396	636056
37	1369	50653	87	7569	658503
38	1444	54872	88	7744	681472
39	1521	59319	89	7921	704969
40	1600	64000	90	8100	729000
41	1681	68921	91	8281	753571
42	1764	74088	92	8464	778688
43	1849	79507	93	8649	804357
44	1936	85184	94	8836	830584
45	2025	91125	95	9025	857375
46	2116	97336	96	9216	884736
47	2209	103823	97	9409	912673
48	2304	110592	98	9604	941192
49	2401	117649	99	9801	970299
50	2500	125000	100	10000	1000000

TABLE

DONNANT LA PESANTEUR DES DÉCIMÈTRES CUBES D'OR
en Kilogrammes et Fractions du Kilogramme.

TABLE comparative.	Valeur en Kilogrammes et Fractions du Kilogramme.		Valeur d'un Décimètre cube d'or en livre poids de marc.	
1000	Décimètres cubes d'or.	189398718	Livres cubes d'or.	386920814
2000		378797436		773841628
3000		568196144		1160762442
4000		757594873		1547683256
5000		946993591		1934604070
6000		1136392309		2321524884
7000		1325791027		2708445698
8000		1515189745		3095366512
9000		1704588463		3482287326

TABLE

DONNANT LA PESANTEUR DES CENTIMÈTRES CUBES D'OR
en Kilogrammes et Fractions du Kilogramme.

TABLE comparative.	Valeur en Kilogrammes et Fractions du Kilogramme.		Valeur d'un Centimètre cube d'or en livre poids de marc.	
1000	Centimètres cubes d'or.	18939872	Livres cubes d'or.	38692081
2000		37879744		77384163
3000		56819614		116076244
4000		75759487		154768326
5000		94699359		193460407
6000		113639235		232152488
7000		132579103		270844570
8000		151518975		309536651
9000		170458846		348228733

TABLE

DONNANT LA PESANTEUR DES MILLIMÈTRES CUBES D'OR
en Kilogrammes et Fractions du Kilogramme.

TABLE comparative.	Valeur en Kilogrammes et Fractions du Kilogramme.		Valeur d'un Millimètre cube d'or en livre poids de marc.	
1000	Millimètres cubes d'or.	1893987	Livres cubes d'or.	3869208
2000		3787974		7738416
3000		5681962		11607624
4000		7575949		15476833
5000		9469936		19346641
6000		11363923		23215249
7000		13257910		27084457
8000		15151897		30953665
9000		17045885		34822873

CHAPITRE DOUZIÈME.

DES CHANGES.

CHANGE ENTRE PARIS ET AMSTERDAM.

Table comparative.		Réduction des francs en florins.	Réduction des florins en francs.
10000	à 53 deniers de gros pour 3 francs.	4416667	22641593
20000		8833333	45283190
30000		13250000	67924785
40000		17666667	90566380
50000		22083333	113207975
60000		26500000	135849570
70000		30916667	158491165
80000		35333333	181132760
90000		39750000	203774355

Table comparative.		Réduction des francs en florins.	Réduction des florins en francs.
10000	à 53 deniers 1/16 de gros pour 3 francs.	4421875	22614841
20000		8843750	45229682
30000		13265625	67844523
40000		17687500	90469364
50000		22109375	113074205
60000		26531250	135699045
70000		30953125	158313886
80000		35375000	180928727
90000		39796875	203538568

Table comparative.		Réduction des francs en florins.	Réduction des florins en francs.
10000	à 53 deniers 3/16 de gros pour 3 francs.	4432292	22561692
20000		8864583	45123384
30000		13296875	67685077
40000		17729167	90246769
50000		22161458	112808461
60000		26593750	135370153
70000		31026042	157931845
80000		35458333	180493537
90000		39890625	203055230

Table comparative.		Réduction des francs en florins.	Réduction des florins en francs.
10000	à 53 deniers 5/16 de gros pour 3 francs.	4442708	22508792
20000		8885417	45017585
30000		13328125	67526377
40000		17770833	90035170
50000		22213542	112543962
60000		26656250	135052754
70000		31098958	157561547
80000		35541667	180070339
90000		39984375	202579132

Chapitre XII. — Change entre Paris et Amsterdam.

Table comparative.		Réduction des francs en florins.	Réduction des florins en francs.
10000	à 53 deniers 7/16 de gros pour 3 francs.	4453125	22456140
20000		8906250	44912281
30000		13359375	67368421
40000		17812500	89824561
50000		22265625	112280702
60000		26718750	134736842
70000		31171875	157192982
80000		35625000	179649123
90000		40078125	202105263

Table comparative.		Réduction des francs en florins.	Réduction des florins en francs.
10000	à 53 deniers 9/16 de gros pour 3 francs	4463542	22403734
20000		8927083	44807468
30000		13390625	67211202
40000		17854167	89614936
50000		22317708	112018670
60000		26781250	134422404
70000		31244792	156826138
80000		35708333	179229872
90000		40171875	201633606

Table comparative.		Réduction des francs en florins.	Réduction des florins en francs.
10000	à 53 deniers 11/16 de gros pour 3 fr.	4473958	22351571
20000		8947917	44703143
30000		13421875	67054714
40000		17895833	89406286
50000		22369792	111757858
60000		26843750	134109429
70000		31317708	156461001
80000		35791667	178812572
90000		40265625	201164144

Table comparative.		Réduction des francs en florins.	Réduction des florins en francs.
10000	à 53 deniers 13/16 de gros pour 3 fr.	4484375	22299651
20000		8968750	44599302
30000		13453125	66898953
40000		17937500	89198604
50000		22421875	111498255
60000		26906250	133797906
70000		31390625	156097557
80000		35875000	178397208
90000		40359375	200696859

Table comparative.		Réduction des francs en florins.	Réduction des florins en francs.
10000	à 53 deniers 15/16 de gros pour 3 fr.	4494792	22247972
20000		8989583	44495944
30000		13484375	66743917
40000		17979167	88991889
50000		22473958	111239861
60000		26968750	133487834
70000		31463542	155735806
80000		35958333	177983778
90000		40453125	200231750

Chapitre XII. — Change entre Paris et Amsterdam.

Table comparative.		Réduction des francs en florins.	Réduction des florins en francs.
10000	à 53 deniers 1/8 de gros pour 3 fr.	4427083	22588233
20000		8854167	45176467
30000		13281250	67764700
40000		17708333	90352933
50000		22135417	112941167
60000		26562500	135529400
70000		30989583	158117633
80000		35416667	180705867
90000		39843750	203294100

Table comparative.		Réduction des francs en florins.	Réduction des florins en francs.
10000	à 53 deniers 3/8 de gros pour 3 fr.	4447917	22482435
20000		8895833	44964871
30000		13343750	67447307
40000		17791667	89929742
50000		22239583	112412177
60000		26687500	134894612
70000		31135417	157377048
80000		35583333	179859483
90000		40031250	202341919

Table comparative.		Réduction des francs en florins.	Réduction des florins en francs.
10000	à 53 deniers 5/8 de gros pour 3 fr.	4468750	22377622
10000		8937500	44755245
30000		13406250	67132867
40000		17875000	89510490
50000		22343750	111888112
60000		26812500	134265734
70000		31281250	156643367
80000		35750000	179020979
90000		40218750	201398602

Table comparative.		Réduction des francs en florins.	Réduction des florins en francs.
10000	à 53 deniers 7/8 de gros pour 3 fr.	4489583	22273792
20000		8979167	44547584
30000		13468750	66821375
40000		17958333	89095167
50000		22447917	111368959
60000		26937500	133642751
70000		31427083	155916543
80000		35916667	178190334
90000		40406250	200464126

Table comparative.		Réduction des francs en florins.	Réduction des florins en francs.
10000	à 53 deniers 1/4 de gros pour 3 fr.	4437500	22535211
20000		8875000	45070422
30000		13312500	67605633
40000		17750000	90140845
50000		22187500	112676056
60000		26625000	135211267
70000		31062500	157746478
80000		35490000	180281690
90000		39937500	202816901

Chapitre XII. — Change entre Paris et Amsterdam.

Table comparative.		Réduction des francs en florins.	Réduction des florins en francs.
10000	à 53 deniers 1/2 de gros pour 3 fr.	4458333	22429907
20000		8916667	44859813
30000		13375000	67289709
40000		17833333	89719616
50000		22291667	112149522
60000		26750000	134579429
70000		31208333	157009335
80000		35666667	179439242
90000		40125000	201869148

Table comparative.		Réduction des francs en florins.	Réduction des florins en francs.
10000	à 53 deniers 3/4 de gros pour 3 fr.	4479167	22325581
20000		8958333	44651163
30000		13437500	66976744
40000		17916667	89302326
50000		22395833	111627907
60000		26875000	133953489
70000		31354167	156279070
80000		35833333	178604652
90000		40312500	200930233

Table comparative.		Réduction des francs en florins.	Réduction des florins en francs.
10000	à 53 deniers 1/3 de gros pour 3 fr.	4444444	22500000
20000		8888889	45000000
30000		13333333	67500000
40000		17777778	90000000
50000		22222222	112500000
60000		26666667	135000000
70000		31111111	157500000
80000		35555556	180000000
90000		40000000	202500000

Table comparative.		Réduction des francs en florins.	Réduction des florins en francs.
10000	à 53 deniers 2/3 de gros pour 3 fr.	4472222	2236024,8
20000		8944444	44720497
30000		13416667	67080745
40000		17888889	89440994
50000		22361111	111801242
60000		26833333	134161491
70000		31305556	156521739
80000		35777778	178881988
90000		40250000	201242236

Table comparative.		Réduction des francs en florins.	Réduction des florins en francs.
10000	à 53 deniers 1/6 de gros pour 3 fr.	4430556	22570533
20000		8861111	45141067
30000		13291667	67711600
40000		17722222	90282133
50000		22152778	112852667
60000		26583333	135423200
70000		31013889	157993733
80000		35444444	180564267
90000		39875000	203134800

CHAPITRE XII. — Change entre Paris et Amsterdam.

Table comparative.		Réduction des francs en florins.	Réduction des florins en francs.
10000	à 55 deniers 5/6 de gros pour 3 fr.	4486111	22291022
20000		8972222	44582043
30000		13458333	66873065
40000		17944444	89164087
50000		22430556	111455109
60000		26916667	133746130
70000		31402778	156037152
80000		35888889	178328174
90000		40375000	200619193

Table comparative.		Réduction des francs en florins.	Réduction des florins en francs.
10000	à 54 deniers de gros pour 3 fr.	4500000	22222222
20000		9000000	44444444
30000		13500000	66666667
40000		18000000	88888889
50000		22500000	111111111
60000		27000000	133333333
70000		31500000	155555556
80000		36000000	177777778
90000		40500000	200000000

Table comparative.		Réduction des francs en florins.	Réduction des florins en francs.
10000	à 54 deniers 1/16 de gros pour 3 fr.	4505208	22196552
20000		9010417	44393063
30000		13515625	66589595
40000		18020833	88786127
50000		22526042	110982659
60000		27031250	133179210
70000		31536458	155375743
80000		36041667	177572285
90000		40546875	199768836

Table comparative.		Réduction des francs en florins.	Réduction des florins en francs.
10000	à 54 deniers 3/16 de gros pour 3 fr.	4515625	22145331
20000		9031250	44290661
30000		13546875	66435991
40000		18062500	88581322
50000		22578125	110726652
60000		27093750	132871983
70000		31609375	155017313
80000		36125000	177162644
90000		40640625	199307974

Table comparative.		Réduction des francs en florins.	Réduction des florins en francs.
10000	à 54 deniers 5/16 de gros pour 3 fr.	4526042	22094361
20000		9052083	44188723
30000		13578125	66283084
40000		18104167	88377446
50000		22630208	110471807
60000		27156250	132566168
70000		31682292	154660530
80000		36208333	176754891
90000		40734375	198849253

Chapitre XII. — Change entre Paris et Amsterdam.

Table comparative.		Réduction des francs en florins.	Réduction des florins en francs.
10000	à 54 deniers 7/16 de gros pour 3 fr.	4536458	22043628
20000		9072917	44087256
30000		13609375	66130884
40000		18145833	88174512
50000		22682292	110218140
60000		27218750	132261768
70000		31755208	154305396
80000		36291667	176349024
90000		40828125	198392651

Table comparative.		Réduction des francs en florins.	Réduction des florins en francs.
10000	à 54 deniers 9/16 de gros pour 3 fr.	4546875	21993127
20000		9093750	43986254
30000		13640625	65979381
40000		18187500	87972508
50000		22734375	109965635
60000		27281250	131958763
70000		31828125	153951890
80000		36375000	175945017
90000		40921875	197938144

Table comparative.		Réduction des francs en florins.	Réduction des florins en francs.
10000	à 54 deniers 11/16 de gros pour 3 fr.	4552917	21963943
20000		9105833	43927885
30000		13658750	65891828
40000		18211667	87855770
50000		22764583	109819713
60000		27317500	131783656
70000		31870417	153747598
80000		36423333	175711541
90000		40976250	197675483

Table comparative.		Réduction des francs en florins.	Réduction des florins en francs.
10000	à 54 deniers 13/16 de gros pour 3 fr.	4567708	21892816
20000		9135417	43785633
30000		13703125	65678449
40000		18270833	87571265
50000		22838542	109464082
60000		27406250	131356898
70000		31973958	153249714
80000		36541667	175142531
90000		41109375	197035347

Table comparative.		Réduction des francs en florins.	Réduction des florins en francs.
10000	à 54 deniers 15/16 de gros pour 3 fr.	4578125	21843003
20000		9156250	43686007
30000		13734375	65529010
40000		18312500	87372014
50000		22890625	109215017
60000		27468750	131058020
70000		32046875	152901024
80000		36625000	174744027
90000		41203125	196587031

Chapitre XII. — Change entre Paris et Amsterdam.

Table comparative.		Réduction des francs en florins.	Réduction des florins en francs.
10000	à 54 deniers 1/8 de gros pour 3 fr.	4510417	22170901
20000		9020833	44341802
30000		13531250	66512703
40000		18041667	88683604
50000		22552083	110854505
60000		27062500	133025406
70000		31572917	155196307
80000		36083333	177367208
90000		40593750	199538109

Table comparative.		Réduction des francs en florins.	Réduction des florins en francs.
10000	à 54 deniers 3/8 de gros pour 3 fr.	4531250	22068966
20000		9062500	44137933
30000		13593750	66206899
40000		18125000	88275865
50000		22656250	110344831
60000		27187500	132413797
70000		31718750	154482763
80000		36250000	176551729
90000		40781250	198620695

Table comparative.		Réduction des francs en florins.	Réduction des florins en francs.
10000	à 54 deniers 5/8 de gros pour 3 fr.	4552083	21967963
20000		9104167	43935926
30000		13656250	65903889
40000		18208333	87871852
50000		22760417	109839815
60000		27312500	131807778
70000		31864583	153775741
80000		36416667	175743704
90000		40968750	197711667

Table comparative.		Réduction des francs en florins.	Réduction des florins en francs.
10000	à 54 deniers 7/8 de gros pour 3 fr.	4572917	21867881
20000		9145833	43735762
30000		13718750	65603643
40000		18291667	87471524
50000		22864583	109339405
60000		27437500	131207286
70000		32010417	153075167
80000		36583333	174943048
90000		41156250	196810929

Table comparative.		Réduction des francs en florins.	Réduction des florins en francs.
10000	à 54 deniers 1/4 de gros pour 3 fr.	4520833	22119816
20000		9041667	44239632
30000		13562500	66359448
40000		18083333	88479264
50000		22604167	110599080
60000		27125000	132718896
70000		31645833	154838712
80000		36166667	176958528
90000		40687500	199078344

Chapitre XII. — Change entre Paris et Amsterdam.

Table comparative.		Réduction des francs en florins.	Réduction des florins en francs.
10000	à 54 deniers 1/2 de gros pour 3 fr.	4541667	22018349
20000		9083333	44036698
30000		13625000	66055047
40000		18166667	88073396
50000		22708333	110091745
60000		27250000	132110094
70000		31791667	154128443
80000		36333333	176146792
90000		40875000	198165141

Table comparative.		Réduction des francs en florins.	Réduction des florins en francs.
10000	à 54 deniers 3/4 de gros pour 3 fr.	4562500	21917808
20000		9125000	43835616
30000		13687500	65753424
40000		18250000	87671232
50000		22812500	109589040
60000		27375000	131506848
70000		31937500	153424656
80000		36500000	175342464
90000		41062500	197260272

Table comparative.		Réduction des francs en florins.	Réduction des florins en francs.
10000	à 54 deniers 1/4 de gros pour 3 fr.	4527778	22085890
20000		9055556	44171780
30000		13583333	66257670
40000		18111111	88343560
50000		22638889	110429450
60000		27166667	132515340
70000		31694444	154601230
80000		36222222	176687120
90000		40750000	198773010

Table comparative.		Réduction des francs en florins.	Réduction des florins en francs.
10000	à 54 deniers 2/3 de gros pour 3 fr.	4555556	21951219
20000		9111111	43902438
30000		13666667	65853657
40000		18222222	87804876
50000		22777778	109756095
60000		27333333	131707314
70000		31888889	153658533
80000		36444444	175609752
90000		41000000	197560971

Table comparative.		Réduction des francs en florins.	Réduction des florins en francs.
10000	à 54 deniers 1/6 de gros pour 3 fr.	4513889	22153846
20000		9027778	44307692
30000		13541667	66461538
40000		18055556	88615384
50000		22569444	110769230
60000		27083333	132923076
70000		31597222	155076922
80000		36111111	177230768
90000		40625000	199384614

Chapitre XII. — Change entre Paris et Amsterdam.

Table comparative.		Réduction des francs en florins.	Réduction des florins en francs.
10000	à 54 deniers 5/6 de gros pour 3 fr.	4569444	21884498
20000		9138889	43768996
30000		13708333	65653494
40000		18,277778	87537992
50000		22847222	109422490
60000		27416667	101306988
70000		31986111	153191486
80000		36555556	175075984
90000		41125000	196960482

Table comparative.		Réduction des francs en florins.	Réduction des florins en francs.
10000	à 55 deniers de gros pour 3 fr.	4583333	21818182
20000		9166667	43636364
30000		13750000	65454546
40000		18333333	87272728
50000		22916667	109090910
60000		27500000	130909092
70000		32083333	152727274
80000		36666667	174545456
90000		41250000	196363638

Table comparative.		Réduction des francs en florins.	Réduction des florins en francs.
10000	à 55 deniers 1/16 de gros pour 3 fr.	4588542	21793635
20000		9177083	43587269
30000		13765625	65380904
40000		18354167	87174538
50000		22942708	108968173
60000		27531250	130761808
70000		32119792	152555442
80000		36708333	174349077
90000		41296875	196142711

Table comparative.		Réduction des francs en florins.	Réduction des florins en francs.
10000	à 55 deniers 3/6 de gros pour 3 fr.	4598958	21744054
20000		9197917	43488109
30000		13796875	65232163
40000		18395833	86976217
50000		22994792	108720271
60000		27593750	130464326
70000		32192708	152208380
80000		36791667	173952434
90000		41390625	195696489

Table comparative.		Réduction des francs en florins.	Réduction des florins en francs.
10000	à 55 deniers 5/16 de gros pour 3 fr.	4609375	21694915
20000		9218750	43389831
30000		13828125	65084746
40000		18437500	86779661
50000		23046875	108474576
60000		27656250	130169492
70000		32265625	151864407
80000		36875000	173559322
90000		41484375	195254237

Chapitre XII. — Change entre Paris et Amsterdam.

Table comparative.		Réduction des francs en florins.	Réduction des florins en francs.
10000	à 55 deniers 7/16 de gros pour 3 fr.	461979 2	2164599 8
20000		923958 3	4329199 6
30000		1385937 5	6493799 3
40000		1847916 7	8658399 1
50000		2309895 8	10822998 9
60000		2771875 0	12987598 7
70000		3233854 2	15152198 5
80000		3695833 3	17316798 2
90000		4157812 5	19481398 0

Table comparative.		Réduction des francs en florins.	Réduction des florins en francs.
10000	à 55 deniers 9/16 de gros pour 3 fr.	463020 8	2159730 0
20000		926041 7	4319460 0
30000		1389062 5	6479190 0
40000		1852083 3	8638920 1
50000		2315104 2	10798650 1
60000		2778125 0	12958380 1
70000		3241145 8	15118110 1
80000		3704166 7	17277840 2
90000		4167187 5	19437570 2

Table comparative.		Réduction des francs en florins.	Réduction des florins en francs.
10000	à 55 deniers 11/16 de gros pour 3 fr.	464062 5	2154882 2
20000		928125 0	4309764 3
30000		1392187 5	6464646 5
40000		1856250 0	8619528 6
50000		2320312 5	10774410 8
60000		2784375 0	12929292 9
70000		3248437 5	15084175 1
80000		3712500 0	17239057 2
90000		4176562 5	19393939 4

Table comparative.		Réduction des francs en florins.	Réduction des florins en francs.
10000	à 55 deniers 13/16 de gros pour 3 fr.	465104 2	2150056 0
20000		930208 3	4300112 0
30000		1395312 5	6450168 0
40000		1860416 7	8600224 0
50000		2325520 8	10750280 0
60000		2790625 0	12900336 0
70000		3255729 2	15050392 0
80000		3720833 3	17200448 0
90000		4185937 5	19350504 0

Table comparative.		Réduction des francs en florins.	Réduction des florins en francs.
10000	à 55 deniers 15/16 de gros pour 3 fr.	466145 8	2145251 4
20000		932291 7	4290502 8
30000		1398437 5	6435754 2
40000		1864583 3	8581005 6
50000		2330729 2	10726257 0
60000		2796875 0	12871508 4
70000		3263020 8	15016759 8
80000		3729166 7	17162011 2
90000		4195312 5	19307262 6

Chapitre XII. — Change entre Paris et Amsterdam.

Table comparative.		Réduction des francs en florins.	Réduction des florins en francs.
10000	à 55 deniers 1/8 de gros pour 3 fr.	4593750	21768707
20000		9187500	43537414
30000		13781250	65306121
40000		18375000	87074828
50000		22968750	108843535
60000		27562500	130612242
70000		32156250	152380949
80000		36750000	174149656
90000		42343750	195918363

Table comparative.		Réduction des francs en florins.	Réduction des florins en francs.
10000	à 55 deniers 3/8 de gros pour 3 fr.	4614583	21670429
20000		9229167	43340858
30000		13843750	65011287
40000		18458333	86681716
50000		23072917	108352145
60000		27687500	130022574
70000		32302083	151693003
80000		36916667	173363432
90000		41531250	195033861

Table comparative.		Réduction des francs en florins.	Réduction des florins en francs.
10000	à 55 deniers 5/8 de gros pour 3 fr.	4635417	21573034
20000		9270833	43146067
30000		13906250	64719100
40000		18541667	86292134
50000		23177083	107865168
60000		27812500	129438202
70000		32447917	151011236
80000		37083333	172584270
90000		41718750	194157304

Table comparative.		Réduction des francs en florins.	Réduction des florins en francs.
10000	à 55 deniers 7/8 de gros pour 3 fr.	4656250	21476510
20000		9312500	42953020
30000		13968750	64429530
40000		18625000	85906040
50000		23281250	107382550
60000		27937500	128859060
70000		32593750	150335570
80000		37250000	171812080
90000		41906250	193288590

Table comparative.		Réduction des francs en florins.	Réduction des florins en francs.
10000	à 55 deniers 1/4 de gros pour 3 fr.	4604167	21719457
20000		9208333	43438913
30000		13812500	65158370
40000		18416667	86877827
50000		23020833	108597283
60000		27625000	130316740
70000		32229167	152036197
80000		36833333	173755653
90000		41437500	195475110

Chapitre XII. — Change entre Paris et Amsterdam.

Table comparative.		Réduction des francs en florins.	Réduction des florins en francs.
10000	à 55 deniers 1/2 de gros pour 3 fr.	4622500	21633315
20000		9245000	43266630
30000		13867500	64899945
40000		18490000	86533260
50000		23112500	108166575
60000		27735000	129799890
70000		32357500	151433205
80000		36980000	173066520
90000		41602500	194699835
Table comparative.		Réduction des fsancs en florins.	Réduction des florins en francs.
10000	à 55 deniers 3/4 de gros pour 3 fr.	4645833	21524664
20000		9291667	43049328
30000		13937500	64573992
40000		18583333	86098656
50000		23229167	107623320
60000		27875000	129147984
70000		32520833	150672648
80000		37166667	172197302
90000		41812500	193721966
Table comparative.		Réduction des francs en florins.	Réduction des florins en francs.
10000	à 55 deniers 1/3 de gros pour 3 fr.	4611111	21686747
20000		9222222	43373494
30000		13833333	65060241
40000		18444444	86746988
50000		23055555	108433735
60000		27666667	130120482
70000		32277778	151807229
80000		36888889	173493976
90000		41500000	195180723
Table comparative.		Réduction des francs en florins.	Réduction des florins en francs.
10000	à 55 deniers 2/3 de gros pour 3 fr.	4638889	21556886
20000		9277778	43113772
30000		13916667	64670658
40000		18555556	86227544
50000		23194444	107784430
60000		27833333	129341316
70000		32472222	150898202
80000		37111111	172455088
90000		41750000	194011974
Table comparative.		Réduction des francs en florins.	Réduction des florins en francs.
10000	à 55 deniers 1/6 de gros pour 3 fr.	4597222	21752266
20000		9194444	43504533
30000		13791667	65256799
40000		18388889	87009065
50000		22986111	108761331
60000		27583333	130513597
70000		32180556	152265863
80000		36777778	174018129
90000		41375000	195770395

Chapitre XII. — Change entre Paris et Amsterdam.

Table comparative.		Réduction des francs en florins.	Réduction des florins en francs.
10000	à 55 deniers 3/6 de gros pour 5 fr.	4652778	21492537
20000		9305556	42985074
30000		13958333	64477611
40000		18611111	85970148
50000		23263889	107462685
60000		27916667	128955222
70000		32569444	150447759
80000		37222222	171940296
90000		41875000	193432833

Table comparative.		Réduction des francs en florins.	Réduction des florins en francs.
10000	à 56 deniers de gros pour 3 francs.	4666667	21428571
20000		9333333	42857143
30000		14000000	64285714
40000		18666667	85714286
50000		23333333	107142857
60000		28000000	128571429
70000		32666667	150000000
80000		37333333	171428571
90000		42000000	192857143

Table comparative.		Réduction des francs en florins.	Réduction des florins en francs.
10000	à 56 deniers 1/16 de gros pour 3 fr.	4671875	21404682
20000		9343750	42809365
30000		14015625	64214047
40000		18687500	85618729
50000		23359375	107023411
60000		28031250	128428094
70000		32703125	149832776
80000		37395000	171237458
90000		42046875	192642141

Table comparative.		Réduction des francs en florins.	Réduction des florins en francs.
10000	à 56 deniers 3/16 de gros pour 3 fr.	4682292	21357063
20000		9364583	42714127
30000		14046875	64071190
40000		18729167	85428254
50000		23411458	106785317
60000		28093750	128142381
70000		32776042	149499444
80000		37458333	170856508
90000		42140625	192213571

Table comparative.		Réduction des francs en florins.	Réduction des florins en francs.
10000	à 56 deniers 5/16 de gros pour 3 fr.	4692708	21309656
20000		9385417	42619312
30000		14078125	63928968
40000		18770833	85238624
50000		23463542	106548280
60000		28156250	127857936
70000		32848958	149167592
80000		37541667	170477248
90000		42234375	191786904

CHAPITRE XII. — Change entre Paris et Amsterdam.

Table comparative.		Réduction des francs en florins.	Réduction des florins en francs.
10000	à 56 deniers 7/16 de gros pour 3 fr.	4703125	21262455
20000		9406250	42524909
30000		14109375	63787364
40000		18812500	85049819
50000		23515625	106312273
60000		28218750	127574728
70000		32921875	148837183
80000		37625000	170099638
90000		42328125	191362092

Table comparative.		Réduction des francs en florins.	Réduction des florins en francs.
10000	à 56 deniers 9/16 de gros pour 3 fr.	4713542	21215470
20000		9427083	42430939
30000		14140625	63646409
40000		18854167	84861879
50000		23567708	106077348
60000		28281250	127292818
70000		32994792	148508288
80000		37708333	169723758
90000		42421875	190939227

Table comparative.		Réduction des francs en florins.	Réduction des florins en francs.
10000	à 56 deniers 11/16 de gros pour 3 fr.	4723958	21168688
20000		9447917	42337376
30000		14171875	63506064
40000		18895833	84674752
50000		23619792	105843440
60000		28343750	127012128
70000		33067708	148180816
80000		37791667	169349504
90000		42515625	190518192

Table comparative.		Réduction des francs en florins.	Réduction des florins en francs.
10000	à 56 deniers 13/16 de gros pour 3 fr.	4734375	21122112
20000		9468750	42244224
30000		14203120	63366337
40000		18937500	84488449
50000		23671875	105610561
60000		28406250	126732673
70000		33140625	147854785
80000		37875000	168976898
90000		42609375	190099010

Table comparative.		Réduction des francs en florins.	Réduction des florins en francs.
10000	à 56 deniers 15/16 de gros pour 3 fr.	4744792	21075741
20000		9489583	42151482
30000		14234375	63227223
40000		18979167	84302964
50000		23723958	105378705
60000		28468750	126454446
70000		33213542	147530187
80000		37958333	168605928
90000		42703125	189681669

Chapitre XII. — Change entre Paris et Amsterdam.

Table comparative.		Réduction des francs en florins.	Réduction des florins en francs.
10000	à 56 deniers 1/8 de gros pour 3 fr.	4677083	21380846
20000		9354167	42761693
30000		14031250	64142539
40000		18708333	85523386
50000		23385417	106904232
60000		28062500	128285079
70000		32739583	149665925
80000		37416667	171046772
90000		42093750	192427618

Table comparative.		Réduction des francs en florins.	Réduction des florins en francs.
10000	à 56 deniers 3/8 de gros pour 3 fr.	4697917	21286031
20000		9395833	42572062
30000		14093750	63858093
40000		18791667	85144124
50000		23489584	106430156
60000		28187500	127716187
70000		32885417	149002218
80000		37583333	170288249
90000		42281250	191574280

Table comparative.		Réduction des francs en florins.	Réduction des florins en francs.
10000	à 56 deniers 5/8 de gros pour 3 fr.	4718750	21192053
20000		9437500	42384106
30000		14156250	63576159
40000		18875000	84768212
50000		23593750	105960265
60000		28312500	127152318
70000		33031250	148344371
80000		37750000	169536424
90000		42468750	190728477

Table comparative.		Réduction des francs en florins.	Réduction des florins en francs.
10000	à 56 deniers 7/8 de gros pour 3 fr.	4739583	21098900
20000		9479167	42197800
30000		14218750	63296700
40000		18958333	84395600
50000		23697917	105494500
60000		28437500	126593400
70000		33177083	147692300
80000		37916667	168791200
90000		42656250	189890100

Table comparative.		Réduction des francs en florins.	Réduction des florins en francs.
10000	à 56 deniers 1/4 de gros pour 3 fr.	4687500	21333312
20000		9375000	42666624
30000		14062500	63999936
40000		18750000	85333248
50000		23437500	106666560
60000		28125000	127999872
70000		32812500	149333184
80000		37500000	170666496
90000		42187500	191999812

Chapitre XII. — Change entre Paris et Amsterdam.

Table comparative.		Réduction des francs en florins.	Réduction des florins en francs.
10000	à 56 deniers 1/2 de gros pour 3 fr.	470833	2123898
20000		941667	4247796
30000		1412500	6371694
40000		1883333	8495592
50000		2354167	10619490
60000		2825000	12743388
70000		3295833	14867286
80000		3766667	16991184
90000		4237500	19115082

Table comparative.		Réduction des francs en florins.	Réduction des florins en francs.
10000	à 56 deniers 3/4 de gros pour 6 fr.	472917	2114537
20000		945833	4229075
30000		1418750	6343612
40000		1791667	8458150
50000		2264583	10572687
60000		2737500	12687225
70000		3209617	14801762
80000		3682533	16916300
90000		4155450	19030837

Table comparative.		Réduction des francs en florins.	Réduction des florins en francs.
10000	à 56 deniers 1/3 de gros pour 3 fr.	469556	2129673
20000		939111	4259346
30000		1408667	6389020
40000		1878222	8518693
50000		2347778	10648367
60000		2817333	12778040
70000		3286889	14907714
80000		3756444	17037387
90000		4226000	19167061

Table comparative.		Réduction des francs en florins.	Réduction des florins en francs.
10000	à 56 deniers 2/3 de gros pour 3 fr.	472222	2117644
20000		944444	4235289
30000		1416667	6352934
40000		1888889	8470578
50000		2361111	10588223
60000		2833333	12705868
70000		3305556	14823512
80000		3777778	16941157
90000		4250000	19058802

Table comparative.		Réduction des francs en florins.	Réduction des florins en francs.
10000	à 56 deniers 1/6 de gros pour 3 fr.	468056	2136498
20000		936111	4272997
30000		1404167	6409495
40000		1872222	8545994
50000		2340278	10682492
60000		2808333	12818991
70000		3276389	14955489
80000		3744444	17091988
90000		4212500	19228486

Chapitre XII. — Change entre Paris et Amsterdam.

Table comparative.		Réduction des francs en florins.	Réduction des florins en francs.
10000	à 56 deniers 5/6 de gros pour 3 fr.	4736111	21114369
20000		9472222	42228739
30000		14208333	63343108
40000		18944444	84457478
50000		23680556	105571847
60000		28416667	126686217
70000		33152778	147800586
80000		37888889	168914956
90000		42624900	190029325

Table comparative.		Réduction des francs en florins.	Réduction des florins en francs.
10000	à 57 deniers de gros pour 3 fr.	4750000	21052632
20000		9500000	42105263
30000		14250000	63157895
40000		19000000	84210527
50000		23750000	105263159
60000		28500000	126315790
70000		33250000	147368422
80000		38000000	168421054
90000		42750000	189473685

Table comparative.		Réduction des francs en florins.	Réduction des florins en francs.
10000	à 57 deniers 1/16 de gros pour 3 fr.	4755208	21029572
20000		9510417	42059143
30000		14265625	63088715
40000		19020833	84118287
50000		23776042	105147858
60000		28531250	126177430
70000		33286458	147207002
80000		38041667	168236574
90000		42796875	189266145

Table comparative.		Réduction des francs en florins.	Réduction des florins en francs.
10000	à 57 deniers 3/16 de gros pour 3 fr.	4765625	20983607
20000		9531250	41967213
30000		14296875	62950820
40000		19062500	83934426
50000		23828125	104918033
60000		28593750	125901639
70000		33359375	146885246
80000		38125000	167868852
90000		42890625	188852459

Table comparative.		Réduction des francs en florins.	Réduction des florins en francs.
10000	à 57 deniers 5/16 de gros pour 3 fr.	4776042	20937841
20000		9552083	41875682
30000		14328125	62813523
40000		19104167	83751364
50000		23880208	104689204
60000		28656250	125627045
70000		33432292	146564886
80000		38208333	167502727
90000		42984375	188440568

Chapitre XII. — Change entre Paris et Amsterdam.

Table comparative.		Réduction des francs en florins.	Réduction des florins en francs.
10000	à 57 deniers 7/16 de gros pour 3 fr.	4753648	21306474
20000		9507297	42612948
30000		14260945	63919422
40000		19014593	85225890
50000		23768242	106532370
60000		28521890	127838844
70000		33275538	149145318
80000		38029187	170451792
90000		42782835	191758266

Table comparative.		Réduction des francs en florins.	Réduction des florins en francs.
10000	à 57 deniers 9/16 de gros pour 3 fr.	4796875	20846905
20000		6593750	41693811
30000		14390625	62540716
40000		19187500	83387622
50000		23984375	104234527
60000		28781250	125081433
70000		33578125	145928338
80000		38375000	166775244
90000		43171875	187622149

Table comparative.		Réduction des francs en florins.	Réduction des florins en francs.
10000	à 57 deniers 11/16 de gros pour 3 fr.	4807292	20801733
20000		9614583	41603467
30000		14421875	62405200
40000		19229167	83206934
50000		24036458	104008667
60000		28843750	124810401
70000		33651042	145612134
80000		38458333	166413868
90000		43265625	187215601

Table comparative.		Réduction des francs en florins.	Réduction des florins en francs.
10000	à 57 deniers 13/16 de gros pour 3 fr.	4817708	20756757
20000		9635417	41513513
30000		14453125	62270270
40000		19270834	8302702[illegible]
50000		24088542	103783783
60000		28906250	124540540
70000		33723959	145297297
80000		38541667	166054054
90000		43359375	186810810

Table comparative.		Réduction des francs en florins.	Réduction des florins en francs.
10000	à 57 deniers 15/16 de gros pour 3 fr.	4828125	20711995
20000		9656250	41423990
30000		14484375	62135984
40000		19312500	82847979
50000		24140625	103559974
60000		28968750	124271969
70000		33796875	144983964
80000		38625000	165695958
90000		43453125	186407953

Chapitre XII. — Change entre Paris et Amsterdam.

Table comparative.		Réduction des francs en florins.	Réduction des florins en francs.
10000	à 57 deniers 1/8 de gros pour 3 fr.	4760417	21006565
20000		9520833	42013129
30000		14281250	63019694
40000		19941667	84026258
50000		23802083	105032823
60000		28562500	196039388
70000		33322917	147045952
80000		38083333	168052517
90000		42843750	189059181

Table comparative.		Réduction des francs en florins.	Réduction des florins en francs.
10000	à 57 deniers 3/8 de gros pour 3 fr.	4781250	20915033
20000		9562500	41830065
30000		14343750	62745098
40000		19125000	83660131
50000		23906250	104575163
60000		28687500	125490196
70000		33468750	146405229
80000		38250000	167320262
90000		43031250	188235294

Table comparative.		Réduction des francs en florins.	Réduction des florins en francs.
10000	à 57 deniers 5/8 de gros pour 3 fr.	4802083	20824295
20000		9604167	41648590
30000		14406250	62472885
40000		19208333	83297180
50000		24010417	104121475
60000		28812500	124945771
70000		33614583	145770066
80000		38416667	166594361
90000		43218750	187418656

Table comparative.		Réduction des francs en florins.	Réduction des florins en francs.
10000	à 57 deniers 7/8 de gros pour 3 fr.	4822917	20734341
20000		9645833	41468683
30000		14468750	62203024
40000		19291667	82937365
50000		24114583	103671706
60000		28937500	124406048
70000		33760417	145140389
80000		38583333	165874730
90000		43406250	186609072

Table comparative.		Réduction des francs en florins.	Réduction des florins en francs.
10000	à 57 deniers 1/4 de gros pour 3 fr.	4770833	20960699
20000		9541667	41921398
30000		14312500	62882097
40000		19083333	83842796
50000		23854167	104803495
60000		28625000	125764194
70000		33395833	146724893
80000		38166667	167685592
90000		42937500	188646291

Chapitre XII. — Change entre Paris et Amsterdam.

Table comparative.		Réduction des francs en florins.	Réduction des florins en francs.
10000	à 57 deniers 1/2 de gros pour 3 fr.	4791667	20869565
20000		9583333	41739132
30000		14375000	62608697
40000		19166667	83478262
50000		23958333	104347827
60000		28750000	125217393
70000		33541667	146086958
80000		38333333	166956523
90000		43125000	187826089

Table comparative.		Réduction des francs en florins.	Réduction des florins en francs.
10000	à 57 deniers 3/4 de gros pour 3 fr.	4812500	20779221
20000		9625000	41558442
30000		14437500	62337662
40000		19250000	83116883
50000		24062500	103896104
60000		28875000	124675325
70000		33687000	145454546
80000		38499500	166233766
90000		43312000	187012987

Table comparative.		Réduction des francs en florins.	Réduction des florins en francs.
10000	à 57 deniers 1/3 de gros pour 3 fr.	4777778	20930233
20000		9555556	41860465
30000		14333333	62790698
40000		19111111	83720931
50000		23888889	104651163
60000		28666667	125581396
70000		33444444	146511629
80000		38222222	167441862
90000		43000000	188372094

Table comparative.		Réduction des francs en florins.	Réduction des florins en francs.
10000	à 57 deniers 2/3 de gros pour 3 fr.	4805556	20809249
20000		9611111	41618497
30000		14416667	62427746
40000		19222222	83236994
50000		24027778	104046243
60000		28833333	124855492
70000		33638889	145664740
80000		38444444	166473980
90000		43260000	187283237

Table comparative.		Réduction des francs en florins.	Réduction des florins en francs.
10000	à 57 deniers 1/6 de gros pour 3 fr.	4763889	20991254
20000		9527778	41982508
30000		14291667	62973761
40000		19055556	83965015
50000		23819444	104956269
60000		28583333	125947523
70000		33347222	146938777
80000		38111111	167930030
90000		42875000	188921284

Chapitre XII. — Change entre Paris et Amsterdam.

Table comparative.		Réduction des francs en florins.	Réduction des florins en francs.
10000	à 57 deniers 5/6 de gros pour 3 fr.	4819444	20749202
20000		9638889	41498404
30000		14458333	62247606
40000		19277778	82996808
50000		24097222	103746009
60000		28916667	124495211
70000		33736111	145244413
80000		38555556	165993615
90000		43375000	186742817

Table comparative.		Réduction des francs en florins.	Réduction des florins en francs.
10000	à 58 deniers de gros pour 3 francs.	4833333	20689655
20000		9666667	41379310
30000		14500000	62068965
40000		19333333	82758621
50000		24166667	103448276
60000		29000000	124137931
70000		33833333	144827586
80000		38666667	165517241
90000		43500000	186206896

Table comparative.		Réduction des francs en florins.	Réduction des florins en francs.
10000	à 58 deniers 1/16 de gros pour 3 fr.	4838542	20667384
20000		9677083	41334768
30000		14515625	62002152
40000		19354167	82669537
50000		24192708	103336921
60000		29031250	124004306
70000		33869792	144671690
80000		38708333	165339074
90000		43546875	186006458

Table comparative.		Réduction des francs en florins.	Réduction des florins en francs.
10000	à 58 deniers 3/16 de gros pour 3 fr.	4848958	20622986
20000		9697917	41245972
30000		14546875	61868958
40000		19395833	82491944
50000		24244792	103114930
60000		29093750	123737916
70000		33942708	144360902
80000		38791667	164983888
90000		43640625	185606874

Table comparative.		Réduction des francs en florins.	Réduction des florins en francs.
10000	à 58 deniers 5/16 de gros pour 3 fr.	4852375	20578801
20000		9718750	41157601
30000		14578125	61736402
40000		19437500	82315203
50000		24296875	102894003
60000		29156250	123472804
70000		34015625	144051605
80000		38875000	164630406
90000		43734375	185209206

Chapitre XII. — Change entre Paris et Amsterdam.

Table comparative.		Réduction des francs en florins.	Réduction des florins en francs.
10000	à 58 deniers 7/16 de gros pour 3 fr.	4869792	20534759
20000		9739583	41069519
30000		14609375	61604278
40000		19479167	82139037
50000		24348958	102673797
60000		29218750	123208556
70000		34088542	143743315
80000		38958333	164278075
90000		43828125	184812834

Table comparative.		Réduction des francs en florins.	Réduction des florins en francs.
10000	à 58 deniers 9/16 de gros pour 3 fr.	4880208	20490928
20000		9760417	40981857
30000		14640626	61472785
40000		19520833	81963714
50000		24401042	102454642
60000		29281250	122945571
70000		34161458	143436499
80000		39041667	163927428
90000		43921875	184418356

Table comparative.		Réduction des francs en florins.	Réduction des florins en francs.
10000	à 55 deniers 11/16 de gros pour 3 fr.	4890625	20447284
20000		9781250	40894569
30000		14671875	61341853
40000		19562500	81789137
50000		24453125	102236421
60000		29343750	122683706
70000		34234375	143130990
80000		39125000	163578274
90000		44015625	184025559

Table comparative.		Réduction des francs en florins.	Réduction des florins en francs.
10000	à 58 deniers 13/16 de gros pour 3 fr.	4901042	20405826
20000		9802083	40807651
30000		14703125	61211477
40000		19604167	81615303
50000		24505208	102019128
60000		29406250	122422954
70000		34307292	142826780
80000		39208333	163230606
90000		44109375	183634431

Table comparative.		Réduction des francs en florins.	Réduction des florins en francs.
10000	à 58 deniers 15/16 de gros pour 3 fr.	4911458	20360551
20000		9822917	40721103
30000		14734375	61081654
40000		19645833	81442206
50000		24557292	101802757
60000		29468750	122163309
70000		34380208	142523860
80000		39291667	162884411
90000		44203125	183244963

Chapitre XII. — Change entre Paris et Amsterdam.

Table comparative.		Réduction des francs en florins.	Réduction des florins en francs.
10000	à 58 deniers 1/8 de gros pour 3 fr.	4843750	20645161
20000		9687500	41290323
30000		14531250	61935484
40000		19375000	82580645
50000		24218750	103225806
60000		29062500	123870968
70000		33906250	144516129
80000		38750000	165161290
90000		43593750	185806452

Table comparative.		Réduction des francs en florins.	Réduction des florins en francs.
10000	à 58 deniers 3/8 de gros pour 3 fr.	4864583	20556745
20000		9729167	41113490
30000		14593750	61670235
40000		19458333	82226980
50000		24322917	102783725
60000		29187500	123340470
70000		34052083	143897215
80000		38916667	164453960
90000		43781250	185010705

Table comparative.		Réduction des francs en florins.	Réduction des florins en francs.
10000	à 58 deniers 5/8 de gros pour 3 fr.	4885417	20469083
20000		9770833	40938166
30000		14656250	61407249
40000		19541667	81876332
50000		24427083	102345416
60000		29312500	122814499
70000		34197917	143283582
80000		39083333	163752665
90000		43968750	184221748

Table comparative.		Réduction des francs en florins.	Réduction des florins en francs.
10000	à 58 deniers 7/8 de gros pour 3 fr.	4906250	20382166
20000		9812500	40764331
30000		14718750	61146497
40000		19625000	81528662
50000		24531250	101910028
60000		29437500	122292994
70000		34343750	142675159
80000		39250000	163057325
90000		44156250	183439490

Table comparative.		Réduction des francs en florins.	Réduction des florins en francs.
10000	à 58 deniers 1/4 de gros pour 3 fr.	4854167	20600858
20000		9708333	41201717
30000		14562500	61802575
40000		19416667	82403433
50000		24270833	103004292
60000		29125000	123605150
70000		33979167	144206008
80000		38833333	164806867
90000		43687500	185407725

Chapitre XII. — Change entre Paris et Amsterdam.

Table comparative.		Réduction des francs en florins.	Réduction des florins en francs.
10000	à 58 deniers 1/2 de gros pour 3 fr.	4875000	20512821
20000		9750000	41025641
30000		14625000	61538461
40000		19500000	82051282
50000		24375000	102564102
60000		29250000	123076923
70000		34125000	143589744
80000		39000000	164102564
90000		43875000	184615385

Table comparative.		Réduction des francs en florins.	Réduction des florins en francs.
10000	à 58 deniers 3/4 de gros pour 3 fr.	4895833	20425532
20000		9791667	40851063
30000		14637500	61276596
40000		19583333	81702128
50000		24479167	102127659
60000		29375000	122553191
70000		34270833	142978723
80000		39166667	163404255
90000		44062499	183829787

Table comparative.		Réduction des francs en florins.	Réduction des florins en francs.
10000	à 58 deniers 1/3 de gros pour 3 fr.	4861111	20571429
20000		9722222	41142857
30000		14583333	61714286
40000		19444444	82285714
50000		24305556	102857143
60000		29166667	123428571
70000		34027778	144000000
80000		38888889	164571429
90000		43749999	185142857

Table comparative.		Réduction des francs en florins.	Réduction des florins en francs.
10000	à 58 deniers 2/3 de gros pour 3 fr.	4888889	20454545
20000		9777778	40909091
30000		14666667	61363636
40000		19555556	81818182
50000		24444444	102272727
60000		29333333	122727273
70000		34222222	143181818
80000		39111111	163636364
90000		44000000	184090909

Table comparative.		Réduction des francs en florins.	Réduction des florins en francs.
10000	à 58 deniers 1/6 de gros pour 3 fr.	4847222	20630373
20000		9694444	41260745
30000		14541667	61891118
40000		19388889	82521490
50000		24236111	103151863
60000		29083333	123782235
70000		33930556	144412608
80000		38777778	165042980
90000		43625000	185673353

Chapitre XII. — Change entre Londres et Paris.

Table comparative.		Réduction des francs en florins.	Réduction des florins en francs.
10000	à 58 deniers 5/6 de gros pour 3 fr.	4902778	20396601
20000		9805556	40793201
30000		14708333	61189802
40000		19611111	81586402
50000		24513889	101983003
60000		29416667	122379603
70000		34319444	142776204
80000		39222222	163172804
90000		44125000	183569405

CHANGE

ENTRE

LONDRES ET PARIS.

Table comparative.		Réduction des francs en livres sterling.	Réduction des livres sterling en francs.
10000	à 22 fr. pour une liv. sterling.	454545	22000000
20000		909091	44000000
30000		1363636	66000000
40000		1818182	88000000
50000		2272727	110000000
60000		2727273	132000000
70000		3181818	154000000
80000		3636364	176000000
90000		4090909	198000000

Table comparative.		Réduction des francs en livres sterling.	Réduction des livres sterling en francs.
10000	à 22 fr. 05 c. pour une liv. sterling.	453515	22050000
20000		907029	44100000
30000		1360544	66150000
40000		1814059	88200000
50000		2267574	110250000
60000		2721088	132300000
70000		3174603	154350000
80000		3628118	176400000
90000		4081633	198450000

Table comparative.		Réduction des francs en livres sterling.	Réduction des livres sterling en francs.
10000	à 22 fr. 10 c. pour une liv. sterling.	452489	22100000
20000		904977	44200000
30000		1357466	66300000
40000		1809955	88400000
50000		2262443	110500000
60000		2714932	132600000
70000		3167421	154700000
80000		3619909	176800000
90000		4072398	198900000

CHAPITRE XII. — Change entre Londres et Paris.

Table comparative.		Réduction des francs en livres sterling.	Réduction des livres sterling en francs.
10000	à 22 fr. 15 c. pour une liv. sterling.	451467	22150000
20000		902935	44300000
30000		1354402	66450000
40000		1805869	88600000
50000		2257336	110750000
60000		2708804	132900000
70000		3160271	155050000
80000		3611738	177200000
90000		4063205	199350000

Table comparative.		Réduction des francs en livres sterling.	Réduction des livres sterling en francs.
10000	à 22 fr. 20 c. pour une liv. sterling.	450450	22200000
20000		900901	44400000
30000		1351351	66600000
40000		1801802	88800000
50000		2252252	111000000
60000		2702703	133200000
70000		3153153	155400000
80000		3603604	177600000
90000		4054054	199800000

Table comparative.		Réduction des francs en livres sterling.	Réduction des livres sterling en francs.
10000	à 22 fr. 25 c. pour une liv. sterling.	449438	22250000
20000		898876	44500000
30000		1348315	66750000
40000		1797753	89000000
50000		2247191	111250000
60000		2696629	133500000
70000		3146067	155750000
80000		3595506	178000000
90000		4044944	200250000

Table comparative.		Réduction des francs en livres sterling.	Réduction des livres sterling en francs.
10000	à 22 fr. 30 c. pour une liv. sterling.	448430	22300000
20000		896861	44600000
30000		1345291	66900000
40000		1793722	89200000
50000		2242152	111500000
60000		2690583	133800000
70000		3139013	156100000
80000		3587444	178400000
90000		4035874	200700000

Table comparative.		Réduction des francs en livres sterling.	Réduction des livres sterling en francs.
10000	à 22 fr. 35 c. pour une liv. sterling.	447427	22350000
20000		894855	44700000
30000		1342282	67050000
40000		1789709	89400000
50000		2237136	111750000
60000		2684564	134100000
70000		3131991	156450000
80000		3579418	178800000
90000		4026846	201150000

Chapitre XII. — Change entre Londres et Paris.

Table comparative.		Réduction des francs en livres sterling.	Réduction des livres sterling en francs.
10000	à 22 fr. 40 c. pour une liv. sterling	446429	22400000
20000		892857	44800000
30000		1339286	67200000
40000		1785714	89600000
50000		2232143	112000000
60000		2678571	134400000
70000		3125000	156800000
80000		3571429	179200000
90000		4017857	201600000

Table comparative.		Réduction des francs en livres sterling.	Réduction des livres sterling en francs.
10000	à 22 fr. 45 c. pour une liv. sterling.	445434	22450000
20000		890869	44900000
30000		1336302	67350000
40000		1781737	89800000
50000		2227171	112250000
60000		2672606	134700000
70000		3119040	157150000
80000		3563474	179600000
90000		4008909	202050000

Table comparative.		Réduction des francs en livres sterling.	Réduction des livres sterling en francs.
10000	à 22 fr. 50 c. pour une liv. sterling.	444444	22500000
20000		888889	45000000
30000		1333333	67500000
40000		1777778	90000000
50000		2222222	112500000
60000		2666667	135000000
70000		3111111	157500000
80000		3555556	180000000
90000		4000000	202500000

Table comparative.		Réduction des francs en livres sterling.	Réduction des livres sterling en francs.
10000	à 22 fr. 55 c. pour une liv. sterling.	443459	22550000
20000		886918	45100000
30000		1330377	67650000
40000		1773836	90200000
50000		2217295	112750000
60000		2660754	135300000
70000		3104213	157850000
80000		3547672	180400000
90000		3991131	202950000

Table comparative.		Réduction des francs en livres sterling.	Réduction des livres sterling en francs.
10000	à 22 fr. 60 c pour une liv. sterling.	442478	22600000
20000		884956	45200000
30000		1327434	67800000
40000		1769912	90400000
50000		2212389	113000000
60000		2654867	135600000
70000		3097345	158200000
80000		3539823	180800000
90000		3982301	203400000

CHAPITRE XII. — Change entre Londres et Paris.

Table comparative.		Réduction des francs en livres sterling.	Réduction des livres sterling en francs.
10000	à 22 fr. 65 c. pour une liv. sterling.	441501	22650000
20000		883002	45300000
30000		1324503	67950000
40000		1766004	90600000
50000		2207505	113250000
60000		2649007	135900000
70000		3090508	158550000
80000		3532009	181200000
90000		3973510	203850000

Table comparative.		Réduction des francs en livres sterling.	Réduction des livres sterling en francs.
10000	à 22 fr. 70 c. pour une liv. sterling.	440529	22700000
20000		881058	45400000
30000		1321587	68100000
40000		1762116	90800000
50000		2202645	113500000
60000		2643174	136200000
70000		3083704	158900000
80000		3524233	181600000
90000		3964762	204300000

Table comparative.		Réduction des francs en livres sterling.	Réduction des livres sterling en francs.
10000	à 22 fr. 75 c. pour une liv. sterling.	439560	22750000
20000		879121	45500000
30000		1318681	68250000
40000		1758242	91000000
50000		2197802	113750000
60000		2637363	136500000
70000		3076923	159250000
80000		3516483	182000000
90000		3956044	204750000

Table comparative.		Réduction des francs en livres sterling.	Réduction des livres sterling en francs.
10000	à 22 fr. 80 c. pour une liv. sterling.	438596	22800000
20000		877193	45600000
30000		1315790	68400000
40000		1754386	91200000
50000		2192982	114000000
60000		2631579	136800000
70000		3070175	159600000
80000		3508772	182400000
90000		3847368	205200000

Table comparative.		Réduction des francs en livres sterling.	Réduction des livres sterling en francs.
10000	à 22 fr. 85 c. pour une liv. sterling.	437637	22850000
20000		875274	45700000
30000		1312910	68550000
40000		1750547	91400000
50000		2188184	114250000
60000		2625821	137100000
70000		3063457	159950000
80000		3501094	182800000
90000		3939731	205650000

CHAPITRE XII. — Change entre Paris et Londres.

Table comparative.		Réduction des francs en livres sterling.	Réduction des livres sterling en francs.
10000	à 22 fr. 90 c. pour une liv. sterling.	436681	22900000
20000		873362	45800000
30000		1310044	68700000
40000		1746725	91600000
50000		2183406	114500000
60000		2620087	137400000
70000		3056769	160300000
80000		3493450	183200000
90000		3930131	206100000

Table comparative.		Réduction des francs en livres sterling.	Réduction des livres sterling en francs.
10000	à 22 fr. 95 c. pour une liv. sterling.	435730	22950000
20000		871460	45900000
30000		1307190	68850000
40000		1742919	91800000
50000		2178649	114750000
60000		2614379	137700000
70000		3050109	160650000
80000		3485839	183600000
90000		3921569	206550000

Table comparative.		Réduction des francs en livres sterling.	Réduction des livres sterling en francs.
10000	à 23 francs pour une liv. sterling.	434783	23000000
20000		869565	46000000
30000		1304348	69000000
40000		1739130	92000000
50000		2173913	115000000
60000		2608696	138000000
70000		3043478	161000000
80000		3478261	184000000
90000		3913043	207000000

Table comparative.		Réduction des francs en livres sterling.	Réduction des livres sterling en francs.
10000	à 23 fr. 05 c. pour une liv. sterling.	433839	23050000
20000		867679	46100000
30000		1301518	69150000
40000		1735358	92200000
50000		2169197	115250000
60000		2603037	138300000
70000		3036876	161350000
80000		3470716	184400000
90000		3904555	207450000

Table comparative.		Réduction des francs en livres sterling.	Réduction des livres sterling en francs.
10000	à 23 fr. 10 c. pour une liv. sterling.	432900	23100000
20000		865801	46200000
30000		1298701	69300000
40000		1731602	92400000
50000		2164502	115500000
60000		2597403	138600000
70000		3030303	161700000
80000		3463203	184800000
90000		3896104	207900000

CHAPITRE XII. — Change entre Paris et Londres.

Table comparative.		Réduction des francs en livres sterling.	Réduction des livres sterling en francs.
10000	à 23 fr. 15 c. pour une liv. sterling.	431965	23150000
20000		863931	46300000
30000		1295896	69450000
40000		1727862	92600000
50000		2159827	115750000
60000		2591793	138900000
70000		3023758	162050000
80000		3455724	185200000
90000		3887689	208350000

Table comparative.		Réduction des francs en livres sterling.	Réduction des livres sterling en francs.
10000	à 23 fr. 20 c. pour une liv. sterling.	431034	23200000
20000		862069	46400000
30000		1293103	69600000
40000		1724138	92800000
50000		2155172	116000000
60000		2586207	139200000
70000		3017241	162400000
80000		3448276	185600000
90000		3879310	208800000

Table comparative.		Réduction des francs en livres sterling.	Réduction des livres sterling en francs.
10000	à 23 fr. 25 c. pour une liv. sterling.	430105	2325000
20000		860211	4650000
30000		1290316	6975000
40000		1720421	9300000
50000		2150526	11625000
60000		2580632	13950000
70000		3010737	16275000
80000		3440842	18600000
90000		3870947	20925000

Table comparative.		Réduction des francs en livres sterling.	Réduction des livres sterling en francs.
10000	à 23 fr. 30 c. pour une liv. sterling.	429185	23300000
20000		858369	46600000
30000		1287554	69900000
40000		1716738	93200000
50000		2145923	116500000
60000		2575107	139800000
70000		3004292	163100000
80000		3433476	186400000
90000		3862661	209700000

Table comparative.		Réduction des francs en livres sterling.	Réduction des livres sterling en francs.
10000	à 23 fr. 35 c. pour une liv. sterling.	428266	23350000
20000		856531	46700000
30000		1284797	70050000
40000		1713062	93400000
50000		2141328	116750000
60000		2569593	140100000
70000		2997859	163450000
80000		3426124	186800000
90000		3854390	210150000

Chapitre XII. — Change entre Paris et Londres.

Table comparative.		Réduction des francs en livres sterling.	Réduction des livres sterling en francs.
10000	à 23 f. 40 c. pour une liv. sterling.	427350	23400000
20000		854701	46800000
30000		1282051	70200000
40000		1709402	93600000
50000		2136752	117000000
60000		2564103	140400000
70000		9991453	163800000
80000		3418803	187200000
90000		3846154	210600000

Table comparative.		Réduction des francs en livres sterling.	Réduction des livres sterling en francs.
10000	à 23 f. 45 c. pour une liv. sterling.	426439	23450000
20000		852878	46900000
30000		1279318	70350000
40000		1705757	93800000
50000		2132196	117250000
60000		2558635	140700000
70000		2985075	164150000
80000		3411514	187600000
90000		3837954	211050000

Table comparative.		Réduction des francs en livres sterling.	Réduction des livres sterling en francs.
10000	à 23 f. 50 c. pour une liv. sterling.	425532	23500000
20000		851064	47000000
30000		1276596	70500000
40000		1702198	94000000
50000		2127660	117500000
60000		2553191	141000000
70000		2978723	164500000
80000		3404255	188000000
90000		3829787	211500000

Table comparative.		Réduction des francs en livres sterling.	Réduction des livres sterling en francs.
10000	à 23 f. 55 c. pour une liv. sterling.	424628	23550000
20000		849257	47100000
30000		1273885	70650000
40000		1698514	94200000
50000		2123142	117750000
60000		2547771	141300000
70000		2972399	164850000
80000		3397028	188400000
90000		3821756	211950000

Table comparative.		Réduction des francs en livres sterling.	Réduction des livres sterling en francs.
10000	à 23 f. 60 c. pour une liv. sterling.	423729	23600000
20000		847458	47200000
30000		1271186	70800000
40000		1694915	94400000
50000		2118644	118000000
60000		2542373	141600000
70000		2966102	165200000
80000		3389830	188800000
90000		3813559	212400000

Chapitre XII. — Change entre Londres et Paris.

Table comparative.		Réduction des francs en livres sterling.	Réduction des livres sterling en francs.
10000	à 23 fr. 65 c. pour une liv. sterling.	422833	23650000
20000		845666	47300000
30000		1268499	70950000
40000		1691332	94600000
50000		2114165	118250000
60000		2536998	141900000
70000		2959831	165550000
80000		3382664	189200000
90000		3805497	212850000

Table comparative.		Réduction des francs en livres sterling.	Réduction des livres sterling en francs.
10000	à 23 fr. 70 c. pour une liv. sterling.	421941	23700000
20000		843882	47400000
30000		1265823	71100000
40000		1687764	94800000
50000		2109705	118500000
60000		2531646	142200000
70000		2953586	165900000
80000		3375527	189600000
90000		3797468	213300000

Table comparative.		Réduction des francs en livres sterling.	Réduction des livres sterling en francs.
10000	à 23 fr. 75 c. pour une liv. sterling.	421053	23750000
20000		842105	47500000
30000		1263158	71250000
40000		1684211	95000000
50000		2105263	118750000
60000		2526316	142500000
70000		2947368	166250000
80000		3368421	190000000
90000		3789474	213750000

Table comparative.		Réduction des francs en livres sterling.	Réduction des livres sterling en francs.
10000	à 23 fr. 80 c. pour une liv. sterling.	420168	23800000
20000		840336	47600000
30000		1260504	71400000
40000		1680672	95200000
50000		2100840	119000000
60000		2521008	142800000
70000		2941176	166600000
80000		3361345	190400000
90000		3781513	214200000

Table comparative.		Réduction des francs en livres sterling.	Réduction des livres sterling en francs.
10000	à 23 fr. 85 c. pour une liv. sterling.	419287	23850000
20000		838574	47700000
30000		1257862	71550000
40000		1677149	95400000
50000		2096436	119250000
60000		2515723	143100000
70000		2935010	166950000
80000		3354298	190800000
90000		3773585	214650000

Chapitre XII. — Change entre Londres et Paris.

Table comparative.		Réduction des francs en livres sterling.	Réduction des livres sterling en francs.
10000	à 23 fr. 90 c. pour une liv. sterling.	418410	23900000
20000		836820	47800000
30000		1255230	71700000
40000		1673640	95600000
50000		2092050	119500000
60000		2510460	143400000
70000		2928870	167300000
80000		3347280	191200000
90000		3765690	215100000

Table comparative.		Réduction des francs en livres sterling.	Réduction des livres sterling en francs.
10000	à 23 fr. 95 c. pour une liv. sterling.	417537	23950000
20000		835073	47900000
30000		1252610	71850000
40000		1670146	95800000
50000		2087683	119750000
60000		2505219	143700000
70000		2922756	167650000
80000		3340292	191600000
90000		3757829	215550000

Table comparative.		Réduction des francs en livres sterling.	Réduction des livres sterling en francs.
10000	à 24 fr. pour une liv. sterling.	416667	24000000
20000		833333	42000000
30000		1250000	72000000
40000		1666667	96000000
50000		2083333	120000000
60000		2500000	144000000
70000		2916667	168000000
80000		3333333	192000000
90000		3750000	216000000

Table comparative.		Réduction des francs en livres sterling.	Réduction des livres sterling en francs.
10000	à 24 fr. 05 c. pour une liv. sterling.	415800	24050000
20000		831601	48100000
30000		1247401	72150000
40000		1663202	96200000
50000		2079002	120250000
60000		2494802	144300000
70000		2910603	168350000
80000		3326403	192400000
90000		3742204	216450000

Table comparative.		Réduction des francs en livres sterling.	Réduction des livres sterling en francs.
10000	à 24 fr. 10 c. pour une liv. sterling.	414938	24100000
20000		829875	48200000
30000		1244813	72300000
40000		1659751	96400000
50000		2074689	120500000
60000		2489626	144600000
70000		2904564	168700000
80000		3319502	192800000
90000		3734440	216900000

Chapitre XII. — Change entre Londres et Paris.

Table comparative.		Réduction des francs en livres sterling.	Réduction des livres sterling en francs.
10000	à 24 fr. 15 c. pour une liv. sterling.	414079	24150000
20000		828157	48300000
30000		1242236	72450000
40000		1656315	96600000
50000		2070393	120750000
60000		2484472	144900000
70000		2898551	169050000
80000		3312629	193200000
90000		3726708	217350000

Table comparative.		Réduction des francs en livres sterling.	Réduction des livres sterling en francs.
10000	à 24 fr. 20 c. pour une liv. sterling.	413223	24200000
20000		826446	48400000
30000		1239669	72600000
40000		1652893	96800000
50000		2066116	121000000
60000		2479339	145200000
70000		2892562	169400000
80000		3305785	193600000
90000		3719008	217800000

Table comparative.		Réduction des francs en livres sterling.	Réduction des livres sterling en francs.
10000	à 24 fr. 25 c. pour une liv. sterling.	412371	24250000
20000		824742	48500000
30000		1237113	72750000
40000		1649485	97000000
50000		2061856	121250000
60000		2474227	145500000
70000		2886598	169750000
80000		3298969	194000000
90000		3711340	218250000

Table comparative.		Réduction des francs en livres sterling.	Réduction des livres sterling en francs.
10000	à 24 fr. 30 c. pour une liv. sterling.	411523	24300000
20000		823045	48600000
30000		1234568	72900000
40000		1646091	97200000
50000		2057613	121500000
60000		2469136	145800000
70000		2880658	170100000
80000		3292181	194400000
90000		3703704	218700000

Table comparative.		Réduction des francs en livres sterling.	Réduction des livres sterling en francs.
10000	à 24 fr. 30 c. pour une liv. sterling.	410678	24350000
20000		821355	48700000
30000		1232033	73050000
40000		1642710	97400000
50000		2053388	121750000
60000		2464066	146100000
70000		2874743	170450000
80000		3285421	194800000
90000		3696099	219150000

Chapitre XII. — Change entre Londres et Paris.

Table comparative.		Réduction des francs en livres sterling.	Réduction des livres sterling en francs.
10000	à 24 fr. 40 c. pour une liv. sterling.	409836	24400000
20000		819672	48800000
30000		1229508	73200000
40000		1639344	97600000
50000		2049180	122000000
60000		2459016	146400000
70000		2868852	170800000
80000		3278688	195200000
90000		3688525	219600000

Table comparative.		Réduction des francs en livres sterling.	Réduction des livres sterling en francs.
10000	à 24 fr. 45 c. pour une liv. sterling.	408998	24450000
20000		817996	48900000
30000		1226994	73350000
40000		1635992	97800000
50000		2044990	22250000
60000		2453988	46700000
70000		2862986	71150000
80000		3271984	95600000
90000		3680982	120050000

Table comparative.		Réduction des francs en livres sterling.	Réduction des livres sterling en francs.
10000	à 24 fr. 50 c. pour une liv. sterling.	408163	24500000
20000		816327	49000000
30000		1224490	73500000
40000		1632653	98000000
50000		2040816	122500000
60000		2448980	147000000
70000		2857143	171500000
80000		3265306	196000000
90000		3673469	220500000

Table comparative.		Réduction des francs en livres sterling.	Réduction des livres sterling en francs.
10000	à 24 fr. 55 c. pour une liv. sterling.	407332	24550000
20000		814664	49100000
30000		1221996	73650000
40000		1629328	98200000
50000		2036660	122750000
60000		2443992	147300000
70000		2851324	171850000
80000		3258656	196400000
90000		3665988	220950000

Table comparative.		Réduction des francs en livres sterling.	Réduction des livres sterling en francs.
10000	à 24 fr. 60 c. pour une liv. sterling.	406504	24600000
20000		813008	49200000
30000		1219612	73800000
40000		1626016	98400000
50000		2032520	123000000
60000		2439024	147600000
70000		2845528	172200000
80000		3252032	196800000
90000		3658537	221400000

Chapitre XII. — Change entre Londres et Paris.

Table comparative.		Réduction des francs en livres sterling.	Réduction des livres sterling en francs.
10000	à 24 f. 65 c. pour une liv. sterling.	405680	24650000
20000		811359	49300000
30000		1217039	73950000
40000		1622718	98600000
50000		2028398	123250000
60000		2434077	147900000
70000		2839757	172550000
80000		3245436	197200000
90000		3651116	221850000

Table comparative.		Réduction des francs en livres sterling.	Réduction des livres sterling en francs.
10000	à 24 f. 70 c. pour une liv. sterling.	404858	24700000
20000		809717	49400000
30000		1214575	74100000
40000		1619433	98800000
50000		2024291	123500000
60000		2429150	148200000
70000		2834008	172900000
80000		3238866	197600000
90000		3643725	222300000

Table comparative.		Réduction des francs en livres sterling.	Réduction des livres sterling en francs.
10000	à 24 f. 75 c. pour une liv. sterling.	404040	24750000
20000		808081	89500000
30000		1212121	74250000
40000		1616162	99000000
50000		2020202	123750000
60000		2424242	148500000
70000		2828283	173250000
80000		3232323	198000000
90000		3636364	222750000

Table comparative.		Réduction des francs en livres sterling.	Réduction des livres sterling en francs.
10000	à 24 f. 80 c. pour une liv. sterling.	403226	24800000
20000		806452	49600000
30000		1209677	74400000
40000		1612903	99200000
50000		2016129	124000000
60000		2419355	148800000
70000		2822581	173600000
80000		3225806	198400000
90000		3629032	223200000

Table comparative.		Réduction des francs en livres sterling.	Réduction des livres sterling en francs.
10000	à 24 f. 85 c. pour une liv. sterling.	402414	24850000
20000		804829	49700000
30000		1207243	74550000
40000		1609658	99400000
50000		2012072	124250000
60000		2414487	149100000
70000		2816901	173950000
80000		3219316	198800000
90000		3621730	223650000

Chapitre XII. — Change entre Londres et Paris.

Table comparative.		Réduction des francs en livres sterling.	Réduction des livres sterling en francs.
10000	à 24 f. 90 c. pour une liv. sterling.	401606	24900000
20000		803213	49800000
30000		1204819	74700000
40000		1606426	99600000
50000		2008032	124500000
60000		2409639	149400000
70000		2811245	174300000
80000		3212851	199200000
90000		3614458	224100000

Table comparative.		Réduction des francs en livres sterling.	Réduction des livres sterling en francs.
10000	à 24 f. 95 c. pour une liv. sterling.	400802	24950000
20000		801603	49900000
30000		1202405	74850000
40000		1603206	99800000
50000		2004008	124750000
60000		2404810	149700000
70000		2805611	174650000
80000		3206413	199600000
90000		3607214	224550000

Table comparative.		Réduction des francs en livres sterling.	Réduction des livres sterling en francs.
10000	à 25 francs pour une liv. sterling.	400000	25000000
20000		800000	50000000
30000		1200000	75000000
40000		1600000	100000000
50000		2000000	125000000
60000		2400000	150000000
70000		2800000	175000000
80000		3200000	200000000
90000		3600000	225000000

Table comparative.		Réduction des francs en livres sterling.	Réduction des livres sterling en francs.
10000	à 25 f. 05 c. pour une liv. sterling.	399202	25050000
20000		798403	50100000
30000		1197605	75150000
40000		1596806	100200000
50000		1996008	125250000
60000		2395210	150300000
70000		2794411	175350000
80000		3193613	200400000
90000		3592814	225450000

Table comparative.		Réduction des francs en livres sterling.	Réduction des livres sterling en francs.
10000	à 25 f. 10 c. pour une liv. sterling	398406	25100000
20000		796813	50200000
30000		1195219	75300000
40000		1593625	100400000
50000		1992032	125500000
60000		2390438	150600000
70000		2788845	175700000
80000		3187251	200800000
90000		3585657	225900000

Chapitre XII. — Change entre Londres et Paris.

Table comparative.		Réduction des francs en livres sterling.	Réduction des livres sterling en francs.
10000	à 25 f. 15 c. pour une liv. sterling.	397614	25150000
20000		795229	50300000
30000		1192843	75450000
40000		1590457	100600000
50000		1988072	125750000
60000		2385686	150900000
70000		2783300	176050000
80000		3180914	201200000
90000		3578529	226350000
Table comparative.		Réduction des francs en livres sterling.	Réduction des livres sterling en francs.
10000	à 25 f. 20 c. pour une liv. sterling.	396825	25200000
20000		793651	50400000
30000		1190476	75600000
40000		1587302	100800000
50000		1984127	126000000
60000		2380952	151200000
70000		2777778	176400000
80000		3174603	201600000
90000		3571429	226800000
Table comparative.		Réduction des francs en livres sterling.	Réduction des livres sterling en francs.
10000	à 25 f. 25 c. pour une liv. sterling.	396040	25250000
20000		792079	50500000
30000		1188119	75750000
40000		1584158	101000000
50000		1980198	126250000
60000		2376238	151500000
70000		2772277	176750000
80000		3168317	202000000
90000		3564356	227250000
Table comparative.		Réduction des francs en livres sterling.	Réduction des livres sterling en francs.
10000	à 25 f. 30 c. pour une liv. sterling.	395257	25300000
20000		790514	50600000
30000		1185771	75900000
40000		1581028	101200000
50000		1976285	126500000
60000		2371541	151800000
70000		2766798	177100000
80000		3162055	202400000
90000		3557312	227700000
Table comparative.		Réduction des francs en livres sterling.	Réduction des livres sterling en francs.
10000	à 25 f. 35 c. pour une liv. sterling.	394477	25350000
20000		788955	50700000
30000		1183432	76050000
40000		1577909	101400000
50000		1972387	126750000
60000		2366864	152100000
70000		2761341	177450000
80000		3155818	202800000
90000		3550296	228150000

Chapitre XII. — Change entre Londres et Paris.

Table comparative.		Réduction des francs en livres sterling.	Réduction des livres sterling en francs.
10000	à 25 f. 40 c. pour une liv. sterling.	393701	25400000
20000		787402	50800000
30000		1181102	76200000
40000		1574803	101600000
50000		1968504	127000000
60000		2362205	152400000
70000		2755905	177800000
80000		3149606	203200000
90000		3543307	228600000

Table comparative.		Réduction des francs en livres sterling.	Réduction des livres sterling en francs.
10000	à 25 f. 45 c. pour une liv. sterling.	392927	25450000
20000		785855	50900000
30000		1178782	76350000
40000		1571709	101800000
50000		1964636	127250000
60000		2357564	152700000
70000		2750491	178150000
80000		3143418	203600000
90000		3536346	229050000

Table comparative.		Réduction des francs en livres sterling.	Réduction des livres sterling en francs.
10000	à 25 f. 50 c. pour une liv. sterling.	392157	25500000
20000		784314	51000000
30000		1176471	76500000
40000		1568627	102000000
50000		1960784	127500000
60000		2352941	153000000
70000		2745098	178500000
80000		3137255	204000000
90000		3529412	229500000

Table comparative.		Réduction des francs en livres sterling.	Réduction des livres sterling en francs.
10000	à 25 f. 55 c. pour une liv. sterling.	391389	25550000
20000		782779	51100000
30000		1174168	76650000
40000		1565558	102200000
50000		1956947	127750000
60000		2348337	153300000
70000		2739726	178850000
80000		3131115	204400000
90000		3522505	229950000

Table comparative.		Réduction des francs en livres sterling.	Réduction des livres sterling en francs.
10000	à 25 f. 60 c. pour une liv. sterling.	390625	25600000
20000		781250	51200000
30000		1171875	76800000
40000		1562500	102400000
50000		1953125	128000000
60000		2343750	153600000
70000		2734375	179200000
80000		3125000	204800000
90000		3515625	230400000

Chapitre XII. — Change entre Londres et Paris.

Table comparative.		Réduction des francs en livres sterling.	Réduction des livres sterling en francs.
10000	à 25 f. 65 c. pour une liv. sterling.	389864	25650000
20000		779727	51300000
30000		1169591	76950000
40000		1559454	102600000
50000		1949318	128250000
60000		2339181	153900000
70000		2729045	179550000
80000		3118908	205200000
90000		3508772	130850000

Table comparative.		Réduction des francs en livres sterling.	Réduction des livres sterling en francs.
10000	à 25 fr. 70 c. pour une liv. sterling.	389105	25700000
20000		778210	51400000
30000		1167315	77100000
40000		1556420	102800000
50000		1945525	128500000
60000		2334630	154200000
70000		2723735	179900000
80000		3112840	205600000
90000		3501946	231300000

Table comparative.		Réduction des francs en livres sterling.	Réduction des livres sterling en francs.
10000	à 25 fr. 75 c. pour une liv. sterling.	388350	25750000
20000		776699	51500000
30000		1165049	77250000
40000		1553398	103000000
50000		1941748	128750000
60000		2330097	154500000
70000		2718347	180250000
80000		3106796	206000000
90000		3495146	231750000

Table comparative.		Réduction des francs en livres sterling.	Réduction des livres sterling en francs.
10000	à 25 fr. 80 c. pour une liv. sterling.	387597	25800000
20000		775194	51600000
30000		1162791	77400000
40000		1550388	103200000
50000		1937985	129000000
60000		2325581	154800000
70000		2713178	180600000
80000		3100775	206400000
90000		3488372	232200000

Table comparative.		Réduction des francs en livres sterling.	Réduction des livres sterling en francs.
10000	à 25 fr. 85 c. pour une liv. sterling.	386847	25850000
20000		773694	51700000
30000		1160542	77550000
40000		1547389	103400000
50000		1934236	129250000
60000		2321083	155100000
70000		2707930	180950000
80000		3094778	206800000
90000		3481625	232650000

Chapitre XII. — Change entre Paris et Ausbourg.

Table comparative.		Réduction des francs en livres sterling.	Réduction des livres sterling en francs.
10000	à 25 fr. 90 c. pour une liv. sterling.	386100	25900000
20000		772201	51800000
30000		1158301	77700000
40000		1544402	103600000
50000		1930502	129500000
60000		2316602	155400000
70000		2702703	181300000
80000		3088803	207200000
90000		3474903	233100000

Table comparative.		Réduction des francs en livres sterling.	Réduction des livres sterling en francs.
10000	à 25 fr. 95 c. pour une liv. sterling.	385356	25950000
20000		770713	51900000
30000		1156069	77850000
40000		1541426	103800000
50000		1926782	129750000
60000		2312139	155700000
70000		2697495	181650000
80000		3082852	207600000
90000		3468208	233550000

CHANGE

ENTRE

PARIS ET AUSBOURG.

Table comparative.		Réduction des francs en florins.	Réduction des florins en francs.
10000	à 2 fr. 40 c. pour 1 florin.	4166667	24000000
20000		8333333	48000000
30000		12500000	72000000
40000		16666667	96000000
50000		20833333	120000000
60000		25000000	144000000
70000		29166667	168000000
80000		33333333	192000000
90000		37500000	216000000

Table comparative.		Réduction des francs en florins.	Réduction des florins en francs.
10000	à 2 fr. 45 c. pour 1 florin.	4081633	24500000
20000		8163265	49000000
30000		12244898	73500000
40000		16326532	98000000
50000		20408164	122500000
60000		24489797	147000000
70000		28571430	171500000
80000		32653063	196000000
90000		36734696	220500000

CHAPITRE XII. — Change entre Paris et Ausbourg.

Table comparative.		Réduction des francs en florins.	Réduction des florins en francs.
10000	à 2 fr. 50 c. pour 1 florin.	4000000	25000000
20000		8000000	50000000
30000		12000000	75000000
40000		16000000	100000000
50000		20000000	125000000
60000		24000000	150000000
70000		28000000	175000000
80000		32000000	200000000
90000		36000000	225000000

Table comparative.		Réduction des francs en florins.	Réduction des florins en francs.
10000	à 2 fr. 55 c. pour 1 florin.	3921569	25500000
20000		9843138	51000000
30000		11764707	76500000
40000		15686276	102000000
50000		19607845	127500000
60000		23529414	153000000
70000		27450983	178500000
80000		31372552	204000000
90000		35294121	229500000

Table comparative.		Réduction des francs en florins.	Réduction des florins en francs.
10000	à 2 fr. 60 c. pour 1 florin.	3846154	26000000
20000		7692308	52000000
30000		11538462	78000000
40000		15384616	104000000
50000		19230770	130000000
60000		23076924	156000000
70000		26923078	182000000
80000		30769232	208000000
90000		34615386	234000000

Table comparative.		Réduction des francs en florins.	Réduction des florins en francs.
10000	à 2 fr. 65 c. pour 1 florin.	3773585	26500000
20000		7547170	53000000
30000		11320755	79500000
40000		15094340	106000000
50000		18867925	132500000
60000		22641510	159000000
70000		26415095	185500000
80000		30188680	212000000
90000		33962265	238500000

Table comparative.		Réduction des francs en florins.	Réduction des florins en francs.
10000	à 2 fr. 70 c. pour 1 florin.	3703704	27000000
20000		7407407	54000000
30000		11111111	81000000
40000		11814815	108000000
50000		18518520	135000000
60000		22222222	162000000
70000		25925926	189000000
80000		29629630	216000000
90000		33333333	243000000

Chapitre XII. — Change entre Paris et Ausbourg.

Table comparative.		Réduction des francs en florins.	Réduction des florins en francs.
10000	à 2 fr. 75 c. pour 1 florin.	3636364	2750000
20000		7272728	5500000
30000		10909091	8250000
40000		14545455	11000000
50000		18181819	13750000
60000		21818182	16500000
70000		25454545	19250000
80000		29090909	22000000
90000		32727273	24750000

Table comparative.		Réduction des francs en florins.	Réduction des florins en francs.
10000	à 2 fr. 80 c. pour 1 florin.	3571429	2800000
20000		7142858	5600000
30000		10714287	8400000
40000		14285716	11200000
50000		17857145	14000000
60000		21428574	16800000
70000		25000003	19600000
80000		28571432	22400000
90000		32142861	25200000

Table comparative.		Réduction des francs en florins.	Réduction des florins en francs.
10000	à 2 fr. 85 c. pour 1 florin.	3508772	2850000
20000		7017544	5700000
30000		10526316	8550000
40000		14035088	11400000
50000		17543860	14250000
60000		21052632	17100000
70000		24561404	19950000
80000		28070176	22800000
90000		31578948	25650000

Table comparative.		Réduction des francs en florins.	Réduction des florins en francs.
10000	à 2 fr. 90 c. pour 1 florin.	3448276	2900000
20000		6896552	5800000
30000		10344828	8700000
40000		13793104	11600000
50000		17241380	14500000
60000		20689656	17400000
70000		24137932	20300000
80000		27586208	23200000
90000		31034484	26100000

Table comparative.		Réduction des francs en florins.	Réduction des florins en francs.
10000	à 2 fr. 95 c. pour 1 florin.	3389831	2950000
20000		67[illegible]9662	5900000
30000		1[illegible]	8850000
40000		13559[illegible]	11800000
50000		1694915[illegible]	14750000
60000		203389[illegible]	17700000
70000		23728617	20650000
80000		27118648	23600000
90000		30508479	26550000

Chapitre XII. — Change entre Paris et Ausbourg.

Table comparative.		Réduction des francs en florins.	Réduction des florins en francs.
10000	à 3 fr. pour 1 florin.	3333333	30000000
20000		6666667	60000000
30000		10000000	90000000
40000		13333333	120000000
50000		16666667	150000000
60000		20000000	180000000
70000		23333333	210000000
80000		26666667	240000000
90000		30000000	270000000

Table comparative.		Réduction des francs en florins.	Réduction des florins en francs.
10000	à 3 fr. 05 c. pour 1 florin.	3278689	30500000
20000		6557378	61000000
30000		9836067	91500000
40000		13114756	122000000
50000		16393445	152500000
60000		19672134	183000000
70000		22950823	213500000
80000		26229512	244000000
90000		29508201	274500000

Table comparative.		Réduction des francs en florins.	Réduction des florins en francs.
10000	à 3 fr. 10 c. pour 1 florin.	3225806	31000000
20000		6451612	62000000
30000		9677418	93000000
40000		12903224	124000000
50000		16129030	155000000
60000		19354836	186000000
70000		22580642	217000000
80000		25806448	248000000
90000		29032254	279000000

Table comparative.		Réduction des francs en florins.	Réduction des florins en francs.
10000	à 3 fr. 15 c. pour 1 florin.	3174603	31500000
20000		6349206	63000000
30000		9523809	94500000
40000		12698412	126000000
50000		15873015	157500000
60000		19047619	189000000
70000		22222222	220500000
80000		25396825	252000000
90000		28571428	283500000

Table comparative.		Réduction des francs en florins.	Réduction des florins en francs.
10000	à 3 fr. 20 c. pour 1 florin.	3125000	32000000
20000		6250000	64000000
30000		9375000	96000000
40000		12500000	128000000
50000		15625000	160000000
60000		18750000	192000000
70000		21875000	224000000
80000		25000000	256000000
90000		28125000	288000000

CHAPITRE XII. — Change entre Paris et Ausbourg.

Table comparative.		Réduction des francs en florins.	Réduction des florins en francs.
10000	à 3 fr. 25 c. pour 1 florin.	3076923	32500000
20000		6153846	65000000
30000		9230769	97500000
40000		12307692	130000000
50000		15384615	162500000
60000		18461538	195000000
70000		21538461	227500000
80000		24615384	260000000
90000		27692307	292500000

Table comparative.		Réduction des francs en florins.	Réduction des florins en francs.
10000	à 3 fr. 30 c. pour 1 florin.	3030303	33000000
20000		6060606	66000000
30000		9090909	99000000
40000		12121212	132000000
50000		15151515	165000000
60000		18181818	198000000
70000		21212121	231000000
80000		24242424	264000000
90000		27272727	297000000

Table comparative.		Réduction des francs en florins.	Réduction des florins en francs.
10000	à 3 fr. 35 c. pour 1 florin.	2985075	33500000
20000		5970150	67000000
30000		8955225	100500000
40000		11940300	134000000
50000		14925375	167500000
60000		17910450	201000000
70000		20895525	234500000
80000		23880600	268000000
90000		26865675	301500000

Table comparative.		Réduction des francs en florins.	Réduction des florins en francs.
10000	à 3 fr. 40 c. pour 1 florin.	2941176	34000000
20000		5882352	68000000
30000		8823528	102000000
40000		11764704	136000000
50000		14705880	170000000
60000		17647056	204000000
70000		20588232	238000000
80000		23529408	272000000
90000		26470584	306000000

Table comparative.		Réduction des francs en florins.	Réduction des florins en francs.
10000	à 3 fr. 45 c. pour 1 florin.	2898551	34500000
20000		5797102	69000000
30000		8695653	103500000
40000		11594204	138000000
50000		14492755	172500000
60000		17391306	207000000
70000		20289857	241500000
80000		23188408	276000000
90000		26086959	310500000

CHAPITRE XII. — Change entre Paris et Ausbourg.

Table comparative.		Réduction des francs en florins.	Réduction des florins en francs.
10000	à 3 fr. 50 c. pour 1 florin.	2857143	35000000
20000		5714286	70000000
30000		8571429	105000000
40000		11428572	140000000
50000		14285715	175000000
60000		17142858	210000000
70000		20000000	245000000
80000		22857144	280000000
90000		25714287	315000000

Table comparative.		Réduction des francs en florins.	Réduction des florins en francs.
10000	à 3 fr. 55 c. pour 1 florin.	2816901	35500000
20000		5633802	71000000
30000		8450703	106500000
40000		11267604	142000000
50000		14084505	177500000
60000		16901406	213000000
70000		19718307	248500000
80000		22535208	284000000
90000		25352109	319500000

Table comparative.		Réduction des francs en florins.	Réduction des florins en francs.
10000	à 3 fr. 60 c. pour 1 florin.	2777778	36000000
20000		5555556	72000000
30000		8333333	108000000
40000		11111111	144000000
50000		13888889	180000000
60000		16666667	216000000
70000		19444444	252000000
80000		22222222	288000000
90000		25000000	324000000

Table comparative.		Réduction des francs en florins.	Réduction des florins en francs.
10000	à 3 fr. 65 c. pour 1 florin.	2739726	36500000
20000		5479452	73000000
30000		8219178	109500000
40000		10958904	146000000
50000		13698630	182500000
60000		16438356	219000000
70000		19178082	255500000
80000		21917808	292000000
90000		24657534	328500000

Table comparative.		Réduction des francs en florins.	Réduction des florins en francs.
10000	à 3 fr. 70 c. pour 1 florin.	2702703	37000000
20000		5405406	74000000
30000		8108109	111000000
40000		10810812	148000000
50000		13513515	185000000
60000		16216218	222000000
70000		18918921	259000000
80000		21621624	296000000
90000		24324327	333000000

Chapitre XII. — Change entre Paris et Ansbourg.

Table comparative.		Réduction des francs en florins.	Réduction des florins en francs.
10000	à 3 fr. 75 c. pour 1 florin.	2666667	37500000
20000		5333333	75000000
30000		8000000	112500000
40000		10666667	150000000
50000		13333333	187500000
60000		16000000	225000000
70000		18666667	262500000
80000		21333333	300000000
90000		24000000	337500000

Table comparative.		Réduction des francs en florins.	Réduction des florins en francs.
10000	à 3 fr. 80 c. pour 1 florin.	2631579	38000000
20000		5263158	76000000
30000		7894737	114000000
40000		10526316	152000000
50000		13157895	190000000
60000		15789474	228000000
70000		18421053	266000000
80000		21052632	304000000
90000		23684211	342000000

Table comparative.		Réduction des francs en florins.	Réduction des florins en francs.
10000	à 3 fr. 85 c. pour 1 florin.	2597403	38500000
20000		5194805	77000000
30000		7792208	115500000
40000		10389610	154000000
50000		12987013	192500000
60000		15584415	231000000
70000		18181818	269500000
80000		20779221	308000000
90000		23376623	346500000

Table comparative.		Réduction des francs en florins.	Réduction des florins en francs.
10000	à 3 fr. 90 c. pour 1 florin.	2564103	39000000
20000		5128205	78000000
30000		7692308	117000000
40000		10256410	156000000
50000		12820513	195000000
60000		15384615	234000000
70000		17948718	273000000
80000		20512821	312000000
90000		23076923	351000000

Table comparative.		Réduction des francs en florins.	Réduction des florins en francs.
10000	à 3 fr. 95 c. pour 1 florin.	2531646	39500000
20000		5063291	79000000
30000		7594937	118500000
40000		10126582	158000000
50000		12658228	197500000
60000		15189873	237000000
70000		17721519	276500000
80000		20253165	316000000
90000		22784810	355500000

Chapitre XII. — Change entre Paris et Ausbourg.

Table comparative.		Réduction des francs en florins.	Réduction des florins en francs.
10000	à 4 francs pour 1 florin.	2500000	40000000
20000		5000000	80000000
30000		7500000	120000000
40000		10000000	160000000
50000		12500000	200000000
60000		15000000	240000000
70000		17500000	280000000
80000		20000000	320000000
90000		22500000	360000000

Table comparative.		Réduction des francs en florins.	Réduction des florins en francs.
10000	à 4 fr. 05 c. pour 1 florin.	2469136	40500000
20000		4938272	81000000
30000		7407408	121500000
40000		9876544	162000000
50000		12345680	202500000
60000		14814815	243000000
70000		17283951	283500000
80000		19753086	324000000
90000		22222222	364500000

Table comparative.		Réduction des francs en florins.	Réduction des florins en francs.
10000	à 4 f. 10 c. pour 1 florin.	2439024	41000000
20000		4878049	82000000
30000		7317073	123000000
40000		9756098	164000000
50000		12195122	205000000
60000		14634146	246000000
70000		17073171	287000000
80000		19512195	328000000
90000		21951220	369000000

Table comparative.		Réduction des francs en florins.	Réduction des florins en francs.
10000	à 4 f. 15 c. pour 1 florin.	2409639	41500000
20000		4819278	83000000
30000		7228917	124500000
40000		9638556	166000000
50000		12048195	207500000
60000		14457834	249000000
70000		16867473	290500000
80000		19277112	332000000
90000		21686751	373500000

Table comparative.		Réduction des francs en florins.	Réduction des florins en francs.
10000	à 4 f. 20 c. pour 1 florin.	2380952	42000000
20000		4761904	84000000
30000		7142856	126000000
40000		9523808	168000000
50000		11904760	210000000
60000		14285712	252000000
70000		16666664	294000000
80000		19047616	336000000
90000		21428568	378000000

Chapitre XII. — Change entre Paris et Ausbourg.

Table comparative.		Réduction des francs en florins.	Réduction des florins en francs.
10000	à 4 f. 25 c. pour 1 florin.	2352941	42500000
20000		4705882	85000000
30000		7058823	127500000
40000		9411764	170000000
50000		11764705	212500000
60000		14117646	255000000
70000		16470587	297500000
80000		18823528	340000000
90000		21176469	382500000
Table comparative.		**Réduction des francs en florins.**	**Réduction des florins en francs.**
10000	à 4 f. 30 c. pour 1 florin.	2325581	43000000
20000		4651162	86000000
30000		6976743	129000000
40000		9302324	172000000
50000		11627905	215000000
60000		13953486	258000000
70000		16279067	301000000
80000		18604648	344000000
90000		20930229	387000000
Table comparative.		**Réduction des francs en florins.**	**Réduction des florins en francs.**
10000	à 4 f. 35 c. pour 1 florin.	2298851	43500000
20000		4597702	87000000
30000		6896553	130500000
40000		9195404	174000000
50000		11494255	217500000
60000		13793106	261000000
70000		16091957	304500000
80000		18390808	348000000
90000		20689659	391500000
Table comparative.		**Réduction des francs en florins.**	**Réduction des florins en francs.**
10000	à 4 f. 40 c. pour 1 florin.	2272727	44000000
20000		4545455	88000000
30000		6818182	132000000
40000		9090909	176000000
50000		11363636	220000000
60000		13636363	264000000
70000		15909091	308000000
80000		18181818	352000000
90000		20454545	396000000
Table comparative.		**Réduction des francs en florins.**	**Réduction des florins en francs.**
10000	à 4 f. 45 c. pour 1 florin.	2247191	44500000
20000		4494382	89000000
30000		6741573	133500000
40000		8988764	178000000
50000		11235955	222500000
60000		13483146	267000000
70000		15730337	311500000
80000		17977528	356000000
90000		20224719	400500000

Chapitre XII. — Change entre Paris et Ausbourg.

Table comparative.		Réduction des francs en florins.	Réduction des florins en francs.
10000	à 4 f. 50 c. pour 1 florin.	2222222	45000000
20000		4444444	90000000
30000		6666667	135000000
40000		8888889	180000000
50000		11111111	225000000
60000		13333333	270000000
70000		15555556	315000000
80000		17777778	360000000
90000		20000000	405000000

Table comparative.		Réduction des francs en florins.	Réduction des florins en francs.
10000	à 4 f. 55 c. pour 1 florin.	2197802	45500000
20000		4395604	91000000
30000		6593406	136500000
40000		8791208	182000000
50000		10989010	227500000
60000		13186812	273000000
70000		15384614	318500000
80000		17582416	364000000
90000		19780218	409500000

Table comparative.		Réduction des francs en florins.	Réduction des florins en francs.
10000	à 4 f. 60 c. pour 1 florin.	2173913	46000000
20000		4347826	92000000
30000		6521739	138000000
40000		8695652	184000000
50000		10869565	230000000
60000		13043478	276000000
70000		15217391	322000000
80000		17391304	368000000
90000		19565217	414000000

Table comparative.		Réduction des francs en florins.	Réduction des florins en francs.
10000	à 4 f. 65 c. pour 1 florin.	2150538	46500000
20000		4301076	93000000
30000		6451614	139500000
40000		8602152	186000000
50000		10752690	232500000
60000		12903228	279000000
70000		15053766	325500000
80000		17204304	372000000
90000		19354842	418500000

Table comparative.		Réduction des francs en florins.	Réduction des florins en francs.
10000	à 4 f. 70 c. pour 1 florin.	2127660	47000000
20000		4255320	94000000
30000		6382980	141000000
40000		8510640	188000000
50000		10638300	235000000
60000		12765960	282000000
70000		14893620	329000000
80000		17021280	376000000
90000		19148940	423000000

Chapitre XII. — Change entre Paris et Ausbourg.

Table comparative.		Réduction des francs en florins.	Réduction des florins en francs.
10000	à 4 fr. 75 c. pour 1 florin.	2105263	47500000
20000		4210526	95000000
30000		6315789	142500000
40000		8421052	190000000
50000		10526315	237500000
60000		12631578	285000000
70000		14736841	332500000
80000		16842104	380000000
90000		18947367	427500000
Table comparative.		**Réduction des francs en florins.**	**Réduction des florins en francs.**
10000	à 4 fr. 80 c. pour 1 florin.	2083333	48000000
20000		4166667	96000000
30000		6250000	144000000
40000		8333333	192000000
50000		10416667	240000000
60000		12500000	288000000
70000		14583333	336000000
80000		16666667	384000000
90000		18750000	432000000
Table comparative.		**Réduction des francs en florins.**	**Réduction des florins en francs.**
10000	à 4 fr. 85 c. pour 1 florin.	2061856	48500000
20000		4123712	97000000
30000		6185568	145500000
40000		8247424	194000000
20000		10309280	242500000
60000		12371136	291000000
70000		14432992	339500000
80000		16494848	388000000
90000		18556704	436500000
Table comparative.		**Réduction des francs en florins.**	**Réduction des florins en francs.**
10000	à 4 fr. 90 c. pour 1 florin.	2040816	49000000
20000		4081632	98000000
30000		6122448	147000000
40000		8163204	196000000
50000		10204080	245000000
60000		12244896	294000000
70000		14285712	343000000
80000		16326528	392000000
90000		18367344	441000000
Table comparative.		**Réduction des francs en florins.**	**Réduction des florins en francs.**
10000	à 4 fr. 95 c. pour 1 florin.	2020202	49500000
20000		4040404	99000000
30000		6060607	148500000
40000		8080809	198000000
50000		10101010	247500000
60000		12121212	297000000
70000		14141414	346500000
80000		16161617	396000000
90000		18181818	445500000

Chapitre XII. — Change entre Paris et Ausbourg.

Table comparative.		Réduction des francs en florins.	Réduction des florins en francs.
10000	à 5 fr. pour 1 florin.	2000000	50000000
20000		4000000	100000000
30000		6000000	150000000
40000		8000000	200000000
50000		10000000	250000000
60000		12000000	300000000
70000		14000000	350000000
80000		16000000	400000000
90000		18000000	450000000

CHANGE

ENTRE

L'ESPAGNE ET PARIS.

Table comparative.		Réduction des francs en pistoles.	Réduction des pistoles en francs.
10000	à 14 fr. pour une pistole.	714286	14000000
20000		1428571	28000000
30000		2142857	42000000
40000		2857143	56000000
50000		3571429	70000000
60000		4285714	84000000
70000		5000000	98000000
80000		5714286	112000000
90000		6428571	126000000

Table comparative.		Réduction des francs en pistoles.	Réduction des pistoles en francs.
10000	à 14 fr. 05 c. pour une pistole.	711744	14050000
20000		1423488	28100000
30000		2135231	42150000
40000		2846975	56200000
50000		3558719	70250000
60000		4270463	84300000
70000		4982206	98350000
80000		5693950	112400000
90000		6405694	126450000

Table comparative.		Réduction des francs en pistoles.	Réduction des pistoles en francs.
10000	à 14 fr. 10 c. pour une pistole.	70922	14100000
20000		1418440	28200000
30000		2127660	42300000
40000		2836880	56400000
50000		3546099	70500000
60000		4255319	84600000
70000		4964539	98700000
80000		5673759	112800000
90000		6382979	126900000

Chapitre XII. — Change entre l'Espagne et Paris.

Table comparative.		Réduction des francs en pistoles.	Réduction des pistoles en francs.
10000	à 14 fr. 15 c. pour une pistole.	706714	14150000
20000		1413428	28300000
30000		2120141	42450000
40000		2826855	56600000
50000		3533569	70750000
60000		4240283	84900000
70000		4946996	99050000
80000		5653710	113200000
90000		6360424	127350000

Table comparative.		Réduction des francs en pistoles.	Réduction des pistoles en francs.
10000	à 14 fr. 20 c. pour une pistole.	704225	14200000
20000		1408451	28400000
30000		2112676	42600000
40000		2816901	56800000
50000		3521127	71000000
60000		4225352	85200000
70000		4929577	99400000
80000		5633803	113600000
90000		6338028	127800000

Table comparative.		Réduction des francs en pistoles.	Réduction des pistoles en francs.
10000	à 14 fr. 25 c. pour une pistole.	701754	14250000
20000		1403509	28500000
30000		2105263	42750000
40000		2807018	57000000
50000		3508772	71250000
60000		4210526	85500000
70000		4912281	99750000
80000		5614035	114000000
90000		6315789	128250000

Table comparative.		Réduction des francs en pistoles.	Réduction des pistoles en francs.
10000	à 14 fr. 30 c. pour une pistole.	699301	14300000
20000		1398601	28600000
30000		2097902	42900000
40000		2797203	57200000
50000		3496503	71500000
60000		4195804	85800000
70000		4895105	100100000
80000		5594406	114400000
90000		6293706	128700000

Table comparative.		Réduction des francs en pistoles.	Réduction des pistoles en francs.
10000	à 14 fr. 35 c. pour une pistole.	696864	14350000
20000		1393728	28700000
30000		2090592	43050000
40000		2787456	57400000
50000		3484321	71750000
60000		4181185	86100000
70000		4878049	100450000
80000		5574913	114800000
90000		6271777	129150000

CHAPITRE XII. — Change entre l'Espagne et Paris.

Table comparative.		Réduction des francs en pistoles.	Réduction des pistoles en francs.
10000	à 14 fr. 40 c. pour une pistole.	694444	14400000
20000		1388889	28800000
30000		2083333	43200000
40000		2777778	57600000
50000		3472222	72000000
60000		4166667	86400000
70000		4861111	100800000
80000		5555556	115200000
90000		6250000	129600000

Table comparative.		Réduction des francs en pistoles.	Réduction des pistoles en francs.
10000	à 14 fr. 45 c. pour une pistole.	692042	14450000
20000		1384083	28900000
30000		2076125	43350000
40000		2768166	57800000
50000		3460208	72250000
60000		4152249	86700000
70000		4844291	101150000
80000		5536332	115600000
90000		6228374	130050000

Table comparative.		Réduction des francs en pistoles.	Réduction des pistoles en francs.
10000	à 14 fr. 50 c. pour une pistole.	689655	14500000
20000		1379310	29000000
30000		2068966	43500000
40000		2758621	58000000
50000		3448276	72500000
60000		4137931	87000000
70000		4827586	101500000
80000		5517241	116000000
90000		6206897	130500000

Table comparative.		Réduction des francs en pistoles.	Réduction des pistoles en francs.
10000	à 14 fr. 55 c. pour une pistole.	687285	14550000
20000		1374570	29100000
30000		2061856	43650000
40000		2749141	58200000
50000		3436426	72750000
60000		4123711	87300000
70000		4810997	101850000
80000		5498282	116400000
90000		6185567	130950000

Table comparative.		Réduction des francs en pistoles.	Réduction des pistoles en francs.
10000	à 14 fr. 60 c. pour une pistole.	684932	14600000
20000		1369863	29200000
30000		2054795	43800000
40000		2739726	58400000
50000		3424658	73000000
60000		4109589	87600000
70000		4794521	102200000
80000		5479452	116800000
90000		6164384	131400000

CHAPITRE XII. — Change entre l'Espagne et Paris.

Table comparative.		Réduction des francs en pistoles.	Réduction des pistoles en francs.
10000	à 14 fr. 65 c. pour une pistole.	682594	14650000
20000		1365188	29300000
30000		2047782	43950000
40000		2730375	58600000
50000		3412969	73250000
60000		4095563	87900000
70000		4778157	102550000
80000		5460751	117200000
90000		6143345	131850000

Table comparative.		Réduction des francs en pistoles.	Réduction des pistoles en francs.
10000	à 14 fr. 70 c. pour une pistole.	680272	14700000
20000		1360544	29400000
30000		2040816	44100000
40000		2721088	58800000
50000		3401360	73500000
60000		4081633	88200000
70000		4761905	102900000
80000		5442177	117600000
90000		6122449	132300000

Table comparative.		Réduction des francs en pistoles.	Réduction des pistoles en francs.
10000	à 14 fr. 75 c. pour une pistole.	677966	14750000
20000		1355932	29500000
30000		2033898	44250000
40000		2711864	59000000
50000		3389830	73750000
60000		4067797	88500000
70000		4745763	103250000
80000		5423729	118000000
90000		6101695	132750000

Table comparative.		Réduction des francs en pistoles.	Réduction des pistoles en francs.
10000	à 14 fr. 80 c. pour une pistole.	675676	14800000
20000		1351351	29600000
30000		2027027	44400000
40000		2702703	59200000
50000		3378378	74000000
60000		4054054	88800000
70000		4729730	103600000
80000		5405405	118400000
90000		6081081	133200000

Table comparative.		Réduction des francs en pistoles.	Réduction des pistoles en francs.
10000	à 14 fr. 85 c. pour une pistole.	673401	14850000
20000		1346801	29700000
30000		2020202	44550000
40000		2693603	59400000
50000		3367003	74250000
60000		4040404	89100000
70000		4713805	103950000
80000		5387205	118800000
90000		6060606	133650000

Chapitre XII. — Change entre l'Espagne et Paris.

Table comparative.		Réduction des francs en pistoles.	Réduction des pistoles en francs.
10000	à 14 fr. 90 c. pour une pistole.	671141	14900000
20000		1342282	29800000
30000		2013423	44700000
40000		2684564	59600000
50000		3355705	74500000
60000		4026846	89400000
70000		4697987	104300000
80000		5369128	119200000
90000		6040269	134100000

Table comparative.		Réduction des francs en pistoles.	Réduction des pistoles en francs.
10000	à 14 fr. 95 c. pour une pistole.	668896	14950000
20000		1337793	29900000
30000		2006688	44850000
40000		2675585	59800000
50000		3344482	74750000
60000		4013378	89700000
70000		4682274	104650000
80000		5351171	119600000
90000		6020067	134550000

Table comparative.		Réduction des francs en pistoles.	Réduction des pistoles en francs.
10000	à 15 fr. pou. une pistole.	666667	15000000
20000		1333333	30000000
30000		2000000	45000000
40000		2666667	60000000
50000		3333333	75000000
60000		4000000	90000000
70000		4666667	105000000
80000		5333333	120000000
90000		6000000	135000000

Table comparative.		Réduction des francs en pistoles.	Réduction des pistoles en francs.
10000	à 15 fr. 05 c. pour une pistole.	664452	15050000
20000		1328904	30100000
30000		1993355	45150000
40000		2657807	60200000
50000		3322259	75250000
60000		3986711	90300000
70000		4651163	105350000
80000		5315615	120400000
90000		5980066	135450000

Table comparative.		Réduction des francs en pistoles.	Réduction des pistoles en francs.
10000	à 15 fr. 10 c. pour une pistole.	662252	15100000
20000		1324503	30200000
30000		1986755	45300000
40000		2649007	60400000
50000		3311258	75500000
60000		3973510	90600000
70000		4635762	105700000
80000		5298013	120800000
90000		5960265	135900000

Chapitre XII. — Change entre l'Espagne et Paris.

Table comparative.		Réduction des francs en pistoles.	Réduction des pistoles en francs.
10000	à 15 fr. 15 c. pour une pistole.	660066	15150000
20000		1320132	30300000
30000		1980198	45450000
40000		2640264	60600000
50000		3300330	75750000
60000		3960396	90900000
70000		4620462	106050000
80000		5280528	121200000
90000		5940594	136350000

Table comparative.		Réduction des francs en pistoles.	Réduction des pistoles en francs.
10000	à 15 fr. 20 c. pour une pistole.	657895	15200000
20000		1315789	30400000
30000		1973684	45600000
40000		2631579	60800000
50000		3289474	76000000
60000		3947368	91200000
70000		4605263	106400000
80000		5263158	121600000
90000		5921053	136800000

Table comparative.		Réduction des francs en pistoles.	Réduction des pistoles en francs.
10000	à 15 fr. 25 c. pour une pistole.	655738	15250000
20000		1311475	30500000
30000		1967213	45750000
40000		2622951	61000000
50000		3278688	76250000
60000		3934426	91500000
70000		4590164	106750000
80000		5245902	122000000
90000		5901639	137250000

Table comparative.		Réduction des francs en pistoles.	Réduction des pistoles en francs.
10000	à 15 fr. 30 c. pour une pistole.	653595	15300000
20000		1307190	30600000
30000		1960784	45900000
40000		2614379	61200000
50000		3267974	76500000
60000		3921569	91800000
70000		4575163	107100000
80000		5228758	122400000
90000		5882353	137700000

Table comparative.		Réduction des francs en pistoles.	Réduction des pistoles en francs.
10000	à 15 fr. 35 c. pour une pistole.	651466	15350000
20000		1302932	30700000
30000		1954397	46050000
40000		2605863	61400000
50000		3257329	76750000
60000		3908795	92100000
70000		4560261	107450000
80000		5211726	122800000
90000		5863192	138150000

Chapitre XII. — Change entre l'Espagne et Paris.

Table comparative.		Réduction des francs en pistoles.	Réduction des pistoles en francs.
10000	à 15 fr. 40 c. pour une pistole.	649351	1540000
20000		1298701	3080000
30000		1948052	4620000
40000		2597403	6160000
50000		3246753	7700000
60000		3896104	9240000
70000		4545454	10780000
80000		5194805	12320000
90000		5844156	13860000

Table comparative.		Réduction des francs en pistoles.	Réduction des pistoles en francs.
10000	à 15 fr. 45 c. pour une pistole.	647249	1545000
20000		1294498	3090000
30000		1941747	4635000
40000		2588998	6180000
50000		3236246	7725000
60000		3883495	9270000
70000		4530744	10815000
80000		5177994	12360000
90000		5825243	13905000

Table comparative.		Réduction des francs en pistoles.	Réduction des pistoles en francs.
10000	à 15 fr. 50 c. pour une pistole.	645161	1550000
20000		1290323	3100000
30000		1935484	4650000
40000		2580645	6200000
50000		3225806	7750000
60000		3870968	9300000
70000		4516129	10850000
80000		5161290	12400000
90000		5806452	13950000

Table comparative.		Réduction des francs en pistoles.	Réduction des pistoles en francs.
10000	à 15 fr. 55 c. pour une pistole.	643087	1555000
20000		1286174	3110000
30000		1929260	4665000
40000		2572347	6220000
50000		3215434	7775000
60000		3858521	9330000
70000		4501608	10885000
80000		5144694	12440000
90000		5787781	13995000

Table comparative.		Réduction des francs en pistoles.	Réduction des pistoles en francs.
10000	à 15 fr. 60 c. pour une pistole.	641026	1560000
20000		1282051	3120000
30000		1923077	4680000
40000		2564103	6240000
50000		3205128	7800000
60000		3846154	9360000
70000		4487179	10920000
80000		5128205	12480000
90000		5769231	14040000

Chapitre XII. — Change entre l'Espagne et Paris.

Table comparative.		Réduction des francs en pistoles.	Réduction des pistoles en francs.
10000	à 15 fr. 65 c. pour une pistole.	638978	15650000
20000		1277955	31300000
30000		1916933	46950000
40000		2555911	62600000
50000		3194888	78250000
60000		3833866	93900000
70000		4472843	109550000
80000		5111821	125200000
90000		5750799	140850000

Table comparative.		Réduction des francs en pistoles.	Réduction des pistoles en francs.
10000	à 15 fr. 70 c. pour une pistole.	636943	15700000
20000		1273885	31400000
30000		1910828	47100000
40000		2547771	62800000
50000		3184713	78500000
60000		3821656	94200000
70000		4458599	109900000
80000		5095541	125600000
90000		5732484	141300000

Table comparative.		Réduction des francs en pistoles.	Réduction des pistoles en francs.
10000	à 15 fr. 75 c. pour une pistole.	634921	15750000
20000		1269841	31500000
30000		1904762	47250000
40000		2539683	63000000
50000		3174603	78750000
60000		3809524	94500000
70000		4444444	110250000
80000		5079365	126000000
90000		5714286	141750000

Table comparative.		Réduction des francs en pistoles.	Réduction des pistoles en francs.
10000	à 15 fr. 80 c. pour une pistole.	632911	15800000
20000		1265823	31600000
30000		1898734	47400000
40000		2531646	63200000
50000		3164557	79000000
60000		3797468	94800000
70000		4430380	110600000
80000		5063291	126400000
90000		5696203	142200000

Table comparative.		Réduction des francs en pistoles.	Réduction des pistoles en francs.
10000	à 15 fr. 85 c. pour une pistole.	630915	15850000
20000		1261830	31700000
30000		1892744	47550000
40000		2523659	63400000
50000		3154574	79250000
60000		3785489	95100000
70000		4416404	110950000
80000		5047319	126800000
90000		5678233	142650000

CHAPITRE XII. — Change entre l'Espagne et Paris.

Table comparative.		Réduction des francs en pistoles.	Réduction des pistoles en francs.
10000	à 15 fr. 90 c. pour une pistole.	628931	15900000
20000		1257862	31800000
30000		1886792	47700000
40000		2515723	63600000
50000		3144654	79500000
60000		3773585	95400000
70000		4402516	111300000
80000		5031446	127200000
90000		5660377	143100000

Table comparative.		Réduction des francs en pistoles.	Réduction des pistoles en francs.
10000	à 15 fr. 95 c. pour une pistole.	626959	15950000
20000		1253918	31900000
30000		1880878	47850000
40000		2507837	63800000
50000		3134796	79750000
60000		3761755	95700000
70000		4388715	111650000
80000		5015674	127600000
90000		5642633	143550000

CHANGE

ENTRE

PARIS ET LE PORTUGAL.

Table comparative.		Réduction des francs en creusades.	Réduction des creusades en francs.
10000	400 rès pour 3 francs.	3333333	30000000
20000		6666667	60000000
30000		10000000	90000000
40000		13333333	120000000
50000		16666667	150000000
60000		20000000	180000000
70000		23333333	210000000
80000		26666667	240000000
90000		20000000	270000000

Table comparative.		Réduction des francs en creusades.	Réduction des creusades en francs.
10000	401 rès pour 3 francs.	3341667	29925187
20000		6683333	59850374
30000		10025000	89775561
40000		13366667	119700748
50000		16708333	149625935
60000		20050000	179551122
70000		23391607	209476309
80000		26733333	239401496
90000		30075000	269326083

Chapitre XII. — Change entre Paris et le Portugal.

Table comparative.		Réduction des francs en creusades.	Réduction des creusades en francs.
10000	402 rés pour 3 francs.	3350000	29850746
20000		6700000	59701493
30000		10050000	89552239
40000		13400000	119402985
50000		16750000	149253731
60000		20100000	179104478
70000		23450000	208955224
80000		26800000	238805970
90000		30150000	268656716

Table comparative.		Réduction des francs en creusades.	Réduction des creusades en francs.
10000	403 rés pour 3 francs.	3358333	29776675
20000		6716667	59553350
30000		10075000	89330025
40000		13433333	119106700
50000		16791667	148883375
60000		20150000	178660050
70000		23508333	208436725
80000		25866667	238213400
90000		30225000	267990075

Table comparative.		Réduction des francs en creusades.	Réduction des creusades en francs.
10000	404 rés pour 3 francs.	3366667	29702970
20000		6733333	59405941
30000		10100000	89108911
40000		13466667	118811881
50000		16833333	148514851
60000		20200000	178217822
70000		23566667	207920792
80000		26933333	237623762
90000		30300000	267326733

Table comparative.		Réduction des francs en creusades.	Réduction des creusades en francs.
10000	405 rés pour 3 francs.	3375000	29629630
20000		6750000	59259259
30000		10125000	88888889
40000		13500000	118518519
50000		16875000	148148148
60000		20250000	177777778
70000		23625000	207407407
80000		27000000	237037037
90000		30375000	266666667

Table comparative.		Réduction des francs en creusades.	Réduction des creusades en francs.
10000	406 rés pour 3 francs.	3383333	29556650
20000		6766667	59113300
30000		10150000	88669951
40000		13533333	118226601
50000		16916667	147783251
60000		20300000	177339901
70000		23683333	206896552
80000		27066667	236453202
90000		30450000	266009852

Chapitre XII. — Change entre Paris et le Portugal.

Table comparative.		Réduction des francs en creusades.	Réduction des creusades en francs.
10000	407 rès pour 3 francs.	3391667	29484029
20000		6783333	58968059
30000		10175000	88452088
40000		13566667	117936118
50000		16958333	147420147
60000		20350000	176904177
70000		23741667	206388206
80000		27133333	235872236
90000		30525000	265356265

Table comparative.		Réduction des francs en creusades.	Réduction des creusades en francs.
10000	408 rès pour 3 francs.	3400000	29411765
20000		6800000	58823529
30000		10200000	88235294
40000		13600000	117647059
50000		17000000	147058823
60000		20400000	176470588
70000		23800000	205882353
80000		27200000	235294118
90000		30600000	264705882

Table comparative.		Réduction des francs en creusades.	Réduction des creusades en francs.
10000	409 rès pour 3 francs.	3408333	29339853
20000		6816667	58679707
30000		10225000	88019560
40000		13633333	117359413
50000		17041667	146699266
60000		20450000	176039120
70000		23858333	205378973
80000		27266667	234718826
90000		30675000	264058680

Table comparative.		Réduction des francs en creusades.	Réduction des creusades en francs.
10000	410 rès pour 3 francs.	3416667	29268293
20000		6833333	58536585
30000		10250000	87804878
40000		13666667	117073171
50000		17083333	146341463
60000		20500000	175609756
70000		23916667	204878049
80000		27333333	234146342
90000		30750000	263414634

Table comparative.		Réduction des francs en creusades.	Réduction des creusades en francs.
10000	411 rès pour 3 francs.	3425000	29197080
20000		6850000	58394161
30000		10275000	87591241
40000		13700000	116788321
50000		17125000	145985401
60000		20550000	175182482
70000		23975000	204379562
80000		27400000	233576642
90000		30825000	262773723

Chapitre XII. — Change entre Paris et le Portugal.

Table comparative.		Réduction des francs en creusades.	Réduction des creusades en francs.
10000	412 rès pour 3 francs.	3433333	29126214
20000		6866667	58252427
30000		10300000	87378641
40000		13733333	116504854
50000		17166667	145631068
60000		20600000	174757282
70000		24033333	203883495
80000		27466667	233009709
90000		30900000	262135922

Table comparative.		Réduction des francs en creusades.	Réduction des creusades en francs.
10000	413 rès pour 3 francs.	3441667	29055690
20000		6883333	58111380
30000		10325000	87167070
40000		13766667	116222760
50000		17208333	145278450
60000		20650000	174334140
70000		24091667	203389830
80000		27533333	232445520
90000		30975000	261501210

Table comparative.		Réduction des francs en creusades.	Réduction des creusades en francs.
10000	414 rès pour 3 francs.	3450000	28985507
20000		6900000	57971014
30000		10350000	86956522
40000		13800000	115942029
50000		17250000	144927536
60000		20700000	173913043
70000		24150000	202898551
80000		27600000	231884058
90000		31050000	260869565

Table comparative.		Réduction des francs en creusades.	Réduction des creusades en francs.
10000	415 rès pour 3 francs.	3458333	28915663
20000		6916667	57831326
30000		10375000	86746989
40000		13833333	115662652
50000		17291667	144578315
60000		20750000	173493978
70000		24208333	202409641
80000		27666667	231325304
90000		31125000	260240967

Table comparative.		Réduction des francs en creusades.	Réduction des creusades en francs.
10000	416 rès pour 3 francs.	3466667	28846154
20000		6933333	57692308
30000		10400000	86538462
40000		13866667	115384616
50000		17333333	144230770
60000		20800000	173076924
70000		24266667	201923078
80000		27733333	230769232
90000		31200000	259615386

Chapitre XII. — Change entre Paris et le Portugal.

Table comparative.		Réduction des francs en creusades.	Réduction des creusades en francs.
10000	417 rès pour 3 francs.	3475000	28776980
20000		6950000	57553960
30000		10425000	86330940
40000		13900000	115107920
50000		17375000	143884900
60000		20850000	172661880
70000		24325000	201438860
80000		27800000	230215840
90000		31275000	258992820

Table comparative.		Réduction des francs en creusades.	Réduction des creusades en francs.
10000	418 rès pour 3 francs.	3483333	28708134
20000		6966667	57416268
30000		10450000	86124402
40000		13933333	114832536
50000		17416667	143540670
60000		20900000	172248804
70000		24383333	200956938
80000		27866667	229665072
90000		31350000	258373206

Table comparative.		Réduction des francs en creusades.	Réduction des creusades en francs.
10000	419 rès pour 3 francs.	3491667	28639641
20000		6983333	57279282
30000		10475000	85918923
40000		13966667	114558564
50000		17458333	143198205
60000		20950000	171837846
70000		24441667	200477487
80000		27933333	229117128
90000		31425000	257756769

Table comparative.		Réduction des francs en creusades.	Réduction des creusades en francs.
10000	420 rès pour 3 francs.	3500000	28571429
20000		7000000	57142857
30000		10500000	85714286
40000		14000000	114285715
50000		17500000	142857144
60000		21000000	171428572
70000		24500000	200000000
80000		28000000	228571429
90000		31500000	257142857

Table comparative.		Réduction des francs en creusades.	Réduction des creusades en francs.
10000	421 rès pour 3 francs.	3508333	28503563
20000		7016667	57007126
30000		10525000	85510689
40000		14033333	114014252
50000		17541667	142517815
60000		21050000	171021378
70000		24558333	199524941
80000		28066667	228028504
90000		31575000	256532067

Chapitre XII. — Change entre Paris et le Portugal.

Table comparative.		Réduction des francs en creusades.	Réduction des creusades en francs.
10000	422 rès pour 3 francs.	3516667	28436019
20000		7033333	56872038
30000		10550000	85308057
40000		14066667	103744076
50000		17583333	142180095
60000		21100000	170616114
70000		24616667	199052133
80000		28133333	227488152
90000		31650000	255924171

Table comparative.		Réduction des francs en creusades.	Réduction des creusades en francs.
10000	423 rès pour 3 francs.	3525000	28368794
20000		7050000	56737588
30000		10575000	85106382
40000		14100000	113475176
50000		17625000	141843970
60000		21150000	170212764
70000		24675000	198581558
80000		28200000	226950352
90000		31725000	255319146

Table comparative.		Réduction des francs en creusades.	Réduction des creusades en francs.
10000	424 rès pour 3 francs.	3533333	28301887
20000		7066667	56603774
30000		10600000	84905661
40000		14133333	113207548
50000		17666667	141509435
60000		21200000	169811322
70000		24733333	198113209
80000		28266667	226415096
90000		31800000	154716983

Table comparative.		Réduction des francs en creusades.	Réduction des creusades en francs.
10000	425 rès pour 3 francs.	3541667	28235294
20000		7083333	56470588
30000		10625000	84705882
40000		14166667	112941176
50000		17708333	141176470
60000		21250000	169411764
70000		24791667	197647058
80000		28333333	225882352
90000		31875000	254117646

Table comparative.		Réduction des francs en creusades.	Réduction des creusades en francs.
10000	426 rès pour 3 francs.	3550000	28169014
20000		7100000	56338028
30000		10650000	84507042
40000		14200000	112676056
50000		17750000	140845070
60000		21300000	169014084
70000		24850000	197183098
80000		28400000	225352112
90000		31950000	253521126

Chapitre XII. — Change entre Paris et le Portugal.

Table comparative.	Taux	Réduction des francs en creusades.	Réduction des creusades en francs.
10000	à 427 rés pour 3 francs.	3558333	28103045
20000		7116667	56206090
30000		10675000	84309235
40000		14233333	112412180
50000		17791667	140515225
60000		21350000	168618270
70000		24908333	196721311
80000		28466667	224824360
90000		32025000	252927405

Table comparative.	Taux	Réduction des francs en creusades.	Réduction des creusades en francs.
10000	à 428 rés pour 3 francs.	3566667	28037383
20000		7133533	56074760
30000		10700000	84112149
40000		14266667	112149532
50000		17833333	140186915
60000		21400000	168224298
70000		24966667	196261681
80000		28533333	224299064
90000		32100000	252336447

Table comparative.	Taux	Réduction des francs en creusades.	Réduction des creusades en francs.
10000	à 429 rés pour 3 francs.	3575000	27972028
20000		7150000	55944056
30000		10725000	83916084
40000		14300000	111888112
50000		17875000	139860140
60000		21450000	167832168
70000		25025000	195804196
80000		28600000	223776224
90000		32175000	251748252

Table comparative.	Taux	Réduction des francs en creusades.	Réduction des creusades en francs.
10000	à 430 rés pour 3 francs.	3583333	27906977
20000		7166667	55813954
30000		10750000	83720931
40000		14333333	111627908
50000		17916667	139534885
60000		21500000	167441862
70000		25083333	195348839
80000		28666667	223255816
90000		32250000	251162793

Table comparative.	Taux	Réduction des francs en creusades.	Réduction des creusades en francs.
10000	à 431 rés pour 3 francs.	3591667	27842227
20000		7183333	55684454
30000		10775000	83526681
40000		14366667	111368908
50000		17958333	139211135
60000		21550000	167053362
70000		25141667	194895589
80000		28733333	222737816
90000		32325000	250580043

CHAPITRE XII. — Change entre Paris et le Portugal.

Table comparative.		Réduction des francs en creusades.	Réduction des creusades en francs.
10000	432 rés pour 3 francs.	3600000	27777778
20000		7200000	55555556
30000		10800000	83333333
40000		14400000	111111111
50000		18000000	138888889
60000		21600000	166666667
70000		25200000	194444444
80000		28800000	222222222
90000		32400000	250000000

Table comparative.		Réduction des francs en creusades.	Réduction des creusades en francs.
10000	433 rés pour 3 francs.	3608333	27713626
20000		7216667	55427252
30000		10825000	83140878
40000		14433333	110854504
50000		18041667	138568130
60000		21650000	166281756
70000		25258333	193995382
80000		28866667	221709008
90000		32475000	249422634

Table comparative.		Réduction des francs en creusades.	Réduction des creusades en francs.
10000	434 rés pour 3 francs.	3616667	27649853
20000		7233333	55299706
30000		10850000	82949559
40000		14466667	110599412
50000		18083333	138249265
60000		21700000	165899118
70000		25316667	193548971
80000		28933333	221198824
90000		32550000	248848677

Table comparative.		Réduction des francs en creusades.	Réduction des creusades en francs.
10000	435 rés pour 3 francs.	3625000	27586207
20000		7250000	55172414
30000		10875000	82758621
40000		14500000	110344828
50000		18125000	137931035
60000		21750000	165517242
70000		25375000	193103449
80000		29000000	220689656
90000		32625000	248275863

Table comparative.		Réduction des francs en creusades.	Réduction des creusades en francs.
10000	436 rés pour 3 francs.	3633333	27522936
20000		7266667	55045872
30000		10900000	82568808
40000		14533333	110091744
50000		18166667	137614680
60000		21800000	165137616
70000		25433333	192660552
80000		29066667	220183488
90000		32700000	247706424

Chapitre XII. — Change entre Paris et le Portugal.

Table comparative.		Réduction des francs en creusades.	Réduction des creusades en francs.
10000	437 rès pour 3 francs.	3641667	27459954
20000		7283333	54919908
30000		10925000	82379862
40000		14566667	109839816
50000		18208333	137299770
60000		21850000	164759724
70000		25491667	192219678
80000		29133333	219679632
90000		32775000	247139586

Table comparative.		Réduction des francs en creusades.	Réduction des creusades en francs.
10000	438 rès pour 3 francs.	3650000	27397260
20000		7300000	54794520
30000		10950000	82191780
40000		14600000	109589040
50000		18250000	136986300
60000		21900000	164383560
70000		25550000	191780820
80000		29200000	219178080
90000		32850000	246575340

Table comparative.		Réduction des francs en creusades.	Réduction des creusades en francs.
10000	439 rès pour 3 francs.	3658333	27334852
20000		7316667	54669704
30000		10975000	82004556
40000		14633333	109339408
50000		18291667	136674260
60000		21950000	164009112
70000		25608333	191343964
80000		29266667	218678816
90000		32925000	246013668

Table comparative.		Réduction des francs en creusades.	Réduction des creusades en francs.
10000	440 rès pour 3 francs.	3666667	27272727
20000		7333333	54545454
30000		11000000	81818181
40000		14666667	109090908
50000		18333333	136363636
60000		22000000	163636362
70000		25666667	190909089
80000		29333333	218181816
90000		33000000	245454543

Table comparative.		Réduction des francs en creusades.	Réduction des creusades en francs.
10000	441 rès pour 3 francs.	3675000	27210885
20000		7350000	54421770
30000		11025000	81632655
40000		14700000	108843540
50000		18375000	136054425
60000		22050000	163265310
70000		25725000	190476195
80000		29400000	217687080
90000		33075000	244897965

CHAPITRE XII. — Change entre Paris et le Portugal.

Table comparative.		Réduction des francs en creusades.	Réduction des creusades en francs.
10000	442 rès pour 3 francs.	3683333	27149321
20000		7366667	54298642
30000		11050000	81447963
40000		14733333	108597284
50000		18416667	135746605
60000		22100000	162895926
70000		25783333	190045247
80000		29466667	217194568
90000		33150000	244343889

Table comparative.		Réduction des francs en creusades.	Réduction des creusades en francs.
10000	443 rès pour 3 francs.	3691667	27088036
20000		7383333	54176072
30000		11075000	81264108
40000		14766667	108352144
50000		18458333	135440180
60000		22150000	162528216
70000		25841667	189616252
80000		29533333	216704288
90000		33225000	243792324

Table comparative.		Réduction des francs en creusades.	Réduction des creusades en francs.
10000	444 rès pour 3 francs.	3700000	27027027
20000		7400000	54054054
30000		11100000	81081081
40000		14800000	108108108
50000		18500000	135135135
60000		22200000	162162162
70000		25900000	189189189
80000		29600000	216216216
90000		33300000	243243243

Table comparative.		Réduction des francs en creusades.	Réduction des creusades en francs.
10000	445 rès pour 3 francs.	3708333	26966292
20000		7416667	53932584
30000		11125000	80898876
40000		14833333	107865168
50000		10341667	134831460
60000		22250000	161797752
70000		25958333	188764044
80000		29666667	215730336
90000		33375000	242696628

Table comparative.		Réduction des francs en creusades.	Réduction des creusades en francs.
10000	446 rès pour 3 francs.	3716667	26905830
20000		7433333	53811660
30000		11150000	80717490
40000		14866667	107623320
50000		18583333	134529150
60000		22300000	161434980
70000		26016667	188340810
80000		29733333	215246640
90000		33450000	242152470

CHAPITRE XII. — Change entre Paris et le Portugal.

Table comparative.		Réduction des francs en creusades.	Réduction des creusades en francs.
10000	447 rès pour 3 francs.	3725000	26845638
20000		7450000	53691276
30000		11175000	80536914
40000		14900000	107382552
50000		18625000	134228190
60000		22350000	161073828
70000		26075000	187919466
80000		29800000	214765104
90000		33525000	241610742

Table comparative.		Réduction des francs en creusades.	Réduction des creusades en francs.
10000	448 rès pour 3 francs.	3733333	26785714
20000		7466667	53571428
30000		11200000	80357142
40000		14933333	107142856
50000		18666667	133928570
60000		22400000	160714284
70000		26133333	187499998
80000		29866667	214285712
90000		33600000	241071426

Table comparative.		Réduction des francs en creusades.	Réduction des creusades en francs.
10000	449 rès pour 3 francs.	3741667	26726058
20000		7483333	53452116
30000		11225000	80178174
40000		14966667	106904232
50000		18708333	133630290
60000		22450000	160356348
70000		26191667	187082406
80000		29933333	213808464
90000		33675000	240534522

Table comparative.		Réduction des francs en creusades.	Réduction des creusades en francs.
10000	450 rès pour 3 francs	3750000	26666667
20000		7500000	53333333
30000		11250000	80000000
40000		15000000	106666667
50000		18750000	133333333
60000		22500000	160000000
70000		26250000	186666667
80000		30000000	213333333
90000		33750000	240000000

Table comparative.		Réduction des francs en creusades.	Réduction des creusades en francs.
10000	451 rès pour 3 francs.	3758333	26607539
20000		7516667	53215078
30000		11275000	79822617
40000		15033333	106430156
50000		18791667	133037695
60000		22550000	159645234
70000		26308333	186252773
80000		30066667	212860312
90000		33825000	239467851

Chapitre XII. — Change entre Paris et le Portugal.

Table comparative.		Réduction des francs en creusades.	Réduction des creusades en francs.
10000	452 rès pour 3 francs.	3766667	26548672
20000		7533333	53097344
30000		11300000	79646016
40000		15066667	106194688
50000		18833333	132743360
60000		22600000	159292032
70000		26366667	185840704
80000		30133333	212389376
90000		33900000	238938048

Table comparative.		Réduction des francs en creusades.	Réduction des creusades en francs.
10000	453 rès pour 3 francs.	3775000	26490066
20000		7550000	52980132
30000		11325000	79470198
40000		15100000	105960264
50000		18875000	132450330
60000		22650000	158940396
70000		26425000	185430462
80000		30200000	211920528
90000		33975000	238410594

Table comparative.		Réduction des francs en creusades.	Réduction des creusades en francs.
10000	454 rès pour 3 francs.	3783333	26431718
20000		7566667	52863436
30000		11350000	79295154
40000		15133333	105726872
50000		18916667	132158590
60000		22700000	158590308
70000		26483333	185022026
80000		30266667	211453744
90000		34050000	237885462

Table comparative.		Réduction des francs en creusades.	Réduction des creusades en francs.
10000	455 rès pour 3 francs.	3791667	26373603
20000		7583333	52747206
30000		11375000	79120809
40000		15166667	105494412
50000		18958330	131868015
60000		22750000	158241618
70000		26541667	184615221
80000		30333333	210988824
90000		34125000	237362427

Table comparative.		Réduction des francs en creusades.	Réduction des creusades en francs.
10000	456 rès pour 3 francs.	3800000	26315789
20000		7600000	52631578
30000		11400000	78947367
40000		15200000	105263156
50000		19000000	131578945
60000		22800000	157894734
70000		26600000	184210523
80000		30400000	210526312
90000		34200000	236842101

Chapitre XII. — Change entre Paris et le Portugal.

Table comparative.		Réduction des francs en creusades.	Réduction des creusades en francs.
10000	457 rés pour 3 francs.	3808333	26258208
20000		7616667	52516416
30000		11425000	78774624
40000		15233333	105032832
50000		19041667	131291040
60000		22850000	157549248
70000		26658333	183807456
80000		30466667	210065664
90000		34275000	236323872

Table comparative.		Réduction des francs en creusades.	Réduction des creusades en francs.
10000	458 rés pour 3 francs.	3816667	26200873
20000		7633333	52401746
30000		11450000	78602619
40000		15266667	104803492
50000		19083333	131004365
60000		22900000	157205238
70000		26716667	183406111
80000		30533333	209606984
90000		34350000	235807857

Table comparative.		Réduction des francs en creusades.	Réduction des creusades en francs.
10000	459 rés pour 3 francs.	3825000	26143791
20000		7650000	52287582
30000		11475000	78431373
40000		15300000	104575164
50000		19125000	130718955
60000		22950000	156862746
70000		26775000	183006537
80000		30600000	209150328
90000		34425000	235294119

Table comparative.		Réduction des francs en creusades.	Réduction des creusades en francs.
10000	460 rés pour 3 francs.	3833333	26086957
20000		7666667	52173914
30000		11500000	78260871
40000		15333333	104347828
50000		19166667	130434785
60000		23000000	156521742
70000		26833333	182608699
80000		30666667	208695656
90000		34500000	134782613

Table comparative.		Réduction des francs en creusades.	Réduction des creusades en francs.
10000	461 rés pour 3 francs.	3841667	26030370
20000		7683333	52060740
30000		11525000	78091110
40000		15366667	104121480
50000		19208333	130151850
60000		33050000	156182220
70000		26891667	182212590
80000		30733333	208242960
90000		34575000	234273330

Chapitre XII. — Change entre Paris et le Portugal.

Table comparative.		Réduction des francs en creusades.	Réduction des creusades en francs.
10000	462 rès pour 3 francs.	3850000	25974026
20000		7700000	51948052
30000		11550000	77922078
40000		15400000	103896104
50000		19250000	129870130
60000		23100000	155844156
70000		26950000	181818182
80000		30800000	207792208
90000		34650000	233766234

Table comparative.		Réduction des francs en creusades.	Réduction des creusades en francs.
10000	463 rès pour 3 francs	3858333	25917926
20000		7716667	51835852
30000		11575000	77753778
40000		15433333	103671704
50000		19291667	129589630
60000		23150000	155507556
70000		27008333	181425482
80000		30866667	207343408
90000		34725000	233261334

Table comparative.		Réduction des francs en creusades.	Réduction des creusades en francs.
10000	464 rès pour 3 francs.	3866667	25862690
20000		7733333	51725380
30000		11600000	77588070
40000		15466667	103450760
50000		19333333	129313450
60000		23200000	155176140
70000		27066667	181038830
80000		30933333	206901520
90000		34800000	232764210

Table comparative.		Réduction des francs en creusades.	Réduction des creusades en francs.
10000	465 rès pour 3 francs.	3875000	25806452
20000		7750000	51612904
30000		11625000	77419356
40000		15500000	103225808
50000		19375000	129032260
60000		23250000	154838712
70000		27125000	180645164
80000		31000000	206451616
90000		34875000	232258068

Table comparative.		Réduction des francs en creusades.	Réduction des creusades en francs.
10000	466 rès pour 3 francs.	3883333	25751073
20000		7766667	51502146
30000		11650000	77253219
40000		15533333	103004292
50000		19416667	128755365
60000		23300000	154506438
70000		27183333	180257511
80000		31066667	206008584
90000		34950000	231759627

CHAPITRE XII. — Change entre Paris et le Portugal.

Table comparative.		Réduction des francs en creusades.	Réduction des creusades en francs.
10000	467 rès pour 3 francs.	3891667	25695931
20000		7783333	51391862
30000		11675000	77087793
40000		15566667	102783724
50000		19458333	128479655
60000		23350000	154175586
70000		27241667	179871517
80000		31133333	205567448
90000		35025000	231263379

Table comparative.		Réduction des francs en creusades.	Réduction des creusades en francs.
10000	468 rès pour 3 francs.	3900000	25641026
20000		7800000	51282052
30000		11700000	76923078
40000		15600000	102564104
50000		19500000	128205130
60000		23400000	153846156
70000		27300000	179487182
80000		31200000	205128208
90000		35100000	230769234

Table comparative.		Réduction des francs en creusades.	Réduction des creusades en francs.
10000	469 rès pour 3 francs.	3908333	25586354
20000		7816667	51172708
30000		11725000	76759062
40000		15633333	102345416
50000		19541667	127931770
60000		23450000	153518124
70000		27358333	179104478
80000		31266667	204690832
90000		35175000	230277186

Table comparative.		Réduction des francs en creusades.	Réduction des creusades en francs.
10000	470 rès pour 3 francs.	3916667	25531915
20000		7833333	51063830
30000		11750000	76595745
40000		15666667	102127660
50000		19583333	127659575
60000		23500000	153191490
70000		27416667	178723405
80000		31333333	204255320
90000		35250000	229787235

Table comparative.		Réduction des francs en creusades.	Réduction des creusades en francs.
10000	471 rès pour 3 francs.	3925000	25477707
20000		7850000	50955414
30000		11775000	76433121
40000		15700000	101910828
50000		19625000	127388535
60000		23550000	152866242
70000		27475000	178343949
80000		31400000	203821656
90000		35325000	229299363

Chapitre XII. — Change entre Paris et le Portugal.

Table comparative.		Réduction des francs en creusades.	Réduction des creusades en francs.
10000	472 rès pour 3 francs.	3933333	25423730
20000		7866667	50847460
30000		11800000	76271190
40000		15733333	101694920
50000		19666667	127118650
60000		23600000	152542380
70000		27533333	177966110
80000		31466667	203389840
90000		35400000	228813570

Table comparative.		Réduction des francs en creusades.	Réduction des creusades en francs.
10000	473 rès pour 3 francs.	3941667	25369980
20000		7883333	50739960
30000		11825000	76109940
40000		15766667	101479920
50000		19708333	126849900
60000		23650000	152219880
70000		27591667	177589860
80000		3153333[illegible]	202959840
90000		35475000	228329820

Table comparative.		Réduction des francs en creusades.	Réduction des creusades en francs.
10000	474 rès pour 3 francs.	3950000	25316456
20000		7900000	50632912
30000		11850000	75949368
40000		15800000	101265824
50000		19750000	126582280
60000		23700000	151898736
70000		27650000	177215192
80000		31600000	202531648
90000		35550000	227848104

Table comparative.		Réduction des francs en creusades.	Réduction des creusades en francs.
10000	475 rès pour 3 francs.	3958333	25263158
20000		7916667	50526316
30000		11875000	75789474
40000		15833333	101052632
50000		19791667	126315790
60000		23750000	151578948
70000		27708333	176842106
80000		31666667	202105264
90000		35625000	227368422

Table comparative.		Réduction des francs en creusades.	Réduction des creusades en francs.
10000	476 rès pour 3 francs.	3966667	25210084
20000		7933333	50420168
30000		11900000	75630252
40000		15866667	100840336
50000		19833333	126050420
60000		23800000	151260504
70000		27766667	176470588
80000		31733333	201680672
90000		35700000	226890756

Chapitre XII. — Change entre Paris et le Portugal.

Table comparative.		Réduction des francs en creusades.	Réduction des creusades en francs.
10000	477 rès pour 3 francs.	3975000	25157233
20000		7950000	50314466
30000		11925000	75471699
40000		15900000	100628932
50000		19875000	125786165
60000		23850000	150943398
70000		27825000	176100631
80000		31800000	201257864
90000		35775000	226415097

Table comparative.		Réduction des francs en creusades.	Réduction des creusades en francs.
10000	478 rès pour 3 francs.	3983333	25104603
20000		7966667	50209206
30000		11950000	75313809
40000		15933333	100418412
50000		19916667	125523015
60000		23900000	150627618
70000		27883333	175732221
80000		31866667	200836824
90000		35850000	225941427

Table comparative.		Réduction des francs en creusades.	Réduction des creusades en francs.
10000	479 rès pour 3 francs.	3991667	25052025
20000		7983333	50104050
30000		11975000	75156075
40000		15966667	100208100
50000		19958333	125260125
60000		23950000	150312150
70000		27941667	175364175
80000		31933333	200416200
90000		35925000	225468225

Table comparative.		Réduction des francs en creusades.	Réduction des creusades en francs.
10000	480 rès pour 3 francs.	4000000	25000000
20000		8000000	50000000
30000		12000000	75000000
40000		16000000	100000000
50000		20000000	125000000
60000		24000000	150000000
70000		28000000	175000000
80000		32000000	200000000
90000		36000000	225000000

Table comparative.		Réduction des francs en creusades.	Réduction des creusades en francs.
10000	481 rès pour 3 francs.	4008333	24948025
20000		8016667	49896050
30000		12025000	74844075
40000		16033333	99792100
50000		20041667	124740125
60000		24050000	149688150
70000		28058333	174636175
80000		32066667	199584200
90000		36075000	224532225

Chapitre XII. — Change entre Paris et le Portugal.

Table comparative.		Réduction des francs en creusades.	Réduction des creusades en francs.
10000	482 rés pour 3 francs.	4016667	24896265
20000		8033333	49792530
30000		12050000	74688795
40000		16066667	99585060
50000		20083333	124481325
60000		24100000	149377590
70000		28116667	174273855
80000		32133333	199170120
90000		36150000	224066385

Table comparative.		Réduction des francs en creusades.	Réduction des creusades en francs.
10000	483 rés pour 3 francs.	4025000	24844720
20000		8050000	49689440
30000		12075000	74534160
40000		16100000	99378880
50000		20125000	124223600
60000		24150000	149068320
70000		28175000	173913040
80000		32200000	198757760
90000		36225000	223602480

Table comparative.		Réduction des francs en creusades.	Réduction des creusades en francs.
10000	484 rés pour 3 francs.	4033333	24793388
20000		8066667	49586776
30000		12100000	74380164
40000		16133333	99173552
50000		20166667	123966940
60000		24200000	148760328
70000		28233333	173553716
80000		32266667	198347104
90000		36300000	223140492

Table comparative.		Réduction des francs en creusades.	Réduction des creusades en francs.
10000	485 rés pour 3 francs.	4041667	24742281
20000		8083333	49484562
30000		12125000	74226843
40000		16166667	98969124
50000		20208333	123711405
60000		24250000	148453686
70000		28291667	173195967
80000		32333333	197938248
90000		36375000	222680529

Table comparative.		Réduction des francs en creusades.	Réduction des creusades en francs.
10000	486 rés pour 3 francs.	4050000	24691358
20000		8100000	49382716
30000		12150000	74074074
40000		16200000	98765432
50000		20250000	123456790
60000		24300000	148148148
70000		28350000	172839506
80000		32400000	197530864
90000		36450000	222222222

Chapitre XII. — Change entre Paris et le Portugal.

Table comparative.		Réduction des francs en creusades.	Réduction des creusades en francs.
10000	487 rès pour 3 francs.	4058333	24640657
20000		8116667	49281314
30000		12175000	73921971
40000		16233333	98562628
50000		20291667	123205285
60000		24350000	147843942
70000		28408333	172484599
80000		32466667	197125256
90000		36525000	221765913
Table comparative.		**Réduction des francs en creusades.**	**Réduction des creusades en francs.**
10000	488 rès pour 3 francs.	4066667	24590164
20000		8133333	49180328
30000		12200000	73770492
40000		16266667	98360656
50000		20333333	122950820
60000		24400000	147540984
70000		28466667	172131148
80000		32533333	196721312
90000		36600000	221311476
Table comparative.		**Réduction des francs en creusades.**	**Réduction des creusades en francs.**
10000	489 rès pour 3 francs.	4075000	24539877
20000		8150000	49079754
30000		12225000	73619631
40000		16300000	98159508
50000		20375000	122699385
60000		24450000	147239262
70000		28525000	171779139
80000		32600000	196319016
90000		36675000	220858893
Table comparative.		**Réduction des francs en creusades.**	**Réduction des creusades en francs.**
10000	490 rès pour 3 francs.	4083333	24489795
20000		8166667	48979590
30000		12250000	73469285
40000		16333333	97959080
50000		20416667	122448775
60000		24500000	146938570
70000		28583333	171427365
80000		32666667	195917160
90000		36750000	220406955
Table comparative.		**Réduction des francs en creusades.**	**Réduction des creusades en francs.**
10000	491 rès pour 3 francs.	4091667	24439919
20000		8183333	48879838
30000		12275000	73319757
40000		16366667	97759676
50000		20458333	122199595
60000		24550000	146639514
70000		28641667	171079433
80000		32733333	195519352
90000		36825000	219959271

Chapitre XII. — Change entre Paris et le Portugal.

Table comparative.		Réduction des francs en creusades.	Réduction des creusades en francs.
10000	492 rés pour 3 francs.	4100000	24390244
20000		8200000	48780488
30000		12300000	73170732
40000		16400000	97560978
50000		20500000	121951222
60000		24600000	146341466
70000		28700000	170731710
80000		32800000	195121954
90000		36900000	219512208

Table comparative.		Réduction des francs en creusades.	Réduction des creusades en francs.
10000	493 rés pour 3 francs.	4108333	24340770
20000		8216667	48680540
30000		12325000	73021310
40000		16433333	97362080
50000		20541667	121702850
60000		24650000	146042620
70000		28758333	170383390
80000		32866667	194724160
90000		36975000	219064930

Table comparative.		Réduction des francs en creusades.	Réduction des creusades en francs.
10000	494 rés pour 3 francs.	4116667	24291498
20000		8233333	48582996
30000		12350000	72874494
40000		16466667	97165992
50000		20583333	121457490
60000		24700000	145748988
70000		28816667	170040486
80000		32933333	194331984
90000		37050000	218623482

Table comparative.		Réduction des francs en creusades.	Réduction des creusades en francs.
10000	495 rés pour 3 francs.	4125000	24242424
20000		8250000	48484848
30000		12375000	72727272
40000		16500000	96969696
50000		20625000	121212120
60000		24750000	145454544
70000		28875000	169696968
80000		33000000	193939392
90000		37125000	218181816

Table comparative.		Réduction des francs en creusades.	Réduction des creusades en francs.
10000	496 rés pour 3 francs.	4133333	24193550
20000		8266667	48387100
30000		12400000	72580650
40000		16533333	96774200
50000		20666667	120967750
60000		24800000	145161300
70000		28933333	169354850
80000		33066667	193548400
90000		37200000	217741950

Chapitre XII. — Change entre Paris et le Portugal.

Table comparative.		Réduction des francs en creusades.	Réduction des creusades en francs.
10000	497 rès pour 3 francs.	414167	24144870
20000		828333	48289740
30000		1242500	72434610
40000		1656667	96579480
50000		2070833	120724350
60000		2485000	144869220
70000		2899167	169014090
80000		3313333	193158960
90000		3727500	217303830
Table comparative.		**Réduction des francs en creusades.**	**Réduction des creusades en francs.**
10000	498 rès pour 3 francs.	415000	24096386
20000		830000	48192772
30000		1245000	72288958
40000		1660000	96385344
50000		2075000	120481730
60000		2490000	144578116
70000		2905000	168674502
80000		3320000	192770888
90000		3735000	216867474
Table comparative.		**Réduction des francs en creusades.**	**Réduction des creusades en francs.**
10000	499 rès pour 3 francs.	415833	24048096
20000		831667	48096192
30000		1247500	72144288
40006		1663333	96192384
50000		2079167	120240480
60000		2495000	144288576
70000		2910833	168336672
80000		3326667	192384768
90000		3742500	216432864
Table comparative.		**Réduction des francs en creusades.**	**Réduction des creusades en francs.**
10000	500 rès pour 3 francs.	416667	24000000
20000		833333	48000000
30000		1250000	72000000
40000		1666667	96000000
50000		2083333	120000000
60000		2500000	144000000
70000		2916667	168000000
80000		3333333	192000000
90000		3750000	216000000
Table comparative.		**Réduction des francs en creusades.**	**Réduction des creusades en francs.**
10000	501 rès pour 3 francs.	417500	23952096
20000		835000	47904192
30000		1252500	71856288
40000		1670000	95808384
50000		2087500	119760480
60000		2505000	143712576
70000		2922500	167664672
80000		3340000	191616768
90000		3757500	215568864

Chapitre XII. — Change entre Paris et le Portugal.

Table comparative.		Réduction des francs en creusades.	Réduction des creusades en francs.
10000	502 rès pour 3 francs.	4183333	23904383
20000		8366667	47808766
30000		12550000	71713149
40000		16733333	95617532
50000		20916667	119521915
60000		25100000	143426298
70000		29283333	167330681
80000		33466667	191235064
90000		37650000	215139447

Table comparative.		Réduction des francs en creusades.	Réduction des creusades en francs.
10000	503 rès pour 3 francs.	4191667	23856859
20000		8383333	47713718
30000		12575000	71570577
40000		16766667	95427436
50000		20958333	119284295
60000		25150000	143141154
70000		29341667	166998013
80000		33533333	190854872
90000		37725000	214711731

Table comparative.		Réduction des francs en creusades.	Réduction des creusades en francs.
10000	504 rès pour 3 francs.	4200000	23809524
20000		8400000	47619048
30000		12600000	71428572
40000		16800000	95238096
50000		21000000	119047620
60000		25200000	142857144
70000		29400000	166666667
80000		33600000	190476192
90000		37800000	214285716

Table comparative.		Réduction des francs en creusades.	Réduction des creusades en francs.
10000	505 rès pour 3 francs.	4208333	23762376
20000		8416667	47524752
30000		12625000	71287128
40000		16833333	95049504
50000		21041667	118811880
60000		25250000	142574256
70000		29458333	166336632
80000		33666667	190099008
90000		37875000	213861384

Table comparative.		Réduction des francs en creusades.	Réduction des creusades en francs.
10000	506 rès pour 3 francs.	4216667	23715415
20000		8433333	47430830
30000		12650000	71146245
40000		16866667	94861660
50000		21083333	118577075
60000		25300000	142292490
70000		29516667	166007905
80000		33733333	189723320
90000		37950000	213438735

CHAPITRE XII. — Change entre Paris et le Portugal.

Table comparative.		Réduction des francs en creusades.	Réduction des creusades en francs.
10000	507 rés pour 3 francs.	4225000	23668640
20000		8450000	47337280
30000		12675000	71005920
40000		16900000	94674560
50000		21125000	118343200
60000		25350000	142011840
70000		29575000	165680480
80000		33800000	189349120
90000		38025000	213017760

Table comparative.		Réduction des francs en creusades.	Réduction des creusades en francs.
10000	508 rés pour 3 francs.	4233333	23622047
20000		8466667	47244094
30000		12700000	70866141
40000		16933333	94488188
50000		21166667	118110235
60000		25400000	141732282
70000		29633333	165354329
80000		33866667	188976376
90000		38100000	212598423

Table comparative.		Réduction des francs en creusades.	Réduction des creusades en francs.
10000	509 rés pour 3 francs.	4241667	23575640
20000		8483333	47151280
30000		12725000	70726920
40000		16966667	94302560
50000		21208333	117878200
60000		25450000	141453840
70000		29691667	165029480
80000		33933333	188605120
90000		38175000	212180760

Table comparative.		Réduction des francs en creusades.	Réduction des creusades en francs.
10000	510 rés pour 3 francs.	4250000	23529412
20000		8500000	47058824
30000		12750000	70588236
40000		17000000	94117648
50000		21250000	117647060
60000		25500000	141176472
70000		29750000	164705884
80000		34000000	188235296
90000		38250000	211764708

Table comparative.		Réduction des francs en creusades.	Réduction des creusades en francs.
10000	511 rés pour 3 francs.	4258333	23483209
20000		8516667	46966418
30000		12775000	70449627
40000		17033333	93932836
50000		21291667	117416045
60000		25550000	140899254
70000		29808333	164382463
80000		34066667	187865672
90000		38325000	211348881

CHAPITRE XII. — Change entre Paris et le Portugal.

Table comparative.		Réduction des francs en creusades.	Réduction des creusades en francs.
10000	512 rés pour 3 francs.	4266667	23437500
20000		8533333	46875000
30000		12800000	70312500
40000		17066667	93750000
50000		21333335	117187500
60000		25600000	140625000
70000		29866667	164062500
80000		34133333	187500000
90000		38400000	210937500
Table comparative.		**Réduction des francs en creusades.**	**Réduction des creusades en francs.**
10000	513 rés pour 3 francs.	4275000	23391813
20000		8550000	46783626
30000		12825000	70175439
40000		17100000	93567252
50000		21375000	116959065
60000		25650000	140350878
70000		29925000	163742691
80000		34200000	187134504
90000		38475000	210526317
Table comparative.		**Réduction des francs en creusades.**	**Réduction des creusades en francs.**
10000	514 rés pour 3 francs.	4283333	23346303
20000		8566667	46692606
30000		12850000	70038909
40000		17133333	93385212
50000		21416667	116731515
60000		25700000	140077818
70000		29983333	163424121
80000		34266667	186770424
90000		38550000	210116727
Table comparative.		**Réduction des francs en creusades.**	**Réduction des creusades en francs.**
10000	515 rés pour 3 francs.	4291667	23300971
20000		8583333	46601942
30000		12875000	69902913
40000		17166667	03203004
50000		21458333	116504855
60000		25750000	139805826
70000		30041667	163106797
80000		34333333	186407768
90000		38625000	209708739
Table comparative.		**Réduction des francs en creusades.**	**Réduction des creusades en francs.**
10000	516 rés pour 3 francs.	4300000	23255814
20000		8600000	46511628
30000		12900000	69767442
40000		17200000	93023256
50000		21500000	116279070
60000		25800000	139534884
70000		30100000	162790698
80000		34400000	186046512
90000		38700000	209302326

Chapitre XII. — Change entre Paris et le Portugal.

Table comparative.		Réduction des francs en creusades.	Réduction des creusades en francs.
10000	517 rès pour 3 francs.	4308333	23210832
20000		8616667	46421664
30000		12925000	69632496
40000		17233333	92843328
50000		21541667	116054160
60000		25850000	139264992
70000		30158333	162475824
80000		34466667	185686656
90000		38775000	208897488

Table comparative.		Réduction des francs en creusades.	Réduction des creusades en francs.
10000	518 rès pour 3 francs.	4316667	23166023
20000		8633333	46332046
30000		12950000	69498069
40000		17266667	92664092
50000		21583333	115830115
60000		25900000	138996138
70000		30216667	162162162
80000		34533333	185328185
90000		38850000	208494208

Table comparative.		Réduction des francs en creusades.	Réduction des creusades en francs.
10000	519 rès pour 3 francs.	4325000	23121387
20000		8650000	46242774
30000		12975000	69364161
40000		17300000	92485548
50000		21625000	115606935
60000		25950000	138728322
70000		30275000	161849709
80000		34600000	184971096
90000		38925000	208092483

Table comparative.		Réduction des francs en creusades.	Réduction des creusades en francs.
10000	520 rès pour 3 francs.	4333333	23076923
20000		8666667	46153846
30000		13000000	69230769
40000		17333333	92307692
50000		21666667	115384615
60000		26000000	138461538
70000		30333333	161538461
80000		34666667	184615384
90000		39000000	207692307

Table comparative.		Réduction des francs en creusades.	Réduction des creusades en francs.
10000	521 rès pour 3 francs.	4341667	23032630
20000		8683333	46065260
30000		13025000	69097890
40000		17366667	92130520
50000		21708333	115163150
60000		26050000	138195780
70000		30391667	161228410
80000		34733333	184261040
90000		39075000	207293670

Chapitre XII. — Change entre Paris et le Portugal.

Table comparative.		Réduction des francs en creusades.	Réduction des creusades en francs.
10000	522 rés pour 3 francs.	4350000	22988506
20000		8700000	45977012
30000		13050000	68965518
40000		17400000	91954024
50000		21750000	114942530
60000		26100000	137931036
70000		30450000	160919542
80000		34800000	183908048
90000		39150000	206896554

Table comparative.		Réduction des francs en creusades.	Réduction des creusades en francs.
10000	523 rés pour 3 francs.	4358333	22944550
20000		8716667	45889100
30000		13075000	68833650
40000		17433333	91778200
50000		21791667	114722750
60000		26150000	137667300
70000		30508333	160611850
80000		34866667	183556400
90000		39225000	206500950

Table comparative.		Réduction des francs en creusades.	Réduction des creusades en francs.
10000	524 rés pour 3 francs.	4366667	22900763
20000		8733333	45801526
30000		13100000	68702289
40000		17466667	91603052
50000		21833333	114503815
60000		26200000	137404578
70000		30566667	160305341
80000		34933333	183206104
90000		39300000	206106867

Table comparative.		Réduction des francs en creusades.	Réduction des creusades en francs.
10000	525 rés pour 3 francs.	4375000	22857143
20000		8750000	45714286
30000		13125000	68571429
40000		17500000	91428572
50000		21875000	114285715
60000		26250000	137142858
70000		30625000	160000000
80000		35000000	182857144
90000		39375000	205714287

Table comparative.		Réduction des francs en creusades.	Réduction des creusades en francs.
10000	526 rés pour 3 francs.	4383333	22813688
20000		8766667	45627376
30000		13150000	68441064
40000		17533333	91254752
50000		21916667	114068440
60000		26300000	136882128
70000		30683333	159695816
80000		35066667	182509504
90000		39450000	205323192

Chapitre XII. — Change entre Paris et le Portugal.

Table comparative.		Réduction des francs en creusades.	Réduction des creusades en francs.
10000	527 rés pour 3 francs.	4391667	22770400
20000		8783333	45540800
30000		13175000	68311200
40000		17566667	91081600
50000		21958333	113852000
60000		26350000	136622400
70000		30741667	159392800
80000		35133333	182163200
90000		39525000	204933600

Table comparative.		Réduction des francs en creusades.	Réduction des creusades en francs.
10000	528 rés pour 3 francs.	4400000	22727273
20000		8800000	45454546
30000		13200000	68181819
40000		17600000	90909091
50000		22000000	113636364
60000		26400000	136363636
70000		30800000	159090909
80000		35200000	181818181
90000		39600000	204545454

Table comparative.		Réduction des francs en creusades.	Réduction des creusades en francs.
10000	529 rés pour 3 francs.	4408333	22684310
20000		8816667	45368620
30000		13225000	68052930
40000		17633333	90737240
50000		22041667	113421550
60000		26450000	136105860
70000		30858333	158790170
80000		35266667	181474480
90000		39675000	204158790

Table comparative.		Réduction des francs en creusades.	Réduction des creusades en francs.
10000	530 rés pour 3 francs.	4416667	22641510
20000		8833333	45283020
30000		13250000	67924530
40000		17666667	90566040
50000		22083333	113207550
60000		26500000	135849060
70000		30916667	158490570
80000		35333333	181132080
90000		39750000	203773590

Table comparative.		Réduction des francs en creusades.	Réduction des creusades en francs.
10000	531 rés pour 3 francs.	4425000	22598870
20000		8850000	45197740
30000		13275000	67796610
40000		17700000	90395480
50000		22125000	112994350
60000		26550000	135593220
70000		30975000	158192090
80000		35400000	180790960
90000		39825000	203389830

Chapitre XII. — Change entre Paris et le Portugal.

Table comparative.		Réduction des francs en creusades.	Réduction des creusades en francs.
10000	532 rès pour 3 francs.	4433333	22556391
20000		8866667	45112782
30000		13300000	67669173
40000		17733333	90225564
50000		22166667	112781955
60000		26600000	135338346
70000		31033333	157894737
80000		35466667	180451128
90000		39900000	203007519

Table comparative.		Réduction des francs en creusades.	Réduction des creusades en francs.
10000	533 rès pour 3 francs.	4441667	22514071
20000		8883333	45028142
30000		13325000	67542213
40000		17766667	90056284
50000		22208333	112570355
60000		26650000	135084426
70000		31091667	157598497
80000		35533333	180112568
90000		39975000	202626639

Table comparative.		Réduction des francs en creusades.	Réduction des creusades en francs.
10000	534 rès pour 3 francs.	4450000	22471910
20000		8900000	44943820
30000		13350000	67415730
40000		17800000	89887640
50000		22250000	112359550
60000		26700000	134831460
70000		31150000	157303370
80000		35600000	179775280
90000		40050000	202247190

Table comparative.		Réduction des francs en creusades.	Réduction des creusades en francs.
10000	535 rès pour 3 francs.	4458333	22429907
20000		8916667	44859814
30000		13375000	67289721
40000		17833333	89719628
50000		22291667	112149535
60000		26750000	134579442
70000		31208333	157009349
80000		35666667	179439256
90000		40125000	201869163

Table comparative.		Réduction des francs en creusades.	Réduction des creusades en francs.
10000	536 rès pour 3 francs.	4466667	22388057
20000		8933333	44776114
30000		13400000	67164171
40000		17866667	89552228
50000		22333333	111940285
60000		26800000	134328342
70000		31266667	156716399
80000		35733333	179104456
90000		40200000	201492513

Chapitre XII. — Change entre Paris et le Portugal.

Table comparative.		Réduction des francs en creusades.	Réduction des creusades en francs.
10000	537 rès pour 3 francs.	4475000	22346369
20000		8950000	44692738
30000		13425000	67039107
40000		17900000	89385476
50000		22375000	111731845
60000		26850000	134078214
70000		31325000	156424583
80000		35800000	178770952
90000		40275000	201117321

Table comparative.		Réduction des francs en creusades.	Réduction des creusades en francs.
10000	538 rès pour 3 francs.	4483333	22304833
20000		8966667	44609667
30000		13450000	66914499
40000		17933333	89219332
50000		22416667	111524165
60000		26900000	133828998
70000		31383333	156133831
80000		35866667	178438664
90000		40350000	200743497

Table comparative.		Réduction des francs en creusades.	Réduction des creusades en francs.
10000	539 rès pour 3 francs.	4491667	22263451
20000		8983333	44526902
30000		13475000	66790353
40000		17966667	89053804
50000		22458333	111317255
60000		26950000	133580706
70000		31441667	155844157
80000		35933333	178107608
90000		40425000	200371059

Table comparative.		Réduction des francs en creusades.	Réduction des creusades en francs.
10000	540 rès pour 3 francs.	4500000	22222222
20000		9000000	44444444
30000		13500000	66666666
40000		18000000	88888888
50000		22500000	111111111
60000		27000000	133333333
70000		31500000	155555555
80000		36000000	177777778
90000		40500000	199999999

Table comparative.		Réduction des francs en creusades.	Réduction des creusades en francs.
10000	541 rès pour 3 francs.	4508333	22181146
20000		9016667	44362292
30000		13525000	66543438
40000		18033333	88724584
50000		22541667	110905730
60000		27050000	133086876
70000		31558333	155268022
80000		36066667	177449168
90000		40575000	199630314

Chapitre XII. — Change entre Paris et le Portugal.

Table comparative.		Réduction des francs en creusades.	Réduction des creusades en francs.
10000	542 rès pour 3 francs.	4516667	22140222
20000		9033333	44280444
30000		13550000	66420666
40000		18066667	88560888
50000		22583333	110701110
60000		27100000	132841332
70000		31616667	154981554
80000		36133333	177121776
90000		40650000	199261998
Table comparative.		**Réduction des francs en creusades.**	**Réduction des creusades en francs.**
10000	543 rès pour 3 francs	4525000	22099448
20000		9050000	44198896
30000		13575000	66298344
40000		18100000	88397792
50000		22625000	110497240
60000		27150000	132596688
70000		31675000	154696136
80000		36200000	176795584
90000		40725000	198895032
Table comparative.		**Réduction des francs en creusades.**	**Réduction des creusades en francs.**
10000	544 rès pour 3 francs.	4533333	22058824
20000		9066667	44117648
30000		13600000	66176472
40000		18133333	88235296
50000		22666667	110294120
60000		27200000	132352944
70000		31733333	154411768
80000		36266667	176470592
90000		40800000	198529416
Table comparative.		**Réduction des francs en creusades.**	**Réduction des creusades en francs.**
10000	545 rès pour 3 francs.	4541667	22018324
20000		9083333	44036648
30000		13625000	66054972
40000		18166667	88073296
50000		22708333	110091620
60000		27250000	132109944
70000		31791667	154128268
80000		36333333	176146592
90000		40875000	198164916
Table comparative.		**Réduction des francs en creusades.**	**Réduction des creusades en francs.**
10000	546 rès pour 3 francs.	4550000	21978022
20000		9100000	43956044
30000		13650000	65934066
40000		18200000	87912088
50000		22750000	109890110
60000		27300000	131868132
70000		31850000	153846154
80000		36400000	175824176
90000		40950000	197802198

Chapitre XII. — Change entre Paris et le Portugal.

Table comparative.		Réduction des francs en creusades.	Réduction des creusades en francs.
10000	547 rés pour 3 francs.	4558333	21937842
20000		9116667	43875684
30000		13675000	65813526
40000		18233333	87751368
50000		22791667	109689210
60000		27350000	131627052
70000		31908333	153564894
80000		36466667	175502736
90000		41025000	197440578

Table comparative.		Réduction des francs en creusades.	Réduction des creusades en francs.
10000	548 rés pour 3 francs.	4566667	21897810
20000		9133333	43795620
30000		13700000	65693430
40000		18266667	87591240
50000		22833333	109489050
60000		27400000	131386860
70000		31966667	153284670
80000		36533333	175182480
90000		41100000	197080290

Table comparative.		Réduction des francs en creusades.	Réduction des creusades en francs.
10000	549 rés pour 3 francs.	4575000	21857923
20000		9150000	43715846
30000		13725000	65573769
40000		18300000	87431692
50000		22875000	109289615
60000		27450000	131147538
70000		32025000	153005461
80000		36600000	174863384
90000		41175000	196721307

Table comparative.		Réduction des francs en creusades.	Réduction des creusades en francs.
10000	550 rés pour 3 francs.	4583333	21818181
20000		9166667	43636363
30000		13750000	65454545
40000		18333333	87272727
50000		22916667	109090909
60000		27500000	130909092
70000		32083333	152727272
80000		36666667	174545454
90000		41250000	196363636

Table comparative.		Réduction des francs en creusades.	Réduction des creusades en francs.
10000	551 rés pour 3 francs.	4591667	2177858[illegible]
20000		9183333	43557168
30000		13775000	65335753
40000		18366667	87114336
50000		22958333	108892920
60000		27550000	130671504
70000		32141667	152450088
80000		36733333	174228672
90000		41325000	196007256

Chapitre XII. — Change entre Paris et le Portugal.

Table comparative.		Réduction des francs en creusades.	Réduction des creusades en francs.
10000	552 rès pour 3 francs.	4600000	21739130
20000		9200000	43478260
30000		13800000	65217390
40000		18400000	86956520
50000		23000000	108695650
60000		27600000	130434780
70000		32200000	152173910
80000		36800000	173913040
90000		41400000	195652170

Table comparative.		Réduction des francs en creusades.	Réduction des creusades en francs.
10000	553 rès pour 3 francs.	4608333	21699819
20000		9216667	43399638
30000		13825000	65099457
40000		18433333	86799276
50000		23041667	108499095
60000		27650000	130198914
70000		32258333	151898733
80000		36866667	173598552
90000		41475000	195298371

Table comparative.		Réduction des francs en creusades.	Réduction des creusades en francs.
10000	554 rès pour 3 francs.	4616667	21660650
20000		9233333	43321300
30000		13850000	64981950
40000		18466667	86642600
50000		23083333	108303250
60000		27700000	129963900
70000		32316667	151624550
80000		36933333	173285200
90000		41550000	194945850

Table comparative.		Réduction des francs en creusades.	Réduction des creusades en francs.
10000	555 rès pour 3 francs.	4625000	21621622
20000		9250000	43243243
30000		13875000	64864864
40000		18500000	86486486
50000		23125000	108108108
60000		27750000	129729730
70000		32375000	151351351
80000		37000000	172972973
90000		41625000	194594595

Table comparative.		Réduction des francs en creusades.	Réduction des creusades en francs.
10000	556 rès pour 3 francs.	4633333	21582734
20000		9266667	43165468
30000		13900000	64748202
40000		18533333	86030936
50000		23166667	107913670
60000		27800000	129496404
70000		32433333	151079138
80000		37066667	172661872
90000		41700000	194244606

Chapitre XII. — Change entre Paris et le Portugal.

Table comparative.		Réduction des francs en creusades.	Réduction des creusades en francs.
10000	557 rès pour 3 francs.	4641667	21543986
20000		9283333	43087972
30000		13925000	64631958
40000		18566667	86175944
50000		23208333	107719930
60000		27850000	129263916
70000		32491667	150807902
80000		37133333	172351888
90000		41775000	193895874

Table comparative.		Réduction des francs en creusades.	Réduction des creusades en francs.
10000	558 rès pour 3 francs.	4650000	21505376
20000		9300000	43010752
30000		13950000	64516128
40000		18600000	86021504
50000		23250000	107526880
60000		27900000	129032256
70000		32550000	150537632
80000		37200000	172043008
90000		41850000	193548384

Table comparative.		Réduction des francs en creusades.	Réduction des creusades en francs.
10000	559 rès pour 3 francs.	4658333	21466905
20000		9316667	42933810
30000		13975000	64400715
40000		18633333	85867620
50000		23291667	107334525
60000		27950000	128801430
70000		32608333	150268335
80000		37266667	171735240
90000		41925000	193202145

Table comparative.		Réduction des francs en creusades.	Réduction des creusades en francs.
10000	560 rès pour 3 francs.	4666667	21428571
20000		9333333	42857142
30000		14000000	64285713
40000		18666667	85714284
50000		23333333	107142855
60000		28000000	128571426
70000		32666667	149999997
80000		37333333	171428568
90000		42000000	192857139

Table comparative.		Réduction des francs en creusades.	Réduction des creusades en francs.
10000	561 rès pour 3 francs.	4675000	21390374
20000		9350000	42780748
30000		14025000	64171122
40000		18700000	85561496
50000		23375000	106951870
60000		28050000	128342244
70000		32725000	149732618
80000		37400000	171122992
90000		42075000	192513366

Chapitre XII. — Change entre Paris et le Portugal.

Table comparative.		Réduction des francs en creusades.	Réduction des creusades en francs.
10000	562 rès pour 3 francs.	4683333	21352301
20000		9366667	42704602
30000		14050000	64056903
40000		18733333	85409204
50000		23416667	106761505
60000		28100000	128113806
70000		32783333	149466107
80000		37466667	170818408
90000		42150000	192170709

Table comparative.		Réduction des francs en creusades.	Réduction des creusades en francs.
10000	563 rès pour 3 francs.	4691667	21314387
20000		9383333	42628774
30000		14075000	63943161
40000		18766667	85257548
50000		23458333	106571935
60000		28150000	127886322
70000		32841667	149200709
80000		37533333	170515096
90000		42225000	191829483

Table comparative.		Réduction des francs en creusades.	Réduction des creusades en francs.
10000	564 rès pour 3 francs.	4700000	21276596
20000		9400000	42553192
30000		14100000	63829788
40000		18800000	85106384
50000		23500000	106382980
60000		28200000	127659576
70000		32900000	148936172
80000		37600000	170212768
90000		42300000	191489364

Table comparative.		Réduction des francs en creusades.	Réduction des creusades en francs.
10000	565 rès pour 3 francs.	4708333	21238938
20000		9416667	42477876
30000		14125000	63716814
40000		18833333	84955752
50000		23541667	106194690
60000		28250000	127433628
70000		32968333	148672566
80000		37666667	169911504
90000		42375000	191150442

Table comparative.		Réduction des francs en creusades.	Réduction des creusades en francs.
10000	566 rès pour 3 francs.	4716667	21201413
20000		9433333	42402826
30000		14150000	63604239
40000		18866667	84805652
50000		23583333	106007065
60000		28300000	127208478
70000		33016667	148409891
80000		37733333	169611304
90000		42450000	1908129[illegible]17

Chapitre XII. — Change entre Paris et le Portugal.

Table comparative.		Réduction des francs en creusades.	Réduction des creusades en francs.
10000	567 rés pour 3 francs.	4725000	21164021
20000		9450000	42328042
30000		14175000	63492063
40000		18900000	84656084
50000		23625000	105820105
60000		28350000	126984126
70000		33075000	148148147
80000		37800000	169312168
90000		42525000	190476189
Table comparative.		Réduction des francs en creusades.	Réduction des creusades en francs.
10000	568 rés pour 3 francs.	4733333	21126760
20000		9466667	42253520
30000		14200000	63380280
40000		18933333	84507040
50000		23666667	105633800
60000		28400000	126760560
70000		33133333	147887320
80000		37866667	169014080
90000		42600000	190140840
Table comparative.		Réduction des francs en creusades.	Réduction des creusades en francs.
10000	569 rés pour 3 francs.	4741667	21089631
20000		9483333	42179262
30000		14225000	63268893
40000		18966667	84358524
50000		23708333	105448155
60000		28450000	126537786
70000		33191667	147627417
80000		37933333	168717048
90000		42675000	189806679
Table comparative.		Réduction des francs en creusades.	Réduction des creusades en francs.
10000	570 rés pour 3 francs.	4750000	21052632
20000		9500000	42105264
30000		14250000	63157896
40000		19000000	84210528
50000		23750000	105263160
60000		28500000	126315792
70000		33250000	147368424
80000		38000000	168421056
90000		42750000	189473688
Table comparative.		Réduction des francs en creusades.	Réduction des creusades en francs.
10000	571 rés pour 3 francs.	4758333	21015762
20000		9516667	42031524
30000		14275000	63047286
40000		19033333	84063048
50000		23791667	105078810
60000		28550000	126094572
70000		33308333	147110334
80000		38066667	168126096
90000		42825000	189141858

Chapitre XII. — Change entre Paris et le Portugal.

Table comparative.		Réduction des francs en creusades.	Réduction des creusades en francs.
10000	572 rès pour 3 francs.	4766667	20979021
20000		9533333	41958042
30000		14300000	62937063
40000		19066667	83916084
50000		23833333	104895105
60000		28600000	125874126
70000		33366667	146853147
80000		38133333	167832168
90000		42900000	188811189

Table comparative.		Réduction des francs en creusades.	Réduction des creusades en francs.
10000	573 rès pour 3 francs.	4775000	20942408
20000		9550000	41884816
30000		14325000	62827224
40000		19100000	83769632
50000		23875000	104712040
60000		28650000	125654448
70000		33425000	146596856
80000		38200000	167539264
90000		42975000	188481672

Table comparative.		Réduction des francs en creusades.	Réduction des creusades en francs.
10000	574 rès pour 3 francs.	4783333	20905923
20000		9566667	41811846
30000		14350000	62717769
40000		19133333	83623692
50000		23916667	104529615
60000		28700000	125435538
70000		33483333	146341461
80000		38266667	167247384
90000		43050000	188153307

Table comparative.		Réduction des francs en creusades.	Réduction des creusades en francs.
10000	575 rès pour 3 francs.	4791667	20869565
20000		9583333	41739130
30000		14375000	62608695
40000		19166667	83478260
50000		23958333	104347825
60000		28750000	125217390
70000		33541667	146086955
80000		38333333	166956520
90000		43125000	187826085

Table comparative.		Réduction des francs en creusades.	Réduction des creusades en francs.
10000	576 rès pour 3 francs.	4800000	20833333
20000		9600000	41666667
30000		14400000	62500000
40000		19200000	83333333
50000		24000000	104166667
60000		28800000	125000000
70000		33600000	145833333
80000		38400000	166666667
90000		43200000	187500000

Chapitre XII. — Change entre Paris et le Portugal.

Table comparative.		Réduction des francs en creusades.	Réduction des creusades en francs.
10000	577 rès pour 3 francs.	4808333	20797227
20000		9616667	41594454
30000		14425000	62391681
40000		19233333	83188908
50000		24041667	103986135
60000		28850000	124783362
70000		33658333	145580589
80000		38466667	166377816
90000		43275000	187175043

Table comparative.		Réduction des francs en creusades.	Réduction des creusades en francs.
10000	578 rès pour 3 francs.	4816667	20761246
20000		9633333	41522492
30000		14450000	62283738
40000		19266667	83044984
50000		24083333	103806230
60000		28900000	124567476
70000		33716667	145328722
80000		38533333	166089968
90000		43350000	186851214

Table comparative.		Réduction des francs en creusades.	Réduction des creusades en francs.
10000	579 rès pour 3 francs.	4825000	20725389
20000		9650000	41450778
30000		14475000	62176167
40000		19300000	82901556
50000		24125000	103626945
60000		28950000	124352334
70000		33775000	145077723
80000		38600000	165803112
90000		43425000	186528501

Table comparative.		Réduction des francs en creusades.	Réduction des creusades en francs.
10000	580 rès pour 3 francs.	4833333	20689655
20000		9666667	41379310
30000		14500000	62068965
40000		19333333	82758620
50000		24166667	103448275
60000		29000000	124137930
70000		33833333	144827585
80000		38666667	165517240
90000		43500000	186206895

Table comparative.		Réduction des francs en creusades.	Réduction des creusades en francs.
10000	581 rès pour 3 francs.	4841667	20654045
20000		9683333	41308090
30000		14525000	61962135
40000		19366667	82616180
50000		24208333	103270225
60000		29050000	123924270
70000		33891667	144578315
80000		38733333	165232360
90000		43575000	185886405

Chapitre XII. — Change entre Paris et le Portugal.

Table comparative.		Réduction des francs en creusades.	Réduction des creusades en francs.
10000	582 rès pour 3 francs.	4850000	20618557
20000		7700000	41237114
30000		14550000	61855671
40000		19400000	82474228
50000		24250000	103092785
60000		29100000	123711342
70000		33950000	144329899
80000		38800000	164948456
90000		43650000	185567013
Table comparative.		**Réduction des francs en creusades.**	**Réduction des creusades en francs.**
10000	583 rès pour 3 francs.	4858333	20583190
20000		9716667	41166380
30000		14575000	61749570
40000		19433333	82332760
50000		24291667	102915950
60000		29150000	123499140
70000		34008333	144082330
80000		38866667	164665520
90000		43725000	185248710
Table comparative.		**Réduction des francs en creusades.**	**Réduction des creusades en francs.**
10000	584 rès pour 3 francs.	4866667	20547945
20000		9733333	41095890
30000		14600000	61643835
40000		19466667	82191780
50000		14333333	102739725
60000		29200000	123287670
70000		34066667	143835615
80000		38933333	164383560
90000		43800000	184931505
Table comparative.		**Réduction des francs en creusades.**	**Réduction des creusades en francs.**
10000	585 rès pour 3 francs.	4875000	20512821
20000		9750000	41025642
30000		14625000	61538463
40000		19500000	82051284
50000		24375000	102564105
60000		29250000	123076926
70000		34125000	143589747
80000		39000000	164102568
90000		43875000	184615389
Table comparative.		**Réduction des francs en creusades.**	**Réduction des creusades en francs.**
10000	586 rès pour 3 francs.	4883333	20477816
20000		9766667	40955632
30000		14650000	61433448
40000		19533333	81911264
50000		24416667	102389080
60000		29300000	122866896
70000		34183333	143344712
80000		39066667	163822528
90000		43950000	184300344

CHAPITRE XII. — Change entre Paris et le Portugal.

Table comparative.		Réduction des francs en creusades.	Réduction des creusades en francs.
10000	587 rès pour 3 francs.	4891667	20442930
20000		9783333	40885860
30000		14675000	61328790
40000		19566667	81771720
50009		24458333	102214650
60000		29350000	122657580
70000		34241667	143100510
80000		39133333	163543440
90000		44025000	183986370

Table comparative.		Réduction des francs en creusades.	Réduction des creusades en francs.
10000	588 rès pour 3 francs.	4900000	20408163
20000		9800000	40816326
30000		14700000	21224489
40000		19600000	81632652
50000		24500000	102040815
60000		29400000	122448978
70000		34300000	142857141
80000		39200000	163265304
90000		44100000	183673467

Table comparative.		Réduction des francs en creusades.	Réduction des creusades en francs.
10000	589 rès pour 3 francs.	4908333	20373514
20000		9816667	40747028
30000		14725000	61120542
40000		19633333	81494056
50000		24541667	101867570
60000		29450000	122241084
70000		34358333	142614598
80000		39266667	162988112
90000		44175000	183361626

Table comparative.		Réduction des francs en creusades.	Réduction des creusades en francs.
10000	590 rès pour 3 francs.	4916667	20338983
20000		9633333	40677966
30000		14750000	61016949
40000		19666667	81355932
50000		24583333	101694915
60000		29500000	122033898
70000		34416667	142372881
80000		39333333	162711864
90000		44250000	183050847

Table comparative.		Réduction des francs en creusades.	Réduction des creusades en francs.
10000	591 rès pour 3 francs.	4925000	20304569
20000		9850000	40609138
30000		14775000	60913707
40000		19700000	81218276
50000		24625000	101522845
60000		29550000	121827414
70000		34475000	142131983
80000		39400000	162436552
90000		44325000	182741121

Chapitre XII. — Change entre Paris et le Portugal.

Table comparative.		Réduction des francs en creusades.	Réduction des creusades en francs.
10000	592 rès pour 3 francs.	4933333	20270270
20000		9866667	40540540
30000		14800000	60810810
40000		19733333	81081080
50000		24666667	101351350
60000		29600000	121621620
70000		34533333	141891890
80000		39466667	162162160
90000		44400000	182432430
Table comparative.		**Réduction des francs en creusades.**	**Réduction des creusades en francs.**
10000	593 rès pour 3 francs.	4941667	20237100
20000		9883333	40474200
30000		14825000	60711300
40000		19766667	80948400
50000		24708333	101185500
60000		29650000	121422600
70000		34591667	141659700
80000		39533333	161896800
90000		44475000	182133900
Table comparative.		**Réduction des francs en creusades.**	**Réduction des creusades en francs.**
10000	594 rès pour 3 francs.	4950000	20202020
20000		9900000	40404040
30000		14850000	60606060
40000		19800000	80808080
50000		24750000	101010100
60000		29700000	121212120
70000		34650000	141414140
80000		39600000	161616160
90000		44550000	181818180
Table comparative.		**Réduction des francs en creusades.**	**Réduction des creusades en francs.**
10000	595 rès pour 3 francs.	4958333	20168067
20000		9916667	40336135
30000		14875000	60504200
40000		19833333	80672267
50000		24791667	100840533
60000		29750000	121008400
70000		34708333	141176467
80000		39666667	161344533
90000		44625000	181512600
Table comparative.		**Réduction des francs en creusades.**	**Réduction des creusades en francs.**
10000	596 rès pour 3 francs.	4966667	20134228
20000		9933333	40268456
30000		14900000	60402684
40000		19866667	80536912
50000		24833333	100671140
60000		29800000	120805368
70000		34766667	140939596
80000		39733333	161073824
90000		44700000	181208052

Chapitre XII. — Change entre Paris et le Portugal.

Table comparative.		Réduction des francs en creusades.	Réduction des creusades en francs.
10000	597 rès pour 3 francs.	4975000	20100503
20000		9950000	40201006
30000		14925000	60301509
40000		19900000	80402012
50000		24875000	100502515
60000		29850000	120603018
70000		34825000	140703521
80000		39800000	160804024
90000		44775000	180904527

Table comparative.		Réduction des francs en creusades.	Réduction des creusades en francs.
10000	598 rès pour 3 francs.	4983333	20066890
20000		9966667	40133780
30000		14950000	60200670
40000		19933333	80267560
50000		24916667	100334450
60000		29900000	120401340
70000		34883333	140468230
80000		39866667	160535120
90000		44850000	180602010

Table comparative.		Réduction des francs en creusades.	Réduction des creusades en francs.
10000	599 rès pour 3 francs.	4991667	20033390
20000		9983333	40066780
30000		14975000	60100170
40000		19966667	80133560
50000		24958333	100166950
60000		29950000	120200340
70000		34941667	140233730
80000		39933333	160267120
90000		44925000	180300510

CHANGE

ENTRE

PARIS, VIENNE ET AUSBOURG.

Table comparative.		Réduction des francs en florins.	Réduction des florins en francs.
10000	à 1 fr. 05 c. pour 1 florin.	9523810	10500000
20000		19047620	21000000
30000		28571430	31500000
40000		38095240	42000000
50000		47619050	52500000
60000		57142860	63000000
70000		66666670	73500000
80000		76190480	84000000
90000		85714290	94500000

Chapitre XII. — Change entre Paris, Vienne et Ausbourg.

Table comparative.		Réduction des francs en florins.	Réduction des florins en francs.
10000	à 1 fr. 10 c. pour 1 florin.	9090909	11000000
20000		18181818	22000000
30000		27272727	33000000
40000		36363636	44000000
50000		45454545	55000000
60000		54545454	66000000
70000		63636363	77000000
80000		72727272	88000000
90000		81818181	99000000

Table comparative.		Réduction des francs en florins.	Réduction des florins en francs.
10000	à 1 fr. 15 c. pour 1 florin.	8695652	11500000
20000		17391304	23000000
30000		26086956	34500000
40000		34782608	46000000
50000		43478260	57500000
60000		52173912	69000000
70000		60869564	80500000
80000		69565216	92000000
90000		78260868	103500000

Table comparative.		Réduction des francs en florins.	Réduction des florins en francs.
10000	à 1 fr. 20 c. pour 1 florin.	8333333	12000000
20000		16666667	24000000
30000		25000000	36000000
40000		33333333	48000000
50000		41666667	60000000
60000		50000000	72000000
70000		58333333	84000000
80000		66666667	96000000
90000		75000000	108000000

Table comparative.		Réduction des francs en florins.	Réduction des florins en francs.
10000	à 1 fr. 25 c. pour 1 florin.	8000000	12500000
20000		16000000	25000000
30000		24000000	37500000
40000		32000000	50000000
50000		40000000	62500000
60000		48000000	75000000
70000		56000000	87500000
80000		64000000	100000000
90000		72000000	112500000

Table comparative.		Réduction des francs en florins.	Réduction des florins en francs.
10000	à 1 fr. 30 c. pour 1 florin.	7692308	13000000
20000		15384616	26000000
30000		23076924	39000000
40000		30769232	52000000
50000		38461540	65000000
60000		46153848	78000000
70000		53846156	91000000
80000		61538464	104000000
90000		69230772	117000000

Chapitre XII. — Change entre Paris, Vienne et Ausbourg.

Table comparative.		Réduction des francs en florins.	Réduction des florins en francs.
10000	à 1 fr. 35 c. pour 1 florin.	7407407	13500000
20000		14814814	27000000
30000		22222222	40500000
40000		29629630	54000000
50000		37037037	67500000
60000		44444444	81000000
70000		51851850	94500000
80000		59259259	108000000
90000		66666667	121500000

Table comparative.		Réduction des francs en florins.	Réduction des florins en francs.
10000	à 1 fr. 40 c. pour 1 florin.	7142857	14000000
20000		14285714	28000000
30000		21428571	42000000
40000		28571428	56000000
50000		35714285	70000000
60000		42857143	84000000
70000		50000000	98000000
80000		57142857	112000000
90000		64285714	126000000

Table comparative.		Réduction des francs en florins.	Réduction des florins en francs.
10000	à 1 f. 45 c. pour 1 florin.	6896552	14500000
20000		13793104	29000000
30000		20689656	43500000
40000		27586208	58000000
50000		34482760	72500000
60000		41379312	87000000
70000		48275864	101500000
80000		55172416	116000000
90000		62068968	130500000

Table comparative.		Réduction des francs en florins.	Réduction des florins en francs.
10000	à 1 f. 50 c. pour 1 florin.	6666667	15000000
20000		13333333	30000000
30000		20000000	45000000
40000		26666667	60000000
50000		33333333	75000000
60000		40000000	90000000
70000		46666667	105000000
80000		53333333	120000000
90000		60000000	135000000

Table comparative.		Réduction des francs en florins.	Réduction des florins en francs.
10000	à 1 f. 55 c. pour 1 florin.	6451613	15500000
20000		12903226	31000000
30000		19354839	46500000
40000		25806452	61000000
50000		32258065	76500000
60000		38709678	92000000
70000		45161291	107500000
80000		51612904	123000000
90000		58064517	138500000

Chapitre XII. — Change entre Paris, Vienne et Ausbourg.

Table comparative.		Réduction des francs en florins.	Réduction des florins en francs.
10000	à 1 fr. 60 c. pour 1 florin.	6250000	16000000
20000		12500000	32000000
30000		18750000	48000000
40000		25000000	64800000
50000		31250000	80000000
60000		37500000	96000000
70000		43750000	112000000
80000		50000000	128000000
90000		56250000	144000000

Table comparative.		Réduction des francs en florins.	Réduction des florins en francs.
10000	à 1 fr. 65 c. pour 1 florin.	6060606	16500000
20000		12121212	33000000
30000		18181818	49500000
40000		24242424	66000000
50000		30303030	82500000
60000		36363636	99000000
70000		42424242	115500000
80000		48484848	132000000
90000		54545454	148500000

Table comparative.		Réduction des francs en florins.	Réduction des florins en francs.
10000	à 1 fr. 70 c. pour 1 florin.	5882353	17000000
20000		11764706	34000000
30000		17647059	51000000
40000		23529412	68000000
50000		29411765	85000000
60000		35294118	102000000
70000		41176471	119000000
80000		47058824	136000000
90000		52941177	153000000

Table comparative.		Réduction des francs en florins.	Réduction des florins en francs.
10000	à 1 fr. 75 c. pour 1 florin.	5714286	17500000
20000		11428572	35000000
30000		17142858	52500000
40000		22857144	70000000
50000		28571430	87500000
60000		34285715	105000000
70000		40000000	122500000
80000		45714286	140000000
90000		51428573	157500000

Table comparative.		Réduction des francs en florins.	Réduction des florins en francs.
10000	à 1 fr. 80 c. pour 1 florin.	5555556	18000000
20000		11111111	36000000
30000		16666667	54000000
40000		22222222	72000000
50000		27777778	90000000
60000		33333333	108000000
70000		38888889	126000000
80000		44444444	144000000
90000		50000000	162000000

Chapitre XII. — Change entre Paris, Vienne et Ausbourg.

Table comparative.		Réduction des francs en florins.	Réduction des florins en francs.
10000	à 1 fr. 85 c. pour 1 florin.	5405405	18500000
20000		10810810	37000000
30000		16216215	55500000
40000		21621620	74000000
50000		27027025	92500000
60000		32432430	111000000
70000		37837835	129500000
80000		43243240	148000000
90000		48648645	166500000

Table comparative.		Réduction des francs en florins.	Réduction des florins en francs.
10000	à 1 fr. 90 c. pour 1 florin.	5263158	19000000
20000		10526316	38000000
30000		15789474	57000000
40000		21052632	76000000
50000		26315790	95000000
60000		31578948	114000000
70000		36842106	133000000
80000		42105264	152000000
90000		47368422	171000000

Table comparative.		Réduction des francs en florins.	Réduction des florins en francs.
10000	à 1 fr. 95 c. pour 1 florin.	5128205	19500000
20000		10256410	39000000
30000		15384615	58500000
40000		20512820	78000000
50000		25641025	97500000
60000		30769230	117000000
70000		35897435	136500000
80000		41025640	156000000
90000		46153845	175500000

Table comparative.		Réduction des francs en florins.	Réduction des florins en francs.
10000	à 2 fr. pour 1 florin.	5000000	20000000
20000		10000000	40000000
30000		15000000	60000000
40000		20000000	80000000
50000		25000000	100000000
60000		30000000	120000000
70000		35000000	140000000
80000		40000000	160000000
90000		45000000	180000000

Table comparative.		Réduction des francs en florins.	Réduction des florins en francs.
10000	à 2 fr. 05 c. pour 1 florin.	4878049	20500000
20000		9756098	41000000
30000		14634147	61500000
40000		19512196	82000000
50000		24390245	102500000
60000		29268294	123000000
70000		34146343	143500000
80000		39024392	164000000
90000		43902441	184500000

Chapitre XII. — Change entre Paris, Vienne et Ausbourg.

Table comparative.		Réduction des francs en florins.	Réduction des florins en francs.
10000	à 2 f. 10 c. pour 1 florin.	4761905	21000000
20000		9523810	42000000
30000		14285715	63000000
40000		19047620	84000000
50000		23809525	105000000
60000		28571430	126000000
70000		33333335	147000000
80000		38095240	168000000
90000		42857145	189000000

Table comparative.		Réduction des francs en florins.	Réduction des florins en francs.
10000	à 2 f. 15 c. pour 1 florin.	4651163	21500000
20000		9302326	43000000
30000		13953489	64500000
40000		18604652	86000000
50000		23255815	107500000
60000		27906978	129000000
70000		32558141	150500000
80000		37209304	172000000
90000		41860467	193500000

Table comparative.		Réduction des francs en florins.	Réduction des florins en francs.
10000	à 2 f. 20 c. pour 1 florin.	4545455	22000000
20000		9090909	44000000
30000		13636364	66000000
40000		18181819	88000000
50000		22727273	110000000
60000		27272728	132000000
70000		31818182	154000000
80000		36363637	176000000
90000		40909091	198000000

Table comparative.		Réduction des francs en florins.	Réduction des florins en francs.
10000	à 2 f. 25 c. pour 1 florin.	4444444	22500000
20000		8888889	45000000
30000		13333333	67500000
40000		17777778	00000000
50000		22222222	112500000
60000		26666667	135000000
70000		31111111	157500000
80000		35555556	180000000
90000		40000000	202500000

Table comparative.		Réduction des francs en florins.	Réduction des florins en francs.
10000	à 2 fr. 30 c. pour 1 florin.	4347826	23000000
20000		8695652	46000000
30000		13043478	69000000
40000		17391304	92000000
50000		21739130	115000000
60000		26086956	138000000
70000		30434782	161000000
80000		34782608	184000000
90000		39130434	207000000

Chapitre XII. — Change entre Paris, Vienne et Ausbourg.

Table comparative.		Réduction des francs en florins.	Réduction des florins en francs.
10000	à 2 fr. 35 c. pour 1 florin.	4255319	23500000
20000		8510638	47000000
30000		12765957	70500000
40000		17021276	94000000
50000		21276595	117500000
60000		25531914	141000000
70000		29787233	164500000
80000		34042552	188000000
90000		38297871	211500000

Table comparative.		Réduction des francs en florins.	Réduction des florins en francs.
10000	à 2 fr. 40 c. pour 1 florin.	4166667	24000000
20000		8333333	48000000
30000		12500000	72000000
40000		16666667	96000000
50000		20833333	120000000
60000		25000000	144000000
70000		29166667	168000000
80000		33333333	192000000
90000		37500000	216000000

Table comparative.		Réduction des francs en florins.	Réduction des florins en francs.
10000	à 2 fr. 45 c. pour 1 florin.	4081633	24500000
20000		8163265	49000000
30000		12244898	73500000
40000		16326531	98000000
50000		20408164	122500000
60000		24489797	147000000
70000		28571430	171500000
80000		32653063	196000000
90000		36734696	220500000

Table comparative.		Réduction des francs en florins.	Réduction des florins en francs.
10000	à 2 fr. 50 c. pour 1 florin.	4000000	25000000
20000		8000000	50000000
30000		12000000	75000000
40000		16000000	100000000
50000		20000000	125000000
60000		24000000	150000000
70000		28000000	175000000
80000		32000000	200000000
90000		36000000	225000000

Table comparative.		Réduction des francs en florins.	Réduction des florins en francs.
10000	à 2 fr. 55 c. pour 1 florin.	3921569	26000000
20000		7843138	52000000
30000		11764707	78000000
40000		15686276	104000000
50000		19607845	130000000
60000		23529414	156000000
70000		27450983	182000000
80000		31372552	208000000
90000		35294121	234000000

Chapitre XII. — Change entre Paris, Vienne et Ausbourg.

Table comparative.		Réduction des francs en florins.	Réduction des florins en francs.
10000	à 2 f. 60 c. pour 1 florin.	3846154	26000000
20000		7692308	52000000
30000		11538462	78000000
40000		15384616	104000000
50000		19230770	130000000
60000		23076924	156000000
70000		26923078	182000000
80000		30769232	208000000
90000		34615386	234000000

Table comparative.		Réduction des francs en florins.	Réduction des florins en francs.
10000	à 2 f. 65 c. pour 1 florin.	3773585	26500000
20000		7547170	53000000
30000		11320755	79500000
40000		15094340	106000000
50000		18867925	132500000
60000		22641510	159000000
70000		26415095	185500000
80000		30188680	212000000
90000		33962265	238500000

Table comparative.		Réduction des francs en florins.	Réduction des florins en francs.
10000	à 2 f. 70 c. pour 1 florin.	3703704	27000000
20000		7407407	54000000
30000		11111111	81000000
40000		14814815	108000000
50000		18518521	135000000
60000		22222222	162000000
70000		25925928	189000000
80000		29629620	216000000
90000		33333333	243000000

Table comparative.		Réduction des francs en florins.	Réduction des florins en francs.
10000	à 2 f. 75 c. pour 1 florin.	3636364	27500000
20000		7272728	55000000
30000		10909091	82500000
40000		14545456	110000000
50000		18181818	137500000
60000		21818182	165000000
70000		25454545	192500000
80000		29090909	220000000
90000		32727273	247500000

Table comparative.		Réduction des francs en florins.	Réduction des florins en francs.
10000	à 2 f. 80 c. pour 1 florin.	3571429	28000000
20000		7142858	56000000
30000		10714287	84000000
40000		14285716	112000000
50000		17857145	140000000
60000		21428574	168000000
70000		25000000	196000000
80000		28571432	224000000
90000		32142861	252000000

Chapitre XII. — Change entre Paris, Vienne et Ausbourg.

Table comparative.		Réduction des francs en florins.	Réduction des florins en francs.
10000	à 2 fr. 85 c. pour 1 florin.	3508772	28500000
20000		7017544	57000000
30000		10526316	85500000
40000		14035088	114000000
50000		17543860	142500000
60000		21052632	171000000
70000		24561404	199500000
80000		28070176	228000000
90000		31578948	256500000

Table comparative.		Réduction des francs en florins.	Réduction des florins en francs.
10000	à 2 fr. 90 c. pour 1 florin.	3448276	29000000
20000		6896552	58000000
30000		10344828	87000000
40000		13793104	116000000
50000		17241380	145000000
60000		20689656	174000000
70000		24137932	203000000
80000		27586208	232000000
90000		31034484	261000000

Table comparative.		Réduction des francs en florins.	Réduction des florins en francs.
10000	à 2 fr. 95 c. pour 1 florin.	3389831	29500000
20000		6779662	59000000
30000		10169493	88500000
40000		13559324	118000000
50000		16949155	147500000
60000		20338986	177000000
70000		23728817	206500000
80000		27118648	236000000
90000		30508479	265500000

Table comparative.		Réduction des francs en florins.	Réduction des florins en francs.
10000	à 3 fr. pour 1 florin.	3333333	30000000
20000		6666667	60000000
30000		10000000	90000000
40000		13333333	120000000
50000		16666667	150000000
60000		20000000	180000000
70000		23333333	210000000
80000		26666667	240000000
90000		30000000	270000000

CHANGE

ENTRE

PARIS, GÊNES ET LIVOURNE.

Table comparative.		Réduction des francs en piastres.	Réduction des piastres en francs.
10000	à 4 fr. pour une piastre.	2500000	40000000
20000		5000000	80000000
30000		7500000	120000000
40000		10000000	160000000
50000		12500000	200000000
60000		15000000	240000000
70000		17500000	280000000
80000		20000000	320000000
90000		22500000	360000000

Table comparative.		Réduction des francs en piastres.	Réduction des piastres en francs.
10000	à 4 fr. 05 c. pour une piastre.	2469136	40500000
20000		4938272	81000000
30000		7407407	121500000
40000		9876543	162000000
50000		12345679	202500000
60000		14814815	243000000
70000		17283951	283500000
80000		19753086	323000000
90000		22222222	363500000

Table comparative.		Réduction des francs en piastres.	Réduction des piastres en francs.
10000	à 4 fr. 10 c. pour une piastre.	2439024	41000000
20000		4878049	82000000
30000		7317073	123000000
40000		9756098	164000000
50000		12195122	205000000
60000		14634146	246000000
70000		17073171	287000000
80000		19512195	328000000
90000		21951220	369000000

Table comparative.		Réduction des francs en piastres.	Réduction des piastres en francs.
10000	à 4 fr. 15 c. pour une piastre.	2409639	41500000
20000		4819277	83000000
30000		7228916	124500000
40000		9638554	166000000
50000		12048193	207500000
60000		14457831	249000000
70000		16867470	290500000
80000		19277108	332000000
90000		21686747	373500000

Chapitre XII. — Change entre Paris, Gênes et Livourne.

Table comparative.		Réduction des francs en piastres.	Réduction des piastres en francs.
10000	à 4 fr. 20 c. pour une piastre.	2380952	42000000
20000		4761905	84000000
30000		7142857	126000000
40000		9523810	168000000
50000		11904762	210000000
60000		14285714	252000000
70000		16666667	294000000
80000		19047619	336000000
90000		21428571	378000000
Table comparative.		**Réduction des francs en piastres.**	**Réduction des piastres en francs.**
10000	à 4 fr. 25 c. pour une piastre.	2352941	42500000
20000		4705882	85000000
30000		7058824	127500000
40000		9411765	170000000
50000		11764706	212500000
60000		14117647	255000000
70000		16470588	297500000
80000		18823529	340000000
90000		21176471	382500000
Table comparative.		**Réduction des francs en piastres.**	**Réduction des piastres en francs.**
10000	à 4 fr. 30 c. pour une piastre.	2325581	43000000
20000		4651163	86000000
30000		6976744	129000000
40000		9302326	172000000
50000		11627907	215000000
60000		13953488	258000000
70000		16279070	301000000
80000		18604651	344000000
90000		20930233	387000000
Table comparative.		**Réduction des francs en piastres.**	**Réduction des piastres en francs.**
10000	à 4 fr. 35 c. pour une piastre.	2298851	43500000
20000		4597701	87000000
30000		6896552	130500000
40000		9195402	174000000
50000		11494253	217500000
60000		13793103	261000000
70000		16091953	304500000
80000		18390805	348000000
90000		20689655	391500000
Table comparative.		**Réduction des francs en piastres.**	**Réduction des piastres en francs.**
10000	à 4 fr. 40 c. pour une piastre.	2272727	44000000
20000		4545455	88000000
30000		6818182	132000000
40000		9090909	176000000
50000		11363636	220000000
60000		13636364	264000000
70000		15909100	308000000
80000		18181818	352000000
90000		20454545	396000000

Chapitre XII. — Change entre Paris, Gênes et Livourne.

Table comparative.		Réduction des francs en piastres.	Réduction des piastres en francs.
10000	à 4 fr. 45 c. pour une piastre.	2247109	44500000
20000		4494218	89000000
30000		6741327	133500000
40000		8988436	148000000
50000		11235545	192500000
60000		13482655	237000000
70000		15729764	281500000
80000		17976873	326000000
90000		20223982	370500000
Table comparative.		**Réduction des francs en piastres.**	**Réduction des piastres en francs.**
10000	à 4 fr. 50 c. pour une piastre.	2222222	45000000
20000		4444444	90000000
30000		6666667	135000000
40000		8888889	180000000
50000		11111111	225000000
60000		13333333	270000000
70000		15555556	315000000
80000		17777778	360000000
90000		20000000	405000000
Table comparative.		**Réduction des francs en piastres.**	**Réduction des piastres en francs.**
10000	à 4 fr. 55 c. pour une piastre.	2197802	45500000
20000		4395604	91000000
30000		6593407	136500000
40000		8791209	182000000
50000		10989011	227500000
60000		13186813	273000000
70000		15384615	318500000
80000		17582418	364000000
90000		19780220	409500000
Table comparative.		**Réduction des francs en piastres.**	**Réduction des piastres en francs.**
10000	à 4 fr. 60 c. pour une piastre.	2173913	46000000
20000		4347826	92000000
30000		6521739	138000000
40000		8695652	184000000
50000		10869565	230000000
60000		13043478	276000000
70000		15217391	322000000
80000		17391304	368000000
90000		19565217	414000000
Table comparative.		**Réduction des francs en piastres.**	**Réduction des piastres en francs.**
10000	à 4 fr. 65 c. pour une piastre.	2150538	46500000
20000		4301075	93000000
30000		6451613	139500000
40000		8602151	186000000
50000		10752688	232500000
60000		12903226	279000000
70000		15053764	325500000
80000		17204301	372000000
90000		19354839	418500000

CHAPITRE XII. — Change entre Paris, Gênes et Livourne.

Table comparative.		Réduction des francs en piastres.	Réduction des piastres en francs.
10000	à 4 fr. 70 c. pour une piastre.	2127660	47000000
20000		4255319	94000000
30000		6382979	141000000
40000		8510638	188000000
50000		10638298	235000000
60000		12765957	282000000
70000		14893617	329000000
80000		17021277	376000000
90000		19148936	423000000

Table comparative.		Réduction des francs en piastres.	Réduction des piastres en francs.
10000	à 4 fr. 75 c. pour une piastre.	2105263	47500000
20000		4210526	95000000
30000		6315789	142500000
40000		8421053	190000000
50000		10526316	237500000
60000		12631579	285000000
70000		14736842	332500000
80000		16842105	380000000
90000		18947368	427500000

Table comparative.		Réduction des francs en piastres.	Réduction des piastres en francs.
10000	à 4 fr. 80 c. pour une piastre.	2083333	48000000
20000		4166667	96000000
30000		6250000	144000000
40000		8333333	192000000
50000		10416667	240000000
60000		12500000	288000000
70000		14583333	336000000
80000		16666667	384000000
90000		18749100	432000000

Table comparative.		Réduction des francs en piastres.	Réduction des piastres en francs.
10000	à 4 fr. 85 c. pour une piastre.	2061856	48500000
20000		4123711	97000000
30000		6185567	145500000
40000		8247423	194000000
50000		10309278	242500000
60000		12371134	291000000
70000		14432990	339500000
80000		16494845	388000000
90000		18556701	436500000

Table comparative.		Réduction des francs en piastres.	Réduction des piastres en francs.
10000	à 4 fr. 90 c. pour une piastre.	2040816	49000000
20000		4081633	98000000
30000		6122449	147000000
40000		8163265	196000000
50000		10204082	245000000
60000		12244898	294000000
70000		14285714	343000000
80000		16326530	392000000
90000		18367347	441000000

Chapitre XII. — Change entre Paris, Gênes et Livourne.

Table comparative.		Réduction des francs en piastres.	Réduction des piastres en francs.
10000	à 4 fr. 95 c. pour une piastre.	2020202	49500000
20000		4040404	99000000
30000		6060606	148500000
40000		8080808	198000000
50000		10101010	247500000
60000		12121212	297000000
70000		14141414	346500000
80000		16161616	396000000
90000		18181818	445500000
Table comparative.		**Réduction des francs en piastres.**	**Réduction des piastres en francs.**
10000	à 5 francs pour une piastre.	2000000	50000000
20000		4000000	100000000
30000		6000000	150000000
40000		8000000	200000000
50000		10000000	250000000
60000		12000000	300000000
70000		14000000	350000000
80000		16000000	400000000
90000		18000000	450000000
Table comparative.		**Réduction des francs en piastres.**	**Réduction des piastres en francs.**
10000	à 5 fr. 05 c. pour une piastre.	1980198	50500000
20000		3960396	101000000
30000		5940594	151500000
40000		7920792	202000000
50000		9900990	252500000
60000		11881188	303000000
70000		13861386	353500000
80000		15841584	404000000
90000		17821782	454500000
Table comparative.		**Réduction des francs en piastres.**	**Réduction des piastres en francs.**
10000	à 5 fr. 10 c. pour une piastre.	1960784	51000000
20000		3921569	102000000
30000		5882353	153000000
40000		7843137	204000000
50000		9803922	255000000
60000		11764706	306000000
70000		13725490	357000000
80000		15686274	408000000
90000		17647059	459000000
Table comparative.		**Réduction des francs en piastres.**	**Réduction des piastres en francs.**
10000	à 5 fr. 15 c. pour une piastre.	1941748	51500000
20000		3883495	103000000
30000		5825243	154500000
40000		7766990	206000000
50000		9708738	257500000
60000		11650485	309000000
70000		13592233	360500000
80000		15533981	412000000
90000		17475728	463500000

Chapitre XII. — Change entre Paris, Gênes et Livourne.

Table comparative.		Réduction des francs en piastres.	Réduction des piastres en francs.
10000	à 5 fr. 20 c. pour une piastre.	1923077	52000000
20000		3846154	104000000
30000		5769231	156000000
40000		7692308	208000000
50000		9615385	260000000
60000		11538462	312000000
70000		13461538	364000000
80000		15384615	416000000
90000		17307692	468000000

Table comparative.		Réduction des francs en piastres.	Réduction des piastres en francs.
10000	à 5 fr. 25 c. pour une piastre.	1904762	52500000
20000		3809524	105000000
30000		5714286	157500000
40000		7619048	210000000
50000		9523809	262500000
60000		11428571	315000000
70000		13333333	367500000
80000		15238095	420000000
90000		17142857	472500000

Table comparative.		Réduction des francs en piastres.	Réduction des piastres en francs.
10000	à 5 fr. 30 c. pour une piastre.	1886792	53000000
20000		3773585	106000000
30000		5660377	159000000
40000		7547170	212000000
50000		9433962	265000000
60000		11320755	318000000
70000		13207547	371000000
80000		15094340	424000000
90000		16981132	477000000

Table comparative.		Réduction des francs en piastres.	Réduction des piastres en francs.
10000	à 5 fr. 35 c. pour une piastre.	1869159	53500000
20000		3738318	107000000
30000		5607477	160500000
40000		7476636	214000000
50000		9345794	267500000
60000		11214953	321000000
70000		13084112	374500000
80000		14953271	428000000
90000		16822430	481500000

Table comparative.		Réduction des francs en piastres.	Réduction des piastres en francs.
10000	à 5 fr. 40 c. pour une piastre.	1851852	54000000
20000		3703704	108000000
30000		5555556	162000000
40000		7407407	216000000
50000		9259259	270000000
60000		11111111	324000000
70000		12962963	378000000
80000		14814815	432000000
90000		16666667	486000000

CHAPITRE XII. — Change entre Paris, Gênes et Livourne.

Table comparative.		Réduction des francs en piastres.	Réduction des piastres en francs.
10000	à 5 fr. 45 c. pour une piastre.	1834862	54500000
20000		3669725	109000000
30000		5504587	163500000
40000		7339450	218000000
50000		9174312	272500000
60000		11009174	327000000
70000		12844037	381500000
80000		14678899	436000000
90000		16513761	490500000

Table comparative.		Réduction des francs en piastres.	Réduction des piastres en francs.
10000	à 5 fr. 50 c. pour une piastre.	1818182	55000000
20000		3636364	110000000
30000		5454545	165000000
40000		7272727	220000000
50000		9090909	275000000
60000		10909091	330000000
70000		12727273	385000000
80000		14545455	440000000
90000		16363636	495000000

Table comparative.		Réduction des francs en piastres.	Réduction des piastres en francs.
10000	à 5 fr. 55 c. pour une piastre.	1801802	55500000
20000		3603604	111000000
30000		5405405	166500000
40000		7207207	222000000
50000		9009009	277500000
60000		10810811	333000000
70000		12612613	388500000
80000		14414414	444000000
90000		16216216	499500000

Table comparative.		Réduction des francs en piastres.	Réduction des piastres en francs.
10000	à 5 fr. 60 c. pour une piastre.	1785714	56000000
20000		3571429	112000000
30000		5357143	168000000
40000		7142857	224000000
50000		8928571	280000000
60000		10714286	336000000
70000		12499999	392000000
80000		14285714	448000000
90000		16071429	504000000

Table comparative.		Réduction des francs en piastres.	Réduction des piastres en francs.
10000	à 5 fr. 65 c. pour une piastre.	1769911	56500000
20000		3539823	113000000
30000		5309734	169500000
40000		7079646	226000000
50000		8849557	282500000
60000		10619469	339000000
70000		12389380	395500000
80000		14159292	452000000
90000		15929203	508500000

Chapitre XII. — Change entre Paris, Gênes et Livourne.

Table comparative.		Réduction des francs en piastres.	Réduction des piastres en francs.
10000	à 5 fr. 70 c. pour une piastre.	1754386	57000000
20000		3508772	114000000
30000		5263158	171000000
40000		7017544	228000000
50000		8771930	285000000
60000		10526316	342000000
70000		12280702	399000000
80000		14035088	456000000
90000		15789474	513000000

Table comparative.		Réduction des francs en piastres.	Réduction des piastres en francs.
10000	à 5 fr. 75 c. pour une piastre.	1739130	57500000
20000		3478261	115000000
30000		5217391	172500000
40000		6956522	230000000
50000		8695652	287500000
60000		10434783	345000000
70000		12173913	402500000
80000		13913044	460000000
90000		15652174	517500000

Table comparative.		Réduction des francs en piastres.	Réduction des piastres en francs.
10000	à 5 fr. 80 c. pour une piastre.	1724138	58000000
20000		3448276	116000000
30000		5172414	174000000
40000		6896552	232000000
50000		8620690	290000000
60000		10344828	348000000
70000		12068966	406000000
80000		13793103	464000000
90000		15517241	522000000

Table comparative.		Réduction des francs en piastres.	Réduction des piastres en francs.
10000	à 5 fr. 85 c. pour une piastre.	1709402	58500000
20000		3418803	117000000
30000		5128205	175500000
40000		6837607	234000000
50000		8547009	292500000
60000		10256410	351000000
70000		11965812	409500000
80000		13675214	468000000
90000		15384615	526500000

Table comparative.		Réduction des francs en piastres.	Réduction des piastres en francs.
10000	à 5 fr. 90 c. pour une piastre.	1694915	59000000
20000		3389830	118000000
30000		5084746	177000000
40000		6779661	236000000
50000		8474576	295000000
60000		10169491	354000000
70000		11864407	413000000
80000		13559322	472000000
90000		15254237	531000000

Chapitre XII. — Change entre Paris et Genève.

Table comparative.		Réduction des francs en piastres.	Réduction des piastres en francs.
10000	à 5 fr. 95 c. pour une piastre.	1680672	59500000
20000		3361345	119000000
30000		5042017	178500000
40000		6722689	238000000
50000		8403361	297500000
60000		10084034	357000000
70000		11764706	416500000
80000		13445378	476000000
90000		15126050	535500000

CHANGE

ENTRE

PARIS ET GENÈVE.

Table comparative.		Réduction des francs en livres.	Réduction des livres en francs.
10000	à 1 fr. 20 centièmes pour une livre.	8333333	12000000
20000		16666667	24000000
30000		25000000	36000000
40000		33333333	48000000
50000		41666667	60000000
60000		50000000	72000000
70000		58333333	84000000
80000		66666667	96000000
90000		75000000	108000000

Table comparative.		Réduction des francs en livres.	Réducdon des livres en francs.
10000	à 1 fr. 21 centièmes pour une livre.	8264463	12100000
20000		16528926	24200000
30000		24793388	36300000
40000		33057851	48400000
50000		41322314	60500000
60000		49586777	72600000
70000		57851240	84700000
80000		66115702	96800000
90000		74380165	108900000

Table comparative.		Réduction des francs en livres.	Réduction des livres en francs.
10000	à 1 fr. 22 centièmes pour une livre.	8196721	12200000
20000		16393443	24400000
30000		24590164	36600000
40000		32786885	48800000
50000		40983607	61000000
60000		49180228	73200000
70000		57376949	85400000
80000		65573670	97600000
90000		73770392	109800000

Chapitre XII. — Change entre Paris et Genève.

Table comparative.		Réduction des francs en livres.	Réduction des livres en francs.
10000	à 1 fr. 23 centièmes pour une livre.	8130081	12300000
20000		16260163	24600000
30000		24390244	36900000
40000		32520325	49200000
50000		40650406	61500000
60000		48780488	73800000
70000		56910569	86100000
80000		65040650	98400000
90000		73170732	110700000

Table comparative.		Réduction des francs en livres.	Réduction des livres en francs.
10000	à 1 fr. 24 centièmes pour une livre.	8064516	12400000
20000		16129032	24800000
30000		24193548	37200000
40000		32258065	49600000
50000		40322581	62000000
60000		48387097	74400000
70000		56451613	86800000
80000		64516129	99200000
90000		72580645	111000000

Table comparative.		Réduction des francs en livres.	Réduction des livres en francs.
10000	à 1 fr. 25 centièmes pour une livre.	8000000	12500000
20000		16000000	25000000
30000		24000000	37500000
40000		32000000	50000000
50000		40000000	62500000
60000		48000000	75000000
70000		56000000	87500000
80000		64000000	100000000
90000		72000000	112500000

Table comparative.		Réduction des francs en livres.	Réduction des livres en francs.
10000	à 1 fr. 26 centièmes pour une livre.	7936508	12600000
20000		15873016	25200000
30000		23809524	37800000
40000		31746032	50400000
50000		39682540	63000000
60000		47619048	75600000
70000		55555556	88200000
80000		63492064	100800000
90000		71428571	113400000

Table comparative.		Réduction des francs en livres.	Réduction des livres en francs.
10000	à 1 fr. 27 centièmes pour une livre.	7874016	12700000
20000		15748031	25400000
30000		23622047	38100000
40000		31496063	50800000
50000		39370079	63500000
60000		47244094	76200000
70000		55118110	88900000
80000		62992126	101600000
90000		70866142	114300000

Chapitre XII. — Change entre Paris et Genève.

Table comparative.		Réduction des francs en livres.	Réduction des livres en francs.
10000	à 1 fr. 28 centièmes pour une livre.	7812500	12800000
20000		15625000	25600000
30000		23437500	38400000
40000		31250000	51200000
50000		39062500	64000000
60000		46875000	76800000
70000		54687500	89600000
80000		62500000	102400000
90000		70312500	115200000

Table comparative.		Réduction des francs en livres.	Réduction des livres en francs.
10000	à 1 fr. 29 centièmes pour une livre.	7751938	12900000
20000		15503876	25800000
30000		23255814	38700000
40000		31007752	51600000
50000		38759690	64500000
60000		46511628	77400000
70000		54263566	90300000
80000		62015504	103200000
90000		69767442	116100000

Table comparative.		Réduction des francs en livres.	Réduction des livres en francs.
10000	à 1 fr. 30 centièmes pour une livre.	7692308	13000000
20000		15384615	26000000
30000		23076923	39000000
40000		30769231	52000000
50000		38461538	65000000
60000		46153846	78000000
70000		53846154	91000000
80000		61538462	104000000
90000		69230769	117000000

Table comparative.		Réduction des francs en livres.	Réduction des livres en francs.
10000	à 1 fr. 31 centièmes pour une livre.	7633588	13100000
20000		15267176	26200000
30000		22900763	39300000
40000		30534351	52400000
50000		38167939	65500000
60000		45801527	78600000
70000		53435115	91700000
80000		61068702	104800000
90000		68702290	117900000

Table comparative.		Réduction des francs en livres.	Réduction des livres en francs.
10000	à 1 fr. 32 centièmes pour une livre.	7575758	13200000
20000		15151515	26400000
30000		22727273	39600000
40000		30303030	52800000
50000		37878788	66000000
60000		45454545	79200000
70000		53030303	92400000
80000		60606061	105600000
90000		68181818	118800000

Chapitre XII. — Change entre Paris et Genève.

Table comparative.		Réduction des francs en livres.	Réduction des livres en francs.
10000	à 1 fr. 33 centièmes pour une livre.	7518797	13300000
20000		15037594	26600000
30000		22556391	39900000
40000		30075188	53200000
50000		37593985	66500000
60000		45112782	79800000
70000		52631579	93100000
80000		60150376	106400000
90000		67669173	119700000

Table comparative.		Réduction des francs en livres.	Réduction des livres en francs.
10000	à 1 fr. 34 centièmes pour une livre.	7462687	13400000
20000		14925373	26800000
30000		22388060	40200000
40000		29850746	53600000
50000		37313433	67000000
60000		44776119	80400000
70000		52238806	93800000
80000		59701493	107200000
90000		67164179	120600000

Table comparative.		Réduction des francs en livres.	Réduction des livres en francs.
10000	à 1 fr. 35 centièmes pour une livre.	7407407	13500000
20000		14814815	27000000
30000		22222222	40500000
40000		29629630	54000000
50000		37037037	67500000
60000		44444444	81000000
70000		51851852	94500000
80000		59259259	108000000
90000		66666667	121500000

Table comparative.		Réduction des francs en livres.	Réduction des livres en francs.
10000	à 1 fr. 36 centièmes pour une livre.	7352941	13600000
20000		14705882	27200000
30000		22058824	40800000
40000		29411765	54400000
50000		36764706	68000000
60000		44117647	81600000
70000		51470588	95200000
80000		58823529	108800000
90000		66176471	122400000

Table comparative.		Réduction des francs en livres.	Réduction des livres en francs.
10000	à 1 fr. 37 centièmes pour une livre.	7299270	13700000
20000		14598540	27400000
30000		21897810	41100000
40000		29197080	54800000
50000		36496350	68500000
60000		43795620	82200000
70000		51094890	95900000
80000		58394161	109600000
90000		65693431	123300000

Chapitre XII. — Change entre Paris et Genève.

Table comparative.		Réduction des francs en livres.	Réduction des livres en francs.
10000	à 1 fr. 38 centièmes pour une livre.	7246377	13800000
20000		14492754	27600000
30000		21739130	41400000
40000		28985507	55200000
50000		36231884	69000000
60000		43478261	82800000
70000		50724638	96600000
80000		57971014	110400000
90000		65217391	124200000

Table comparative.		Réduction des francs en livres.	Réduction des livres en francs.
10000	à 1 fr. 39 centièmes pour une livre.	7194245	13900000
20000		14388489	27800000
30000		21582734	41700000
40000		28776978	55600000
50000		35971223	69500000
60000		43165468	83400000
70000		50359712	97300000
80000		57553957	111200000
90000		64748201	125100000

Table comparative.		Réduction des francs en livres.	Réduction des livres en francs.
10000	à 1 fr. 40 centièmes pour une livre.	7142857	14000000
20000		14285714	28000000
30000		21428571	42000000
40000		28571429	56000000
50000		35714286	70000000
60000		42857143	84000000
70000		50000000	98000000
80000		57142857	112000000
90000		64285714	126000000

Table comparative.		Réduction des francs en livres.	Réduction des livres en francs.
10000	à 1 fr. 41 centièmes pour une livre.	7092199	14100000
20000		14184397	28200000
30000		21276596	42300000
40000		28368794	56400000
50000		35460993	70500000
60000		42553191	84600000
70000		49645390	98700000
80000		56737589	112800000
90000		63829787	126900000

Table comparative.		Réduction des francs en livres.	Réduction des livres en francs.
10000	à 1 fr. 42 centièmes pour une livre.	7042254	14200000
20000		14084507	28400000
30000		21126761	42600000
40000		28169014	56800000
50000		35211268	71000000
60000		42253521	85200000
70000		49295775	99400000
80000		56338028	113600000
90000		63380282	127800000

CHAPITRE XII. — Change entre Paris et Genève.

Table comparative.		Réduction des francs en livres.	Réduction des livres en francs.
10000	à 1 fr. 43 centièmes pour une livre.	6993007	14300000
20000		13986014	28600000
30000		20979021	42900000
40000		27972028	57200000
50000		34965035	71500000
60000		41958042	85800000
70000		48951049	100100000
80000		55944056	114400000
90000		62937063	128700000

Table comparative.		Réduction des francs en livres.	Réduction des livres en francs.
10000	à 1 fr. 44 centièmes pour une livre.	6944444	14400000
20000		13888889	28800000
30000		20833333	43200000
40000		27777778	57600000
50000		34722222	72000000
60000		41666667	86400000
70000		48611111	100800000
80000		55555556	115200000
90000		62500000	129600000

Table comparative.		Réduction des francs en livres.	Réduction des livres en francs.
10000	à 1 fr. 45 centièmes pour une livre.	6896552	14500000
20000		13793103	29000000
30000		20689655	43500000
40000		27586207	58000000
50000		34482759	72500000
60000		41379310	87000000
70000		48275862	101500000
80000		55172414	116000000
90000		62068965	130500000

Table comparative.		Réduction des francs en livres.	Réduction des livres en francs.
10000	à 1 fr. 46 centièmes pour une livre.	6849315	14600000
20000		13698630	29200000
30000		20547945	43800000
40000		27397260	58400000
50000		34246575	73000000
60000		41095890	87600000
70000		47945205	102200000
80000		54794521	116800000
90000		61643835	131400000

Table comparative.		Réduction des francs en livres.	Réduction des livres en francs.
10000	à 1 fr. 47 centièmes pour une livre.	6802721	14700000
20000		13605442	29400000
30000		20408163	44100000
40000		27210884	58800000
50000		34013605	73500000
60000		40816327	88200000
70000		47619048	102900000
80000		54421769	117600000
90000		61224490	132300000

CHAPITRE XII. — Change entre Paris et Genève.

Table comparative.		Réduction des francs en livres.	Réduction des livres en francs.
10000	à 1 fr. 48 centièmes pour une livre.	6756757	14800000
20000		13513513	29600000
30000		20270270	44400000
40000		27027027	59200000
50000		33783784	74000000
60000		40540540	88800000
70000		47297297	103600000
80000		54054054	118400000
90000		60810811	133200000

Table comparative.		Réduction des francs en livres.	Réduction des livres en francs.
10000	à 1 fr. 49 centièmes pour une livre.	6711409	14900000
20000		13422819	29800000
30000		20134228	44700000
40000		26845638	59600000
50000		33557047	74500000
60000		40268456	89400000
70000		46979866	104300000
80000		53691275	119200000
90000		60402685	134100000

Table comparative.		Réduction des francs en livres.	Réduction des livres enfrancs.
10000	à 1 fr. 50 centièmes pour une livre.	6666667	15000000
20000		13333333	30000000
30000		20000000	45000000
40000		26666667	60000000
50000		33333333	75000000
60000		40000000	90000000
70000		46666667	105000000
80000		53333333	120000000
90000		60000000	135000000

Table comparative.		Réduction des francs en livres.	Réduction des livres en francs.
10000	à 1 fr. 51 centièmes pour une livre.	6622517	15100000
20000		13245033	30200000
30000		19867550	45300000
40000		26490066	60400000
50000		33112583	75500000
60000		39735099	90600000
70000		46357616	105700000
80000		52980132	120800000
90000		59602649	135900000

Table comparative.		Réduction des francs en livres.	Réduction des livres en francs.
10000	à 1 fr. 52 centièmes pour une livre.	6578947	15200000
20000		13157895	30400000
30000		19736842	45600000
40000		26315789	60800000
50000		32894737	76000000
60000		39473684	91200000
70000		46052632	106400000
80000		52631579	121600000
90000		59210526	136800000

Chapitre XII. — Change entre Paris et Genève.

Table comparative.		Réduction des francs en livres.	Réduction des livres en francs.
10000	à 1 fr. 53 centièmes pour une livre.	6535948	15300000
20000		13071895	30600000
30000		19607843	45900000
40000		26143791	61200000
50000		32679739	76500000
60000		39215686	91800000
70000		45751634	107100000
80000		52287582	122400000
90000		58823529	137700000

Table comparative.		Réduction des francs en livres.	Réduction des livres en francs.
10000	à 1 fr. 54 centièmes pour une livre.	6493506	15400000
20000		12987014	30800000
30000		19480520	46200000
40000		25974027	61600000
50000		32467533	77000000
60000		38961040	92400000
70000		45454546	107800000
80000		51948053	123200000
90000		58441559	138600000

Table comparative.		Réduction des francs en livres.	Réduction des livres en francs.
10000	à 1 fr. 55 centièmes pour une livre.	6451613	15500000
20000		12903226	31000000
30000		19354839	46500000
40000		25806452	62000000
50000		32258064	77500000
60000		38709677	93000000
70000		45161290	108500000
80000		51612903	124000000
90000		58064516	139500000

Table comparative.		Réduction des francs en livres.	Réduction des livres en francs.
10000	à 1 fr. 56 centièmes pour une livre.	6410256	15600000
20000		12820513	31200000
30000		19230769	46800000
40000		25641026	62400000
50000		32051282	78000000
60000		38461538	93600000
70000		44871795	109200000
80000		51282051	124800000
90000		57692308	140400000

Table comparative.		Réduction des francs en livres.	Réduction des livres en francs.
10000	à 1 fr. 57 centièmes pour une livre.	6369427	15700000
20000		12738854	31400000
30000		19108280	47100000
40000		25477707	62800000
50000		31847134	78500000
60000		38216561	94200000
70000		44585987	109900000
80000		50955414	125600000
90000		57324841	141300000

Chapitre XII. — Change entre Paris et Genève.

Table comparative.		Réduction des francs en livres.	Réduction des livres en francs.
10000	à 1 fr. 58 centièmes pour une livre.	6329114	15800000
20000		12658228	31600000
30000		18987342	47400000
40000		25316456	63200000
50000		31645570	79000000
60000		37974684	94800000
70000		44303797	110600000
80000		50632911	126400000
90000		56962025	142200000

Table comparative.		Réduction des francs en livres.	Réduction des livres en francs.
10000	à 1 fr. 59 centièmes pour une livre.	6289308	15900000
20000		12578616	31800000
30000		18867925	47700000
40000		25157233	63600000
50000		31446541	79500000
60000		37735849	95400000
70000		44025157	111300000
80000		50314465	127200000
90000		56603774	143100000

Table comparative.		Réduction des francs en livres.	Réduction des livres en francs.
10000	à 1 fr. 60 centièmes pour une livre.	6250000	16000000
20000		12500000	32000000
30000		18750000	48000000
40000		25000000	64000000
50000		31250000	80000000
60000		37500000	96000000
70000		43750000	112000000
80000		50000000	128000000
90000		56250000	144000000

Table comparative.		Réduction des francs en livres.	Réduction des livres en francs.
10000	à 1 fr. 61 centièmes pour une livre.	6211180	16100000
20000		12422360	32200000
30000		18633540	48300000
40000		24844720	64400000
50000		31055901	80500000
60000		37267081	96600000
70000		43478261	112700000
80000		49689441	128800000
90000		55900621	144900000

Table comparative.		Réduction des francs en livres.	Réduction des livres en francs.
10000	à 1 fr. 62 centièmes pour une livre.	6172839	16200000
20000		12345679	32400000
30000		18518518	48600000
40000		24691358	64800000
50000		30864197	81000000
60000		37037037	97200000
70000		43209876	113400000
80000		49382716	129600000
90000		55555556	145800000

Chapitre XII. — Change entre Paris et Genève.

Table comparative.		Réduction des francs en livres.	Réduction des livres en francs.
10000	à 1 fr. 63 centièmes pour une livre.	6134969	16300000
20000		12269939	32600000
30000		18404908	48900000
40000		24539877	65200000
50000		30674847	81500000
60000		36809816	97800000
70000		42944785	114100000
80000		49079755	130400000
90000		55214724	146700000

Table comparative.		Réduction des francs en livres.	Réduction des livres en francs.
10000	à 1 fr. 64 centièmes pour une livre.	6097561	16400000
20000		12195122	32800000
30000		18292683	49200000
40000		24390244	65600000
50000		30487805	82000000
60000		36585366	98400000
70000		42682927	114800000
80000		48780488	131200000
90000		54878049	147600000

Table comparative.		Réduction des francs en livres.	Réduction des livres en francs.
10000	à 1 fr. 65 centièmes pour une livre.	6030600	16500000
20000		12121212	33000000
30000		18181818	49500000
40000		24242424	66000000
50000		30303030	82500000
60000		36363636	99000000
70000		42424242	115500000
80000		48484848	132000000
90000		54545455	148500000

Table comparative.		Réduction des francs en livres.	Réduction des livres en francs.
10000	à 1 fr. 66 centièmes pour une livre.	6024096	16600000
20000		12048193	33200000
30000		18072289	49800000
40000		24096386	66400000
50000		30120482	83000000
60000		36144578	99600000
70000		42168675	116200000
80000		48192771	132800000
90000		54216868	149400000

Table comparative.		Réduction des francs en livres.	Réduction des livres en francs.
10000	à 1 fr. 67 centièmes pour une livre.	5988024	16700000
20000		11976048	33400000
30000		17964072	50100000
40000		23952096	66800000
50000		29940120	83500000
60000		35928144	100200000
70000		41916168	116900000
80000		47904192	133600000
90000		53892216	150300000

CHAPITRE XII. — Change entre Paris et Genève.

Table comparative.		Réduction des francs en livres.	Réduction des livres en francs.
10000	à 1 fr. 68 centièmes pour une livre.	5952381	16800000
20000		11904762	33600000
30000		17857143	50400000
40000		23809524	67200000
50000		29761905	84000000
60000		35714286	100800000
70000		41666667	117600000
80000		47619048	134400000
90000		53571429	151200000

Table comparative.		Réduction des francs en livres.	Réduction des livres en francs.
10000	à 1 fr. 69 centièmes pour une livre.	5917160	16900000
20000		11834320	33800000
30000		17751479	50700000
40000		23668639	67600000
50000		29585799	84500000
60000		35502959	101400000
70000		41420118	118300000
80000		47337278	135200000
90000		53254438	152100000

Table comparative.		Réduction des francs en livres.	Réduction des livres en francs.
10000	à 1 fr. 70 centièmes pour une livre.	5882353	17000000
20000		11764706	34000000
30000		17647059	51000000
40000		23529412	68000000
50000		29411765	85000000
60000		35294118	102009000
70000		41176471	119000000
80000		47058823	136000000
90000		52941176	153000000

Table comparative.		Réduction des francs en livres.	Réduction des livres en francs.
10000	à 1 fr. 71 centièmes pour une livre.	5847953	17100000
20000		11695906	34200000
30000		17543860	51300000
40000		23391813	68400000
50000		29239766	85500000
60000		35087719	102600000
70000		40935673	119700000
80000		46783626	136800000
90000		52631579	153900000

Table comparative.		Réduction des francs en livres.	Réduction des livres en francs.
10000	à 1 fr. 72 centièmes pour une livre.	5813953	17200000
20000		11627907	34400000
30000		17441860	51600000
40000		23255814	68800000
50000		29069767	86000000
60000		34883721	103200000
70000		40697674	120400000
80000		46511628	137600000
90000		52325581	154800000

Chapitre XII. — Change entre Paris et Genève.

Table comparative.		Réduction des francs en livres.	Réduction des livres en francs.
10000	à 1 fr. 73 centièmes pour une livre.	5780347	17300000
20000		11560694	34600000
30000		17341040	51900000
40000		23121387	69200000
50000		28901734	86500000
60000		34682081	103800000
70000		40462428	121100000
80000		46242775	138400000
90000		52023121	155700000
Table comparative.		Réduction des francs en livres.	Réduction des livres en francs.
10000	à 1 fr. 74 centièmes pour une livre.	5747126	17400000
20000		11494253	34800000
30000		17241379	52200000
40000		22988506	69600000
50000		28735632	87000000
60000		34482759	104400000
70000		40229885	121800000
80000		45977012	139200000
90000		51724138	156600000
Table comparative.		Réduction des francs en livres.	Réduction des livres en francs.
10000	à 1 fr. 75 centièmes pour une livre.	5714286	17500000
20000		11428571	35000000
30000		17142857	52500000
40000		22857143	70000000
50000		28571429	87500000
60000		34285714	105000000
70000		40000000	122500000
80000		45714285	140000000
90000		51428571	157500000
Table comparative.		Réduction des francs en livres.	Réduction des livres en francs.
10000	à 1 fr. 76 centièmes pour une livre.	5681818	17600000
20000		11363636	35200000
30000		17045455	52800000
40000		22727273	70400000
50000		28409091	88000000
60000		34090909	105600000
70000		39772727	123200000
80000		45454545	140800000
90000		51136364	158400000
Table comparative.		Réduction des francs en livres.	Réduction des livres en francs.
10000	à 1 fr. 77 centièmes pour une livre.	5649718	17700000
20000		11299435	35400000
30000		16949153	53100000
40000		22598870	70800000
50000		28248588	88500000
60000		33898305	106200000
70000		39548023	123900000
80000		45197740	141600000
90000		50847458	159300000

Chapitre XII. — Change entre Paris et Genève.

Table comparative.		Réduction des francs en livres.	Réduction des livres en francs.
10000	à 1 fr. 78 centième pour une livre.	5617978	17800000
20000		11235955	35600000
30000		16853933	53400000
40000		22471910	71200000
50000		28089888	89000000
60000		33707865	106800000
70000		39325843	124600000
80000		44943820	142400000
90000		50561798	160200000

Table comparative.		Réduction des francs en livres.	Réduction des livres en francs.
10000	à 1 fr. 79 centièmes pour une livre.	5586592	17900000
20000		11173184	35800000
30000		16759777	53700000
40000		22346369	71600000
50000		27932961	89500000
60000		33519553	107400000
70000		39106145	125300000
80000		44692737	143200000
90000		50279330	161100000

CHANGE

ENTRE

PARIS ET MILAN.

Table comparative.		Réduction des livres courantes en francs.	Réduction des francs en livres courantes.
10000	à 6 francs pour 7 liv. courant.	8571429	11666667
20000		17142857	23333333
30000		25714286	35000000
40000		34285714	46666667
50000		42857143	58333333
60000		51428571	70000000
70000		60000000	81666667
80000		68571429	93333333
90000		77142857	105000000

Table comparative.		Réduction des livres courantes en francs.	Réduction des francs en livres courantes.
10000	à 6 francs pour 7 liv. 05 cour.	8510638	11750000
20000		17021277	23500000
30000		25531915	35250000
40000		34042553	47000000
50000		42553191	58750000
60000		51063830	70500000
70000		59574468	82250000
80000		68085106	94000000
90000		76595745	105750000

Chapitre XII. — Change entre Paris et Milan.

Table comparative.		Réduction des livres courantes en francs.	Réduction des francs en livres courantes.
10000	à 6 francs pour 7 liv. 10 cour.	8450704	11833333
20000		16901408	23666667
30000		25352113	35500000
40000		33802817	47333333
50000		42253521	59166667
60000		50704225	71000000
70000		59154930	82833333
80000		67605634	94666667
90000		76056338	106500000

Table comparative.		Réduction des livres courantes en francs.	Réduction des francs en livres courantes.
10000	à 6 francs pour 7 liv. 15 cour.	8391608	11916667
20000		16783217	23833333
30000		25174825	35750000
40000		33566434	47666667
50000		41958042	59583333
60000		50349650	71500000
70000		58741259	83416667
80000		67132867	95333333
90000		75524476	107250000

Table comparative.		Réduction des livres courantes en francs.	Réduction des francs en livres courantes.
10000	à 6 francs pour 7 liv. 20 cour.	8333333	12000000
20000		16666667	24000000
30000		25000000	36000000
40000		33333333	48000000
50000		41666667	60000000
60000		50000000	72000000
70000		58333333	84000000
80000		66666667	96000000
90000		75000000	108000000

Table comparative.		Réduction des livres courantes en francs.	Réduction des francs en livres courantes.
10000	à 6 francs pour 7 liv 25 cour.	8275862	12083333
20000		16551724	24166667
30000		24827586	36250000
40000		33103448	48333333
50000		41379310	60416667
60000		49655172	72500000
70000		57931034	84583333
80000		66206897	96666667
90000		74482759	108750000

Table comparative.		Réduction des livres courantes en francs.	Réduction des francs en livres courantes.
10000	à 6 francs pour 7 liv. 30 cour.	8219177	12166667
20000		16438354	24333333
30000		24657531	36500000
40000		32876708	48666667
50000		41095885	60833333
60000		49315062	73000000
70000		57534239	85166667
80000		65753416	97333333
90000		73972593	109500000

Chapitre XII. — Change entre Paris et Milan.

Table comparative.		Réduction des livres courantes en francs.	Réduction des francs en livres courantes.
10000	à 6 francs pour 7 liv. 35 cour.	8163265	12250000
20000		16326531	24500000
30000		24489796	36750000
40000		32653061	49000000
50000		40816326	61250000
60000		48979592	73500000
70000		57142857	85750000
80000		65306122	98000000
90000		73469388	110250000

Table comparative.		Réduction des livres courantes en francs.	Réduction des francs en livres courantes.
10000	à 6 francs pour 7 liv. 40 cour.	8108108	12333333
20000		16216216	24666667
30000		24324324	37000000
40000		32432432	49333333
50000		40540540	61666667
60000		48648648	74000000
70000		56756757	86333333
80000		64864865	98666667
90000		72972973	111000000

Table comparative.		Réduction des livres courantes en francs.	Réduction des francs en livres courantes.
10000	à 6 francs pour 7 liv. 45 cour.	8053691	12416667
20000		16107383	24833333
30000		24161074	37250000
40000		32214765	49666667
50000		40268456	62083333
60000		48322148	74500000
70000		56375839	86916667
80000		64429530	99333333
90000		72483222	111750000

Table comparative.		Réduction des livres courantes en francs.	Réduction des francs en livres courantes.
10000	à 6 francs pour 7 liv. 50 cour.	8000000	12500000
20000		16000000	25000000
30000		24000000	37500000
40000		32000000	50000000
50000		40000000	62500000
60000		48000000	75000000
70000		56000000	87500000
80000		64000000	100000000
90000		72000000	112500000

Table comparative.		Réduction des livres courantes en francs.	Réduction des francs en livres courantes.
10000	à 6 francs pour 7 liv 55 cour.	7947020	12583333
20000		15894040	25166667
30000		23841060	37750000
40000		31788080	50333333
50000		39735100	62916667
60000		47682120	75500000
70000		55629140	88083333
80000		63576160	100666667
90000		71523180	113250000

Chapitre XII. — Change entre Paris et Milan.

Table comparative.		Réduction des livres courantes en francs.	Réduction des francs en livres courantes.
10000	à 6 francs pour 7 liv. 60 cour.	7894737	12666667
20000		15789474	25333333
30000		23684211	38000000
40000		31578947	50666667
50000		39473684	63333333
60000		47368421	76000000
70000		55263158	88666667
80000		63157895	101333333
90000		71052632	114000000

Table comparative.		Réduction des livres courantes en francs.	Réduction des francs en livres courantes
10000	à 6 francs pour 7 liv. 65 cour.	7843137	12750000
20000		15686274	25500000
30000		23529412	38250000
40000		31372549	51000000
50000		39215686	63750000
60000		47058823	76500000
70000		54901961	89250000
80000		62745098	102000000
90000		70588235	114750000

Table comparative.		Réduction des livres courantes en francs.	Réduction des francs en livres courantes.
10000	à 6 francs pour 7 liv. 70 cour.	7792208	12833333
20000		15584416	25666667
30000		23376623	38500000
40000		31168831	51333333
50000		38961039	64166667
60000		46753247	77000000
70000		54545455	89833333
80000		62337662	102666667
90000		70129870	115500000

Table comparative.		Réduction des livres courantes en francs.	Réduction des francs en livres courantes.
10000	à 6 francs pour 7 liv. 75 cour.	7741937	12916667
20000		15483874	25833333
30000		23225811	38750000
40000		30967748	51666667
50000		38709685	64583333
60000		46451622	77500000
70000		54193559	90416667
80000		61935496	103333333
90000		69677433	116250000

Table comparative.		Réduction des livres courantes en francs.	Réduction des francs en livres courantes.
10000	à 6 francs pour 7 liv. 80 cour.	7692308	13000000
20000		15384615	26000000
30000		23076923	39000000
40000		30769231	52000000
50000		38461538	65000000
60000		46153846	78000000
70000		53846154	91000000
80000		61538462	104000000
90000		69230769	117000000

Chapitre XII. — Change entre Paris et Milan.

Table comparative.		Réduction des livres courantes en francs.	Réduction des francs en livres courantes.
10000	à 6 francs pour 7 liv. 85 cour.	7643312	13083333
20000		15286624	26166667
30000		22929936	39250000
40000		30573248	52333333
50000		38216560	65416667
60000		45859872	78500000
70000		53503185	91583333
80000		61146497	104666667
90000		68789809	117750000

Table comparative.		Réduction des livres courantes en francs.	Réduction des francs en livres courantes.
10000	à 6 francs pour 7 liv. 90 cour.	7594937	13166667
20000		15189873	26333333
30000		22784810	39500000
40000		30379747	52666667
50000		37974684	65833333
60000		45569620	79000000
70000		53164557	92166667
80000		60759494	105333333
90000		68354430	118500000

Table comparative.		Réduction des livres courantes en francs.	Réduction des francs en livres courantes.
10000	à 6 francs pour 7 liv. 95 cour.	7547170	13250000
20000		15094340	26500000
30000		22641509	39750000
40000		30188679	53000000
50000		37735849	66250000
60000		45283019	79500000
70000		52830189	92750000
80000		60377358	106000000
90000		67924528	119250000

Table comparative.		Réduction des livres courantes en francs.	Réduction des francs en livres courantes.
10000	à 6 francs pour 8 liv. cour.	7500000	13333333
20000		15000000	26666667
30000		22500000	40000000
40000		30000000	53333333
50000		37500000	66666667
60000		45000000	80000000
70000		52500000	93333333
80000		60000000	106666667
90000		67500000	120000000

Table comparative.		Réduction des livres courantes en francs.	Réduction des francs en livres courantes.
10000	à 6 francs pour 8 liv. 05 cour.	7453416	13416667
20000		14906832	26833333
30000		22360248	40250000
40000		29813664	53666667
50000		37267081	67083333
60000		44720497	80500000
70000		52173913	93916697
80000		59627330	107333333
90000		67080746	120750000

Chapitre XII. — Change entre Paris et Milan.

Table comparative.		Réduction des livres courantes en francs.	Réduction des francs en livres courantes.
1 0 0 0 0	à 6 francs pour 8 liv. 10 cour.	7 4 0 7 4 0 7	1 3 5 0 0 0 0 0
2 0 0 0 0		1 4 8 1 4 8 1 5	2 7 0 0 0 0 0 0
3 0 0 0 0		2 2 2 2 2 2 2 2	4 0 5 0 0 0 0 0
4 0 0 0 0		2 9 6 2 9 6 3 0	5 4 0 0 0 0 0 0
5 0 0 0 0		3 7 0 3 7 0 3 7	6 7 5 0 0 0 0 0
6 0 0 0 0		4 4 4 4 4 4 4 4	8 1 0 0 0 0 0 0
7 0 0 0 0		5 1 8 5 1 8 5 2	9 4 5 0 0 0 0 0
8 0 0 0 0		5 9 2 5 9 2 5 9	1 0 8 0 0 0 0 0 0
0 0 0 0		6 6 6 6 6 6 6 7	1 2 1 5 0 0 0 0 0

Table comparative.		Réduction des livres courantes en francs.	Réduction des francs en livres courantes.
1 0 0 0 0	à 6 francs pour 8 liv. 15 cour.	7 3 6 1 9 6 3	1 3 5 8 3 3 3 3
2 0 0 0 0		1 4 7 2 3 9 2 6	2 7 1 6 6 6 6 7
3 0 0 0 0		2 2 0 8 5 8 8 9	4 0 7 5 0 0 0 0
4 0 0 0 0		2 9 4 4 7 8 5 2	5 4 3 3 3 3 3 3
5 0 0 0 0		3 6 8 0 9 8 1 6	6 7 9 1 6 6 6 7
6 0 0 0 0		4 4 1 7 1 7 7 9	8 1 5 0 0 0 0 0
7 0 0 0 0		5 1 5 3 3 7 4 2	9 5 0 0 0 0 0 0
8 0 0 0 0		5 8 8 9 5 7 0 6	1 0 8 6 6 6 6 6 7
9 0 0 0 0		6 6 2 5 7 6 6 9	1 2 2 2 5 0 0 0 0

Table comparative.		Réduction des livres courantes en francs.	Réduction des francs en livres courantes.
1 0 0 0 0	à 6 francs pour 8 liv. 20 cour.	7 3 1 7 0 7 3	1 3 6 6 6 6 6 7
2 0 0 0 0		1 4 6 3 4 1 4 6	2 7 3 3 3 3 3 3
3 0 0 0 0		2 1 9 5 1 2 1 9	4 1 0 0 0 0 0 0
4 0 0 0 0		2 9 2 6 8 2 9 2	5 4 6 6 6 6 6 7
5 0 0 0 0		3 6 5 8 5 3 6 5	6 8 3 3 3 3 3 3
6 0 0 0 0		4 3 9 0 2 4 3 9	8 2 0 0 0 0 0 0
7 0 0 0 0		5 1 2 1 9 5 1 2	9 5 6 6 6 6 6 7
8 0 0 0 0		5 8 5 3 6 5 8 6	1 0 9 3 3 3 3 3 3
9 0 0 0 0		6 5 8 5 3 6 5 9	1 2 3 0 0 0 0 0 0

Table comparative.		Réduction des livres courantes en francs.	Réduction des francs en livres courantes.
1 0 0 0 0	à 6 francs pour 8 liv. 25 cour.	7 2 7 2 7 2 7	1 3 7 5 0 0 0 0
2 0 0 0 0		1 4 5 4 5 4 5 5	2 7 5 0 0 0 0 0
3 0 0 0 0		2 1 8 1 8 1 8 2	4 1 2 5 0 0 0 0
4 0 0 0 0		2 9 0 9 0 9 0 9	5 5 0 0 0 0 0 0
5 0 0 0 0		3 6 3 6 3 6 3 6	6 8 7 5 0 0 0 0
6 0 0 0 0		4 3 6 3 6 3 6 4	8 2 5 0 0 0 0 0
7 0 0 0 0		5 0 9 0 9 0 9 1	9 6 2 5 0 0 0 0
8 0 0 0 0		5 8 1 8 1 8 1 8	1 1 0 0 0 0 0 0 0
9 0 0 0 0		6 5 4 5 4 5 4 5	1 2 3 7 5 0 0 0 0

Table comparative.		Réduction des livres courantes en francs.	Réduction des francs en livres courantes
1 0 0 0 0	à 6 francs pour 8 liv. 30 cour.	7 2 2 8 9 1 6	1 3 8 3 3 3 3 3
2 0 0 0 0		1 4 4 5 7 8 3 1	2 7 6 6 6 6 6 7
3 0 0 0 0		2 1 6 8 6 7 4 7	4 1 5 0 0 0 0 0
4 0 0 0 0		2 8 9 1 5 6 6 3	5 5 3 3 3 3 3 3
5 0 0 0 0		3 6 1 4 4 5 7 8	6 9 1 6 6 6 6 7
6 0 0 0 0		4 3 3 7 3 4 9 4	8 3 0 0 0 0 0 0
7 0 0 0 0		5 0 6 0 2 4 1 0	9 6 8 3 3 3 3 3
8 0 0 0 0		5 7 8 3 1 3 2 5	1 1 0 6 6 6 6 6 7
9 0 0 0 0		6 5 0 6 0 2 4 1	1 2 4 5 0 0 0 0 0

Chapitre XII. — Change entre Paris et Milan.

Table comparative.		Réduction des livres courantes en francs.	Réduction des francs en livres courantes.
10000	à 6 francs pour 8 liv. 35 cour.	7185629	13916667
20000		14371257	27833333
30000		21556886	41750000
40000		28742515	55666667
50000		35928144	69583333
60000		43113772	83500000
70000		50299401	97416667
80000		57485030	111333333
90000		64670659	125250000

Table comparative.		Réduction des livres courantes en francs.	Réduction des francs en livres courantes.
10000	à 6 francs pour 8 liv. 40 cour.	7142857	14000000
20000		14285714	28000000
30000		21428571	42000000
40000		28571428	56000000
50000		35714285	70000000
60000		42857143	84000000
70000		50000000	98000000
80000		57142857	112000000
90000		64285714	126000000

Table comparative.		Réduction des livres courantes en francs.	Réduction des francs en livres courantes.
10000	à 6 francs pour 8 liv. 45 cour.	7100592	14083333
20000		14201183	28166667
30000		21301775	42250000
40000		28402367	56333333
50000		35502959	70416667
60000		42603550	84500000
70000		49704142	98583333
80000		56804734	112666667
90000		63905325	126750000

Table comparative.		Réduction des livres courantes en francs.	Réduction des francs en livres courantes.
10000	à 6 francs pour 8 liv. 50 cour.	7058824	14166667
20000		14117647	28333333
30000		21176471	42500000
40000		28235294	56666667
50000		35294118	70833333
60000		42352941	85000000
70000		49411765	99166667
80000		56470588	113333333
90000		63529412	127500000

Table comparative.		Réduction des livres courantes en francs.	Réduction des francs en livres courantes.
10000	à 6 francs pour 8 liv. 55 cour.	7017544	14250000
20000		14035088	28500000
30000		21052632	42750000
40000		28070175	57000000
50000		35087719	71250000
60000		42105263	85500000
70000		49122807	99750000
80000		56140351	114000000
90000		63157895	128250000

Chapitre XII. — Change entre Paris et Milan.

Table comparative.		Réduction des livres courantes en francs.	Réduction des francs en livres courantes.
10000	à 6 francs pour 8 liv. 60 cour.	6976744	14333333
20000		13953488	28666667
30000		20930232	43000000
40000		27906977	57333333
50000		34883721	71666667
60000		41860465	86000000
70000		48837209	100333333
80000		55813954	114666667
90000		62790698	129000000

Table comparative.		Réduction des livres courantes en francs.	Réduction des francs en livres courantes.
10000	à 6 francs pour 8 liv. 65 cour.	6936416	14416667
20000		13872832	28833333
30000		20809249	43250000
40000		27745665	57666667
50000		34682081	72083333
60000		41618497	86500000
70000		48554913	100916667
80000		55491330	115333333
90000		62427746	129750000

Table comparative.		Réduction des livres courantes en francs.	Réduction des francs en livres courantes.
10000	à 6 francs pour 8 liv. 70 cour.	6896552	14500000
20000		13793103	29000000
30000		20689655	43500000
40000		27586207	58000000
50000		34482759	72500000
60000		41379310	87000000
70000		48275862	101500000
80000		55172414	116000000
90000		62068965	130500000

Table comparative.		Réduction des livres courantes en francs.	Réduction des francs en livres courantes.
10000	à 6 francs pour 8 liv. 75 cour.	6857143	14583333
20000		13714286	29166667
30000		20571429	43750000
40000		27428572	58333333
50000		34285715	72916667
60000		41142858	87500000
70000		48000000	102083333
80000		54857143	116666667
90000		61714286	131250000

Table comparative.		Réduction des livres courantes en francs.	Réduction des francs en livres courantes.
10000	à 6 francs pour 6 liv. 80 cour.	6818182	14666667
20000		13636364	29333333
30000		20454545	44000000
40000		27272727	58666667
50000		34090909	73333333
60000		40909091	88000000
70000		47727273	102666667
80000		54545455	117333333
90000		61363636	132000000

Chapitre XII. — Change entre Paris et Milan.

Table comparative.		Réduction des livres courantes en francs.	Réduction des francs en livres courantes.
10000	à 8 francs pour 8 liv. 85 cour.	6779661	14750000
20000		13559322	29500000
30000		20338983	44250000
40000		27118644	59000000
50000		33898305	73750000
60000		40677966	88500000
70000		47457627	103250000
80000		54237288	118000000
90000		61016949	132750000

Table comparative.		Réduction des livres courantes en francs.	Réduction des francs en livres courantes.
10000	à 6 francs pour 8 liv. 90 cour.	6741573	14833333
20000		13483146	29666667
30000		20224719	44500000
40000		26966292	59333333
50000		33707865	74166667
60000		40449438	89000000
70000		47191011	193833333
80000		53932584	118666667
90000		60674157	133500000

Table comparative.		Réduction des livres courantes en francs.	Réduction des francs en livres courantes.
10000	à 6 francs pour 8 liv. 95 cour.	6703910	14916667
20000		13407820	28833333
30000		20111730	43750000
40000		26815640	58666667
50000		33519550	73583335
60000		40223460	88500000
70000		46927370	103416667
80000		53631280	118333333
90000		60335190	133250000

CHANGE

ENTRE

PARIS ET NAPLES.

Table comparative.		Réduction des francs en ducats.	Réduction des ducats en francs.
10000	à 3 fr. 80 c. pour 1 ducat.	2631579	38000000
20000		5263158	76000000
30000		7894737	114000000
40000		10526316	152000000
50000		13157895	190000000
60000		15789474	228000000
70000		18421053	266000000
80000		21052632	304000000
90000		23684211	342000000

Chapitre XII. — Change entre Paris et Naples.

Table comparative.		Réduction des francs en ducats.	Réduction des ducats en francs.
10000	à 3 fr. 81 c. pour 1 ducat.	2624672	38100000
20000		5249344	76200000
30000		7874016	114300000
40000		10498688	152400000
50000		13123360	190500000
60000		15748032	228600000
70000		18372704	266700000
80000		20997376	304800000
90000		23622048	342900000

Table comparative.		Réduction des francs en ducats.	Réduction des ducats en francs.
10000	à 3 fr. 82 c. pour 1 ducat.	2317801	38200000
20000		5235602	76400000
30000		7853403	114600000
40000		10471204	152800000
50000		13089005	191000000
60000		15706806	229200000
70000		18324607	267400000
80000		20942408	305600000
90000		23560209	343800000

Table comparative.		Réduction des francs en ducats.	Réduction des ducats en francs.
10000	à 3 fr. 83 c. pour 1 ducat.	2610966	38300000
20000		5221932	76600000
30000		7832898	114900000
40000		10443864	153200000
50000		13054830	191500000
60000		15665796	229800000
70000		18276762	268100000
80000		20887728	306400000
90000		23498694	344700000

Table comparative.		Réduction des francs en ducats.	Réduction des ducats en francs.
10000	à 3 fr. 84 c. pour 1 ducat.	2604167	38400000
20000		5208333	76800000
30000		7812500	115200000
40000		10416667	153600000
50000		13020833	192000000
60000		15625000	230100000
70000		18229167	268800000
80000		20833333	307200000
90000		23437500	345600000

Table comparative.		Réduction des francs en ducats.	Réduction des ducats en francs.
10000	à 3 fr. 85 c. pour 1 ducat.	2597403	38500000
20000		5194805	77000000
30000		7792208	115500000
40000		19389610	154000000
50000		12987013	192500000
60000		15584415	231000000
70000		18181818	269500000
80000		20779221	308000000
90000		23376623	346500000

Chapitre XII. — Change entre Paris et Naples.

Table comparative.		Réduction des francs en ducats.	Réduction des ducats en francs.
10000	à 3 fr. 86 c. pour 1 ducat.	2590674	38600000
20000		5181348	77200000
30000		7772022	115800000
40000		10362696	154400000
50000		12953370	193000000
60000		15544044	231600000
70000		18134718	270200000
80000		20725392	308800000
90000		23316066	347400000

Table comparative.		Réduction des francs en ducats.	Réduction des ducats en francs.
10000	à 3 fr. 87 c. pour 1 ducat.	2583979	38700000
20000		5167958	77400000
30000		7751937	116100000
40000		10335916	154800000
50000		12919895	193500000
60000		15503874	232200000
70000		18087853	270900000
80000		20671832	309600000
90000		23255811	348300000

Table comparative.		Réduction des francs en ducats.	Réduction des ducats en francs.
10000	à 3 fr. 88 c. pour 1 ducat.	2577320	38800000
20000		5154640	77600000
30000		7731960	116400000
40000		10309280	155200000
50000		12886600	194000000
60000		15463920	232800000
70000		18041240	271600000
80000		20618560	310400000
90000		23195880	349200000

Table comparative.		Réduction des francs en ducats.	Réduction des ducats en francs.
10000	à 3 fr. 89 c. pour 1 ducat.	2570694	38900000
20000		5141788	77800000
30000		7712082	116700000
40000		10282776	155600000
50000		12853470	194500000
60000		15424164	233400000
70000		17994858	272300000
80000		20565552	311200000
90000		23136246	350100000

Table comparative.		Réduction des francs en ducats.	Réduction des ducats en francs.
10000	à 3 fr. 90 c. pour 1 ducat.	2564103	39000000
20000		5128205	78000000
30000		7692308	117000000
40000		10256410	156000000
50000		12820513	195000000
60000		15384615	234000000
70000		17948718	273000000
80000		20512821	312000000
90000		23076923	351000000

Chapitre XII. — Change entre Paris et Naples.

Table comparative.		Réduction des francs en ducats.	Réduction des ducats en francs.
10000	à 3 f. 91 c. pour 1 ducat.	2557545	39100000
20000		5115090	78200000
30000		7672635	117300000
40000		10230180	156400000
50000		12787725	195500000
60000		15345270	234600000
70000		17902815	273700000
80000		20460360	312800000
90000		23017905	351900000

Table comparative.		Réduction des francs en ducats.	Réduction des ducats en francs.
10000	à 3 f. 92 c. pour 1 ducat.	2551020	39200000
20000		5102040	78400000
30000		7653060	117600000
40000		10204080	156800000
50000		12755100	196000000
60000		15306120	235200000
70000		17857140	274400000
80000		20408160	313000000
90000		22959180	352800000

Table comparative.		Réduction des francs en ducats.	Réduction des ducats en francs.
10000	à 3 f. 93 c. pour 1 ducat.	2544529	39300000
20000		5089058	78600000
30000		7633587	117900000
40000		10178116	157200000
50000		12722645	196500000
60000		15267174	235800000
70000		17811703	275100000
80000		20356232	314400000
90000		22900761	353700000

Table comparative.		Réduction des francs en ducats.	Réduction des ducats en francs.
10000	à 3 fr. 94 c. pour 1 ducat.	2538071	39400000
20000		5076142	78800000
30000		7614213	118200000
40000		10152284	157600000
50000		12690355	197000000
60000		15228426	236400000
70000		17766497	275800000
80000		20304568	315200000
90000		22842639	354600000

Table comparative.		Réduction des francs en ducats.	Réduction des ducats en francs.
10000	à 3 fr. 95 c. pour 1 ducat.	2531646	39500000
20000		5063291	79000000
30000		7594937	118500000
40000		10126582	158000000
50000		12658228	197500000
60000		15189873	237000000
70000		17721519	276500000
80000		20253165	316000000
90000		22784810	355500000

Chapitre XII. — Change entre Paris et Naples.

Table comparative.		Réduction des francs en ducats.	Réduction des ducats en francs.
10000	à 3 fr. 96 c. pour 1 ducat.	2525253	39600000
20000		5050505	79200000
30000		7575758	118800000
40000		10101010	158400000
50000		12626263	198000000
60000		15151516	237600000
70000		17676768	277200000
80000		20202020	316800000
90000		22727273	356400000

Table comparative.		Réduction des francs en ducats.	Réduction des ducats en francs.
10000	à 3 fr. 97 c. pour 1 ducat.	2518892	39700000
20000		5037784	79400000
30000		7556676	119100000
40000		10075568	158800000
50000		12594460	198500000
60000		15113352	238200000
70000		17632244	277900000
80000		20151136	317600000
90000		22670028	357300000

Table comparative.		Réduction des francs en ducats.	Réduction des ducats en francs.
10000	à 3 fr. 98 c. pour 1 ducat.	2512563	39800000
20000		5025126	79600000
30000		7537689	119400000
40000		10050252	159200000
50000		12562815	199000000
60000		15075378	238800000
70000		17587941	278600000
80000		20100504	318400000
90000		22613067	358200000

Table comparative.		Réduction des francs en ducats.	Réduction des ducats en francs.
10000	à 3 fr. 99 c. pour 1 ducat.	2506266	39900000
20000		5012532	79800000
30000		7518798	119700000
40000		10025064	159600000
50000		12531330	199500000
60000		15037596	239400000
70000		17543862	279300000
80000		20050128	319200000
90000		22556394	359100000

Table comparative.		Réduction des francs en ducats.	Réduction des ducats en francs.
10000	à 4 fr. pour 1 ducat.	2500000	40000000
20000		5000000	80000000
30000		7500000	120000000
40000		10000000	160000000
50000		12500000	200000000
60000		15000000	240000000
70000		17500000	280000000
80000		20000000	320000000
90000		22500000	360000000

Chapitre XII. — Change entre Paris et Naples.

Table comparative.		Réduction des francs en ducats.	Réduction des ducats en francs.
10000	à 4 fr. 01 c. pour 1 ducat.	2493766	40100000
20000		4987531	80200000
30000		7481297	120300000
40000		9975062	160400000
50000		12468828	200500000
60000		14962593	240600000
70000		17456359	280700000
80000		19950125	320800000
90000		22443890	360900000

Table comparative.		Réduction des francs en ducats.	Réduction des ducats en francs.
10000	à 4 fr. 02 c. pour 1 ducat.	2487562	40200000
20000		4975124	80400000
30000		7462686	120600000
40000		9950248	160800000
50000		12437810	201000000
60000		14925372	241200000
70000		17412934	281400000
80000		19900496	321600000
90000		22388058	361800000

Table comparative.		Réduction des francs en ducats.	Réduction des ducats en francs.
10000	à 4 fr. 03 c. pour 1 ducat.	2481390	40300000
20000		4962779	80600000
30000		7444169	120900000
40000		9925558	161200000
50000		12406948	201500000
60000		14888337	241800000
70000		17369727	282100000
80000		19851117	322400000
90000		22332506	362700000

Table comparative.		Réduction des francs en ducats.	Réduction des ducats en francs.
10000	à 4 fr. 04 c. pour 1 ducat.	2475248	40400000
20000		4950495	80800000
30000		7425742	121200000
40000		9900990	161600000
50000		12376238	202000000
60000		14851485	242400000
70000		17326732	282800000
80000		19801980	323200000
90000		22277227	363600000

Table comparative.		Réduction des francs en ducats.	Réduction des ducats en francs.
10000	à 4 fr. 05 c. pour 1 ducat.	2469136	40500000
20000		4938272	81000000
30000		7407408	121500000
40000		9876544	162000000
50000		12345680	202500000
60000		14814816	243000000
70000		17283952	283500000
80000		19753088	324000000
90000		22222222	346500000

Chapitre XII. — Change entre Paris et Naples.

Table comparative.		Réduction des francs en ducats.	Réduction des ducats en francs.
10000	à 4 fr. 06 c. pour 1 ducat.	2463054	40600000
20000		4926108	81200000
30000		7389162	121800000
40000		9852216	162400000
50000		12315270	203000000
60000		14778324	243600000
70000		17241378	284200000
80000		19704432	324800000
90000		22167486	365400000

Table comparative.		Réduction des francs en ducats.	Réduction des ducats en francs.
10000	à 4 fr. 07 c. pour 1 ducat.	2457002	40700000
20000		4914005	81400000
30000		7371007	122100000
40000		9828010	162800000
50000		12285012	203500000
60000		14742015	244200000
70000		17199017	284900000
80000		19656020	325600000
90000		22113022	366300000

Table comparative.		Réduction des francs en ducats.	Réduction des ducats en francs.
10000	à 4 fr. 08 c. pour 1 ducat.	2450980	40800000
20000		4901960	81600000
30000		7352940	122400000
40000		9803920	163200000
50000		12254900	204000000
60000		14704880	244800000
70000		17155860	285600000
80000		19606840	326400000
90000		22057820	367200000

Table comparative.		Réduction des francs en ducats.	Réduction des ducats en francs.
10000	à 4 fr. 09 c. pour 1 ducat.	2444988	40900000
20000		4889976	81800000
30000		7334964	122700000
40000		9779952	163600000
50000		12224940	204500000
60000		14669928	245400000
70000		17114916	286300000
80000		19559904	327200000
90000		22004892	368100000

Table comparative.		Réduction des francs en ducats.	Réduction des ducats en francs.
10000	à 4 fr. 10 c. pour 1 ducat.	2439024	41000000
20000		4878049	82000000
30000		7317073	123000000
40000		9756098	164000000
50000		12195122	205000000
60000		14634146	246000000
70000		17073171	287000000
80000		19512195	328000000
90000		21951220	369000000

Chapitre XII. — Change entre Paris et Naples.

Table comparative.		Réduction des francs en ducats.	Réduction des ducats en francs.
10000	à 4 fr. 11 c. pour 1 ducat.	2433090	41100000
20000		4866180	82200000
30000		7299270	123300000
40000		9732360	164400000
50000		12165450	205500000
60000		14598540	246600000
70000		17031630	287700000
80000		19464720	328800000
90000		21897810	369900000

Table comparative.		Réduction des francs en ducats.	Réduction des ducats en francs.
10000	à 4 fr. 12 c. pour 1 ducat.	2427184	41200000
20000		4854369	82400000
30000		7281553	123600000
40000		9708738	164800000
50000		12135922	206000000
60000		14563107	247200000
70000		16990291	288400000
80000		19417476	329600000
90000		21844660	370800000

Table comparative.		Réduction des francs en ducats.	Réduction des ducats en francs.
10000	à 4 fr. 13 c. pour 1 ducat.	2421308	41300000
20000		4842616	82600000
30000		7263924	123900000
40000		9685232	165200000
50000		12106540	206500000
60000		14527848	247800000
70000		16949156	289100000
80000		19370464	330400000
90000		21791772	371700000

Table comparative.		Réduction des francs en ducats.	Réduction des ducats en francs.
10000	à 4 fr. 14 c. pour 1 ducat.	2415459	41400000
20000		4830918	82800000
30000		7246377	124200000
40000		9661836	165600000
50000		12077295	207000000
60000		14492754	248400000
70000		16908213	289800000
80000		19323672	331200000
90000		21739131	372600000

Table comparative.		Réduction des francs en ducats.	Réduction des ducats en francs.
10000	à 4 fr. 15 c. pour 1 ducat.	2409639	41500000
20000		4819278	83000000
30000		7228917	124500000
40000		9638556	166000000
50000		12048195	207500000
60000		14457834	249000000
70000		16867473	290500000
80000		19277112	332000000
90000		21686751	373500000

Chapitre XII. — Change entre Paris et Naples.

Table comparative.		Réduction des francs en ducats.	Réduction des ducats en francs.
10000	à 4 fr. 16 c. pour 1 ducat.	2403846	41600000
20000		4807692	83200000
30000		7211538	124800000
40000		9615384	166400000
50000		12019230	208000000
60000		14423076	249600000
70000		16826922	291200000
80000		19230768	332800000
90000		21634614	374400000

Table comparative.		Réduction des francs en ducats.	Réduction des ducats en francs.
10000	à 4 fr. 17 c. pour 1 ducat.	2398082	41700000
20000		4786163	83400000
30000		7184245	125100000
40000		9582326	166800000
50000		11980408	208500000
60000		14388489	250200000
70000		16786571	291900000
80000		19184652	333600000
90000		21582734	375300000

Table comparative.		Réduction des francs en ducats.	Réduction des ducats en francs.
10000	à 4 fr. 18 c. pour 1 ducat.	2392344	41800000
20000		4784689	83600000
30000		7177033	125400000
40000		9569378	167200000
50000		11961722	209000000
60000		14354067	250800000
70000		16746411	292600000
80000		19138756	334400000
90000		21531100	376200000

Table comparative.		Réduction des francs en ducats.	Réduction des ducats en francs.
10000	à 4 fr. 19 c. pour 1 ducat.	2386635	41900000
20000		4773270	83800000
30000		7159905	125700000
40000		9546540	167600000
50000		11933175	209500000
60000		14319810	251400000
70000		16706445	293300000
80000		19093080	335200000
90000		21479715	377100000

Table comparative.		Réduction des francs en ducats.	Réduction des ducats en francs.
10000	à 4 fr. 20 c. pour 1 ducat.	2380952	42000000
20000		4761905	84000000
30000		7142857	126000000
40000		9523810	168000000
50000		11904762	210000000
60000		14285715	252000000
70000		16666667	294000000
80000		19047620	336000000
90000		21428572	378000000

Chapitre XII. — Change entre Paris et Naples.

Table comparative.		Réduction des francs en ducats.	Réduction des ducats en francs.
10000	à 4 fr. 21 c. pour 1 ducat.	2375297	42100000
20000		4750594	84200000
30000		7125891	126300000
40000		9501188	168400000
50000		11876485	210500000
60000		14251782	252600000
70000		16627079	294700000
80000		19002376	336800000
90000		21377673	378900000

Table comparative.		Réduction des francs en ducats.	Réduction des ducats en francs.
10000	à 4 fr. 22 c. pour 1 ducat.	2369668	42200000
20000		4739336	84400000
30000		7109004	126600000
40000		9478672	168800000
50000		11848340	211000000
60000		14218008	253200000
70000		16587676	295400000
80000		18957344	337600000
90000		21327012	379800000

Table comparative.		Réduction des francs en ducats.	Réduction des ducats en francs.
10000	à 4 fr. 23 c. pour 1 ducat.	2364066	42300000
20000		4728132	84600000
30000		7092198	126900000
40000		9456264	169200000
50000		11820330	211500000
60000		14184396	253800000
70000		16548462	296100000
80000		18912528	338400000
90000		21276594	380700000

Table comparative.		Réduction des francs en ducats.	Réduction des ducats en francs.
10000	à 4 fr. 24 c. pour 1 ducat.	2358490	42400000
20000		4716980	84800000
30000		7075470	127200000
40000		9433960	169600000
50000		11792450	212000000
60000		14150940	254400000
70000		16509430	296800000
80000		18867920	339200000
90000		21226410	381600000

Table comparative.		Réduction des francs en ducats.	Réduction des ducats en francs.
10000	à 4 fr. 25 c. pour 1 ducat.	2352941	42500000
20000		4705882	85000000
30000		7058823	127500000
40000		9411764	170000000
50000		11764705	212500000
60000		14117646	255000000
70000		16470587	297500000
80000		18823528	340000000
90000		21176469	382500000

Chapitre XII. — Change entre Paris et Naples.

Table comparative.		Réduction des francs en ducats.	Réduction des ducats en francs.
10000	à 4 fr. 26 c. pour 1 ducat.	2347418	42600000
20000		4694836	85200000
30000		7042254	127800000
40000		9389672	170400000
50000		11737090	213000000
60000		14084508	255600000
70000		16431926	298200000
80000		18779344	340800000
90000		21126762	383400000

Table comparative.		Réduction des francs en ducats.	Réduction des ducats en francs.
10000	à 4 fr. 27 c. pour 1 ducat.	2341920	42700000
20000		4683840	85400000
30000		7025760	128100000
40000		9367680	170800000
50000		11709600	213500000
60000		14051520	256200000
70000		16393440	298900000
80000		18735360	341600000
90000		21077280	384300000

Table comparative.		Réduction des francs en ducats.	Réduction des ducats en francs.
10000	à 4 fr. 28 c. pour 1 ducat.	2336448	42800000
20000		4672897	85600000
30000		7009345	128400000
40000		9345794	171200000
50000		11682242	214000000
60000		14018690	256800000
70000		16355139	299600000
80000		18691587	342400000
90000		21028036	385200000

Table comparative.		Réduction des francs en ducats.	Réduction des ducats en francs.
10000	à 4 fr. 29 c. pour 1 ducat.	2331002	42900000
20000		4662005	85800000
30000		6993007	128700000
40000		9324009	171600000
50000		11655012	214500000
60000		13986014	257400000
70000		16317016	300300000
80000		18648018	343200000
90000		20979021	386100000

Table comparative.		Réduction des francs en ducats.	Réduction des ducats en francs.
10000	à 4 fr. 30 c. pour 1 ducat.	2325581	43000000
20000		4651162	86000000
30000		6976743	129000000
40000		9302324	172000000
50000		11627905	215000000
60000		13953486	258000000
70000		16279067	301000000
80000		18604648	344000000
90000		20930229	387000000

Chapitre XII. — Change entre Paris et Naples.

Table comparative.		Réduction des francs en ducats.	Réduction des ducats en francs.
10000	à 4 fr. 31 c. pour 1 ducat.	2320186	43100000
20000		4640372	86200000
30000		6960558	129300000
40000		9280744	172400000
50000		11600930	215500000
60000		13921116	258600000
70000		16241302	301700000
80000		18561488	344800000
90000		20881674	387900000

Table comparative.		Réduction des francs en ducats.	Réduction des ducats en francs.
10000	à 4 fr. 32 c. pour 1 ducat.	2314815	43200000
20000		4629630	86400000
30000		6944445	129600000
40000		9259260	172800000
50000		11574075	216000000
60000		13888890	259200000
70000		16203705	302400000
80000		18518520	345600000
90000		20833335	388800000

able comparative.		Réduction des francs en ducats.	Réduction des ducats en francs.
10000	à 4 fr. 33 c. pour 1 ducat.	2309469	43300000
20000		4618938	86600000
30000		6928407	129900000
40000		9237876	173200000
50000		11547345	216500000
60000		13856814	259800000
70000		16166283	303100000
80000		18475752	346400000
90000		20785221	389700000

Table comparative.		Réduction des francs en ducats.	Réduction des ducats en francs.
10000	à 4 fr. 34 c. pour 1 ducat.	2304147	43400000
20000		4608295	86800000
30000		6912442	130200000
40000		9216590	173600000
50000		11520737	217000000
60000		13824885	260400000
70000		16129022	303800000
80000		18433170	347200000
90000		20737317	390600000

Table comparative.		Réduction des francs en ducats.	Réduction des ducats en francs.
10000	à 4 fr. 35 c. pour 1 ducat.	2298851	43500000
20000		4597702	87000000
30000		6896553	130500000
40000		9195404	174000000
50000		11494255	217500000
60000		13793106	261000000
70000		16091957	304500000
80000		18390808	348000000
90000		20689659	391500000

CHAPITRE XII. — Change entre Paris et Naples.

Table comparative.		Réduction des francs en ducats.	Réduction des ducats en francs.
10000	à 4 fr. 36 c. pour 1 ducat.	2293580	43600000
20000		4587160	87200000
30000		6880740	130800000
40000		9174320	174400000
50000		11467900	218000000
60000		13761480	261600000
70000		16055060	305200000
80000		18348640	348800000
90000		20642220	392400000

Table comparative.		Réduction des francs en ducats.	Réduction des ducats en francs.
10000	à 4 fr. 37 c. pour 1 ducat.	2288330	43700000
20000		4576659	87400000
30000		6864989	131100000
40000		9153318	174800000
50000		11441648	218500000
60000		13729977	262200000
70000		16018307	305900000
80000		18306636	349600000
90000		20594966	393300000

Table comparative.		Réduction des francs en ducats.	Réduction des ducats en francs.
10000	à 4 fr. 38 c. pour 1 ducat.	2283105	43800000
20000		4566210	87600000
30000		6849315	131400000
40000		9132420	175200000
50000		11415525	219000000
60000		13698630	262800000
70000		15981735	306600000
80000		18264840	350400000
90000		20547945	394200000

Table comparative.		Réduction des francs en ducats.	Réduction des ducats en francs.
10000	à 4 fr. 39 c. pour 1 ducat.	2277905	43900000
20000		4555810	87800000
30000		6833715	131700000
40000		9111620	175600000
50000		11389525	219500000
60000		13667430	263400000
70000		15945335	307300000
80000		18223240	351200000
90000		20501145	395100000

Table comparative.		Réduction des francs en ducats.	Réduction des ducats en francs.
10000	à 4 fr. 40 c. pour 1 ducat.	2272727	44000000
20000		4545455	88000000
30000		6818182	132000000
40000		9090909	176000000
50000		11363636	220000000
60000		13636363	264000000
70000		15909091	308000000
80000		18181818	352000000
90000		20454545	396000000

Chapitre XII. — Change entre Paris et Naples.

Table comparative.		Réduction des francs en ducats.	Réduction des ducats en francs.
10000	à 4 fr. 41 c. pour 1 ducat.	2267574	44100000
20000		4435148	88200000
30000		6702722	132300000
40000		8970296	176400000
50000		11237870	220500000
60000		13505444	264600000
70000		15773018	308700000
80000		18040592	352800000
90000		20308166	396900000

Table comparative.		Réduction des francs en ducats.	Réduction des ducats en francs.
10000	à 4 fr. 42 c. pour 1 ducat.	2262444	44200000
20000		4524888	88400000
30000		6787332	132600000
40000		9049776	176800000
50000		11312220	221000000
60000		13574664	265200000
70000		15837108	309400000
80000		18099552	353600000
90000		20361996	397800000

Table comparative.		Réduction des francs en ducats.	Réduction des ducats en francs.
10000	à 4 fr. 43 c. pour 1 ducat.	2257337	44300000
20000		4514673	88600000
30000		6772010	132900000
40000		9029346	177200000
50000		11286683	221500000
60000		13544020	265800000
70000		15801357	310100000
80000		18058694	354400000
90000		20316031	398700000

Table comparative.		Réduction des francs en ducats.	Réduction des ducats en francs.
10000	à 4 fr. 44 c. pour 1 ducat.	2252252	44400000
20000		4504504	88800000
30000		6756757	133200000
40000		9009008	177600000
50000		11261260	222000000
60000		13513512	266400000
70000		15765764	310800000
80000		18018016	355200000
90000		20270268	399600000

Table comparative.		Réduction des francs en ducats.	Réduction des ducats en francs.
10000	à 4 fr. 45 c. pour 1 ducat.	2247191	44500000
20000		4494382	89000000
30000		6741573	133500000
40000		8988764	178000000
50000		11235955	222500000
60000		13483146	267000000
70000		15730337	311500000
80000		17977528	356000000
90000		20224719	400500000

CHAPITRE XII. — Change entre Paris et Naples.

Table comparative.		Réduction des francs en ducats.	Réduction des ducats en francs.
10000	à 4 f. 46 c. pour 1 ducat.	2242152	44600000
20000		4484305	89200000
30000		6726457	133800000
40000		8968610	178400000
50000		11210762	223000000
60000		13452914	267600000
70000		15695067	312200000
80000		17937219	356800000
90000		20179372	401400000

Table comparative.		Réduction des francs en ducats.	Réduction des ducats en francs.
10000	à 4 f. 47 c. pour 1 ducat.	2237136	44700000
20000		4474273	89400000
30000		6711409	134100000
40000		8948546	178800000
50000		11185682	223500000
60000		13422819	268200000
70000		15659955	312900000
80000		17897092	357600000
90000		20134228	402300000

Table comparative.		Réduction des francs en ducats.	Réduction des ducats en francs.
10000	à 4 f. 48 c. pour 1 ducat.	2232143	44800000
20000		4464286	89600000
30000		6696429	134400000
40000		8928572	179200000
50000		11160715	224000000
60000		13392858	268800000
70000		15625001	313600000
80000		17857144	358400000
90000		20089287	403200000

Table comparative.		Réduction des francs en ducats.	Réduction des ducats en francs.
10000	à 4 f. 49 c. pour 1 ducat.	2227171	44900000
20000		4454342	89800000
30000		6681513	134700000
40000		8908684	179600000
50000		11135855	224500000
60000		13363026	269400000
70000		15590197	314300000
80000		17817368	359200000
90000		20044539	404100000

Table comparative.		Réduction des francs en ducats.	Réduction des ducats en francs.
10000	à 4 f. 50 c. pour 1 ducat.	2222222	45000000
20000		4444444	90000000
30000		6666667	135000000
40000		8888889	180000000
50000		11111111	225000000
60000		13333333	270000000
70000		15555556	315000000
80000		17777778	360000000
90000		20000000	405000000

Chapitre XII. — Change entre Paris et Naples.

Table comparative.		Réduction des francs en ducats.	Réduction des ducats en francs.
10000	à 4 f. 51 c. pour 1 ducat.	2217295	45100000
20000		4434590	90200000
30000		6651885	135300000
40000		8869180	180400000
50000		11086475	225500000
60000		13303770	270600000
70000		15521065	315700000
80000		17738360	360800000
90000		19955655	405900000

Table comparative		Réduction des francs en ducats.	Réduction des ducats en francs.
10000	à 4 f. 52 c. pour 1 ducat.	2212390	45200000
20000		4424780	90400000
30000		6637170	135600000
40000		8849560	180800000
50000		11061950	226000000
60000		13274340	271200000
70000		15486730	316400000
80000		17699120	361600000
90000		19911510	406800000

Table comparative.		Réduction des francs en ducats.	Réduction des ducats en francs.
10000	à 4 fr. 53 c. pour 1 ducat.	2207506	45300000
20000		4415012	90600000
30000		6622518	135900000
40000		8830024	181200000
50000		11037530	226500000
60000		13245036	271800000
70000		15452542	317100000
80000		17660048	362400000
90000		19867554	407700000

Table comparative.		Réduction des francs en ducats.	Réduction des ducats en francs.
10000	à 4 fr. 54 c. pour 1 ducat.	2202643	45400000
20000		4405286	90800000
30000		6607929	136200000
40000		8810572	181600000
50000		11013215	227000000
60000		13215858	272400000
70000		15418501	317800000
80000		17621144	363200000
90000		19823787	408600000

Table comparative.		Réduction des francs en ducats.	Réduction des ducats en francs.
10000	à 4 fr. 55 c. pour 1 ducat.	2197802	45500000
20000		4395604	91000000
30000		6593406	136500000
40000		8791208	182000000
50000		10989010	227500000
60000		13186812	273000000
70000		15384614	318500000
80000		17582416	364000000
90000		19780218	409500000

Chapitre XII. — Change entre Paris et Naples.

Table comparative.		Réduction des francs en ducats.	Réduction des ducats en francs.
10000	à 4 fr. 56 c. pour 1 ducat.	2192982	45600000
20000		4385964	91200000
30000		6578946	136800000
40000		8771928	172400000
50000		10964910	228000000
60000		13157892	273600000
70000		15350874	319200000
80000		17543856	364800000
90000		19736838	410400000

Table comparative.		Réduction des francs en ducats.	Réduction des ducats en francs.
10000	à 4 fr. 57 c. pour 1 ducat.	2188184	45700000
20000		4376368	91400000
30000		6564552	137100000
40000		8752736	182800000
50000		10940920	228500000
60000		13129104	274200000
70000		15317288	319900000
80000		17505472	365600000
90000		10693656	411300000

Table comparative.		Réduction des francs en ducats.	Réduction des ducats en francs.
10000	à 4 fr. 58 c. pour 1 ducat.	2183407	45800000
20000		4366814	91600000
30000		6550221	137400000
40000		8733628	183200000
50000		10917035	229000000
60000		13100442	274800000
70000		15283849	320600000
80000		19467256	366400000
90000		19650663	412200000

Table comparative.		Réduction des francs en ducats.	Réduction des ducats en francs.
10000	à 4 fr. 59 c. pour 1 ducat.	2178650	45900000
20000		4357300	91800000
30000		6535950	37700000
40000		8714600	83600000
50000		10893250	129500000
60000		13071900	175400000
70000		15250550	221300000
80000		17429200	267200000
90000		19607850	313100000

CHANGE

ENTRE

PARIS, FRANCFORT-SUR-LE-MEIN, BRESLAW, BREMEN, ETC.,

POUR LA RÉDUCTION DE TOUTES LES ESPÈCES DE RIXDALES EN FRANCS, *et vice versâ.*

(*Voyez* la table topographique.)

Table comparative.		Réduction des rixdales en francs.	Réduction des francs en rixdales.
10000	à 70 rixdales pour 300 francs.	42857143	2333333
20000		85714285	4666667
30000		128571428	7000000
40000		171428571	9333333
50000		214285714	11666667
60000		257142856	14000000
70000		299999999	16333333
80000		342857142	18666667
90000		385714285	21000000

Table comparative.		Réduction des rixdales en francs.	Réduction des francs en rixdales.
10000	à 70 rixd. 05 centièm. pour 300 francs.	42826552	2335000
20000		85653105	4670000
30000		128479657	7005000
40000		171306210	9340000
50000		214132762	11675000
60000		256959315	14010000
70000		299785867	16345000
80000		342612420	18680000
90000		385438972	21015000

Table comparative.		Réduction des rixdales en francs.	Réduction des francs en rixdales.
10000	à 70 rixd. 10 centièm. pour 300 francs.	42796006	2336667
20000		85592011	4673333
30000		128388017	7010000
40000		171184022	9346667
50000		213980028	11683333
60000		256776034	14020000
70000		299572040	16356667
80000		342368046	18693333
90000		385164051	21030000

Table comparative.		Réduction des rixdales en francs.	Réduction des francs en rixdales.
10000	à 70 rixd. 15 centièm. pour 300 francs.	42765502	2338333
20000		85531005	4676667
30000		128296507	7015000
40000		171062010	9353333
50000		213827512	11691667
60000		256593015	14030000
70000		299358517	16368333
80000		342124020	18706667
90000		384889522	21045000

Chapitre XII. — Change entre Paris, Francfort-sur-le-Mein, etc.

Table comparative.		Réduction des rixdales en francs.	Réduction des francs en rixdales.
10000	à 70 rixd. 20 centièm. pour 300 francs.	42735043	2340000
20000		85470085	4680000
30000		128205128	7020000
40000		170940171	9360000
50000		213675213	11700000
60000		256410256	14040000
70000		299145299	16380000
80000		341880342	18720000
90000		384615384	21060000

Table comparative.		Réduction des rixdales en francs.	Réduction des francs en rixdales.
10000	à 70 rixd. 25 centièm. pour 300 francs.	42704626	2341667
20000		85409252	4683333
30000		128113879	7025000
40000		170818505	9366667
50000		213523132	11708333
60000		256227758	14050000
70000		298932384	16391667
80000		341637011	18733333
90000		384341637	21075000

Table comparative.		Réduction des rixdales en francs.	Réduction des francs en rixdales.
10000	à 70 rixd. 30 centièm. pour 300 francs.	42674253	2343333
20000		85348506	4686667
30000		128022759	7030000
40000		170697012	9373333
50000		213371266	11716667
60000		256045519	14060000
70000		298719772	16403333
80000		341394025	18746667
90000		384068278	21090000

Table comparative.		Réduction des rixdales en francs.	Réduction des francs en rixdales.
10000	à 70 rixd. 35 centièm. pour 300 francs.	42643923	2345000
20000		85287846	4690000
30000		127931769	7035000
40000		170575692	9380000
50000		213219616	11725000
60000		255863539	14070000
70000		298507462	16415000
80000		341151385	18760000
90000		383795308	21105000

Table comparative.		Réduction des rixdales en francs.	Réduction des francs en rixdales.
10000	à 70 rixd. 40 centièm. pour 300 francs.	42613636	2346667
20000		85227272	4693333
30000		127840909	7040000
40000		170454545	9386667
50000		213068182	11733333
60000		255681818	14080000
70000		298295454	16426667
80000		340909091	18773333
90000		383522727	21120000

Chapitre XII. — Change entre Paris, Francfort-sur-le-Mein, etc.

Table comparative.		Réduction des rixdales en francs.	Réduction des francs en rixdales.
10000	à 70 rixd. 45 centièm. pour 300 francs.	42583392	2348333
20000		85166785	4696667
30000		127750177	7045000
40000		170333570	9393333
50000		212916962	11741667
60000		255500355	14090000
70000		298083747	16438333
80000		340667140	18786667
90000		383250532	21135000
Table comparative.		**Réduction des rixdales en francs.**	**Réduction des francs en rixdales.**
10000	à 70 rixd. 50 centièm. pour 300 francs.	42553191	2350000
20000		85106383	4700000
30000		127659574	7050000
40000		170212766	9400000
50000		212765957	11750000
60000		255319149	14100000
70000		297872340	16450000
80000		340425532	18800000
90000		382978723	21150000
Table comparative.		**Réduction des rixdales en francs.**	**Réduction des francs en rixdales.**
10000	à 70 rixd. 55 centièm. pour 300 francs.	42523033	2351667
20000		85046067	4703333
30000		127569099	7055000
40000		170092133	9406667
50000		212615167	11758333
60000		255138199	14110000
70000		297661233	16461667
80000		340184267	18813333
90000		382707299	21165000
Table comparative.		**Réduction des rixdales en francs.**	**Réduction des francs en rixdales.**
10000	à 70 rixd. 60 centièm. pour 300 francs.	42492917	2353333
20000		84985835	4706667
30000		127478753	7060000
40000		169971671	9413333
50000		212464589	11766667
60000		254957506	14120000
70000		297450424	16473333
80000		339943342	18826667
90000		382436260	21180000
Table comparative.		**Réduction des rixdales en francs.**	**Réduction des francs en rixdales.**
10000	à 70 rixd. 65 centièm. pour 300 francs.	42462845	2355000
20000		84925690	4710000
30000		127388535	7065000
40000		169851380	9420000
50000		212314225	11775000
60000		254777070	14130000
70000		297239915	16485000
80000		339702760	19840000
90000		382165605	21195000

Chapitre XII. — Change entre Paris, Francfort-sur-le-Mein, etc.

Table comparative.	.	Réduction des rixdales en francs.	Réduction des francs en rixdales.
10000	à 70 rixd. 70 centièm. pour 300 francs.	42432814	2356667
20000		84865629	4713333
30000		127298444	7070000
40000		169731258	9426667
50000		212164073	11783333
60000		254596888	14140000
70000		297029702	16496667
80000		339462517	18853333
90000		381895332	21210000

Table comparative.		Réduction des rixdales en francs.	Réduction des francs en rixdales.
10000	à 70 rixd. 75 centièm. pour 300 francs.	42402826	2358333
20000		84805653	4716667
30000		127208480	7075000
40000		169611307	9433333
50000		212014134	11791667
60000		254416961	14150000
70000		296819788	16508333
80000		339222615	18866667
90000		381625442	21225000

Table comparative.		Réduction des rixdales en francs.	Réduction des francs en rixdales.
10000	à 70 rixd. 80 centièm. pour 300 francs.	42372881	2360000
20000		84745762	4720000
30000		127118643	7080000
40006		169491525	9440000
50000		211864406	11800000
60000		254237287	14160000
70000		296610169	16520000
80000		338983050	18880000
90000		381355931	21240000

Table comparative.		Réduction des rixdales en francs.	Réduction des francs en rixdales.
10000	à 70 rixd. 85 centièm. pour 300 francs.	42342978	2361667
20000		84685956	4723333
30000		127028934	7085000
40000		169371912	9446667
50000		211714890	11808333
60000		254057868	14170000
70000		296400846	16531667
80000		338743824	18893333
90000		381086802	21255000

Table comparative.		Réduction des rixdales en francs.	Réduction des francs en rixdales.
10000	à 70 rixd. 90 centièm. pour 300 francs.	42313117	2363333
20000		84626234	4726667
30000		126939351	7090000
40000		169252468	9453333
50000		211565585	11816667
60000		253878702	14180000
70000		296191819	16543333
80000		338504936	18906667
90000		580818053	21270000

Chapitre XII. — Change entre Paris, Francfort-sur-le-Mein, etc.

Table comparative.		Réduction des rixdales en francs.	Réduction des francs en rixdales.
10000	à 70 rixd. 95 centièm. pour 300 francs.	42283298	2365000
20000		84566596	4730000
30000		126849894	7095000
40000		169133192	9460000
50000		211416490	11825000
60000		253699788	14190000
70000		295983086	16555000
80000		338266384	18920000
90000		380549682	21285000

Table comparative.		Réduction des rixdales en francs.	Réduction des francs en rixdales.
10000	à 71 rixdales pour 300 francs.	42253521	2366667
20000		84507042	4733333
30000		126760563	7100000
40000		169014084	9466667
50000		211267606	11833333
60000		253521127	14200000
70000		295774648	16566667
80000		338028169	18933333
90000		380281690	21300000

Table comparative.		Réduction des rixdales en francs.	Réduction des francs en rixdales.
10000	à 71 rixd. 05 centièm. pour 300 francs.	42223786	2368333
20000		84447572	4736667
30000		126671358	7105000
40000		168895144	9473333
50000		211118930	11841667
60000		253342717	14210000
70000		295566503	16578333
80000		337790289	18946667
90000		380014075	21315000

Table comparative.		Réduction des rixdales en francs.	Réduction des francs en rixdales.
10000	à 71 rixd. 10 centièm. pour 300 francs.	42194093	2370000
20000		84388186	4740000
30000		126582278	7110000
40000		168776371	9480000
50000		210970464	11850000
60000		253164557	14220000
70000		295358650	16590000
80000		337552742	18960000
90000		379746835	21330000

Table comparative.		Réduction des rixdales en francs.	Réduction des francs en rixdales.
10000	à 71 rixd. 15 centièm. pour 300 francs.	42164441	2371667
20000		84328883	4743333
30000		126493324	7115000
40000		168657765	9486667
50000		210822206	11858333
60000		252986648	14230000
70000		295151089	16601667
80000		337315530	18973333
90000		379479972	21345000

CHAPITRE XII. — Change entre Paris, Francfort-sur-le-Mein, etc.

Table comparative.		Réduction des rixdales en francs.	Réduction des francs en rixdales.
10000	à 71 rixd. 20 centièm pour 300 francs.	42134831	2373333
20000		84269663	4746667
30000		126404494	7120000
40000		168539326	9493333
50000		210674157	11866667
60000		252808988	14240000
70000		294943820	16613333
80000		337078651	18986667
90000		379213483	21360000

Table comparative.		Réduction des rixdales en francs.	Réduction des francs en rixdales.
10000	à 71 rixd. 25 centièm pour 300 francs.	42105263	2375000
20000		84210526	4750000
30000		126315789	7125000
40000		168421052	9500000
50000		210526316	11875000
60000		252631579	14250000
70000		294736842	16625000
80000		336842105	19000000
90000		378947368	21375000

Table comparative.		Réduction des rixdales en francs.	Réduction des francs en rixdales.
10000	à 71 rixd. 30 centièm. pour 300 francs.	42075736	2376667
20000		84151472	4753333
30000		126227208	7130000
40000		168302945	9506667
50000		210378681	11883333
60000		252454417	14260000
70000		294530154	16636667
80000		336605890	19013333
90000		378681626	21390000

Table comparative.		Réduction des rixdales en francs.	Réduction des francs en rixdales.
10000	à 71 rixd. 35 centièm. pour 300 francs.	42046250	2378333
20000		84092501	4756667
30000		126138752	7135000
40000		168185003	9513333
50000		210231254	11891667
60000		252277505	14270000
70000		294323756	16648333
80000		336370007	19026667
90000		378416258	21405000

Table comparative.		Réduction des rixdales en francs.	Réduction des francs en rixdales.
10000	à 71 rixd. 40 centièm. pour 300 francs.	42016807	2380000
20000		84033613	4760000
30000		126050420	7140000
40000		168067227	9520000
50000		210084033	11900000
60000		252100840	14280000
70000		294117647	16660000
80000		336134454	19040000
90000		378151260	21420000

Chapitre XII. — Change entre Paris, Francfort-sur-le-Mein, etc.

Table comparative.		Réduction des rixdales en francs.	Réduction des francs en rixdales.
10000	à 71 rixd. 45 centièm. pour 300 francs.	41987404	2381667
20000		83974808	4763333
30000		125962211	7145000
40000		167949615	9526667
50000		209937019	11908333
60000		251924423	14290000
70000		293911827	16671667
80000		335899230	19053333
90000		377886634	21435000

Table comparative.		Réduction des rixdales en francs.	Réduction des francs en rixdales.
10000	à 71 rixd. 50 centièm. pour 300 francs.	41958042.	2383333
20000		83916084	4766667
30000		125874126	7150000
40000		167832168	9533333
50000		209790210	11916667
60000		251748252	14300000
70000		293706294	16683333
80000		335664336	19066667
90000		377622378	21450000

Table comparative.		Réduction des rixdales en francs.	Réduction des francs en rixdales.
10000	à 71 rixd. 55 centièm. pour 300 francs.	41928721	2385000
20000		83857442	4770000
30000		125786163	7155000
40000		167714884	9540000
50000		209643605	11925000
60000		251572327	14310000
70000		293501048	16695000
80000		335429769	19080000
90000		377358490	21465000

Table comparative.		Réduction des rixdales en francs.	Réduction des francs en rixdales.
10000	à 71 rixd. 60 centièm. pour 300 francs.	41899441	2386667
20000		83798883	4773333
30000		125698324	7160000
40000		167597765	9546667
50000		209497206	11933333
60000		251396648	14320000
70000		293296089	16706667
80000		335195530	19093333
90000		377094972	21480000

Table comparative.		Réduction des rixdales en francs.	Réduction des francs en rixdales.
10000	à 71 rixd. 65 centièm. pour 300 francs.	41870202	2388333
20000		83740404	4776667
30000		125610607	7165000
40000		167480810	9553333
50000		209351012	11941667
60000		251221214	14330000
70000		293091417	16718333
80000		334961619	19106667
90000		376831822	21495000

CHAPITRE XII. — Change entre Paris, Francfort-sur-le-Mein, etc.

Table comparative.		Réduction des rixdales en francs.	Réduction des francs en rixdales.
10000	à 71 rixd. 70 centièm. pour 300 francs.	41841004	2390000
20000		83682008	4780000
30000		125523013	7170000
40000		167364017	9560000
50000		209205021	11950000
60000		251046025	14340000
70000		292887029	16730000
80000		334728034	19120000
90000		376569038	21510000

Table comparative.		Réduction des rixdales en francs.	Réduction des francs en rixdales.
10000	à 71 rixd. 75 centièm. pour 300 francs.	41811847	2391667
20000		83623693	4783333
30000		125435540	7175000
40000		167247387	9566667
50000		209059233	11958333
60000		250871080	14350000
70000		292682927	16741667
80000		334494774	19133333
90000		376306620	21525000

Table comparative.		Réduction des rixdales en francs.	Réduction des francs en rixdales.
10000	à 71 rixd. 80 centièm. pour 300 francs.	41782730	2393333
20000		83565460	4786667
30000		125348189	7180000
40000		167130919	9573333
50000		208913649	11966667
60000		250696379	14360000
70000		292479109	16753333
80000		334261838	19146667
90000		376043568	21540000

Table comparative.		Réduction des rixdales en francs.	Réduction des francs en rixdales.
10000	à 71 rixd. 85 centièm. pour 300 francs.	41753653	2395000
20000		83507307	4790000
30000		125260960	7185000
40000		167014614	9580000
50000		208768267	11975000
60000		250521920	14370000
70000		292275574	16765000
80000		334029227	19160000
90000		375782881	21555000

Table comparative.		Réduction des rixdales en francs.	Réduction des francs en rixdales.
10000	à 71 rixd. 90 centièm. pour 300 francs.	41724617	2396667
20000		83449235	4793333
30000		125173852	7190000
40000		166898470	9586667
50000		208623087	11983333
60000		250347705	14380000
70000		292072322	16776667
80000		333796940	19173333
90000		375521557	21570000

Chapitre XII. — Change entre Paris, Francfort-sur-le-Mein, etc.

Table comparative.		Réduction des rixdales en francs.	Réduction des francs en rixdales.
10000	à 71 rixd. 95 centièm. pour 300 francs.	41695622	2398333
20000		83391244	4796667
30000		125086866	7195000
40000		166782488	9593333
50000		208478110	11991667
60000		250173732	14390000
70000		291869354	16788333
80000		333564976	19186667
90000		375260598	21585000

Table comparative.		Réduction des rixdales en francs.	Réduction des francs en rixdales.
10000	à 72 rixdales pour 300 francs.	41666667	2400000
20000		83333333	4800000
30000		125000000	7200000
40000		166666667	9600000
50000		208333333	12000000
60000		250000000	14400000
70000		291666667	16800000
80000		333333333	19200000
90000		375000000	21600000

Table comparative.		Réduction des rixdales en francs.	Réduction des francs en rixdales.
10000	à 72 rixd. 05 centièm. pour 300 francs.	41637752	2401667
20000		83275503	4803333
30000		124913255	7205000
40000		166551006	9606667
50000		208188758	12008333
60000		249826510	14410000
70000		291464261	16811667
80000		333102013	19213333
90000		374739764	21615000

Table comparative.		Réduction des rixdales en francs.	Réduction des francs en rixdales.
10000	à 72 rixd. 10 centièm. pour 300 francs.	41608877	2403333
20000		83217753	4806667
30000		124826630	7210000
40000		166435506	9613333
50000		208044383	12016667
60000		249653260	14420000
70000		291262136	16823333
80000		332871013	19226667
90000		374479889	21630000

Table comparative.		Réduction des rixdales en francs.	Réduction des francs en rixdales.
10000	à 72 rixd. 15 centièm. pour 300 francs.	41580042	2405000
20000		83160083	4810000
30000		124740125	7215000
40000		166320166	9620000
50000		207900208	12025000
60000		249480250	14430000
70000		291060291	16835000
80000		332640333	19240000
90000		374220374	21645000

Chapitre XII. — Change entre Paris, Francfort-sur-le-Mein, etc.

Table comparative.		Réduction des rixdales en francs.	Réduction des francs en rixdales.
10000	à 72 rixd. 45 centiem. pour 300 francs.	4140767	2415000
20000		8281535	4830000
30000		12422360 2	7245000
40000		165631470	9660000
50000		207039337	12075000
60000		248447205	14490000
70000		289855072	16905000
80000		331262940	19320000
90000		372670807	21735000

Table comparative.		Réduction des rixdales en francs.	Réduction des francs en rixdales.
10000	à 72 rixd. 50 centiem. pour 300 francs.	41379310	2416667
20000		82758621	4833333
30000		124137931	7250000
40000		165517242	9666667
50000		206896551	12083333
60000		248275862	14500000
70000		289655172	16916667
80000		331034482	19333333
90000		372413793	21750000

Table comparative.		Réduction des rixdales en francs.	Réduction des francs en rixdales.
10000	à 72 rixd. 55 centiem. pour 300 francs.	41550793	2418333
20000		82701585	4836667
30000		124052378	7255000
40000		165403170	9673333
50000		206753963	12091667
60000		248104756	14510000
70000		289455548	16928333
80000		330806341	19346667
90000		372157133	21765000

Table comparative.		Réduction des rixdales en francs.	Réduction des francs en rixdales.
10000	à 72 rixd. 60 centiem. pour 300 francs.	41322314	2420000
20000		82644628	4840000
30000		123966942	7260000
40000		165289256	9680000
50000		206611570	12100000
60000		247933885	14520000
70000		289256199	16940000
80000		330578513	19360000
90000		371900827	21780000

Table comparative.		Réduction des rixdales en francs.	Réduction des francs en rixdales.
10000	à 72 rixd. 65 centiem. pour 300 francs.	41293875	2421667
20000		82587749	4843333
30000		123881624	7265000
40000		165175499	9686667
50000		206469374	12108333
60000		247763249	14530000
70000		289057124	16951667
80000		330350998	19373333
90000		371644873	21795000

Chapitre XII. — Change entre Paris, Francfort-sur-le-Mein, etc.

Table comparative.		Réduction des rixdales en francs.	Réduction des francs en rixdales.
10000	à 72 rixd. 70 centièm. pour 300 francs.	41265475	2423333
20000		82530949	4846667
30000		123796424	7270000
40000		165061898	9693333
50000		206327373	12116667
60000		247592848	14540000
70000		288858322	16963333
80000		330123797	19386667
90000		371389271	21810000

Table comparative.		Réduction des rixdales en francs.	Réduction des francs en rixdales.
10000	à 72 rixd. 75 centièm. pour 300 francs.	41237113	2425000
20000		82474227	4850000
30000		123711340	7275000
40000		164948454	9700000
20000		206185567	12125000
60000		247422680	14550000
70000		288659794	16975000
80000		329896907	19400000
90000		371134021	21825000

Table comparative.		Réduction des rixdales en francs.	Réduction des francs en rixdales.
10000	à 72 rixd. 80 centièm. pour 300 francs.	41208791	2426667
20000		82417582	4853333
30000		123626374	7280000
40000		164835165	9706667
50000		206043956	12133333
60000		247252747	14560000
70000		288461558	16986667
80000		329670330	19413333
90000		370879120	21840000

Table comparative.		Réduction des rixdales en francs.	Réduction des francs en rixdales.
10000	à 72 rixd. 85 centièm. pour 300 francs.	41180508	2428333
20000		82361016	4856667
30000		123541524	7285000
40000		164722032	9713333
50000		205902539	12141667
60000		247083047	14570000
70000		288263555	16998333
80000		329444063	19426667
90000		370624571	21855000

Table comparative.		Réduction des rixdales en francs.	Réduction des francs en rixdales.
10000	à 72 rixd. 90 centièm. pour 300 francs.	41152263	2430000
20000		82304526	4860000
30000		123456790	7290000
40000		164609053	9720000
50000		205761317	12150000
60000		246913580	14580000
70000		288065843	17010000
80000		329218107	19440000
90000		370370370	21870000

Chapitre XII. — Change entre Paris, Francfort-sur-le-Mein, etc.

Table comparative.		Réduction des rixdales en francs.	Réduction des francs en rixdales.
10000	à 72 rixd. 95 centièm. pour 300 francs.	41124057	2431667
20000		82248115	4863333
30000		123372172	7295000
40000		164496230	9726667
50000		205620288	12158333
60000		246744345	14590000
70000		287868403	17021667
80000		328992460	19453333
90000		370116518	21885000

Table comparative.		Réduction des rixdales en francs.	Réduction des francs en rixdales.
10000	à 73 rixdales pour 300 francs.	41095890	2433333
20000		82191780	4866667
30000		123287671	7300000
40000		164383561	9733333
50000		205479452	12166667
60000		246575342	14600000
70000		287671232	17033333
80000		328767123	19466667
90000		369863013	31960000

Table comparative.		Réduction des rixdales en francs.	Réduction des francs en rixdales.
10000	à 73 rixd. 05 centièm. pour 300 francs.	41067761	2435000
20000		82135523	4870000
30000		123203285	7305000
40000		164271047	9740000
50000		205338809	12175000
60000		246406570	14610000
70000		287474332	17045000
80000		328542094	19480000
90000		369609856	21915000

Table comparative.		Réduction des rixdales en francs.	Réduction des francs en rixdales.
10000	à 73 rixd. 10 centièm. pour 300 francs.	41039671	2436667
20000		82079343	4873333
30000		123119015	7310000
40000		164158686	9746667
50000		205198358	12183333
60000		246238030	14620000
70000		287277701	17056667
80000		328317373	19493333
90000		369357845	21930000

Table comparative.		Réduction des rixdales en francs.	Réduction des francs en rixdales.
10000	à 73 rixd. 15 centièm. pour 300 francs.	41011620	2438333
20000		82023240	4876667
30000		123034860	7315000
40000		164046480	9753333
50000		205058100	12191667
60000		246069720	14630000
70000		287081340	17068333
80000		328092960	19506667
90000		369104580	21945000

CHAPITRE XII. — Change entre Paris, Francfort-sur-le-Mein, etc.

Table comparative.		Réduction des rixdales en francs.	Réduction des francs en rixdales.
10000	à 73 rixd. 20 centiem. pour 300 francs.	40983606	2440000
20000		81967213	4880000
30000		122950819	7320000
40000		163934426	9760000
50000		204918033	12200000
60000		245901639	14640000
70000		286885246	17080000
80000		327868852	19520000
90000		368852459	21960000

Table comparative.		Réduction des rixdales en francs.	Réduction des francs en rixdales.
10000	à 73 rixd. 25 centiem. pour 300 francs.	40955631	2441667
20000		81911262	4883333
30000		122866894	7325000
40000		163822525	9766667
50000		204778157	12208333
60000		245733788	14650000
70000		286689419	17091667
80000		327645051	19533333
90000		368600682	21975000

Table comparative.		Réduction des rixdales en francs.	Réduction des francs en rixdales.
10000	à 73 rixd. 30 centiem. pour 300 francs.	40927694	2443333
20000		81855388	4886667
30000		122783083	7330000
40000		163710777	9773333
50000		20463847,2	12216667
60000		245566166	14660000
70000		286493860	17103333
80000		327421555	19546667
90000		368349249	21990000

Table comparative.		Réduction des rixdales en francs.	Réduction des francs en rixdales.
10000	à 73 rixd. 35 centiem. pour 300 francs.	40899795	2445000
20000		81799591	4890000
30000		122699386	7335000
40000		163599182	9780000
50000		204498977	12225000
60000		245398773	14670000
70000		286298568	17115000
80000		327198364	19560000
90000		368098159	22005000

Table comparative.		Réduction des rixdales en francs.	Réduction des francs en rixdales.
10000	à 73 rixd. 40 centiem. pour 300 francs.	40871934	2446667
20000		81743869	4893333
30000		122615803	7340000
40000		163487738	9786667
50000		204359673	12253333
60000		245231607	14680000
70000		286103542	17126667
80000		326975476	19573333
90000		367847411	22020000

Chapitre XII. — Change entre Paris, Francfort-sur-le-Mein, etc.

Table comparative.		Réduction des rixdales en francs.	Réduction des francs en rixdales.
10000	à 73 rixd. 45 centièm. pour 300 francs.	40844111	2448333
20000		81688223	4896667
30000		122532335	7345000
40000		163376446	9793333
50000		204220558	12241667
60000		245064670	14690000
70000		285908781	17138333
80000		326752893	19586667
90000		367597005	22035000

Table comparative.		Réduction des rixdales en francs.	Réduction des francs en rixdales.
10000	à 73 rixd. 50 centièm. pour 300 francs.	40816326	2450000
20000		81632653	4900000
30000		122448979	7350000
40000		163265306	9800000
50000		204081632	12250000
60000		244897959	14700000
70000		285714285	17150000
80000		326530612	19600000
90000		367346938	22050000

Table comparative.		Réduction des rixdales en francs.	Réduction des francs en rixdales.
10000	à 73 rixd. 55 centièm. pour 300 francs.	40788579	2451667
20000		81577158	4903333
30000		122365737	7355000
40000		163154316	9806667
50000		203942896	12258333
60000		244731475	14710000
70000		285520054	17161667
80000		326308633	19613333
90000		367097212	22065000

Table comparative.		Réduction des rixdales en francs.	Réduction des francs en rixdales.
10000	à 73 rixd. 60 centièm. pour 300 francs.	40760870	2453333
20000		81521740	4906667
30000		122282610	7360000
40000		163043480	9813333
50000		203804350	12266667
60000		244565220	14720000
70000		285326090	17173333
80000		326086960	19626667
90000		366847830	22080000

Table comparative.		Réduction des rixdales en francs.	Réduction des francs en rixdales.
10000	à 73 rixd. 65 centièm. pour 3 francs.	40733197	2455000
20000		81466395	4910000
50000		122199592	7365000
40000		162932790	9820000
50000		203665880	12275000
60000		244399185	14730000
70000		285132383	17185000
80000		325865580	19640000
90000		366598778	22095000

Chapitre XII. — Change entre Paris, Francfort-sur-le-Mein, etc.

Table comparative.		Réduction des rixdales en francs.	Réduction des francs en rixdales.
10000	à 73 rixd. 70 centiem. pour 300 francs.	40705563	2456667
20000		81411126	4913333
30000		122116689	7370000
40000		162822252	9826667
50000		203527815	12283333
60000		244233378	14740000
70000		394938941	17196667
80000		345644504	19653333
90000		386350067	22110000

Table comparative.		Réduction des rixdales en francs.	Réduction des francs en rixdales.
10000	à 73 rixd. 75 centiem. pour 300 francs.	40677966	2458333
20000		81355932	4916667
30000		122033898	7375000
40000		162711864	9833333
50000		203389830	12291667
60000		244067796	14750000
70000		284745762	17208333
80000		325423728	19666667
90000		366101694	22125000

Table comparative.		Réduction des rixdales en francs.	Réduction des francs en rixdales.
10000	à 73 rixd. 80 centiem. pour 300 francs.	40650406	2460000
20000		81300813	4920000
30000		121951219	7380000
40000		162601626	9840000
50000		203252032	12300000
60000		243902439	14760000
70000		284552845	17220000
80000		325203252	19680000
90000		365853658	22140000

Table comparative.		Réduction des rixdales en francs.	Réduction des francs en rixdales.
10000	à 73 rixd. 85 centiem. pour 300 francs.	40622884	2461667
20000		81245768	4923333
30000		121868652	7385000
40000		162491536	9846667
50000		203114421	12308333
60000		243737305	14770000
70000		284360189	17231667
80000		324983073	19693333
90000		365605957	22155000

Table comparative.		Réduction des rixdales en francs.	Réduction des francs en rixdales.
10000	à 73 rixd. 90 centiem. pour 300 francs.	40595399	2463333
20000		81190798	4926667
30000		121786197	7390000
40000		162381596	9853333
50000		202976996	12316667
60000		243572395	14780000
70000		284167794	17243333
80000		324763193	19706667
90000		365358592	22170000

CHAPITRE XII. — Change entre Paris, Francfort-sur-le-Mein, etc.

Table comparative.		Réduction des rixdales en francs.	Réduction des francs en rixdales.
10000	à 73 rixd. 95 centièm. pour 300 francs.	40567951	2465000
20000		81135902	4930000
30000		121703853	7395000
40000		162271805	9860000
50000		202839756	12325000
60000		243407707	14790000
70000		283975659	17255000
80000		324543610	19720000
90000		365111561	22185000

Table comparative.		Réduction des rixdales en francs.	Réduction des francs en rixdales.
10000	à 74 rixdales pour 300 francs.	40540541	2466667
20000		81081081	4933333
30000		121621622	7400000
40000		162162162	9866667
50000		202702702	12333333
60000		243243243	14800000
70000		283783783	17266667
80000		324324324	19733333
90000		364864865	22200000

Table comparative.		Réduction des rixdales en francs.	Réduction des francs en rixdales.
10000	à 74 rixd. 05 centièm. pour 300 francs.	40513167	2468333
20000		81026333	4936667
30000		121539500	7405000
40000		162052667	9873333
50000		202565834	12341667
60000		243079000	14810000
70000		283592167	17278333
80000		324105334	19746667
90000		364618501	22215000

Table comparative.		Réduction des rixdales en francs.	Réduction des francs en rixdales.
10000	à 74 rixd. 10 centièm. pour 300 francs.	40485830	2470000
20000		80971660	4940000
30000		121457490	7410000
40000		161943320	9880000
50000		202429150	12350000
60000		242914980	14820000
70000		283400810	17290000
80000		323886640	19760000
90000		364372470	22230000

Table comparative.		Réduction des rixdales en francs.	Réduction des francs en rixdales.
10000	à 74 rixd. 15 centièm. pour 300 francs.	40458530	2471667
20000		80917060	4943333
30000		121375590	7415000
40000		161834120	9886667
50000		202292650	12358333
60000		242751180	14830000
70000		283209710	17301667
80000		323668240	19773333
90000		364126770	22245000

Chapitre XII. — Change entre Paris, Francfort-sur-le-Mein, etc.

Table comparative.		Réduction des rixdales en francs.	Réduction des francs en rixdales.
10000	à 74 rixd. 20 centièm. pour 300 francs.	40431267	2473333
20000		80862534	4946667
30000		121293801	7420000
40000		161725068	9893333
50000		202156335	12366667
60000		242587602	14840000
70000		283018869	17313333
80000		323450136	19786667
90000		363881403	22260000
Table comparative.		**Réduction des rixdales en francs.**	**Réduction des francs en rixdales.**
10000	à 74 rixd. 25 centièm. pour 300 francs.	40404040	2475000
20000		80808080	4950000
30000		121212121	7425000
40000		161616161	9900000
50000		202020202	12375000
60000		242424242	14850000
70000		282828282	17325000
80000		323232323	19800000
90000		363636363	22275000
Table comparative.		**Réduction des rixdales en francs.**	**Réduction des francs en rixdales.**
10000	à 74 rixd. 30 centièm. pour 300 francs.	40376850	2476667
20000		80753701	4953333
30000		121130551	7430000
40000		161507402	9906667
50000		201884253	12383333
60000		242261103	14860000
70000		282637954	17336667
80000		323014804	19813333
90000		363391655	22290000
Table comparative.		**Réduction des rixdales en francs.**	**Réduction des francs en rixdales.**
10000	à 74 rixd. 35 centièm. pour 300 francs.	40349697	2478333
20000		80699394	4956667
30000		121049092	7435000
40000		161308789	9913333
50000		201748487	12391667
60000		242098184	14870000
70000		282447881	17348333
80000		322797579	19826667
90000		363147276	22305000
Table comparative.		**Réduction des rixdales en francs.**	**Réduction des francs en rixdales.**
10000	à 74 rixd. 40 centièm. pour 300 francs.	40322580	2480000
20000		80645161	4960000
30000		120967742	7440000
40000		161290322	9920000
50000		201612903	12400000
60000		241935484	14880000
70000		282258064	17360000
80000		322580645	19840000
90000		362903226	22320000

Chapitre XII. — Change entre Paris, Francfort-sur-le-Mein, etc.

Table comparative.		Réduction des rixdales en francs.	Réduction des francs en rixdales.
10000	à 74 rixd. 45 centièm. pour 300 francs.	40295500	2481667
20000		80591000	4963333
30000		120886500	7445000
40000		161182001	9926667
50000		201477501	12408333
60000		241773001	14890000
70000		282068502	17371667
80000		322364002	19853333
90000		362659502	22335000

Table comparative.		Réduction des rixdales en francs.	Réduction des francs en rixdales.
10000	à 74 rixd. 50 centièm. pour 300 francs.	40268456	2483333
20000		80536913	4966667
30000		120805369	7450000
40000		161073825	9933333
50000		201342282	12416667
60000		241610738	14900000
70000		281879195	17383333
80000		322147651	19866667
90000		362416108	22350000

Table comparative.		Réduction des rixdales en francs.	Réduction des francs en rixdales.
10000	à 74 rixd. 55 centièm. pour 300 francs.	40241449	2485000
20000		80482897	4970000
30000		120724346	7455000
40000		160965795	9940000
50000		201207243	12425000
60000		241448692	14910000
70000		281690141	17395000
80000		321931589	19880000
90000		362173038	22365000

Table comparative.		Réduction des rixdales en francs.	Réduction des francs en rixdales.
10000	à 74 rixd. 60 centièm. pour 300 francs.	40214477	2486667
20000		80428954	4973333
30000		120643432	7460000
40000		160857909	9946667
50000		201072386	12433333
60000		241286863	14920000
70000		281501340	17406667
80000		321715818	19893333
90000		361930295	22380000

Table comparative.		Réduction des rixdales en francs.	Réduction des francs en rixdales.
10000	à 74 rixd. 65 centièm. pour 300 francs.	40187542	2488333
20000		80375086	4976667
30000		120562620	7465000
40000		160750167	9953333
50000		200937709	12441667
60000		241125251	14930000
70000		281312793	17418333
80000		321500334	19906667
90000		361687876	22395000

Chapitre XII. — Change entre Paris, Francfort-sur-le-Mein, etc.

Table comparative.		Réduction des rixdales en francs.	Réduction des francs en rixdales.
10000	à 74 rixd. 70 centièm. pour 300 francs.	40160643	2490000
20000		80321285	4980000
30000		120481928	7470000
40000		160642570	9960000
50000		200803213	12450000
60000		240963856	14940000
70000		281124498	17430000
80000		321285141	19920000
90000		361445783	22410000

Table comparative.		Réduction des rixdales en francs.	Réduction des francs en rixdales.
10000	à 74 rixd. 75 centièm. pour 300 francs.	40133779	2491667
20000		80267559	4983333
30000		120401338	7475000
40000		160535117	9966667
50000		200668896	12458333
60000		240802676	14950000
70000		280936455	17441667
80000		321070234	19933333
90000		361204014	22425000

Table comparative.		Réduction des rixdales en francs.	Réduction des francs en rixdales.
10000	à 74 rixd. 80 centièm. pour 300 francs.	40106952	2493333
20000		80213904	4986667
30000		120320856	7480000
40000		160427807	9973333
50000		200534759	12466667
60000		240641711	14960000
70000		280748663	17453333
80000		320855615	19946667
90000		360962567	22440000

Table comparative.		Réduction des rixdales en francs.	Réduction des francs en rixdales.
10000	à 74 rixd. 85 centièm. pour 300 francs.	40080160	2495000
20000		80160321	4990000
30000		120240481	7485000
40000		160320641	9980000
50000		200400801	12475000
60000		240480962	14970000
70000		280561122	17465000
80000		320641282	19960000
90000		360721443	22455000

Table comparative.		Réduction des rixdales en francs.	Réduction des francs en rixdales.
10000	à 74 rixd. 90 centièm. pour 300 francs.	40053404	2496667
20000		80106809	4993333
30000		120160213	7490000
40000		160213618	9986667
50000		200267022	12483333
60000		240320427	14980000
70000		280373831	17476667
80000		320427236	19973333
90000		360480640	22470000

Chapitre XII. — Change entre Paris, Francfort-sur-le-Mein, etc.

Table comparative.		Réduction des rixdales en francs.	Réduction des francs en rixdales.
10000	à 74 rixd. 95 centiem. pour 300 francs.	40026684	2498333
20000		80053369	4996667
30000		120080053	7495000
40000		160106738	9993333
50000		200133422	12491667
60000		240160107	14990000
70000		280186791	17488333
80000		320213476	19986667
90000		360240160	22485000
Table comparative.		**Réduction des rixdales en francs.**	**Réduction des francs en rixdales.**
10000	à 75 rixdales pour 300 francs.	40000000	2500000
20000		80000000	5000000
30000		120000000	7500000
40000		160000000	10000000
50000		200000000	12500000
60000		240000000	15000000
70000		280000000	17500000
80000		320000000	20000000
90000		360000000	22500000
Table comparative.		**Réduction des rixdales en francs.**	**Réduction des francs en rixdales.**
10000	à 75 rixd. 05 centiem. pour 300 francs.	39973351	2501667
20000		79946702	5003333
30000		119920053	7305030
40000		159893404	10008667
50000		199866755	12508333
60000		239840106	15010000
70000		279813458	17511667
80000		319786808	20013333
90000		359760160	22515000
Table comparative.		**Réduction des rixdales en francs.**	**Réduction des francs en rixdales.**
10000	à 75 rixd. 10 centiem. pour 300 francs.	39946738	2503333
20000		79893475	5006667
30000		119840213	7510000
40000		159786951	10013333
50000		199733688	12516667
60000		239680426	15020000
70000		279627164	17523333
80000		319573902	20026667
90000		359520639	22530000
Table comparative.		**Réduction des rixdales en francs.**	**Réduction des francs en rixdales.**
10000	à 75 rixd. 15 centiem. pour 300 francs.	39920160	2505000
20000		179840319	5010000
30000		219760479	7515000
40000		259680639	10020000
50000		299600798	12525000
60000		339520958	15030000
70000		379441118	17535000
80000		419361278	20040000
90000		459281437	22545000

Chapitre XII. — Change entre Paris, Francfort-sur-le-Mein, etc.

Table comparative.		Réduction des rixdales en francs.	Réduction des francs en rixdales.
10000	à 75 rixd. 20 centièm. pour 300 francs.	39893617	2506667
20000		79787234	5013333
30000		119680851	7520000
40000		159574468	10026667
50000		199468085	12533333
60000		239361702	15040000
70000		279255319	17546667
80000		319148936	20053333
90000		359042553	22560000

Table comparative.		Réduction des rixdales en francs.	Réduction des francs en rixdales.
10000	à 75 rixd. 25 centièm. pour 300 francs.	39867110	2508333
20000		79734219	5016667
30000		119601329	7525000
40000		159468438	10033333
50000		199335548	12541667
60000		239202658	15050000
70000		279069767	17558333
80000		318936877	20066667
90000		358803986	22575000

Table comparative.		Réduction des rixdales en francs.	Réduction des francs en rixdales.
10000	à 75 rixd. 30 centièm. pour 300 francs.	39840637	2510000
20000		79681275	5020000
30000		119521912	7530000
40000		159362550	10040000
50000		199203187	12550000
60000		239043825	15060000
70000		278884462	17570000
80000		318725100	20080000
90000		358565737	22590000

Table comparative.		Réduction des rixdales en francs.	Réduction des francs en rixdales.
10000	à 75 rixd. 35 centièm. pour 300 francs.	39814200	2511667
20000		79628401	5023333
30000		119442601	7535000
40000		159256802	10046667
50000		199071002	12558333
60000		238885202	15070000
70000		278699403	17581667
80000		318513603	20093333
90000		358327804	22605000

Table comparative.		Réduction des rixdales en francs.	Réduction des francs en rixdales.
10000	à 75 rixd. 40 centièm. pour 300 francs.	39787791	2513333
20000		79575581	5026667
30000		119363372	7540000
40000		159151163	10053333
50000		198938954	12566667
60000		238726745	15080000
70000		278514536	17593333
80000		318302326	20106667
90000		358090117	22620000

Chapitre XII. — Change entre Paris, Francfort-sur-le-Mein, etc.

Table comparative.		Réduction des rixdales en francs.	Réduction des francs en rixdales.
10000	à 75 rixd. 45 centièm. pour 300 francs.	39761431	2515000
20000		79522863	5030000
30000		119284294	7545000
40000		159045726	10060000
50000		198807157	12575000
60000		238568588	15090000
70000		278330020	17605000
80000		318091451	20120000
90000		357852883	22635000

Table comparative.		Réduction des rixdales en francs.	Réduction des francs en rixdales.
10000	à 75 rixd. 50 centièm pour 300 francs.	39735099	2516667
20000		79470199	5033333
30000		119205298	7550000
40000		158940397	10066667
50000		198675496	12583333
60000		238410596	15100000
70000		278145695	17616667
80000		317880794	20133333
90000		357615893	22650000

Table comparative.		Réduction des rixdales en francs.	Réduction des francs en rixdales.
10000	à 75 rixd. 55 centiem. pour 300 francs.	39708802	2518333
20000		79417604	5036667
30000		119126406	7555000
40000		158835208	10073333
50000		198544010	12591667
60000		238252813	15110000
70000		277961615	17628333
80000		317670417	20146667
90000		357379219	22665000

Table comparative.		Réduction des rixdales en francs.	Réduction des francs en rixdales.
10000	à 75 rixd. 60 centiem. pour 300 francs.	39682540	2520000
20000		79365079	5040000
30000		119047619	7560000
40000		158730159	10080000
50000		198412698	12600000
60000		238095238	15120000
70000		377777778	17640000
80000		417460318	20160000
90000		457142857	22680000

Table comparative.		Réduction des rixdales en francs.	Réduction des francs en rixdales.
10000	à 75 rixd. 65 centiem. pour 300 francs.	39656312	2521667
20000		79312624	5043333
30000		118968936	7565000
40000		158625248	10086667
50000		198281560	12608333
60000		237937872	15130000
70000		277594184	17651667
80000		317250496	20173333
90000		356906808	22695000

CHAPITRE XII. — Change entre Paris, Francfort-sur-le-Mein, etc.

Table comparative.		Réduction des rixdales en francs.	Réduction des francs en rixdales.
10000	à 75 rixd. 70 centiem. pour 300 francs.	39630119	2523333
20000		79260238	5046667
30000		118890357	7570000
40000		158520476	10093333
50000		198150594	12616667
60000		237780713	15130000
70000		277410832	17653333
80000		317040951	20176667
90000		356671070	22700000

Table comparative.		Réduction des rixdales en francs.	Réduction des francs en rixdales.
10000	à 75 rixd. 75 centiem. pour 300 francs.	39603960	2525000
20000		79207921	5050000
30000		118811881	7575000
40000		158415842	10100000
50000		198019802	12625000
60000		237623762	15150000
70000		277227723	17675000
80000		316831683	20200000
90000		356435644	22725000

Table comparative.		Réduction des rixdales en francs.	Réduction des francs en rixdales.
10000	à 75 rixd. 80 centiem. pour 300 francs	39577836	2526667
20000		79155673	5053333
30000		118733509	7580000
40000		158311346	10106667
50000		197889182	12633333
60000		237467018	15160000
70000		277044855	17686667
80000		316622691	20213333
90000		356200528	22740000

Table comparative.		Réduction des rixdales en francs.	Réduction des francs en rixdales.
10000	à 75 rixd. 85 centiem. pour 300 francs.	39551747	2528333
20000		79103494	5056667
30000		118655241	7585000
40000		158206988	10113333
50000		197758735	12641667
60000		237310482	15170000
70000		276862229	17698333
80000		316413976	20226667
90000		355965723	22755000

Table comparative.		Réduction des rixdales en francs.	Réduction des francs en rixdales.
10000	à 75 rixd. 90 centiem. pour 300 francs.	39525692	2530000
20000		79051383	5060000
30000		118577075	7590000
40000		158102767	10120000
50000		197628458	12650000
60000		237154150	15180000
70000		276679842	17710000
80000		316205534	20240000
90000		355731225	22770000

CHAPITRE XII. — Change entre Paris, Francfort-sur-le-Mein, etc.

Table comparative.		Réduction des rixdales en francs.	Réduction des francs en rixdales.
10000	à 75 rixd. 95 centièm. pour 300 francs.	39499671	2531667
20000		78999342	5063333
30000		118499013	7595000
40000		157998684	10126607
50000		197498354	12658333
60000		236998025	15190000
70000		276497696	17721667
80000		315997367	20253333
90000		355497038	22785000

Table comparative.		Réduction des rixdales en francs.	Réduction des francs en rixdales.
10000	à 76 rixdales pour 300 francs.	39473684	2533333
20000		78947368	5066667
30000		118421053	7600000
40000		157894737	10133333
50000		197368421	12666667
60000		236842105	15200000
70000		276315789	17733333
80000		315789474	20266667
90000		355263158	22800000

Table comparative.		Réduction des rixdales en francs.	Réduction des francs en rixdales.
10000	à 76 rixd. 05 centièm. pour 300 francs.	39447732	2535000
20000		78895464	5070000
30000		118343195	7605000
40000		157790927	10140000
50000		197238659	12675000
60000		236686391	15210000
70000		276134123	17745000
80000		315581854	20280000
90000		355029586	22815000

Table comparative.		Réduction des rixdales en francs.	Réduction des francs en rixdales.
10000	à 76 rixd. 10 centièm. pour 300 francs.	39421813	2536667
20000		78843626	5073333
30000		118265440	7610000
40000		157687254	10146667
50000		197109067	12683333
60000		236530880	15200000
70000		275952694	17756667
80000		315374507	20293333
90000		354796321	22830000

Table comparative.		Réduction des rixdales en francs.	Réduction des francs en rixdales.
10000	à 76 rixd. 15 centièm. pour 300 francs.	39395929	2538333
20000		78791858	5076667
30000		118187787	7615000
40000		157583716	10153333
50000		196979645	12691667
60000		236375575	15230000
70000		275771504	17768333
80000		315167433	20306667
90000		354563362	22845000

Chapitre XII. — Change entre Paris, Francfort-sur-le-Mein, etc.

Table comparative.		Réduction des rixdales en francs.	Réduction des francs en rixdales.
10000	à 76 rixd. 20 centièm. pour 300 francs.	39370079	2540000
20000		78740158	5080000
30000		118110236	7620000
40000		157480315	10160000
50000		196850394	12700000
60000		236220473	15240000
70000		275590552	17780000
80000		314960630	20320000
90000		354330709	22860000

Table comparative.		Réduction des rixdales en francs.	Réduction des francs en rixdales.
10000	à 76 rixd. 25 centièm. pour 300 francs.	39344262	2541667
20000		78688525	5083333
30000		118032787	7625000
40000		157377049	10166667
50000		196721311	12708333
60000		236065574	15250000
70000		275409836	17791667
80000		314754098	20333333
90000		354098360	22875000

Table comparative.		Réduction des rixdales en francs.	Réduction des francs en rixdales.
10000	à 76 rixd. 30 centièm. pour 300 francs.	39318480	2543333
20000		78636959	5086667
30000		117955439	7630000
40000		157273919	10173333
50000		196592398	12716667
60000		235910878	15260000
70000		275229358	17803333
80000		314547838	20346667
90000		353866317	22890000

Table comparative.		Réduction des rixdales en francs.	Réduction des francs en rixdales.
10000	à 76 rixd. 35 centièm. pour 300 francs.	39292731	2545000
20000		78585462	5090000
30000		117878193	7635000
40000		157170924	10180000
50000		196463656	12725000
60000		235756387	15270000
70000		275049118	17815000
80000		314341849	20360000
90000		353634580	22905000

Table comparative.		Réduction des rixdales en francs.	Réduction des francs en rixdales.
10000	à 76 rixd. 40 centièm. pour 300 francs.	39267016	2546667
20000		78534031	5093333
30000		117801047	7640000
40000		157068063	10186667
50000		196335078	12733333
60000		235602094	15280000
70000		274869110	17826667
80000		314136126	20373333
90000		353403141	22920000

Chapitre XII. — Change entre Paris, Francfort-sur-le-Mein, etc.

Table comparative.		Réduction des rixdales en francs.	Réduction des francs en rixdales.
10000	à 76 rixd. 45 centièm. pour 300 francs.	39241334	2548335
20000		78482668	5096667
30000		117724003	7645000
40000		156965337	10193333
50000		196206671	12741667
60000		235448005	15290000
70000		274689339	17838333
80000		313930674	20386667
90000		353172008	22935000

Table comparative.		Réduction des rixdales en francs.	Réduction des francs en rixdales.
10000	à 76 rixd. 50 centièm. pour 300 francs.	39215686	2550000
20000		78431373	5100000
30000		117647059	7650000
40000		156862745	10200000
50000		196078431	12750000
60000		235294118	15300000
70000		274509804	17850000
80000		313725490	20400000
90000		352941177	22950000

Table comparative.		Réduction des rixdales en francs.	Réduction des francs en rixdales.
10000	à 76 rixd. 55 centièm. pour 300 francs.	39190072	2551667
20000		78380144	5103333
30000		117570216	7655000
40000		156760288	10206667
50000		195950359	12758333
60000		235140431	15310000
70000		274330503	17861667
80000		313520575	20413333
90000		352710647	22965000

Table comparative.		Réduction des rixdales en francs.	Réduction des francs en rixdales.
10000	à 76 rixd. 60 centièm. pour 300 francs.	39164491	2553333
20000		78328982	5106667
30000		117493473	7660000
40000		156657964	10213333
50000		195822454	12766667
60000		234986945	15320000
70000		274151436	17873333
80000		313315927	20426667
90000		352480418	22980000

Table comparative.		Réduction des rixdales en francs.	Réduction des francs en rixdales.
10000	à 76 rixd. 65 centièm. pour 300 francs.	39138943	2555000
20000		78277886	5110000
30000		117416830	7665000
40000		156555773	10220000
50000		195694716	12775000
60000		234833659	15330000
70000		273972602	17885000
80000		313111546	20440000
90000		352250489	22995000

Chapitre XII. — Change entre Paris, Francfort-sur-le-Mein, etc.

Table comparative.		Réduction des rixdales en francs	Réduction des francs en rixdales.
10000	à 76 rixd. 70 centiem. pour 300 francs.	39113429	2556667
20000		78226858	5113333
30000		117340287	7670000
40000		156453716	10226667
50000		195567145	12783335
60000		234680574	15340000
70000		273794003	17896667
80000		312907432	20455333
90000		352020861	23010000

Table comparative.		Réduction des rixdales en francs.	Réduction des francs en rixdales.
10000	à 76 rixd. 75 centiem. pour 300 francs.	39087948	2558333
20000		78175896	5116667
30000		117263843	7675000
40000		156351792	10233333
50000		195439740	12791667
60000		234527687	15350000
70000		273615635	17908333
80000		312703583	20466667
90000		351791531	23025000

Table comparative.		Réduction des rixdales en francs.	Réduction des francs en rixdales.
10000	à 76 rixd. 80 centiem. pour 300 francs.	39062500	2560000
20000		78125000	5120000
30000		117187500	7680000
40000		156250000	10240000
50000		195312500	12800000
60000		234375000	15360000
70000		273437500	17920000
80000		312500000	20480000
90000		351562500	23040000

Table comparative.		Réduction des rixdales en francs.	Réduction des francs en rixdales.
10000	à 76 rixd. 85 centiem. pour 300 francs.	39037085	2561667
20000		78074170	5123333
30000		117111256	7685000
40000		156148341	10246667
50000		195185426	12808333
60000		234222511	15370000
70000		273259596	17931667
80000		312296682	20493333
90000		351333767	23055000

Table comparative.		Réduction des rixdales en francs.	Réduction des francs en rixdales.
10000	à 76 rixd. 90 centiem. pour 300 francs.	39011705	2563333
20000		78023407	5126667
30000		117035110	7690000
40000		156046814	10253333
50000		195058517	12816667
60000		234070221	15380000
70000		273081924	17943333
80000		312093628	20506667
90000		351105331	23070000

Chapitre XII. — Change entre Paris, Francfort-sur-le-Mein, etc.

Table comparative.		Réduction des rixdales en francs.	Réduction des francs en rixdales.
10000	à 76 rixd 95 centièm. pour 300 francs.	38986355	2565000
20000		77972710	5130000
30000		116959064	7695000
40000		155945419	10260000
50000		194931774	12825000
60000		233918129	15390000
70000		272904484	17955000
80000		311890838	20520000
90000		350877193	23085000

Table comparative.		Réduction des rixdales en francs.	Réduction des francs en rixdales.
10000	à 77 rixdales pour 300 francs.	38961039	2566667
20000		77922078	5133333
30000		116883117	7700000
40000		155844156	10266667
50000		194805195	12833333
60000		233766234	15400000
70000		272727273	17966667
80000		311688312	20533333
90000		350649351	23100000

Table comparative.		Réduction des rixdales en francs.	Réduction des francs en rixdales.
10000	à 77 rixd. 05 centièm. pour 300 francs.	38935756	2568333
20000		77871512	5136667
30000		116807268	7705000
40000		155743024	10273333
50000		194678780	12841667
60000		233614536	15410000
70000		272550292	17978333
80000		311486048	20546667
90000		350421804	23115000

Table comparative.		Réduction des rixdales en francs.	Réduction des francs en rixdales.
10000	à 77 rixd. 10 centièm. pour 300 francs.	38910506	2570000
20000		77821012	5140000
30000		116731518	7710000
40000		155642024	10280000
50000		194552530	12850000
60000		233463036	15420000
70000		272373542	17990000
80000		311284048	20560000
90000		350194554	23130000

Table comparative.		Réduction des rixdales en francs.	Réduction des francs en rixdales.
10000	à 77 rixd. 15 centièm. pour 300 francs.	38885288	2571667
20000		77770577	5143333
30000		116655865	7715000
40000		155541154	10286667
50000		194426442	12858333
60000		233311730	15430000
70000		272197019	18001667
80000		311082307	20573333
90000		349967596	23145000

Chapitre XII. — Change entre Paris, Francfort-sur-le-Mein, etc.

Table comparative.		Réduction des rixdales en francs.	Réduction des francs en rixdales.
10000	à 77 rixd. 20 centièm. pour 300 francs.	38860104	2573333
20000		77720207	5146667
30000		116580311	7720000
40000		155440414	10293333
50000		194300518	12866667
60000		233160622	15440000
70000		272020725	18013333
80000		310880829	20586667
90000		349740932	23160000

Table comparative.		Réduction des rixdales en francs.	Réduction des francs en rixdales.
10000	à 77 rixd. 25 centièm. pour 300 francs.	38835951	2575000
20000		77669903	5150000
30000		116504854	7725000
40000		155339806	10300000
50000		194174757	12875000
60000		233009709	15450000
70000		271844660	18025000
80000		310679612	20600000
90000		349514563	23175000

Table comparative.		Réduction des rixdales en francs.	Réduction des francs en rixdales.
10000	à 77 rixd. 30 centièm. pour 300 francs.	38809832	2576667
20000		77619664	5153333
30000		116429495	7730000
40000		155239327	10306667
50000		194049159	20613333
60000		232858991	15460000
70000		271668823	18036667
80000		310478654	20613333
90000		349288486	23190000

Table comparative.		Réduction des rixdales en francs.	Réduction des francs en rixdales.
10000	à 77 rixd. 35 centièm. pour 300 francs.	38784745	2578333
20000		77569489	5156667
30000		116354234	7735000
40000		155138979	10313333
50000		193923723	12891667
60000		232708468	15470000
70000		271493213	1804833[illegible]
80000		310277958	20626667
90000		349062702	23205000

Table comparative.		Réduction des rixdales en francs.	Réduction des francs en rixdales.
10000	à 77 rixd. 50 centièm. pour 300 francs.	38759690	2580000
20000		77519380	5160000
30000		116279070	7740000
40000		155038760	10320000
50000		193798449	12900000
60000		232558139	15480000
70000		271317829	18060000
80000		310077519	20640000
90000		348837209	23220000

Chapitre XII. — Change entre Paris, Francfort-sur-le-Mein, etc.

Table comparative.		Réduction des rixdales en francs.	Réduction des francs en rixdales.
10000	à 77 rixd. 45 centièm. pour 300 francs.	38734667	2581667
20000		77469335	5163333
30000		116204002	7745000
40000		154938670	10326667
50000		193673337	12908333
60000		232408005	15490000
70000		271142672	18071667
80000		309877340	20653333
90000		348612007	23235000

Table comparative.		Réduction des rixdales en francs.	Réduction des francs en rixdales.
10000	à 77 rixd. 50 centièm. pour 300 francs.	38709677	2583335
20000		77419355	5166667
30000		116129032	7750000
40000		154838710	10333333
50000		193548387	12916667
60000		232258064	15500000
70000		270967742	18083333
80000		309677419	20666667
90000		348387097	23250000

Table comparative.		Réduction des rixdales en francs.	Réduction des francs en rixdales.
10000	à 77 rixd. 55 centièm. pour 300 francs.	38684719	2585000
20000		77369439	5170000
30000		116054158	7755000
40000		154738878	10340000
50000		193423597	12925000
60000		232108317	15510000
70000		270793036	18095000
80000		309477756	20680000
90000		348162475	23265000

Table comparative.		Réduction des rixdales en francs.	Réduction des francs en rixdales.
10000	à 77 rixd. 60 centièm pour 300 francs.	38659794	2586667
20000		77319588	5173333
30000		115979381	7760000
40000		154639175	10346667
50000		193298969	12933333
60000		131958763	15520000
70000		170618557	18106667
80000		209278350	20693333
90000		247938144	23280000

Table comparative.		Réduction des rixdales en francs.	Réduction des francs en rixdales.
10000	à 77 rixd. 65 centiem. pour 300 francs.	38654900	2588333
20000		77269800	5176667
30000		115904701	7765000
40000		154539601	10353333
50000		193174501	12941667
60000		231809401	15530000
70000		270444301	18118333
80000		309079202	20706667
90000		347714102	23295000

CHAPITRE XII. — Change entre Paris, Francfort-sur-le-Mein, etc.

Table comparative.		Réduction des rixdales en francs.	Réduction des francs en rixdales.
10000	à 77 rixd. 70 centièm. pour 300 francs.	38610039	2590000
20000		77220077	5180000
30000		115830116	7770000
40000		154440154	10360000
50000		193050193	12950000
60000		231660232	15540000
70000		270270270	18130000
80000		308880309	20720000
90000		347490347	23310000

Table comparative.		Réduction des rixdales en francs.	Réduction des francs en rixdales.
10000	à 77 rixd. 75 centièm. pour 300 francs.	38585209	2591667
20000		77170418	5183333
30000		115755627	7775000
40000		154340836	10366667
50000		192926045	12958333
60000		231511254	15550000
70000		270096463	18141667
80000		308681672	20733333
90000		347266881	23325000

Table comparative.		Réduction des rixdales en francs.	Réduction des francs en rixdales.
10000	à 77 rixd. 80 centièm. pour 300 francs.	38560411	2593333
20000		77120823	5186667
30000		115681234	7780000
40000		154241645	10373333
50000		192802056	12966667
60000		231362468	15560000
70000		269922879	18153333
80000		308483290	20746667
90000		347043702	23340000

Table comparative.		Réduction des rixdales en francs.	Réduction des francs en rixdales.
10000	à 77 rixd. 85 centièm. pour 300 francs.	38535645	2595000
20000		77071291	5190000
30000		115606936	7785000
40000		154142582	10380000
50000		192678227	12975000
60000		231213873	15570000
70000		269749518	18165000
80000		308285164	20760000
90000		346820809	23355000

Table comparative.		Réduction des rixdales en francs.	Réduction des francs en rixdales.
10000	à 77 rixd. 90 centièm. pour 300 francs.	38510911	2596667
20000		77021823	5193333
30000		115532734	7790000
40000		154043646	10386667
50000		192554557	12983333
60000		231065468	15580000
70000		269576380	18176667
80000		308087291	20773333
90000		346598203	23375000

Chapitre XII. — Change entre Paris, Francfort-sur-le-Mein, etc.

Table comparative.		Réduction des rixdales en francs.	Réduction des francs en rixdales.
10000	à 77 rixd. 95 centièm. pour 300 francs.	38486209	2598333
20000		76972418	5196667
30000		115458627	7795000
40000		153944836	10393333
50000		192431045	12991667
60000		230917255	15590000
70000		269403464	18188333
80000		307889673	20786667
90000		346375882	23385000

Table comparative.		Réduction des rixdales en francs.	Réduction des francs en rixdales.
10000	à 78 rixdales pour 300 francs.	38461538	2600000
20000		76923077	5200000
30000		115384615	7800000
40000		153846154	10400000
50000		192307692	13000000
60000		230769231	15600000
70000		269230769	18200000
80000		307692308	20800000
90000		346153846	23400000

Table comparative.		Réduction des rixdales en francs.	Réduction des francs en rixdales.
10000	à 78 rixd. 05 centièm. pour 300 francs.	38436899	2601667
20000		76873799	5203333
30000		115310698	7805000
40000		153747598	10406667
50000		192184497	13008333
60000		230621396	15610000
70000		269058296	18211667
80000		307495195	20813333
90000		345932095	23415000

Table comparative.		Réduction des rixdales en francs.	Réduction des francs en rixdales.
10000	à 78 rixd. 10 centièm. pour 300 francs.	38412292	2603333
20000		76824584	5206667
30000		115236876	7810000
40000		153649168	10413333
50000		192061460	13016667
60000		230473752	15620000
70000		268886044	18223333
80000		307298336	20826667
90000		345710628	23430000

Table comparative.		Réduction des rixdales en francs.	Réduction des francs en rixdales.
10000	à 78 rixd. 15 centièm. pour 300 francs.	38387716	2605000
20000		76775432	5210000
30000		115163148	7815000
40000		153550864	10420000
50000		191938580	13025000
60000		230326296	15630000
70000		268714012	18235000
80000		307101728	20840000
90000		345489444	23445000

Chapitre XII. — Change entre Paris, Francfort-sur-le-Mein, etc.

Table comparative.		Réduction des rixdales en francs.	Réduction des francs en rixdales.
10000	à 78 rixd. 20 centièm. pour 300 francs.	38363171	2606667
20000		76726343	5213333
30000		115089514	7820000
40000		153452686	10426667
50000		191815857	13033333
60000		230179028	15640000
70000		268542200	18246667
80000		306905371	20853333
90000		345268542	23460000

Table comparative.		Réduction des rixdales en francs.	Réduction des francs en rixdales.
10000	à 78 rixd. 25 centièm. pour 300 francs.	38338658	2608333
20000		76677316	5216667
30000		115015974	7825000
40000		153354632	10433333
50000		191693290	13041667
60000		230031949	15650000
70000		268370607	18258333
80000		306709265	20866667
90000		345047923	23475000

Table comparative.		Réduction des rixdales en francs.	Réduction des francs en rixdales.
10000	à 78 rixd. 30 centièm. pour 300 francs.	38314176	2610000
20000		76628352	5220000
30000		114942529	7830000
40000		153256705	10440000
50000		191570881	13050000
60000		229885057	15660000
70000		268199233	18270000
80000		306513410	20880000
90000		344827586	23490000

Table comparative.		Réduction des rixdales en francs.	Réduction des francs en rixdales.
10000	à 78 rixd. 35 centièm. pour 300 francs.	38289726	2611667
20000		76579451	5223333
30000		114869177	7835000
40000		153158902	10446667
50000		191448628	13058333
60000		229738354	15670000
70000		268028079	18281667
80000		306317805	20893333
90000		344607530	23505000

Table comparative.		Réduction des rixdales en francs.	Réduction des francs en rixdales.
10000	à 78 rixd. 40 centièm. pour 300 francs.	38265306	2613333
20000		76530612	5226667
30000		114795918	7840000
40000		153061224	10453333
50000		191326530	13066667
60000		229591837	15680000
70000		267857143	18293333
80000		306122449	20906667
90000		344387755	23520000

Chapitre XII. — Change entre Paris, Francfort-sur-le-Mein, etc.

Table comparative.		Réduction des rixdales en francs.	Réduction des francs en rixdales.
10000	à 78 rixd. 45 centiem. pour 300 francs.	38240918	2615000
20000		76481836	5230000
30000		114722754	7845000
40000		152963672	10460000
50000		191204589	13075000
60000		229445507	15690000
70000		267686425	18305000
80000		305927343	20920000
90000		344168261	23535000
Table comparative.		**Réduction des rixdales en francs.**	**Réduction des francs en rixdales.**
10000	à 78 rixd. 50 centiem. pour 300 francs.	38216560	2616667
20000		76433121	5233333
30000		114649681	7850000
40000		152866242	10466667
50000		191082802	13083333
60000		229299363	15700000
70000		267515923	18316667
80000		305732484	20933333
90000		343949044	23550000
Table comparative.		**Réduction des rixdales en francs.**	**Réduction des francs en rixdales.**
10000	à 78 rixd. 55 centiem. pour 300 francs.	38192234	2618333
20000		76384468	5236667
30000		114576703	7855000
40000		152768937	10473333
50000		190961171	13091667
60000		229153405	15710000
70000		267345639	18323333
80000		305537874	20946667
90000		343730108	23565000
Table comparative.		**Réduction des rixdales en francs.**	**Réduction des francs en rixdales.**
10000	à 78 rixd. 60 centiem. pour 300 francs.	38167939	2620000
20000		76335878	5240000
30000		114503817	7860000
40000		152671756	10480000
50000		190839695	13100000
60000		229007634	15720000
70000		267175573	18340000
80000		305343512	20960000
90000		343511451	23580000
Table comparative.		**Réduction des rixdales en francs.**	**Réduction des francs en rixdales.**
10000	à 78 rixd. 65 centiem. pour 300 francs.	38143674	2621667
20000		76287349	5243333
30000		114431023	7865000
40000		152574698	10486667
50000		190718372	13108333
60000		228862047	15730000
70000		267005721	18351667
80000		305149396	20973333
90000		343293070	23595000

CHAPITRE XII. — Change entre Paris, Francfort-sur-le-Mein, etc.

Table comparative.		Réduction des rixdales en francs.	Réduction des francs en rixdales.
10000	à 78 rixd. 70 centièm. pour 300 francs.	38119441	2623333
20000		76238882	5246667
30000		114358323	7870000
40000		152477764	10493333
50000		190597204	13116667
60000		228716645	15740000
70000		266836086	18363333
80000		304955527	20986667
90000		343074968	23610000

Table comparative.		Réduction des rixdales en francs.	Réduction des francs en rixdales.
10000	à 78 rixd. 75 centièm. pour 300 francs.	38095238	2625000
20000		76190476	5250000
30000		114285714	7875000
40000		152380952	10500000
50000		190476190	13125000
60000		228571429	15750000
70000		266666667	18375000
80000		304761905	21000000
90000		342857143	23625000

Table comparative.		Réduction des rixdales en francs.	Réduction des francs en rixdales.
10000	à 78 rixd. 80 centièm. pour 300 francs.	38071066	2626667
20000		76142132	5253333
30000		114213198	7880000
40000		152284264	10506667
50000		190355330	13133333
60000		228426396	15760000
70000		266497462	18386667
80000		304568528	21013333
90000		342639594	23640000

Table comparative.		Réduction des rixdales en francs.	Réduction des francs en rixdales.
10000	à 78 rixd. 85 centièm. pour 300 francs.	38046924	2628333
20000		76093849	5256667
30000		114140773	7885000
40000		152187698	10513333
50000		190234622	13141667
60000		228281547	15770000
70000		266328471	18398333
80000		304375396	21026667
90000		342422320	23655000

Table comparative.		Réduction des rixdales en francs.	Réduction des francs en rixdales.
10000	à 78 rixd. 90 centièm. pour 300 francs.	38022814	2630000
20000		76045627	5260000
30000		114068441	7890000
40000		152091255	10520000
50000		190114068	13150000
60000		228136882	15780000
70000		266159696	18410000
80000		304182510	21040000
90000		342205323	23670000

Chapitre XII. — Change entre Paris, Francfort-sur-le-Mein, etc.

Table comparative.		Réduction des rixdales en francs.	Réduction des francs en rixdales.
10000	à 78 rixd. 95 centièm. pour 300 francs.	37998733	2631667
20000		75997467	5263333
30000		113996200	7895000
40000		151994934	10526667
50000		189993667	13158333
60000		227992400	15790000
70000		265991134	18421667
80000		303989867	21053333
90000		341988600	23685000

Table comparative.		Réduction des rixdales en francs.	Réduction des francs en rixdales.
10000	à 79 rixdales pour 300 francs.	37974683	2633333
20000		75949367	5266667
30000		113924050	7900000
40000		151898734	10533333
50000		189873417	13166667
60000		227848101	15800000
70000		265822784	18433333
80000		303797468	21066667
90000		341772151	23700000

Table comparative.		Réduction des rixdales en francs.	Réduction des francs en rixdales.
10000	à 79 rixd. 05 centièm. pour 300 francs.	37950664	2635000
20000		75901328	5270000
30000		113851992	7905000
40000		151802656	10540000
50000		189753320	13175000
60000		227703985	15810000
70000		265654649	18445000
80000		303605313	21080000
90000		341555977	23715000

Table comparative.		Réduction des rixdales en francs.	Réduction des francs en rixdales.
10000	à 79 rixd. 10 centièm. pour 300 francs.	37926675	2636667
20000		75853350	5273333
30000		113780025	7910000
40000		151706700	10546667
50000		189633375	13183333
60000		227560051	15820000
70000		265486726	18456667
80000		303413401	21093333
90000		341340076	23730000

Table comparative.		Réduction des rixdales en francs.	Réduction des francs en rixdales.
10000	à 79 rixd. 15 centièm. pour 300 francs.	37902716	2638333
20000		75805433	5276667
30000		113708149	7915000
40000		151610866	10553333
50000		189513582	13191667
60000		227416298	15830000
70000		265319015	18468333
80000		303221731	21106667
90000		341124448	23745000

Chapitre XII. — Change entre Paris, Francfort-sur-le-Mein, etc.

Table comparative.		Réduction des rixdales en francs.	Réduction des francs en rixdales.
10000	à 79 rixd. 20 centièm. pour 300 francs.	37878788	2640000
20000		75757576	5280000
30000		113636364	7920000
40000		151515152	10560000
50000		189393939	13200000
60000		227272727	15840000
70000		265151515	18480000
80000		303030303	21120000
90000		340909091	23760000

Table comparative.		Réduction des rixdales en francs.	Réduction des francs en rixdales.
10000	à 79 rixd. 25 centièm. pour 300 francs.	37854890	2641667
20000		75709780	5283333
30000		113564670	7925000
40000		151419560	10566667
50000		189274450	13200000
60000		227129340	15850000
70000		264984230	18491667
80000		302839120	21133333
90000		340694010	23775000

Table comparative.		Réduction des rixdales en francs.	Réduction des francs en rixdales.
10000	à 79 rixd. 30 centièm. pour 300 francs	37831021	2643333
20000		75662043	5286667
30000		113493064	7930000
40000		151324086	10573333
50000		189155107	13216667
60000		226986128	15860000
70000		264817150	18503333
80000		302648171	21146667
90000		340479193	23790000

Table comparative.		Réduction des rixdales en francs.	Réduction des francs en rixdales.
10000	à 79 rixd. 35 centièm. pour 300 francs.	37807183	2645000
20000		75614367	5290000
30000		113421550	7935000
40000		151228733	10580000
50000		189035916	13225000
60000		226843100	15870000
70000		264650283	18515000
80000		302457466	21160000
90000		340264650	23805000

Table comparative.		Réduction des rixdales en francs.	Réduction des francs en rixdales.
10000	à 79 rixd. 40 centièm. pour 300 francs.	37783375	2646667
20000		75566751	5293333
30000		113350126	7940000
40000		151133501	10586667
50000		188916876	13233333
60000		226700252	15880000
70000		264483627	18526667
80000		302267002	21173333
90000		340050377	23820000

Chapitre XII. — Change entre Paris, Francfort-sur-le-Mein, etc.

Table comparative.		Réduction des rixdales en francs.	Réduction des francs en rixdales.
10000	à 79 rixd. 45 centièm. pour 300 francs.	37759597	2648333
20000		75519194	5296667
30000		113278791	7945000
40000		151038389	10593333
50000		188797986	13241667
60000		226557583	15890000
70000		264317180	18538333
80000		302076778	21186667
90000		339836375	23835000

Table comparative.		Réduction des rixdales en francs.	Réduction des francs en rixdales.
10000	à 79 rixd. 50 centièm. pour 300 francs.	37735849	2650000
20000		75471698	5300000
30000		113207547	7950000
40000		150943396	10600000
50000		188679245	13250000
60000		226415094	15900000
70000		264150943	18550000
80000		301886792	21200000
90000		339622641	23850000

Table comparative.		Réduction des rixdales en francs.	Réduction des francs en rixdales.
10000	à 79 rixd. 55 centièm. pour 300 francs.	37712131	2651667
20000		75424262	5303333
30000		113136392	7955000
40000		150848523	10606667
50000		188560654	13258333
60000		226272785	15910000
70000		263984916	18561667
80000		301697046	21213333
90000		339409177	23865000

Table comparative.		Réduction des rixdales en francs.	Réduction des francs en rixdales.
10000	à 79 rixd. 60 centièm. pour 300 francs.	37688442	2653333
20000		75376884	5306667
30000		113065327	7960000
40000		150753769	10613333
50000		188442211	13266667
60000		226130653	15920000
70000		263819095	18573333
80000		301507538	21226667
90000		339195980	23880000

Table comparative.		Réduction des rixdales en francs.	Réduction des francs en rixdales.
10000	à 79 rixd. 65 centièm. pour 300 francs.	37664783	2655000
20000		75329567	5310000
30000		112994350	7965000
40000		150659134	10620000
50000		188323917	13275000
60000		225988700	15930000
70000		263653484	18585000
80000		301318267	21240000
90000		338983050	23895000

Chapitre XII. — Change entre Paris, Francfort-sur-le-Mein, etc.

Table comparative.		Réduction des rixdales en francs.	Réduction des francs en rixdales.
10000	à 79 rixd. 70 centièm. pour 300 francs.	37641154	2656667
20000		75282309	5313333
30000		112923463	7970000
40000		150564617	10626667
50000		188205771	13283333
60000		225846926	15940000
70000		263488080	18596667
80000		301129234	21253333
90000		338770389	23910000

Table comparative.		Réduction des rixdales en francs.	Réduction des francs en rixdales.
10000	à 79 rixd. 75 centièm. pour 300 francs.	37617555	2658333
20000		75235110	5316667
30000		112852665	7975000
40000		150470220	10633333
50000		188087774	13291667
60000		225705329	15950000
70000		263322884	18608333
80000		300940439	21266667
90000		338557994	23925000

Table comparative.		Réduction des rixdales en francs.	Réduction des francs en rixdales.
10000	à 79 rixd. 80 centièm. pour 300 francs.	37593985	2660000
20000		75187970	5320000
30000		112781955	7980000
40000		150375940	10640000
50000		187969925	13300000
60000		225563910	15960000
70000		263157895	18620000
80000		300751880	21280000
90000		338345865	23940000

Table comparative.		Réduction des rixdales en francs.	Réduction des francs en rixdales.
10000	à 79 rixd. 85 centièm. pour 300 francs.	37570445	2661667
20000		75140889	5323333
30000		112711334	7985000
40000		150281778	10646667
50000		187852223	13308333
60000		225422668	15970000
70000		262993112	18631667
80000		300563557	21293333
90000		338134001	23955000

Table comparative.		Réduction des rixdales en francs.	Réduction des francs en rixdales.
10000	à 79 rixd. 90 centièm. pour 300 francs.	37546934	2663333
20000		75093868	5326667
30000		112640801	7990000
40000		150187735	10653333
50000		187734668	13316667
60000		225281602	15980000
70000		262828536	18643333
80000		300375470	21306667
90000		337922403	23970000

Chapitre XII. — Change entre Paris, Francfort-sur-le-Mein, etc.

Table comparative.		Réduction des rixdales en francs.	Réduction des francs en rixdales.
10000	à 79 rixd. 95 centièm. pour 300 francs.	37523452	2665000
20000		75046904	5330000
30000		112570356	7995000
40000		150093808	10660000
50000		187617260	13325000
60000		225140713	15990000
70000		262664165	18655000
80000		300187617	21320000
90000		337711069	23985000
Table comparative.		**Réduction des rixdales en francs.**	**Réduction des francs en rixdales.**
10000	à 80 rixdales pour 300 francs.	37500000	2666667
20000		75000000	5333333
30000		112500000	8000000
40000		150000000	10666667
50000		187500000	13333333
60000		225000000	16000000
70000		262500000	18666667
80000		300000000	21333333
90000		337500000	24000000
Table comparative.		**Réduction des rixdales en francs.**	**Réduction des francs en rixdales.**
10000	à 80 rixd. 05 centièm. pour 300 francs.	37476577	2668333
20000		74953154	5336667
30000		112429731	8005000
40000		149906308	10673333
50000		187382885	13341667
60000		224859463	16010000
70000		262336040	18678333
80000		299812617	21346667
90000		337289194	24015000
Table comparative.		**Réduction des rixdales en francs.**	**Réduction des francs en rixdales.**
10000	à 80 rixd. 10 centièm. pour 300 francs.	37453183	2670000
20000		74906367	5340000
30000		112359550	8010000
40000		149812734	10680000
50000		187265917	13350000
60000		214719101	16020000
70000		252172284	18690000
80000		289625468	21360000
90000		327078651	24030000
Table comparative.		**Réduction des rixdales en francs.**	**Réduction des francs en rixdales.**
10000	à 80 rixd. 15 centièm. pour 300 francs.	37429844	2671667
20000		74859688	5343333
30000		112289532	8015000
40000		149719376	10686667
50000		187149220	13358333
60000		224579064	16030000
70000		262008908	18701667
80000		299438752	21373333
90000		336868596	24045000

CHAPITRE XII. — Change entre Paris, Francfort-sur-le-Mein, etc.

Table comparative.		Réduction des rixdales en francs.	Réduction des francs en rixdales.
10000	à 80 rixd. 20 centièm. pour 300 francs.	37406484	2673333
20000		74812967	5346667
30000		112219451	8020000
40000		149625935	10693333
50000		187032418	13366667
60000		224438902	16040000
70000		261845386	18713333
80000		299251870	21386667
90000		336658353	24060000

Table comparative.		Réduction des rixdales en francs.	Réduction des francs en rixdales.
10000	à 80 rixd. 25 centièm. pour 300 francs.	37383178	2675000
20000		74766355	5350000
30000		112149533	8025000
40000		149532710	10700000
50000		186915888	13375000
60000		224299066	16050000
70000		261682243	18725000
80000		299065421	21400000
90000		336448598	24075000

Table comparative.		Réduction des rixdales en francs.	Réduction des francs en rixdales.
10000	à 80 rixd. 30 centièm. pour 300 francs.	37359900	2676667
20000		74719801	5353333
30000		112079701	8030000
40000		149439602	10706667
50000		186799502	13383333
60000		224159402	16060000
70000		261519303	18736667
80000		298879203	21413333
90000		336239104	24090000

Table comparative.		Réduction des rixdales en francs.	Réduction des francs en rixdales.
10000	à 80 rixd. 35 centièm. pour 300 francs.	37336652	2678333
20000		74673304	5356667
30000		112009956	8035000
40000		149346608	10713333
50000		186683260	13391667
60000		224019913	16070000
70000		261356565	18748333
80000		298693217	21426667
90000		336029869	24105000

Table comparative.		Réduction des rixdales en francs.	Réduction des francs en rixdales.
10000	à 80 rixd. 40 centièm. pour 300 francs.	37313433	2680000
20000		74626866	5360000
30000		111940298	8040000
40000		149253731	10720000
50000		186567164	13400000
60000		223880597	16080000
70000		261194030	18760000
80000		298507462	21440000
90000		335820895	24120000

Chapitre XII. — Change entre Paris, Francfort-sur-le-Mein, etc.

Table comparative.		Réduction des rixdales en francs.	Réduction des francs en rixdales.
10000	à 80 rixd. 45 centièm. pour 300 francs.	37290242	2681667
20000		74580485	5963333
30000		111870727	8045000
40000		149160970	10726667
50000		186451212	13408333
60000		223741454	16090000
70000		261031697	18771667
80000		298321939	21453333
90000		335612182	24135000

Table comparative.		Réduction des rixdales en francs.	Réduction des francs en rixdales.
10000	à 80 rixd. 50 centièm. pour 300 francs.	37267081	2683333
20000		74534161	5366667
30000		111801242	8050000
40000		149068323	10733333
50000		186335403	13416667
60000		223602484	16100000
70000		260869565	18783333
80000		298136646	21466667
90000		335403726	24150000

Table comparative.		Réduction des rixdales en francs.	Réduction des francs en rixdales.
10000	à 80 rixd. 55 centièm. pour 300 francs.	37243948	2685000
20000		74487896	5370000
30000		111731844	8055000
40000		148975792	10740000
50000		186219739	13425000
60000		223463687	16110000
70000		260707635	18795000
80000		297951583	21480000
90000		335195531	24165000

Table comparative.		Réduction des rixdales en francs.	Réduction des francs en rixdales.
10000	à 80 rixd. 60 centièm. pour 300 francs.	37220844	2686667
20000		74441687	5373333
30000		111662531	8060000
40000		148883374	10746667
50000		186104218	13433333
60000		223325062	16120000
70000		260545905	18806667
80000		297766749	21493333
90000		334987592	24180000

Table comparative.		Réduction des rixdales en francs.	Réduction des francs en rixdales.
10000	à 80 rixd. 65 centièm. pour 300 francs.	37197768	2688333
20000		74395536	5376667
30000		111593304	8065000
40000		148791072	10753333
50000		185988840	13441667
60000		223186609	16130000
70000		260384377	18818333
80000		297582145	21506667
90000		334779913	24195000

Chapitre XII. — Change entre Paris, Francfort-sur-le-Mein, etc.

Table comparative.		Réduction des rixdales en francs.	Réduction des francs en rixdales.
10000	à 80 rixd. 70 centièm. pour 300 francs.	37174721	2690000
20000		74349442	5380000
30000		111524164	8070000
40000		148698885	10760000
50000		185873606	13450000
60000		223048327	16140000
70000		260223048	18830000
80000		297397770	21520000
90000		334572491	24210000

Table comparative.		Réduction des rixdales en francs.	Réduction des francs en rixdales.
10000	à 80 rixd. 75 centièm. pour 300 francs.	37151703	2691667
20000		74303406	5383333
30000		111455108	8075000
40000		148606811	10766667
50000		185758514	13458333
60000		222910217	16150000
70000		260061920	18841667
80000		297213622	21533333
90000		334365325	24225000

Table comparative.		Réduction des rixdales en francs.	Réduction des francs en rixdales.
10000	à 80 rixd. 80 centièm. pour 300 francs.	37128713	2693333
20000		74257426	5386667
30000		111386139	8080000
40000		148514852	10773333
50000		185643564	13466667
60000		222772277	16160000
70000		259900990	18853333
80000		297029703	21546667
90000		334158416	24240000

Table comparative.		Réduction des rixdales en francs.	Réduction des francs en rixdales.
10000	à 80 rixd. 85 centièm. pour 300 francs.	37105751	2695000
20000		74211503	5390000
30000		111317255	8085000
40000		148423007	10780000
50000		185528758	13475000
60000		222634509	16170000
70000		259740261	18865000
80000		296846012	21560000
90000		333951764	24255000

Table comparative.		Réduction des rixdales en francs.	Réduction des francs en rixdales.
10000	à 80 rixd. 90 centièm. pour 300 francs.	37082818	2696667
20000		74165637	5393333
30000		111248455	8090000
40000		148331273	10786667
50000		185414092	13483333
60000		222496910	16180000
70000		259579728	18876667
80000		296662546	21573333
90000		333745365	24270000

Chapitre XII. — Change entre Paris, Francfort-sur-le-Mein, etc.

Table comparative.		Réduction des rixdales en francs.	Réduction des francs en rixdales.
10000	à 80 rixd. 95 centièm. pour 300 francs.	37059913	2698333
20000		74119827	5396667
30000		111179740	8095000
40000		148239654	10793333
50000		185299567	13491667
60000		222359581	16190000
70000		259419494	18888333
80000		296479308	21586667
90000		333539221	24285000

Table comparative.		Réduction des rixdales en francs.	Réduction des francs en rixdales.
10000	à 81 rixdales pour 300 francs.	37037037	2700000
20000		74074074	5400000
30000		111111111	8100000
40000		148148148	10800000
50000		185185185	13500000
60000		222222222	16200000
70000		259259259	18900000
80000		296296296	21600000
90000		333333333	24300000

Table comparative.		Réduction des rixdales en francs.	Réduction des francs en rixdales.
10000	à 81 rixd. 05 centièm. pour 300 francs.	37014189	2701667
20000		74028378	5403333
30000		111042566	8105000
40000		148056755	10806667
50000		185070944	13508333
60000		222085133	16210000
70000		259099322	18911667
80000		296113510	21613333
90000		333127699	24315000

Table comparative.		Réduction des rixdales en francs.	Réduction des francs en rixdales.
10000	à 81 rixd. 10 centièm. pour 300 francs.	36991369	2703333
20000		73982737	5406667
30000		110974106	8110000
40000		147965475	10813333
50000		184956843	13516667
60000		221948212	16220000
70000		258939581	18923333
80000		295930950	21626667
90000		332922318	24330000

Table comparative.		Réduction des rixdales en francs.	Réduction des francs en rixdales.
10000	à 81 rixd. 15 centièm. pour 300 francs.	36968577	2705000
20000		73937153	5410000
30000		110905730	8115000
40000		147874307	10820000
50000		184842883	13525000
60000		221811460	16230000
70000		258780037	18935000
80000		295748614	21640000
90000		332717190	24345000

CHAPITRE XII. — Change entre Paris, Francfort-sur-le-Mein, etc.

Table comparative.		Réduction des rixdales en francs.	Réduction des francs en rixdales.
10000	à 81 rixd. 20 centièm. pour 300 francs.	36945813	2706667
20000		73891626	5413333
30000		110837438	8120000
40000		147783251	10826667
50000		184729064	13533333
60000		221674877	16240000
70000		258620690	18946667
80000		295566502	21653333
90000		332512315	24360000

Table comparative.		Réduction des rixdales en francs.	Réduction des francs en rixdales.
10000	à 81 rixd. 25 centièm. pour 300 francs.	36923077	2708333
20000		73846154	5416667
30000		110769231	8125000
40000		147692308	10833333
50000		184615384	13541667
60000		221538461	16250000
70000		258461538	18958333
80000		295384615	21666667
90000		332307692	24375000

Table comparative.		Réduction des rixdales en francs.	Réduction des francs en rixdales.
10000	à 81 rixd. 30 centièm. pour 300 francs.	36912669	2710000
20000		73825338	5420000
30000		110738007	8130000
40000		147650676	10840000
50000		184563345	13550000
60000		221476015	16260000
70000		258388684	18970000
80000		295301353	21680000
90000		332214022	24390000

Table comparative.		Réduction des rixdales en francs.	Réduction des francs en rixdales.
10000	à 81 rixd. 35 centièm. pour 300 francs.	36877689	2711667
20000		73755378	5423333
30000		110633067	8135000
40000		147510756	10846667
50000		184388445	13558333
60000		221266134	16270000
70000		258143823	18981667
80000		295021512	21693333
90000		331899201	24405000

Table comparative.		Réduction des rixdales en francs.	Réduction des francs en rixdales.
10000	à 81 rixd. 40 centièm. pour 300 francs.	36855037	2713333
20000		73710074	5426667
30000		110565110	8140000
40000		147420147	10853333
50000		184275184	13566667
60000		221130221	16280000
70000		257985258	18993333
80000		294840294	21706667
90000		331695331	24420000

Chapitre XII. — Change entre Paris, Francfort-sur-le-Mein, etc.

Table comparative.		Réduction des rixdales en francs.	Réduction des francs en rixdales.
10000	à 81 rixd. 45 centièm. pour 300 francs.	36832412	2715000
20000		73664825	5430000
30000		110497237	8145000
40000		147329650	10860000
50000		184162062	13575000
60000		220994475	16290000
70000		257826887	19005000
80000		294659300	21720000
90000		331491712	24435000

Table comparative.		Réduction des rixdales en francs.	Réduction des francs en rixdales.
10000	à 81 rixd. 50 centièm. pour 300 francs.	36809816	2716667
20000		73619632	5433333
30000		110429448	8150000
40000		147239264	10866667
50000		184049079	13583333
60000		220858895	16300000
70000		257668711	19016667
80000		294478527	21733333
90000		331288343	24450000

Table comparative.		Réduction des rixdales en francs.	Réduction des francs en rixdales.
10000	à 81 rixd. 55 centièm. pour 300 francs.	36787247	2718333
20000		73574494	5436667
30000		110361741	8155000
40000		147148988	10873333
50000		183936235	13591667
60000		220723483	16310000
70000		257510730	19028333
80000		294297977	21746667
90000		331085224	24465000

Table comparative.		Réduction des rixdales en francs.	Réduction des francs en rixdales.
10000	à 81 rixd. 60 centièm. pour 300 francs.	36764706	2720000
20000		73529412	5440000
30000		110294118	8160000
40000		147058824	10880000
50000		183823529	13600000
60000		220588235	16320000
70000		257352941	19040000
80000		294117647	21760000
90000		330882353	24480000

Table comparative.		Réduction des rixdales en francs.	Réduction des francs en rixdales.
10000	à 81 rixd. 65 centièm. pour 300 francs.	36742315	2721667
20000		73484629	5443333
30000		110226944	8165000
40000		146969259	10886667
50000		183711573	13608333
60000		220453888	16330000
70000		257196203	19051667
80000		293938518	21773333
90000		330680832	24495000

Chapitre XII. — Change entre Paris, Francfort-sur-le-Mein, etc.

Table comparative.		Réduction des rixdales en francs.	Réduction des francs en rixdales.
10000	à 81 rixd. 70 centièm. pour 300 francs.	36719706	2723333
20000		73439412	5446667
30000		110159119	8170000
40000		146878825	10893333
50000		183598531	13616667
60000		220318237	16340000
70000		257037943	19063333
80000		293757650	21786667
90000		330477356	24510000

Table comparative.		Réduction des rixdales en francs.	Réduction des francs en rixdales.
10000	à 81 rixd. 75 centièm. pour 300 francs.	36697248	2725000
20000		73394495	5450000
30000		110091743	8175000
40000		146788991	10900000
50000		183486238	13625000
60000		220183486	16350000
70000		256880734	19075000
80000		293577982	21800000
90000		330275229	24525000

Table comparative.		Réduction des rixdales en francs.	Réduction des francs en rixdales.
10000	à 81 rixd. 80 centièm. pour 300 francs.	36674817	2726667
20000		73349633	5453333
30000		110024450	8180000
40000		146699266	10906667
50000		183374083	13633333
60000		220048900	16360000
70000		256723716	19086667
80000		293398533	21813333
90000		330073349	24540000

Table comparative.		Réduction des rixdales en francs.	Réduction des francs en rixdales.
10000	à 81 rixd. 85 centièm. pour 300 francs.	36652413	2728333
20000		73304826	5456667
30000		109957239	8185000
40000		146609652	10913333
50000		183262064	13641667
60000		219914477	16370000
70000		256566890	19098333
80000		293219303	21826667
90000		329871716	24555000

Table comparative.		Réduction des rixdales en francs.	Réduction des francs en rixdales.
10000	à 81 rixd. 90 centièm. pour 300 francs.	36630037	2730000
20000		73260073	5460000
30000		109890110	8190000
40000		146520146	10920000
50000		183150183	13650000
60000		219780220	16380000
70000		256410256	19110000
80000		293040293	21840000
90000		329670329	24570000

Chapitre XII. — Change entre Paris, Francfort-sur-le-Mein, etc.

Table comparative.		Réduction des rixdales en francs.	Réduction des francs en rixdales.
10000	à 81 rixd. 95 centièm. pour 300 francs.	36607688	2731667
20000		73215375	5463333
30000		109823063	8195000
40000		146430750	10926667
50000		183038438	13658333
60000		219646126	16390000
70000		256253813	19121667
80000		292861501	21853333
90000		329469188	24585000

CONVERSION
DES MONNAIES ÉTRANGÈRES
EN MONNAIES DE FRANCE.

	Francs.	Cent.	Dix-m.
ANGLETERRE.			
Crown ou couronne = 5 schellings ou sous sterlings	6	14	40
Demi-couronne = 2 schellings 6 pences	3	07	20
Schelling = 12 pences	1	22	88
Guinée = 21 sterlings	21	80	50
AUTRICHE.			
Souverain = 13 florins 20 creutzers	34	56	79
Double-souverain = 26 florins 40 creutzers	69	13	58
Ducat = 4 florins 30 creutzers	11	69	13
Rixdale = 2 florins	5	18	52
Demi-rixdale ou florin	2	59	26
Pièce de 20 creutzers ou gauze-kopt	0	86	42
Pièce de 10 creutzers ou halbe-kopf	0	43	21
Pièce de 3 creutzers ou groschen	0	12	96
Creutzer = 4 pfennings	0	04	14
BAVIÈRE.			
Ducat = 5 florins 12 creutzers	11	06	17
Grosem = 2 florins 24 creutzers	5	18	52
Petitem = 1 florin 12 creutzers	2	59	26
Pièces de 24 creutzers	0	87	25
Pièce de 12 creutzers	0	43	62
BOLOGNE (*Italie*).			
Pistole = 3 écus 13 baïoques	16	22	64
Ecu = 100 baïoques	5	18	52
Baïoquelle	0	20	57
Pièce de 2 baïoques	0	10	23
BRANDEBOURG-BAYREUTH.			
Ecu = 2 florins 24 creutzers	5	13	58

Demi-écu = 1 florin 12 creutzers.	2	56	79
Kopstuck = 24 creutzers.	0	84	11

DANEMARCK.

Ducat = 2 rixdales 5 marcs.	12	25	11
Ducat courant = 2 rixdales	10	53	50
Rixdale.	6	20	16
Triple couronne de Frédéric = 1 rixdale 8 schellings $\frac{3}{5}$	5	71	60
Couronne de Frédéric = 1 rixdale 8 schellings $\frac{8}{13}$.	5	74	67

ESPAGNE.

Quadruple = 320 réaux.	79	01	24
Doublon d'or ou pistole = 80 réaux.	19	75	31
Petit écu d'or = 21 réaux 8 maravédis. . . .	5	18	52
Petit écu de la Pragen, du 21 mars 1786 = 20 réaux	4	93	83
Piastre forte = 20 réaux.	4	93	83
Piécette = 5 réaux.	1	23	46
Réal = 2 pièces de 2 quartes.	0	24	69
Pièces de 2 quartes.	0	12	34
Maravédis	0	1	53

ÉTATS-UNIS.

Pund = 20 schellings.	17	28	39
Dollar = 6 schellings.	5	18	52
Schelling = 12 pences	0	86	42
Penny ou pence = 4 fartings.	0	07	21

GÊNES.

Sequin d'or = 13 liv. 10 sous.	11	07	00
Doublon = 23 liv. 12 sous.	19	35	20
Ecu de Saint-Jean-Baptiste = 5 liv.	4	33	33
Madonina double = 2 liv	1	33	33
Ecu d'argent de juste poids = 9 liv. 10 sous. .	7	93	27

GENÈVE.

Pistole d'or = 10 liv. argent courant ou 35 florins	15	46	10

	Francs.	Cent.	Dix-m.
Patagon = 3 liv. argent courant.	4	93	83
Bajoire = 3 liv. 15 sous argent courant. . . .	6	17	28
Hambourg.			
Ducat = 6 marcs.	11	43	62
Ecu de banque = 48 schellings.	5	59	68
Pièce de 2 marcs = 32 schellings.	3	73	25
Pièce de 1 marc = 16 schellings	1	86	42
Pièce de 8 schellings	0	94	84
Schelling.	0	11	83
Hollande.			
Ducat = 5 florins 5 sous.	11	40	74
Ruyder d'or = 14 florins	30	41	97
Ducaton d'argent = 3 florins.	6	83	95
Rixdale d'argent = 2 florins 10 sous.	5	43	21
Pièce de 3 florins.	6	51	85
Florin	2	17	28
Malte.			
Double-louis = 20 écus.	47	40	74
Once = 30 tarins.	5	92	59
Ecu = 12 tarins	2	37	04
Tarin.	0	19	75
Milan.			
Pièce de 1 liv. = 20 sous de Milan.	0	74	07
Ecu = 6 liv. de Milan.	4	44	44
Souverain = 45 liv. de Milan.	33	33	33
Pistole = 25 liv. 3 sous de Milan.	18	65	43
Sequin = 15 liv. 4 sous de Milan	11	25	93
Naples.			
Pièce de 6 ducats = 60 carlins.	26	33	15
Once d'or de Sicile = 30 carlins.	12	83	95
Ducat d'argent = 10 carlins.	4	11	52
Ecu de Sicile = 12 carlins.	4	93	83
Pièce de 2 carlins.	0	82	30

	Francs.	Cent.	Dix-m.
GRANDE-POLOGNE.			
Ducat = 18 florins.	10	86	42
Rixdale = 8 florins.	4	83	95
Thaler ou écu = 6 florins	3	62	97
Tympsè = 1 florin 6 gros	0	67	90
Szostack = 12 gros.	0	22	63
Trojac = 6 grains.	0	11	31
Poltuzac = 3 grains.	0	05	66
PETITE-POLOGNE.			
Ducat = 9 florins.	10	86	42
Rixdale = 4 florins.	4	83	95
Thaler ou écu = 3 florins	3	62	97
Tympse = 18 gros.	0	67	90
Szostack = 6 gros	0	22	63
Tarajac = 3 gros.	0	11	31
Poltuzac = 1 gros ½.	0	05	66
PORTUGAL.			
Pièce de 6400 rées	42	14	82
Demi-pièce de 6400 rées = 32000 rées . . .	21	7	41
Teston = 1600 rées	10	53	70
Demi-teston = 800 rées.	5	26	85
Quart d'or = 1200 rées	7	90	12
Creuzade neuve = 480 rées ou 20 grains . . .	3	16	05
Creuzade neuve = 480 rées ou 4 octaves. . .	2	96	30
Creuzade neuve = 240 rées ou 12 vingtains. .	1	48	15
Teston = 100 rées	0	61	73
Demi-teston = 50 rées	0	30	86
PRUSSE.			
Frédérick d'or = 5 écus ou rixdales	19	37	86
Double-frédérick d'or = 10 écus ou rixdales .	38	75	72
Demi-frédérick d'or = 2 écus ½ ou rixdales. .	9	68	93
Rixdale = 24 gros.	3	85	19
Demi-rixdale = 12 gros.	1	92	59
ROME.			
Double romaine = 3 écus 13 baïoques. . . .	16	22	64

	Francs.	Cent.	Dix-m.
Sequin = 2 écus 14 baïoques.	11	58	93
Quatrin = 53 baïoques ½.	2	74	85
Ecu romain = 100 baïoques	5	18	52
Teston = 30 baïoques.	1	48	15
Paule = 10 baïoques.	0	51	85
Pièce de 2 carlins = 15 baïoques	0	77	77
Carlin = 7 baïoques ½.	0	38	89
Russie.			
Impériale = 10 roubles	45	92	59
Demi-impériale = 5 roubles	22	96	29
Ducat = 2 roubles ¼.	10	33	74
Double ducat = 4 roubles ½	20	67	48
Rouble = 100 copecks.	4	59	26
Griwna = 10 copecks.	0	45	67
Copeck.	0	04	57
Saxe.			
Auguste = 10 talers ou écus de Saxe.	38	27	16
Demi-auguste = 5 talers.	19	13	58
Ducat = 2 talers 20 gros.	10	51	86
Species taler = 2 florins.	5	13	58
Florin = 16 gros.	2	56	79
Demi-florin = 8 gros	1	28	40
Treyer = 3 pfennings.	0	04	01
Pfenning.	0	01	33
Suède.			
Ducat = 94 escalins.	11	69	55
Rixdale = 48 escalins.	5	72	84
Plotte = ⅓ de rixdale.	1	90	95
Double-plotte = ⅔ de rixdale.	3	81	89
Demi-plotte = 86 escalins.	0	95	48
Basle.			
Ducat = 72 batz.	10	66	67
Ecu = 30 batz.	4	44	44
Florin = 15 batz.	2	22	22
Batz = 4 creutzers.	0	14	81

	Francs.	Cent.	Dix-m.
Creutzer = 5 pennings	0	3	70
Berne.			
Ducat = 75 batz.	11	11	11
Pièce de 10 batz = 40 creutzers.	1	48	15
Batz = 4 schellings.	0	14	81
Schelling.	0	03	70
Fribourg.			
Ducat = 75 batz.	10	59	26
Ecu = 42 batz.	5	92	59
Pièce de 10 batz = 2 creutzers	1	48	15
Pièce de 5 batz = 5 batz 1 creutzer.	0	74	07
Pièce de 10 creutzers = 2 batz 2 creutzers	0	37	04
Batz	0	14	81
Creutzer.	0	03	70
Lucerne.			
Ducat = 4 florins 12 à 13 schellings.	10	61	72
Ecu = 2 florins 20 schellings.	4	93	83
Goulden ou florin.	1	97	53
Pièce de 10 batz = 30 schellings.	1	48	14
Batz	0	14	81
Schelling	0	04	94
Saint-Gall.			
Ducat = 5 florins.	11	11	11
Ecu = 2 florins 6 batz	5	33	33
Pièce de 3 batz	0	44	44
Pièce de 6 creutzers	0	22	22
Soleure.			
Pièce de 10 batz = 40 creutzers	1	48	15
Pièce de 5 batz = 20 creutzers	0	74	07
Pièce de 2 batz et demi = 10 creutzers	0	37	04
Batz = 4 creutzers.	0	14	81
Creutzer	0	03	70
Zurich.			
Ducat = 4 florins 18 creutzers	8	99	59

	Francs.	Cent.	Dix-m.
Ecu = 2 florins	4	34	57
Florin = 40 schellings	2	37	04
Batz = 5 creutzers	0	14	81
Schelling	0	05	78
Toscane.			
Ruspone = 40 liv. de Florence.	33	25	11
Sequin = 13 liv. 6 sous 8 den. de Florence. .	11	08	23
Léopoldine = 6 liv. 13 s. 4 den. de Florence.	5	57	21
Paule = 11 sous 3 deniers $\frac{4}{10}$ de Florence. .	0	55	56
Turin.			
Pistole = 24 liv. de Piémont.	26	07	41
Carlin = 5 pistoles.	130	37	04
Demi-carlin = 2 pistoles $\frac{1}{2}$.	65	18	52
Ecu = 6 liv. de Piémont.	6	51	85
Turquie.			
Sequin zermahboub = 3 piastres	10	56	79
Nisfié ou demi-sequin = 1 piastre 20 parats.	5	28	39
Almichlec = 60 parats	5	23	46
Grouch ou piastre = 40 parats	3	52	27
Zolatta = 30 parats	2	64	20
Yaremleck = 20 parats.	1	76	13
Roubié = 10 parats.	0	88	07
Becklec = 5 parats.	0	44	04
Para = 3 aspres	0	08	80
Aspre.	0	02	93
Bourse = 500 piastres.	1759	25	91
Venise.			
Ecu d'or = 264 liv. de Venise.	144	86	60
Osella d'or = 88 liv. de Venise	47	27	39
Pistole ou doppia = 38 liv. de Venise. . .	20	84	77
Sequin = 22 liv. de Venise	12	08	00
Ducat d'or = 14 liv. de Venise.	7	65	84
Ecu à la croix = 12 liv. 8 sous de Venise. .	6	80	24
Justine = 11 liv. de Venise.	6	03	70
Ducat d'argent = 8 liv. de Venise.	4	39	50

	Francs.	Cent.	Dix-m.
Osella d'argent = 3 liv. 18 sous de Venise. . .	2	13	99
Lirazza = 30 sous de Venise	0	82	32
Pièce de 15 sous de Venise.	0	41	16
Pièce de 10 sous de Venise	0	27	16
Pièce de 5 sous de Venise	0	13	67

Vurtzbourg.

	Francs.	Cent.	Dix-m.
Ducat = 5 florins.	12	34	58
Ecu de convention = 2 florins 24 creutzers .	5	17	14
Florin.	2	46	91
Kopfstuck = 24 creutzers	0	86	62

Wurtemberg.

	Francs.	Cent.	Dix-m.
Ducat = 5 florins 24 creutzers	11	63	58
Ecu de convention = 2 florins 24 creutzers. .	5	16	90
Pièces de 6 batz = 24 creutzers	0	86	03
Pièce de 3 batz = 12 creutzers	0	43	04
Creutzers.	0	03	32

CHAPITRE TREIZIÈME.

COURS DES RENTES.

(On les suppose depuis 50 jusqu'à 80 francs, en augmentant ou diminuant de 5 centimes en 5 centimes.)

Table comparative.		à 50 fr. 05 c.	à 50 fr. 10 c.
10000		100100000	100200000
20000		200200000	200400000
30000		300300000	300600000
40000		400400000	400800000
50000		500500000	501000000
60000		600600000	601200000
70000		700700000	701400000
80000		800800000	801600000
90000		900900000	901800000
Table comparative.		**à 50 fr. 15 c.**	**à 50 fr. 20 c.**
10000		100300000	100400000
20000		200600000	200800000
30000		300900000	301200000
40000		401200000	401600000
50000		501500000	502000000
60000		601800000	602400000
70000		702100000	702800000
80000		802400000	803200000
90000		902700000	903600000
Table comparative.		**à 50 fr. 25 c.**	**à 50 fr. 30 c.**
10000		100500000	100600000
20000		201060000	201200000
30000		301500000	301800000
40000		402000000	402400000
50000		502500000	503000000
60000		603000000	603600000
70000		703500000	704200000
80000		804000000	804800000
90000		904500000	905400000
Table comparative.		**à 50 fr. 35 c.**	**à 50 fr. 40 c.**
10000		100700000	100800000
20000		201400000	201600000
30000		302100000	302400000
40000		402800000	403200000
50000		503500000	504000000
60000		604200000	604800000
70000		704900000	705600000
80000		805600000	806400000
90000		906300000	907200000

Chapitre XIII. — Cours des rentes.

Table comparative.		à 50 fr. 45 c.	à 50 fr. 50 c.
10000		100900000	101000000
20000		201800000	202000000
30000		302700000	303000000
40000		403600000	404000000
50000		504500000	505000000
60000		605400000	606000000
70000		706300000	707000000
80000		807200000	808000000
90000		908100000	909000000

Table comparative.		à 50 fr. 55 c.	à 50 fr. 60 c.
10000		101100000	101200000
20000		202200000	202400000
30000		303300000	303600000
40000		404400000	404800000
50000		505500000	506000000
60000		606600000	607200000
70000		707700000	708400000
80000		808800000	809600000
90000		909900000	910800000

Table comparative.		à 50 fr. 65 c.	à 50 fr. 70 c.
10000		101300000	101400000
20000		202600000	202800000
30000		303900000	304200000
40000		405200000	405600000
50000		506500000	507000000
60000		607800000	608400000
70000		709100000	709800000
80000		810400000	811200000
90000		911700000	912600000

Table comparative.		à 50 fr. 75 c.	à 50 fr. 80 c.
10000		101500000	101600000
20000		203000000	203200000
30000		304500000	304800000
40000		406000000	406400000
50000		507500000	508000000
60000		609000000	609600000
70000		710500000	711200000
80000		812000000	812800000
90000		913500000	914400000

Table comparative.		à 50 fr. 85 c.	à 50 fr. 90 c.
10000		101700000	101800000
20000		203400000	203600000
30000		305100000	305400000
40000		406800000	407200000
50000		508500000	509000000
60000		610200000	610800000
70000		711900000	712600000
80000		813600000	814400000
90000		915300000	916200000

Chapitre XIII. — Cours des rentes.

Table comparative.	à 50 fr. 95 c.	à 51 fr.
10000	101900000	102000000
20000	203800000	204000000
30000	305700000	306000000
40000	407600000	408000000
50000	509500000	510000000
60000	611400000	612000000
70000	713300000	714000000
80000	815200000	816000000
90000	917100000	918000000

Table comparative.	à 51 fr. 05 c.	à 51 fr. 10 c.
10000	102100000	102200000
20000	204200000	204400000
30000	306300000	306600000
40000	408400000	408800000
50000	510500000	511000000
60000	612600000	613200000
70000	714700000	715400000
80000	816800000	817600000
90000	918900000	919800000

Table comparative.	à 51 fr. 15 c.	à 51 fr. 20 c.
10000	102300000	102400000
20000	204600000	204800000
30000	306900000	307200000
40000	409200000	409600000
50000	511500000	512000000
60000	613800000	614400000
70000	716100000	716800000
80000	818400000	819200000
90000	920700000	921600000

Table comparative.	à 51 fr. 25 c.	à 51 fr. 30 c.
10000	102500000	102600000
20000	205000000	205200000
30000	307500000	307800000
40000	410000000	410400000
50000	512500000	513000000
60000	515000000	615600000
70000	717500000	718200000
80000	820000000	820800000
90000	922500000	923400000

Table comparative.	à 51 fr. 35 c.	à 51 fr. 40 c.
10000	102700000	102800000
20000	205400000	205600000
30000	308100000	308400000
40000	410800000	411200000
50000	513500000	514000000
60000	616200000	616800000
70000	718900000	719600000
80000	821600000	822400000
90000	924300000	925200000

Chapitre XIII. — Cours des rentes.

Table comparative.		à 51 fr. 45 c.	à 51 fr. 50 c.
10000		10290000	10300000
20000		20580000	20600000
30000		30870000	30900000
40000		41160000	41200000
50000		51450000	51500000
60000		61740000	61800000
70000		72030000	72100000
80000		82320000	82400000
90000		92610000	92700000

Table comparative.		à 51 fr. 55 c.	à 51 fr. 60 c.
10000		10310000	10320000
20000		20620000	20640000
30000		30930000	30960000
40000		41240000	41280000
50000		51550000	51600000
60000		61860000	61920000
70000		72170000	72240000
80000		82480000	82560000
90000		92790000	92880000

Table comparative.		à 51 fr. 65 c.	à 51 fr. 70 c.
10000		10330000	10340000
20000		20660000	20680000
30000		30990000	31020000
40000		41320000	41360000
50000		51650000	51700000
60000		61980000	62040000
70000		72310000	72380000
80000		82640000	82720000
90000		92970000	93060000

Table comparative.		à 51 fr. 75 c.	à 51 fr. 80 c.
10000		10350000	10360000
20000		20700000	20720000
30000		31050000	31080000
40000		41400000	41440000
50000		51750000	51800000
60000		62100000	62160000
70000		72450000	72520000
80000		82800000	82880000
90000		93150000	93240000

Table comparative.		à 51 fr. 85 c.	à 51 fr. 90 c.
10000		10370000	10380000
20000		20740000	20760000
30000		31110000	31140000
40000		41480000	41520000
50000		51850000	51900000
60000		62220000	62280000
70000		72590000	72660000
80000		82960000	83040000
90000		93330000	93420000

CHAPITRE XIII. — Cours des rentes.

Table comparative.	à 51 fr. 95 c.	à 52 fr.
10000	103900000	104000000
20000	207800000	208000000
30000	311700000	312000000
40000	415600000	416000000
50000	519500000	520000000
60000	623400000	624000000
70000	727300000	728000000
80000	831200000	832000000
90000	935100000	936000000

Table comparative.	à 52 fr. 05 c.	à 52 fr. 10 c.
10000	104100000	104200000
20000	208200000	208400000
30000	312300000	312600000
40000	416400000	416800000
50000	520500000	521000000
60000	624600000	625200000
70000	728700000	729400000
80000	832800000	834600000
90000	936900000	938800000

Table comparative.	à 52 fr. 15 c.	à 52 fr. 20 c.
10000	104300000	104400000
20000	208600000	208800000
30000	312900000	313200000
40000	417200000	417600000
50000	521500000	522000000
60000	625800000	626400000
70000	730100000	730600000
80000	834400000	835200000
90000	938700000	939600000

Table comparative.	à 52 fr. 25 c.	à 52 fr. 30 c.
10000	104500000	104600000
20000	209000000	209200000
30000	313500000	313800000
40000	418000000	418400000
50000	522500000	523000000
60000	627000000	627600000
70000	731500000	732200000
80000	836000000	836800000
90000	940500000	941400000

Table comparative.	à 52 fr. 35 c.	à 52 fr. 40 c.
10000	104700000	104800000
20000	209400000	209600000
30000	314100000	314400000
40000	418800000	419200000
50000	523500000	524000000
60000	628200000	628800000
70000	732900000	733600000
80000	837600000	838400000
90000	942300000	943200000

Chapitre XIII. — Cours des rentes.

Table comparative.		à 52 fr. 45 c.	à 52 fr. 50 c.
10000		104900000	105000000
20000		209800000	210000000
30000		314700000	315000000
40000		419600000	420000000
50000		524500000	525000000
60000		629400000	630000000
70000		734300000	735000000
80000		839200000	840000000
90000		944100000	945000000

Table comparative.		à 52 fr. 55 c.	à 52 fr. 60 c.
10000		105100000	105200000
20000		210200000	210400000
30000		315300000	315600000
40000		420400000	420800000
50000		525500000	526000000
60000		630600000	631200000
70000		735700000	736400000
80000		840800000	841600000
90000		945900000	946300000

Table comparative.		à 52 fr. 65 c.	à 52 fr. 70 c.
10000		105300000	105400000
20000		210600000	210800000
30000		315900000	316200000
40000		421200000	421600000
50000		526500000	527000000
60000		631800000	632400000
70000		737100000	737800000
80000		842400000	843200000
90000		947700000	948600000

Table comparative.		à 52 fr. 75 c.	à 52 fr. 80 c.
10000		105500000	105600000
20000		211000000	211200000
30000		316500000	316800000
40000		422000000	422400000
50000		527500000	528000000
60000		633000000	633600000
70000		738500000	739200000
80000		844000000	844800000
90000		949500000	950400000

Table comparative.		à 52 fr. 85 c.	à 52 fr. 90 c.
10000		105700000	105800000
20000		211400000	211600000
30000		317100000	317400000
40000		422800000	423200000
50000		528500000	529000000
60000		634200000	634800000
70000		739900000	740600000
80000		845600000	846400000
90000		951300000	952200000

Chapitre XIII. — Cours des rentes.

Table comparative.		à 52 fr. 95 c.	à 53 fr.
10000		105900000	106000000
20000		211800000	212000000
30000		317700000	318000000
40000		423600000	424000000
50000		529500000	530000000
60000		635400000	636000000
70000		741300000	742000000
80000		847200000	848000000
90000		953100000	954000000
Table comparative.		**à 53 fr. 05 c.**	**à 53 fr. 10 c.**
10000		106100000	106200000
20000		212200000	212400000
30000		318300000	318600000
40000		424400000	424800000
50000		530500000	531000000
60000		636600000	637200000
70000		742700000	743400000
80000		848800000	849600000
90000		954900000	955800000
Table comparative.		**à 53 fr. 15 c.**	**à 53 fr. 20 c.**
10000		106300000	106400000
20000		212600000	212500000
30000		318900000	319200000
40000		425200000	425600000
50000		531500000	532000000
60000		637800000	638400000
70000		744100000	744800000
80000		850400000	851200000
90000		956700000	957600000
Table comparative.		**à 53 fr. 25 c.**	**à 53 fr. 30 c.**
10000		106500000	106600000
20000		213000000	213200000
30000		319500000	319800000
40000		426000000	426400000
50000		532500000	533000000
60000		639000000	639600000
70000		745500000	746200000
80000		852000000	852800000
90000		958500000	959400000
Table comparative.		**à 53 fr. 35 c.**	**à 53 fr. 40 c.**
10000		106700000	106800000
20000		213400000	213600000
30000		320100000	320400000
40000		426800000	427200000
50000		533500000	534000000
60000		640200000	640800000
70000		746900000	747600000
80000		853600000	854400000
90000		960300000	961200000

Chapitre XIII. — Cours des rentes.

Table comparative.		à 53 fr. 45 c.	à 53 fr. 50 c.
10000		106900000	107000000
20000		213800000	214000000
30000		320700000	321000000
40000		427600000	428000000
50000		534500000	535000000
60000		641400000	642000000
70000		748300000	749000000
80000		855200000	856000000
90000		962100000	963000000

Table comparative.		à 53 fr. 55 c.	à 53 fr. 60 c.
10000		107100000	107200000
20000		214200000	214400000
30000		321300000	321600000
40000		428400000	428800000
50000		535500000	536000000
60000		642600000	643200000
70000		749700000	750400000
80000		856800000	857600000
90000		963900000	964800000

Table comparative.		à 53 fr. 65 c.	à 53 fr. 70 c.
10000		107300000	107400000
20000		214600000	214800000
30000		321900000	322200000
40000		429200000	429600000
50000		536500000	537000000
60000		643800000	644400000
70000		751100000	751800000
80000		858400000	859200000
90000		965700000	966600000

Table comparative.		à 53 fr. 75 c.	à 53 fr. 80 c.
10000		107500000	107600000
20000		215000000	215200000
30000		322500000	322800000
40000		430000000	430400000
50000		537500000	538000000
60000		645000000	645600000
70000		752500000	753200000
80000		860000000	860800000
90000		967500000	968400000

Table comparative.		à 53 fr. 85 c.	à 53 fr. 90 c.
10000		107700000	107800000
20000		215400000	215600000
30000		323100000	323400000
40000		430800000	431200000
50000		538500000	539000000
60000		646200000	646800000
70000		753900000	754600000
80000		861600000	862400000
90000		969300000	970200000

Chapitre XIII. — Cours des rentes.

Table comparative.		à 53 fr. 95 c.	à 54 fr.
10000		107900000	108000000
20000		215800000	216000000
30000		323700000	324000000
40000		431600000	432000000
50000		539500000	540000000
60000		647400000	648000000
70000		755300000	756000000
80000		863200000	864000000
90000		971100000	972000000

Table comparative.		à 54 fr. 05 c.	à 54 fr. 10 c.
10000		108100000	108200000
20000		216200000	216400000
30000		324300000	324600000
40006		432400000	432800000
50000		540500000	541000000
60000		648600000	649200000
70000		756700000	757400000
80000		864800000	865600000
90000		972900000	973800000

Table comparative.		à 54 fr. 15 c.	à 54 fr. 20 c.
10000		108300000	108400000
20000		216600000	216800000
30000		324900000	325200000
40000		433200000	433600000
50000		541500000	542000000
60000		649800000	650400000
70000		758100000	758800000
80000		866400000	867200000
90000		974700000	975600000

Table comparative.		à 54 fr. 25 c.	à 54 fr. 30 c.
10000		108500000	108600000
20000		217000000	217200000
30000		325500000	325800000
40000		434000000	434400000
50000		542500000	543000000
60000		651000000	651600000
70000		759500000	760200000
80000		868000000	868800000
90000		976500000	977400000

Table comparative.		à 54 fr. 35 c.	à 54 fr. 40 c.
10000		108700000	108800000
20000		217400000	217600000
30000		326100000	326400000
40000		434800000	435200000
50000		543500000	544000000
60000		652200000	652800000
70000		760900000	761600000
80000		869600000	870400000
90000		978300000	979200000

Chapitre XIII. — Cours des rentes.

Table comparative.	à 54 fr. 45 c.	à 54 fr. 50 c.
10000	108900000	109000000
20000	217800000	218000000
30000	326700000	327000000
40000	435600000	436000000
50000	544500000	545000000
60000	653400000	654000000
70000	762300000	763000000
80000	871200000	872000000
90000	980100000	981000000

Table comparative.	à 54 fr. 55 c.	à 54 fr. 60 c.
10000	109100000	109200000
20000	218200000	218400000
30000	327300000	327600000
40000	436400000	436800000
50000	545500000	546000000
60000	654600000	655200000
70000	763700000	764400000
80000	872800000	873600000
90000	981900000	982800000

Table comparative.	à 54 fr. 65 c.	à 54 fr. 70 c.
10000	109300000	109400000
20000	218600000	218800000
30000	327900000	328200000
40000	437200000	437600000
50000	546500000	547000000
60000	655800000	656400000
70000	765100000	765800000
80000	874400000	875200000
90000	983700000	984600000

Table comparative.	à 54 fr. 75 c.	à 54 fr. 80 c.
10000	109500000	109600000
20000	219000000	219200000
30000	328500000	328800090
40000	438000000	438400000
50000	547500000	548000000
60000	657000000	657600000
70000	766500000	767200000
80000	876000000	876800000
90000	985500000	986400000

Table comparative.	à 54 fr. 85 c.	à 54 fr. 90 c.
10000	109700000	109800000
20000	219700000	219600000
30000	329100000	329400000
40000	438800000	439200000
50000	548500000	549000000
60000	658200000	658800000
70000	767900000	768600000
80000	877600000	878400000
90000	987300000	988200000

Chapitre XIII. — Cours des rentes.

Table comparative.		à 54 fr. 95 c.	à 55 fr.
10000		109900000	110000000
20000		219800000	220000000
30000		329700000	330000000
40000		439600000	440000000
50000		549500000	550000000
60000		659400000	660000000
70000		769300000	770000000
80000		879200000	880000000
90000		989100000	990000000

Table comparative.		à 55 fr. 05 c.	à 55 fr. 10 c.
10000		110100000	110200000
20000		220200000	220400000
30000		330300000	330600000
40000		440400000	440800000
50000		550500000	551000000
60000		660600000	661200000
70000		770700000	771400000
80000		880800000	881600000
90000		990900000	991800000

Table comparative.		à 55 fr. 15 c.	à 55 fr. 20 c.
10000		110300000	110400000
20000		220600000	220800000
30000		330900000	331200000
40000		441200000	441600000
50000		551500000	552000000
60000		661800000	662400000
70000		772100000	772800000
80000		882400000	883200000
90000		992700000	993600000

Table comparative.		à 55 fr. 25 c.	à 55 fr. 30 c.
10000		110500000	110600000
20000		221000000	221200000
30000		331500000	331800000
40000		442000000	442400000
50000		552500000	553000000
60000		663000000	663600000
70000		773500000	774200000
80000		884000000	884800000
90000		994500000	995400000

Table comparative.		à 55 fr. 35 c.	à 55 fr. 40 c.
10000		110705000	110800000
20000		221400000	221600000
30000		332100000	332400000
40000		442800000	443200000
50000		553500000	554000000
60000		664200000	664800000
70000		774900000	775600000
80000		885600000	886400000
90000		996300000	997200000

Chapitre XIII. — Cours des rentes.

Table comparative.		à 55 fr. 45 c.	à 55 fr. 50 c.
10000		110900000	111000000
20000		221800000	222000000
30000		332700000	333000000
40000		443600000	444000000
50000		554500000	555000000
60000		665400000	666000000
70000		776300000	777000000
80000		887200000	888000000
90000		998100000	999000000

Table comparative.		à 55 fr. 55 c.	à 55 fr. 60 c.
10000		111100000	111200000
20000		222200000	222400000
30000		333300000	333600000
40000		444400000	444800000
50000		555500000	556000000
60000		666600000	667200000
70000		777700000	778400000
80000		888800000	889600000
90000		999900000	1000800000

Table comparative.		à 55 fr. 65 c.	à 55 fr. 70 c.
10000		111300000	111400000
20000		222600000	222800000
30000		333900000	334200000
40000		445200000	445600000
50000		556500000	557000000
60000		667800000	668400000
70000		779100000	779800000
80000		890400000	891200000
90000		1001700000	1002600000

Table comparative.		à 55 fr. 75 c.	à 55 fr. 80 c.
10000		111500000	111600000
20000		223000000	223200000
30000		334500000	334800000
40000		446000000	446400000
50000		557500000	558000000
60000		669000000	669600000
70000		780500000	781200000
80000		892000000	892800000
90000		1003500000	1004400000

Table comparative.		à 55 fr. 85 c.	à 55 fr. 90 c.
10000		111700000	111800000
20000		223400000	223600000
30000		335100000	335400000
40000		446800000	447200000
50000		558500000	559000000
60000		670200000	670800000
70000		781900000	782600000
80000		893600000	894400000
90000		1005300000	1006200000

Chapitre XIII. — Cours des rentes.

Table comparative.		à 55 fr. 95 c.	à 56 fr.
10000		111900000	112000000
20000		223800000	224000000
30000		335700000	336000000
40000		447600000	448000000
50000		559500000	560000000
60000		671400000	672000000
70000		783300000	784000000
80000		895200000	896000000
90000		1007100000	1008000000

Table comparative.		à 56 fr. 05 c.	à 56 fr. 10 c.
10000		112100000	112200000
20000		224200000	224400000
30000		336300000	336600000
40000		448400000	448800000
50000		560500000	561000000
60000		672600000	673200000
70000		784700000	785400000
80000		896800000	897600000
90000		1008900000	1009800000

Table comparative.		à 56 fr. 15 c.	à 56 fr. 20 c.
10000		112300000	112400000
20000		224600000	224800000
30000		336900000	337200000
40000		449200000	449600000
50000		561500000	562000000
60000		673800000	674400000
70000		786100000	786800000
80000		898400000	899200000
90000		1010700000	1011600000

Table comparative.		à 56 fr. 25 c.	à 56 fr. 30 c.
10000		112500000	112600000
20000		225000000	225200000
30000		337500000	337800000
40000		450000000	450400000
50000		562500000	563000000
60000		675000000	675600000
70000		787500000	788200000
80000		900000000	900800000
90000		1012500000	1013400000

Table comparative.		à 56 fr. 35 c.	à 56 fr. 40 c.
10000		112700000	112800000
20000		225400000	225600000
30000		338100000	338400000
40000		450800000	451200000
50000		563500000	564000000
60000		676200000	676800000
70000		788900000	789600000
80000		901600000	902400000
90000		1014300000	1015200000

Chapitre XIII. — Cours des rentes.

Table comparative.	à 56 fr. 45 c.	à 56 fr. 50 c.
10000	112900000	113000000
20000	225800000	226000000
30000	338700000	339000000
40000	451600000	452000000
50000	564500000	565000000
60000	677400000	678000000
70000	790300000	791000000
80000	903200000	904000000
90000	1016100000	1017000000

Table comparative.	à 56 fr. 55 c.	à 56 fr. 60 c.
10000	113100000	113200000
20000	226200000	226400000
30000	339300000	339600000
40000	452400000	452800000
50000	565500000	566000000
60000	678600000	679200000
70000	791700000	792400000
80000	904800000	905600000
90000	1017900000	1018800000

Table comparative.	à 56 fr. 65 c.	à 56 fr. 70 c.
10000	113300000	113400000
20000	226600000	226800000
30000	339900000	340200000
40000	453200000	453600000
50000	566500000	567000000
60000	679800000	680400000
70000	793100000	793800000
80000	906400000	907200000
90000	1019700000	1020600000

Table comparative.	à 56 fr. 75 c.	à 56 fr. 80 c.
10000	113500000	113600000
20000	227000000	227200000
30000	340500000	340800000
40000	454000000	454400000
50000	567500000	568000000
60000	681000000	681600000
70000	794500000	795200000
80000	908000000	908800000
90000	1021500000	1022400000

Table comparative.	à 56 fr. 85 c.	à 56 fr. 90 c.
10000	113700000	113800000
20000	227400000	227600000
30000	341100000	341400000
40000	454800000	455200000
50000	568500000	569000000
60000	682200000	682800000
70000	795900000	796600000
80000	909600000	910400000
90000	1023300000	1024200000

Chapitre XIII. — Cours des rentes.

Table comparative.		à 56 fr. 95 c.	à 57 fr.
10000		113900000	114000000
20000		227800000	228000000
30000		341700000	342000000
40000		455600000	456000000
50000		569500000	570000000
60000		683400000	684000000
70000		797300000	798000000
80000		911200000	912000000
90000		1025100000	1026000000

Table comparative.		à 57 fr. 05 c.	à 57 fr. 10 c.
10000		114100000	114200000
20000		228200000	228400000
30000		342300000	342600000
40000		456400000	456800000
50000		570500000	571000000
60000		684600000	685200000
70000		798700000	799400000
80000		912800000	913600000
90000		1026900000	1027800000

Table comparative.		à 57 fr. 15 c.	à 57 fr. 20 c.
10000		114500000	114400000
20000		228600000	228800000
30000		342900000	343200000
40000		457200000	457600000
50000		571500000	572000000
60000		685800000	686400000
70000		800100000	800800000
80000		914400000	915200000
90000		1028700000	1029600000

Table comparative.		à 57 fr. 25 c.	à 57 fr. 30 c.
10000		114500000	114600000
20000		229000000	229200000
30000		343500000	343800000
40000		458000000	458400000
50000		572500000	573000000
60000		687000000	687600000
70000		801500000	802200000
80000		916000000	916800000
90000		1030500000	1031400000

Table comparative.		à 57 fr. 35 c.	à 57 fr. 40 c.
10000		114700000	114800000
20000		229400000	229600000
30000		344100000	344400000
40000		458800000	459200000
50000		573500000	574000000
60000		688200000	688800000
70000		802900000	803600000
80000		917600000	918400000
90000		1032300000	1033200000

Chapitre XIII. — Cours des rentes.

Table comparative.		à 57 fr. 45 c.	à 57 fr. 50 c.
10000		114900000	115000000
20000		229800000	230000000
30000		344700000	345000000
40000		459600000	460000000
50000		574500000	575000000
60000		689400000	690000000
70000		804300000	805000000
80000		919200000	920000000
90000		1034100000	1035000000

Table comparative.		à 57 fr. 55 c.	à 57 fr. 60 c.
10000		115100000	115200000
20000		230200000	230400000
30000		345300000	345600000
40000		460400000	460800000
50000		575500000	576000000
60000		690600000	691200000
70000		805700000	806400000
80000		920800000	921600000
90000		1035900000	1036800000

Table comparative.		à 57 fr. 65 c.	à 57 fr. 70 c.
10000		115300000	115400000
20000		230600000	230800000
30000		345900000	346200000
40000		461200000	461600000
50000		576500000	577000000
60000		691800000	692400000
70000		807100000	807800000
80000		922400000	923200000
90000		1037700000	1038600000

Table comparative.		à 57 fr. 75 c.	à 57 fr. 80 c.
10000		115500000	115600000
20000		231000000	231200000
30000		346500000	346800000
40000		462000000	462400000
50000		577500000	578000000
60000		693000000	693600000
70000		808500000	809200000
80000		924000000	924800000
90000		1039500000	1040400000

Table comparative.		à 57 fr. 85 c.	à 57 fr. 90 c.
10000		115700000	115800000
20000		231400000	231600000
30000		347100000	347400000
40000		462800000	463200000
50000		578500000	579000000
60000		694200000	694800000
70000		809900000	810600000
80000		925600000	926400000
90000		1041300000	1042200000

Chapitre XIII. — Cours des rentes.

Table comparative.		à 57 fr. 95 c.	à 58 fr.
10000		115900000	116000000
20000		231800000	232000000
30000		347700000	348000000
40000		463600000	464000000
50000		579500000	580000000
60000		695400000	696000000
70000		811300000	812000000
80000		927200000	928000000
90000		1043100000	1044000000

Table comparative.		à 58 fr. 05 c.	à 58 fr. 10 c.
10000		116100000	116200000
20000		232200000	232400000
30000		348300000	348600000
40000		464400000	464800000
50000		580500000	581000000
60000		696600000	697200000
70000		812700000	813400000
80000		928800000	929600000
90000		1044900000	1045800000

Table comparative.		à 58 fr. 15 c.	à 58 fr. 20 c.
10000		116300000	116400000
20000		232600000	232800000
30000		348900000	349200000
40000		465200000	465600000
50000		581500000	582000000
60000		697800000	698400000
70000		814100000	814800000
80000		930400000	931200000
90000		1046700000	1047600000

Table comparative.		à 58 fr. 25 c.	à 58 fr. 30 c.
10000		116500000	116600000
20000		233000000	233200000
30000		349500000	349800000
40000		466000000	466400000
50000		582500000	583000000
60000		699000000	699600000
70000		815500000	816200000
80000		932000000	932800000
90000		1048500000	1049400000

Table comparative.		à 58 fr. 35 c.	à 58 fr. 40 c.
10000		116700000	116800000
20000		233400000	233600000
30000		350100000	350400000
40000		466800000	467200000
50000		583500000	584000000
60000		700200000	700800000
70000		816900000	817600000
80000		933600000	934400000
90000		1050300000	1051200000

Chapitre XIII. — Cours des rentes.

Table comparative.	à 58 fr. 45 c.	à 58 fr. 50 c.
10000	116900000	117000000
20000	233800000	234000000
30000	350700000	351000000
40000	467600000	468000000
50000	584500000	585000000
60000	701400000	702000000
70000	818300000	819000000
80000	935200000	936000000
90000	1052100000	1053000000

Table comparative.	à 58 fr. 55 c.	à 58 fr. 60 c.
10000	117100000	117200000
20000	234200000	234400000
30000	351300000	351600000
40000	468400000	468800000
50000	585500000	586000000
60000	702600000	703200000
70000	819700000	820400000
80000	936800000	937600000
90000	1053900000	1054800000

Table comparative.	à 58 fr. 65 c.	à 58 fr. 70 c.
10000	117300000	117400000
20000	234600000	234800000
30000	351900000	352200000
40000	469200000	469600000
50000	586500000	587000000
60000	703800000	704400000
70000	821100000	821800000
80000	938400000	939200000
90000	1055700000	1056600000

Table comparative.	à 58 fr. 75 c.	à 58 fr. 80 c.
10000	117500000	117600000
20000	235000000	235200000
30000	352500000	352800000
40000	470000000	470400000
50000	587500000	588000000
60000	705000000	705600000
70000	822500000	823200000
80000	940000000	940800000
90000	1057500000	1058400000

Table comparative.	à 58 fr. 85 c.	à 58 fr. 90 c.
10000	117700000	117800000
20000	235400000	235600000
30000	353100000	353400000
40000	470800000	471200000
50000	588500000	589000000
60000	706200000	706800000
70000	823900000	824600000
80000	941600000	942400000
90000	1059300000	1060200000

Chapitre XIII. — Cours des rentes.

Table comparative.		à 58 fr. 95 c.	à 59 fr.
10000		117900000	118000000
20000		235800000	236000000
30000		353700000	354000000
40000		471600000	472000000
50000		589500000	590000000
60000		707400000	708000000
70000		825300000	826000000
80000		943200000	944000000
90000		1061100000	1062000000

Table comparative.		à 59 fr. 05 c.	à 59 fr. 10 c.
10000		118100000	118200000
20000		236200000	236400000
30000		354300000	354600000
40000		472400000	472800000
50000		590500000	591000000
60000		708600000	709200000
70000		826700000	827400000
80000		944800000	945600000
90000		1962900000	1063800000

Table comparative.		à 59 fr. 15 c.	à 59 fr. 20 c.
10000		118300000	118400000
20000		236600000	236800000
30000		354900000	355200000
40000		473200000	473600000
50000		591500000	592000000
60000		709800000	710400000
70000		828100000	828800000
80000		946400000	947200000
90000		1064700000	1065600000

Table comparative.		à 59 fr. 25 c.	à 59 fr. 30 c.
10000		118500000	118600000
20000		237000000	237200000
30000		355500000	355800000
40000		474000000	474400000
50000		592500000	593000000
60000		711000000	711600000
70000		829500000	830200000
80000		948000000	948800000
90000		1066500000	1067400000

Table comparative.		à 59 fr. 35 c.	à 59 fr. 40 c.
10000		118700000	118800000
20000		237400000	237600000
30000		356100000	356400000
40000		474800000	475200000
50000		593500000	594000000
60000		712200000	712800000
70000		830900000	831600000
80000		949600000	950400000
90000		1068300000	1069200000

CHAPITRE XIII. — Cours des rentes.

Table comparative.		à 59 fr. 45 c.	à 59 fr. 50 c.
10000		118900000	119000000
20000		237800000	238000000
30000		356700000	357000000
40000		475600000	476000000
50000		594500000	595000000
60000		713400000	714000000
70000		832300000	833000000
80000		951200000	952000000
90000		1070100000	1071000000

Table comparative.		à 59 fr. 55 c.	à 59 fr. 60 c.
10000		119100000	119200000
20000		238200000	238400000
30000		357300000	357600000
40000		476400000	476800000
50000		595500000	596000000
60000		714600000	715200000
70000		833700000	834400000
80000		952800000	953600000
90000		1071900000	1072800000

Table comparative.		à 59 fr. 65 c.	à 59 fr. 70 c.
10000		119300000	119400000
20000		238600000	238800000
30000		357900000	358200000
40000		477200000	477600000
50000		596500000	597000000
60000		715800000	716400000
70000		835100000	835800000
80000		954400000	955200000
90000		1073700000	1075600000

Table comparative.		à 59 fr. 75 c.	à 59 fr. 80 c.
10000		119500000	119600000
20000		239000000	239200000
30000		358500000	358800000
40000		478000000	478400000
50000		597500000	598000000
60000		717000000	717600000
70000		836500000	837200000
80000		956000000	956800000
90000		1075500000	1076400000

Table comparative.		à 59 fr. 85 c.	à 59 fr. 90 c.
10000		119700000	119800000
20000		239400000	239600000
30000		359100000	359400000
40000		478800000	479200000
50000		598500000	599000000
60000		718200000	718800000
70000		837900000	838600000
80000		957600000	958400000
90000		1077300000	1078200000

CHAPITRE XIII. — Cours des rentes.

Table comparative.	à 59 fr. 95 c.	à 60 fr.
10000	119900000	120000000
20000	239800000	240000000
30000	359700000	360000000
40000	479600000	480000000
50000	599500000	600000000
60000	719400000	720000000
70000	839300000	840000000
80000	959200000	960000000
90000	1079100000	1080000000
Table comparative.	**à 60 fr. 05 c.**	**à 60 fr. 10 c.**
10000	120100000	120200000
20000	240200000	240400000
30000	360300000	360600000
40000	480400000	480800000
50000	600500000	601000000
60000	720600000	721200000
70000	840700000	841400000
80000	960800000	961600000
90000	1080900000	1081800000
Table comparative.	**à 60 fr. 15 c.**	**à 60 fr. 20 c.**
10000	120300000	120400000
20000	240600000	240800000
30000	360900000	361200000
40000	481200000	481600000
50000	601500000	602000000
60000	721800000	722400000
70000	842100000	842800000
80000	962400000	963200000
90000	1082700000	1083600000
Table comparative.	**à 60 fr. 25 c.**	**à 60 fr. 30 c.**
10000	120500000	120600000
20000	241000000	241200000
30000	361500000	361800000
40000	482000000	482400000
50000	602500000	603000000
60000	723000000	723600000
70000	843500000	844200000
80000	964000000	964800000
90000	1084500000	1085400000
Table comparative.	**à 60 fr. 35 c.**	**à 60 fr. 40 c.**
10000	120700000	120800000
20000	241400000	241600000
30000	362100000	362400000
40000	482800000	483200000
50000	603500000	604000000
60000	724200000	724800000
70000	844900000	845600000
80000	965600000	966400000
90000	1086300000	1087200000

Chapitre XIII. — Cours des rentes.

Table comparative.	à 60 fr. 45 c.	à 60 fr. 50 c.
10000	120900000	121000000
20000	241800000	242000000
30000	362700000	363000000
40000	483600000	484000000
50000	604500000	605000000
60000	725400000	726000000
70000	846300000	847000000
80000	967200000	968000000
90000	1088100000	1089000000

Table comparative.	à 60 fr. 55 c.	à 60 fr. 60 c.
10000	121100000	121200000
20000	242200000	242400000
30000	363300000	363600000
40000	484400000	484800000
50000	605500000	606000000
60000	726600000	727200000
70000	847700000	848400000
80000	968800000	969600000
90000	1089900000	1090800000

Table comparative.	à 60 fr. 65 c.	à 60 fr. 70 c.
10000	121300000	121400000
20000	242600000	242800000
30000	363900000	364200000
40000	485200000	485600000
50000	606500000	607000000
60000	727800000	728400000
70000	849100000	859800000
80000	970400000	971200000
90000	1091700000	1092600000

Table comparative.	à 60 fr. 75 c.	à 60 fr. 80 c.
10000	121500000	121600000
20000	243000000	243200000
30000	364500000	364800000
40000	486000000	486400000
50000	607500000	608000000
60000	729000000	729600000
70000	850500000	851200000
80000	972000000	972800000
90000	1093500000	1094400000

Table comparative.	à 60 fr. 85 c.	à 60 fr. 90 c.
10000	121700000	121800000
20000	243400000	243600000
30000	365100000	365400000
40000	486800000	487200000
50000	608500000	609000000
60000	730200000	730800000
70000	851900000	852600000
80000	973600000	974400000
90000	1095300000	1096200000

Chapitre XIII. — Cours des rentes.

Table comparative.		à 60 fr. 95 c.	à 61 fr.
10000		121900000	122000000
20000		243800000	244000000
30000		365700000	366000000
40000		487600000	488000000
50000		609500000	610000000
60000		731400000	732000000
70000		853300000	854000000
80000		975200000	976000000
90000		1097100000	1098000000

Table comparative.		à 61 fr. 05 c.	à 61 fr. 10 c.
10000		122100000	122200000
20000		244200000	244400000
30000		366300000	366600000
40000		488400000	488800000
50000		610500000	611000000
60000		732600000	733200000
70000		854700000	855400000
80000		976800000	977600000
90000		1098900000	1099800000

Table comparative.		à 61 fr. 15 c.	à 61 fr. 20 c.
10000		122300000	122400000
20000		244600000	244800000
30000		366900000	367200000
40000		489200000	489600000
50000		611500000	612000000
60000		733800000	734400000
70000		856100000	856800000
80000		978400000	979200000
90000		1100700000	1101600000

Table comparative.		à 61 fr. 25 c.	à 61 fr. 30 c.
10000		122500000	122600000
20000		245000000	245200000
30000		367500000	367800000
40000		490000000	490400000
50000		612500000	613000000
60000		735000000	735600000
70000		857500000	858200000
80000		980000000	980800000
90000		1102500000	1103400000

Table comparative.		à 61 fr. 35 c.	à 61 fr. 40 c.
10000		122700000	122800000
20000		245400000	245600000
30000		368100000	368400000
40000		490800000	491200000
50000		613500000	614000000
60000		736200000	736800000
70000		858900000	859600000
80000		981600000	982400000
90000		1104300000	1105200000

Chapitre XIII. — Cours des rentes.

Table comparative.		à 61 fr. 45 c.	à 61 fr. 50 c.
10000		122900000	123000000
20000		245800000	246000000
30000		368700000	369000000
40000		491600000	492000000
50000		614500000	615000000
60000		737400000	738000000
70000		860300000	861000000
80000		983200000	984000000
90000		1106100000	1107000000

Table comparative.		à 61 fr. 55 c.	à 61 fr. 60 c.
10000		123100000	123200000
20000		246200000	246400000
30000		369300000	369600000
40000		492400000	492800000
50000		615500000	616000000
60000		738600000	739200000
70000		861700000	862400000
80000		984800000	985600000
90000		1107900000	1108800000

Table comparative.		à 61 fr. 65 c.	à 61 fr. 70 c.
10000		123300000	123400000
20000		246600000	246800000
30000		369900000	370200000
40000		493200000	493600000
50000		616500000	617000000
60000		739800000	740400000
70000		863100000	863800000
80000		986400000	987200000
90000		1109700000	1110600000

Table comparative.		à 61 fr. 75 c.	à 61 fr. 80 c.
10000		123500000	123600000
20000		247000000	247200000
30000		370500000	370800000
40000		494000000	494400000
50000		617500000	618000000
60000		741000000	741600000
70000		864500000	865200000
80000		988000000	988800000
90000		1111500000	1112400000

Table comparative.		à 61 fr. 85 c.	à 61 fr. 90 c.
10000		123700000	123800000
20000		247400000	247600000
30000		371100000	371400000
40000		494800000	495200000
50000		618500000	619000000
60000		742200000	742800000
70000		865900000	866600000
80000		989600000	990400000
90000		1113300000	1114200000

Chapitre XIII. — Cours des rentes.

Table comparative.		à 61 fr. 95 c.	à 62 fr.
10000		123900000	124000000
20000		247800000	248000000
30000		371700000	372000000
40000		495600000	496000000
50000		619500000	620000000
60000		743400000	744000000
70000		867300000	868000000
80000		991200000	992000000
90000		1115100000	1116000000

Table comparative.		à 62 fr. 05 c.	à 62 fr. 10 c.
10000		124100000	124200000
20000		248200000	248400000
30000		372300000	372600000
40000		496400000	496800000
50000		620500000	621000000
60000		744600000	745200000
70000		868700000	869400000
80000		992800000	993600000
90000		1116900000	1117800000

Table comparative.		à 62 fr. 15 c.	à 62 fr. 20 c.
10000		124300000	124400000
20000		248600000	248800000
30000		372900000	373200000
40000		497200000	497600000
50000		621500000	622000000
60000		745800000	746400000
70000		870100000	870800000
80000		994400000	995200000
90000		1118700000	1119600000

Table comparative.		à 62 fr. 25 c.	à 62 fr. 30 c.
10000		124500000	124600000
20000		249000000	249200000
30000		373500000	373800000
40000		498000000	498400000
50000		622500000	623000000
60000		747000000	747600000
70000		871500000	872200000
80000		996000000	996800000
90000		1120500000	1121400000

Table comparative.		à 62 fr. 35 c.	à 62 fr. 40 c.
10000		124700000	124800000
20000		249400000	249600000
30000		374100000	374400000
40000		498800000	499200000
50000		623500000	624000000
60000		748200000	748800000
70000		872900000	873600000
80000		997600000	998400000
90000		1122300000	1123200000

Chapitre XIII. — Cours des rentes.

Table comparative.	à 62 fr. 45 c.	à 62 fr. 50 c.
10000	124900000	125000000
20000	249800000	250000000
30000	374700000	375000000
40000	499600000	500000000
50000	624500000	625000000
60000	749400000	750000000
70000	874300000	875000000
80000	999200000	1000000000
90000	1124100000	1125000000

Table comparative.	à 62 fr. 55 c.	à 62 fr. 60 c.
10000	125100000	125200000
20000	250200000	250400000
30000	375300000	375600000
40000	500400000	500800000
50000	625500000	626000000
60000	750600000	751200000
70000	875700000	876400000
80000	1000800000	1001600000
90000	1125900000	1126800000

Table comparative.	à 62 fr. 65 c.	à 62 fr. 70 c.
10000	125300000	125400000
20000	250600000	250800000
30000	375900000	376200000
40000	501200000	501600000
50000	626500000	627000000
60000	751800000	752400000
70000	877100000	877800000
80000	1002400000	1003200000
90000	1127700000	1128600000

Table comparative.	à 62 fr. 75 c.	à 62 fr. 80 c.
10000	125500000	125600000
20000	251000000	251200000
30000	376500000	376800000
40000	502000000	502400000
50000	627500000	628000000
60000	753000000	753600000
70000	878500000	879200000
80000	1004000000	1004800000
90000	1129500000	1130400000

Table comparative.	à 62 fr. 85 c.	à 62 fr. 90 c.
10000	125700000	125800000
20000	251400000	251600000
30000	377100000	377400000
40000	502800000	503200000
50000	628500000	629000000
60000	754200000	754800000
70000	879900000	880600000
80000	1005600000	1006400000
90000	1131300000	1132200000

Chapitre XIII. — Cours des rentes.

Table comparative.	à 62 fr. 95 c.	à 63 fr.
10000	1259000000	1260000000
20000	2518000000	2520000000
30000	3777000000	3780000000
40000	5036000000	5040000000
50000	6295000000	6300000000
60000	7554000000	7560000000
70000	8813000000	8820000000
80000	10072000000	10080000000
90000	11331000000	11340000000

Table comparative.	à 63 fr. 05 c.	à 63 fr. 10 c.
10000	1261000000	1262000000
20000	2522000000	2524000000
30000	3783000000	3786000000
40000	5044000000	5048000000
50000	6305000000	6310000000
60000	7566000000	7572000000
70000	8827000000	8834000000
80000	10088000000	10096000000
90000	11349000000	11358000000

Table comparative.	à 63 fr. 15 c.	à 63 fr. 20 c.
10000	1263000000	1264000000
20000	2526000000	2528000000
30000	3789000000	3792000000
40000	5052000000	5056000000
50000	6315000000	6320000000
60000	7578000000	7584000000
70000	8841000000	8848000000
80000	10104000000	10112000000
90000	11367000000	11376000000

Table comparative.	à 63 fr. 25 c.	à 63 fr. 30 c.
10000	1265000000	1266000000
20000	2530000000	2532000000
30000	3795000000	3798000000
40000	5060000000	5064000000
50000	6325000000	6330000000
60000	7590000000	7596000000
70000	8855000000	8862000000
80000	10120000000	10128000000
90000	11385000000	11394000000

Table comparative.	à 63 fr. 35 c.	à 63 fr. 40 c.
10000	1267000000	1268000000
20000	2534000000	2536000000
30000	3801000000	3804000000
40000	5068000000	5072000000
50000	6335000000	6340000000
60000	7602000000	7608000000
70000	8869000000	8876000000
80000	10136000000	10144000000
90000	11405000000	11412000000

Chapitre XIII. — Cours des rentes.

Table comparative.	à 63 fr. 45 c.	à 63 fr. 50 c.
10000	12690000	12700000
20000	25380000	25400000
30000	38070000	38100000
40000	50760000	50800000
50000	63450000	63500000
60000	76140000	76200000
70000	88830000	88900000
80000	101520000	101600000
90000	114210000	114300000
Table comparative.	**à 63 fr. 55 c.**	**à 63 fr. 60 c.**
10000	12710000	12720000
20000	25420000	25440000
30000	38130000	38160000
40000	50840000	50880000
50000	63550000	63600000
60000	76260000	76320000
70000	88970000	89040000
80000	101680000	101760000
90000	114390000	114480000
Table comparative.	**à 63 fr. 65 c.**	**à 63 fr. 70 c.**
10000	12730000	12740000
20000	25460000	25480000
30000	38190000	38220000
40000	50920000	50960000
50000	63650000	63700000
60000	76380000	76440000
70000	89110000	89180000
80000	101840000	101920000
90000	114570000	114660000
Table comparative.	**à 63 fr. 75 c.**	**à 63 fr. 80 c.**
10000	12750000	12760000
20000	25500000	25520000
30000	38250000	38280000
40000	51000000	51040000
50000	63750000	63800000
60000	76500000	76560000
70000	89250000	89320000
80000	102000000	102080000
90000	114750000	114840000
Table comparative.	**à 63 fr. 85 c.**	**à 63 fr. 90 c.**
10000	12770000	12780000
20000	25540000	25560000
30000	38310000	38340000
40000	51080000	51120000
50000	63850000	63900000
60000	76620000	76680000
70000	89390000	89460000
80000	102160000	102240000
90000	114930000	115020000

Chapitre XIII. — Cours des rentes.

Table comparative.		à 63 fr. 95 c.	à 64 fr.
10000		12790000	12800000
20000		25580000	25600000
30000		38370000	38400000
40000		51160000	51200000
50000		63950000	64000000
60000		76740000	76800000
70000		89530000	89600000
80000		102320000	102400000
90000		115110000	115200000
Table comparative.		**à 64 fr. 05 c.**	**à 64 fr. 10 c.**
10000		12810000	12820000
20000		25620000	25640000
30000		38430000	38460000
40000		51240000	51280000
50000		64050000	64100000
60000		76860000	76920000
70000		89670000	89740000
80000		102480000	102560000
90000		115290000	115380000
Table comparative.		**à 64 fr. 15 c.**	**à 64 fr. 20 c.**
10000		12830000	12840000
20000		25660000	25680000
30000		38490000	38520000
40000		51320000	51360000
50000		64150000	64200000
60000		76980000	77040000
70000		89810000	89880000
80000		102640000	102720000
90000		115470000	115560000
Table comparative.		**à 64 fr. 25 c.**	**à 64 fr. 30 c.**
10000		12850000	12860000
20000		25700000	25720000
30000		38550000	38580000
40000		51400000	51440000
50000		64250000	64300000
60000		77100000	77160000
70000		89950000	90020000
80000		102800000	102880000
90000		115650000	115740000
Table comparative.		**à 64 fr. 35 c.**	**à 64 fr. 40 c.**
10000		12870000	12880000
20000		25740000	25760000
30000		38610000	38640000
40000		51480000	51520000
50000		64350000	64400000
60000		77220000	77280000
70000		90090000	90160000
80000		102960000	103040000
90000		115830000	115920000

Chapitre XIII. — Cours des rentes.

Table comparative.	à 64 fr. 45 c.	à 64 fr. 50 c.
10000	128900000	129000000
20000	257800000	258000000
30000	386700000	387000000
40000	515600000	516000000
50000	644500000	645000000
60000	773400000	774000000
70000	902300000	903000000
80000	1031200000	1032000000
90000	1160100000	1161000000
Table comparative.	**à 64 fr. 55 c.**	**à 64 fr. 60 c.**
10000	129100000	129200000
20000	258200000	258400000
30000	387300000	387600000
40000	516400000	516800000
50000	645500000	646000000
60000	774600000	775200000
70000	903700000	904400000
80000	1032800000	1033600000
90000	1161900000	1162800000
Table comparative.	**à 64 fr. 65 c.**	**à 64 fr. 70 c.**
10000	129300000	129400000
20000	258600000	258800000
30000	387900000	388200000
40000	517200000	517600000
50000	646500000	647000000
60000	775800000	776400000
70000	905100000	905800000
80000	1034400000	1035200000
90000	1163700000	1164600000
Table comparative.	**à 64 fr. 75 c.**	**à 64 fr. 80 c.**
10000	129500000	129600000
20000	259000000	259200000
30000	388500000	388800000
40000	518000000	518400000
50000	647500000	648000000
60000	777000000	777600000
70000	906500000	907200000
80000	1036000000	1036800000
90000	1165500000	1166400000
Table comparative.	**à 64 fr. 85 c.**	**à 64 fr. 90 c.**
10000	129700000	129800000
20000	259400000	259600000
30000	389100000	389400000
40000	518800000	519200000
50000	648500000	649000000
60000	778200000	778800000
70000	907900000	908600000
80000	1037600000	1038400000
90000	1167300000	1168200000

Chapitre XIII. — Cours des rentes.

Table comparative.		à 64 fr. 95 c.	à 65 fr.
10000		129900000	130000000
20000		259800000	260000000
30000		389700000	390000000
40000		519600000	520000000
50000		649500000	650000000
60000		779400000	780000000
70000		909300000	910000000
80000		1039200000	1040000000
90000		1169100000	1170000000

Table comparative.		à 65 fr. 05 c.	à 65 fr. 10 c.
10000		130100000	130200000
20000		260200000	260400000
30000		390300000	390600000
40000		520400000	520800000
50000		650500000	651000000
60000		780600000	781200000
70000		910700000	911400000
80000		1040800000	1041600000
90000		1170900000	1171800000

Table comparative.		à 65 fr. 15 c.	à 65 fr. 20 c.
10000		130300000	130400000
20000		260600000	260800000
30000		390900000	391200000
40000		521200000	521600000
50000		651500000	652000000
60000		781800000	782400000
70000		912100000	912800000
80000		1042400000	1043200000
90000		1172700000	1173600000

Table comparative.		à 65 fr. 25 c.	à 65 fr. 30 c.
10000		130500000	130600000
20000		261000000	261200000
30000		391500000	391800000
40000		522000000	522400000
50000		652500000	653000000
60000		783000000	783600000
70000		913500000	914200000
80000		1044000000	1044800000
90000		1174500000	1175400000

Table comparative.		à 65 fr. 35 c.	à 65 fr. 40 c.
10000		130700000	130800000
20000		261400000	261600000
30000		392100000	392400000
40000		522800000	523200000
50000		653500000	654000000
60000		784200000	784800000
70000		914900000	915600000
80000		1045600000	1046400000
90000		1176300000	1177200000

Chapitre XIII. — Cours des rentes.

Table comparative.		à 65 fr. 45 c.	à 65 fr. 50 c.
10000		130900000	131000000
20000		261800000	262000000
30000		392700000	393000000
40000		523600000	524000000
50000		654500000	655000000
60000		785400000	786000000
70000		916300000	917000000
80000		1047200000	1048000000
90000		1178100000	1179000000

Table comparative.		à 65 fr. 55 c.	à 65 fr. 60 c.
10000		131100000	131200000
20000		262200000	262400000
30000		393300000	393600000
40000		524400000	524800000
50000		655500000	656000000
60000		786600000	787200000
70000		917700000	918400000
80000		1048800000	1049600000
90000		1179900000	1180800000

Table comparative.		à 65 fr. 65 c.	à 65 fr. 70 c.
10000		131300000	131400000
20000		262600000	262800000
30000		393900000	394200000
40000		525200000	525600000
50000		656500000	657000000
60000		787800000	788400000
70000		919100000	919800000
80000		1050400000	1051200000
90000		1181700000	1182600000

Table comparative.		à 65 fr. 75 c.	à 65 fr. 80 c.
10000		131500300	131600000
20000		263000000	263200000
30000		394500000	394800000
40000		526000000	526400000
50000		657500000	658000000
60000		789000000	789600000
70000		920500000	921200000
80000		1052000000	1052800000
90000		1183500000	1154400000

Table comparative.		à 65 fr. 85 c.	à 65 fr. 90 c.
10000		131700000	131800000
20000		263400000	263600000
30000		395100000	395400000
40000		526800000	527200000
50000		658500000	659000000
60000		790200000	790800000
70000		921900000	922600000
80000		1053600000	1054400000
90000		1185300000	1186200000

Chapitre XIII. — Cours des rentes.

Table comparative.		à 65 fr. 95 c.	à 66 fr.
10000		131900000	132000000
20000		263800000	264000000
30000		395700000	396000000
40000		527600000	528000000
50000		659500000	660000000
60000		791400000	792000000
70000		923300000	924000000
80000		1055200000	1056000000
90000		1187100000	1188000000

Table comparative.		à 66 fr. 05 c.	à 66 fr. 10 c.
10000		132100000	132200000
20000		264200000	264400000
30000		396300000	396600000
40000		528400000	528800000
50000		660500000	661000000
60000		792600000	793200000
70000		924700000	925400000
80000		1056800000	1057600000
90000		1188900000	1189800000

Table comparative.		à 66 fr. 15 c.	à 66 fr. 20 c.
10000		132300000	132400000
20000		264600000	264800000
30000		396900000	397200000
40000		529200000	529600000
50000		661500000	662000000
60000		793800000	794400000
70000		926100000	926800000
80000		1058400000	1059200000
90000		1190700000	1191600000

Table comparative.		à 66 fr. 25 c.	à 66 fr. 30 c.
10000		132500000	132600000
20000		265000000	265200000
30000		397500000	397800000
40000		530000000	530400000
50000		662500000	663000000
60000		795000000	795600000
70000		927500000	928200000
80000		1060000000	1060800000
90000		1192500000	1193400000

Table comparative.		à 66 fr. 35 c.	à 66 fr. 40 c.
10000		132700000	132800000
20000		265400000	265600000
30000		398100000	398400000
40000		530800000	531200000
50000		663500000	664000000
60000		796200000	796800000
70000		928900000	929600000
80000		1061600000	1062400000
90000		1194300000	1195200000

Table comparative.	à 66 fr. 45 c.	à 66 fr. 50 c.
10000	132900000	133000000
20000	265800000	266000000
30000	398700000	399000000
40000	531600000	532000000
50000	664500000	665000000
60000	797400000	798000000
70000	930300000	931000000
80000	1063200000	1064000000
90000	1196100000	1197000000

Table comparative.	à 66 fr. 55 c.	à 66 fr. 60 c.
10000	133100000	133200000
20000	266200000	266400000
30000	399300000	399600000
40000	532400000	532800000
50000	665500000	666000000
60000	798600000	799200000
70000	931700000	932400000
80000	1064800000	1065600000
90000	1197900000	1198800000

Table comparative.	à 66 fr. 65 c.	à 66 fr. 70 c.
10000	133300000	133400000
20000	266600000	266800000
30000	399900000	400200000
40000	533200000	533600000
50000	666500000	667000000
60000	799800000	800400000
70000	933100000	933800000
80000	1066400000	1067200000
90000	1199700000	1200600000

Table comparative.	à 66 fr. 75 c.	à 66 fr. 80 c.
10000	133500000	133600000
20000	267000000	267200000
30000	400500000	400800000
40000	534000000	534400000
50000	667500000	668000000
60000	801000000	801600000
70000	934500000	935200000
80000	1068000000	1068800000
90000	1201500000	1202400000

Table comparative.	à 66 fr. 85 c.	à 66 fr. 90 c.
10000	133700000	133800000
20000	267400000	267600000
30000	401100000	401400000
40000	534800000	535200000
50000	668500000	669030000
60000	802200000	802800000
70000	935900000	935600000
80000	1069600000	1070400000
90000	1203300000	1204200000

Chapitre XIII. — Cours des rentes.

Table comparative.	à 66 fr. 95 c.	à 67 fr.
10000	133900000	134000000
20000	267800000	268000000
30000	401700000	402000000
40000	535600000	536000000
50000	669500000	670000000
60000	803400000	804000000
70000	937300000	938000000
80000	1071200000	1072000000
90000	1205100000	1206000000

Table comparative.	à 67 fr. 05 c.	à 67 fr. 10 c.
10000	134100000	134200000
20000	268200000	268400000
30000	402300000	402600000
40000	536400000	536800000
50000	670500000	671000000
60000	804600000	805200000
70000	938700000	939400000
80000	1072800000	1073600000
90000	1206900000	1207800000

Table comparative.	à 67 fr. 15 c.	à 67 fr. 20 c.
10000	134300000	134400000
20000	268600000	268800000
30000	402900000	403200000
40000	537200000	537600000
50000	671500000	672000000
60000	805800000	806400000
70000	940100000	940800000
80000	1074400000	1075200000
90000	1208700000	1209600000

Table comparative.	à 67 fr. 25 c.	à 67 fr. 30 c.
10000	134500000	134600000
20000	269000000	269200000
30000	403500000	403800000
40000	538000000	538400000
50000	672500000	673000000
60000	807000000	807600000
70000	941500000	942200000
80000	1076000000	1076800000
90000	1210500000	1211400000

Table comparative.	à 67 fr. 35 c.	à 67 fr. 40 c.
10000	134700000	134800000
20000	269400000	269600000
30000	404100000	404400000
40000	538800000	539200000
50000	673500000	674000000
60000	808200000	808800000
70000	942900000	943600000
80000	1077600000	1078400000
90000	1212300000	1213200000

Chapitre XIII. — Cours des rentes.

Table comparative.	à 67 fr. 45 c.	à 67 fr. 50 c.
10000	134900000	135000000
20000	269800000	270000000
30000	404700000	405000000
40000	539600000	540000000
50000	674500000	675000000
60000	809400000	810000000
70000	944300000	945000000
80000	1079200000	1080000000
90000	1214100000	1215000000

Table comparative.	à 67 fr. 55 c.	à 67 fr. 60 c.
10000	135100000	135200000
20000	270200000	270400000
30000	405300000	405600000
40000	540400000	540800000
50000	675500000	676000000
60000	810600000	811200000
70000	945700000	946400000
80000	1080800000	1081600000
90000	1215900000	1216800000

Table comparative.	à 67 fr. 65 c.	à 67 fr. 70 c.
10000	135300000	135400000
20000	270600000	270800000
30000	405900000	406200000
40000	541200000	541600000
50000	676500000	677000000
60060	811800000	812400000
70000	947100000	947800000
80000	1082400000	1083200000
90000	1217700000	1218600000

Table comparative.	à 67 fr. 75 c.	à 67 fr. 80 c.
10000	135500000	135600000
20000	271000000	271200000
30000	406500000	406800000
40000	542000000	542400000
50000	677500000	678000000
60000	813000000	813600000
70000	948500000	949200000
80000	1084000000	1084800000
90000	1219500000	1220400000

Table comparative.	à 67 fr. 85 c.	à 67 fr. 90 c.
10000	135700000	135800000
20000	271400000	271600000
30000	407100000	407400000
40000	542800000	543200000
50000	678500000	679000000
60000	814200000	814800000
70000	949900000	950600000
80000	1085600000	1086400000
90000	1221300000	1222200000

Chapitre XIII. — Cours des rentes.

Table comparative.		à 67 fr. 95 c.	à 68 fr.
10000		135900000	136000000
20000		271800000	272000000
30000		407700000	408000000
40000		543600000	544000000
50000		679500000	680000000
60000		815400000	816000000
70000		951300000	952000000
80000		1087200000	1088000000
90000		1223100000	1224000000

Table comparative.		à 68 fr. 05 c.	à 68 fr. 10 c.
10000		136100000	136200000
20000		272200000	272400000
30000		408300000	408600000
40000		544400000	544800000
50000		680500000	681000000
60000		816600000	817200000
70000		952700000	953400000
80000		1088800000	1089600000
90000		1224900000	1225800000

Table comparative.		à 68 fr. 15 c.	à 68 fr. 20 c.
10000		136300000	136400000
20000		272600000	272800000
30000		408900000	409200000
40000		545200000	545600000
50000		681500000	682000000
60000		817800000	818400000
70000		954100000	954800000
80000		1090400000	1091200000
90000		1226700000	1227600000

Table comparative.		à 68 fr. 25 c.	à 68 fr. 30 c.
10000		136500000	136600000
20000		273000000	273200000
30000		409500000	409800000
40000		546000000	546400000
50000		682500000	683000000
60000		819000000	819600000
70000		955500000	956200000
80000		1092000000	1092800000
90000		1228500000	1229400000

Table comparative.		à 68 fr. 35 c.	à 68 fr. 40 c.
10000		136700000	136800000
20000		273400000	273600000
30000		410100000	410400000
40000		546800000	547200000
50000		683500000	684000000
60000		820200000	820800000
70000		956900000	957600000
80000		1093600000	1094400000
90000		1230300000	1231200000

Chapitre XIII. — Cours des rentes.

Table comparative.	à 68 fr. 45 c.	à 68 fr. 50 c.
10000	136900000	137000000
20000	273800000	274000000
30000	410700000	411000000
40000	547600000	548000000
50000	684500000	685000000
60000	821400000	822000000
70000	958300000	959000000
80000	1095200000	1096000000
90000	1232100000	1233000000

Table comparative.	à 68 fr. 55 c.	à 68 fr. 60 c.
10000	137100000	137200000
20000	274200000	274400000
30000	411300000	411600000
40000	548400000	548800000
50000	685500000	686000000
60000	822600000	823200000
70000	959700000	960400000
80000	1096800000	1097600000
90000	1233900000	1234800000

Table comparative.	à 68 fr. 65 c.	à 68 fr. 70 c.
10000	137300000	137400000
20000	274600000	274800000
30000	411900000	412200000
40000	549200000	549600000
50000	686500000	687000000
60000	823800000	824400000
70000	961100000	961800000
80000	1098400000	1099200000
90000	1235700000	1236600000

Table comparative.	à 68 fr. 75 c.	à 68 fr. 80 c.
10000	137500000	137600000
20000	275000000	275200000
30000	412500000	412800000
40000	550000000	550400000
50000	687500000	688000000
60000	825000000	825600000
70000	962500000	963200000
80000	1100000000	1100800000
90000	1237500000	1238400000

Table comparative.	à 68 fr. 85 c.	à 68 fr. 90 c.
10000	137700000	137800000
20000	275400000	275600000
30000	413100000	413400000
40000	550800000	551200000
50000	688500000	689000000
60000	826200000	826800000
70000	963900000	964600000
80000	1101600000	1102400000
90000	1239300000	1240200000

Chapitre XIII. — Cours des rentes.

Table comparative.		à 68 fr. 95 c.	à 69 fr.
10000		137900000	138000000
20000		275800000	276000000
30000		413700000	414000000
40000		551600000	552000000
50000		689500000	690000000
60000		827400000	828000000
70000		965300000	966000000
80000		1103200000	1104000000
90000		1241100000	1242000000

Table comparative.		à 69 fr. 05 c.	à 69 fr. 10 c.
10000		138100000	138200000
20000		276200000	276400000
30000		414300000	414600000
40000		552400000	552800000
50000		690500000	691000000
60000		828600000	829200000
70000		966700000	967400000
80000		1104800000	1105600000
90000		1242900000	1243800000

Table comparative.		à 69 fr. 15 c.	à 69 fr. 20 c.
10000		138300000	138400000
20000		276600000	276800000
30000		414900000	415200000
40000		553200000	553600000
50000		691500000	692000000
60000		829800000	830400000
70000		968100000	968800000
80000		1106400000	1107200000
90000		1244700000	1245600000

Table comparative.		à 69 fr. 25 c.	à 69 fr. 30 c.
10000		138500000	138600000
20000		277000000	277200000
30000		415500000	415800000
40000		554000000	554400000
50000		692500000	693000000
60000		831000000	831600000
70000		969500000	970200000
80000		1108000000	1108800000
90000		1246500000	1247400000

Table comparative.		à 69 fr. 35 c.	à 69 fr. 40 c.
10000		138700000	138800000
20000		277400000	277600000
30000		416100000	416400000
40000		554800000	555200000
50000		693500000	694000000
60000		832200000	832800000
70000		970900000	971600000
80000		1109600000	1110400000
90000		1249300000	1249200000

Chapitre XIII. — Cours des rentes.

Table comparative.		à 69 fr. 45 c.	à 69 fr. 50 c.
10000		138900000	139000000
20000		277800000	278000000
30000		416700000	417000000
40000		555600000	556000000
50000		694500000	695000000
60000		833400000	834000000
70000		972300000	973000000
80000		1111200000	1112000000
90000		1250100000	1251000000

Table comparative.		à 69 fr. 55 c.	à 69 fr. 60 c.
10000		139100000	139200000
20000		278200000	278400000
30000		417300000	417600000
40000		556400000	556800000
50000		695500000	696000000
60000		834600000	835200000
70000		973700000	974400000
80000		1112800000	1113600000
90000		1251900000	1252800000

Table comparative.		à 69 fr. 65 c.	à 69 fr. 70 c.
10000		139300000	139400000
20000		278600000	278800000
30000		417900000	418200000
40000		557200000	557600000
50000		696500000	697000000
60000		835800000	836400000
70000		975100000	975800000
80000		1114400000	1115200000
90000		1253700000	1254600000

Table comparative.		à 69 fr. 75 c.	à 69 fr. 80 c.
10000		139500000	139600000
20000		279000000	279200000
30000		418500000	418800000
40000		558000000	558400000
50000		697500000	698000000
60000		837000000	837600000
70000		976500000	977200000
80000		1116000000	1116800000
90000		1255500000	1256400000

Table comparative.		à 69 fr. 85 c.	à 69 fr. 90 c.
10000		139700000	139800000
20000		279400000	279600000
30000		419100000	419400000
40000		558800000	559200000
50000		698500000	699000000
60000		838200000	838800000
70000		977900000	978600000
80000		1117600000	1118400000
90000		1257300000	1258200000

Chapitre XIII. — Cours des rentes.

Table comparative.		à 69 fr. 95 c.	à 70 fr. c.
10000		139900000	140000000
20000		279800000	280000000
30000		419700000	420000000
40000		559600000	560000000
50000		699500000	700000000
60000		839400000	840000000
70000		979300000	980000000
80000		1119200000	1120000000
90000		1259100000	1260000000

Table comparative.		à 70 fr. 05 c.	à 70 fr. 10 c.
10000		140100000	140200000
20000		280200000	280400000
30000		420300000	420600000
40000		560400000	560800000
50000		700500000	701000000
60000		840600000	841200000
70000		980700000	981400000
80000		1120800000	1121600000
90000		1260900000	1261800000

Table comparative.		à 70 fr. 15 c.	à 70 fr. 20 c.
10000		140300000	140400000
20000		280600000	280800000
30000		420900000	421200000
40000		561200000	561600000
50000		701500000	702000000
60000		841800000	842400000
70000		982100000	982800000
80000		1122400000	1123200000
90000		1262700000	1263600000

Table comparative.		à 70 fr. 25 c.	à 70 fr. 30 c.
10000		140500000	140600000
20000		281000000	281200000
30000		421500000	421800000
40000		562000000	562400000
50000		702500000	703000000
60000		843000000	843600000
70000		983500000	984200000
80000		1124000000	1124800000
90000		1264500000	1265400000

Table comparative.		à 70 fr. 35 c.	à 70 fr. 40 c.
10000		140700000	140800000
20000		281400000	281600000
30000		422100000	422400000
40000		562800000	563200000
50000		703500000	404000000
60000		844200000	844800000
70000		984900000	985600000
80000		1125600000	1126400000
90000		1266300000	1267200000

CHAPITRE XIII. — Cours des rentes.

Table comparative.	à 70 fr. 45 c.	à 70 fr. 50 c.
10000	140900000	141000000
20000	281800000	282000000
30000	422700000	423000000
40000	563600000	564000000
50000	704500000	705000000
60000	845400000	846000000
70000	986300000	987000000
80000	1127200000	1128000000
90000	1268100000	1269000000
Table comparative.	**à 70 fr. 55 c.**	**à 70 fr. 60 c.**
10000	141100000	141200000
20000	282200000	282400000
30000	423300000	423600000
40000	564400000	564800000
50000	705500000	706000000
60000	846600000	847200000
70000	987700000	988400000
80000	1128800000	1129600000
90000	1269900000	1270800000

Table comparative.	à 70 fr. 65 c.	à 70 fr. 70 c.
10000	141300000	141400000
20000	282600000	282800000
30000	423900000	424200000
40000	565200000	565600000
50000	706500000	707000000
60000	847800000	848400000
70000	989100000	989800000
80000	1130400000	1131200000
90000	1271700000	1272600000

Table comparative.	à 70 fr. 75 c.	à 70 fr. 80 c.
10000	141500000	141600000
20000	283000000	283200000
30000	424500000	424800000
40000	566000000	566400000
50000	707500000	708000000
60000	849000000	849600000
70000	990500000	991200000
80000	1132000000	1132800000
90000	1273500000	1274400000
Table comparative.	**à 70 fr. 85 c.**	**à 70 fr. 90 c.**
10000	141700000	141800000
20000	283400000	283600000
30000	425100000	425400000
40000	566800000	567200000
50000	708500000	709000000
60000	850200000	850800000
70000	991900000	992600000
80000	1133600000	1134400000
90000	1275300000	1276200000

Chapitre XIII. — Cours des rentes.

Table comparative.	à 70 fr. 95 c.	à 71 fr.
10000	141900000	142000000
20000	283800000	284000000
30000	425700000	426000000
40000	567600000	568000000
50000	709500000	710000000
60000	851400000	852000000
70000	993300000	994000000
80000	1135200000	1136000000
90000	1277100000	1278000000
Table comparative.	**à 71 fr. 05 c.**	**à 71 fr. 10 c.**
10000	142100000	142200000
20000	284200000	284400000
30000	426300000	426600000
40000	568400000	568800000
50000	710500000	711000000
60000	852600000	853200000
70000	994700000	995400000
80000	1136800000	1137600000
90000	1278900000	1279800000
Table comparative.	**à 71 fr. 15 c.**	**à 71 fr. 20 c.**
10000	142300000	142400000
20000	284600000	284800000
30000	426900000	427200000
40000	569200000	569600000
50000	711500000	712000000
60000	853800000	854400000
70000	996100000	996800000
80000	1138400000	1139200000
90000	1280700000	1281600000
Table comparative.	**à 71 fr. 25 c.**	**à 71 fr. 30 c.**
10000	142500000	142600000
20000	285000000	285200000
30000	427500000	427800000
40000	570000000	570400000
50000	712500000	713000000
60000	855000000	855600000
70000	997500000	998200000
80000	1140000000	1140800000
90000	1282500000	1283400000
Table comparative.	**à 71 fr. 35 c.**	**à 71 fr. 40 c.**
10000	142700000	142800000
20000	285400000	285600000
30000	428100000	428400000
40000	570800000	571200000
50000	713500000	714000000
60000	856200000	856800000
70000	998900000	999600000
80000	1141600000	1142400000
90000	1284300000	1285200000

CHAPITRE XIII. — Cours des rentes.

Table comparative.		à 71 fr. 45 c.	à 71 fr. 50 c.
10000		142900000	143000000
20000		285800000	286000000
30000		428700000	429000000
40000		571600000	572000000
50000		714500000	715000000
60000		857460000	858000000
70000		1000300000	1001000000
80000		1143200000	1144000000
90000		1286100000	1287000000
Table comparative.		**à 71 fr. 55 c.**	**à 71 fr. 60 c.**
10000		143100000	143200000
20000		286200000	286400000
30000		429300000	429600000
40000		572400000	572800000
50000		715500000	716000000
60000		858600000	859200000
70000		1001700000	1002400000
80000		1144800000	1145600000
90000		1287900000	1288800000
Table comparative.		**à 71 fr. 65 c.**	**à 71 fr. 70 c.**
10000		143300000	143400000
20000		286600000	286800000
30000		429900000	430200000
40000		573200000	573600000
50000		716500000	717000000
60000		859800000	860400000
70000		1003100000	1003800000
80000		1146400000	1147200000
90000		1289700000	1290600000
Table comparative.		**à 71 fr. 75 c.**	**à 71 fr. 80 c.**
10000		143500000	143600000
20000		287000000	287200000
30000		430500000	430800000
40000		574000000	574400000
50000		717500000	718000000
60000		861000000	861600000
70000		1004500000	1005200000
80000		1148000000	1148800000
90000		1291500000	1292400000
Table comparative.		**à 71 fr. 85 c.**	**à 71 fr. 90 c.**
10000		143700000	143800000
20000		287400000	287660000
30000		431100000	431400000
40000		574800000	575200000
50000		718500000	719000000
60000		862200000	862800000
70000		1005900000	1006600000
80000		1149600000	1150400000
90000		1293300000	1294200000

Chapitre XIII. — Cours des rentes.

Table comparative.	à 71 fr. 95 c.	à 72 francs.
10000	143900000	144000000
20000	287800000	288000000
30000	431700000	432000000
40000	575600000	576000000
50000	719500000	720000000
60000	863400000	864000000
70000	1007300000	1008000000
80000	1151200000	1152000000
90000	1295100000	1296000000

Table comparative.	à 72 fr. 05 c.	à 72 fr. 10 c.
10000	144100000	144200000
20000	288200000	288400000
30000	432300000	432600000
40000	576400000	576800000
50000	720500000	721000000
60000	864600000	865200000
70000	1008700000	1009400000
80000	1152800000	1153600000
90000	1296900000	1297800000

Table comparative.	à 72 fr. 15 c.	à 72 fr. 20 c.
10000	144300006	144400000
20000	288600000	288800000
30000	432900000	433200000
40000	577200000	577600000
50000	721500000	722000000
60000	865800000	866400000
70000	1010100000	1010800000
80000	1154400000	1155200000
90000	1298700000	1299600000

Table comparative.	à 72 fr. 25 c.	à 72 fr. 30 c.
10000	144500000	144600000
20000	289000000	289200000
30000	433500000	433800000
40000	578000000	578400000
50000	722500000	723000000
60000	867000000	867600000
70000	1011500000	1012200000
80000	1156000000	1156800000
90000	1300500000	1301400000

Table comparative.	à 72 fr. 35 c.	à 72 fr. 40 c.
10000	144700000	144800000
20000	289400000	289600000
30000	434100000	434400000
40000	578800000	579200000
50000	723500000	724000000
60000	868200000	868800000
70000	1012900000	1013600000
80000	1157600000	1158400000
90000	1302300000	1303200000

Chapitre XIII. — Cours des rentes.

Table comparative.	à 72 fr. 45 c.	à 72 fr. 50 c.
10000	144900000	145000000
20000	289800000	290000000
30000	434700000	435000000
40000	579600000	580000000
50000	724500000	725000000
60000	869400000	870000000
70000	1014300000	1015000000
80000	1159200000	1160000000
90000	1304100000	1305000000

Table comparative.	à 72 fr. 55 c.	à 72 fr. 60 c.
10000	145100000	145200000
20000	290200000	290400000
30000	435306000	435600000
40000	580400000	580800000
50000	725500000	726000000
60000	870600000	871200000
70000	1015700000	1016400000
80000	1160800000	1161600000
90000	1305900000	1306800000

Table comparative.	à 72 fr. 65 c.	à 72 fr. 70 c.
10000	145300000	145400000
20000	290600000	290800000
30000	435900000	436200000
40000	581200000	581600000
50000	726500000	727000000
60000	871800000	872400000
70000	1017100000	1017800000
80000	1162400000	1163200000
90000	1307700000	1308600000

Table comparative.	à 72 fr. 75 c.	à 72 fr. 80 c.
10000	145500000	145600000
20000	291000000	291200000
30000	436500000	436800000
40000	582000000	582400000
50000	727500000	728000000
60000	873000000	873600000
70000	1018500000	1019200000
80000	1164000000	1164800000
90000	1309500000	1310400000

Table comparative.	à 72 fr. 85 c.	à 72 fr. 90 c.
10000	145700000	145800000
20000	291400000	291600000
30000	437100000	437400000
40000	582800000	583200000
50000	728500000	729000000
60000	874200000	874800000
70000	1019900000	1020600000
80000	1165600000	1166400000
90000	1311300000	1312200000

Chapitre XIII. — Cours des rentes.

Table comparative.		à 72 fr. 95 c.	à 73 francs.
10000		145900000	146000000
20000		291800000	292000000
30000		437700000	438000000
40000		583600000	584000000
50000		729500000	730000000
60000		875400000	876000000
70000		1021300000	1022000000
80000		1167200000	1168000000
90000		1313100000	1314000000

Table comparative.		à 73 fr. 05 c.	à 73 fr 10 c.
10000		146100000	146200000
20000		292200000	292400000
30000		438300000	438600000
40000		584400000	584800000
50000		730500000	731000000
60000		876600000	877200000
70000		1022700000	1023400000
80000		1168800000	1169600000
90000		1314900000	1315800000

Table comparative.		à 73 fr. 15 c.	à 73 fr. 20 c.
10000		146300000	146400000
20000		292600000	292800000
30000		438908000	439200000
40000		585200000	585600000
50000		731500000	732000000
60000		877800000	878400000
70000		1024100000	1024800000
80000		1170400000	1171200000
90000		1316700000	1317600000

Table comparative.		à 73 fr. 25 c.	à 73 fr. 30 c.
10000		146500000	146600000
20000		293000000	293200000
30000		439500000	439800000
40000		586000000	586400000
50000		732500000	733000000
60000		879000000	879600000
70000		1025500000	1026200000
80000		1172000000	1172800000
90000		1318500000	1319400000

Table comparative.		à 73 fr. 35 c.	à 73 fr. 40 c.
10000		146700000	146800000
20000		293400000	293600000
30000		440100000	440400000
40000		586800000	587200000
50000		733500000	734000000
60000		880200000	880800000
70000		1026900000	1027600000
80000		1173600000	1174400000
90000		1320300000	1321200000

Chapitre XIII. — Cours des rentes.

Table comparative.		à 73 fr. 45 c.	à 73 fr. 50 c.
10000		146900000	147000000
20000		293800000	294000000
30000		440700000	441000000
40000		587600000	588000000
50000		734500000	735000000
60000		881400000	882000000
70000		1028300000	1029000000
80000		1175200000	1176000000
90000		1322100000	1323000000

Table comparative.		à 73 fr. 55 c.	à 73 fr. 60 c.
10000		147100000	147200000
20000		294200000	294400000
30000		441300000	441600000
40000		588400000	588800000
50000		735500000	736000000
60000		882600000	883200000
70000		1029700000	1030400000
80000		1176800000	1177600000
90000		1323900000	1324800000

Table comparative.		à 73 fr. 65 c.	à 73 fr. 70 c.
10000		147300000	147400000
20000		294600000	294800000
30000		441900000	442200000
40000		589200000	589600000
50000		736500000	737000000
60000		883800000	884400000
70000		1031100000	1031800000
80000		1178400000	1179200000
90000		1325700000	1326600000

Table comparative.		à 73 fr. 75 c.	à 73 fr. 80 c.
10000		147500000	147600000
20000		295000000	295200000
30000		442500000	442800000
40000		590000000	590400000
50000		737500000	738000000
60000		885000000	885600000
70000		1032500000	1033200000
80000		1180000000	1180800000
90000		1327500000	1328400000

Table comparative.		à 73 fr. 85 c.	à 73 fr. 90 c.
10000		147700000	147800000
20000		295400000	295600000
30000		443100000	443400000
40000		590800000	591200000
50000		738500000	739000000
60000		886200000	886800000
70000		1033900000	1034600000
80000		1181600000	1182400000
90000		1329300000	1330200000

Chapitre XIII. — Cours des rentes.

Table comparative.	à 73 fr. 95 c.	à 74 fr.
10000	147900000	148000000
20000	295800000	296000000
30000	443700000	444000000
40000	591600000	592000000
50000	739500000	740000000
60000	887400000	888000000
70000	1035300000	1036000000
80000	1183200000	1184000000
90000	1331100000	1332000000

Table comparative.	à 74 fr. 05 c.	à 74 fr. 10 c.
10000	148100000	148200000
20000	296200000	296400000
30000	444300000	444600000
40000	592400000	592800000
50000	740500000	741000000
60000	888600000	889200000
70000	1036700000	1037400000
80000	1184800000	1185600000
90000	1332900000	1333800000

Table comparative.	à 74 fr. 15 c.	à 74 fr. 20 c.
10000	148300000	148400000
20000	296600000	296800000
30000	444900000	445200000
40000	593200000	593600000
50000	741500000	742000000
60000	889800000	890400000
70000	1038100000	1038800000
80000	1186400000	1187200000
90000	1334700000	1335600000

Table comparative.	à 74 fr. 25 c.	à 74 fr. 30 c.
10000	148500000	148600000
20000	297000000	297200000
30000	445500000	445800000
40000	594000000	594400000
50000	742500000	743000000
60000	891000000	891600000
70000	1039500000	1040200000
80000	1188000000	1188800000
90000	1336500000	1337400000

Table comparative.	à 74 fr. 35 c.	à 74 fr. 40 c.
10000	148705000	148800000
20000	297400000	297600000
30000	446100000	446400000
40000	594800000	595200000
50000	743500000	744000000
60000	892200000	892800000
70000	1040900000	1041600000
80000	1189600000	1190400000
90000	1338300000	1339200000

Chapitre XIII. — Cours des rentes.

Table comparative.		à 74 fr. 45 c.	à 74 fr. 50 c.
10000		148900000	149000000
20000		297800000	298000000
30000		446700000	447000000
40000		595600000	596000000
50000		744500000	745000000
60000		893400000	894000000
70000		1042300000	1043000000
80000		1191200000	1192000000
90000		1340100000	1341000000

Table comparative.		à 74 fr. 55 c.	à 74 fr. 60 c.
10000		149100000	149200000
20000		298200000	298400000
30000		447300000	447600000
40000		596400000	596800000
50000		745500000	746000000
60000		894600000	895200000
70000		1043700000	1044400000
80000		1192800000	1193600000
90000		1341900000	1342800000

Table comparative.		à 74 fr. 65 c.	à 74 fr. 70 c.
10000		149300000	149400000
20000		298600000	298800000
30000		447900000	448200000
40000		597200000	597600000
50000		746500000	747000000
60000		895800000	896400000
70000		1045100000	1045800000
80000		1194400000	1195200000
90000		1343700000	1344600000

Table comparative.		à 74 fr. 75 c.	à 74 fr. 80 c.
10000		149500000	149600000
20000		299000000	299200000
30000		448500000	448800000
40000		598000000	598400000
50000		747500000	748000000
60000		897000000	897600000
70000		1046500000	1047200000
80000		1196000000	1196800000
90000		1345500000	1346400000

Table comparative.		à 74 fr. 85 c.	à 74 fr. 90 c.
10000		149700000	149800000
20000		299400000	299600000
30000		449100000	449400000
40000		598800000	599200000
50000		748500000	749000000
60000		898200000	898800000
70000		1047900000	1048600000
80000		1197600000	1198400000
90000		1347300000	1348200000

Chapitre XIII. — Cours des rentes.

Table comparative.		à 74 fr. 95 c.	à 75 fr.
10000		149900000	150000000
20000		299800000	300000000
30000		449700000	450000000
40000		599600000	600000000
50000		749500000	750000000
60000		899400000	900000000
70000		1049300000	1050000000
80000		1199200000	1200000000
90000		1349100000	1350000000

Table comparative.	-	à 75 fr. 05 c.	à 75 fr. 10 c.
10000		150100000	150200000
20000		300200000	300400000
30000		450300000	450600000
40000		600400000	600800000
50000		750500000	751000000
60000		900600000	901200000
70000		1050700000	1051400000
80000		1200800000	1201600000
90000		1350900000	1351800000

Table comparative.		à 75 fr. 15 c.	à 75 fr. 20 c.
10000		150300000	150400000
20000		300600000	300800000
30000		450900000	451200000
40000		601200000	601600000
50000		751500000	752000000
60000		901800000	902400000
70000		1052100000	1052800000
80000		1202400000	1203200000
90000		1352700000	1353600000

Table comparative.		à 75 fr. 25 c.	à 75 fr. 30 c.
10000		150500000	150600000
20000		301000000	301200000
30000		451500000	451800000
40000		602000000	602400000
50000		752500000	753000000
60000		903000000	903600000
70000		1053500000	1054200000
80000		1204000000	1204800000
90000		1354500000	1355400000

Table comparative.		à 75 fr. 35 c.	à 75 fr. 40 c.
10000		150700000	150800000
20000		301400000	301600000
30000		452100000	452400000
40000		602800000	603200000
50000		753500000	754000000
60000		904200000	904800000
70000		1054900000	1055600000
80000		1205600000	1206400000
90000		1356300000	1357200000

Chapitre XIII. — Cours des rentes.

Table comparative.	à 75 fr. 45 c.	à 75 fr. 50 c.
10000	150900000	151000000
20000	301800000	362000000
30000	452700000	453000000
40000	603600000	604000000
50000	754500000	755000000
60000	905400000	906000000
70000	1056300000	1057000000
80000	1207200000	1208000000
90000	1358100000	1359000000

Table comparative.	à 75 fr. 55 c.	à 75 fr. 60 c.
10000	151100000	151200000
20000	302200000	302400000
30000	453300000	453600000
40000	604400000	604800000
50000	755500000	756000000
60000	906600000	907200000
70000	1057700000	1058400000
80000	1208800000	1209600000
90000	1359900000	1360800000

Table comparative.	à 75 fr. 65 c.	à 75 fr. 70 c.
10000	151300000	151400000
20000	302600000	302800000
30000	453900000	454200000
40000	605200000	605600000
50000	756500000	757000000
60000	907800000	908400000
70000	1059100000	1059800000
80000	1210400000	1211200000
90000	1361700000	1362600000

Table comparative.	à 75 fr. 75 c.	à 75 fr. 80 c.
10000	151500000	151600000
20000	303000000	303200000
30000	454500000	454800000
40000	606000000	606400000
50000	757500000	758000000
60000	909000000	909600000
70000	1060500000	1061200000
80000	1212000000	1212800000
90000	1363500000	1364400000

Table comparative.	à 75 fr. 85 c.	à 75 fr. 90 c.
10000	151700000	151800000
20000	303400000	303600000
30000	455100000	455400000
40000	606800000	607200000
50000	758500000	759000000
60000	910200000	910800000
70000	1061900000	1062600000
80000	1213600000	1214400000
90000	1365300000	1366200000

Chapitre XIII. — Cours des rentes.

Table comparative.		à 75 fr. 95 c.	à 76 fr.
10000		151900000	152000000
20000		303800000	304000000
30000		455700000	456000000
40000		607600000	608000000
50000		759500000	760000000
60000		911400000	912000000
70000		1063300000	1064000000
80000		1215200000	1216000000
90000		1367100000	1368000000

Table comparative.		à 76 fr. 05 c.	à 76 fr. 10 c.
10000		152100000	152200000
20000		304200000	304400000
30000		456300000	456600000
40000		608400000	608800000
50000		760500000	761000000
60000		912600000	913200000
70000		1064700000	1065400000
80000		1216800000	1217600000
90000		1368900000	1369800000

Table comparative.		à 76 fr. 15 c.	à 76 fr. 20 c.
10000		152300000	152400000
20000		304600000	304800000
30000		456900000	457200000
40000		609200000	609600000
50000		761500000	762000000
60000		913800000	914400000
70000		1066100000	1066800000
80000		1218400000	1219200000
90000		1370700000	1371600000

Table comparative.		à 76 fr. 25 c.	à 76 fr. 30 c.
10000		152500000	152600000
20000		305000000	305200000
30000		457500000	457800000
40000		610000000	610400000
50000		762500000	763000000
60000		915000000	915600000
70000		1067500000	1068200000
80000		1220000000	1220800000
90000		1372500000	1373400000

Table comparative.		à 76 fr. 35 c.	à 76 fr. 40 c.
10000		152700000	152800000
20000		305400000	305600000
30000		458100000	458400000
40000		610800000	611200000
50000		763500000	764000000
60000		916200000	916800000
70000		1068900000	1069600000
80000		1221600000	1222400000
90000		1374300000	1375200000

Chapitre XIII. — Cours des rentes.

Table comparative.	à 76 fr. 45 c.	à 76 fr. 50 c.
10000	15290000	15300000
20000	30580000	30600000
30000	45870000	45900000
40000	61160000	61200000
50000	76450000	76500000
60000	91740000	91800000
70000	107030000	107100000
80000	122320000	122400000
90000	137610000	137700000

Table comparative.	à 76 fr. 55 c.	à 76 fr. 60 c.
10000	15310000	15320000
20000	30620000	30640000
30000	45930000	45960000
40000	61240000	61280000
50000	76550000	76600000
60000	91860000	91920000
70000	107170000	107240000
80000	122480000	122560000
90000	137790000	137880000

Table comparative.	à 76 fr. 65 c.	à 76 fr. 70 c.
10000	15330000	15340000
20000	30660000	30680000
30000	45990000	46020000
40000	61320000	61360000
50000	76650000	76700000
60000	91980000	92040000
70000	107310000	107380000
80000	122640000	122720000
90000	137970000	138060000

Table comparative.	à 76 fr. 75 c.	à 76 fr. 80 c.
10000	15350000	15360000
20000	30700000	30720000
30000	46050000	46080000
40000	61400000	61440000
50000	76750000	76800000
60000	92100000	92160000
70000	107450000	107520000
80000	122800000	122880000
90000	138150000	138240000

Table comparative.	à 76 fr. 85 c.	à 76 fr. 90 c.
10000	15370000	15380000
20000	30740000	30760000
30000	46110000	46140000
40000	61480000	61520000
50000	76850000	76900000
60000	92220000	92280000
70000	107590000	107660000
80000	122960000	123040000
90000	138330000	138420000

Chapitre XIII. — Cours des rentes.

Table comparative.	à 76 fr. 95 c.	à 77 fr.
10000	153900000	154000000
20000	307800000	308000000
30000	461700000	462000000
40000	615600000	616000000
50000	769500000	770000000
60000	923400000	924000000
70000	1077300000	1078000000
80000	1231200000	1232000000
90000	1385100000	1386000000

Table comparative.	à 77 fr. 05 c.	à 77 fr. 10 c.
10000	154100000	154200000
20000	308200000	308400000
30000	462300000	462600000
40000	616400000	616800000
50000	770500000	771000000
60000	924600000	925200000
70000	1078700000	1079400000
80000	1232800000	1233600000
90000	1386900000	1387800000

Table comparative.	à 77 fr. 15 c.	à 77 fr. 20 c.
10000	154300000	154400000
20000	308600000	308800000
30000	462900000	463200000
40000	617200000	617600000
50000	771500000	772000000
60000	925800000	926400000
70000	1080100000	1080800000
80000	1234400000	1235200000
90000	1388700000	1389600000

Table comparative.	à 77 fr. 25 c.	à 77 fr. 30 c.
10000	154500000	154600000
20000	309000000	309200000
30000	463500000	463800000
40000	618000000	618400000
50000	772500000	773000000
60000	927000000	927600000
70000	1081500000	1082200000
80000	1236000000	1236800000
90000	1390500000	1391400000

Table comparative.	à 77 fr. 35 c.	à 77 fr. 40 c.
10000	154700000	154800000
20000	309400000	309600000
30000	464100000	464400000
40000	618800000	619200000
50000	773500000	774000000
60000	928200000	928800000
70000	1082900000	1083600000
80000	1237600000	1238400000
90000	1392300000	1393200000

CHAPITRE XIII. — Cours des rentes.

Table comparative.		à 77 fr. 45 c.	à 77 fr. 50 c.
10000		154900000	155000000
20000		309800000	310000000
30000		464700000	465000000
40000		619600000	620000000
50000		774500000	775000000
60000		929400000	930000000
70000		1084300000	1085000000
80000		1239200000	1240000000
90000		1394100000	1395000000

Table comparative.		à 77 fr. 55 c.	à 77 fr. 60 c.
10000		155100000	155200000
20000		310200000	310400000
30000		465300000	465600000
40000		620400000	620800000
50000		775500000	776000000
60000		930600000	931200000
70000		1085700000	1086400000
80000		1240800000	1241600000
90000		1395900000	1396800000

Table comparative.		à 77 fr. 65 c.	à 77 fr. 70 c.
10000		155300000	155400000
20000		310600000	310800000
30000		465900000	466200000
40000		621200000	621600000
50000		776500000	777000000
60000		931800000	932400000
70000		1087100000	1087800000
80000		1242400000	1243200000
90000		1397700000	1398600000

Table comparative.		à 77 fr. 75 c.	à 77 fr. 80 c.
10000		155500000	155600000
20000		311000000	311200000
30000		466500000	466800000
40000		622000000	622400000
50000		777500000	778000000
60000		933000000	933600000
70000		1088500000	1089200000
80000		1244000000	1244800000
90000		1399500000	1400400000

Table comparative.		à 77 fr. 85 c.	à 77 fr. 90 c.
10000		155700000	155800000
20000		311400000	311600000
30000		467100000	467400000
40000		622800000	623200000
50000		778500000	779000000
60000		934200000	934800000
70000		1091900000	1090600000
80000		1247600000	1246400000
90000		1403300000	1402200000

Chapitre XIII. — Cours des rentes.

Table comparative.		à 77 fr. 95 c.	à 78 fr.
10000		155900000	156000000
20000		311800000	312000000
30000		467700000	468000000
40000		623600000	624000000
50000		779500000	780000000
60000		935400000	936000000
70000		1091300000	1092000000
80000		1247200000	1248000000
90000		1403100000	1404000000

Table comparative.		à 78 fr. 05 c.	à 78 fr. 10 c.
10000		156100000	156200000
20000		312200000	312400000
30000		468300000	468600000
40000		624400000	624800000
50000		780500000	781000000
60000		936600000	937200000
70000		1092700000	1093400000
80000		1248800000	1249600000
90000		1404900000	1405800000

Table comparative.		à 78 fr. 15 c.	à 78 fr. 20 c.
10000		156300000	156400000
20000		312600000	312800000
30000		468900000	469200000
40000		625200000	625600000
50000		781500000	782000000
60000		937800000	938400000
70000		1094100000	1094800000
80000		1250400000	1251200000
90000		1406700000	1407600000

Table comparative.		à 78 fr. 25 c.	à 78 fr. 30 c.
10000		156500000	156600000
20000		313000000	313200000
30000		469500000	469800000
40000		626000000	626400000
50000		782500000	783000000
60000		939000000	939600000
70000		1095500000	1096200000
80000		1252000000	1252800000
90000		1408500000	1409400000

Table comparative.		à 78 fr. 35 c.	à 78 fr. 40 c.
10000		156700000	156800000
20000		313400000	313600000
30000		470100000	470400000
40000		626800000	627200000
50000		783500000	784000000
60000		940200000	940800000
70000		1096900000	1097600000
80000		1253600000	1254400000
90000		1410300000	1411200000

Chapitre XIII. — Cours des rentes.

Table comparative.	à 78 fr. 45 c.	à 78 fr. 50 c.
10000	156900000	157000000
20000	313800000	314000000
30000	470700000	471000000
40000	627600000	628000000
50000	784500000	785000000
60000	941400000	942000000
70000	1098300000	1099000000
80000	1255200000	1256000000
90000	1412100000	1413000000

Table comparative.	à 78 fr. 55 c.	à 78 fr. 60 c.
10000	157100000	157200000
20000	314200000	314400000
30000	471300000	471600000
40000	628400000	628800000
50000	785500000	786000000
60000	942600000	943200000
70000	1069700000	1100400000
80000	1256800000	1257600000
90000	1413900000	1444800000

Table comparative.	à 78 fr. 65 c.	78 fr. 70 c.
10000	157300000	157400000
20000	314600000	314800000
30000	471900000	472200000
40000	629200000	629600000
50000	786500000	787000000
60000	943800000	944400000
70000	1101100000	1101500000
80000	1258400000	1259200000
90000	1415700000	1416600000

Table comparative.	à 78 fr. 75 c.	à 78 fr. 80 c.
10000	157500000	157600000
20000	315000000	315200000
30000	472500000	472800000
40000	630000000	630400000
50000	787500000	788000000
60000	945000000	945600000
70000	1102500000	1103200000
80000	1260000000	1260800000
90000	1147500000	1418400000

Table comparative.	à 78 fr. 85 c.	à 78 fr. 90 c.
10000	157700000	157800000
20000	315400000	315600000
30000	473100000	473400000
40000	630800000	631200000
50000	788500000	789000000
60000	946200000	946800000
70000	1103900000	1104600000
80000	1261600000	1262400000
90000	1419300000	1420200000

Chapitre XIII. — Cours des rentes.

Table comparative.	à 78 fr. 95 c.	à 79 fr.
10000	157900000	158000000
20000	315800000	316000000
30000	473700000	474000000
40000	631600000	632000000
50000	789500000	790000000
60000	947400000	948000000
70000	1105300000	1106000000
80000	1263200000	1264000000
90000	1421100000	1422000000
Table comparative.	**à 79 fr. 05 c.**	**à 79 fr. 10 c.**
10000	158100000	158200000
20000	316200000	316400000
30000	474300000	474600000
40000	632400000	632800000
50000	790500000	791000000
60000	948600000	949200000
70000	1106700000	1107400000
80000	1264800000	1265600000
90000	1422900000	1423800000
Table comparative.	**à 79 fr. 15 c.**	**à 79 fr. 20 c.**
10000	158300000	158400000
20000	316600000	316800000
30000	474900000	475200000
40000	633200000	633600000
50000	791500000	792000000
60000	949800000	950400000
70000	1108100000	1108800000
80000	1266400000	1267200000
90000	1424700000	1425600000
Table comparative.	**à 79 fr. 25 c.**	**à 79 fr. 30 c.**
10000	158500000	158600000
20000	317000000	317200000
30000	475500000	475800000
40000	634000000	634400000
50000	792500000	793000000
60000	951000000	951600000
70000	1109500000	1110200000
80000	1268000000	1268800000
90000	1426500000	1427400000
Table comparative.	**à 79 fr. 35 c.**	**à 79 fr. 40 c.**
10000	158700000	158800000
20000	317400000	317600000
30000	476100000	476400000
40000	634800000	635200000
50000	793500000	794000000
60000	952200000	952800000
70000	1110900000	1111600000
80000	1269600000	1270400000
90000	1428300000	1429200000

Chapitre XIII. — Cours des rentes.

Table comparative.	à 79 fr. 45 c.	à 79 fr. 50 c.
10000	158900000	159000000
20000	317800000	318000000
30000	476700000	477000000
40000	635600000	636000000
50000	794500000	795000000
60000	953400000	954000000
70000	1112300000	1113000000
80000	1271200000	1272000000
90000	1430100000	1431000000

Table comparative.	à 79 fr. 55 c.	à 79 fr. 60 c.
10000	159100000	159200000
20000	318200000	318400000
30000	477300000	477600000
40000	636400000	636800000
50000	795500000	796000000
60000	954600000	955200000
70000	1113700000	1114400000
80000	1272800000	1273600000
90000	1431900000	1432800000

Table comparative.	à 79 fr. 65 c.	à 79 fr. 70 c.
10000	159300000	159400000
20000	318600000	318800000
30000	477900000	478200000
40000	637200000	637600000
50000	796500000	797000000
60000	955800000	956400000
70000	1115100000	1115800000
80000	1274400000	1275200000
90000	1433700000	1434600000

Table comparative.	à 79 fr. 75 c.	à 79 fr. 80 c.
10000	159500000	159600000
20000	319000000	319200000
30000	478500000	478800000
40000	638000000	638400000
50000	797500000	798000000
60000	957000000	957600000
70000	1116500000	1117200000
80000	1276000000	1276800000
90000	1435500000	1436400000

Table comparative.	à 79 fr. 85 c.	à 79 fr. 90 c.
10000	159700000	159800000
20000	319400000	319600000
30000	479100000	479400000
40000	638800000	639200000
50000	798500000	799000000
60000	958200000	958800000
70000	1117900000	1118600000
80000	1277600000	1278400000
90000	1437300000	1438200000

Chapitre XIII. — Cours des rentes.

Table comparative.		à 79 fr. 95 c.	à 80 fr.
10000		159900000	160000000
20000		319800000	320000000
30000		479700000	480000000
40000		639600000	640000000
50000		799500000	800000000
60000		959400000	960000000
70000		1119300000	1120000000
80000		1279200000	1280000000
90000		1439100000	1440000000
Table comparative.		**à 80 fr. 05 c.**	**à 80 fr. 10 c.**
10000		160100000	160200000
20000		320200000	320400000
30000		480300000	480600000
40000		640400000	640800000
50000		800500000	801000000
60000		960600000	961200000
70000		1120700000	1121400000
80000		1280800000	1281600000
90000		1440900000	1441800000
Table comparative.		**à 80 fr. 15 c.**	**à 80 fr. 20 c.**
10000		160300000	160400000
20000		320600000	320800000
30000		480900000	481200000
40000		641200000	641600000
50000		801500000	802000000
60000		961800000	962400000
70000		1122100000	1122800000
80000		1282400000	1283200000
90000		1442700000	1443600000
Table comparative.		**à 80 fr. 25 c.**	**à 80 fr. 30 c.**
10000		160500000	160600000
20000		321000000	321200000
30000		481500000	481800000
40000		642000000	642400000
50000		802500000	803000000
60000		963000000	963600000
70000		1123500000	1124200000
80000		1284000000	1284800000
90000		1444500000	1445400000
Table comparative.		**à 80 fr. 35 c.**	**à 80 fr. 40 c.**
10000		160700000	160800000
20000		321400000	321600000
30000		482100000	482400000
40000		642800000	643200000
50000		803500000	804000000
60000		964200000	964800000
70000		1124900000	1125600000
80000		1285600000	1286400000
90000		1446300000	1447200000

Chapitre XIII. — Cours des rentes.

Table comparative.		à 80 fr. 45 c.	à 80 fr. 50 c.
10000		160900000	161000000
20000		321800000	322000000
30000		482700000	483000000
40000		643600000	644000000
50000		804500000	805000000
60000		965400000	966000000
70000		1126300000	1127000000
80000		1287200000	1288000000
90000		1448100000	1449000000

Table comparative.		à 80 fr. 55 c.	à 80 fr. 60 c.
10000		161100000	161200000
20000		322200000	322400000
30000		483300000	483600000
40000		644400000	644800000
50000		805500000	806000000
60000		966600000	967200000
70000		1127700000	1128400000
80000		1288800000	1289600000
90000		1449900000	1450800000

Table comparative.		à 80 fr. 65 c.	à 80 fr. 70 c.
10000		161300000	161400000
20000		322600000	322800000
30000		483900000	484200000
40000		645200000	645600000
50000		806500000	807000000
60000		967800000	968400000
70000		1129100000	1129800000
80000		1290400000	1291200000
90000		1451700000	1452600000

Table comparative.		à 80 fr. 75 c.	à 80 fr. 80 c.
10000		161500000	161600000
20000		323000000	323200000
30000		484500000	484800000
40000		646000000	646400000
50000		807500000	808000000
60000		969000000	969600000
70000		1130500000	1131200000
80000		1292000000	1292800000
90000		1453500000	1454400000

Table comparative.		à 80 fr. 85 c.	à 80 fr. 90 c.
10000		161700000	161800000
20000		323400000	323600000
30000		485100000	485400000
40000		646800000	647200000
50000		808500000	809000000
60000		970200000	970800000
70000		1131900000	1132600000
80000		1293600000	1294400000
90000		1455300000	1456200000

Chapitre XIII. — Cours des rentes.

Table comparative.		à 80 fr. 95 c.	à 81 fr.
10000		161900000	162000000
20000		323800000	324000000
30000		485700000	486000000
40000		647600000	648000000
50000		809500000	810000000
60000		971400000	972000000
70000		1133300000	1134000000
80000		1295200000	1296000000
90000		1457100000	1458000000

Table comparative.		à 81 fr. 05 c.	à 81 fr. 10 c.
10000		162100000	162200000
20000		324200000	324400000
30000		486300000	486600000
40000		648400000	648800000
50000		810500000	811000000
60000		972600000	973200000
70000		1134700000	1135400000
80000		1296800000	1297600000
90000		1458900000	1459800000

Table comparative.		à 81 fr. 15 c.	à 81 fr. 20 c.
10000		162300000	162400000
20000		324600000	324800000
30000		486900000	487200000
40000		649200000	649600000
50000		811500000	812000000
60000		973800000	974400000
70000		1136100000	1136800000
80000		1298400000	1299200000
90000		1460700000	1461600000

Table comparative.		à 81 fr. 25 c.	à 81 fr. 30 c.
10000		162500000	162600000
20000		325000000	325200000
30000		487500000	487800000
40000		650000000	650400000
50000		812500000	813000000
60000		975000000	975600000
70000		1137500000	1138200000
80000		1300000000	1300800000
90000		1462500000	1463400000

Table comparative.		à 81 fr. 35 c.	à 81 fr. 40 c.
10000		162700000	162800000
20000		325400000	325600000
30000		488100000	488400000
40000		650800000	651200000
50000		813500000	814000000
60000		976200000	976800000
70000		1138900000	1139600000
80000		1301600000	1302400000
90000		1464300000	1465200000

Chapitre XIII. — Cours des rentes.

Table comparative.		à 81 fr. 45 c.	à 81 fr. 50 c.
10000		16290000	16300000
20000		32580000	32600000
30000		48870000	48900000
40000		65160000	65200000
50000		81450000	81500000
60000		97740000	97800000
70000		114030000	114100000
80000		130320000	130400000
90000		146610000	146700000

Table comparative.		à 81 fr. 55 c.	à 81 fr. 60 c.
10000		16310000	16320000
20000		32620000	32640000
30000		48930000	48960000
40000		65240000	65280000
50000		81550000	81600000
60000		97860000	97920000
70000		114170000	114240000
80000		130480000	130560000
90000		146790000	146880000

Table comparative.		à 81 fr. 65 c.	à 81 fr. 70 c.
10000		16330000	16340000
20000		32660000	32680000
30000		48990000	49020000
40000		65320000	65360000
50000		81650000	81700000
60000		97980000	98040000
70000		114310000	114380000
80000		130640000	130720000
90000		146970000	147060000

Table comparative.		à 81 fr. 75 c.	à 81 fr. 80 c.
10000		16350000	16360000
20000		32700000	32720000
30000		49050000	49080000
40000		65100000	65440000
50000		81750000	81800000
60000		98100000	98160000
70000		114450000	114520000
80000		130800000	130880000
90000		147150000	147240000

TABLE

POUR TROUVER LA TAILLE DE L'HOMME

par pieds, pouces et lignes, en mètres, décimètres et centimètres.

Pieds.	Pouces.	Lignes.	Mètres.	Décimètres.	Centimètres.	Pieds.	Pouces.	Lignes.	Mètres.	Décimètres.	Centimètres.
		»	I	3	»			»	I	3	8
		I	I	3	»			I	I	3	8
		2	I	3	»			2	I	3	9
		3	I	3	I			3	I	3	9
		4	I	3	I			4	I	3	9
4	»	5	I	3	I	4	3	5	I	3	9
		6	I	3	I			6	I	3	9
		7	I	3	2			7	I	4	»
		8	I	3	2			8	I	4	»
		9	I	3	2			9	I	4	»
		10	I	3	2			10	I	4	»
		II	I	3	2			II	I	4	I
		»	I	3	3			»	I	4	I
		I	I	3	3			I	I	4	I
		2	I	3	3			2	I	4	I
		3	I	3	3			3	I	4	I
		4	I	3	4			4	I	4	I
4	I	5	I	3	4	4	4	5	I	4	2
		6	I	3	4			6	I	4	2
		7	I	3	4			7	I	4	2
		8	I	3	4			8	I	4	3
		9	I	3	5			9	I	4	3
		10	I	3	5			10	I	4	3
		II	I	3	5			II	I	4	3
		»	I	3	5			»	I	4	3
		I	I	3	6			I	I	4	4
		2	I	3	6			2	I	4	4
		3	I	3	6			3	I	4	4
		4	I	3	6			4	I	4	4
4	2	5	I	3	7	4	5	5	I	4	5
		6	I	3	7			6	I	4	5
		7	I	3	7			7	I	4	5
		8	I	3	7			8	I	4	5
		9	I	3	7			9	I	4	6
		10	I	3	8			10	I	4	6
		II	I	3	8			II	I	4	6

TABLE

POUR TROUVER LA TAILLE DE L'HOMME

par pieds, pouces et lignes,

en mètres, décimètres et centimètres.

Pieds.	Pouces.	Lignes.	Mètres.	Décimètres.	Centimètres.	Pieds.	Pouces.	Lignes.	Mètres.	Décimètres.	Centimètres.
4	6	»	1	4	6	4	9	»	1	5	4
		1	1	4	6			1	1	5	5
		2	1	4	7			2	1	5	5
		3	1	4	7			3	1	5	5
		4	1	4	7			4	1	5	5
		5	1	4	7			5	1	5	5
		6	1	4	8			6	1	5	6
		7	1	4	8			7	1	5	6
		8	1	4	8			8	1	5	6
		9	1	4	8			9	1	5	6
		10	1	4	8			10	1	5	7
		11	1	4	9			11	1	5	7
4	7	»	1	4	9	4	10	»	1	5	7
		1	1	4	9			1	1	5	7
		2	1	4	9			2	1	5	7
		3	1	5	»			3	1	5	8
		4	1	5	»			4	1	5	8
		5	1	5	»			5	1	5	8
		6	1	5	»			6	1	5	8
		7	1	5	»			7	1	5	9
		8	1	5	1			8	1	5	9
		9	1	5	1			9	1	5	9
		10	1	5	1			10	1	5	9
		11	1	5	1			11	1	5	9
4	8	»	1	5	2	4	11	»	1	6	»
		1	1	5	2			1	1	6	»
		2	1	5	2			2	1	6	»
		3	1	5	2			3	1	6	»
		4	1	5	2			4	1	6	1
		5	1	5	3			5	1	6	1
		6	1	5	3			6	1	6	1
		7	1	5	3			7	1	6	1
		8	1	5	3			8	1	6	2
		9	1	5	4			9	1	6	2
		10	1	5	4			10	1	6	2
		11	1	5	4			11	1	6	2

TABLE

POUR TROUVER LA TAILLE DE L'HOMME

par pieds, pouces et lignes, en mètres, décimètres et centimètres.

Pieds.	Pouces.	Lignes.	Mètres.	Décimètres.	Centimètres.	Pieds.	Pouces.	Lignes.	Mètres.	Décimètres.	Centimètres.
		»	1	6	2			»	1	7	1
		1	1	6	3			1	1	7	1
		2	1	6	3			2	1	7	1
		3	1	6	3			3	1	7	1
		4	1	6	3			4	1	7	1
		5	1	6	4			5	1	7	2
5	»	6	1	6	4	5	3	6	1	7	2
		7	1	6	4			7	1	7	2
		8	1	6	4			8	1	7	2
		9	1	6	4			9	1	7	3
		10	1	6	5			10	1	7	3
		11	1	6	5			11	1	7	3
		»	1	6	5			»	1	7	3
		1	1	6	5			1	1	7	3
		2	1	6	6			2	1	7	4
		3	1	6	6			3	1	7	4
		4	1	6	6			4	1	7	4
5	1	6	1	6	6	5	4	5	1	7	4
		5	1	6	6			6	1	7	5
		7	1	6	7			7	1	7	5
		8	1	6	7			8	1	7	5
		9	1	6	7			9	1	7	5
		10	1	6	7			10	1	7	6
		11	1	6	8			11	1	7	6
		»	1	6	8			»	1	7	6
		1	1	6	8			1	1	7	6
		2	1	6	8			2	1	7	6
		3	1	6	9			3	1	7	7
		4	1	6	9			4	1	7	7
5	2	5	1	6	9	5	5	5	1	7	7
		6	1	6	9			6	1	7	7
		7	1	6	9			7	1	7	8
		8	1	7	»			8	1	7	8
		9	1	7	»			9	1	7	8
		10	1	7	»			10	1	7	8
		11	1	7	»			11	1	7	8

TABLE

POUR TROUVER LA TAILLE DE L'HOMME

par pieds, pouces et lignes,

en mètres, décimètres et centimètres.

Pieds.	Pouces.	Lignes.	Mètres.	Décimètres.	Centimètres.	Pieds.	Pouces.	Lignes.	Mètres.	Décimètres.	Centimètres.
		»	1	7	9			»	1	8	7
		1	1	7	9			1	1	8	7
		2	1	7	9			2	1	8	7
		3	1	7	9			3	1	8	7
		4	1	8	»			4	1	8	8
		5	1	8	»			5	1	8	8
5	6	6	1	8	»	5	9	6	1	8	8
		7	1	8	»			7	1	8	8
		8	1	8	»			8	1	8	9
		9	1	8	1			9	1	8	9
		10	1	8	1			10	1	8	9
		11	1	8	1			11	1	8	9
		»	1	8	1			»	1	8	9
		1	1	8	2			1	1	9	»
		2	1	8	2			2	1	9	»
		3	1	8	2			3	1	9	»
		4	1	8	2			4	1	9	»
		5	1	8	2			5	1	9	1
5	7	6	1	8	3	5	10	6	1	9	1
		7	1	8	3			7	1	9	1
		8	1	8	3			8	1	9	1
		9	1	8	3			9	1	9	2
		10	1	8	4			10	1	9	2
		11	1	8	4			11	1	9	2
		»	1	8	4			»	1	9	2
		1	1	8	4			1	1	9	2
		2	1	8	5			2	1	9	3
		3	1	8	5			3	1	9	3
		4	1	8	5			4	1	9	3
		5	1	8	5			5	1	9	3
5	8	6	1	8	5	5	11	6	1	9	4
		7	1	8	6			7	1	9	4
		8	1	8	6			8	1	9	4
		9	1	8	6			9	1	9	4
		10	1	8	6			10	1	9	4
		11	1	8	7			11	1	9	5

CHAPITRE QUATORZIÈME.

CONCORDANCE DE L'ANNUAIRE
ET DU CALENDRIER
Pour cinquante années.

INSTRUCTION PRÉLIMINAIRE.

Cette concordance est composée de douze tables qui donnent avec exactitude, pour les quatorze années de l'annuaire, la concordance des jours, des mois et des années du style républicain, avec les jours, les mois et les années du style grégorien.

Exemple.

On veut savoir à quelle date du style grégorien répond le 20 germinal an X ; la table intitulée germinal (mois qui correspond à mars et avril), dans la colonne où se trouve classé l'an X, fait voir sur-le-champ

Jours du mois.	Germinal X 1802	Avril.
que le 20 germinal répond au	10	avril 1802.

Autre exemple.

On a souscrit, le 15 thermidor an XII, une obligation payable dans dix ans ; le 15 thermidor an XII répond au 3 août 1804, ainsi l'obligation est payable le 3 août 1814.

Si l'échéance d'un acte quelconque, daté du style républicain, est fixé au 7 thermidor de l'an XXVII, dans ce cas la table, qui étend à cinquante années la concordance des deux styles, donnera le moyen de trouver sans peine la date grégorienne à laquelle répond le 7 thermidor an XXVII.

Dans cette table on trouve que l'an XXVII correspond aux années 1818 et 1819, et qu'il faut suivre l'an XIII; c'est donc la table intitulée thermidor, qui, dans la colonne où se trouve classé l'an XIII, donnera la correspondance cherchée, et fera voir que c'est le 26 juillet 1819 que l'échéance de cet acte doit avoir lieu.

Si cette échéance est fixée au 6 complémentaire de l'an XL, la même table de concordance indique que l'an XL correspond aux années 1831 et 1832, et qu'il faut suivre l'an IV; et sans aller plus loin, la note relative à l'an IV fait voir que cette échéance aura lieu le 22 septembre 1832.

Dans ces deux cas, on a pris la seconde des deux années grégoriennes, parce qu'elle commence à correspondre avec l'année républicaine, à compter de nivose, ainsi qu'on a pu le remarquer dans la table intitulée nivose, pour les années grégoriennes qui y sont classées.

Ainsi, pour éviter toute méprise, la première des deux années grégoriennes concourt avec les mois de vendémiaire, brumaire, frimaire, nivose; et la seconde avec les mois de nivose, pluviose, ventose, etc.

CONCORDANCE

DE L'ANNUAIRE ET DU CALENDRIER

pour cinquante années.

Jours des mois.	Années républicaines: I. II. III. — Années grégoriennes: 1792 1793 1794	IV. — 1795	V. VI. VII. — 1796 1797 1798	VIII. IX. X. XI. — 1799 1800 1801 1802	XII. — 1803	XIII. XIV. — 1804 1805
1 Vendémiaire.	22 Septembre.	23 Septembre.	22 Septembre.	23 Septembre.	24 Septembre.	23 Septembre.
2	23	24	23	24	25	24
3	24	25	24	25	26	25
4	25	26	25	26	27	26
5	26	27	26	27	28	27
6	27	28	27	28	29	28
7	28	29	28	29	30	29
8	29	30	29	30	1 Octobre.	30
9	30	1 Octobre.	30	1 Octobre.	2	1 Octobre.
10	1 Octobre.	2	1 Octobre.	2	3	2
11	2	3	2	3	4	3
12	3	4	3	4	5	4
13	4	5	4	5	6	5
14	5	6	5	6	7	6
15	6	7	6	7	8	7
16	7	8	7	8	9	8
17	8	9	8	9	10	9
18	9	10	9	10	11	10
19	10	11	10	11	12	11
20	11	12	11	12	13	12
21	12	13	12	13	14	13
22	13	14	13	14	15	14
23	14	15	14	15	16	15
24	15	16	15	16	17	16
25	16	17	16	17	18	17
26	17	18	17	18	19	18
27	18	19	18	19	20	19
28	19	20	19	20	21	20
29	20	21	20	21	22	21
30	21	22	21	22	23	22
1 Brumaire.	22	23	22	23	24	23
2	23	24	23	24	25	24
3	24	25	24	25	26	25
4	25	26	25	26	27	26
5	26	27	26	27	28	27
6	27	28	27	28	29	28
7	28	29	28	29	30	29
8	29	30	29	30	31	30
9	30	31	30	31	1 Novembre.	31
10	31	1 Novembre.	31	1 Novembre.	2	1 Novembre.
11	1 Novembre.	2	1 Novembre.	2	3	2
12	2	3	2	3	4	3
13	3	4	3	4	5	4
14	4	5	4	5	6	5
15	5	6	5	6	7	6
16 Brumaire.	6 Novembre.	7 Novembre.	6 Novembre.	7 Novembre.	8 Novembre.	7 Novembre.
17	7	8	7	8	9	8
18	8	9	8	9	10	9
19	9	10	9	10	11	10
20	10	11	10	11	12	11
21	11	12	11	12	13	12
22	12	13	12	13	14	13
23	13	14	13	14	15	14
24	14	15	14	15	16	15
25	15	16	15	16	17	16
26	16	17	16	17	18	17
27	17	18	17	18	19	18
28	18	19	18	19	20	19
29	19	20	19	20	21	20
30	20	21	20	21	22	21
1 Frimaire.	21	22	21	22	23	22
2	22	23	22	23	24	23
3	23	24	23	24	25	24
4	24	25	24	25	26	25
5	25	26	25	26	27	26
6	26	27	26	27	28	27
7	27	28	27	28	29	28
8	28	29	28	29	30	29
9	29	30	29	30	1 Décembre.	30
10	30	1 Décembre.	30	1 Décembre.	2	1 Décembre.
11	1 Décembre.	2	1 Décembre.	2	3	2
12	2	3	2	3	4	3
13	3	4	3	4	5	4
14	4	5	4	5	6	5
15	5	6	5	6	7	6
16	6	7	6	7	8	7
17	7	8	7	8	9	8
18	8	9	8	9	10	9
19	9	10	9	10	11	10
20	10	11	10	11	12	11
21	11	12	11	12	13	12
22	12	13	12	13	14	13
23	13	14	13	14	15	14
24	14	15	14	15	16	15
25	15	16	15	16	17	16
26	16	17	16	17	18	17
27	17	18	17	18	19	18
28	18	19	18	19	20	19
29	19	20	19	20	21	20
30	20	21	20	21	22	21

CONCORDANCE

DE L'ANNUAIRE ET DU CALENDRIER

pour cinquante années.

Jours des mois.	I. II. III. — 1792.1793, 1793.1794, 1794.1795	IV. — 1795.1796	V. VI. VII. — 1796.1797, 1797.1798, 1798.1799	VIII. IX. X. XI. — 1799.1800, 1800.1801, 1801.1802, 1802.1803	XII. — 1803.1804	XIII. XIV. — 1804.1805, 1805.1806	Jours des mois.	I. II. III. — 1793, 1794, 1795	IV. — 1796	V. VI. VII. — 1797, 1798, 1799	VIII. IX. X. XI. — 1800, 1801, 1802, 1803	XII. — 1804	XIII. XIV. — 1805, 1806
Années républicaines / Années grégoriennes													
1 Nivose.	21 Décembre.	22 Décembre.	21 Décembre.	22 Décembre.	23 Décembre.	22 Décembre.	16 Pluviose.	4 Février.	5 Février.	4 Février.	5 Février.	6 Février.	5 Février.
2	22	23	22	23	24	23	17	5	6	5	6	7	6
3	23	24	23	24	25	24	18	6	7	6	7	8	7
4	24	25	24	25	26	25	19	7	8	7	8	9	8
5	25	26	25	26	27	26	20	8	9	8	9	10	9
6	26	27	26	27	28	27	21	9	10	9	10	11	10
7	27	28	27	28	29	28	22	10	11	10	11	12	11
8	28	29	28	29	30	29	23	11	12	11	12	13	12
9	29	30	29	30	31	30	24	12	13	12	13	14	13
10	30	31	30	31	1 Janvier.	31	25	13	14	13	14	15	14
11	31	1 Janvier.	31	1 Janvier.	2	1 Janvier.	26	14	15	14	15	16	15
12	1 Janvier.	2	1 Janvier.	2	3	2	27	15	16	15	16	17	16
13	2	3	2	3	4	3	28	16	17	16	17	18	17
14	3	4	3	4	5	4	29	17	18	17	18	19	18
15	4	5	4	5	6	5	30	18	19	18	19	20	19
16	5	6	5	6	7	6	1 Ventose.	19	20	19	20	21	20
17	6	7	6	7	8	7	2	20	21	20	21	22	21
18	7	8	7	8	9	8	3	21	22	21	22	23	22
19	8	9	8	9	10	9	4	22	23	22	23	24	23
20	9	10	9	10	11	10	5	23	24	23	24	25	24
21	10	11	10	11	12	11	6	24	25	24	25	26	25
22	11	12	11	12	13	12	7	25	26	25	26	27	26
23	12	13	12	13	14	13	8	26	27	26	27	28	27
24	13	14	13	14	15	14	9	27	28	27	28	29	28
25	14	15	14	15	16	15	10	28	29	28	1 Mars.	1 Mars.	1 Mars.
26	15	16	15	16	17	16	11	1 Mars.	1 Mars.	1 Mars.	2	2	2
27	16	17	16	17	18	17	12	2	2	2	3	3	3
28	17	18	17	18	19	18	13	3	3	3	4	4	4
29	18	19	18	19	20	19	14	4	4	4	5	5	5
30	19	20	19	20	21	20	15	5	5	5	6	6	6
1 Pluviose.	20	21	20	21	22	21	16	6	6	6	7	7	7
2	21	22	21	22	23	22	17	7	7	7	8	8	8
3	22	23	22	23	24	23	18	8	8	8	9	9	9
4	23	24	23	24	25	24	19	9	9	9	10	10	10
5	24	25	24	25	26	25	20	10	10	10	11	11	11
6	25	26	25	26	27	26	21	11	11	11	12	12	12
7	26	27	26	27	28	27	22	12	12	12	13	13	13
8	27	28	27	28	29	28	23	13	13	13	14	14	14
9	28	29	28	29	30	29	24	14	14	14	15	15	15
10	29	30	29	30	31	30	25	15	15	15	16	16	16
11	30	31	30	31	1 Février.	31	26	16	16	16	17	17	17
12	31	1 Février.	31	1 Février.	2	1 Février.	27	17	17	17	18	18	18
13	1 Février.	2	1 Février.	2	3	2	28	18	18	18	19	19	19
14	2	3	2	3	4	3	29	19	19	19	20	20	20
15	3	4	3	4	5	4	30	20	20	20	21	21	21

CONCORDANCE

DE L'ANNUAIRE ET DU CALENDRIER

pour cinquante années.

JOURS DES MOIS.	I. II. III. (1793, 1794, 1795)	IV. (1796)	V. VI. VII. (1797, 1798, 1799)	VIII. IX. X. XI. (1800, 1801, 1802, 1803)	XII. (1804)	XIII. XIV. (1805, 1806)	JOURS DES MOIS.	I. II. III. (1793, 1794, 1795)	IV. (1796)	V. VI. VII. (1797, 1798, 1799)	VIII. IX. X. XI. (1800, 1801, 1802, 1803)	XII. (1804)	XIII. XIV. (1805, 1806)
Germinal. 1	21 Mars.	21 Mars.	21 Mars.	22 Mars.	22 Mars.	22 Mars.	Floréal. 16	5 Mai.	5 Mai.	5 Mai.	6 Mai.	6 Mai.	6 Mai.
2	22	22	22	23	23	23	17	6	6	6	7	7	7
3	23	23	23	24	24	24	18	7	7	7	8	8	8
4	24	24	24	25	25	25	19	8	8	8	9	9	9
5	25	25	25	26	26	26	20	9	9	9	10	10	10
6	26	26	26	27	27	27	21	10	10	10	11	11	11
7	27	27	27	28	28	28	22	11	11	11	12	12	12
8	28	28	28	29	29	29	23	12	12	12	13	13	13
9	29	29	29	30	30	30	24	13	13	13	14	14	14
10	30	30	30	31	31	31	25	14	14	14	15	15	15
11	31	31	31	1 Avril.	1 Avril.	1 Avril.	26	15	15	15	16	16	16
12	1 Avril.	1 Avril.	1 Avril.	2	2	2	27	16	16	16	17	17	17
13	2	2	2	3	3	3	28	17	17	17	18	18	18
14	3	3	3	4	4	4	29	18	18	18	19	19	19
15	4	4	4	5	5	5	30	19	19	19	20	20	20
16	5	5	5	6	6	6	Prairial. 1	20	20	20	21	21	21
17	6	6	6	7	7	7	2	21	21	21	22	22	22
18	7	7	7	8	8	8	3	22	22	22	23	23	23
19	8	8	8	9	9	9	4	23	23	23	24	24	24
20	9	9	9	10	10	10	5	24	24	24	25	25	25
21	10	10	10	11	11	11	6	25	25	25	26	26	26
22	11	11	11	12	12	12	7	26	26	26	27	27	27
23	12	12	12	13	13	13	8	27	27	27	28	28	28
24	13	13	13	14	14	14	9	28	28	28	29	29	29
25	14	14	14	15	15	15	10	29	29	29	30	30	30
26	15	15	15	16	16	16	11	30	30	30	31	31	31
27	16	16	16	17	17	17	12	31	31	31	1 Juin.	1 Juin.	1 Juin.
28	17	17	17	18	18	18	13	1 Juin.	1 Juin.	1 Juin.	2	2	2
29	18	18	18	19	19	19	14	2	2	2	3	3	3
30	19	19	19	20	20	20	15	3	3	3	4	4	4
Floréal. 1	20	20	20	21	21	21	16	4	4	4	5	5	5
2	21	21	21	22	22	22	17	5	5	5	6	6	6
3	22	22	22	23	23	23	18	6	6	6	7	7	7
4	23	23	23	24	24	24	19	7	7	7	8	8	8
5	24	24	24	25	25	25	20	8	8	8	9	9	9
6	25	25	25	26	26	26	21	9	9	9	10	10	10
7	26	26	26	27	27	27	22	10	10	10	11	11	11
8	27	27	27	28	28	28	23	11	11	11	12	12	12
9	28	28	28	29	29	29	24	12	12	12	13	13	13
10	29	29	29	30	30	30	25	13	13	13	14	14	14
11	30	30	30	1 Mai.	1 Mai.	1 Mai.	26	14	14	14	15	15	15
12	1 Mai.	1 Mai.	1 Mai.	2	2	2	27	15	15	15	16	16	16
13	2	2	2	3	3	3	28	16	16	16	17	17	17
14	3	3	3	4	4	4	29	17	17	17	18	18	18
15	4	4	4	5	5	5	30	18	18	18	19	19	19

(Column headings: ANNÉES RÉPUBLICAINES. / ANNÉES GRÉGORIENNES.)

CONCORDANCE

DE L'ANNUAIRE ET DU CALENDRIER

pour cinquante années.

JOURS DES MOIS.	I. II. III. — 1793 1794 1795	IV. — 1796	V. VI. VII. — 1797 1798 1799	VIII. IX. X. — 1800 1801 1802	XI. XII. — 1803 1804	XIII. XIV. — 1805 1806
1 Messidor.	19 Juin.	19 Juin.	19 Juin.	20 Juin.	20 Juin.	20 Juin.
2	20	20	20	21	21	21
3	21	21	21	82	22	22
4	22	22	22	23	23	23
5	23	23	23	24	24	24
6	24	24	24	25	25	25
7	25	25	25	26	26	26
8	26	26	26	27	27	27
9	27	27	27	28	28	28
10	28	28	28	29	29	29
11	29	29	29	30	30	30
12	30	30	30	1 Juillet.	1 Juillet.	1 Juillet.
13	1 Juillet.	1 Juillet.	1 Juillet.	2	2	2
14	2	2	2	3	3	3
15	3	3	3	4	4	4
16	4	4	4	5	5	5
17	5	5	5	6	6	6
18	6	6	6	7	7	7
19	7	7	7	8	8	8
20	8	8	8	9	9	9
21	9	9	9	10	10	10
22	10	10	10	11	11	11
23	11	11	11	12	12	12
24	12	12	12	13	13	13
25	13	13	13	14	14	14
26	14	14	14	15	15	15
27	15	15	15	16	16	16
28	16	16	16	17	17	17
29	17	17	17	18	18	18
30	18	18	18	19	19	19
1 Thermidor.	19	19	19	20	20	20
2	20	20	20	21	21	21
3	21	21	21	22	22	22
4	22	22	22	23	23	23
5	23	23	23	24	24	24
6	24	24	24	25	25	25
7	25	25	25	26	26	26
8	26	26	26	27	27	27
9	27	27	27	28	28	28
10	28	28	28	29	29	29
11	29	29	29	30	30	30
12	30	30	30	31	31	31
13	31	31	31	1 Août.	1 Août.	1 Août.
14	1 Août.	1 Août.	1 Août.	2	2	2
15	2	2	2	3	3	3

JOURS DES MOIS.	I. II. III. — 1793 1794 1795	IV. — 1796	V. VI. VII. — 1797 1798 1799	VIII. IX. X. — 1800 1801 1802	XI. XII. — 1803 1804	XIII. XIV. — 1805 1806
16 Thermidor.	3 Août.	3 Août.	3 Août.	4 Août.	4 Août.	4 Août.
17	4	4	4	5	5	5
18	5	5	5	6	6	6
19	6	6	6	7	7	7
20	7	7	7	8	8	8
21	8	8	8	9	9	9
22	9	9	9	10	10	10
23	10	10	10	11	11	11
24	11	11	11	12	12	12
25	12	12	12	13	13	13
26	13	13	13	14	14	14
27	14	14	14	15	15	15
28	15	15	15	16	16	16
29	16	16	16	17	17	17
30	17	17	17	18	18	18
1 Fructidor.	18	18	18	19	19	19
2	19	19	19	20	20	20
3	20	20	20	21	21	21
4	21	21	21	22	22	22
5	22	22	22	23	23	23
6	23	23	23	24	24	24
7	24	24	24	25	25	25
8	25	25	25	26	28	26
9	26	26	26	27	27	27
10	27	27	27	28	28	28
11	28	28	28	29	29	29
12	29	29	29	30	30	30
13	30	30	30	31	31	31
14	31	31	31	1 Septembre.	1 Septembre.	1 Septembre.
15	1 Septembre.	1 Septembre.	1 Septembre.	2	2	2
16	2	2	2	3	3	3
17	3	3	3	4	4	4
18	4	4	4	5	5	5
19	5	5	5	6	6	6
20	6	6	6	7	7	7
21	7	7	7	8	8	8
22	8	8	8	9	9	9
23	9	9	9	10	10	10
24	10	10	10	11	11	11
25	11	11	11	12	12	12
26	12	12	12	13	13	13
27	13	13	13	14	14	14
28	14	14	14	15	15	15
29	15	15	15	16	16	16
30	16	16	16	17	17	17

CONCORDANCE

DE L'ANNUAIRE ET DU CALENDRIER pour cinquante années.

JOURS COMPLÉM.	ANNÉES RÉPUBLICAINES.	ANNÉES GRÉGORIENNES.	
1, 2, 3	I. . . II. . .	1793, 1794	17, 18, 19 Septembre.
1, 2, 3	III. . .	1795	17, 18, 19 Septembre.
1, 2, 3	IV. . . V. . .	1796, 1797	17, 18, 19 Septembre.
1, 2, 3	VI. . . VII. .	1798, 1799	17, 18, 19 Septembre.
1, 2, 3	VIII. . IX. . .	1800, 1801	18, 19, 20 Septembre.
1, 2, 3	X. . . XI. . .	1802, 1803	18, 19, 20 Septembre.
1, 2, 3	XII. . XIII. . XIV. .	1804, 1805, 1806	18, 19, 20 Septembre.

JOURS COMPLÉM.	ANNÉES RÉPUBLICAINES.	ANNÉES GRÉGORIENNES.	
4, 5, 6	I. . . II. . .	1793, 1794	20, 21, » Septembre.
4, 5, 6	III. . .	1795	20, 21, 22 Septembre.
4, 5, 6	IV. . . V. . .	1796, 1797	20, 21, » Septembre.
4, 5, 6	VI. . . VII. .	1798, 1799	20, 21, 22 Septembre.
4, 5, 6	VIII. . IX. . .	1800, 1801	21, 22, » Septembre.
4, 5, 6	X. . . XI. . .	1802, 1803	21, 22, 23 Septembre.
4, 5, 6	XII. . XIII. . XIV. .	1804, 1805, 1806	21, 22, » Septembre.

CONCORDANCE DES DEUX STYLES

DEPUIS L'AN XV JUSQU'A L'AN L.

POUR L'AN	CORRESPONDANT à de Vendémiaire à Nivose.	de Nivose à Vendémiaire.	SUIVRE l'an	POUR L'AN	CORRESPONDANT à de Vendémiaire à Nivose.	de Nivose à Vendémiaire.	SUIVRE l'an
XV. . . .	1806	1807	XI.	XXXIII. .	1824	1825	XIII.
XVI . . .	1807	1808	XII.	XXXIV. .	1825	1826	*Idem.*
XVII. . .	1808	1809	XIII.	XXXV. . .	1826	1827	*Idem.*
XVIII. . .	1809	1810	*Idem.*	XXXVI. .	1827	1828	IV.*
XIX . . .	1810	1811	*Idem.*	XXXVII. .	1828	1829	XIII.
XX. . . .	1811	1812	IV.*	XXXVIII.	1829	1830	*Idem.*
XXI . . .	1812	1813	XIII.	XXXIX. .	1830	1831	*Idem.*
XXII . . .	1813	1814	*Idem.*	XL. . . .	1831	1832	IV.*
XXIII. . .	1814	1815	*Idem.*	XLI . . .	1832	1833	KIII.
XXIV. . .	1815	1816	IV.*	XLII. . . .	1833	1834	*Idem.*
XXV. . .	1816	1817	XIII.	XLIII. . .	1834	1835	*Idem.*
XXVI. . .	1817	1818	*Idem.*	XLIV. . .	1835	1836	IV.*
XXVII . .	1818	1819	*Idem.*	XLV. . . .	1836	1837	XIII.
XXVIII. .	1819	1820	IV.*	XLVI. . .	1837	1838	*Idem.*
XXIX. . .	1820	1821	XIII.	XLVII. . .	1838	1839	*Idem.*
XXX. . .	1821	1822	*Idem.*	XLVIII. .	1839	1840	IV *
XXXI . .	1822	1823	XIII.	XLIX. . .	1840	1841	XIII.
XXXII. . .	1823	1824	IV.*	L.	1841	1842	*Idem.*

* A l'an IV, qui n'est pas sextile, il faut ajouter le sixième jour complémentaire correspondant au 22 Septembre, pour que l'année sextile, dont il donne la correspondance dans le Calendrier grégorien, n'ait pas un jour de moins.

N. B. Ce Tableau est tiré d'un ouvrage intitulé : Manuel des Comptables, par M. Péridiez, commis principal à la cinquième division du ministère de la Marine et des Colonies.

TABLE

Représentant la réduction des Décimètres cubes en Pieds, Pouces et Centièmes du Pouce cube, sur la base de 50 Pouces cubes 402438 pour un Décimètre cube en Pouces cubes; la base est pour $1,^{\text{décim. cube}}$ 50412438.

Décimètres cubes.	Valeur en			Décimètres cubes.	Valeur en			Décimètres cubes.	Valeur en		
	Pieds cubes.	Pouces cubes.	Centièmes de Pouces cubes.		Pieds cubes.	Pouces cubes.	Centièmes de Pouces cubes.		Pieds cubes.	Pouces cubes.	Centièmes de Pouces cubes.
1	»	50	41	41	1	338	91	81	2	627	41
2	»	100	82	2	1	389	32	2	2	677	82
3	»	151	24	3	1	439	73	3	2	728	23
4	»	201	65	4	1	490	15	4	2	778	64
5	»	252	06	5	1	540	56	5	2	829	06
6	»	302	47	6	1	590	97	6	2	879	47
7	»	352	89	7	1	641	38	7	2	929	88
8	»	403	30	8	1	691	80	8	2	980	29
9	»	453	71	9	1	742	21	9	2	1030	71
10	»	504	12	50	1	792	62	90	2	1081	12
11	»	554	54	51	1	843	03	91	2	1131	53
2	»	604	95	2	1	893	45	2	2	1181	94
3	»	655	36	3	1	943	86	3	2	1232	35
4	»	705	77	4	1	994	27	4	2	1282	77
5	»	756	19	5	1	1044	68	5	2	1333	18
6	»	806	60	6	1	1095	10	6	2	1383	59
7	»	857	01	7	1	1145	51	7	2	1434	00
8	»	907	42	8	1	1195	92	8	2	1484	42
9	»	957	84	9	1	1246	33	9	2	1534	83
20	»	1008	25	60	1	1296	75	100	2	1585	24
21	»	1058	66	61	1	1347	16	101	2	1635	65
2	»	1109	07	2	1	1397	57	2	2	1686	07
3	»	1159	49	3	1	1447	98	3	3	08	48
4	»	1209	90	4	1	1498	39	4	3	58	89
5	»	1260	31	5	1	1548	81	5	3	109	30
6	»	1310	72	6	1	1599	22	6	3	159	72
7	»	1361	14	7	1	1649	63	7	3	210	13
8	»	1411	55	8	1	1700	04	8	3	260	54
9	»	1461	96	9	2	22	46	9	3	310	95
30	»	1512	37	70	2	72	87	110	3	361	37
31	»	1562	70	71	2	123	28	111	3	411	78
2	»	1613	20	2	2	173	69	2	3	462	19
3	»	1663	61	3	2	224	11	3	3	512	60
4	»	1714	02	4	2	274	52	4	3	563	02
5	1	36	43	5	2	324	93	5	3	613	43
6	1	86	85	6	2	375	34	6	3	663	84
7	1	137	26	7	2	425	76	7	3	714	25
8	1	188	67	8	2	476	17	8	3	764	67
9	1	238	08	9	2	526	58	9	3	815	08
40	1	288	50	80	2	576	99	120	3	865	49

TABLE

Représentant la réduction des Décimètres cubes en Pieds, Pouces et Centièmes du Pouce cube, sur la base de 50 Pouces cubes 402438 pour un Décimètre cube en Pouces cubes; la base est pour 1,décim. cube 50412438.

Décimètres cubes.	VALEUR EN Pieds cubes.	Pouces cubes.	Centièmes de Pouces cubes.	Décimètres cubes.	VALEUR EN Pieds cubes.	Pouces cubes.	Centièmes de Pouces cubes.	Décimètres cubes.	VALEUR EN Pieds cubes.	Pouces cubes.	Centièmes de Pouces cubes.
121	3	915	90	161	4	1204	40	201	5	1492	90
2	3	966	31	2	4	1254	81	2	5	1543	31
3	3	1016	73	3	4	1305	22	3	5	1593	72
4	3	1067	14	4	4	1355	64	4	5	1644	13
5	3	1117	55	5	4	1406	05	5	5	1694	52
6	3	1167	96	6	4	1456	46	6	6	16	96
7	3	1218	38	7	4	1506	87	7	6	67	37
8	3	1268	79	8	4	1557	29	8	6	117	78
9	3	1319	20	9	4	1607	70	9	6	168	19
130	3	1369	61	170	4	1658	11	210	6	218	61
131	3	1420	03	171	4	1708	52	211	6	269	02
2	3	1470	44	2	5	50	94	2	6	319	43
3	3	1520	85	3	5	81	35	3	6	369	84
4	3	1571	26	4	5	131	76	4	6	420	26
5	3	1621	68	5	5	182	17	5	6	470	67
6	3	1672	09	6	5	232	59	6	6	521	08
7	3	1722	50	7	5	283	»	7	6	571	49
8	4	44	91	8	5	333	41	8	6	621	91
9	4	95	33	9	5	383	82	9	6	672	32
140	4	145	74	180	5	434	23	220	6	722	73
141	4	196	15	181	5	484	65	221	6	773	14
2	4	246	56	2	5	535	06	2	6	823	56
3	4	296	98	3	5	585	47	3	6	873	97
4	4	347	39	4	5	635	88	4	6	924	38
5	4	397	80	5	5	686	30	5	6	974	79
6	4	448	21	6	5	736	71	6	6	1025	20
7	4	498	63	7	5	787	12	7	6	1075	61
8	4	549	04	8	5	837	53	8	6	1126	03
9	4	599	45	9	5	887	95	9	6	1176	44
150	4	649	86	190	5	938	36	230	6	1226	86
151	4	700	27	191	5	988	77	231	6	1277	27
2	4	750	69	2	5	1039	18	2	6	1327	68
3	4	801	10	3	5	1089	60	3	6	1378	09
4	4	851	51	4	5	1140	01	4	6	1428	51
5	4	901	92	5	5	1190	42	5	6	1478	92
6	4	952	34	6	5	1240	83	6	6	1529	33
7	4	1002	75	7	5	1291	25	7	6	1579	74
8	4	1053	16	8	5	1341	66	8	6	1630	16
9	4	1103	57	9	5	1392	07	9	6	1680	57
160	4	1153	99	200	5	1442	48	240	7	0002	98

TABLE

Représentant la réduction des Décimètres cubes en Pieds, Pouces et Centiemes du Pouce cube, sur la base de 50 Pouces cubes 402438 pour un Décimètre cube en Pouces cubes; la base est pour 1,$^{\text{décim. cube}}$50412438.

Décimètres cubes.	Valeur en Pieds cubes.	Valeur en Pouces cubes.	Valeur en Centièmes de Pouces cubes.	Décimètres cubes.	Valeur en Pieds cubes.	Valeur en Pouces cubes.	Valeur en Centièmes de Pouces cubes.	Décimètres cubes.	Valeur en Pieds cubes.	Valeur en Pouces cubes.	Valeur en Centièmes de Pouces cubes.
241	7	53	39	281	8	341	89	321	9	630	39
2	7	103	80	2	8	392	30	2	9	681	80
3	7	154	22	3	8	442	71	3	9	731	21
4	7	204	62	4	8	493	12	4	9	781	62
5	7	255	04	5	8	543	54	5	9	832	04
6	7	305	45	6	8	593	95	6	9	882	45
7	7	355	87	7	8	644	36	7	9	932	86
8	7	406	28	8	8	694	78	8	9	983	27
9	7	456	69	9	8	745	19	9	9	1033	68
250	7	507	10	290	8	795	60	330	9	1084	10
251	7	557	51	291	8	846	01	331	9	1134	51
2	7	607	93	2	8	896	43	2	9	1184	92
3	7	658	34	3	8	946	84	3	9	1235	33
4	7	708	75	4	8	997	25	4	9	1285	75
5	7	759	17	5	8	1047	66	5	9	1336	16
6	7	809	58	6	8	1098	08	6	9	1386	57
7	7	859	99	7	8	1148	49	7	9	1436	98
8	7	910	40	8	8	1198	90	8	9	1487	40
9	7	960	82	9	8	1249	31	9	9	1537	81
260	7	1011	23	300	8	1299	72	340	9	1588	22
261	7	1061	64	301	8	1350	14	341	9	1638	63
2	7	1112	05	2	8	1400	55	2	9	1689	05
3	7	1162	47	3	8	1450	96	3	10	11	46
4	7	1212	88	4	8	1501	37	4	10	61	87
5	7	1263	29	5	8	1551	79	5	10	112	28
6	7	1313	70	6	8	1602	20	6	10	162	70
7	7	1364	12	7	8	1652	61	7	10	213	11
8	7	1414	53	8	8	1703	02	8	10	263	52
9	7	1464	94	9	9	25	41	9	10	313	93
270	7	1515	35	310	9	75	85	350	10	364	35
271	7	1565	76	311	9	126	26	351	10	414	76
2	7	1616	18	2	9	176	67	2	10	465	17
3	7	1666	59	3	9	227	09	3	10	515	58
4	7	1717	00	4	9	277	50	4	10	566	00
5	8	39	41	5	9	327	91	5	10	616	41
6	8	89	83	6	9	378	32	6	10	666	82
7	8	140	24	7	9	428	74	7	10	717	23
8	8	190	65	8	9	479	15	8	10	767	64
9	8	241	06	9	9	529	56	9	10	818	06
280	8	291	48	320	9	579	97	360	10	868	47

TABLE

Représentant la réduction des Décimètres cubes en Pieds, Pouces et Centièmes du Pouce cube, sur la base de 50 Pouces cubes 402438 pour un Décimètre cube en Pouces cubes; la base est pour 1, décim. cube 50412438.

Décimètres cubes.	VALEUR EN Pieds cubes.	Pouces cubes.	Centièmes de Pouces cubes.	Décimètres cubes.	VALEUR EN Pieds cubes.	Pouces cubes.	Centièmes de Pouces cubes.	Décimètres cubes.	VALEUR EN Pieds cubes.	Pouces cubes.	Centièmes de Pouces cubes.
361	10	918	88	401	11	1207	38	441	12	1495	88
2	10	969	29	2	11	1257	79	2	12	1546	29
3	10	1019	71	3	11	1308	20	3	12	1596	70
4	10	1070	12	4	11	1358	62	4	12	1647	11
5	10	1120	53	5	11	1409	03	5	12	1697	53
6	10	1170	94	6	11	1459	44	6	13	19	94
7	10	1221	36	7	11	1509	85	7	13	70	35
8	10	1271	77	8	11	1560	27	8	13	120	76
9	10	1322	18	9	11	1610	68	9	13	171	07
370	10	1372	59	410	11	1661	09	450	13	221	59
371	10	1423	01	411	11	1711	50	451	13	272	00
2	10	1473	42	2	12	33	92	2	13	322	41
3	10	1523	83	3	12	84	33	3	13	372	82
4	10	1574	24	4	12	134	74	4	13	423	24
5	10	1624	66	5	12	185	15	5	13	473	65
6	10	1675	07	6	12	235	57	6	13	524	06
7	10	1725	48	7	12	285	98	7	13	574	47
8	11	47	89	8	12	336	39	8	13	624	89
9	11	98	31	9	12	386	80	9	13	675	30
380	11	148	72	420	12	437	21	460	13	725	71
381	11	199	13	421	12	487	63	461	13	776	12
2	11	249	54	2	12	538	04	2	13	826	54
3	11	299	96	3	12	588	45	3	13	876	95
4	11	350	37	4	12	638	87	4	13	927	36
5	11	400	78	5	12	689	28	5	13	977	77
6	11	451	19	6	12	739	69	6	13	1028	19
7	11	501	60	7	12	790	10	7	13	1078	60
8	11	552	02	8	12	840	51	8	13	1129	01
9	11	602	43	9	12	890	93	9	13	1179	42
390	11	652	84	430	12	941	34	470	13	1229	84
391	11	703	25	431	12	991	75	471	13	1280	25
2	11	753	67	2	12	1042	16	2	13	1330	64
3	11	804	08	3	12	1092	58	3	13	1381	07
4	11	854	49	4	12	1142	99	4	13	1431	49
5	11	904	90	5	12	1193	41	5	13	1481	90
6	11	955	32	6	12	1243	81	6	13	1532	31
7	11	1005	73	7	12	1294	23	7	13	1582	72
8	11	1056	14	8	12	1344	64	8	13	1633	13
9	11	1106	55	9	12	1395	06	9	13	1683	55
400	11	1156	97	440	12	1445	46	480	14	0005	96

TABLE

Représentant la réduction des Décimètres cubes en Pieds, Pouces et Centièmes du Pouce cube, sur la base de 50 Pouces cubes 402438 pour un Décimètre cube en Pouces cubes; la base est pour 1,[décim. cube] 50412438.

Décimètres cubes.	VALEUR EN			Décimètres cubes.	VALEUR EN			Décimètres cubes.	VALEUR EN		
	Pieds cubes.	Pouces cubes.	Centièmes de Pouces cubes.		Pieds cubes.	Pouces cubes.	Centièmes de Pouces cubes.		Pieds cubes.	Pouces cubes.	Centièmes de Pouces cubes.
481	14	56	37	521	15	344	87	561	16	633	37
2	14	106	78	2	15	395	28	2	16	683	78
3	14	157	20	3	15	445	69	3	16	734	19
4	14	207	61	4	15	496	11	4	16	784	61
5	14	258	02	5	15	546	52	5	16	835	02
6	14	308	53	6	15	596	93	6	16	885	43
7	14	358	85	7	15	647	34	7	16	935	84
8	14	409	26	8	15	697	76	8	16	986	25
9	14	459	67	9	15	748	17	9	16	1036	66
490	14	510	08	530	15	798	58	570	16	1087	08
491	14	560	50	531	15	848	99	571	16	1137	49
2	14	610	91	2	15	899	41	2	16	1187	90
3	14	661	32	3	15	949	82	3	16	1238	31
4	14	711	73	4	15	1000	23	4	16	1288	73
5	14	762	15	5	15	1050	64	5	16	1339	14
6	14	812	56	6	15	1111	05	6	16	1389	55
7	14	862	97	7	15	1151	47	7	16	1439	96
8	14	913	38	8	15	1201	88	8	16	1490	38
9	14	963	80	9	15	1252	29	9	16	1540	79
500	14	1014	21	540	15	1302	70	580	16	1591	20
501	14	1064	62	541	15	1353	12	581	16	1641	61
2	14	1115	03	2	15	1403	53	2	16	1692	02
3	14	1165	45	3	15	1453	94	3	17	14	44
4	14	1215	86	4	15	1504	35	4	17	64	85
5	14	1266	27	5	15	1554	77	5	17	115	26
6	14	1316	68	6	15	1605	18	6	17	165	68
7	14	1367	09	7	15	1655	59	7	17	216	09
8	14	1417	51	8	15	1706	00	8	17	266	50
9	14	1467	92	9	16	28	42	9	17	316	91
510	14	1518	33	550	16	78	83	590	17	367	32
511	14	1568	74	551	16	129	24	591	17	417	74
2	14	1619	16	2	16	179	65	2	17	468	15
3	14	1669	57	3	16	230	07	3	17	518	56
4	14	1719	98	4	16	280	48	4	17	568	98
5	15	42	39	5	16	330	89	5	17	619	39
6	15	92	81	6	16	381	30	6	17	669	80
7	15	143	22	7	16	431	72	7	17	720	21
8	15	193	63	8	16	482	13	8	17	770	62
9	15	244	04	9	16	532	54	9	17	821	04
520	15	294	46	560	16	582	95	600	17	871	45

TABLE

Représentant la réduction des Décimètres cubes en Pieds, Pouces et Centièmes du Pouce cube, sur la base de 50 Pouces cubes 402438 pour un Décimètre cube en Pouces cubes; la base est pour 1,décim. cube 50412438.

Décimètres cubes.	Valeur en Pieds cubes.	Valeur en Pouces cubes.	Valeur en Centièmes de Pouces cubes.	Décimètres cubes.	Valeur en Pieds cubes.	Valeur en Pouces cubes.	Valeur en Centièmes de Pouces cubes.	Décimètres cubes.	Valeur en Pieds cubes.	Valeur en Pouces cubes.	Valeur en Centièmes de Pouces cubes.
601	17	921	86	641	18	1210	36	681	19	1498	86
2	17	972	27	2	18	1260	77	2	19	1549	27
3	17	1022	69	3	18	1311	18	3	19	1599	69
4	17	1073	10	4	18	1361	60	4	19	1650	10
5	17	1123	51	5	18	1412	01	5	19	1700	51
6	17	1173	92	6	18	1462	42	6	20	22	92
7	17	1224	34	7	18	1512	83	7	20	73	34
8	17	1274	75	8	18	1563	25	8	20	123	75
9	17	1325	16	9	18	1613	66	9	20	174	16
610	17	1375	57	650	18	1664	07	690	20	224	57
611	17	1425	99	651	18	1714	48	691	20	274	99
2	17	1476	40	2	19	36	90	2	20	325	40
3	17	1526	81	3	19	87	31	3	20	375	81
4	17	1577	22	4	19	137	72	4	20	426	22
5	17	1627	64	5	19	188	13	5	20	476	64
6	17	1678	05	6	19	238	54	6	20	527	05
7	18	0000	46	7	19	288	96	7	20	577	46
8	18	50	87	8	19	339	37	8	20	627	87
9	18	101	29	9	19	389	78	9	20	678	28
620	18	151	70	660	19	440	19	700	20	728	70
621	18	202	11	661	19	490	61	701	20	779	11
2	18	252	52	2	19	541	02	2	20	829	52
3	18	302	93	3	19	591	43	3	20	879	93
4	18	353	34	4	19	641	84	4	20	930	35
5	18	403	76	5	19	692	26	5	20	980	76
6	18	454	17	6	19	742	67	6	20	1031	17
7	18	504	58	7	19	793	08	7	20	1081	58
8	18	555	00	8	19	843	49	8	20	1132	00
9	18	605	41	9	19	893	91	9	20	1182	41
630	18	655	82	670	19	944	32	710	20	1232	82
631	18	706	20	671	19	994	73	711	20	1283	23
2	18	756	65	2	19	1045	14	2	20	1333	65
3	18	807	06	3	19	1095	56	3	20	1384	06
4	18	852	47	4	19	1145	97	4	20	1434	47
5	18	907	88	5	19	1196	39	5	20	1484	88
6	18	958	30	6	19	1246	80	6	20	1535	30
7	18	1008	71	7	19	1297	21	7	20	1585	71
8	18	1059	12	8	19	1347	63	8	20	1636	12
9	18	1109	53	9	19	1398	04	9	20	1686	53
640	18	1159	95	680	19	1448	45	720	21	8	94

TABLE

Représentant la réduction des Décimètres cubes en Pieds, Pouces et Centièmes du Pouce cube, sur la base de 50 Pouces cubes 402438 pour un Décimètre cube en Pouces cubes; la base est pour $1,^{\text{décim. cube}}$ 50412438.

Décimètres cubes.	VALEUR EN Pieds cubes.	Pouces cubes.	Centièmes de Pouces cubes.	Décimètres cubes.	VALEUR EN Pieds cubes.	Pouces cubes.	Centièmes de Pouces cubes.	Décimètres cubes.	VALEUR EN Pieds cubes.	Pouces cubes.	Centièmes de Pouces cubes.
721	21	59	36	761	22	347	85	801	23	636	35
2	21	109	77	2	22	398	27	2	23	686	76
3	21	160	18	3	22	448	68	3	23	737	18
4	21	210	59	4	22	499	09	4	23	787	59
5	21	261	01	5	22	549	50	5	23	838	00
6	21	311	42	6	22	599	92	6	23	888	41
7	21	361	83	7	22	650	33	7	23	938	83
8	21	412	24	8	22	700	74	8	23	989	24
9	21	462	66	9	22	751	15	9	23	1039	65
730	21	513	06	770	22	801	57	810	23	1090	06
731	21	563	48	771	22	851	99	811	23	1140	47
2	21	613	89	2	22	902	38	2	23	1190	89
3	21	664	31	3	22	952	80	3	23	1241	30
4	21	714	72	4	22	1003	21	4	23	1291	71
5	21	765	13	5	22	1053	63	5	23	1342	12
6	21	815	54	6	22	1104	04	6	23	1392	54
7	21	865	96	7	22	1154	45	7	23	1442	95
8	21	916	37	8	22	1204	87	8	23	1493	36
9	21	966	78	9	22	1255	28	9	23	1543	77
740	21	1017	19	780	22	1305	69	820	23	1594	19
741	21	1067	61	781	22	1356	10	821	23	1644	60
2	21	1118	02	2	22	1406	51	2	23	1695	01
3	21	1168	43	3	22	1456	93	3	24	17	42
4	21	1218	84	4	22	1507	34	4	24	67	84
5	21	1269	26	5	22	1557	75	5	24	118	25
6	21	1319	67	6	22	1608	16	6	24	168	66
7	21	1370	08	7	22	1658	58	7	24	219	07
8	21	1420	49	8	22	1708	99	8	24	269	49
9	21	1470	90	9	23	31	40	9	24	319	90
750	21	1521	32	790	23	81	81	830	24	370	31
751	21	1571	73	791	23	132	23	831	24	420	72
2	21	1622	14	2	23	182	64	2	24	471	14
3	21	1672	55	3	23	233	05	3	24	521	55
4	21	1722	97	4	23	283	46	4	24	571	96
5	22	45	38	5	23	333	89	5	24	622	37
6	22	95	79	6	23	384	28	6	24	672	79
7	22	146	20	7	23	434	70	7	24	723	20
8	22	196	62	8	23	485	11	8	24	773	61
9	22	247	03	9	23	535	53	9	24	824	02
760	22	297	47	800	23	585	93	840	24	876	43

TABLE

Représentant la réduction des Décimètres cubes en Pieds, Pouces et Centièmes du Pouce cube, sur la base de 50 Pouces cubes 402438 pour un Décimètre cube en Pouces cubes; la base est pour 1,$^{\text{décim. cube}}$ 50412438.

Décimètres cubes.	VALEUR EN Pieds cubes.	Pouces cubes.	Centièmes de Pouces cubes.	Décimètres cubes.	VALEUR EN Pieds cubes.	Pouces cubes.	Centièmes de Pouces cubes.	Décimètres cubes.	VALEUR EN Pieds cubes.	Pouces cubes.	Centièmes de Pouces cubes.
841	24	924	85	881	25	1213	34	921	26	1501	84
2	24	975	26	2	25	1263	76	2	26	1552	25
3	24	1025	67	3	25	1314	17	3	26	1602	67
4	24	1076	08	4	25	1364	58	4	26	1653	08
5	24	1126	50	5	25	1414	99	5	26	1703	49
6	24	1176	91	6	25	1465	41	6	27	25	90
7	24	1227	32	7	25	1515	81	7	27	76	31
8	24	1277	73	8	25	1566	23	8	27	126	73
9	24	1328	15	9	25	1616	64	9	27	177	14
850	24	1378	55	890	25	1667	06	930	27	227	54
851	24	1428	97	891	25	1717	47	931	27	277	96
2	24	1479	38	2	26	39	88	2	27	328	38
3	24	1529	80	3	26	90	29	3	27	378	79
4	24	1580	21	4	26	140	71	4	27	429	20
5	24	1630	62	5	26	191	12	5	27	479	61
6	24	1681	03	6	26	241	53	6	27	530	03
7	25	3	45	7	26	291	94	7	27	580	44
8	25	53	86	8	26	342	35	8	27	630	85
9	25	104	27	9	26	392	77	9	27	681	26
860	25	154	68	900	26	443	18	940	27	731	68
861	25	205	10	901	26	493	59	941	27	782	08
2	25	255	51	2	26	544	00	2	27	832	50
3	25	305	92	3	26	594	42	3	27	882	91
4	25	356	33	4	26	644	83	4	27	933	33
5	25	406	7[illegible]	5	26	695	24	5	27	983	74
6	25	457	16	6	26	745	65	6	27	1034	15
7	25	507	57	7	26	796	07	7	27	1084	56
8	25	557	98	8	26	846	48	8	27	1134	98
9	25	608	39	9	26	896	89	9	27	1185	39
870	25	658	80	910	26	947	30	950	27	1235	80
871	25	709	22	911	26	997	72	951	27	1286	21
2	25	759	63	2	26	1048	13	2	27	1336	63
3	25	810	04	3	26	1098	54	3	27	1387	04
4	25	860	46	4	26	1148	95	4	27	1437	45
5	25	910	87	5	26	1199	37	5	27	1487	86
6	25	961	28	6	26	1249	78	6	27	1538	28
7	25	1011	69	7	26	1300	19	7	27	1588	69
8	25	1062	11	8	26	1350	60	8	27	1639	10
9	25	1112	52	9	26	1401	02	9	27	1689	51
880	25	1162	92	920	26	1450	43	960	28	11	92

TABLE

Représentant la réduction des Décimètres cubes en Pieds, Pouces et Centièmes du Pouce cube, sur la base de 50 Pouces cubes 402438 pour un Décimètre cube en Pouces cubes; la base est pour 1,décim. cube 50412438.

Décimètres cubes.	Valeur en Pieds cubes.	Valeur en Pouces cubes.	Valeur en Centièmes de Pouces cubes.	Mètres cubes.	Valeur en Pieds cubes.	Valeur en Pouces cubes.	Valeur en Centièmes de Pouces cubes.	Mètres cubes.	Valeur en Pieds cubes.	Valeur en Pouces cubes.	Valeur en Centièmes de Pouces cubes.
961	28	62	34	1	29	300	42	41	1196	221	06
2	28	112	75	2	58	600	83	2	1225	521	47
3	28	163	16	3	87	901	25	3	1254	821	89
4	28	213	57	4	116	1201	66	4	1283	1122	30
5	28	263	99	5	145	1502	08	5	1312	1422	72
6	28	314	40	6	175	74	50	6	1341	1783	14
7	28	364	81	7	201	374	91	7	1371	295	55
8	28	415	22	8	233	675	33	8	1400	595	97
9	28	465	64	9	262	975	74	9	1429	896	38
970	28	516	05	10	291	1276	16	50	1458	1196	80
971	28	566	46	11	320	1576	58	51	1487	1497	22
2	28	616	87	2	350	148	99	2	1517	69	63
3	28	667	29	3	379	449	41	3	1546	370	05
4	28	717	70	4	408	749	82	4	1575	670	46
5	28	768	11	5	437	1050	24	5	1604	970	88
6	28	818	52	6	466	1350	66	6	1633	1271	30
7	28	868	94	7	495	1651	07	7	1662	1571	71
8	28	919	35	8	525	223	49	8	1692	144	13
9	28	969	76	9	554	523	90	9	1721	444	54
980	28	1020	17	20	583	824	32	60	1750	744	96
981	28	1070	59	21	612	1124	74	61	1779	1045	37
2	28	1121	00	2	641	1425	15	2	1808	1345	79
3	28	1171	41	3	670	1725	57	3	1837	1646	21
4	28	1221	82	4	700	297	98	4	1867	218	62
5	28	1272	24	5	729	598	40	5	1896	519	04
6	28	1322	65	6	758	898	87	6	1925	819	46
7	28	1373	06	7	787	1199	23	7	1954	1119	87
8	28	1463	47	8	816	1499	65	8	1983	1420	29
9	28	1473	88	9	846	72	06	9	2012	1720	70
990	28	1524	30	20	875	372	48	70	2042	293	12
991	28	1574	71	31	904	672	90	71	2071	593	54
2	28	1625	12	2	933	973	31	2	2100	893	95
3	28	1675	53	3	962	1273	73	3	2129	1194	37
4	28	1725	95	4	991	1574	14	4	2158	1494	78
5	29	48	36	5	1021	146	56	5	2188	67	20
6	29	98	77	6	1050	446	98	6	2217	367	62
7	29	149	18	7	1079	747	39	7	2246	668	03
8	29	199	60	8	1108	1047	81	8	2275	968	45
9	29	250	01	9	1137	1348	22	9	2304	1268	86
1000	29	300	41	40	1166	1648	64	80	2333	1569	28

TARIF GÉNÉRAL
DES GLACES,
DU TAIN ET DES BORDURES OU MOULURES;

LEDIT TARIF DIVISÉ EN TROIS PARTIES,

SAVOIR:

1° Prix des petites Glaces et du Tain;
2° Prix des Glaces et du Tain, sur toutes grandeurs;
3° Prix des Moulures.

Il sera essentiel d'observer que les prix des Glaces et Moulures seulement, portés dans les Tarifs suivants, sont augmentés d'un dixième, en vertu d'un arrêt du Conseil d'Etat du Roi, du 13 octobre 1781.

1°. PRIX DES PETITES GLACES ET DU TAIN.

NUMEROS.	HAUTEUR. EXPRESSION ancienne.		HAUTEUR. EXPRESSION décimale.		LARGEUR. EXPRESSION ancienne.		LARGEUR. EXPRESSION décimale.			PRIX des GLACES.		PRIX du TAIN.	
	Pouces.	Lignes.	Centimètres.	Dix-millimètres.	Pouces.	Lignes.	Centimètres.	Dix-millimètres.		Francs.	Centimes.	Francs.	Centimes.
8	6	8	18	05	5	»	13	53	.	»	39	»	30
10	7	3	19	63	5	6	14	89	.	»	49	»	35
12	7	10	21	20	6	3	16	92	.	»	79	»	39
17	8	6	23	01	7	»	18	95	.	1	12	»	49
20	9	6	25	72	7	6	20	30	.	1	32	»	59
30	10	6	28	42	8	9	23	69	.	2	37	»	74
40	11	6	31	13	9	10	26	62	.	3	16	»	89
50	12	6	33	84	10	8	28	87	.	3	95	»	99

TARIF DES GLACES.

2° PRIX DES GLACES ET DU TAIN SUR TOUTES GRANDEURS.

HAUTEURS en		LARGEURS en		PRIX des GLACES.		PRIX du TAIN.		HAUTEURS en		LARGEURS en		PRIX des GLACES.		PRIX du TAIN.	
Pouces.	Millimètres.	Pouces.	Millimètres.	Francs.	Centimes.	Francs.	Centimes.	Pouces.	Millimètres.	Pouces.	Millimètres.	Francs.	Centimes.	Francs.	Centimes.
14	379	12	325	5	63	1	24	58	1570	39	1056	358	03	52	34
15	406	12	325	6	57	1	24	59	1597	40	1083	377	29	54	32
16	433	13	352	7	51	1	48	60	1624	40	1083	387	17	56	29
17	460	14	379	9	38	1	98	61	1651	41	1110	426	18	58	27
18	487	15	406	11	26	2	47	62	1678	41	1110	434	57	62	22
19	514	16	433	13	14	2	96	63	1705	42	1137	454	81	64	19
20	541	16	433	14	07	2	96	64	1732	42	1137	464	69	66	17
21	568	17	460	15	96	2	96	65	1760	43	1164	493	83	68	15
22	596	18	487	17	83	3	45	66	1787	43	1164	503	21	70	12
23	623	18	487	19	70	3	70	67	1814	44	1191	542	72	75	06
24	650	19	514	21	58	3	95	68	1841	44	1191	561	48	77	03
25	677	20	541	25	32	4	44	69	1868	45	1218	580	74	79	01
26	704	21	568	30	97	4	94	70	1895	45	1218	599	99	83	95
27	731	21	568	33	78	5	43	71	1922	46	1245	651	84	88	89
28	758	22	596	38	46	5	92	72	1949	46	1245	671	60	98	77
29	785	23	623	69	83	6	91	73	1976	47	1272	711	11	108	64
30	812	24	650	48	79	7	90	74	2003	47	1272	725	93	118	52
31	839	24	650	53	43	8	89	75	2030	48	1299	755	56	128	40
32	866	25	677	64	69	9	88	76	2057	48	1299	770	37	148	25
33	893	25	677	75	07	10	87	77	2084	49	1326	794	07	158	02
34	920	26	704	84	44	11	86	78	2111	49	1326	860	13	167	90
35	947	26	704	95	83	12	84	79	2139	50	1353	948	15	177	78
36	975	26	704	103	21	13	83	80	2166	50	1353	987	65	187	66
37	1001	27	731	112	60	14	82	81	2193	51	1381	1101	22	197	53
38	1029	28	758	121	97	15	80	82	2220	51	1381	1185	18	217	28
39	1056	29	785	131	36	16	79	83	2247	52	1408	1298	76	246	91
40	1083	30	812	140	75	17	78	84	2274	52	1408	1382	71	266	66
41	1110	31	839	155	06	18	77	85	2301	53	1435	1496	29	286	81
42	1137	32	866	164	35	19	75	86	2328	53	1435	1580	24	335	81
43	1164	33	893	174	32	23	70	87	2355	54	1462	1693	72	375	31
44	1191	33	893	183	71	24	69	88	2382	54	1462	1777	77	395	06
45	1218	33	893	193	58	25	67	89	2409	55	1489	1891	36	395	06
46	1245	34	920	206	89	26	66	90	2436	55	1489	1975	31	395	06
47	1272	34	920	214	80	28	64	91	2463	56	1516	2093	82	444	44
48	1299	34	920	222	71	32	59	92	2490	56	1516	2172	84	444	44
49	1326	35	947	237	03	34	57	93	2518	57	1543	2291	36	444	44
50	1353	35	947	246	91	35	55	94	2545	57	1543	2370	37	444	44
51	1381	36	975	249	28	37	53	95	2572	58	1570	2488	89	444	44
52	1408	36	975	266	37	39	50	96	2599	58	1570	2567	90	493	83
53	1435	37	1001	283	45	41	47	97	2626	59	1597	2686	42	493	83
54	1462	37	1001	295	31	43	45	98	2653	59	1597	2765	43	493	83
55	1489	38	1029	314	56	45	42	99	2680	60	1624	2883	95	493	83
56	1516	38	1029	328	89	47	40	100	2707	60	1624	2962	96	493	83
57	1543	39	1056	348	64	49	38								

3° PRIX DES MOULURES.

HAUTEUR DES GLACES, des Bordures, EN		SUR LA LARGEUR DE							
		1 pouce, ou 0,m.027.		1 pouce 1/2, ou 0,m.041.		2 pouces, ou 0,m.054.		3 pouces, ou 0,m.081.	
Pouces.	Millimètres.	Francs.	Centimes.	Francs.	Centimes.	Francs.	Centimes.	Francs.	Centimes.
12	325	»	27	0	33	»	56	0	85
13	352	»	31	0	38	»	66	0	99
14	379	»	36	0	47	»	75	1	12
15	406	»	40	0	52	»	85	1	27
16	433	»	44	0	56	»	94	1	41
17	460	»	49	0	61	1	03	1	55
18	487	»	53	0	70	1	13	1	69
19	514	»	58	0	80	1	19	1	83
20	541	»	67	0	89	1	42	2	11
21	568	»	77	0	99	1	57	2	10
22	596	»	87	1	08	1	79	2	67
23	623	»	97	1	17	1	93	2	96
24	650	1	07	1	28	2	22	3	26
25	677	1	17	1	38	2	32	3	51
26	704	1	27	1	48	2	52	3	80
27	731	1	37	1	63	2	72	4	10
28	758	1	48	1	78	2	91	4	35
29	785	1	53	1	93	3	11	4	64
30	812	1	63	2	07	3	31	4	94
31	839	1	73	2	22	3	46	5	23
32	866	1	87	2	32	3	75	5	63
33	893	2	02	2	52	4	05	6	07
34	920	2	17	2	72	4	30	6	47
35	947	2	32	2	91	4	59	6	91
36	975	2	42	3	11	4	89	7	31
37	1001	2	62	3	31	5	23	7	90
38	1029	2	81	3	51	5	63	8	44
39	1056	3	01	3	75	6	02	8	99
40	1083	3	21	4	00	6	37	9	58
41	1110	3	36	4	20	6	77	10	12
42	1137	3	56	4	44	7	11	10	72
43	1164	3	73	4	69	7	51	11	26
44	1191	3	95	4	94	7	90	11	85
45	1218	4	15	5	19	8	25	12	39
46	1245	4	30	5	38	8	64	12	94
47	1272	4	49	5	63	8	99	13	53
48	1299	4	69	5	88	9	38	14	07
49	1326	4	89	6	07	9	78	14	62
50	1353	5	09	6	32	10	12	15	21
51	1381	5	23	6	57	10	52	15	75
52	1408	5	43	6	81	10	86	16	35
53	1435	5	63	7	01	11	26	16	89
54	1462	5	83	7	26	11	65	17	43
55	1489	6	02	7	51	12	00	18	02
56	1516	6	17	7	75	12	40	18	57

SUITE DU PRIX DES MOULURES.

HAUTEUR DES GLACES, des Bordures, EN		SUR LA LARGEUR DE							
		1 pouce, ou 0,m. 027.		1 pouce 1/2, ou 0,m. 041.		2 pouces, ou 0,m. 540.		3 pouces, ou 0,m. 081.	
Pouces.	Millimètres.	Francs.	Centimes.	Francs.	Centimes.	Francs.	Centimes.	Francs.	Centimes.
57	1543	6	37	8	00	12	74	19	16
58	1570	6	57	8	20	13	14	19	70
59	1597	6	81	8	54	13	58	20	39
60	1624	7	06	8	84	14	07	21	09
61	1651	7	26	9	09	14	57	21	83
62	1678	7	51	9	38	15	01	22	52
63	1705	7	75	9	68	15	46	23	21
64	1732	8	00	9	63	15	95	23	90
65	1760	8	20	10	22	16	44	24	64
66	1787	8	44	10	52	16	89	25	33
67	1814	8	69	10	77	17	38	26	02
68	1841	8	89	11	66	17	83	26	77
69	1868	9	14	11	46	18	27	27	46
70	1895	9	38	11	75	18	77	28	15
71	1922	9	68	12	05	19	31	28	99
72	1949	9	93	12	44	19	90	29	83
73	1976	10	22	12	74	20	44	30	67
74	2003	10	52	13	14	21	04	31	51
75	2030	10	77	13	48	21	58	32	40
76	2057	11	06	13	83	22	12	33	23
77	2084	11	36	14	17	22	72	34	07
78	2111	11	65	14	52	23	26	34	91
79	2139	11	90	14	91	23	85	35	75
80	2166	12	20	15	26	24	39	36	59
81	2193	13	63	16	99	27	21	40	79
82	2220	14	67	18	27	29	43	44	15
83	2247	15	75	19	60	31	41	47	36
84	2274	16	79	20	94	33	63	50	47
85	2301	17	83	22	32	35	70	53	58
86	2328	19	36	23	60	37	78	56	64
87	2355	19	85	24	84	39	75	59	60
88	2382	20	84	25	83	41	68	62	52
89	2409	21	78	27	01	43	60	65	38
90	2436	22	72	28	23	45	48	68	20
91	2463	23	65	29	38	47	31	70	96
92	2490	24	54	30	47	49	14	73	68
93	2518	25	43	31	60	50	91	76	34
94	2545	26	32	32	74	52	61	79	01
95	2572	27	16	33	83	54	37	81	53
96	2599	28	00	34	91	56	05	84	05
97	2626	28	84	35	95	57	73	86	57
98	2653	29	63	36	94	59	36	89	04
99	2680	30	47	37	93	60	94	91	46
100	2707	31	26	38	91	62	52	93	83

SUITE DU PRIX DES MOULURES.

HAUTEUR des GLACES, des BORDURES, en		SUR LA LARGEUR DE 4 pouces, ou 0,m. 108.		SUR LA LARGEUR DE 5 pouces, ou 0,m. 135.		SUR LA LARGEUR DE 6 pouces, ou 0,m. 162.		HAUTEUR des GLACES, des BORDURES, en		SUR LA LARGEUR DE 4 pouces, ou 0,m. 108.		SUR LA LARGEUR DE 5 pouces, ou 0,m. 135.		SUR LA LARGEUR DE 6 pouces, ou 0,m. 162.	
Pouces.	Millimètres.	Francs.	Centimes.	Francs.	Centimes.	Francs.	Centimes.	Pouces.	Millimètres.	Francs.	Centimes.	Francs.	Centimes.	Francs.	Centimes.
12	325	1	12	1	42	1	67	57	1543	25	51	31	90	38	28
13	352	1	32	1	62	1	97	58	1570	26	25	32	84	39	42
14	379	1	47	1	87	2	27	59	1597	27	20	34	02	40	86
15	406	1	67	2	12	2	51	60	1624	28	04	35	16	42	24
16	433	1	86	2	31	2	86	61	1651	29	08	36	35	43	67
17	460	3	06	2	67	3	11	62	1678	29	02	37	53	45	05
18	487	2	27	2	81	3	36	63	1705	30	95	38	72	46	43
19	514	2	41	3	05	3	65	64	1732	31	89	39	90	47	86
20	541	2	80	3	50	4	25	65	1760	32	84	41	03	49	24
21	568	3	55	4	»	4	79	66	1787	33	77	42	23	50	67
22	596	3	55	4	44	4	33	67	1814	34	71	43	41	52	10
23	623	3	95	4	94	5	93	68	1841	35	64	44	54	53	48
24	650	4	28	5	38	6	47	69	1868	36	59	45	74	54	86
25	677	4	68	5	88	7	06	70	1895	37	53	45	91	56	24
26	704	5	08	6	31	7	60	71	1922	38	67	48	30	57	92
27	731	5	33	6	81	8	15	72	1949	39	80	49	73	59	60
28	758	5	93	7	26	8	74	73	1976	40	88	51	15	61	33
29	785	6	16	7	75	9	39	74	2003	42	02	52	54	63	01
30	812	6	56	8	19	9	83	75	2030	43	16	53	92	64	69
31	839	7	04	8	69	10	41	76	2057	44	30	55	36	66	37
32	866	7	50	9	38	11	26	77	2084	45	43	56	73	68	05
33	893	7	91	9	97	12	10	78	2111	46	51	58	17	69	78
34	920	7	97	10	81	12	93	79	2139	47	66	59	71	71	46
35	947	9	18	11	50	13	77	80	2166	48	79	61	00	73	04
36	975	9	77	12	20	14	61	81	2193	54	41	60	94	81	65
37	1001	10	51	13	13	15	75	82	2220	58	80	73	58	88	24
38	1029	11	27	14	07	16	88	83	2247	62	21	78	87	94	72
39	1056	12	00	15	01	18	02	84	2274	67	15	84	15	101	05
40	1083	12	72	15	95	19	16	85	2301	71	19	89	38	107	16
41	1110	13	53	16	88	20	24	86	2328	75	54	94	37	113	34
42	1137	14	27	17	82	21	27	87	2355	79	45	99	11	119	27
43	1164	15	00	18	76	22	52	88	2382	83	35	104	25	125	25
44	1191	15	75	19	30	23	65	89	2409	87	15	108	99	130	73
45	1218	15	85	20	64	24	79	90	2436	90	95	113	73	136	66
46	1245	17	78	21	57	25	88	91	2463	94	60	118	27	146	43
47	1272	18	02	22	72	27	01	92	2490	98	17	122	87	152	10
48	1299	18	77	23	45	28	14	93	2518	101	78	127	26	157	43
49	1326	19	49	24	39	29	18	94	2545	105	33	131	66	162	96
50	1353	20	24	25	33	30	32	95	2572	108	74	135	90	168	31
51	1381	21	02	26	26	31	50	96	2599	111	61	140	20	173	49
52	1408	21	77	27	20	32	64	97	2626	114	57	148	84	178	62
53	1435	22	50	28	19	33	78	98	2653	119	41	153	09	183	71
54	1462	23	74	29	57	34	92	99	2680	121	97	157	19	188	65
55	1489	23	99	30	02	36	06	100	2707	124	93	161	29	193	59
56	1516	24	78	30	96	37	14								

CONNAISSANCE DES TEMPS

SUR

LES MONNAIES DE LA FRANCE.

Dans tous les pays, dans tous les temps, les poids ont été les bases des systèmes monétaires. On les a vu éprouver mutuellement des variations à chaque âge. Nous sommes étonnés, en portant nos regards vers les siècles antérieurs, de voir, sous une même dénomination représentant un même numéraire, la différence qui existe entre la valeur des monnaies anciennes et modernes.

Dès le commencement de la monarchie on a fabriqué en France des monnaies de cuivre. On a parlé des pièces d'or d'un sou, d'un demi-sou, long-temps avant Charlemagne; mais il est à présumer que c'étaient des médailles, et que ce ne fut qu'en 657 que l'argent commença à être mis en circulation, et l'or en 760. A cette époque le poids romain, dont la livre était de douze onces, fut remplacé par le poids de troy, dont la livre était de douze onces, poids de marc actuel. Ce n'est que vers le douzième siècle que la livre de seize onces, poids de marc, fut établie. Charlemagne fit frapper des pièces d'argent appelées sols, dont les vingt pesant une livre poids de troy, se subdivisant en douze deniers, devinrent la livre numéraire qui répondait à 78 livres 17 sous tournois ou 77 fr. 78 cent., valeur actuelle, étant onze deniers et demi. Cette valeur se conserva jusqu'à Philippe Ier, où, par des causes inutiles à retracer, elle a éprouvé jusqu'à nos jours des réductions successives dont nous représentons le tableau, qui ne sera pas indifférent à nos lecteurs.

TABLEAU

REPRÉSENTANT LA VALEUR DE 20 SOUS POUR UNE LIVRE TOURNOIS,

depuis Charlemagne jusqu'à nos jours,

AU TITRE ORDONNÉ PAR LOUIS XV ET LOUIS XVI,

réduite en francs et centimes sous le règne de LOUIS XVIII.

RÈGNES.	ÉPOQUES.		VALEUR ACTUELLE.				
	Depuis	Jusqu'en	Liv.	Sous.	Den.	Fr.	Cent.
Charlemagne	768	1113	78	17	»	77	78
Louis VI et Louis VII	1113	1158	18	13	8	18	45
Philippe-Auguste	1158	1222	19	18	4	19	68
Saint Louis et Philippe-le-Hardi	1222	1226	18	4	11	18	03
Philippe-le-Bel	1226	1285	17	19	»	17	72
Louis-le-Hutin et Philippe-le-Long	1285	1313	18	8	10	18	22
Charles-le-Bel	1313	1321	17	3	5	16	96
Philippe de Valois	1321	1344	14	11	10	14	41
Jean	1344	1364	9	19	2	9	83
Charles V	1364	1380	9	9	8	9	36
Charles VI	1380	1422	7	2	3	7	02
Charles VII	1422	1461	5	13	9	5	62
Louis XI	1461	1483	4	19	7	4	91
Charles VIII	1483	1497	4	10	7	4	47
Louis XII	1497	1514	3	19	8	3	92
François Ier	1514	1543	3	11	2	3	51
Henri II et François II	1543	1559	3	6	5	3	28
Charles IX	1559	1574	2	18	7	2	90
Henri III	1574	1589	2	12	11	2	61
Henri IV	1589	1611	2	8	»	2	38
Louis XIII	1611	1642	1	15	3	1	79
Louis XIV	1642	1715	1	4	11	1	23
Louis XV et Louis XVI	1715	1789	1	»	»	1	»
Louis XVII et Louis XVIII	1789	1817	1	»	3	1	»

PAIR DES MONNAIES

DES VILLES PRINCIPALES DE L'EUROPE

QUI COMMERCENT AVEC PARIS.

			En francs et centimes.	
Angleterre	100	livres sterling	2443	75
Amsterdam	100	florins	210	00
Amérique (Etats-Unis.)	100	dollars	532	00
	100	livres sterling	1418	66
Anvers et Bruxelles	100	florins de Brabant	181	41
Augsbourg et Vienne	100	florins, cours	258	58
Barcelone	100	libras à 20 sous	287	73
Bâle et Berne	100	livres	148	15
Berlin	100	rixdales	369	41
Bologne	100	livres de Bologne	107	45
Cadix	100	réaux	50	35
Constantinople	100	piastres de 40 parats	140	00
Copenhague	100	rixdales	559	10
Chiavennes	100	livres de 20 sous	60	00
Dantzick	100	florins	92	35
Florence	100	livres de 20 sous	84	00
Francfort (Mein)	100	rixdales	386	48
Genève	100	livres courantes	163	19
Gibraltar	100	réaux à 16 quartos	44	58
Gênes	100	livres de Gênes	83	35
Hambourg	100	marcs lubs	187	21
Konisberg	100	florins	123	13
Leipsick (Haute et Basse-Saxe.)	100	rixdales	387	87
Liége	100	florins	129	29
Lisbonne	10000	rès	61	23
Livourne	100	piastres	516	81
Lubeck	100	marcs lubs	152	11
Lucerne	100	florins	197	53
Madrid et Bilbao	100	réaux à 34 maravédis	26	75
Malte	100	scudi	215	20
Mantoue et Reggio	100	livres à 20 sous	25	58
Messine et Palerme	100	onces	1320	00
Milan	100	livres courantes	76	75
Modène	100	livres à 20 sous	38	37
Naples	100	ducats royaux	440	00
Navarre	100	libras, grosses, à 6 marcs	83	92
Neuchâtel	100	livres à 20 sous	141	10
Parme	100	*idem*	24	27
Riga	100	écus d'Albert	538	72
Rome	100	écus romains	535	00
Saint-Pétersbourg	100	roubles à 100 copecks	397	82
Stockolm	100	rixdales	568	78
Turin	100	livres piémontaises	118	52
Varsovie	100	florins de Pologne	61	57
Venise	100	livres piccoli	51	16

CHANGE

ENTRE

PARIS ET HAMBOURG.

Table comparative.		Réduction des marcs lubs en francs.	Réduction des francs en marcs lubs.
10000	à 178 fr. pour 100 marcs lubs.	1780000	5617977
20000		3560000	11235955
30000		5340000	16853932
40000		7120000	22471910
50000		8900000	28089887
60000		10680000	33707865
70000		12460000	39325842
80000		14240000	44943820
90000		16020000	50561797

Table comparative.		Réduction des marcs lubs en francs.	Réduction des francs en marcs lubs.
10000	à 178 fr. 25 c. pour 100 marcs lubs.	1782500	5610098
20000		3565000	11220196
30000		5347500	16830295
40000		7130000	22440393
50000		8912500	28050491
60000		10695000	33660589
70000		12477500	39270687
80000		14260000	44880786
90000		16042500	50490884

Table comparative.		Réduction des marcs lubs en francs.	Réduction des francs en marcs lubs.
10000	à 178 fr. 50 c. pour 100 marcs lubs.	1785000	5602241
20000		3570000	11204482
30000		5355000	16806723
40000		7140000	22408964
50000		8925000	28011204
60000		10710000	33613445
70000		12495000	39215686
80000		14280000	44817927
90000		16065000	50420168

Table comparative.		Réduction des marcs lubs en francs.	Réduction des francs en marcs lubs.
10000	à 178 fr. 75 c. pour 100 marcs lubs.	1787500	5594406
20000		3575000	11188811
30000		5362500	16783217
40000		7150000	22377622
50000		8937500	27972028
60000		10725000	33566434
70000		12512500	39160839
80000		14300000	44755245
90000		16087500	50349650

Change entre Paris et Hambourg.

Table comparative.		Réduction des marcs lubs en francs.	Réduction des francs en marcs lubs.
10000	à 179 fr. pour 100 marcs lubs.	1790000	5586592
20000		3580000	11173184
30000		5370000	16759777
40000		7160000	22346369
50000		8950000	27932961
60000		10740000	33519553
70000		12530000	39106145
80000		14320000	44692738
90000		16110000	50279330

Table comparative.		Réduction des marcs lubs en francs.	Réduction des francs en marcs lubs.
10000	à 179 fr. 25 c. pour 100 marcs lubs.	1792500	5578801
20000		3585000	11157601
30000		5377500	16736402
40000		7170000	22315202
50000		8962500	27894003
60000		10755000	33472804
70000		12547500	39051604
80000		14340000	44630405
90000		16132500	50209205

Table comparative.		Réduction des marcs lubs en francs.	Réduction des francs en marcs lubs.
10000	à 179 fr. 50 c. pour 100 marcs lubs.	1795000	5571031
20000		3590000	11142061
30000		5385000	16713092
40000		7180000	22284122
50000		8975000	27855153
60000		10770000	33426184
70000		12565000	38997214
80000		14360000	44568245
90000		16155000	50139275

Table comparative.		Réduction des marcs lubs en francs.	Réduction des francs en marcs lubs.
10000	à 179 fr. 75 c. pour 100 marcs lubs.	1797500	5563282
20000		3595000	11126565
30000		5392500	16689847
40000		7190000	22253129
50000		8987500	27816411
60000		10785000	33379694
70000		12582500	38942976
80000		14380000	44506258
90000		16177500	50069541

Table comparative.		Réduction des marcs lubs en francs.	Réduction des francs en marcs lubs.
10000	à 180 fr. pour 100 marcs lubs.	1800000	5555556
20000		3600000	11111111
30000		5400000	16666667
40000		7200000	22222222
50000		9000000	27777778
60000		10800000	33333334
70000		12600000	38888889
80000		14400000	44444445
90000		16200000	50000000

Change entre Paris et Hambourg.

Table comparative.		Réduction des marcs lubs en francs.	Réduction des francs en marcs lubs.
10000	à 180 fr. 25 c. pour 100 marcs lubs.	18025000	5547850
20000		36050000	11095700
30000		54075000	16643551
40000		72100000	22191401
50000		90125000	27739251
60000		108150000	33287101
70000		126175000	38834951
80000		144200000	44382802
90000		162225000	49930652
Table comparative.		**Réduction des marcs lubs en francs.**	**Réduction des francs en marcs lubs.**
10000	à 180 fr. 50 c. pour 100 marcs lubs.	18050000	5540166
20000		36100000	11080332
30000		54150000	16620499
40000		72200000	22160665
50000		90250000	27700831
60000		108300000	33240997
70000		126350000	38781163
80000		144400000	44321330
90000		162450000	49861496
Table comparative.		**Réduction des marcs lubs en francs.**	**Réduction des francs en marcs lubs.**
10000	à 180 fr. 75 c. pour 100 marcs lubs.	18075000	5532503
20000		36150000	11065007
30000		54225000	16597510
40000		72300000	22130014
50000		90375000	27662517
60000		108450000	33195021
70000		126525000	38727524
80000		144600000	44260028
90000		162675000	49792532
Table comparative.		**Réduction des marcs lubs en francs.**	**Réduction des francs en marcs lubs.**
10000	à 181 fr. pour 100 marcs lubs.	18100000	5524862
20000		36200000	11049724
30000		54300000	16574586
40000		72400000	22099448
50000		90500000	27624309
60000		108600000	33149171
70000		126700000	38674033
80000		144800000	44198895
90000		162900000	49723757
Table comparative.		**Réduction des marcs lubs en francs.**	**Réduction des francs en marcs lubs.**
10000	à 181 fr. 25 c. pour 100 marcs lubs	18125000	5517241
20000		36250000	11034483
30000		54375000	16551724
40000		72500000	22068966
50000		90625000	27586207
60000		108750000	33103448
70000		126875000	38620690
80000		145000000	44137931
90000		163125000	49655172

Change entre Paris et Hambourg.

Table comparative.		Réduction des marcs lubs en francs.	Réduction des francs en marcs lubs.
10000	à 181 fr. 50 c. pour 100 marcs lubs.	18150000	5509642
20000		36300000	11019284
30000		54450000	16528925
40000		72600000	22038567
50000		90750000	27548209
60000		108900000	33057851
70000		127050000	38567493
80000		145200000	44077134
90000		163350000	49586776

Table comparative.		Réduction des marcs lubs en francs.	Réduction des francs en marcs lubs.
10000	à 181 fr. 75 c. pour 100 marcs lubs.	18175000	5502063
20000		36350000	11004127
30000		54525000	16506190
40000		72700000	22008253
50000		90875000	27510316
60000		109050000	33012380
70000		127225000	38514443
80000		145400000	44016506
90000		163575000	49518570

Table comparative.		Réduction des marcs lubs en francs.	Réduction des francs en marcs lubs.
10000	à 182 fr. pour 100 marcs lubs.	18200000	5494505
20000		36400000	10989011
30000		54600000	16483516
40000		72800000	21978022
50000		91000000	27472527
60000		109200000	32967033
70000		127400000	38461538
80000		145600000	43956044
90000		163800000	49450549

Table comparative.		Réduction des marcs lubs en francs.	Réduction des francs en marcs lubs.
10000	à 182 fr. 25 c. pour 100 marcs lubs	18225000	5486968
20000		36450000	10973937
30000		54675000	16460905
40000		72900000	21947874
50000		91125000	27434842
60000		109350000	32921810
70000		127575000	38408779
80000		145800000	43895747
90000		164025000	49382716

Table comparative.		Réduction des marcs lubs en francs.	Réduction des francs en marcs lubs.
10000	à 182 fr. 50 c. pour 100 marcs lubs.	18250000	5479452
20000		36500000	10958904
30000		54750000	16438356
40000		73000000	21917808
50000		91250000	27397260
60000		109500000	32876712
70000		127750000	37356165
80000		146000000	43835617
90000		164250000	49315069

TABLE
ALPHABÉTIQUE ET TOPOGRAPHIQUE,
PAR ORDRE DE MATIÈRES.

NOMS DES VILLES.	PAYS où elles sont situées.	EXPRESSIONS anciennes.	EXPRESSIONS décimales.		NUMEROS des pages.

CHAPITRE PREMIER.

MESURES DE PESANTEUR.

			kilog.	gramm.	
Paris,	France,	poids de marc.	»	489	31, 32, 33, 105
Abbeville,	*idem.*	— de 16 onces.	»	422	33
Achem,	Indes orientales,	— de 33 1/3	»	959	*id.*
Acre,	Palestine,	*id.*	2	059	34
Aix,	France,	— de 16	»	398	*id.*
Aix-la-Chapelle,	Allemagne,	*id.*	»	462	*id.*
Alep,	Asie,	— de 12	»	225	*id.*
Alexandrie,	Egypte,	— de 18	»	587	*id.*
idem.	*idem.*	— de 16	»	428	35
id.	*id.*	— de 33	»	948	*id.*
id.	*id.*	— de 18	»	759	*id.*
id.	*id.*	— de 16	»	465	*id.*
Alger,	Afrique,	*id.*	»	480	*id.*
Alicante,	Espagne,	— de 18	»	513	36
idem.	*idem*	— de 12	»	342	*id.*
Altona,	Basse Saxe,	— de 16	»	486	*id.*
Amberg,	Allemagne,	*id.*	»	502	*id.*
Amiens,	France,	*id.*	»	461	*id.*
Amsterdam,	Hollande,	*id.*	»	494	37
idem.	*idem.*	— de médecine.	»	371	*id.*
Ancône,	Italie,	— de 12 onces.	»	421	*id.*
Angleterre,	Angleterre,	— de 16	»	502	*id.*
idem.	*idem.*	*id.*	»	448	*id.*
Anspach,	Franconie,	*id.*	»	512	38
Anvers,	Pays-Bas,	*id.*	»	464	*id.*
Araw,	Suisse,	*id.*	»	477	*id.*
Augsbourg,	Souabe,	— pesant de 16	»	487	*id.*
idem.	*idem.*	— léger de 16	»	466	*id.*
Archanges,	Russie,	— de 14	»	411	39
Aurich,	Ost-Frise,	— de 16	»	549	*id.*
idem.	*idem.*	*id.*	»	499	*id.*
Avignon,	France,	— de 16	»	408	*id.*
idem.	*idem.*	— de 12	»	319	*id.*
id.	*id.*	— de 15	»	404	40

TABLE DES MATIÈRES.

TABLE DES MATIÈRES.

TABLE DES MATIÈRES.

TABLE DES MATIÈRES.

TABLE DES MATIÈRES.

TABLE DES MATIÈRES.

TABLE DES MATIÈRES.

CHAPITRE SECOND.

MESURES DE LONGUEUR.

TABLE DES MATIERES.

TABLE DES MATIÈRES.

TABLE DES MATIÈRES.

TABLE DES MATIÈRES.

TABLE DES MATIÈRES.

TABLE DES MATIÈRES.

TABLE DES MATIERES.

TABLE DES MATIERES.

TABLE DES MATIÈRES.

TABLE DES MATIÈRES.

TABLE DES MATIÈRES.

CHAPITRE QUATRIÈME.

MESURES DE SOLIDITÉ.

CHAPITRE CINQUIÈME.

MESURES DE CAPACITÉ POUR LES MATIÈRES SÈCHES.

TABLE DES MATIÈRES.

TABLE DES MATIÈRES.

TABLE DES MATIÈRES.

TABLE DES MATIÈRES.

TABLE DES MATIÈRES.

TABLE DES MATIÈRES.

TABLE DES MATIÈRES.

TABLE DES MATIÈRES.

TABLE DES MATIÈRES.

CHAPITRE SIXIÈME.

MESURES POUR LE JAUGEAGE ET LE CUBAGE DES BOIS RONDS.

CHAPITRE SEPTIÈME.

MESURES POUR LES LIQUIDES DE LA FRANCE ET DES VILLES ÉTRANGÈRES.

TABLE DES MATIÈRES.

TABLE DES MATIÈRES.

TABLE DES MATIÈRES.

TABLE DES MATIÈRES.

TABLE DES MATIÈRES.

LIQUIDES.

VINS, LIQUEURS.

TABLE DES MATIÈRES.

NOMS DES VILLES.	PAYS où elles sont situées.	EXPRESSIONS anciennes.	EXPRESSIONS décimales.	NUMEROS des pages.

CHAPITRE HUITIÈME.

TABLES DE CONVERSION POUR LE CUBAGE DES BOIS ÉQUARRIS.

CHAPITRE NEUVIÈME.

TAUX DES INTÉRÊTS.

CHAPITRE DIXIÈME.

CHAPITRE ONZIÈME.

PREMIÈRE PARTIE.

CHAPITRE ONZIÈME.

SECONDE PARTIE.

TABLES DE MULTIPLICATION ET DE DIVISION.

CHAPITRE DOUZIÈME.

DES CHANGES.

TABLE DES MATIÈRES.

NOMS DES VILLES.	PAYS où elles sont situées.	EXPRESSIONS anciennes.	EXPRESSIONS décimales.	NUMEROS des pages.

CHAPITRE TREIZIÈME.

CHAPITRE QUATORZIÈME.

FIN DE LA TABLE.

www.ingramcontent.com/pod-product-compliance
Ingram Content Group UK Ltd.
Pitfield, Milton Keynes, MK11 3LW, UK
UKHW022315190726
13856UKWH00001B/26

9 782013 575263